蘇明德 · 著

初等量子化學

Basic Quantum Chemistry

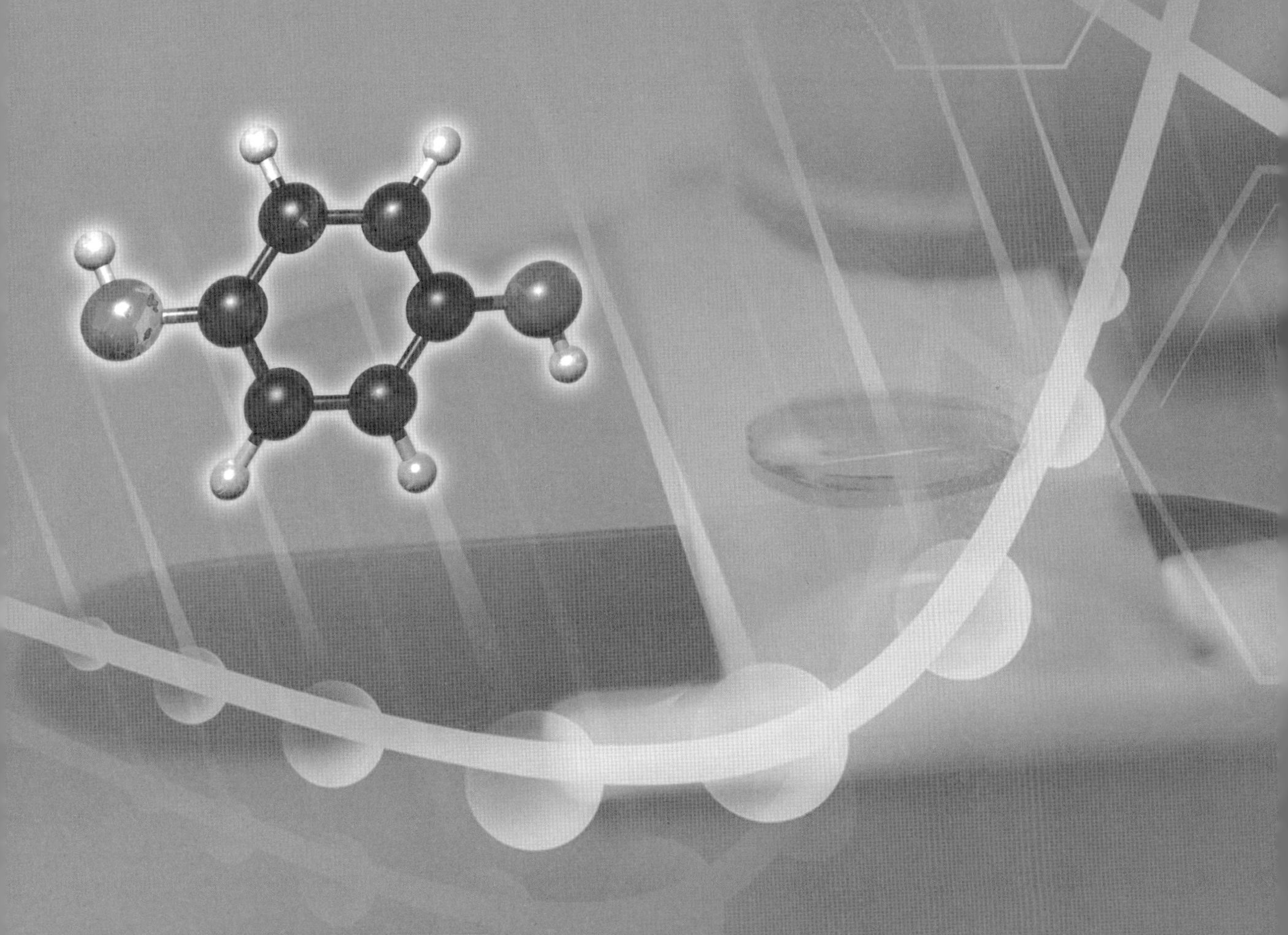

五南圖書出版公司 印行

獻給

我的父親及我的母親

序言

在我年少讀大學的時候，我就已下定決心要寫一本中文版的《量子化學》。

因爲在我上「量子化學」課時，臺上授課者講得不明不白，臺下的我也聽得不清不楚。下課之後，我自修英文版的《量子化學》，又讀的似懂非懂，跑去問授課者又被數落得一無是處。那時年少的我只要聽到「量子化學」四個字，痛苦、無力、無助、茫茫然不知該如何是好？即使多年以後的今天，當時修讀「量子化學」苦楚不堪的場景，至今仍然可以清晰浮現在我眼前，年少的我是多麼希望有一本中文書，告訴我「量子化學」到底是在講什麼？

後來到英國留學，再到美國，再回到英國作研究員，又回到美國，在學術旅途上，我駐留過不少地方，但都來來去去的。就這樣我一路迤邐，只覺山水俱已蒼茫，只知道年少的我已天涯日遠。就像每滴的酒回不了最初的葡萄，我回不了年少。

但年少時想寫中文版《量子化學》的念頭，卻一直還在心中縈繞。雖是如此，多年下來，不知道爲什麼，一直遲遲未動筆認眞去完成它。直到兩年前，系上安排我教授「量子化學」，促使我眞的開始執筆去寫了。

因「量子化學」的內容相當廣泛，涵蓋整個化學領域，因此寫這本《初等量子化學》，想先試試水溫，看看讀者的反應及須要改進的地方，我再做調整，續寫下一本更進階版的《量子化學》。

也正因如此，我時時以中文讀者爲中心，下筆時，盡可能把「量子」的概念用中文講述清楚，因此，在本書中有些英文專有名詞，會用不同於以往的詞彙來表達（像是：degeneracy，有人翻譯成「簡併度」，但在本書裡翻譯成「等階系」，代表「相等能階系列」）。除此以外，在每章章節後，會有至少五十題以上的習題，並附上詳細中文解答。因爲根據我個人的讀書經驗，多做題目，可幫助學習者更進一步掌握書本上所要傳達的概念。因此，我絕對深信讀者若能多多解題，必可從解題過程中，對該章節的內容、觀念有更深入的了解與認識。

讀者在研讀本書時，一定會發現到有很多的量子觀念在每章節重複述說。之所以如此，是為了提醒、加深讀者的印象。但必須強調的是：這本《初等量子化學》的所有實質內容都不是我發現或發明的，我只不過是把眾家的說法與詮釋，分門別類，用自己的方式表達出來罷了。

本書之所以能夠順利完成出版，眞的要感謝很多人。感謝系上陳清玉教授的推動，也感謝范惠雅小姐不辭辛勞的打字與編排，更感謝眾多同學的幫忙校對和訂正。要感謝的人實在太多人了，無法在此一一提及。另外，還要感謝五南出版社王正華先生的支持與協助，更感謝五南文化事業的楊榮川董事長，正因為有了大家的幫忙，這本書才能有問世的一天！

雖然本書經過多次校對、修正，錯誤已降至最低程度，但不可諱言的，可能還有一些不足之處，有賴於讀者不吝指正。

希望這本書能眞正幫助對「量子化學」有興趣的人，進而能順利越過入門起步時的大難關。

蘇明德 謹識

蘇明德講解「量子化學」前

目 錄

第一章　量子觀念的誕生

第一節　古典物理的困境

在經過數個世紀，眾多出色研究工作者持續不斷地努力之下，物理學理論發展至十九世紀末已趨於成熟、完善的階段。在當時，一般的物理現象，都可從相對應的理論中，得到解釋和說明，像是在熱現象方面，有著完整的熱力學理論及L. Boltzmann、J. W. Gibbs等人建立的統計物理學；在力學方面，物體的機械運動在其速度比光速小很多時，將會準確的遵循著牛頓力學規律；在電磁學方面，也總結出J. C. Maxwell的電動力學方程組。這些理論系統構成一個完整的體系，而總稱為「古典物理學」（Classical Mechanics）理論。

也正因如此，十九世紀末的物理學家們，可說普遍存在著一種樂觀想法，認為自然界物理現象本質的了解與認識已經完成，剩下來的工作，至多只不過把這些基本規律，應用在各種具體問題上，並利用更精密的儀器，在小數點後面多測得幾位精確值罷了！美國諾貝爾物理獎得主Alkert Michelson就曾說過：「未來的物理學真理將不得不在小數點後第六位去尋找。」好像所有物理原理都已被發現，以後的工作頂多只不過是提高實驗精神而已。

在科學的發展過程中，人們自然而然的會將已確立的科學理論，運用在尚未被仔細研究過的新領域。同樣的，「古典物理學」理論既已被人們熟悉，也就順理成章地，被用來解釋與原子和分子有關的實驗事實。但在這時候，有三種實驗結果，卻無法用「古典物理學」理論圓滿的解釋。這些實驗就是：一、黑體輻射；二、光電效應；三、原子光譜。

這一系列實驗事實，反映出「古典物理學」的局限性，迫使人們重新考慮這一重要問題：即以往巨觀世界中物質運動的規律，是否也同樣能夠運用在微觀世界裏？在大量科學實驗的基礎上，人類不斷地研究、探索，進而逐漸認識到，原來原子及分子等微觀世界，也有著它自己的規律，它們的運動和結構不能用「古典物理學」來處理，進而引出「量子理論」（Quantum Theory）。就讓我們先從「黑體輻射」

（Blackbody Radiation）開始說起。

第二節　黑體輻射

十九世紀時的德國大力發展鋼鐵工業，煉鋼需要高溫和測溫技術，進而推動了對熱輻射的研究。大量的實驗數據揭示了「古典物理學」的局限性，並爲新理論的建立提供了事實依據、指明方向、啓發思路。德國原本想從「馬鈴薯王國」變成「鋼鐵王國」，卻也意外地開創了「量子王國」。

「黑體輻射」是最早發現和古典物理相矛盾的實驗現象之一。基本上，所有物體都會不同程度地發射電磁波，例如：當電流通過電爐的燈絲時，會發出看不見的紅外輻射，我們若用手放在電爐旁，就會感受到這種輻射。爲了研究物體的輻射問題，人們引入了「黑體輻射」的概念。

當一個物體能夠全部吸收所有投射在它上面的外來電磁波，不論外來輻射的方向、光譜成分和偏振情況，物體絕無任何反射和透射情形發生，那麼這種物體就稱爲「絕對黑體」，簡稱「黑體」（blackbody）。當加熱時，它又能發射出各種波長的電磁波，就叫做「黑體輻射」。由此可見，「黑體」是一個理論上的理想吸收體，同時也是個理想的輻射體（因爲當物體被加熱時，以黑體放出的能量最多）。在現實上，黑體是不存在的。

雖是如此，「黑體」也可以用一個內部塗黑、外部絕熱的金屬空球近似的實現（見圖1.1），這種空球的內部，物理學家常稱之爲「空腔」（cavity）。在球體表面開一個小小的洞，光從小洞進入封閉球體內，會在球壁上多次反射，每次反射都有部分被球壁吸收，直到多次反射後，就可認爲入射光的能量被完全吸收。若是忽略從小洞中反射出去的極微小部分（因爲這時小洞的面積比起空腔內壁的表面積，要小得許多許多），我們可以將小洞看做是一個完全吸收任何波長輻射的「絕對黑體」。如果我們對球壁均勻的加熱，球壁會向球內發射熱輻射，其中一小部分將從小洞射出，小洞就會自行發光，其發射光譜將展現出和「黑體輻射」同樣的特徵。如此一來，我們就可以拿它來研究：在不同溫度下黑體輻射的能量與波長的關係。

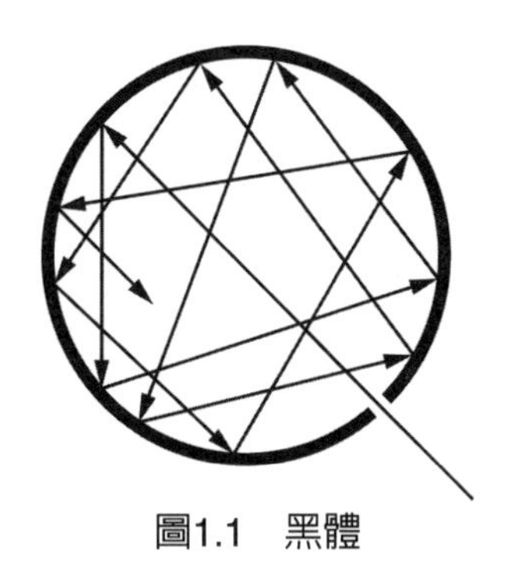

圖1.1　黑體

圖1.2表示在不同溫度下，「黑體輻射」能量分布的實驗結果，有幾點值得注意的是：

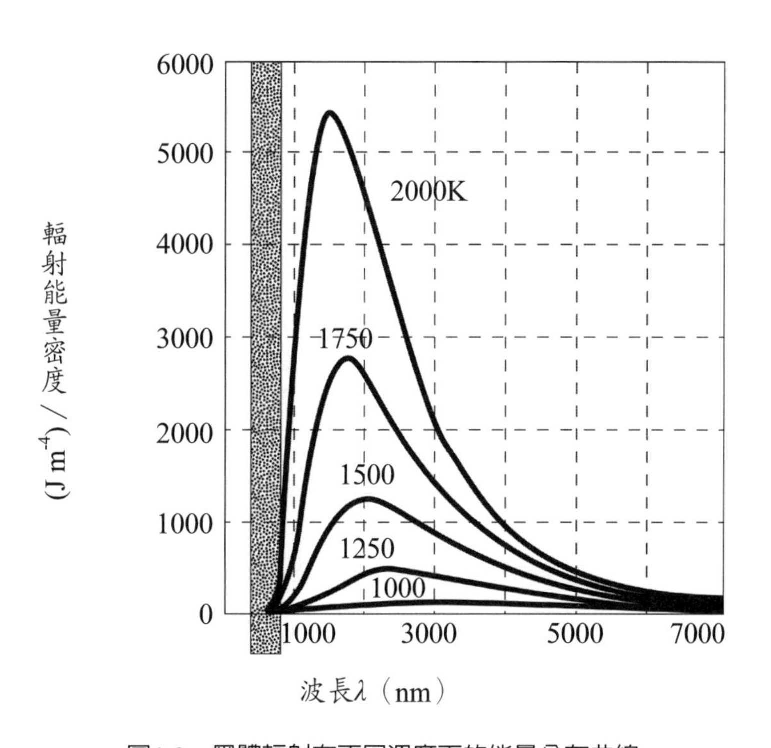

圖1.2　黑體輻射在不同溫度下的能量分布曲線

註：隨著溫度升高，輻射曲線向低波長（高頻率）方向移動。

一、當整個空球體與空球的內部輻射處於平衡狀態時，球壁單位面積所發射出的輻射能量，會和它所吸收的輻射能量相等。

二、當整個空球體與空球的內部輻射處於平衡狀態時，實驗所測得的輻射能量密度曲線，其形狀和位置只與「黑體」的絕對溫度有關，而與空球的形狀、大小及組成物質無關。

三、由圖1.2可以清楚看到，「黑體」的輻射能量在光譜中是不均勻分布的，在很高或很低的波長（或是頻率）範圍內，「黑體」幾乎沒有輻射。且每條曲線都有一個極大值，隨著「黑體」溫度的升高，該極大值會逐漸向短波長（或是高頻率）方向移動。

為了要符合如圖1.2的能量分布曲線的實驗數據，先後有三個著名式子相繼被發表出來（配合圖1.3）：

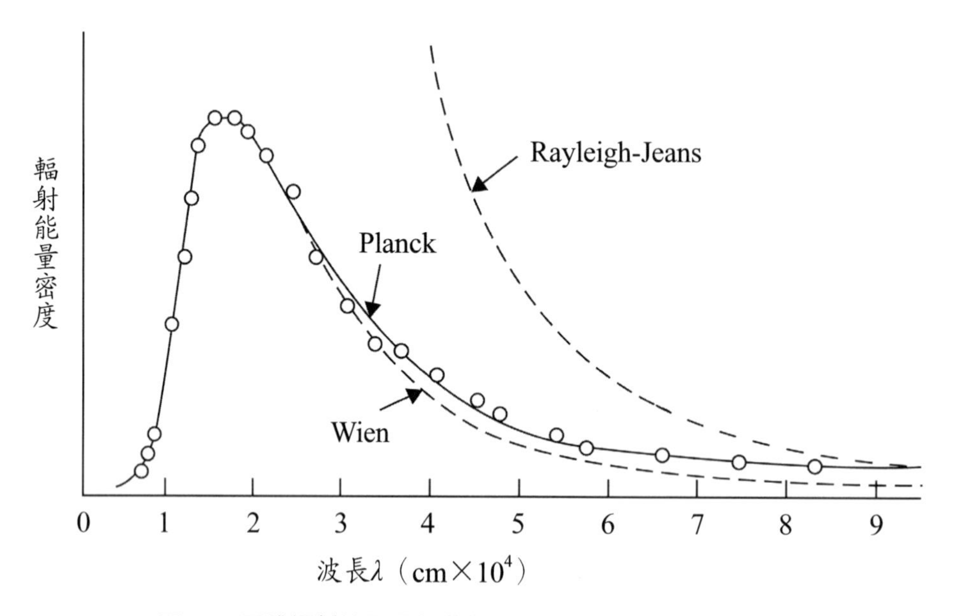

圖1.3　黑體輻射能量分布曲線和三種公式所得曲線的比較

註：圓圈代表實驗值。

（一）Wien公式

$$E_\nu d\nu = \frac{8\pi k\beta}{c^3}\nu^3 e^{-\beta\nu/T} d\nu \quad (1.1)$$

其中，$E_\nu d\nu$是指黑體處在絕對溫度為T的平衡狀態時，於單位體積、ν與dν的頻率範圍內的輻射能量；k為Boltzmann常數；β也是一個常數，c是光速。這是Wien根據熱力學的討論，再加上一些特殊假設所推導出的公式。（1.1）式正如圖1.3所示，在短波長（$\lambda\to 0$或$\nu\to\infty$）部分與實驗結果符合，但在長波長（$\lambda\to\infty$或$\nu\to 0$）部分則顯著不一致。

（二）Rayleigh-Jean公式

$$E_\nu d\nu = \frac{8\pi kT}{c^3}\nu^2 d\nu \qquad (1.2)$$

其中，$E_\nu d\nu$是指黑體在單位體積內，介於ν與$\nu + d\nu$頻率間的輻射能量，當然，這時的「黑體」正處於絕對溫度爲T的平衡狀態。（1.2）式推導如下：根據電磁學理論，認爲「黑體輻射」是由於構成「黑體」體壁的帶電荷質點，在它的晶格上左右來回不停振動所產生的。這種振動可看成是一種「簡諧運動」來處理。於是做「簡諧運動」的質點就叫做「簡諧振子」（harmonic oscillator），簡稱「振子」（oscillator）。當振子放出輻射時，也就是從高能量降到低能量，兩者之差就是放出的輻射能。根據「古典力學」理論，當振子的能量連續地減少時，它就不斷地放出輻射，因此：

$E_\nu d\nu$ =（黑體在單位體積內、介於ν與$\nu + d\nu$頻率間的輻射能量）
=（振子在體積單位內、介於ν與$\nu + d\nu$頻率間的總振動次數）
×（每次振動的平均能量）　（1.3）

1. 先求總振動次數。在一維情況下，設若有一條兩端皆固定且長度爲a的線段，當線段振動時，由於兩個固定的端點必須是波節，那麼其駐波的波長λ和a之間存在著一定的關係（見圖1.4）：

$$\frac{2a}{\lambda} = n \qquad \text{（n爲任意正整數）}$$

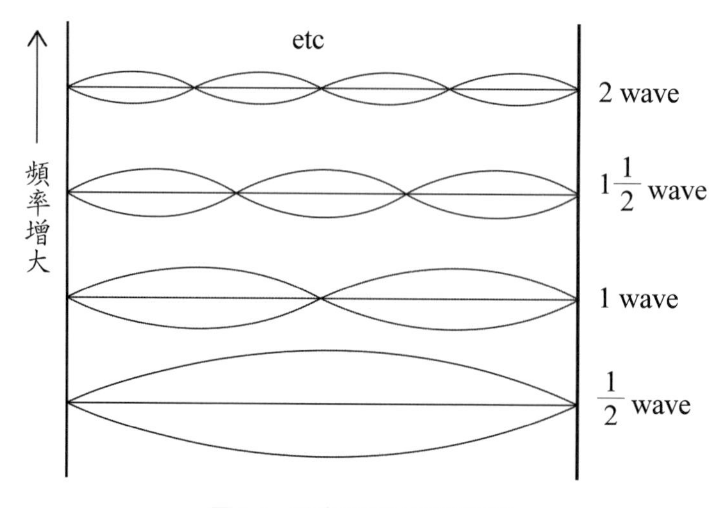

圖1.4　弦在兩壁之間的振動

推廣到二維平面時，亦存在著類似的關係（仍取每邊邊長爲a）：

$$\frac{2a}{\lambda}=n_1，\frac{2a}{\lambda}=n_2 \quad （n_1，n_2\text{皆爲任意正整數}）$$

再進一步推廣到三維立方體時，假設立方體的每邊邊長爲a，且該駐波的法線和互相垂直的三個邊的夾角爲α、β、γ，根據駐波的特性，每邊投影於駐波法線的長度，必須是（λ/2）的整數倍，也就是

$$\frac{2a\times\cos\alpha}{\lambda}=n_1 \ , \ \frac{2a\times\cos\beta}{\lambda}=n_2 \ , \ \frac{2a\times\cos\gamma}{\lambda}=n_3$$

上面三式平方後相加，配合$\cos^2\alpha+\cos^2\beta+\cos^2\gamma=1$，可得：

$$n_1^2+n_2^2+n_3^2=\frac{4a^2}{\lambda^2}$$

將$\lambda=c/\nu$代入上式，可寫成

$$n_1^2+n_2^2+n_3^2=\frac{4a^2\nu^2}{c^2} \tag{1.4}$$

於是任意三個正整數（n_1，n_2，n_3）就代表一個容許的駐波，且彼此間的關係可由（1.4）式描述。現若將n_1，n_2，n_3看成是變數，那麼（1.4）式就形成爲球方程式，該球的半徑爲（$2a\nu/c$）。因此，駐波介於ν與ν + dν頻率間的總振動次數，相

當於以$[2a(\nu + d\nu)/c]$和（$2a\nu/c$）爲半徑的兩個同心球的球殼夾層間，在第一象限內所包含（n_1，n_2，n_3）的所有可能組數（因爲，已知n_1，n_2，n_3爲任意正整數，故只取第一象限）；也就是說，相當於該兩個球殼夾層在第一象限內所包含的體積，即（取$a^3 = v$爲立方體的體積）：

$$dn = \frac{1}{8}\left\{\frac{4}{3}\pi\left[\frac{2a(\nu + d\nu)}{c}\right]^3 - \frac{4}{3}\pi\left(\frac{2a\nu}{c}\right)^3\right\} \approx \frac{4\pi V}{c^3}\nu^2 d\nu \qquad (1.5)$$

在（1.5）式，我們採用已知球的體積$=\frac{4}{3}\pi r^3$（r 値爲球半徑）。

由於我們所討論的是電磁波，它是一種橫波，也就是每一個駐波有兩個自由度的振動方向，於是（1.5）式可改寫爲：

$$dN_{\nu,\,\nu+d\nu} = \text{單位體積內，駐波介於}\nu\text{與}\nu + d\nu\text{頻率間的總振動次數}$$

$$= (8\pi\nu^2/c^3)d\nu \qquad (1.6)$$

2. 接著，我們求算每次振動的平均能量。根據古典統計力學的「能量平均分配原理」（energy equipartition principle）：一個質點的平均動能，是按該質點的自由度來決定的，而每一個自由度的平均動能皆是（kT/2）。因爲我們所處理的是線性的「簡諧振子」，它的平均自由度爲1（即一個「平移」（transition）），並且它的平均位能等於其平均動能。因此，

$$\text{該振子每次振動的平均能量} = \text{平均位能} + \text{平均動能}$$

$$= kT/2 + kT/2$$

$$= kT \qquad (1.7)$$

將（1.6）式和（1.7）式代入（1.3）式，就是前述的（1.2）式。

$$E_\nu d\nu = \frac{8\pi\nu^2}{c^3}kTd\nu \qquad (1.2)$$

必須指出的是，雖然在推導過程中，採用了正立方體模型，但即使改用三邊不等長的立方體，仍可推得和（1.2）式相同的結果，這表示（1.2）式是個通式，和模型的形狀無關。並且，從上述推導過程中可以清楚看到，就理論而言，（1.2）式的推導思路十分明確，且邏輯嚴密性似乎是無懈可擊，完全依據「古典物理

學」的理論。雖是如此，從圖1.3可以看出，（1.2）式在長波長部分和實驗測所得的曲線相符合，但在波長很小時（$\lambda\rightarrow 0$或$\nu\rightarrow\infty$），（1.2）式是$E_\nu\rightarrow\infty$，而實驗結果卻是$E_\nu\rightarrow 0$，即在短波部分，（1.2）式和實驗數據完全不符。正因爲問題是出在短波長（高頻率）段，也就是紫外線頻率範圍，所以在當時被稱之爲「紫外災難」（The Ultraviolet Catastrophe）。換言之，根據Raileigh-Jean公式的結果（（1.2）式），在「黑體輻射」中，紫外線將會是主要輻射且強度無窮大，人們將處處承受紫外線所引起的傷害，這顯然和眞實世界不符，它深深震撼了「古典物理學」界，引起相當多物理學家的恐慌。

（三）Planck公式

$$E_\nu d\nu = \frac{8\pi h\nu^3}{c^3}\times\frac{1}{e^{h\nu/kT}-1}\,d\nu \tag{1.8}$$

Planck根據（1.1）式和（1.2）式兩種極限結果的啓發，於是採用數學的技巧得出了（1.8）式的新公式。和實驗數據比較，發現（1.8）式確實能在全波段與觀測結果驚人地符合（見圖1.3）。值得注意的是，在λ很小、ν很大時，即$h\nu \gg kT$時，

$$e^{h\nu/kT} - 1 \approx e^{h\nu/kT}$$

於是（1.8）式可改寫爲

$$E_\nu d\nu = \frac{8\pi k\nu^3}{c^3}\times e^{-h\nu/kT}d\nu \tag{1.9}$$

這正是Wien公式（（1.1）式）。同樣的，在λ很大、ν很小時，即$h\nu \ll kT$時，

$$e^{h\nu/kT}-1=\left[1+\left(\frac{h\nu}{kT}\right)+\left(\frac{h\nu}{kT}\right)^2+\ldots\ldots\right]-1\approx\frac{h\nu}{kT}$$

上面因（$h\nu/kT$）二級以上值太小，可略之不計，於是（1.8）式可改寫爲

$$E_\nu d\nu = \frac{8\pi kT}{c^3}\times\nu^2 d\nu$$

這正是Rayleigh-Jeans公式（（1.2）式）。

（1.8）式的結果是如此的漂亮，這很難說是偶然的，其中必蘊藏著一個非常重

要，但尚未被人們揭示出來的科學原理。於是Planck開始逆向思考，到底（1.8）式該如何求導出來？

Planck以Rayleigh-Jeans公式爲起點，檢視（1.2）式的推導過程，認爲在單位體積內，於頻率間隔ν與$\nu + d\nu$間的振動次數之表示式（即（1.6）式），並沒有不對之處，因爲它是根據駐波的性質得來的。唯一值得懷疑的是（1.7）式，即每次振動的平均能量表示式。就「古典力學」而言，因爲「振子」的能量和它的振幅平方成正比，而「振子」的振幅大小是可以連續改變的，因此，它的能量是可以連續變化。如果採用的是能量不連續的概念，就會得到和（1.7）式大不相同的平均能量表示式。

因此Planck即大膽地假設：「黑體」都是由不同頻率的「簡諧振子」所組成的。每個「振子」的能量，只能採取某一最小的能量單位ε的整數倍變化著，而這個「能量單位」（ε）和振子本身擁有的頻率（ν），有著正比關係，也就是

$$\varepsilon = h\nu \qquad (1.10)$$

（1.10）式中的h爲一比例常數，現在稱它爲「Planck常數」（Planck constant），其值爲$h = 6.626176 \times 10^{-34}$ J · sec。

換句話說，頻率爲ν的「振子」所能具有的能量值，只准是0hν、1hν、2hν、3hν……、nhν（n爲任意正整數），但絕不能是像1.27hν，2.38hν那樣帶有小數點的數值。當「振子」因輻射而減少自身的能量，也只准跳躍式地減少，例如：是從5hν跳到4hν，但不能從5hν經過4.9hν、4.8hν、4.7hν等中間數值，連續地減到4hν。因此，「黑體」只能不連續地以hν的整數倍，一份一份地發射或吸收輻射能。這也就是說：「振子」的能量是「量化」（quantized）的，每一個可能的能量狀態爲一個量子態，而其整數n就稱爲「量子數」（quantum number）。

有了上述基本概念後，再回頭來看看：頻率爲ν的振子平均能量該如何計算？設若在溫度爲T時，能量爲nhν的「振子」出現機率爲P_n，那麼，根據Boltzmann分布定律，可以寫成（1.11）式：

$$P_n = C \cdot e^{-h\nu/kT} \qquad (1.11)$$

其中C爲「歸一化」（normalization）條件所決定的常數因數。因爲「歸一化」條件是指：全部機率總和必須爲1（參考（2.31式）），所以

$$\sum_{n=0}^{\infty} P_n = 1 \qquad (1.12)$$

由（1.11）式和（1.12）式，且令$(h\nu/kT) = x$，則得：

$$C = \frac{1}{\sum_{n=0}^{\infty} e^{-nh\nu/kT}} = \frac{1}{\sum_{n=0}^{\infty} e^{-nx}} \qquad (1.13)$$

又根據數學公式，可得：

$$\sum_{n=0}^{\infty} e^{-nx} = \frac{1}{1-e^{-x}}$$

接著，上述式子二邊同時取ln，得：

$$\ln\left(\sum_{n=0}^{\infty} e^{-nx}\right) = -\ln(1-e^{-x}) \qquad (1.14)$$

於是

頻率爲ν的振子平均能量

$= \bar{\varepsilon}$

=（頻率爲ν的振子能量）×（頻率爲ν的振子出現機率）

$= \sum_{n=0}^{\infty} (nh\nu) \times P_n$

$= C\sum_{n=0}^{\infty} e^{-nh\nu/kT}(nh\nu)$ （1.11）式代入

$= \dfrac{\sum_{n=0}^{\infty} (e^{-nh\nu/kT})(nh\nu)}{\sum_{n=0}^{\infty} e^{-nh\nu/kT}}$ （1.13）式代入

$= \dfrac{\sum_{n=0}^{\infty} e^{-nx}(nh\nu)}{\sum_{n=0}^{\infty} e^{-nx}}$ （令$\dfrac{h\nu}{kT} = x$代入）

$$= (-h\nu)\frac{\frac{d}{dx}(\sum_{n=0}^{\infty} e^{-nx})}{\sum_{n=0}^{\infty} e^{-nx}}$$

$$= (-h\nu)\frac{d}{dx}\ln(\sum_{n=0}^{\infty} e^{-nx}) \qquad \text{（1.14）式代入}$$

$$= (h\nu)\frac{1}{e^{x}-1} = \frac{h\nu}{e^{h\nu/kT}-1} \qquad \text{（1.15）}$$

再將（1.6）式和（1.15）式代入（1.3）式，就可以得到Planck公式（（1.8）式）。

$$E_{\nu}d\nu = \frac{8\pi h\nu^{3}}{c^{3}} \times \frac{1}{e^{h\nu/kT}-1}d\nu \qquad \text{（1.8）}$$

Planck的理論可說是打破了「古典物理學」對微觀世界的傳統看法。但當時許多學者對Planck的大膽假設仍抱持著懷疑的態度，直到實驗事實陸續出現後（續見下文），才逐漸為人們所接受。

附帶一提的是，後來歷史事實證明，Planck的這番見解，比起當初他所想的還要來的意義深遠。在1990年時，科學家利用人造衛星，測量在宇宙邊緣處的背景輻射（background radiation），這些輻射被認為是由於宇宙誕生時的大爆炸（Big Bang）所殘留下來的餘燼，他們發現到，這一宇宙背景輻射的數據和黑體輻射定律（（1.8）式）完完全全的符合。

〔附錄1.1〕Planck提出量子假說

Planck並沒有就此滿足。他深信，在這個公式（（1.8）式）的背後一定蘊含著深刻的物理意義，正如他之後所說的那樣：「雖然這個公式是絕對精確的，但其意義僅是幸運地發現內差的公式，所以，從它建立的那天起，我面臨著尋找它的眞正物理意義的任務」。

但是，究竟什麼是新公式的物理解釋呢？Planck根據以往的工作，把公式翻譯成關於輻射原子（即「振子」）的陳述，很快地就發現其公式表明「振子」只能包含「分開」（seperate）的能量。也就是說，如果「振子」振動頻率爲ν，其能量只能是hν的整倍數（即hν、2hν……），h是數值很小的常數，即「Planck常數」（Planck constant），hν爲「振子」能量的最小單位，稱爲「量子」（quantum），它與古典物理學中任何已知的概念都是格格不入的。

Planck意識到這可能是一個重大發現，他的公式已經觸動人們描述自然的基礎，使這個基礎向一個新的、尚不明確的位置轉移。據他的兒子愛爾文回憶，1900年的12月14日，他們父子倆在柏林近郊的密林中散步，Planck告訴他：「今天，我有一項重要發現要宣布，這項發現的重要性或許只有牛頓的發現才能相比擬。」於是，在當天，Planck在柏林物理學會上報告他的研究結果，實際上是宣布拋棄對於「古典物理學」來說特有的原則：即「從一個狀態到另一個狀態必須是連續的原則，以及吸收和釋放能量必須是連續的」原則。也就是，這個原則不適用於微觀系統的「量子力學」。

稍後，Planck做了更詳盡的討論，並計算出波耳茲曼常數（Boltzmann constant）k和Planck常數h的數值。他很自豪地聲稱：對前一個常數，連Boltzmann本人也沒有想到有正確測定的可能；而後一個常數（h）的計算結果則打開微觀世界的大門。人們公認，1900年12月14日是量子論誕生日。Planck在1920年榮獲諾貝爾物理獎。

〔附錄1.2〕成功應用溯因法和內插法的典範

Planck提出量子論，是成功地應用溯因法的典範：他從一個正確的結論出發，一步步地尋找出最初的理論依據。溯因推理要求研究者把產生某一結果的原因列舉出來，而後進行綜合判斷，排除一切不可能得出結論的原因，一步步地找出最後的可靠依據，這要求研究者具有廣博的學識和極強的邏輯推理能力，誠如著名物理學家、電子論的建立者Lorentz評價Planck：「我們一定不能忘記，能閃現這樣靈感的好運氣，只有那些刻苦工作和深入思考的人。」當用溯因法找到的原因或依據與傳統理論不相符合時，需要研究者敢於衝破束縛，大膽提出新假說來說明已有的事實。

Planck在當時確實表現出非凡的勇氣，向舊理論進行無畏的挑戰，才有重大的發現。儘管他之後又覺得廣泛應用量子論是「非常冒險的」，並設法把新的假說納入古典力學的框架中，並因此徘徊了十幾年，但是他做出的發現具有的革命意義並不因他本人的態度而受損。

Planck在推導新的輻射公式時利用「內插法」。值得注意的是，一些書籍上記載，Planck的推導是在Wien定律（即（1.1）式）和Rayleigh-Jean定律（即（1.2）式）之間利用「內插法」而得，其實不然。Planck在當時並不知道Rayleigh-Jean進行的工作，在他1900年和之後的工作中都沒有引證過Rayleigh-Jean的結論。

Planck這樣敘述「內插法」：透過實驗，對某一函數得到兩個簡單的極限，在小能量時，函數能量成比例；在較大能量時，函數與能量的平方成正比。在一般情況下，選擇此函數的量等於這兩項之和，一個是能量的一次方，另一個是能量的二次方。所以，對小能量，第一項是主要的；對較大能量，第二項是主要的，這樣才得出新的輻射公式。一些書籍上所描述的「內插法」其實是對Planck所用方法的曲解。

第三節　光電效應

「光電效應」（Photoelectronic Effects）是第二個用「古典物理學」無法解釋的實驗現象。所謂「光電效應」，是指光照射在金屬表面上，使金屬中的電子獲得能量脫離金屬，因而產生電流。這種電子就稱爲「光電子」（photoelectron）。

實驗發現：只有光的頻率大於某一定値時，才會有「光電子」脫出；如果光的頻率低於此定値，則不論光的強度多大，照射時間多長，都不會有「光電子」產生；且「光電子」的能量只與光的頻率有關，而與光的強度無關，光的頻率越高，「光電子」的能量也就越大。光的強度只能影響光電子的數目，即強度越大，「光電子」的數目也就越多。因此「光電子」效應產生的電流，與光的強度成正比。

然而，根據古典電磁學理論，光的能量是由光的強度所決定，光的頻率只決定光的顏色，而與光的能量無關。光電流能否產生，以及光電子的能量大小，理應由光的強度所決定，不應由光的頻率決定。很顯然的，古典物理學理論完全不能解釋，實驗上所看到的「光電效應」現象。

爲解決此一難題，愛因斯坦（1905年）在Planck量子假設的啓發下，提出了「光量子」（light quantum）的概念。「光量子」後來改稱爲「光子」（photon）。他認爲光是一束光子流，每個「光子」有一定能量（E）和動量（P），其大小由頻率及波長所決定。

$$E = h\nu$$
$$P = h/\lambda \tag{1.16}$$

也就是說，「光子」的能量只能是一個最小單位的整數倍，而頻率爲ν的光波的最小能量單位就是$h\nu$。

引進「光量子」概念後，「光電效應」中出現的疑難，立刻迎刃而解。按照愛因斯坦的說法，當光照射在金屬表面上時，電子獲得光子的全部能量（$= h\nu$），其中部分用來克服金屬對它的吸力做功（$= W$），另一部分轉化成電子離開金屬表面時的初動能（$= \frac{1}{2}m\upsilon_0^2$）。由於光子與電子碰撞時，服從「能量守恆」和「動量守恆定律」，因此上述能量關係式可以寫爲

$$h\nu - W = \frac{1}{2}m\upsilon_0^2 \tag{1.17}$$

（1.17）式中，m表示電子的質量；υ_0是電子脫離金屬表面時的初速度，W爲電子離開金屬表面所需作的功，又稱爲「功函數」（work function）。（1.17）式是

一個「能量守恆」的關係式。因此，由（1.17）式可清楚知道，只有當入射光的頻率夠大，即入射光的光子能量夠多時，吸收光子能量後的電子，才有可能克服金屬吸力（W），而脫離金屬表面變成「光電子」。對於一定的金屬，這就存在著一個「臨界頻率」（ν'），只有在入射光的頻率超過ν'時，才可以產生「光電子」。而入射光的頻率越大，所產生的「光電子」的動能也就越大。這樣一來，就很容易理解「光電效應」的實驗規律。

附帶一提的是，在量子論發展的初期，固體比熱的研究，是繼「黑體輻射」和「光電效應」之後，又一重大難題。是愛因斯坦再次把「量子」的概念，應用在固體比熱上，獲得合理的解釋。原先有兩位法國科學家P. L. Dulong和A. T. Petit，根據一系列的實驗結果，於十九世紀初提出一個經驗法則：所有元素結晶形成的固體，都具有相同的「熱容量」（heat capacity），約為6 kcal/mol・K。後來稱之為「Dulong-Petit定律」。（某一物質的「熱容量」，相當於該物質的質量和比熱（specific heat）的乘積）。

按照古典統計學理論，基於能量按自由度平均分配的定則（即「能量平均分配原理」），一個均勻固體可看做是由「振子」所組成的系統，「振子」彼此間相互獨立，且每個振子具有三個自由度，皆以同樣的頻率來回不停的做熱振動。由於每個自由度的平均能量是「kT」（見（1.7）式），因此每莫耳固體的內能（U）是

$$U = 3 \times N_A \times kT = 3RT \qquad (1.18)$$

其中，N_A是每莫耳的原子數，即6.022136×10^{23}（Avogadro's number）；R是普通氣體常數（$R = N_A \times k = 6.022136 \times 10^{23} mol^{-1} \times 1.38066 \times 10^{-23} J/K = 8.314 J/mol \cdot K = 1.989 cal/mol \cdot k$），於是，單原子固體的莫耳熱容量是

$$C_V = \left(\frac{\partial U}{\partial T}\right)_V = 3R = 24.94 J/mol \cdot K = 5.97 cal/mol \cdot K \qquad (1.19)$$

和Dulong-Petit定律完全符合。雖是如此，隨著後來低溫技術的開發，人們將固體比熱的測量延伸至低溫領域。結果，低溫實驗數據表明：固體的「熱容量」和溫度有關，尤其是T→0K，固體的「熱容量」也會趨於零。這與（1.19）式的古典理論結果及Dulong-Petit定律，完全不一致。

於是，愛因斯坦和Debye（1907年）再次把能量不連續的概念，應用在固體內的原子振動上。他們認爲，「能量平均分配原理」有其局限性，它不能適用於低溫範圍，振動粒子的平均能量，必須依照「量子」的概念來解決。也就是把晶體看做是一個由「簡諧振子」所組成的系統。所有振子都以同樣頻率ν，互相獨立的來回振動，因此，

頻率爲ν的每個振子在每個自由度的平均能量

$$=\bar{\varepsilon}$$

$$=\frac{h\nu}{e^{h\nu/kT}-1} \quad (1.15)$$

此正是前述提及的（1.15）式。於是，固體的每莫耳內能是

$$U=3\times N_A\times\bar{\varepsilon}=3N_A\times\frac{h\nu}{e^{h\nu/kT}-1} \quad (1.20)$$

由此得到固體的莫耳熱容量（參考（1.19）式）：

$$C_V=\left(\frac{\partial U}{\partial T}\right)_V$$

$$=3R\left(\frac{h\nu}{kT}\right)^2\times\frac{e^{h\nu/kT}}{(e^{h\nu/kT}-1)^2} \quad (1.21)$$

令T_θ = hν/k，稱此爲「特徵溫度」（characteristic temperature），那麼，（1.21）式可改寫爲

$$C_V=3R\left(\frac{T_\theta}{T}\right)^2\times\frac{e^{T_\theta/T}}{(e^{T_\theta/T}-1)^2} \quad (1.22)$$

這就定量的描述了固體「熱容量」與溫度的關係。必須指出的是：

在高溫時，kT ≫ hν，因爲

$$\left(\frac{h\nu}{kT}\right)^2\frac{e^{h\nu/kT}}{\left(e^{h\nu/kT}-1\right)^2}=\left(\frac{h\nu}{kT}\right)^2\times\frac{1+\left(\frac{h\nu}{kT}\right)+\left(\frac{h\nu}{kT}\right)^2+\ldots\ldots..}{\left[\left(1+\frac{h\nu}{kT}+\ldots\ldots...\right)-1\right]^2}$$

$$=1+\frac{h\nu}{kT}+\left(\frac{h\nu}{kT}\right)^2+\ldots.\approx 1$$

代入（1.21）式，可得$C_V = 3R$，這正是前述提及的「Dulong-Petit定律」（即（1.19）式）。

反之，在低溫時，$kT \ll h\nu$，因爲

$$\left(\frac{h\nu}{kT}\right)^2 \frac{e^{h\nu/kT}}{\left(e^{h\nu/kT}-1\right)^2} \approx \left(\frac{h\nu}{kT}\right)^2 \times \frac{1}{e^{h\nu/kT}}$$

代入（1.21）式或（1.22）式可得

$$\begin{aligned} C_V &= 3R \times \left(\frac{h\nu}{kT}\right)^2 \times \frac{1}{e^{h\nu/kT}} \\ &= 3R\left(\frac{T_\theta}{T}\right)^2 \times \frac{1}{e^{T_\theta/T}} \end{aligned} \qquad (1.23)$$

當T→0K時，$(T_\theta/T)\to\infty$，因$\exp(T_\theta/T)\to\infty$的速度大於$(T_\theta/T)^2$的增大速度，所以T→0K時，$C_V\to 0$，此一推論和實驗數據相較，基本上大致符合。

至此，經過「黑體輻射」、「光電效應」、「固體比熱」等的實驗事實，Planck提出的「能量不連續」概念，才普遍引起物理學家們的注意，開始有人用它來思考古典物理學所不能解釋的重大疑難問題，其中最突出的就是「原子結構」和「原子光譜」的問題。

第四節　氫原子光譜

當原子被照光、電火花等各種方式激發時，能夠發出一系列具有一定頻率（或波長）的光譜線，這些光譜線就構成了「原子光譜」（atomic spectrum）。氫原子是最簡單的原子。宇宙中有絕大部分是由氫原子所構成的，因此氫原子光譜很早就受到人們的重視。並從實驗中發現：氫原子光譜的分布不是連續的，而是一條條分開的光譜線。

在1885年時，J. Balmer根據當時已知的在可見光區的四條氫原子光譜線，歸納出一個經驗公式：

$$\tilde{\nu} = \frac{1}{\lambda} = \frac{\nu}{c} = R_H\left(\frac{1}{2^2} - \frac{1}{n_2^2}\right) \qquad (1.24)$$

其中$\tilde{\nu}$爲波數（wave number），即波長（λ）的倒數；n_2爲大於2的正整數，即n_2 = 3, 4, 5……；R_H稱爲Rydberg常數，其值爲$R_H = 1.09677576 \times 10^7 m^{-1}$。

後來又陸續在紫外光區和紅外光區，發現其他新的氫光譜線，於是（1.24）式被推廣成如下的通式：

$$\tilde{\nu} = R_H\left(\frac{1}{n_1^2} - \frac{1}{n_2^2}\right) \quad (1.25)$$

其中，n_1和n_2皆爲正整數，且$n_2 \geq (n_1 + 1)$。

當$n_1 = 1$時，稱爲「Lyman線系」屬於「紫外光區」。

當$n_1 = 2$時，稱爲「Balmer線系」屬於「可見光區」。

當n = 3，4，5時，分別屬於「Paschen」、「Brackett」、「Pfund線系」，它們皆落在「紅外光區」。（見圖1.5）。

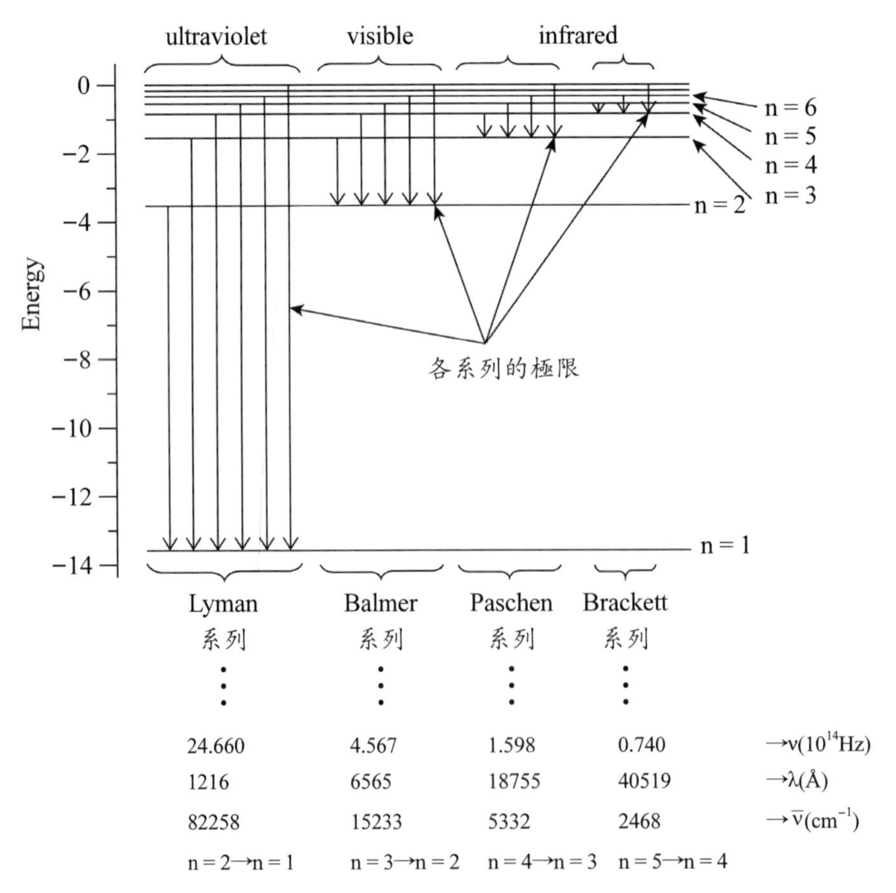

圖1.5　各種不同光譜線系的起源原因展示於此氫原子光譜

註：帶有箭頭的線越長，代表著光的頻率越高。

也就是說，氫原子的線光譜各個系別如下：

系列	n_1	n_2	光譜的區域
Lyman	1	2, 3, 4…	紫外光
Balmer	2	3, 4, 5…	可見光
Paschen	3	4, 5, 6…	紅外光
Brackett	4	5, 6, 7…	紅外光
Pfund	5	6, 7, 8…	紅外光

在1911年時，E. Rutherford根據α粒子繞射實驗，推論氫原子是由電子繞原子核運動所組成的。然而，根據古典電磁學理論，電子環繞原子核的運動是加速運動，電子做加速運動便會發出電磁波，而原子光譜正是這些輻射電磁波的產物。原子中的電子若是不斷發射電磁波，那麼它的能量就會逐漸減少；電子運動的軌道曲率半徑，也就不斷的減小，最後電子將掉到原子核裡去，並且正因爲電子能量逐漸變化，其發射出來的電磁波頻率，也應連續的改變，所得到的光譜可推想而知是「連續光譜」，這與實驗上的「原子光譜」的光譜線是各自分開的實際情形，完全不符。

爲了解此氫原子的「原子光譜」，N. H. D. Bohr於1913年綜合了Planck的量子論、愛因斯坦的光子學說、Rutherford的原子構造模型，提出了三個假設（又稱「Bohr原子模型」）：

一、「量子化規則」

原子中的電子在庫侖力作用下，只能在特定的軌道上運動，也就是說，只有在電子的「軌道角動量」（L）是（h/2π）的整數倍時，即

$$L = (h/2\pi) \cdot n \qquad (1.26)$$

其中，n = 1, 2, 3......, 稱爲「量子數」（quantum number），這樣的軌道才算是「許可軌道」（allowed orbit）。

二、「穩定態假設」

電子在「許可軌道」上運動，不吸收也不發射電磁波。換句話說，在這種軌道上運動的電子，是處於「穩定態」（stationary state），簡稱爲「定態」。能量最低的「穩定態」叫做「基本態」（ground state），其餘能量高的「穩定態」皆稱爲「激發態」（excited state）。這個假設指出了原子的普遍穩定性。

三、「頻率規則」

只有在電子從一個「穩定態」（E_m）跳躍到另一個「穩定態」（E_n）時，才會放出或者吸收輻射能。該輻射能的頻率ν，可經由（1.27）式決定：

$$\nu = \frac{1}{h}\left|E_n - E_m\right| \tag{1.27}$$

（1.27）式說明：當電子從某一高能量「穩定態」跳到另一個能量較低的「穩定態」，就會放出一個光子，其光子能量hν相當於電子能量的降低值（見圖1.6(a)）；反之，當一個電子吸收一個具有合適能量的光子，電子就會從能量較低的「穩定態」，跳到能量較高的「穩定態」，電子能量的增加相當於被吸收光子的能量（見圖1.6(b)）。這個假設指出了光譜線會各自分開的存在性。

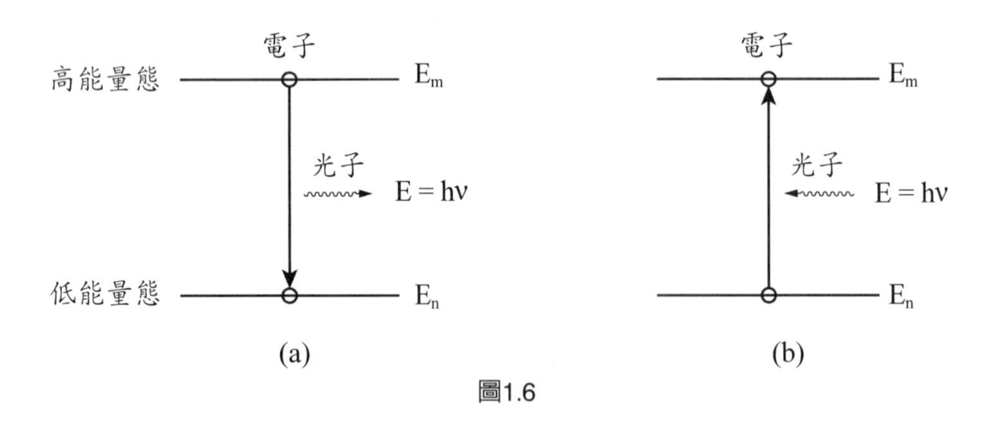

圖1.6

從上述三大假設出發，Bohr計算了氫原子在「穩定態」時的電子軌道半徑及能量，並成功的解釋了氫原子光譜公式，即（1.25）式。說明如下：

設氫原子內的電子在半徑爲r的圓形軌道上繞核運動。在「穩定態」時，電子和原子核之間的庫侖吸力是（e^2/r^2），此力將和電子做圓周運動時的向心力（mv^2/r）平衡。即（此時電子的質量是m）：

$$（庫侖吸力）\frac{e^2}{4\pi\varepsilon_0 r^2} = \frac{mv^2}{r}（向心力） \tag{1.28}$$

其中ε_0稱爲「眞空的電容率」（permitvity of vacuum），又稱爲「介電常數」，並且取$\varepsilon_0 = 8.854187816 \times 10^{-12} c^2 \cdot J^{-1} \cdot m^{-1}$。

又（1.26）式可寫爲

$$電子軌道角動量 = L = nh/2\pi = mvr \tag{1.29}$$

解上述二式，可得：

$$v = \frac{e^2}{2nh\varepsilon_0} \tag{1.30a}$$

$$電子繞原子核的半徑：r = \frac{n^2 h^2 \varepsilon_0}{\pi m e^2} \tag{1.30b}$$

電子在穩定軌道上運動的總能量E，等於電子運動的動能和靜電吸引的位能之和：

$$總能量E = 動能 + 位能 = \frac{1}{2}mv^2 - \frac{e^2}{4\pi\varepsilon_0 r} = \frac{-e^2}{8\pi\varepsilon_0 r} = \frac{-me^4}{8h^2\varepsilon_0^2 n^2}$$

將（1.30a）式和（1.30b）式代入上式之總能量E公式後，可得：

$$E_n = -\frac{me^4}{8\varepsilon_0^2 h^2 n^2} = -(13.6059eV) \times \frac{1}{n^2} \tag{1.31}$$

當$n = 1$時，$E_1 = -13.6059eV$，此爲氫原子處於「基本態」時的能量。

當$n = 2$（第一激發態），氫原子處於「第一激發態」時的能量：

$$E_2 = (-13.6059eV) \times \frac{1}{2^2}$$

當$n = 3$（第二激發態），氫原子處於「第二激發態」時的能量：

$$E_3 = (-13.6059\text{eV}) \times \frac{1}{3^2}$$

$$\vdots$$

$$\vdots$$

$$\vdots$$

如此一來，構成了由低到高的氫原子之總能階。

當電子在「穩定態」$E(n_1)$和「穩定態」$E(n_2)$間跳躍時，就會放出或吸收輻射能，其頻率應滿足（1.32a）式：（見（1.31）式）

$$h\nu = E(n_2) - E(n_1) = (13.6\text{eV})\left(\frac{1}{n_1^2} - \frac{1}{n_2^2}\right) \qquad (1.32a)$$

也就是

$$\bar{\nu} = \frac{\nu}{c} = \frac{13.6\text{eV}}{hc}\left(\frac{1}{n_1^2} - \frac{1}{n_2^2}\right) \qquad (1.32b)$$

由此可見，（1.32）式的理論結果和（1.25）式的經驗公式，基本上是一致的。值得一提的是，由於電子實際上不是繞原子核，而是繞著整個體系的質心做運動，因此，若以「簡化質量」（reduced mass）$\mu = m \times M/m + M$（m和M分別爲電子和原子核的質量），代替上述推導過程的m，就可得到非常符合實驗值的結果。

如此一來，當原子處在「穩定態」情況時，電子只能在「量子化」的軌道上運動，即不輻射能量，也就沒有能量損失，電子自然不會掉到原子核裡，於是原子可以穩定存在下去。當原子得到外界能量而被激發時，電子就會在不同能階間進行跳躍，而表現出「線狀光譜」，而不是古典物理學所認爲的「連續光譜」。

依照W. Ritz（1908年）的「組合原理」（Ritz Combination Principle），（1.25）式必須改成以下的寫法，才能更精確地算出其頻率值：

$$\bar{\nu} = Z^2 R_H\left(\frac{1}{n_1^2} - \frac{1}{n_2^2}\right) \qquad (1\text{-ㄅ})$$

Z代表元素的原子序數（atomic number）。

R_H = Rydberg常數。

$\bar{\nu}$代表波數。

n_1和n_2各代表能階。

假定是一個氫原子，氫原子中有一個質子（以p表示）和一個電子（以e表示）

$$R_H = R_{H_\infty}\left(\frac{m_p}{m_p + m_e}\right) = 1.09677576 \times 10^7\, m^{-1} \quad (1\text{-}ㄆ)$$

R_{H_∞} 代表氫原子中的一個電子移到原子核外無窮盡處時的Rydberg常數，即

$$R_{H_\infty} = 109737.3177cm^{-1} = 13.6eV$$

m_p代表質子的質量 $= 1.6726485 \times 10^{-27}$kg

m_e代表電子的質量 $= 9.109534 \times 10^{-31}$kg

因此，$R_H = 1.097373177 \times 10^7\, m^{-1} \times \dfrac{1.6726485 \times 10^{-27}\,kg}{16726.485 \times 10^{-31}\,kg + 9.109534 \times 10^{-31}\,kg}$

$$= 1.097373177 \times 10^7 m^{-1} \times 0.99945565$$

$$= 1.09677576 \times 10^7 m^{-1}$$

$$= 1.09677576 \times 10^5 cm^{-1} \quad (1\text{-}ㄇ)$$

假定氫原子的一個電子從能階$n_1 = 1$移到原子核外（即$n_2 = \infty$）

從（1-ㄅ）式便可以算出氫原子的游離能（ionization energy）。

$$\bar{\nu} = (1)^2 \times 1.0967758 \times 10^7\, m^{-1}\left(\frac{1}{1^2} - \frac{1}{\infty}\right) = 1.0967758 \times 10^7 m^{-1} \quad (1\text{-}ㄈ\text{-}1)$$

或氫原子的游離能可寫爲：

$$E = h\nu = hc\bar{\nu}$$

$$= 6.626176 \times 10^{-34} J \cdot sec \times 2.99792458 \times 10^8 m \cdot s^{-1} \times 1.0967758 \times 10^7 m^{-1}$$

$$= 21.787206 \times 10^{-19} J \quad (1\text{-}ㄈ\text{-}2)$$

「量子力學」中的能量常用電子伏特（electron Volt；簡寫eV）表示，或氫原子的「游離能」可寫爲：

$$E = \frac{21.787206 \times 10^{-19}\, J}{1.6021892 \times 10^{-19}\, J/eV} = 13.5984eV \quad (1\text{-}ㄈ\text{-}3)$$

又依據（1.30b）式，氫原子在各能階的半徑為：

$$n=1\text{（基本態）}，r = \frac{1^2 \times (6.626176 \times 10^{-27}\,\text{erg} \cdot \text{s})^2}{4\pi^2 \times (9.109534 \times 10^{-28}\,\text{g}) \times (4.803242 \times 10^{-10}\,\text{esu})^2}$$

$$= 0.0052917 \times 10^{-6} \frac{\text{erg}^2 \cdot \text{s}^2}{\text{g}(\text{esu})^2}$$

$$= 0.0052917 \times 10^{-6}\text{cm}$$

這是因為 $1\,\text{dyn} = 1\,\text{g} \cdot \text{cm} \cdot \text{s}^{-2}$

$1\,\text{erg} = 1\,\text{dyn} \cdot \text{cm} = 1\,\text{g} \cdot \text{cm}^2 \cdot \text{s}^{-2}$

$1\,\text{esu} = 1\,\text{cm}^{3/2} \cdot \text{g}^{1/2} \cdot \text{s}^{-1}$

所以上式可再寫為：$r_n = n^2 \times 0.52917 \times 10^{-8}\text{cm}$ （1-ㄉ）

故 $n = 1$（基本態），氫原子的半徑：$r_1 = a_0 = 0.52917 \times 10^{-8}\text{cm}$

$= 0.52917\text{Å}$（又稱Bohr半徑）

$n = 2$（第一激發態），氫原子的半徑：$r_2 = (2)^2 \times 0.52917\text{Å} = 2.11668\text{ Å}$

$n = 3$（第二激發態），氫原子的半徑：$r_3 = (3)^2 \times 0.52917\text{Å} = 4.76253\text{Å}$

若再考慮到元素的原子序數Z，則單一電子在原子序為Z的原子核作用下，可得：

(a) 電子只能出現在特定軌道：$r_n = \dfrac{n^2 h^2 \varepsilon_0}{\pi m e^2 Z} = (0.53\text{Å}) \times \dfrac{n^2}{Z}$

（見（1.30b）式）

(b) 能量「量子化」：$E_n = \dfrac{-me^4 \times Z^2}{8\varepsilon_0^2 h^2 n^2} = (-13.6\text{eV}) \times \dfrac{Z^2}{n^2}$

（見（1.31）式）

Bohr的理論首次打開了認識原子結構的大門，成功的說明了氫原子光譜的規律性，主要的關鍵在於：Bohr抓住了微觀世界中普遍存在著「量子化」的特性。

雖是如此，若將「Bohr理論」擴大到多電子原子的光譜結果，就會遭遇很大的困難。這是因為「Bohr理論」只是把電子的運動規律，給予「軌道化」的假設，卻仍然把電子、原子等微觀世界中的粒子，當做是「古典力學」中的質點來處理。換言之，只是在「古典力學」的基礎上，加上人為勉強的「量子化」條件而已，在本質上仍然屬於「古典力學」的範圍（所以現在稱它為「舊量子論」（old quantum theory））。這對於簡單的氫原子光譜尚可解釋，一旦面對較複雜的原子結構，立即不能適用。為此，我們有必要重新檢討形成「量子化」條件的內在原因，以期建立更新的原子結構理論。

附帶一提的是，「Bohr理論」中的「量子化」假設，雖然顯得有點武斷，並且他這種把古典物理和「量子化」混在一起的作法，也使人覺得唐突、不協調。不過，「Bohr理論」在很大範圍內，的確是很成功的解釋了許多現象。非但如此，「Bohr理論」還提供了關於原子行為的「圖像」，就這一點是後來取而代之的「量子力學」所不能做到的。「量子力學」是個道道地地的、抽象的形式論學說，其中沒有任何日常經驗或圖像可供思維，以便能快速、直觀地解釋其物理意義。因此，「Bohr理論」中所提到的能階、電子軌道等概念，從心理上，更能合乎我們這種早已習慣「古典力學」概念者的胃口。於是，「Bohr原子」之所以能成為用途最廣的模型之一，而在後來的「量子力學」中被保存下來，主要就是由於這一點。「Bohr理論」所遇到的困難，在後來誕生的「量子力學」中，逐步得到解決，因此「Bohr理論」在整個量子理論的歷史中被定位成：是由「古典力學」過渡到「量子力學」的一塊跳板。

〔附錄1.3〕原子結構的量子理論和Bohr的思想方法

歷史上許多人提出過各具特色的原子結構理論，但多數為過眼雲煙，成為歷史的陳跡。相反地，只有Rutherford-Bohr模型至今還延續著其生命力，其圖案仍大量出現在書刊和電視等媒體上，成了自然科學的標準象徵。

Rutherford（1871~1937）於1911年提出了原子的「行星模型」。根據這個模型，電子繞射做高速圓周運動，應自動輻射頻率連續變化的電磁波，所得光譜應是連續光譜；由於輻射，能量迅速減小，軌道半徑也越來越小，在極短的時間內（約10^{-12}s）便落到原子核上而「坍塌」。事實上卻是，原子發出分開的線狀光譜，並在自然界穩定存在了150億年。正由於Rutherford的原子模型會推導出原子核不穩定的結果，和現實世界的原子核穩定實況不同，導致劍橋大學及其物理所所長J. J. Thomson（1856~1940）拒絕接受它。雖然如此，卻吸引Bohr改變了原來的研究方向，全心致力於原子模型的研究。

Bohr（1885~1962）深刻分析了電子和原子核的顯著差別後指出，物質的化學性質由核外電子決定，質量和放射能則在於原子核（該詞在Bohr1913年的論文中首先使用）。Bohr首先研究處於「基本態」的原子，引入「穩定態」的概念，並計算了某些原子模型的能量。但卻在氦原子之類的問題上遭遇嚴重的困難。Bohr和他的同事們進行了廣泛的討論。Bohr認為：光譜這東西太複雜了，大概不會成為弄清原子結構的鑰匙，不必為此而枉費心機。他的朋友、著名的光譜學家H. M. Hansen反駁道：從Balmer公式看（見（1.24）及（1.25）式），光譜未必是複雜的，研究原子結構，應該要好好地聯繫和利用豐富且精確的光譜資料。Hansen的一席話使Bohr頓開茅塞，大大開闊了他的思路，使他的理論思維突然轉向原子輻射和「激發態」，走向迅速發展的正確道路。Bohr事後曾說：「我一看到Balmer公式，一切都豁然開朗了。」的確，這一公式的思路太明顯了，能由此推導出對輻射過程的量子化描述。只需用常數hc乘以（1.24）式所表示的Balmer公式，立即可以得到原子能量量子化和能階跳躍的概念。

$$hc\tilde{\nu} = hc\tilde{R}\left(\frac{1}{n_1^2} - \frac{1}{n_2^2}\right)$$

$$h\nu = \frac{hc\tilde{R}}{n_1^2} - \frac{hc\tilde{R}}{n_2^2} = \Delta E$$

其中 $\tilde{\nu} = \dfrac{1}{\lambda}$

$\tilde{R} = 1.09675576 \times 10^7 m^{-1}$（實驗值）

根據Planck和愛因斯坦的量子理論，物質輻射或吸收電磁波的能量hν等於兩穩定態能量之差ΔE，即上式中右邊兩項均代表能量。而h，c，$\tilde{R}$ 為常數，n_1和n_2都是量子化的數值，所以，它們所代表的能量是「量子化」的，能階跳躍時，所產生原子光譜的頻率取決於ΔE。受Balmer公式的啓迪，Bohr用Planck和愛因斯坦的量子和量子化概念，解釋了Rutherford的原子模型和氫原子的線狀光譜。於是，Bohr關於原子結構的量子理論便應運而生。Bohr文思泉湧，只用一個多月的時間，一組（共三篇）具有開創性的論文《論原子和分子的構成》最後於1913年4月初定稿了，時年僅28歲。

綜觀Bohr的一生，在學術上民主開放、相互協調，共同探討是成功的關鍵之一。不僅Bohr的原子結構理論如此，後來他發現的其他物理原理、W. Heisenberg的「測不準原理」和「矩陣力學」都是在激烈的爭論之中誕生的。Bohr濃厚的學術氣氛吸引了像Pauli、Heisenberg、Dirac等一批極富才華和創新精神的年輕人匯聚在他的周圍，形成了世界上力量最雄厚的「哥本哈根學派」，並使他的研究所成爲「原子物理學的首都」和「量子力學家的麥加」，而Bohr則是這個學派公認的領袖。被譽爲原子彈之父的J. R. Opphenheimer說：「Bohr那種充滿創造性的深刻思想和敏銳的、長於批判的精神，始終引導和制約著事業（量子力學）的前進，發人深省，直到最後完成。」這是對Bohr的歷史功績恰如其分的評價。

第五節　光的「波粒二像性」

在進一步探索量子理論之前，我們先來討論一個問題：光的本質究竟是什麼？光到底是「波動」還是「粒子」呢？這問題曾在物理史上，長期被爭論著。早在十七世紀末，牛頓認爲光是像「古典力學」中的質點那樣的粒子流，這可解釋光具有反射和折射等現象。到了十九世紀中，Maxwell證明光是一種電磁波，就這樣，光的波動學說戰勝粒子學說，並且在相當長的時間裡，扮演著領導地位。直到二十世紀初，愛因斯坦的光子學說，圓滿的解釋了「光電效應」這一事實，並進一步被其他實驗所證實，迫使人們第一次不得不對同一客體，採用兩種圖像來描述：**光雖然肯定是一種電磁波，但同時也是一種由光子所組成的粒子流**。見（1.16）式，振動頻率爲ν的光的每一個光子，不僅具有能量（$E = h\nu$），還具有動量（$p = h/\lambda$）。於是，代表「粒子性」的量的E和p，和代表「波動性」的量的n和λ，可經由Planck常數（h），定量地聯繫在一起。

簡單的說，光同時具有「波動」和「粒子」雙重性質，一般稱之爲光具有「波粒二像性」（Wave-Particle Duality）。這就好比人類具有雙重性格，有時是一種性格呈現出來，有時卻是以另一種性格表現出來，其意義是相似的。或者也可以比喻成像一塊銅板那樣，銅板有正反兩面，可是在偵測它時，銅板永遠是以其中的一面向上，另一面向下，絕對不會正反兩面同時出現。同樣道理，**光的波粒二種性質都是客觀存在著，只是不同場合、不同條件下，有可能顯示其中之一的特性，成爲主要方面或主導方面，而另一性質則成爲次要部分**。因此，在分析問題上，我們必須正確地從中辨明這兩種性質的主、次表現。一般而言，與光傳播有關的現象，例如，干涉、繞射、偏振等，可從光的「波動性」觀點來解釋；而在光的反射、吸收過程中，或在與實物（例如：電子）相互作用時，光的「粒子性」表現就較爲突出，因此，有關「光電效應」、「原子光譜」等現象，就可從「粒子」觀點加以解釋。但是作爲一束光的整體，光的「波動性」和「粒子性」，二者是密切相關的。

再強調一次：**「波粒二像性」是微觀粒子的基本特性**。這裡所指的微觀粒子既包括靜止質量爲零的光子，也包括靜止質量不爲零的實物微粒，像：電子、質子、原子和分子等。

第六節　微觀粒子的「波粒二像性」

雖然，接二連三的實驗事實，使我們不得不承認，光具有「波粒二像性」且是「量子化」的，但正如前述所提及的，用「Bohr理論」解釋多電子光譜時，其所遭遇到的困難，使人們強烈意識到，有必要仔仔細細檢討微觀粒子的運動規律。當時，法國的年輕物理學家 L. de Broglie，就是其中一位。

de Broglie認爲整個十九世紀物理學界對光的研究，只重視光的「波動性」，而忽略了光的粒子性；然而，對於物質的研究（例如：原子結構理論），卻恰好相反，過分重視實物的「粒子性」，反而忽略了實物的「波動性」。爲此，de Broglie在受到光具有「波粒二像性」的啓發下，於1924年提出了一個非常大膽的假設：**波動性與粒子性的雙重性質，不只限於光的現象，任何微觀粒子也都具有「波粒二像性」**。

也就是說，**物質的微粒除具有粒子性外，亦具備著波動的性質，這種波就叫做「物質波」**（material wave），**後來又稱它爲「de Broglie波」**（de Broglie wave）。de Broglie還指出，此「物質波」本身也有波長存在，其波長的計算公式，就是把愛因斯坦的公式（見（1.16）式），稍微推廣一下：

$$\lambda = \frac{h}{p} = \frac{h}{mv} \quad (1.33)$$

此乃著名的de Broglie關係式。公式的右方是與「粒子性」相關的動量p (= mv)，公式的左方是與「波動性」相關的波長λ。這二者被Planck常數h聯繫起來。換言之，Planck常數h在微粒的「粒子性」與「波動性」之間搭起一座橋梁（$h = 6.626 \times 10^{-34} J \cdot s$）。

必須指出的是：（1.33）式雖然形式上和愛因斯坦的公式（（1.16）式）相同，但在實際意義上，卻是一個全新的假定，這是因爲（1.33）式不僅僅適用於光，而且可擴大到適用於各種實物微粒上。

De Broglie所提出的「物質波」與光波不同，在用（1.16）式時，若簡單地用c代替υ就會得出互相矛盾的結果。見以下的算式：

$$E = \frac{1}{2m}p^2 = \frac{1}{2m}(me)^2 = \frac{1}{2}me^2$$

$$E = h\nu = \frac{hc}{\lambda} = \frac{hc}{h/mc} = mc^2$$

實際上，描述實物粒子與光子運動規律的相關計算公式應爲：

實物粒子

$p = \frac{h}{\lambda}$（λ — p）；$p = mv$；$\lambda = \frac{u}{v}$（λ — v）；$E = \frac{p^2}{2m}$（p — E）；$E = hv$（v — E）

光子

$p = \frac{h}{\lambda}$（λ — p）；$p = mc$；$\lambda = \frac{c}{v}$（λ — v）；$E = pc$（p — E）；$E = hv$（v — E）

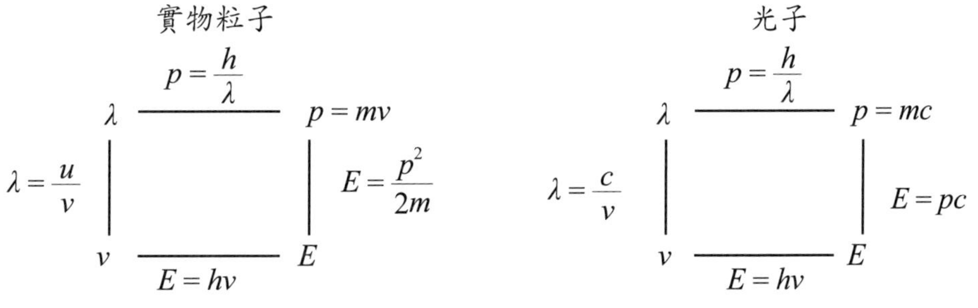

比較上述兩者算式可見，其主要差別在於：

一、光子的λ = c/υ，c既是光的傳播速度，又是光子的運動速度。

反之，實物粒子λ = u/υ，u是de Broglie波的傳播速度（又稱「相速度」），它不等於粒子的運動速度υ（又稱「群速度」），可以證明υ = 2u。

二、光子的動量：$p = mc$，光子的能量：$E = pc \neq p^2/2m$。

反之，實物粒子的動量：$p = m\upsilon$，實物粒子的能量：$E = p^2/2m \neq p\upsilon$。

三、根據「相對論」的「質能關係式」：$E = mc^2$。也就是說，具有能量E的光子，必然具有「運動質量」m，可寫爲

$$m = \frac{E}{c^2} = \frac{h\nu}{c^2}$$

故該光子的動量爲p：

$$p = mc = \frac{h\nu}{c} = \frac{h}{\lambda}$$

而光子的「靜止質量」$m_0 = 0$。

但具有「靜止質量」$m_0(\neq 0)$的微觀粒子，又稱爲「實物粒子」，如：電子、中子、質子和原子等皆是。

據（1.33）式可計算實物微粒的波長。

例如：以$1.0 \times 10^6 m \cdot s^{-1}$的速度運動的電子，其de Broglie的「物質波」波長爲

$$\begin{aligned}\lambda &= \frac{h}{p} \\ &= \frac{6.626 \times 10^{-34}\,J \cdot s}{(9.10 \times 10^{-31}\,kg) \times (1.0 \times 10^6\,m \cdot s^{-1})} \\ &= 7.0 \times 10^{-10} m\end{aligned}$$

這個波長相當於分子大小的數量級，說明原子和分子中電子運動的波效應是重要的。而巨觀粒子觀察不到波動性，例如：質量爲1.0×10^{-3}kg的巨觀粒子以$1.0 \times 10^{-2} m \cdot s^{-1}$的速度運動時，通過類似的計算，可得$\lambda = 7.0 \times 10^{-29}$m，其數值非常小，所以觀察不到該巨觀粒子的波動效應。

電子運動的波長$\lambda = h/m\upsilon$，υ是電子運動速度，它由加速電子運動的電場之電位能差（V）決定，即

$$\frac{1}{2}m\upsilon^2 = eV \Rightarrow \upsilon = \sqrt{\frac{2eV}{m}}$$

若V的單位是V（伏特），則波長為

$$\lambda = \frac{h}{p} = h / m\upsilon = h / \sqrt{2meV}$$
$$= \frac{6.626 \times 10^{-34}\,J \cdot s}{\sqrt{2 \times (9.110 \times 10^{-31}\,kg) \times (1.602 \times 10^{-19}\,C)}} \frac{1}{\sqrt{V}}$$
$$= \frac{1.226 \times 10^{-9}}{\sqrt{V}} (m)$$
$$= \frac{12.3}{\sqrt{V}} (Å)$$

由上式可知，若加速電壓為1000V，則所得波長為39pm，此時電子波長的數量級和X射線相近，故用普通光柵無法檢驗出該電子的「波動性」。

De Broglie雖提出了上述「物質波」的概念及其波長計算公式，但沒有實驗證明，這畢竟只是「紙上談兵」而已，無法眞正叫人信服。對於實驗物理學家而言，想要驗證實物粒子是否確有「波動性」存在，主要關鍵在於證明：實物粒子也和光一樣，具有干涉、繞射等現象。根據（1.33）式的$\lambda = h/mv$來計算，一般實物微粒的波長是眞的太短了。

舉例來說，一個電子以10^8cm/sec運動，電子的質量約$m = 9 \times 10^{-28}$g，那麼估計該電子的物質波波長：$\lambda = h/mv = 6.626 \times 10^{-27}/9 \times 10^{-28} \times 10^8 \approx 7 \times 10^{-8}$(cm)，就光學而言，想要使這樣短的波長的波產生繞射現象，必須小洞的口徑等於（或略小於）10^{-8}cm，製造如此小的洞，在當時的儀器及技術上，是有其困難的。

直到1927年，才由美國的C. Davisson和L. Germer，在很偶然的情況下，不經意地證實了電子具有「波動性」。他們是用一束已知動能（或者速度）的電子流，射到一個由鎳（Ni）金屬製成的晶體薄片上，因為鎳晶體內的原子，是以10^{-8}cm數量級的間距，整齊排列著，這正是一種超級精細的天然狹縫，實驗結果得到和光繞射相類似的一系列繞射圓環（見圖1.7），證實了電子也具有「物質波」。這個實驗引起科學界的普遍注意。以後又相繼用α射線、中子射線、質子射線、原子射線、分子射線等粒子流做實驗，也都同樣觀測到繞射現象，並且都符合 de Broglie的關係式（（1.33）式），當然，這些實驗在證明了解：α粒子、質子、中子、原子等實物微粒也具有「波動性」，而此些微粒是一顆顆的粒子，因此它們具有「粒子性」更是毫無疑問的。因而微觀世界的另一重要規律：**實物微粒同時具有「粒子性」和「波動性」雙重性質，即任何實物微粒皆具有「波粒二像性」**，由此完全確立。

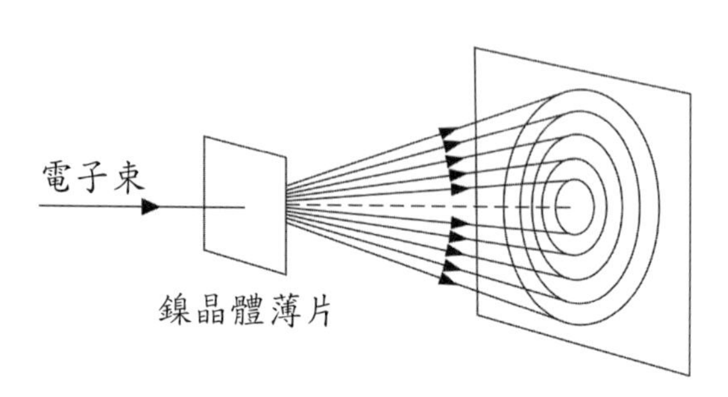

圖1.7　電子在鎳晶體薄片上的繞射實驗

第七節　de Broglie波（物質波）的本質

一般常見的波動有光波和聲波，這兩種波的性質不全然相同，前者是「橫波」（transveral wave），後者是「縱波」（longitudinal wave），那麼，我們不禁要問：實物微粒的「物質波」（material wave）究竟是怎樣一種波呢？特別是，目前已知道，實物微粒具有「波粒二像性」，其「物質波」的本質到底又是什麼呢？

在回答這個問題之前，我們先來回顧「古典粒子」和「古典波動」，它們很可能是人類長期從事巨觀物理現象研究，所形成的兩個極重要的概念。

按照古典物理說法，「粒子」是以「**各自分開**」的分布方式為主要特徵；也就是說，它具有「顆粒性」，取值是以「不連續」、「跳躍變化」方式，例如：一顆子彈、二顆子彈等，但說成2.28顆子彈或3.40顆子彈，則是毫無意義；並且，如果物體的幾何結構大小，和其運動所涉及的距離大小相較甚小，以致可以忽略時，則便可將該物體看做是一個幾何上的點，這一無大小而僅具質量的點，就叫做「質點」（particle）；它的運動狀態，可用座標r和動量p來描述；它的位置隨時間變化而在空間所形成的軌跡，就叫做「軌道」（orbit）。

就古典力學而言，「波動」則是以「**連續分布**」於空間的方式為主要特徵；一般是某個物理量做週期性的變化，且這種振動會在空間中傳播，有著波長、頻率、位相等的概念；並存在著反射、干涉、繞射、偏振等典型的現象。我們就以下面例子，再次說明「古典粒子」和「古典波動」彼此間不同的行爲。

見圖1.8。現有一挺機槍，從遠處向靶臺（T）射擊，機槍與靶臺間，有一座子彈打不穿的牆（W），牆上有兩條縫A和B。當只開縫A時，靶臺上的子彈密度分布是$n_A(x)$；若只開縫B，則是$n_B(x)$；二縫都同時打開，經過縫A與經過縫B的子彈，各不相干地一粒一粒的打在靶臺上，因此靶臺上的子彈分布，就是簡單的兩個密度之和：$n_A(x) + n_B(x)$，換言之，經過縫A的子彈在靶臺上引起的效應，與經過縫B的子彈在該處引起的效應，二者絕不相互抵銷。

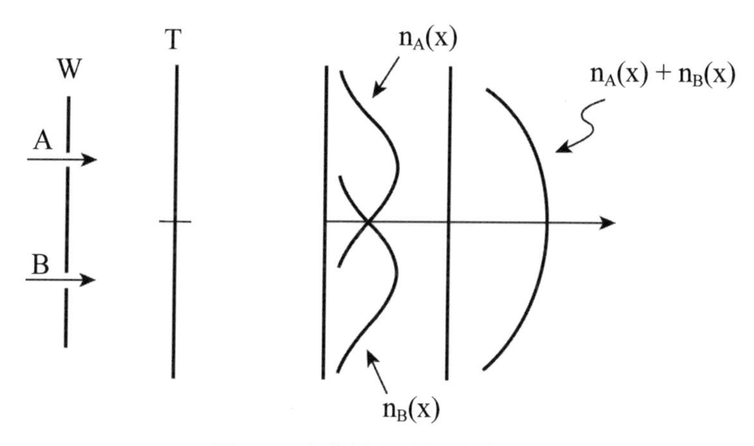

圖1.8　古典粒子的雙狹縫實驗

反之，如果通過的是「古典波動」，情況便很不相同。見圖1.9。S是一個發出固定頻率ν的光源，光源與感光底片（T）間，有一個具有雙狹縫A、B的板（W）。只打開縫A時，由於繞射緣故，在底片上的光波強度分布是$I_A(x)$；若只打開縫B，則是$I_B(x)$；二狹縫都同時打開，底片上的強度分布，並不是簡單的兩個強度之和：$I_A(x) + I_B(x)$，而是由於干涉效應，有些地方會相互抵銷，另有些地方會相互加強。要提醒的是，根據古典電磁學理論，光波強度和光波振幅的平方成正比。假設二狹縫引起的振動振幅分別是D_A和D_B，那麼在底片上的某處，若是剛好同相位，二者相互加強的結果，在該處的光波強度將是$(D_A + D_B)^2$（所以顯現波動性），而不是$D_A^2 + D_B^2$（即正比於$I_A(x) + I_B(x)$，顯現粒子性）；反之，若是處於反相位，二者相互減弱的結果，在該處的光波強度會是$(D_A - D_B)^2$（所以顯現波動性），也不是$D_A^2 - D_B^2$

（即正比於$I_A(x)-I_B(x)$，顯現粒子性）。

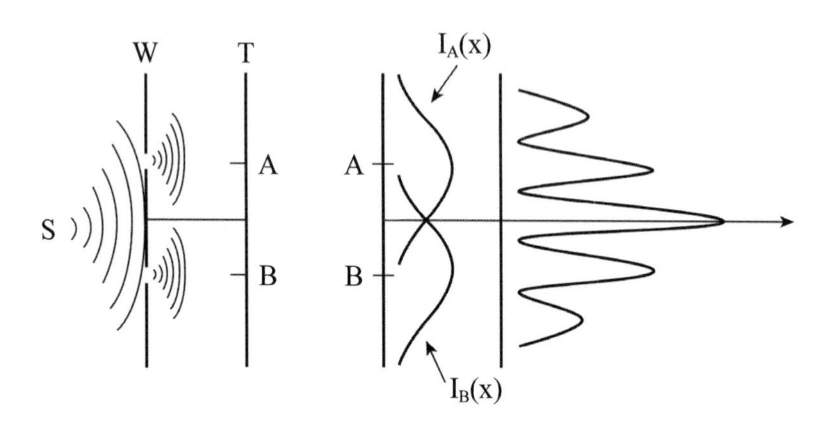

圖1.9 古典波動的雙狹縫實驗

從以上的分析中，很明顯看出：「古典粒子」和「古典波動」在經過雙狹縫時的行爲是大不相同。在上一個單元裡，我們曾提到，電子束射向晶體時，會產生繞射現象，這代表著：電子經過狹縫的行爲，非常近似於「古典波動」。

除此之外，實驗中還發現到，如果電子流的強度（即電子數）很大，則可在很短的時間內，得到完整的電子繞射相片，顯現出電子的「波動性」；但若是電子流強度很小，小到電子一個一個射出，因爲電子具有「顆粒性」，剛開始時，電子只能到達感光底片的一個點上，不能一下子得到繞射圖，雖然如此，電子每次到達的點，也並不是都重合在一起，乍看之下似乎不規則的散布在底片上，可是只要時間足夠長，通過了大量的電子，規律性會逐漸明顯，最後就會在底片上得到繞射環紋圖案，顯現出「波動性」，這說明電子的繞射現象並不是電子間相互作用的結果，而是個別電子本身固有的「波動性」所引起的統計行爲現象，換言之，電子的「物質波」實際上是電子「微粒性」的統計行爲。

就大量粒子的行爲而言，繞射強度（即波動的強度）大的地方，粒子出現的數目較多；繞射強度小的地方，粒子出現的數目便較少。就一個粒子的行爲而言，每次到達底片什麼地方，是不能準確預測的（見下文詳述），但設想這個粒子要重複進行多次相同的實驗，那麼可以想見，一定是在繞射強度大的地方，出現的機率較大；在繞射強度小的地方，出現的機率相對的也較小。

簡單的說，也就是空間中任一點的波動強度，和粒子出現的機率成正比關係。這種用統計概念的解釋方式，最早是由Born提出的，我們還會在後面章節再次介紹這種概念。

由此可見，實物微粒的「粒子」行爲，是和傳統「牛頓力學」中的「質點」概念截然不同。在「古典物理」中，「粒子」就是服從「牛頓力學」定律的「質點」，只要得知它的初始狀態、運動條件，便可準確預測出它的運動軌跡。但是具有「物質波」的電子，卻是無法確定其運動軌跡的，即電子在通過晶體後，每次會到達什麼地方，是無法準確地預測，我們只知道和波動強度大小成正比關係的電子分布機率規律而已，因而能觀測到繞射現象。並且觀測時，測到的總是整個電子，從來沒有測到過部分電子，無論是質量、能量或是電量，測到的總是整個電子所具有的量。但是有一點要注意的是，如果狹縫的寬度不夠小的話，則電子通過狹縫時，其繞射行爲將可略而不計，此時的電子運動仍可用「古典力學」規律精確地描述。

同樣的，實物微粒的「物質波」，其物理意義和傳統的波動概念（如電磁波、水波、聲波）有所不同，後者可具體的理解成：是電磁場的振動或介質質點在空間中的傳播；但「物質波」本身並沒有如此鮮明、直觀的物理意義，我們不能把一個電子誤會成像一個波動那樣，分布在一定的空間區域；也不能把電子曲解成是一種以「連續分布」爲特徵的波動。至今，我們只能把「物質波」理解成：電子在空間不同區域運動時，所出現的機率大小是由其「波動性」所控制的，波動的強度反應著電子出現的機率大小（雖然如此，「物質波」有一點和「古典波動」相似，那就是都表現出波的「干涉性」）。簡而言之，**實物微粒的「物質波」**（亦即de Broglie **波）是一種「機率波」**（probability wave）。

我們再提醒一遍，在「古典物理」中，沒有具「粒子性」的波動，也沒有具「波動性」的粒子，「波動」和「粒子」這兩個概念，是無法統一在一起的。但是，在量子世界裡，「波動」和「粒子」是一體的。要正確認識實物微粒的「波粒二像性」，就必須擺脫「波動」和「粒子」傳統觀念的束縛，也就是說，實物微粒的「物質波」和「古典波動」有所不同，實物微粒的「粒子」也和「古典力學」的「質點」不一樣。在接受「物質波」是「機率波」的解釋之後，物質的「波動性」

和「粒子性」，其彼此間的矛盾才可具體的統一在一起。

這種巨觀體系和微觀體系本質上的差異，可由以下「測不準原理」清楚地表達。

第八節　測不準原理

古典力學中的「質點」有一個特徵，就是它在任一瞬間，同時擁有確定的座標和動量（或速度），因此它運動的軌跡可以精確地被預測出來。但是，帶有「物質波」的粒子，其特點卻是不能同時擁有確定的座標和動量，它們遵循著所謂的「測不準原理」（Principle of Uncertainty）。

我們就用電子束通過單狹縫，產生繞射的粒子，來說明這種「測不準原理」的物理意義。（見圖1.10）

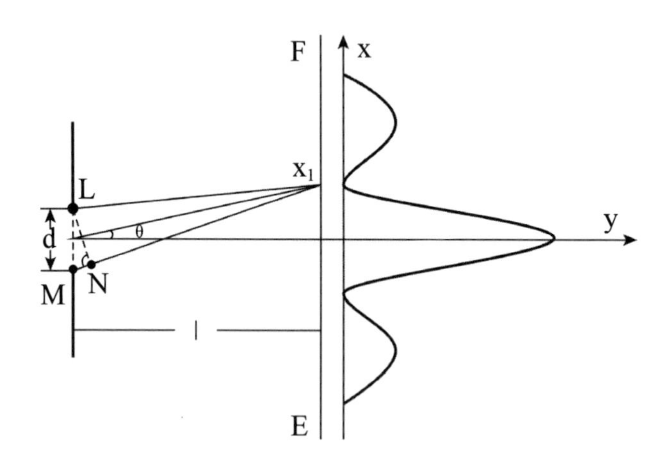

圖1.10　電子束通過單狹縫的繞射分析

當速度爲v的電子束，沿著y方向，通過寬度爲d的單狹縫後，就會在感光底片$\overline{EF}$上，觀測到光波的狹縫繞射相類似的繞射圖案或強度分布。其零級極大處在$\theta = 0$方向上，當然在底片其他地方，也有著強度分布，但和此一中心極大處相比，這些次級的極大，都是比較小的。

假設$\overline{LX_1}$和$\overline{MX_1}$分別是單狹縫的上端L和下端M到達X_1處的距離，並且設法使單狹縫和底片間的距離遠大於單狹縫的寬度（即$l \gg d$）。那麼，在$\overline{MX_1}$線上，畫一垂直線通過L，得到$\overline{LN}$線段，於是$\overline{LX_1}=\overline{NX_1}$，而$\overline{MN}$就可看做是：「物質波」通過單狹縫時，從L點和M點出發，到達底片上同一點X_1所走過的路程差。假設這一路程差$\overline{MN}$恰好等於一個波長λ，則可得

$$\overline{MN}=d\sin\theta=\lambda \tag{1.34}$$

其中，θ代表主峰連線的繞射角，如圖1.10所示。於是，從單狹縫的中央出發的「物質波」，其到達X_1的距離，會比「物質波」從L點（或M點）到X_1的距離增加（或減少）λ/2，因此，物質波若從L點和M點出發，便會在X_1處相互抵銷。而電子在通過狹縫，產生繞射後，大部分會落在−θ到+θ範圍的角度內，且從（1.34）式可看出，單狹縫寬度（d）越小，則繞射角θ越大，因此，電子通過狹縫後的運動方向，會分散得更厲害。

由於電子的繞射，使得其速度在方向上有所改變，也就是它的動量在x方向上出現了分量p_x。假設我們只考慮在零級極大處和第一級極小處間的電子，則p_x的變化範圍將會是：$0\le p_x\le p\sin\theta$。很明顯的，電子在x方向上的動量分量p_x是不確定的，其不確定程度（Δp_x）可寫成：

$$\Delta p_X=p\sin\theta=\frac{h}{\lambda}\sin\theta=\frac{h}{d} \tag{1.35}$$

（1.35）式中的第二個等號，考慮到de Broglie關係式（即（1.33）式）；而第三個等號，是參考（1.34）式得來的。並且，就在電子通過單狹縫所引起的動量不確定的同時，它在x方向上的位置，也存在著一個位置不確定程度Δx，即為單狹縫的寬度d，於是

$$\Delta x\cdot\Delta p_X=d\times\frac{h}{d}=h$$

如果把所有其他次級極大，也考慮在內，則可得

$$|\overline{\Delta x}|\cdot|\overline{\Delta p_x}|\ge h \tag{1.36}$$

其中，$|\overline{\Delta x}|$和$|\overline{\Delta p_x}|$分別代表著「位置不確定程度」和「動量不確定程度」絕對

值的平均值，這就是著名的「測不準原理」，是由Heisenberg首先提出來的。它告訴著我們，具有「波動性」的實物微粒，絕不能同時擁有精確的座標（位置）和動量。它的某位置被測量得越準確，則其相對應的動量就愈不精確；反之，亦若是。換句話說，不論怎樣測量，Δx和Δp_x的乘積都不會小於$h/4\pi$的數量級（見（1.38）式）。

嚴格來說，「測不準原理」的數學表達式，應寫爲：（我們會在另外一章證明）

$$\Delta q \cdot \Delta p \geq \frac{h}{4\pi} = \frac{\hbar}{2} \quad \left(\hbar = \frac{h}{2\pi} = 1.0545 \times 10^{-34}\ \mathrm{J \cdot sec}\right) \tag{1.37}$$

其中，Δq（$= \Delta x$，Δy，Δz）代表座標的不確定程度；Δp代表動量的不確定程度。於是上式又可分別寫爲：

$$\left.\begin{aligned} \Delta x \cdot \Delta p_x &\geq \frac{h}{4\pi} \\ \Delta y \cdot \Delta p_y &\geq \frac{h}{4\pi} \\ \Delta z \cdot \Delta p_z &\geq \frac{h}{4\pi} \end{aligned}\right\} \tag{1.38}$$

其中，座標（Δx）和動量（Δp_x）的不確定程度，可用均方根偏差來表示：

$$\Delta x = \sqrt{\overline{(x - \overline{x})^2}} = \sqrt{\overline{x^2} - \overline{x}^2} \tag{1.39}$$

$$\Delta p_x = \sqrt{\overline{(p_x - \overline{p_x})^2}} = \sqrt{\overline{p_x^2} - \overline{p_x}^2} \tag{1.40}$$

式中$\overline{x}$和$\overline{p_x}$各代表x和p_x的平均值。同理可類推至y和z的座標及動量。

必須要強調的是：（1.37）式的Δq和Δp分別代表著實物微粒的「波動性」和「粒子性」，二者用Planck常數h連繫在一起，因此，我們可以說，（1.37）式及（1.38）式反映著「波動性」和「粒子性」之間的統一及相互制約的關係。

（1.36）式、（1.37）式或（1.38）式還提到，座標和動量之不確定程度的乘積，約等於Planck常數h的數量級。這代表著，對巨觀體系而言，h是一個非常非常小的數值，因此巨觀物體在做運動時，（1.36）式裡的h，可以近似當做是零，如此一來，其「波動性」就不明顯，「測不準原理」自然也就派不上用場，所以我們認爲：**巨觀物體的運動是遵循著「古典力學」規律，可以同時擁有確定的位置和動量**。

但對於微觀體系而言，「測不準原理」對觀測上的影響，已大到不可忽視的地步。可以這麼說，因爲在微觀體系中，Planck常數的h起著「量子化」單位的作用，因此，凡是與h會起作用的物理現象，都是微觀現象，也就不能同時擁有確定的位置和動量。簡單地說，當「測不準原理」起作用時，就必須用「量子力學」來處理。因此，**「測不準原理」可以當做是巨觀體系與微觀體系的判別標準**。

一般而言，微觀粒子的「波動性」能否被觀測到，取決於de Broglie波的波長λ和粒子直徑的相對大小。如果de Broglie波的波長λ大於粒子直徑，則該粒子會有著顯著的「波動性」，可以被觀測出來。反之，de Broglie波的波長λ小於粒子的直徑，那麼該粒子的「波動性」較不顯著，不易被觀測出來。在表1.1中，我們列舉不同速度的若干粒子，其de Broglie波波長和粒子直徑的比較。

表1.1

粒子	電子	電子	氫原子	氫原子	子彈
質量m (g)	9×10^{-28}	9×10^{-28}	1.6×10^{-24}	1.6×10^{-24}	～10
速度v (cm/sec)	10^{8}	10^{10}	10^{5}	10^{8}	10^{5}
λ=h/mv (cm)	7×10^{-8}	7×10^{-10}	4×10^{-8}	4×10^{-11}	6×10^{-33}
比較	遠大於	遠大於	大於	小於	遠小於
粒子近似直徑(cm)	10^{-13}	10^{-13}	10^{-8}	10^{-8}	1
波動性	很顯著	很顯著	不顯著	不顯著	基本上沒有

請注意，從表1.1可看出巨觀物體（如子彈）的de Broglie波之波長，遠小於它自身的線性尺度，所以其波動性小到可以忽略，因此是遵循「古典力學」的運動定律。

並且，對微觀體系能量E和時間t，也有同樣的關係：

$$\Delta E \cdot \Delta t \geq \frac{h}{4\pi} \qquad (1.41)$$

其中，ΔE是能量在時間t_1和t_2時所測定的兩個值E_1和E_2之差，它不是能量在給定時間的不確定量，而是測量能量的不確定程度（ΔE）與測量所需時間的不確定程度（Δt），兩者之間所應滿足的關係。（1.41）式的由來，可看做是

$$\Delta E = \Delta\left(\frac{p^2}{2m}\right) = \frac{2p \cdot \Delta p}{2m} = v \cdot \Delta p$$

又因爲

$$\Delta x \Delta p = \left(\frac{\Delta x}{v}\right) \cdot (v\Delta p) = \Delta t \cdot \Delta E$$

因此，可以由（1.38）式很輕易推得（1.41）式，只是這種推導過程是十分的粗略。在此我們不打算用過多篇幅去推證（1.41）式，主要目的是解釋一下Δt和ΔE彼此間的關係。

（1.41）式的物理意義同（1.38）式一樣。

其意義是：粒子在某能階上存在的時間（即壽命）τ越短，該能階的不確定程度ΔE就越大，能階就越寬；只有粒子在某能階上存在的時間無限長，該能階才是完全確定的。假如有兩個能階是低能階E_a和高能階E_b，其能量都是完全準確的，它們的能階差E_{ab}就完全確定；能階之間發生跳躍時，譜線有唯一的頻率$\nu_{ab} = E_{ab}/h$，理論上它是一個無限窄的峰。

然而，事實並非如此。粒子在各能階上的壽命不是無限長，尤其被激發到高能階E_b時壽命更短（原子處於激發態的平均壽命τ約爲10^{-8}s），於是能階E_a和E_b分別展寬爲ΔE_a和ΔE_b，且ΔE_b遠大於ΔE_a（見圖1.11）。能階加寬導致跳躍不是發生在兩個確切的能階E_a和E_b之間，而是發生在一定的能量範圍內；光譜線也就不是一條無限窄的峰，而是向著ν_{ab}的左右兩側展寬。這就是爲什麼各種光譜的譜線都有一種自然寬度的原因，自然寬度無法用儀器技術的改進來消除。

也就是說，我們若想同時測量微觀體系的時間和能量，那麼其所能達到的精確度，會受到作用量子（h）的限制。例如，在後面的章節裡，我們將會提到：凡是

處於高能量激發態的電子，都是不穩定的，並且會自動自發地放出一個光子，而後跳躍到較低的能階（參考圖1.6(a)）。且處於該激發態的電子，有的會在某一時刻發生上述過程，有的會在另一時刻發生，因而處於該激發態的電子，有著一定的平均壽命τ。正由於電子處在激發態上的時間，有的長、有的短，因此，在時間上有一定的不確定程度Δt，而平均壽命可代表這種不確定程度，亦即Δt＝τ。

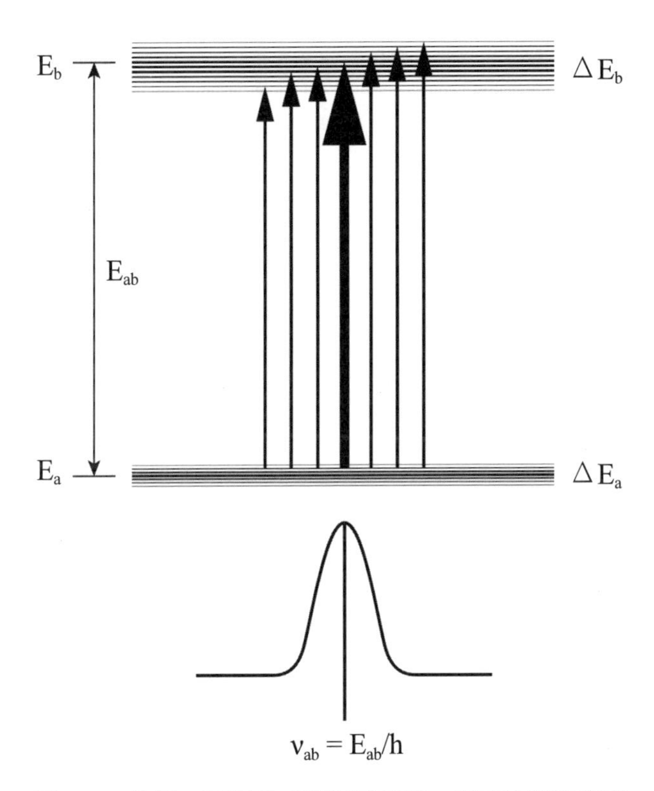

圖1.11　能量—時間的「測不準原理」導致光譜線增寬

另外，若用量子理論處理激發態的電子，會發現：處於激發態的電子，其能階並不是嚴格的單一數值，而是有著一定的寬度ΔE，稱爲「能階寬度」，如圖1.12所示。換言之，對處於激發態的大量電子而言，有的激發態能量值略高一些，而有的卻是略低一些，並非都嚴格地有相同能量值，如此一來，就有一定的「不確定程度」存在。因此「能階寬度」或能量的不確定程度ΔE，將會與處在該激發態的電子的平均壽命τ有關。τ越長，即電子存在激發態的時間越久，其所表現出的「能階寬度」（ΔE）也就越窄，這些能量相近的激發態形成一個寬帶（見圖1.12），其二者之間的關係式，正是（1.41）式。一般而言，τ約為10^{-8}秒數量級，因此由（1.41）式估算，ΔE約為10^{-7}ev數量級。又由於激發態能階彼此間通常很接近，因此電子從高能階跳到較低能階時，所放出的光譜顏色，也並非是嚴格的單一顏色，會有一定的寬度存在，此稱為光譜的「自然寬度」（natural width）。一般來說，光譜的「自然寬度」約為10^{-3}Å數量級。

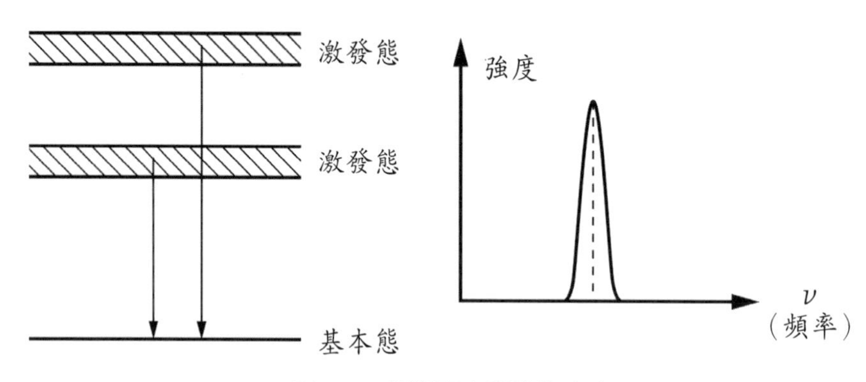

圖1.12　能階和光譜線的寬度

再次強調，（1.41）式的物理意義是：Δt是指微粒處於能量為E的狀態時所需時間的不確定程度，而ΔE則是微粒能量的不確定程度，當微粒在給定的狀態下，停留的時間越長（即Δt變大），則微粒在此狀態中能量的確定，也就越準確（即ΔE變小）。

「能量—時間測不準原理」與光譜學直接相關，因而對分子結構問題具有某種特殊的意義。利用光譜研究有機分子或無機分子在瞬間時的結構，應當注意這個問題。

若分子中某種原子有兩個不等同位置，分別對應於光譜的兩種特徵頻率，頻率之差的絕對值為$\Delta\nu$。將（1.46）式的$\tau\Delta E \geq \hbar/2$改寫成

$$\tau \geq h/(4\pi\Delta E) = h/(4\pi h\Delta\nu) = 1/(4\pi\Delta\nu)$$

由此可以算出：為區分這兩個不等同位置，原子在不同位置上需要存在的最短壽命τ應當有多長。如果實際壽命小於此值，就無法區分這兩個不等同位置。

必須指出：$\Delta\nu$與測試儀器使用的頻率有關，儀器頻率越高，為區分原子不等

同位置（即保證必要解析度，以便能分辨開來）所允許的最短壽命τ就越短，這種允許的τ也稱為「儀器的時間標度」。例如：紫外光譜的頻率高於紅外光譜，紅外光譜的頻率又高於核磁共振（NMR）譜。相應地，這些光譜儀器的時間標度由短到長：紫外光譜約為10^{-15}s，紅外光譜約為10^{-13}s，而核磁共振譜約為10^{-9}s～10^{-1}s。如此一來，導致分子在瞬間變化時在不同種類的儀器上可能測得不同結構，原因就在於此。代表性的實例是：$Fe(CO)_5$的X射線繞射表明，兩個CO在軸向，三個CO在赤道位，Fe-C鍵長分別為181.0pm和183.3pm。紅外和Raman光譜上測得結構也是三角雙錐形。然而^{13}C-NMR譜圖卻表明五個CO位置等價。PF_5的結構為三角雙錐形，軸向和赤道位P-F鍵長分別為158pm和153pm，而在173K下的^{19}F-NMR上只有一個共振峰。原因都在於振動光譜時間標度比核磁共振短得多，即使該化合物在軸向位（axial part）和赤道位（equatorial part）上快速交換，振動光譜仍能迅速「抓拍」它們的瞬間結構，區分兩種不同位置；相比之下，NMR卻像一種「慢快門照相機」，該化合物在兩種不同位置上快速交換，就被它「拍成模糊照片」而變得等同。

究竟哪些「物理量」構成「共軛對」（像（1.38）式的位置與動量及（1.41）式的能量與時間）而不能同時具有確定值？我們將在後續說明，這個問題可從「算子」的「互換性」來確定。這裡只是提醒注意，「能量—時間測不準原理」關係式與其他物理量「共軛對」的測不準關係式有微妙的區別：在「量子力學」中，「座標—動量測不準原理」關係式（1.38式）可以用「算子」去推導，而「能量—時間測不準原理」關係式（1.41式）則需要另外的特殊方法去推導。這是因為時間不是體系的一種「物理量」，而是一種參數，「量子力學」中並沒有「時間算子」。另外，也不能把τ理解成測量能量所需要的時間。

總之，「測不準原理」直接源於實物微粒的「波粒二像性」。它反映出實物微粒的運動特徵：沒有可連續、可跟蹤、可推測的運動軌道，只能知道其運動軌跡的機率分布大小而已。

「測不準原理」在「量子力學」中，扮演極重要的角色，可用以說明許許多多自然界的物理現象。我們甚至可以利用該原理，來估算出物理微觀體系的最低能量值，或者原子的最小半徑。

例1.1 試用「測不準原理」，估計氫原子系統的最低能量及氫原子半徑。

解：因爲氫原子是由一個原子核及一個電子所組成，故其總能量E爲：

$$E（總能量）= T（動能）+ V（位能）= \frac{p^2}{2m} - \frac{ke^2}{r} \tag{1}$$

$$（k = \frac{1}{4\pi\varepsilon_0}，\varepsilon_0 = 8.854187816 \times 10^{12} c^2 \cdot J^{-1} \cdot m^{-1}）$$

其中，p爲電子動量，m爲電子質量。因原子中的電子被限制在半徑r的範圍內運動，故位置的「不確定程度」$\Delta x = r$。又假設Δp代表電子的動量「不確定程度」，p於是必須不小於Δp，亦即$p \geq \Delta p$，因此電子的動能（T）寫爲

$$T（動能）= \frac{p^2}{2m} \geq \frac{\Delta p^2}{2m}$$

即T至少等於$\Delta p^2/2m$，所以(1)式的總能量E至少爲

$$E = \frac{\Delta p^2}{2m} - \frac{ke^2}{r} \tag{2}$$

又由（1.38）式知$\Delta x \cdot \Delta p_x \geq h/4\pi$，即$\Delta p_x \geq h/(4\pi\Delta x)$，
所以，$\Delta p_{min, x} = h/(4\pi\Delta x) = h/4\pi r$，代入(2)式，可得

$$E（總能量）= \frac{h^2}{32\pi^2 mr^2} - \frac{ke^2}{r} \tag{3}$$

其中，r是待求的。只有當E具有極小値時，r才能形成穩定的原子結構，於是利用(3)式：

$$\frac{dE}{dr} = \frac{-h^2}{16\pi^2 mr^3} + \frac{ke^2}{r^2} = 0$$

解得：

$$r = \frac{h^2}{k16\pi^2 me^2} \tag{4}$$

再代回(3)式，可得：

$$E_{min} = -\frac{8\pi^2 me^4 k^2}{h^2} \tag{5}$$

已知電子的質量$m = 9.10939 \times 10^{-28}$g

電子的電荷量$e = 4.80321 \times 10^{-10}$esu

Planck常數$h = 6.626176 \times 10^{-34}$J．sec

我們若將上述m、e、h等數值代入(4)式和(5)式，將會發現：

$r = 0.132 \times 10^{-10}$m，（又稱為「Bohr半徑」），參考（1-ㄉ）式。及E = −13.6 eV，參考（1.31）式，此一結果和後面章節的結果完全相同。

例1.2 試用「測不準原理」，估計一維簡諧振子的最低能量。

解：因為一維簡諧振子的總能量E為：

$$E = \text{動能} + \text{位能} = \frac{p_X^2}{2m} + \frac{1}{2}kx^2$$

其中，k為簡諧振子的力常數。由於能量是定量，所以可取能量平均值（$\overline{E}$）：

$$\overline{E} = \frac{\overline{p_X^2}}{2m} + \frac{1}{2}k\overline{x^2} \tag{1}$$

由於對稱性，故得$\overline{p_x} = 0$，$\overline{x} = 0$。

根據（1.39）式及（1.40）式，可得：

$$\Delta x = \sqrt{\overline{x^2} - \overline{x}^2} = \sqrt{\overline{x^2}}$$

$$\Delta p_x = \sqrt{\overline{p_x^2} - \overline{p_x}^2} = \sqrt{\overline{p_x^2}}$$

又已知（1.38）式：$\Delta x \cdot \Delta p_x \geq h/4\pi$，故

$$\overline{x^2} \cdot \overline{p_x^2} = \frac{h^2}{16\pi^2}$$

$$\overline{p_x^2} = \frac{h^2}{16\pi^2\overline{x^2}}$$

代入(1)式後，可得：

$$E = \frac{h^2}{32\pi^2 m\overline{x^2}} + \frac{1}{2}k\overline{x^2} \tag{2}$$

令$\overline{x^2} = a$，故(2)式可改寫為：

$$E = \frac{h^2}{32\pi^2 ma} + \frac{1}{2}ka \tag{3}$$

然後對E求極小值，即利用(3)式：

$$\frac{\partial E}{\partial a} = \frac{-h^2}{32\pi^2 ma^2} + \frac{k}{2} = 0$$

解得：$a = \overline{x^2} = \frac{h}{4\pi} \times \frac{1}{\sqrt{mk}}$

代回(3)式，可得：$E_{min} = \frac{h\sqrt{km}}{4\pi m}$

例1.3 請定性說明原子中的電子為什麼不會掉進原子核裡去。

解：這是因為電子在受到原子核吸引的同時，還因高速運動而產生離心傾向。電子越靠近原子核，受到的吸引越強，電子位置的不確定量Δx越小，當電子的活動範圍從10^{-10}m（原子的線度）縮小到接近原子核的範圍10^{-15}m時，根據「測不準原理」，電子的Δp_x必然逐漸增大。

p_x越來越大意味著電子的動能越來越大，由動能產生的抗拒電子落入原子核內的排斥傾向也就越來越大。吸引與排斥在某些特定的條件下達到平衡，就形成一個個穩定的量子態。可見，「測不準原理」保證了原子中電子可處於一個個「穩定態」（stationary state）而不會掉到原子核中使原子「塌縮」。

例1.4 可定性說明氫原子核外電子不可能處在Bohr軌道上運動。

解：不妨先假定電子處在Bohr軌道上運動，並將Bohr軌道置於xy平面上，則其z方向上座標與動量始終爲零。

$$z = 0 \quad \Delta z = 0$$

$$p_z = 0 \quad \Delta p_z = 0$$

顯然，這是違反「測不準原理」的，所以電子不可能處在Bohr軌道上運動。

例1.5　關於光譜線「自然寬度」的解釋。

解：電子在兩個不同能階間跳躍會產生光譜線。例如：電子從「激發態」（excited state）向「基本態」（ground state）跳躍，「基本態」能階是穩定的。$\Delta t \to \infty$，能量是確定的，但「激發態」能階具有一定的壽命Δt，因而能量具有一定的寬度ΔE。電子從「激發態」向「基本態」跳躍時，產生的光譜線不可能是一條幾何學上的線，而是具有一定寬度的光譜峰，這個寬度稱爲光譜線的「自然寬度」（natural width）。假定高能「激發態」的壽命$\Delta t = 10^{-9}$s，由「測不準原理」估計，$\Delta E \approx 5.3 \times 10^{-26}$J，光譜線寬度$\Delta \tilde{\nu} = \dfrac{\Delta E}{hc} \approx 0.265\text{m}^{-1}$（參考（1.24）式）。實驗測得的不是一條線，而是一個具有一定自然寬度的峰（peak）。

爲使讀者能夠再次具體掌握「測不準原理」的基本概念，在此採用Heisenberg所提出的「假想實驗」（thought experiment）來加以說明。「假想實驗」最早是由愛因斯坦所發明的。顧名思義，它是用思維方式，去假想一個與眞實物質實驗相類似的實驗設備、實驗條件和實驗過程，並進行嚴密的邏輯推理。

見圖1.13。在一個理想的絕對眞空內，S爲一理想光源，F爲一個可發射單一電子的電子槍，T爲理想測電子器。基本上，我們是根據光子照射到粒子上以後，再反射到我們的儀器T或眼睛，來觀察粒子的行動。

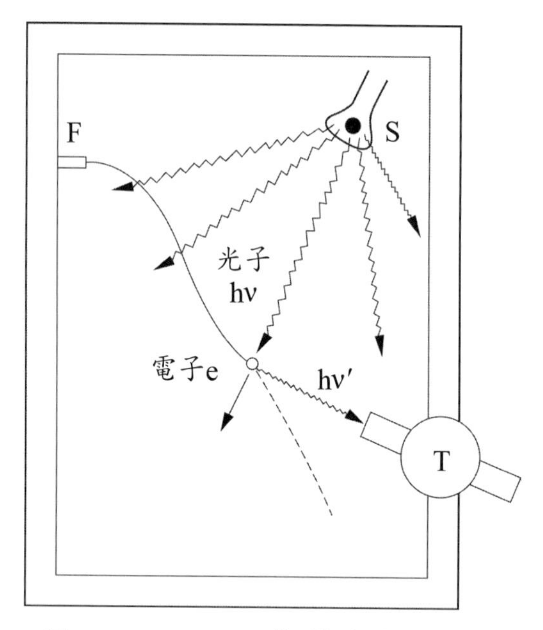

圖1.13 Heisenberg的「假想實驗」模型

註：當光子以hν能量撞擊到電子後，被測光子器（T）接收到，可藉此得知電子的位置及速度。但由於電子吸收了部分的能量，使光子的能量從hν改變成hν′，我們將因此無法同時準確地測量電子的能量和速度。

假設電子像乒乓球那樣大，這相對於光子來說，是屬於巨觀粒子，那麼光子照射到它所產生的壓力，不致於使它的運動產生任何明顯的變化，因此，我們可以藉由光子的反射，準確地觀察其運動軌跡，並測出它的運動速度，進而得知它在任一時刻的位置和動量。但假若電子是個質量甚小的微觀粒子，那麼電子將因受到光子的撞擊而改變速度。

如果要把光子的干擾盡量減小，以期不影響電子的運動速度，那就必須減少光子的能量，即減少電子被撞彈的速度，可是如此一來，因爲$E = h\nu$，這就必須減少光子的頻率、增大光子的波長。又由於光具有繞射現象，光的波長若是越大，我們將無法藉由儀器T進而確定電子的準確位置在哪裡。反之，若是用短波長的光子來照射電子，這時電子的位置雖可以被確定，但已知$E = h\nu$，波長越短的光子能量會越大，電子被光子撞彈的程度也就越厲害，電子的動量將因而無法被確定。所以電子的位置與動量間的關係，是遵循著「測不準原理」。

從上述的例子中，我們可以了解到：「測量」是待測物體與測量儀器彼此間相互作用的過程，而得到有關待測物的某些訊息。這類過程在時間和空間中進行，是一種客觀的過程。但是，待測物體和測量儀器之間的相互作用，對巨觀體系和微觀體系而言，在本質上是有很大的差別。在巨觀體系情況時，測量過程是根據「古典物理學」的定律，以一定的精密度來描述，測量儀器對待測物體不會產生影響，或者是影響小至微乎其微，可以略去不計。

但在微觀體系情況時，事情就不是那麼單純。這是因爲在「量子力學」中，微觀粒子本身就已經客觀地存在著「波粒二像性」，因此，在測量過程中，測量儀器施加在待測物體上的效應，有著顯著的變化，並且大到不可忽視的地步。以上述的例子而言（見圖1.13），爲了決定電子的位置，就必須用頻率盡可能高（即波長越短）的光「照射」，以便搜尋電子，這時，由於光子與電子發生碰撞，電子的動量（假設是p_x）發生變化，變化量Δp_x就是由（1.38）式的$\Delta p_x \geq h/(4\pi\Delta x)$所給出的。對於待測的微觀粒子而言，這種影響不能視爲很小或甚至不重要，因爲待測微粒的狀態受到光子碰撞的影響，已經被改變了。這種改變正是「測量」後的結果，於是，微粒的一些古典性質（如動量），就只能在「測不準原理」的限制範圍內（1.38）和（1.41）式，精確地被確定。

我們再強調一次，「測不準原理」是微粒「波粒二像性」的客觀反映，它並非起源於人們認知能力的不足，它只是限制了「古典力學」的適用範圍。正因爲微觀體系的運動行爲具有統計性，在本質上，它就是測不準的，而不是由於方法、技術、儀器，或者其他人爲因素所導致而成。但這絕不是說：「測不準原理」使我們對微觀世界的認識，加上了基本的限制，它只不過說明：「古典力學」的概念應用在微觀世界，是有局限性的。

附帶一提的是，「測不準原理」只說明：**想要同時精確地測量微觀粒子的位置和動量，是不可能的，也不具任何物理意義**。但「測不準原理」並非不准我們去知道，在微觀世界裡任何實際存在的眞實性質，也不是在任何的程度上，去限制人們對微觀世界的認識。它只不過限制了「古典力學」理論的適用範圍，這並不排除在特定條件下，非常精確地測量某些個別物理量的可能性。例如，有許多原子或分子，其所發出的光譜線的頻率和波長，就是當今科學界測量到的，最精確可靠的物理量之一。舉例來說：國際標準「公尺」的定義是：Kr-86原子在眞空中發射的橙色光譜，其波長的1,650,763.73倍。

我們已在前述多次強調「測不準原理」的重要性，正因爲微觀粒子受到「測不準原理」的限制，當粒子處於某一狀態時，它的物理量一般會存在著許多可能值，這些可能值各自以一定的機率出現。所以，我們需要算出這些機率。爲此，描述微觀粒子的運動狀態，必須另謀途徑。當然，新途徑的出發點，應該如實地考慮到：微觀粒子的「波動性」及其與「粒子性」彼此間的密切關係。我們將在後面章節裡，詳加介紹。

〔附錄1.4〕Einstein與Planck的爭辯

Einstein的「光量子」理論於1916年被R. A. Millikan從實驗上證實，1921年獲諾貝爾物理學獎。同時Einstein也以「相對論」聞名於世，卻不是因爲發現「相對論」獲諾貝爾獎，這是因爲當時有些著名的物理學家拒絕接受「相對論」，甚至有人說，如果因爲「相對論」而頒發諾貝爾獎的話，他們就要退回已獲得的諾貝爾獎！

儘管Einstein以「光量子」概念解釋「光電效應」而獲得諾貝爾獎，此事當然當之無愧，但科學史上的這一段舊事，卻爲人們留下許多值得思考的問題。

叫人困惑的是：「量子論」創始人Planck對Einstein的「相對論」很早就給予高度評價，但對「光量子」理論持否定態度。1913年時，Einstein被提名爲德國普魯士科學會的會員（相當於我國的中央研究院院士）。當時四位德國有名的物理學家Max Planck、Emil Warburg、Walther Nernst與Heinrich Rubens，曾共同寫了一封推薦信，他們四人高度讚揚Einstein的「相對論」成就，雖是如此，他們卻又禁不住加了一段話：Einstein在推導物理式子時，或許會迷失目標，例如，在Einstein的「光量子」假說中，對於這點，我們實在不必對Einstein太過苛責……。然而，這似乎又很奇怪，Planck本人在許多年裡一直試圖用「古典統計理論」來解釋他自己提出的「作用量子」，即Planck常數h，希望能將「量子論」納入「古典物理學」範疇，也就是Planck一直希望用「古典物理」來解釋「量子論」。當然，這種努力後來證明是不可能成功的。

Planck說過：「新理論的創造者，不知是由於惰性還是其他感情作用，對於引導他們得出新發現的那一群觀念，往往不願多做更動，他們總是很自然的運用自己全部現有的權威，來維護原來的觀點，因此，我們很容易理解阻礙理論健康發展的困難是什麼。」Planck雖看出了這一點，但他還是不能避免的犯了同樣錯誤，幸好最後Planck又回到正確物理方向。由此可知，一個新觀念、新想法的誕生，是多麼不容易啊！

第九節　測微觀物理現象的特徵

研究微觀物理現象的科學稱為「量子力學」。微觀物理現象有如下兩個基本特徵：

一、能量「量子化」

微觀物理現象的第一個特徵：

> **微觀粒子的能量不是連續變化的，而只能是跳躍式變化，即微觀粒子的能量是「量子化」的。**

例如，原子的能量就是不連續的，所以原子發射出光的波長也是不連續的，因此，原子光譜是線光譜。

二、測不準原理

微觀物理現象的第二個特徵：

> **微觀粒子的座標和動量是不能同時具有確定值的，這稱為「測不準原理」。**

若以x表示微觀粒子在x軸方向的座標，p_x表示微觀粒子的動量在x方向的分量，Δx和Δp_x分別表示微觀粒子的座標及動量在x軸方向分量的測定值與平均值之差：

$$\Delta x = |x_{測量值} - x_{平均值}|$$

$$\Delta p_x = |p_{x,\,測量值} - p_{x,\,平均值}|$$

則Δx和Δp_x之間存在如下關係：

$$\Delta x \cdot \Delta p_x \geq \frac{\hbar}{2} \tag{1.38a}$$

其中，$\hbar = \frac{h}{2\pi}$，因爲$h = 6.626 \times 10^{-34} J \cdot s$，所以$\hbar = 1.054 \times 10^{-34} J \cdot s$。

同樣，在y軸及z軸方向也存在與（1.38a）式類似的關係：

$$\Delta y \cdot \Delta p_y \geq \hbar/2 \tag{1.38b}$$

$$\Delta z \cdot \Delta p_z \geq \hbar/2 \tag{1.38c}$$

（1.38a）式～（1.38c）式都稱「測不準原理」。由此「測不準原理」可知：對於一個微觀粒子，如果它在x，y或z任何一個方向上具有確定的動量，那麼它在這個方向上的座標就是不確定；反之，如果它在x，y或z任何一個方向上的座標具有確定值，那麼它在此方向上的動量就是不確定的。

由於巨觀物體的座標及動量的測量誤差會遠大於$\hbar$，也就是說，與巨觀物體的座標及動量的測量誤差相比，$\hbar$的數值近乎爲零。因此，**利用「測不準原理」來判斷巨觀物體在某一方向上的座標或動量的不確定性是沒有意義的**。

上述特點決定了微觀粒子的運動規律不會服從「古典力學」，而是服從「量子力學」。這也是「舊量子論」只能解釋個別實驗現象，而不具有普遍性的原因。

最後，必須要說明的，初學者經常會問：我們怎麼知道何時用「古典力學」、何時用「量子力學」來分別處理巨觀系統或微觀系統的問題呢？

「測不準原理」爲檢驗和判斷「古典力學」適用的場合和限度提供了客觀標準。凡是可以把Planck常數（h）看做零的場合都是古典場合，粒子的運動規律可以用「古典力學」處理；凡是不能把Planck常數（h）看做零的場合都是量子場合，微粒的運動規律必須用「量子力學」處理。

「測不準原理」關係式（見（1.38）式）藉助Planck常數h來定量表述，作爲座標與動量及時間與能量等一些成對的「物理量」（（1.38）式及（1.41）式）不能同時準確測定的限度，在微觀量子現象中具有基本的意義。由於Planck常數非常小，所以這種測不準量也非常小，只有在微觀體系中才能顯現出來。在「測不準原理」關係的限制下，即測量誤差可以略去的巨觀現象中，軌道概念可以近似適用。因此嚴格地說，「古典力學」是「量子力學」的近似理論，二者的界線則由「測不準原理」關係式（即（1.38）式）劃分。這是我們應用「測不準原理」關係式解題的基礎。

〔附錄1.5〕光量子論的建立和愛因斯坦的思想方法

對於光的本質，各持「微粒說」和持「波動說」的科學家們曾進行了長期而激烈的爭論。這兩種理論就像鯊魚和老虎一樣，它們在各自的活動範圍內（海洋與陸地）稱王稱霸，而在對方的領域卻一籌莫展。當R. E. Maxwell（1831~1879）的電磁理論解決了光的傳播問題之後，「波動說」占據了絕對的優勢。但是，Einstein（1879~1955）沒有完全迎合時髦的理論，他清楚地看到了它的缺陷：「當人們把波動理論應用到光的產生和轉化現象上去時，這個理論會導致和經驗相矛盾。」Einstein從科學文獻中選擇了與「波動說」相矛盾的三個例子：「螢光現象」、「光電效應」和「紫外線引起的氣體放電」。爲了解決這個矛盾，他大膽地把Planck的量子假設加以合理化的推廣，提出了光的「量子論」。

Planck提出量子假設後，遭遇到的是譏諷和反對。正當Planck猶豫徬徨之際，Einstein敏銳地看到「量子論」隱含的普遍意義，並引進到光輻射的研究中。他認爲，既然光束能從金屬中轟擊出電子，而電子是公認的粒子，那麼光也應是粒子，因爲只有粒子才容易打出粒子，波不容易打出粒子；電磁波不只是在吸收或輻射能量時是量子化的，實質上光的本質就是量子化的，是由能量粒子所組成的。這就是Einstein於1905年3月（年僅26歲）發表的著名論文《關於光的產生和轉化的一個啓發性的觀點》中的主要思路。

從「光量子論」的形成過程中，可以看出Einstein的思想方法是：

一、聯想法

他把「波動說」無法解釋的「光電效應」現象與「Planck的量子假設」聯繫起來思考問題，不僅矛盾迎刃而解，還創建了新的理論。

二、很強的獨立思考能力和批判精神

Einstein很重視培養創新性思維能力和獨立思考能力，不迷信書本和權威，不盲目崇拜，對自己和他們的成果都持批判的態度，這是他取得革命性成果的前提之一。他說：「發展獨立思考和獨立判斷的一般能力，應當始終放在首位。如果一個人掌握了他人的學科的基礎理論，並且學會了獨立思考和工作，他必定會找到自己的道路，而且比起那種主要以獲得細節知識爲其培訓內容的人來，他一定會更好地適應進步和變化」。

三、豐富的想像力

「想像力是科學的設計師。」Einstein被認爲是「人類歷史上最富創造才智的人」。這與他超人的想像力密切相關。他說：「提出一個問題往往比解決一個問題更重要，因爲解決一個問題也許僅是一個數學上或實驗上的技能而已。而提出新的問題，新的可能性，從新的角度去看問題，卻需要有創造性的想像力，而且標誌著科學的眞正進步」。

四、物質世界統一性的思想

Einstein把探索和理解自然界的統一性作爲他的最高目的，並貫穿於他的一生。他提出「光量子論」，就是爲了消除「微粒」和「連續場」之間形式上的分歧，而賦予光的本質是「波粒二像性」，把光的「微粒說」和「波動說」在更高的層次上統一起來。「相對論」的建立也是如此。晚年，他以主要精力試圖建立包括四種相互作用力（重力、電磁力、強作用力和弱作用力）的統一理論，是他的統一性思想的典範。

Einstein除了創立作爲現代科學技術的兩大支柱——「量子力學」和「相對論」之外，還在「分子運動論」、「表面張力」和「毛細張力」、「毛細現象」、「光化學」、「熱力學」、「量子統計」、「電化學」、「統計熱力學」及「雷射」等領域做出了卓越的貢獻。他不愧是物理學革命的先驅者，也是二十世紀最偉大的科學家和富有探索精神的思想家。

〔附錄1.6〕【原子單位制】

用「量子力學」處理原子和分子時，為了使更加簡化，常採用「原子單位制」（atomic units，簡稱a.u），在這個單位制中規定了質量、電荷、長度和能量單位作為基本單位：

$$k=\frac{1}{4\pi\varepsilon_0}$$

$\varepsilon_0 = 8.854187816\times10^{12}c^2\cdot J^{-1}\cdot m^{-1}$

1個原子單位質量 = 電子的質量m = 9.109×10^{-28}g = 1a.u質量

1個原子單位電荷 = 質子的電荷e = 1.602×10^{-19} coulomb（庫侖）= 1a. u電荷

1個原子單位長度 = Bohr半徑 $a_0=\frac{\hbar^2}{kme^2}=0.529\times10^{-10}$ m = 1a.u長度

1個原子單位能量 = $\frac{ke^2}{a_0}$ = 27.2eV = 1a.u能量

Boltzmann's constant k = 1.381×10^{-23} = J/°K

Avogadro's constant L = 6.022×10^{23} l/mol

練習題（習題詳解見本書第417頁起）

1.1 太陽光譜中有一叫弗朗霍費（Frauhofer）B的光譜線，其波長為6867Å，試求該光譜線的頻率、波數及其光子的能量和動量。

1.2 如果一個電子跑出金屬鉀表面所需的能量為1.8eV，計算產生光電流照射光的波長λ，光子的質量和動量。

1.3 若用波長為2000Å的光照在金屬銀上，使之產生光電效應，測得銀放出的光電子動能為2.29×10^{-19}J。求銀的臨界頻率是多少？若改用1500Å的光照射，則放出的光電子的動能又是多少？

1.4 波長相等的光子和電子其能量為相等或不相等？

1.5 (A)一個光子和(B)一個電子各有1eV的動能，它們的波長各是多少？

1.6 計算下列光子的質量和能量：

(A) 波長為401400pm相當於鉀的紫色光的光子。

(B) 波長爲0.2pm的γ射線光子。

1.7 計算一個電子在電位100Volt中所得到的(A)速度，(B)動能，(C)波長。

1.8 Hertz實驗證實了原子能量是量子化的。實驗中用電子撞擊Hg原子，測量得到電子損失的動能爲4.9eV，同時測量到被撞擊的Hg原子發出波長爲2536×10^{-10}m的電磁輻射（紫外線）。試由此說明Hg原子的能量是量子化的。

1.9 求H原子光譜中Balmer線系光譜線的波數和光譜線的極限。

1.10 在氫原子光譜的Balmer系中，波長最長的一條光譜線的波數是多少？波長是多少？頻率是多少？

1.11 將鋰在火焰上燃燒，放出紅光，波長$\lambda = 670.8$nm，這是鋰原子由電子組態$(1s)^2(2p)^1 \rightarrow (1s)^2(2s)^1$跳躍時產生的，試計算該紅光的頻率、波數以及以kJ-mol^{-1}爲單位的能量。

1.12 含有鋇（Barium）的物質在本生燈上燃燒，鋇原子便會發生一個電子的轉移能3.62×10^{-12}erg。應用這個資料，判斷一個不明樣品中，如果含有鋇的物質在本生燈上燃燒會發現什麼彩色的火焰。

1.13 解釋光譜線存在一定的自然寬度的原因。

1.14 如果氫原子的電子激發到一個態的能相當於10.2eV，當這個原子回復到它的基本態（ground state）時，它放射出的波長是多少？（1eV= 1.602×10^{-19}J）

1.15 氫原子光譜可見波段相鄰4條光譜線的波長分別爲656.47，486.27，434.17和410.29nm，試通過數學處理將光譜線的波數歸納成下式表示，並求出常數R及整數n_1，n_2的數值。

$$\tilde{\nu} = R\left(\frac{1}{n_1^2} - \frac{1}{n_2^2}\right)$$

1.16 (A) 計算氫原子中的電子由n = 4能級跳躍到n = 3能級時，發射光譜的頻率和波長（μm）。

(B) 該輻射的波長屬於電磁波的哪一個光譜區？

1.17 (A) 表示出可見光譜（visible spectrum）的波長範圍和彩色的位置。

(B) 當鹼金屬（alkali metal）和鹼土金屬（alkali earthmetal）的物質在本生燈

上燃燒會發射出獨特火焰的光彩，從這些獨特的光彩用來定性試驗判別元素的存在。

已知含鉀物質燃燒發射光的頻率（frequency）是在$7.41\times10^{14}s^{-1}$，如果KCl在本生燈上燃燒將會發現什麼彩色的光。

1.18 從基本原理導出

(A) 氫原子的電子軌域n = 1時的Bohr半徑a_0 = 0.53Å。

(B) 電子的能量。

(C) 電子的速度。

(D) 電子的頻率。

1.19 計算一個Bohr氫原子，當電子的軌域n = 4時：

(A) 電子的波長。

(B) 軌域的圓周長度。

(C) 圓周長度和波長的比例。

1.20 依據Bohr原子說：一定軌域的能量和其半徑的乘積是一個常數，計算這個常數值。

1.21 鈉（Na）原子的第一「游離能」（Ionization energy）約是氫原子「游離能」的$\frac{2}{5}$，假定Bohr方程式可適用於Na原子的外層電子，計算Na原子第一「游離能」相當的有效核電荷Z是多少？

1.22 根據Bohr理論，計算H原子的第一Bohr軌域半徑（nm）和電子在此軌域上的能量。

1.23 對於氫原子

(A) 分別計算從第一激發態和第六激發態跳躍到基本態所產生的光譜線之波長，說明這些光譜線所屬的線系及所處的光譜範圍。

(B) 上述兩光譜線產生的光子能否使：

(I) 處於基本態的另一氫原子電離？

(II) 金屬銅中的銅原子電離（銅的功函數爲7.44×10^{-19}J）？

(C) 若上述兩光譜線所產生的光子能使金屬銅晶體的電子電離，請計算從金屬銅晶體表面所發射出的光電子，其de Broglie的波長。

1.24 求H原子的基本態和第一激發態之間跳躍所產生的光譜線之波長，和H原子光譜的短波極限。

1.25 光（包括電子等微觀粒子）具有粒子性及波動性的實驗依據是什麼？如何正確理解微觀粒子運動的「波粒二像性」。

1.26 對一個運動速度$\upsilon \ll c$（光速）的自由粒子，有人進行了如下推導：

$$m\upsilon \overset{(1)}{=} p \overset{(2)}{=} \frac{h}{\lambda} \overset{(3)}{=} \frac{h\nu}{\upsilon} \overset{(4)}{=} \frac{E}{\upsilon} \overset{(5)}{=} \frac{1}{2}m\upsilon$$

結果得出$m\upsilon = \frac{1}{2}m\upsilon$的結論。上述推導錯在何處？請說明理由。

1.27 計算下列粒子的de Broglie波長：

(A) 動能爲50eV的電子

(B) 動能爲5×10^6eV的電子

(C) 速度爲$1000\text{m}\cdot\text{s}^{-1}$的氫原子

(D) 速度爲$1000\text{m}\cdot\text{s}^{-1}$，質量爲10g的子彈。

1.28 證明類氫原子中Bohr軌域的周長等於在該軌域中運動的電子de Broglie波波長的整數倍。若氦原子的Bohr軌域周長三倍於該軌域中電子的de Broglie波波長，求該電子的能量？

1.29 計算下列粒子的de Broglie波長，並說明這些粒子能否被觀察波動性？爲什麼？

(A) 彈丸的質量爲10g，直徑爲1cm，運動速度爲$10^3\text{m}\cdot\text{s}^{-1}$。

(B) 電子質量爲9.1×10^{-28}g，直徑爲2.8×10^{-13}cm，運動速度爲$10^6\text{m}\cdot\text{s}^{-1}$。

(C) 氫原子質量爲1.6×10^{-24}g，直徑爲7×10^{-9}cm，運動速度爲$10^3\text{m}\cdot\text{s}^{-1}$。

(D) 假如氫原子速度加快到$10^6\text{m}\cdot\text{s}^{-1}$，結果怎樣？

1.30 對光而言，動量$mc = \frac{h}{\lambda}$，波長$\lambda = \frac{c}{\nu}$，這兩公式對實物粒子是否適用？若不適用，應做何修正？

1.31 在1×10^3V電場中加速的電子，能否用普通光學光柵（柵線間距爲10^{-6}m）觀察到電子的繞射現象？若用晶體作爲光柵（晶面間距爲10^{-11}m），又如何？

1.32 (A) 某電子速度爲光速的$\frac{1}{137}$，試求其de Broglie波長。

(B) 在等式$\lambda = \frac{h}{mv} = \frac{h}{p}$中，你認爲m是粒子的靜止質量，還是相對論質量？

1.33 電子的「波動性」可用什麼實驗來證實？這是不是說電子以波浪方式前進呢？

1.34 電子兼具「波動性」的實驗基礎是什麼？巨觀物理有沒有「波動性」？「任何微觀粒子的運動都是量子化的，都不能在一定程度上滿足『古典力學的要求』」，這樣的說法是對的嗎？

1.35 一個自由電子具有能量1.6022×10^{-18}J，求其波長。

1.36 從放射性元素鐳（Ra）放射出來的α質點有一個4.8MeV（million electron Volts）的能，計算這些α質點中一個質點的de Broglie波長。

已知資料：α質點的質量 = 6.6×10^{-24}g

$h = 6.626 \times 10^{-27}$erg · s

1.0MeV = 1.602×10^{-6}erg

1erg = 1g · cm^2 · s^{-2}

1.37 有一個電子的動能是13.6eV，計算它的波長。

1.38 試用「測不準原理」計算汽車（質量1000kg，速度60km/h）、子彈（質量10g，速度2000m · s^{-1}）和氫原子（速度2×10^3m · s^{-1}）的Δx值，並回答這些客體是否具有「古典力學」意義上的軌跡？假設這些客體速度的測量誤差均爲其速度值的10%。

1.39 子彈（質量0.01kg，速度1000ms^{-1}）、塵埃（質量10^{-9}kg，速度10ms^{-1}）、做布朗運動的花粉（質量10^{-13}kg，速度1ms^{-1}）、原子中電子（速度1000ms^{-1}）等，其速度的不確定均爲原速度的10%，判斷在確定這些質點位置時，「測不準原理」是否有實際意義？

1.40 根據「測不準原理」，試說明具有動能50eV的電子，通過週期爲10^{-6}m光柵時，能否產生繞射現象？

1.41 解釋原子核外運動的電子爲什麼不能落到原子核內？

1.42 小球的質量為2×10^{-6}kg，若其重心的位置能夠準確到2×10^{-6}m，問相應的速度不準確量有無實際意義？

1.43 已知鈉黃線589.6nm和589.0nm分別是Na原子最低的兩個激發跳躍時發射的光譜線，該兩激發態平均壽命為1.5×10^{-8}s，求這兩個激發態能階的平均寬度。（提示：利用「測不準原理」）

1.44 電子和質量為0.05kg的子彈均以300m・s^{-1}的速度運動。若速度的不確定範圍均為0.01%，計算並比較它們最小可能的位置的不確定範圍。

1.45 解釋實物粒子的運動無確定軌道的原因。

1.46 一個電子限於一直線範圍運動，此長度數量級約為一個原子直徑（≈0.1nm），問其速度的最小不準確量是多少？

1.47 假設電視機顯像管中運動的電子的加速電壓為1000V，電子加速後的波長如何？若電子運動速度的不確定度$\Delta\upsilon$為速度的10%，判斷電子的波性對螢光幕上成像有無影響？

1.48 已知α粒子的質量為6.65×10^{-27}kg，一個具有8.011×10^{-13}J能量的α粒子穿過原子時，可否用「古典力學」來處理？若設槍彈質量為20g，飛行速度為1000m・s^{-1}，求槍彈的de Broglie波長，並討論有無必要以波動力學來處理。

1.49 什麼叫測不準關係？為什麼巨觀粒子的位置和速度可以測得很準確，而微觀粒子卻不能？

1.50 電子的de Brogile波長為

(A)$\lambda = h/p$　(B)$\nu = c/\lambda$　(C)$\lambda = \Delta x\Delta p_x$

1.51 對於實物微觀粒子，下列哪一式成立

(A)$E = h\lambda$　(B)$\nu = c/\lambda$　(C)$\lambda = h/p$

1.52 下列關於原子單位的描述中，選出不正確的。

(A) 角動量以$\hbar$為單位。

(B) 電荷以電子電荷的絕對值為單位。

(C) 長度以Bohr半徑a_0為單位。

(D) 能量以Hartree為單位，約為27.2eV。

第二章　量子化學常用的簡單數學工具及基本假設

在正式介紹「量子力學」原理及其應用之前，我們先來介紹一些在「量子力學」裡常用的數學工具，在這裡我們不準備做深入解說，純粹只是爲了後面的主題，預先鋪路而已。

第一節　二階線性常微分方程式

通常我們會遇到以下寫法的二階線性常微分方程（Second order linear ordinary differential equtation）：

$$\frac{d^2y}{dx^2} + P(x)\frac{dy}{dx} + Q(x)y = g(x) \tag{2.1}$$

或者寫成

$$y'' + P(x)y' + Q(x)y = g(x) \tag{2.2}$$

其中，P(x)、Q(x)、g(x)皆爲x的函數。

所謂「二階」，是指（2.1）式和（2.2）式的最高階導數是二階。

所謂「線性」，是指（2.1）式和（2.2）式中，只出現未知函數（y）及其導數（d^ny/dx^n）的一次式。

所謂「常微分方程式」，是指其中只包含一個獨立變數（即x）。

在（2.1）式和（2.2）式中，若g(x) = 0，則該微分方程式稱爲「齊次式」。

解微分方程式的方法有很多種，在此只介紹兩種在後面章節裡經常會用到的方法：

一、分解因式法

假設微分方程式如

$$y'' + py' + qy = 0 \tag{2.3}$$

若（2.3）式可看成是個二次方程式：$m^2 + pm + q = 0$，且可得二個不等同的根m_1和m_2，即：

$$m_1 = \frac{1}{2}\left(-p + \sqrt{p^2 - 4q}\right)$$
$$m_2 = \frac{1}{2}\left(-p - \sqrt{p^2 - 4q}\right) \qquad (2.4)$$

那麼（2.3）式的通解爲

$$y = C_1 e^{m_1 x} + C_2 e^{m_2 x} \qquad (2.5)$$

其中，C_1和C_2是任意常數。在實際應用上，想要確定這些常數，必須運用「邊界條件」（boundary condition）。而所謂「邊界條件」，我們會在下一章應用例子中提到。

例2.1 試求$y'' - 4y' + 3y = 0$的通解。

解：因爲可看作是$m^2 - 4m + 3 = 0 \Rightarrow (m - 3)(m - 1) = 0$，故此方程式的根是3和1，所以該方程式的通解是

$$y = C_1 e^{3x} + C_2 e^{x}$$

例2.2 試求$y'' - 8y' + 25y = 0$的通解。

解：因爲可看作是$m^2 - 8m + 25 = 0 \Rightarrow [m - (4 + 3i)][m - (4 - 3i)] = 0$，此方程式的根是$4 \pm 3i$，所以該方程式的通解是

$$y = e^{4x}(C_1 e^{3ix} + C_2 e^{-3ix})$$

在「量子化學」裡，我們會經常碰到以下的二階微分方程式：

$$\frac{d^2y}{dx^2} + w^2 y = 0 \qquad (2.5a)$$

或寫成：

$$y'' + w^2 y = 0 \tag{2.5b}$$

其中w是一個實數（real number）。由於看作是$x^2 + w^2 = 0$，故此方程式的根是$\pm wi$，所以該方程式的通解是

$$y = c_1 e^{iwx} + c_2 e^{-iwx} \tag{2.6}$$

根據Euler公式，可知：

$$\left.\begin{aligned} e^{+ix} &= \cos x + i\sin x \\ e^{-ix} &= \cos x - i\sin x \end{aligned}\right\} \tag{2.7}$$

將（2.7）式代入（2.6）式，可得：

$$\begin{aligned} y &= c_1(\cos wx + i\sin wx) + c_2(\cos wx - i\sin wx) \\ &= (c_1 + c_2)\cos wx + i(c_1 - c_2)\sin wx \\ &= d_1\cos wx + d_2\sin wx \end{aligned} \tag{2.8}$$

其中 $d_1 = c_1 + c_2$

且 $d_2 = i(c_1 - c_2)$

由此可知，凡是型如：（2.5）式的二階線性微分方程式，我們可以求得「用虛數表示的解」（即（2.6）式）或「用三角函數求得的解」（即（2.8）式）：

$$y = c_1 e^{iwx} + c_2 e^{-iwx} \tag{2.6}$$

或寫成：

$$y = d_1\cos wx + d_2\sin wx \tag{2.8}$$

再說一次，如果要解（2.5）式的二階線性微分方程式，可得其解分成二種：（2.6）式或（2.8）式，至於哪一種解最好，完全視方便而定。

二、級數展開法

假設微分方程式如：$R(x)y'' + P(x)y' + Q(x)y = 0$ （2.9）

其中R(x)、P(x)、Q(x)都是x的函數，就可以用級數求解，也就是，令

$$y = a_0 + a_1x + a_2x^2 + \cdots + a_nx^n \cdots \qquad (2.10)$$

一次微分後得

$$y' = a_1 + 2a_2x + \cdots + na_nx^{n-1} + (n+1)a_{n+1}x^n + \cdots \qquad (2.11)$$

二次微分後得

$$y'' = 2a_2 + 3 \cdot 2a_3x + \cdots + n \cdot (n-1)a_nx^{n-2} + (n+1)na_{n+1}x^{n-1} + (n+2)(n+1)a_{n+2}x^n + \cdots \qquad (2.12)$$

將（2.10）式、（2.11）式、（2.12）三式代入（2.9）式內，由於（2.9）式的等號右邊是零，因此等號左邊的每個係數，也都必須等於零，於是就可容易推導出該微分方程式的通解。

例2.3 試求$y'' - y = 0$且滿足$y(0) = 1$，$y'(0) = 1$初始條件的通解。

解：此微分方程式，可用先前所介紹的解法（因式分解法），立即求得通解。但在這裡，我們故意採用級數求解法，來闡明該法的用途。

比較$y'' - y = 0$和（2.9）式，可知$R(x) = 1$，$P(x) = 0$，$Q(x) = -1$

於是將（2.10）式、（2.11）式、（2.12）式三式代入$y'' - y = 0$，則得

$$(2a_2 - a_0) + (3 \cdot 2a_3 - a_1)x + \cdots + [(n+2)(n+1)a_{n+2} - a_n]x^n = 0$$

使x^n的係數等於零，就可得如下的遞迴數列：

$$a_{n+2} = \frac{a_n}{(n+1)(n+2)} \text{或} a_n = \frac{a_{n-2}}{n(n-1)}$$

已知初始條件$y(0) = 1$，$y'(0) = 1$，分別代入（2.10）和（2.11）式可得到$a_0 = a_1 = 1$，

則得上述方程式的解：$y=1+x+\frac{x^2}{2}+\frac{x^3}{3\cdot 2}+\cdots+\frac{x^n}{n!}+\cdots=e^x$

例2.4　試求$y''=2xy'+4y$且滿$y(0)=1$，$y'(0)=1$初始條件的通解。

解：設所求的解是

$$y=a_0+a_1x+a_2x^2+\cdots+a_nx^n+\cdots \qquad \text{（即（2.10）式）}$$

那麼：$y'=a_1+2a_2x^1+\cdots+a_nx^{n-1}\cdots$　　（即（2.11）式）

由初始條件，可得：$a_0=0$，$a_1=1$

因此，上述代入（2.10）式後，可得：

$$y=x+a_2x^2+a_3x^3+\cdots+a_nx^n+\cdots$$

$$y'=1+2a_2x+3a_3x^2+\cdots+na_nx^{n-1}+\cdots$$

$$y''=2a_2+3\cdot 2a_3x+\cdots+n(n-1)\cdot a_nx^{n-2}\cdots+\cdots$$

皆代入原方程式（即（2.10）式），且比較同冪次的係數後，可得

$2a_2=0 \quad\rightarrow\quad a_2=0$

$3\cdot 2a_3=2+4 \quad\rightarrow\quad a_3=1$

$4\cdot 3a_4=4a_2+4a_2 \quad\rightarrow\quad a_4=0$

$n(n-1)a_n=2(n-2)a_{n-2}+4a_{n-2} \quad\rightarrow\quad a_n=(2/n-1)a_{n-2}$

從而可得：$a_5=1/2!$，$a_7=1/3!$，$a_9=1/4!\cdots$

因此，所求得的解是：

$$y=x+\frac{x^3}{1!}+\frac{x^5}{2!}+\cdots+\frac{x^{2n+1}}{n!}+\cdots$$

$$y=x\left(1+\frac{x^2}{1!}+\frac{x^4}{2!}+\cdots+\frac{x^{2n}}{n!}+\cdots\right)=xe^{x^2}$$

第二節　算子

顧名思義，「算子」（operator）就是一種運算符號，或說是一種運算手續，可以是加、減、乘、除、開根號、微分、積分……等等。但不管是哪一種「算子」，它都必須作用在函數上，使一個函數變為另一個函數，才有意義。

設某一函數u(x)被「算子」$\hat{F}$作用後，變成另一個函數v(x)，寫為

$$\hat{F}u(x) = v(x) \tag{2.13}$$

其中，習慣上常以「戴帽子」（ ^ ）者，標記是「算子」，如上式的「$\hat{F}$」。

（一）通常將「算子」（如：$\hat{F}$）與其作用的對象（如：u(x)）寫成乘積的形式。（即：$\hat{F}u(x)$）。

（二）如果用$\hat{F}$表示某一「算子」，函數u(x)表示被作用的對象，它們之間的作用關係就記為$\hat{F}u(x)$，並稱為「算子$\hat{F}$作用於u(x)」。

例如：d/dx作用到f(x)上，將f(x)變為df(x)/dx，我們稱「d/dx」為「微分算子」。

例如：x作用到f(x)上，將f(x)變為x・f(x)（即x乘上f(x)），於是x也是一種「算子」。

例如：偏導數$\frac{\partial}{\partial x}$是「算子」；開方$\sqrt{\ }$是「算子」。

例如：sin(α)和log(x)中的sin和log也是「算子」，而α和x就是分別被施以運算的對象。

以下討論「算子」的一些性質。

一、等同性

如果$\hat{A}$和$\hat{B}$為兩個「算子」，若對任何函數u滿足$\hat{A}u = \hat{B}u$，則$\hat{A}$和$\hat{B}$可定義為相等，也就是$\hat{A} = \hat{B}$。反之，如果$\hat{A}$、$\hat{B}$兩個「算子」作用在函數u上，但$\hat{A}u \neq \hat{B}u$，則$\hat{A} \neq \hat{B}$。

二、加法性

如果任意兩個「算子」$\hat{A}$和$\hat{B}$，分別作用在函數u上，然後把結果相加，也就是

$$\hat{A}u + \hat{B}u = (\hat{A} + \hat{B})u$$

通常可表示爲

$$(\hat{A} + \hat{B})u = \hat{C}u$$

上式若對於任何函數u都成立的話，$\hat{C}$可定義爲$\hat{A}$和$\hat{B}$之和，即

$$\hat{C} = \hat{A} + \hat{B}$$

這就是「算子」的加法定義。

三、乘法性

如果$\hat{A}$、$\hat{B}$、$\hat{C}$對於任何函數u，都有以下關係

$$\hat{A}\hat{B}u = \hat{C}u$$

則稱$\hat{C}$爲$\hat{A}$和$\hat{B}$的乘積，即

$$\hat{C} = \hat{A} \times \hat{B}$$

這便是「算子」的乘法定義。由定義可知：

$$\hat{A}\hat{B}u = \hat{A}(\hat{B}u)$$

上式表示：先用$\hat{B}$作用於u，所得的結果再用$\hat{A}$作用上去。

但注意$\hat{C}$不可以爲$\hat{B} \times \hat{A}$的乘積，即「算子」的乘法運算的先後次序非常重要。

兩個「算子」相乘的定義可以推廣到多個「算子」的相乘。例如：$\hat{F}\hat{G}\hat{H}$代表著：先用$\hat{H}$作用某一個函數u，再用$\hat{G}$作用，最後用$\hat{F}$作用，亦即

$$\hat{F}\hat{G}\hat{H}u = \hat{F}[\hat{G}(\hat{H}u)]$$

四、互換性

兩個「算子」$\hat{A}$ 和 $\hat{B}$，可以組成乘積 $\hat{A}\ \hat{B}$，也可以組成乘積 $\hat{B}\ \hat{A}$。在一般的情況下，「算子」的乘法是不能「互換」（commute）的，即

$$\hat{A}\hat{B} \neq \hat{B}\hat{A}$$

也就是說，兩個「算子」的乘積與「算子」的處理函數之先後順序有關。如果是先後次序不可顚倒的「算子」，就稱為「不可互換算子」（non-commuting operator）。

如果對於「算子」$\hat{A}$ 和 $\hat{B}$ 有 $\hat{A}\hat{B} = \hat{B}\hat{A}$，那麼，稱「算子」$\hat{A}$ 和 $\hat{B}$ 是可以「互換」的。爲了表示 $\hat{A}\ \hat{B}$ 與 $\hat{B}\ \hat{A}$ 之間的差別，將（$\hat{A}\hat{B} - \hat{B}\hat{A}$）稱爲「算子」$\hat{A}$ 和 $\hat{B}$ 的「互換」關係，記爲 $[\hat{A}, \hat{B}]$，且稱「$\hat{A}, \hat{B}$」爲「commutator」，即

$$[\hat{A}, \hat{B}] = \hat{A}\hat{B} - \hat{B}\hat{A} \tag{2.14}$$

（一）因此我們可以用（2.14）式，作爲判斷「算子」$\hat{A}$ 和 $\hat{B}$ 是否可以「互換」。

（二）如果互換運算 $[\hat{A}, \hat{B}] = 0$，那麼 $\hat{A}$ 和 $\hat{B}$ 就是可以「互換」的。也就是說：若是 $\hat{A}\hat{B} = \hat{B}\hat{A}$，也就是 $\hat{A}\hat{B} - \hat{B}\hat{A} = 0$，則稱 $\hat{A}$ 、$\hat{B}$ 爲「可互換算子」（commuting operator）。

（三）當然，如果 $[\hat{A}, \hat{B}] \neq 0$ 或者 $\hat{A}\hat{B} \neq \hat{B}\hat{A}$，則稱 $\hat{A}$ 與 $\hat{B}$ 不可「互換」。

（四）我們再強調一次：由於「量子力學」中的「算子」並不滿足「乘法交換律」，因此在使用「算子」時，要注意「算子」的前後次序。當「算子」前後「互換」後，計算結果不變時，我們就說這兩個「算子」所對應的「物理量」可同時測定，它們有共同的「特定函數」。反之，兩個「算子」在「互換」後，所得計算結果不同時，則說明這兩個「算子」所對應的「物理量」不能同時被測定，也沒有共同的「特定函數」。

（五）就物理學而言，我們稱（2.14）式爲：Poisson方括檢測「算子」間的「互換」關係式。若 $\hat{A}$ 、$\hat{B}$ 兩個「物理量」所對應的「算子」可以「互換」（如

此一來，Poisson方括數值爲0，即（2.15）式），則這兩個「物理量」可同時被測定，它們也都具有共同的「特定函數」，同時有確定的「特定值」。反之，Poisson方括不爲0時，這表示 $\hat{A}$ 與 $\hat{B}$ 的物理量所對應的「算子」，不可「互換」。

$$[\hat{A},\hat{B}] = \hat{A}\hat{B} - \hat{B}\hat{A} = 0 \tag{2.15}$$

（六）也就是說，假設 $\hat{A}$ 和 $\hat{B}$ 二「算子」不可「互換」，那麼其代數運算，它們二者的乘積（$\hat{A}\ \hat{B}$ 或 $\hat{B}\ \hat{A}$）的先後順序就不可任意「互換」。像是：

$$(\hat{A}+\hat{B})(\hat{A}-\hat{B}) = \hat{A}^2 - \hat{A}\hat{B} + \hat{B}\hat{A} - \hat{B}^2$$

其中 $\hat{A}\ \hat{B}$ 與 $\hat{B}\ \hat{A}$ 不可消去。

例如：因爲 $\frac{d}{dx}x \neq x\frac{d}{dx}$，所以「算子」$\frac{d}{dx}$ 與x是不可「互換」的。

證明如下：

因爲對於任意函數u(x)有 $\frac{d}{dx}xu(x) \neq x\frac{d}{dx}u(x)$

由於

$$\begin{aligned}\left(\frac{d}{dx}x - x\frac{d}{dx}\right)u(x) &= \frac{d}{dx}[xu(x)] - x\frac{d}{dx}u(x)\\ &= \left[u(x) + x\frac{d}{dx}u(x)\right] - x\frac{d}{dx}u(x)\\ &= u(x)\end{aligned}$$

因此，「算子」$\frac{d}{dx}$ 與x的「互換」關係是

$$\left[\frac{d}{dx},x\right] = 1 \neq 0$$

所以，「算子」$\frac{d}{dx}$ 與x不可「互換」。

再例如：由於

$$[\hat{p}_x, \hat{x}] = \left(-i\hbar\frac{\partial}{\partial x}\right)x - x\left(-i\hbar\frac{\partial}{\partial x}\right) = -i\hbar \neq 0$$

所以座標「算子」$\hat{x}$ 與動量「算子」$\hat{p}_x$ 也是不能「互換」的。

反之，如果這兩個「算子」進行「互換」，則

$$[\hat{x}, \hat{p}_x] = x\left(-i\hbar\frac{\partial}{\partial x}\right) - \left(-i\hbar\frac{\partial}{\partial x}x\right) = +i\hbar \neq 0$$

可知，$\hat{x}$ 與 $\hat{p}_x$ 仍不可「互換」。這結果告訴我們「座標」（x）與動量（p_x）是不能同時測定的。這也是「測不準原理」的另一種說明。

$[\hat{x}, \hat{p}_x] = +i\hbar \neq 0$ 所表明的正是x與p_x之間不確定關係，也就是第一章所強調的「測不準原理」，見（1.37）式或（1.38）式。不能「互換」的「算子」不可能具有共同「特定函數」完備系列（或說：完備集合），意思是說，一種「算子」的所有「特定函數」不可能都成爲另一種「算子」的「特定函數」，至多允許一種「算子」的部分「特定函數」也是另一種「算子」的「特定函數」。這一表述是準確的，但有時被不太嚴格地說成是「若幾個『算子』不『互換』，相對的『物理量』不可能同時具有確定值」。後一種說法在很多情況下是對的，但不能保證沒有例外。在講到原子中電子的軌域角動量時，我們會進一步解釋這一點。

「算子」是否可「互換」，不僅具有數學意義，而且與「量子力學」測量原理密切相關，具有非常深刻、非常重要的物理意義和哲學意義。但是，對這一點不應當神秘化，因爲「算子」既然代表「操作」（operation），那麼，兩種操作「互換」順序先後，可能產生不同效果也就不奇怪。舉個簡單的例子，大家都知道某些醫學診斷前不能進食，在這種情況下，「進食」與「診斷」兩個操作的順序就是不可「互換」的，因爲先「進食」再「診斷」和先「診斷」再「進食」，可能產生不同結果。

要特別提醒注意的是：若**「物理量」可同時被測定，則代表「物理量」的「算子」可以「互換」**。

下面列出了一些常見「算子」間的互換關係，q和p分別代表x，y或z三者中任意一個。

（一）任意兩個座標「算子」之間是可以「互換」的。即：

$$[q, p] = [p, q] = 0$$

（二）三個動量分量「算子」中的任意兩個都是可以「互換」的。即：

$$[\hat{p}_q, \hat{p}_p] = 0 \qquad (2.2.ㄅ)$$

例如：$[\hat{p}_x, \hat{p}_y] = \left[-i\hbar\frac{\partial}{\partial x}, -i\hbar\frac{\partial}{\partial y}\right] = 0$

（三）任一座標與該座標方向上的動量分量「算子」之間不能「互換」。即：

$$[\hat{p}_q, q] = -i\hbar \qquad (2.2.ㄆ)$$

例如：$[\hat{p}_x, x] = \hat{p}_x \cdot x - x \cdot \hat{p}_x = \left(-i\hbar\frac{\partial}{\partial x}\right) \cdot x - x\left(-i\hbar\frac{\partial}{\partial x}\right) = -i\hbar$

（四）「角動量平方算子」與角動量三個分量「算子」中任意一個都可相「互換」：

$$[\hat{L}^2, \hat{L}_q] = 0 \qquad (2.2.ㄇ)$$

例如：見以下（2.48）～（2.50）式。

（五）角動量三個分量「算子」中的任意兩個不能相互「互換」：

$$[\hat{L}_x, \hat{L}_y] = i\hbar\hat{L}_z\text{，}[\hat{L}_y, \hat{L}_z] = i\hbar\hat{L}_x\text{，}[\hat{L}_z, \hat{L}_x] = i\hbar\hat{L}_y \qquad (2.2.ㄈ)$$

例如：見以下（2.48）～（2.50）式及（2.65）式和（2.66）式。

例2.5　令 $\hat{A} = d/dx$，$\hat{B} = x$，試證 $\hat{B}$、$\hat{A}$ 為不可互換「算子」。

解：因為　$\hat{A}\hat{B}f(x) = \frac{d}{dx}xf(x) = f(x) + x\frac{d}{dx}f(x)$

又　$\hat{B}\hat{A}f(x) = x\left(\frac{d}{dx}f(x)\right)$

可知 $\hat{A}\hat{B} \neq \hat{B}\hat{A}$，所以 $\hat{A}$ 和 $\hat{B}$ 為「不可互換算子」。

例2.6 令$\hat{A}=5$，$\hat{B}=x$，試證$\hat{A}$、$\hat{B}$為「可互換算子」。

解：因為$\hat{A}\hat{B}f(x)=5(xf(x))=5x(f(x))$

又$\hat{B}\hat{A}f(x)=x(5f(x))=5x(f(x))$

可知$\hat{A}\hat{B}=\hat{B}\hat{A}$，所以$\hat{A}$和$\hat{B}$為「可互換算子」。

五、乘冪性

「算子」$\hat{A}$的n次方，即n個「算子」$\hat{A}$相乘，可以用$\hat{A}^n$表示。也就是說：如果是同樣的一個「算子」，連續作用幾次，那麼便可寫成指數的形式。

例2.7 $\hat{A}\hat{B}\hat{B}\hat{A}\hat{A}\hat{A}\hat{B}\hat{B}\hat{A}f(x)$，可以寫成$\hat{A}^1\hat{B}^2\hat{A}^3\hat{B}^2\hat{A}^1f(x)$，但絕不可寫成$\hat{A}^5\hat{B}^4f(x)$，除非已知$\hat{A}$和$\hat{B}$是可「互換算子」。

六、線性算子（linear operator）

如果算子$\hat{A}$作用在任意兩個函數f(x)和g(x)的代數和[f(x) + g(x)]上的結果等於這一算子$\hat{A}$分別作用在這兩個函數f(x)和g(x)上之後再求和$[\hat{A}f(x)+\hat{A}g(x)]$，即

$$\hat{A}[f(x)+g(x)]=\hat{A}f(x)+\hat{A}g(x) \tag{2.16}$$

則稱$\hat{A}$為「線性算子」。

例2.8 根號是否為「線性算子」？

解：因為$\sqrt{C_1f(x)+C_2g(x)}\neq C_1\sqrt{f(x)}+C_2\sqrt{g(x)}$，所以根號$\sqrt{\ }$不是「線性算子」。

例2.9 $\frac{\partial}{\partial x}$，$x\frac{\partial}{\partial x}$，$\frac{\partial^2}{\partial x^2}$，$\frac{\partial^2}{\partial x\partial y}$，皆屬於「線性算子」。

解： $\frac{\partial}{\partial x}[u(x)+\upsilon(x)]=\frac{\partial}{\partial x}u(x)+\frac{\partial}{\partial x}\upsilon(x)$，所以算子$\frac{\partial}{\partial x}$是「線性算子」。

附帶一提的是，在後面章節裡可以看到，在「量子力學」中所遇到的微分方程，都是「線性微分方程」（而變數可以有許多個），因此，除非特別指明，否則「量子力學」中所討論的「算子」，都是「線性算子」，且必屬於「Hermit算子」（詳見下文）。且「線性算子」還滿足下列恆等式：

$$(\hat{A}+\hat{B})\hat{C}=\hat{A}\hat{C}+\hat{B}\hat{C}$$
$$\hat{A}(\hat{B}+\hat{C})=\hat{A}\hat{B}+\hat{A}\hat{C}$$

七、特定函數（eigenfunction）和特定值（eigenvalue）

如果「算子」$\hat{A}$作用在函數f(x)上，相當於某一常數a乘上f(x)，即

$$\hat{A}f(x)=af(x) \tag{2.17}$$

則稱f(x)為$\hat{A}$的「特定函數」或稱「特定態」（eigenstate），a為「算子」$\hat{A}$的「特定值」（eigenvalue），而（2.17）式則稱為「特定方程式」（eigenvalue equation）。

對應於不同的「特定值」a，「算子」$\hat{A}$有不同的「特定函數」。在有些情況下，一個「算子」可能有不只一個的「特定值」或不只一個的「特定函數」，因此，嚴格地說，f(x)應是「算子」$\hat{A}$之屬於「特定值」a的「特定函數」。

「算子」之「特定值」的集合稱為「算子」的「特定值譜」（eigenvalue spectrum）。若「特定值」的分布是「分開的」（separate），就稱為「分開譜」（separate spectrum）；若「特定值」的分布是連續的，就稱為「連續譜」（continuous spectrum）；若「特定值」的分布在某些區間是「分開的」，在另一些區間是連續的，則稱為「混合譜」（mixture spectrum）。

對於「特定值」a，「算子」$\hat{A}$可能只有一個「特定函數」屬於這個「特定值」，也可能有不只一個線性無關的「特定函數」屬於這個「特定值」a。若有f個線性無關的「特定函數」屬於同一個「特定值」a，則稱「特定值」a是最簡單的，f就是「特定值」a的「等階系」（degeneracy）。也就是說：有f個「特定函數」u_1、u_2、u_3、$u_4 \cdots u_f$，它們皆屬於同一個「特定值」a，即

$$\hat{A}u_1 = a \times u_1$$
$$\hat{A}u_2 = a \times u_2$$
$$\hat{A}u_3 = a \times u_3$$
$$\vdots$$
$$\hat{A}u_f = a \times u_f$$

則我們稱「特定值」a是屬於「等階系」，它的「等階度」是f。

在此，我們強調一下，「等階系」代表著「相等能量的能階系列」，也就是說「相同能量的能階聚在一起，好像組成一系列」的意思。

例2.10 若$\hat{A} = -\frac{d^2}{dx^2}$，$f(x) = \cos 5x$

於是

$$\hat{A}f(x) = \frac{-d^2}{dx^2}(\cos 5x) = 25(\cos 5x)$$

所以cos5x是$\hat{A}$的「特定函數」，且其「特定值」爲25。

例2.11 若$\hat{A} = \frac{d}{dx}$，$f(x) = e^{6x}$

於是

$$\hat{A}f(x) = \frac{d}{dx}(e^{6x}) = 6(e^{6x})$$

所以e^{6x}是$\hat{A}$的「特定函數」，且其「特定值」爲6。

順便一提的是，我們在下面章節裡，就會提到著名的「薛丁格方程」（$\hat{H}\phi = E\phi$，見（2.68）式），這是「特定方程」的一個最著名的例子，其中$\hat{H}$是「算子」（又稱Hamiltonian operator）；而ϕ為「算子」$\hat{H}$的「特定函數」（eigen-function），又叫做「特定態」（eigenstate），能量E就是「特定值」。

八、Laplace算子

在「量子力學」中，經常會遇到一種微分「算子」，叫做「Laplace算子」，標記符號爲「∇^2」（∇^2讀成：del square），它的表示方法通常有兩種：

在「直角座標」中，表示爲：

$$\nabla^2 = \frac{\partial^2}{\partial x^2} + \frac{\partial^2}{\partial y^2} + \frac{\partial^2}{\partial z^2} \tag{2.18}$$

在「球極座標」中，表示爲：

$$\nabla^2 = \frac{1}{r^2}\frac{\partial}{\partial r}\left(r^2\frac{\partial}{\partial r}\right) + \frac{1}{r^2\sin\theta}\frac{\partial}{\partial\theta}\left(\sin\theta\frac{\partial}{\partial\theta}\right) + \frac{1}{r^2\sin^2\theta}\frac{\partial^2}{\partial\phi^2} \tag{2.19}$$

注意：不論（2.18）式或（2.19）式，都是對各座標分量進行二次微分。

至於「Laplace算子」（∇^2）由（2.18）式的直角座標，如何轉換成球極座標（2.19）式，證明如下：

如圖2.1（或見圖2.2）所示，正如在直角座標系中，空間任意一點P可用一組確定的（x, y, z）數來確定一樣。空間任何一點也可用一組確定的（r, θ, ϕ）來描述。在量子力學裡，我們多半採用「球極座標」來描述空間，之所以捨「直角座標」而採「球極座標」，純粹只是爲了數學處理上比較簡單而已。由圖2.1可看出直角座標（x, y, z）與球極座標（r, θ, ϕ）彼此之間的關係。

r是任意點P到球極座標原點O的距離

θ是OZ軸正向與$\overrightarrow{OP}$間的夾角

ϕ是OX軸正向與$\overrightarrow{OP}$在xy平面之投影向量間的夾角

P_1則是P點在XOY平面上的投影點。

用θ和ϕ來描述任意點P的方位，正如用經、緯度來描述地球上某處的方位一樣。這樣再加上P點到原點O的距離r，我們就可以用球極座標系來描述整個空間。必須提醒的是：θ是從OZ軸算起的，ϕ是從OX軸算起的；θ可取從0到π的數值，ϕ可取從0到2π的數值，r可取從0到∞的數值。

$$x = r\sin\theta\cos\phi \tag{2.20}$$

$$y = r\sin\theta\sin\phi \tag{2.21}$$

$$z = r\cos\theta \tag{2.22}$$

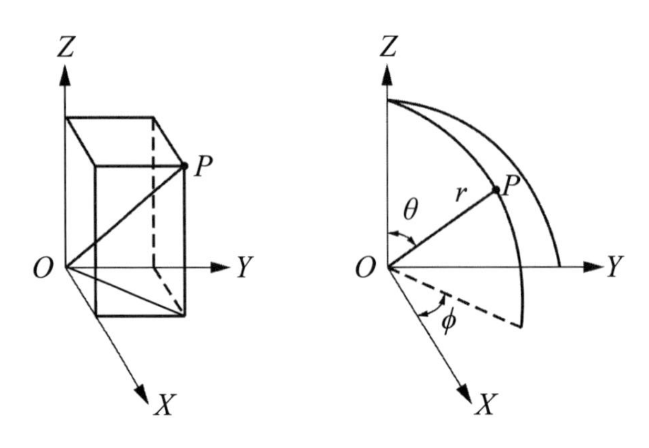

圖2.1

其中

$$r = \sqrt{x^2 + y^2 + z^2} \tag{2.23}$$

$$\frac{y}{x} = \tan\phi \text{ 或 } \phi = \tan^{-1}\left(\frac{y}{x}\right) \tag{2.24}$$

$$x^2 + y^2 = r^2\sin^2\theta \tag{2.25}$$

$$\frac{x^2 + y^2}{z^2} = \tan^2\theta \text{ 或 } \theta = \tan^{-1}\left(\frac{x^2 + y^2}{z^2}\right)^{1/2} \tag{2.26}$$

由（2.23）式可知：

$$\frac{\partial r}{\partial y} = \frac{1}{2}(x^2 + y^2 + z^2)^{-1/2}(2y)$$

$$= \frac{y}{r}$$

$$= \sin\theta \cdot \sin\phi$$

由（2.26）式可知：

$$\frac{\partial\theta}{\partial y}=\frac{1}{1+\frac{x^2+y^2}{z^2}}\frac{1}{2}\left(\frac{x^2+y^2}{z^2}\right)^{-1/2}\frac{2y}{z^2}=\frac{\cos\theta\sin\phi}{r}$$

由（2.24）式可知：

$$\frac{\partial\phi}{\partial y}=\frac{1}{1+\frac{y^2}{x^2}}\frac{1}{x}=\frac{\cos\phi}{r\sin\theta}$$

同樣地，可得以下式子：

$$\frac{\partial r}{\partial x}=\sin\theta\cos\phi \qquad \frac{\partial r}{\partial z}=\cos\theta$$

$$\frac{\partial\theta}{\partial x}=\frac{\cos\theta\cos\phi}{r} \qquad \frac{\partial\theta}{\partial z}=\frac{-\sin\theta}{r}$$

$$\frac{\partial\phi}{\partial z}=-\frac{\sin\phi}{r\sin\theta} \qquad \frac{\partial\phi}{\partial z}=0$$

設若函數ψ是x, y, z的函數，亦是r, θ, ϕ的函數，它對y的一階微分可寫成：

$$\frac{\partial\psi}{\partial y}=\frac{\partial\psi}{\partial r}\frac{\partial r}{\partial y}+\frac{\partial\psi}{\partial\theta}\frac{\partial\theta}{\partial y}+\frac{\partial\psi}{\partial\phi}\frac{\partial\phi}{\partial y}$$

$$=\sin\theta\sin\phi\frac{\partial\psi}{\partial r}+\frac{\cos\theta\sin\phi}{r}\frac{\partial\psi}{\partial\theta}+\frac{\cos\phi}{r\sin\theta}\frac{\partial\psi}{\partial\phi} \qquad (2.27)$$

同理：

$$\frac{\partial\psi}{\partial x}=\sin\theta\sin\phi\frac{\partial\psi}{\partial r}+\frac{\cos\theta\sin\phi}{r}\frac{\partial\psi}{\partial\theta}-\frac{\sin\phi}{r\sin\theta}\frac{\partial\psi}{\partial\phi} \qquad (2.28)$$

和

$$\frac{\partial\psi}{\partial z}=\cos\theta\frac{\partial\psi}{\partial r}-\frac{\sin\theta}{r}\frac{\partial\psi}{\partial\theta} \qquad (2.29)$$

將（2.27）式做二階微分，得：

$$\frac{\partial^2\psi}{\partial y^2}=\frac{\partial}{\partial y}\left(\frac{\partial\psi}{\partial y}\right)$$

$$
\begin{aligned}
&= \sin\theta\sin\phi\frac{\partial}{\partial r}\left(\frac{\partial\psi}{\partial y}\right)+\frac{\cos\theta\sin\phi}{r}\frac{\partial}{\partial\theta}\left(\frac{\partial\psi}{\partial y}\right)+\frac{\cos\phi}{r\sin\theta}\frac{\partial}{\partial\phi}\left(\frac{\partial\psi}{\partial y}\right)\\
&= \sin\theta\sin\phi\left\{\sin\theta\sin\phi\frac{\partial^2\psi}{\partial r^2}+\frac{\cos\theta\sin\phi}{r}\frac{\partial^2\psi}{\partial r\partial\theta}-\frac{\cos\theta\sin\phi}{r^2}\frac{\partial\psi}{\partial\theta}\right.\\
&\quad\left.+\frac{\cos\phi}{r\sin\theta}\frac{\partial^2\psi}{\partial r\partial\phi}-\frac{\cos\phi}{r^2\sin\theta}\frac{\partial\psi}{\partial\phi}\right\}\\
&\quad+\frac{\cos\theta\sin\phi}{r}\left\{\sin\theta\sin\phi\frac{\partial^2\psi}{\partial r\partial\theta}+\cos\theta\sin\phi\frac{\partial\psi}{\partial r}+\frac{\cos\theta\sin\phi}{r}\frac{\partial^2\psi}{\partial\theta^2}\right.\\
&\quad\left.-\frac{\sin\theta\sin\phi}{r}\frac{\partial\psi}{\partial\theta}+\frac{\cos\phi}{r\sin\theta}\frac{\partial^2\psi}{\partial\phi\partial\theta}\ \frac{\cos\theta\cos\phi}{r\sin^2\theta}\frac{\partial^2\psi}{\partial\phi^2}\right\}\\
&\quad+\frac{\cos\phi}{r\sin\theta}\left\{\sin\theta\sin\phi\frac{\partial^2\psi}{\partial r\partial\theta}+\sin\theta\cos\phi\frac{\partial\psi}{\partial r}+\frac{\cos\theta\sin\phi}{r}\frac{\partial^2\psi}{\partial\phi\partial\theta}\right.\\
&\quad\left.+\frac{\cos\theta\cos\phi}{r}\frac{\partial\psi}{\partial\theta}+\frac{\cos\phi}{r\sin\theta}\frac{\partial^2\psi}{\partial\phi^2}-\frac{\sin\phi}{r\sin\theta}\frac{\partial\psi}{\partial\phi}\right\}
\end{aligned}
$$

同樣可以得到：

$$\frac{\partial^2\psi}{\partial x^2}\text{和}\frac{\partial^2\psi}{\partial z^2}$$

把$\frac{\partial^2\psi}{\partial x^2}$，$\frac{\partial^2\psi}{\partial y^2}$和$\frac{\partial^2\psi}{\partial z^2}$相加起來，得到：

$$\frac{\partial^2\psi}{\partial x^2}+\frac{\partial^2\psi}{\partial y^2}+\frac{\partial^2\psi}{\partial z^2}=\frac{\partial^2\psi}{\partial r^2}+\frac{2}{r}\frac{\partial\psi}{\partial r}+\frac{1}{r^2}\frac{\partial^2\psi}{\partial\theta^2}+\frac{\cot\theta}{r^2}\frac{\partial\psi}{\partial\theta}+\frac{1}{r^2\sin\theta^2}\frac{\partial^2\psi}{\partial\phi^2}$$

又因爲

$$
\begin{aligned}
\frac{1}{r^2}\frac{\partial^2\psi}{\partial\theta^2}+\frac{\cot\theta}{r^2}\frac{\partial\psi}{\partial\theta}&=\frac{1}{r^2\sin\theta}\left(\sin\theta\frac{\partial^2\psi}{\partial\theta^2}+\cos\theta\frac{\partial\psi}{\partial\theta}\right)\\
&=\frac{1}{r^2\sin\theta}\frac{\partial}{\partial\theta}\left(\sin\theta\frac{\partial\psi}{\partial\theta}\right)
\end{aligned}
$$

於是

$$
\begin{aligned}
\frac{\partial^2\psi}{\partial x^2}+\frac{\partial^2\psi}{\partial y^2}+\frac{\partial^2\psi}{\partial z^2}&=\frac{\partial^2\psi}{\partial r^2}+\frac{2}{r}\frac{\partial\psi}{\partial r}+\frac{1}{r^2\sin\theta}\frac{\partial}{\partial\theta}\left(\sin\theta\frac{\partial\psi}{\partial\theta}\right)\frac{1}{r^2\sin\theta}\frac{\partial}{\partial\theta}\left(\sin\theta\frac{\partial\psi}{\partial\theta}\right)\\
&\quad+\frac{1}{r^2\sin\theta^2}\frac{\partial^2\psi}{\partial\phi^2}
\end{aligned}
$$

又因爲

$$\frac{1}{r^2}\frac{\partial}{\partial r}\left(r^2\frac{\partial\psi}{\partial r}\right)=\frac{\partial^2\psi}{\partial r^2}+\frac{2}{r}\frac{\partial\psi}{\partial r}$$

故

$$\frac{\partial^2\psi}{\partial x^2}+\frac{\partial^2\psi}{\partial y^2}+\frac{\partial^2\psi}{\partial z^2}=\frac{1}{r^2}\frac{\partial}{\partial r}\left(r^2\frac{\partial\psi}{\partial r}\right)+\frac{1}{r^2\sin\theta}\frac{\partial}{\partial\theta}\left(\sin\theta\frac{\partial\psi}{\partial\theta}\right)+\frac{1}{r^2\sin\theta^2}\frac{\partial^2\psi}{\partial\phi^2}$$

也就是「Laplace算子」∇^2可寫爲：

$$\nabla^2=\frac{\partial^2\psi}{\partial x^2}+\frac{\partial^2\psi}{\partial y^2}+\frac{\partial^2\psi}{\partial z^2} \quad (2.18)$$

$$=\frac{1}{r^2}\frac{\partial}{\partial r}(r^2\frac{\partial}{\partial r})+\frac{1}{r^2\sin\theta}\frac{\partial}{\partial\theta}(\sin\theta\frac{\partial}{\partial\theta})+\frac{1}{r^2\sin\theta^2}\frac{\partial^2}{\partial\phi^2} \quad (2.19)$$

得證。

第三節　機率函數和平均值

在本章第二節曾提及（2.17）式，即

$$\hat{A}f(x)=af(x)$$

相當於

（算子 $\hat{A}$ ）·（f 函數）＝（常數 a）·（f函數）

在後面章節裡我們將會提到上式的物理意義，也就是：

（物理測量 $\hat{A}$ ）作用在（某一f系統上）＝（觀測值a）×（某一f系統）

爲方便解說起見，暫時先以下例作爲說明。假設有一班級共有10個學生，經過一次化學期中考後，得到分數如下：20, 20, 20, 60, 60, 80, 80, 80, 80, 100。則該班的平均分數爲：

$$平均分數=\frac{20+20+20+60+60+80+80+80+80+100}{10}$$
$$=\frac{0}{10}\times 10+\frac{3}{10}\times 20+\frac{2}{10}\times 60+\frac{4}{10}\times 80+\frac{1}{10}\times 100$$
$$=60$$

換句話說，上述計算方式事實上已隱含著下面的意義：

$$\boxed{平均值=（機率）\times（觀測值）} \qquad (2.30)$$

由此我們可以了解到，當某一個「物理測量 $\hat{A}$ 」（即「算子 $\hat{A}$ 」）作用在某一系統上N次，而得到常數a_1，a_2，a_3，…，a_N的「觀測值」，則這些「觀測值」的「算術平均值」可以定義如下：

$$\langle \hat{A} \rangle = \overline{A} = \frac{\sum_{i=1}^{N} a_i}{N} = \sum_{i=1}^{f}\left(\frac{n_i}{N}\right)a = \sum_{i=1}(P_i)a \qquad (2.31)$$

對照（2.30）式和（2.31）式來看我們常以$\langle \hat{A} \rangle$或$\overline{A}$符號表示「平均值」，n_i表示常數a值出現的次數，而$\frac{n_i}{N}$就是觀測到a_i值的機率，以P_i表示其機率函數。又因爲機率值的全部總和必須爲1，亦即（參考（2.54）式）

$$\sum_{i=1} P_i = 1 \qquad (2.32)$$

（2.32）式正是著名的「歸一化」（normalization）條件，這是量子力學裡經常用到的一個重要觀念。

現假設三度空間裡的某函數F，已包含三種獨立變數x, y, z，因此，其單位體積元$d\tau = dxdydz$。若用球座標來表示直角座標的單位體積元$d\tau = dxdydz$，又假設該函數F在球座標中，包含三種獨立變數r, θ, ϕ。見圖2.1及圖2.2，這三個獨立變數的變化範圍爲：

$$0 \le r \le \infty，0 \le \theta \le \pi，0 \le \phi \le 2\pi \qquad (2.33)$$

則如圖2.2所示：

$$d\tau = 長 \times 寬 \times 高 = dx \times dy \times dz$$
$$= (r \sin\theta\, d\phi) \times (dr) \times (rd\theta)$$
$$= r^2 \sin\theta drd\theta d\phi \qquad (2.34)$$

假如要使F(r, θ, φ)「歸一化」，則必須滿足下式：

$$\int_0^\infty F^*(r,\theta,\phi)F(r,\theta,\phi)d\tau$$

$$\int_0^\infty \{\int_0^\pi \left[\int_0^{2\pi} F^*(r,\theta,\phi)F(r,\theta,\phi)d\phi\right] \sin\theta d\theta\} r^2 dr = 1$$

既然已經知道函數F是由彼此獨立的三個座標變量r, θ, φ所組成的函數，因此可將F看做是由R(r), Θ(θ), Φ(φ)三函數的相乘積，即：

$$F(r, \theta, \phi) = R(r)\Theta(\theta)\Phi(\phi) \qquad (2.35)$$

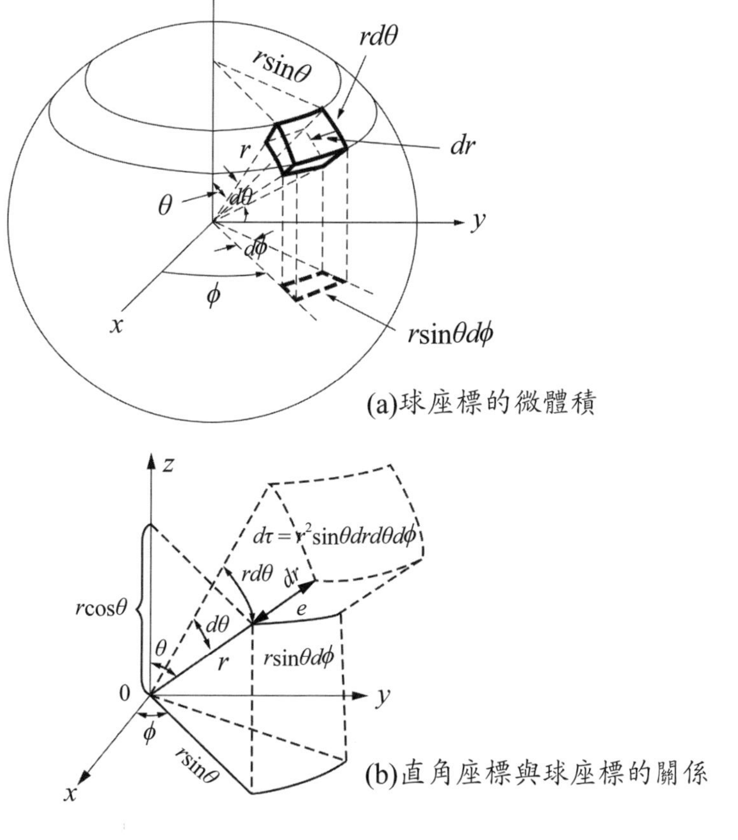

(a)球座標的微體積

(b)直角座標與球座標的關係

圖2.2

將（2.35）式代入（2.34）式，可得：

$$\int_0^{\infty} R^*(r)R(r)r^2 dr \int_0^{\pi} \Theta^*(\theta)\Theta(\theta)\sin\theta d\theta \int_0^{2\pi} \Phi^*(\phi)\Phi(\phi)d\phi = 1 \tag{2.36}$$

若使$F(r, \theta, \phi) = R(r)\Theta(\theta)\Phi(\phi)$中的每一個函數皆被「歸一化」（normalization），則上式就可以滿足，因此下列各式成立：

$$\int_0^{\infty} R^*(r)R(r)r^2 dr = 1 \tag{2.37}$$

$$\int_0^{\pi} \Theta^*(\theta)\Theta(\theta)\sin\theta d\theta = 1 \tag{2.38}$$

$$\int_0^{2\pi} \Phi^*(\phi)\Phi(\phi)d\phi = 1 \tag{2.39}$$

九、Hermit算子

（一）「Hermit算子」的定義

將任意函數ψ_n的共軛函數表示爲ψ_n^*。

> **就是把ψ_n裡所有含i的部分前加一個負號所得的函數，稱爲ψ^*_n。如：若$\psi_n = a + bi$，則$\psi^*_n = a - bi$。而$\psi_n\psi^*_n = (a + bi)(a - bi) = a^2 + b^2$，故$\psi^*_n\psi_n$一定是個實數。又$\psi$的模數稱爲$|\psi| = \sqrt{a^2 + b^2}$。**

如果「算子」$\hat{A}$作用於函數ψ_n後能使（2.40）式成立：

$$\int \psi_n^* \hat{A}\psi_n d\tau = \int (\hat{A}\psi_n)^* \psi_n d\tau \tag{2.40}$$

就稱「算子」$\hat{A}$爲「Hermit算子」。（2.40）式中的積分是對函數ψ_n中所有變數的整個變化區域進行積分。

「Hermit算子」也改用（2.41）式定義，最終意義都是一樣的。其中ψ_m和ψ_n是任意兩個函數，$\hat{A}$爲「Hermit算子」。

$$\int \psi_m^* \hat{A}\psi_n d\tau = \int (\hat{A}\psi_m)^* \psi_n d\tau \tag{2.41}$$

（2.41）式的積分範圍與（2.40）式相同。這兩個定義是等價的。（2.41）式裡的 $\hat{A}*$ 是指出現在 $\hat{A}$ 裡的i，都要改爲$-i$；或者 $\hat{A}$ 裡的$-i$，都改爲$+i$。

「Hermit算子」在「量子力學」中具有十分重要的作用，這類「算子」還具有如下性質：

下面通過一些實例說明什麼樣的「算子」是「Hermit 算子」，什麼樣的「算子」不是「Hermit 算子」。

1. 用任何一個實函數f(x)相乘，這類「算子」都是「Hermit 算子」，因爲f(x) = f(x)*，所以

$$\int_{-\infty}^{\infty} u*(f(x)\nu)dx = \int_{-\infty}^{\infty} f(x)*u*\nu dx = \int_{-\infty}^{\infty} (f(x)u)*\nu dx$$

可見f(x)是「Hermit 算子」。這裡f(x)可以是x的任意一個實函數。

例如：$f(x) = x$、x^2、$\sin x$、$\cos x$、$\ln x$、(x^2+1)等等。

但必須注意，$\frac{d}{dx}$不是「Hermit 算子」，因爲

$$\int_{-\infty}^{\infty} u*\left(\frac{d}{dx}\right)\nu dx = \int_{-\infty}^{\infty} u*\frac{d\nu}{dx}dx = u*\nu\Big|_{-\infty}^{\infty} - \int_{-\infty}^{\infty}\frac{du*}{dx}\nu dx$$

（利用「部分積分法」，即）

$$\int u\nu' dx = u\nu - \int u'\nu dx = -\int_{-\infty}^{\infty}\frac{du*}{dx}\nu dx \neq \int_{-\infty}^{\infty}\left(\frac{du}{dx}\right)^* \nu dx$$

倒數第三步是因爲u和ν都是平方可積的函數，在x→±∞時等於0。從上述結果可知：$\frac{d}{dx}$不滿足（2.41）式的條件，所以它不是「Hermit 算子」。

2. 而「動量算子」$\hat{p}_x = \frac{\hbar}{i}\frac{d}{dx}$是「Hermit算子」，可以證明如下：

$$\int_{-\infty}^{\infty} u*\left(\frac{\hbar}{i}\frac{d}{dx}\right)\nu dx = \frac{\hbar}{i}u*\nu\Big|_{-\infty}^{\infty} - \int_{-\infty}^{\infty}\frac{\hbar}{i}\frac{du*}{dx}\nu dx$$

（利用「部分積分」法，即 $\int u\nu' dx = u\nu - \int u'\nu dx$ ）

$$= -\int_{-\infty}^{\infty}\left(\frac{\hbar}{i}\frac{du*}{dx}\right)\nu dx = \int_{-\infty}^{\infty}\left(\frac{\hbar}{i}\frac{du}{dx}\right)^* \nu dx$$

上式滿足（2.41）式的條件，故「動量算子」$\hat{p}_x$是「Hermit算子」。

（二）「Hermit算子」的性質

如果$\hat{A}$爲一個「Hermit算子」，則對於「特定方程」$\hat{A}\psi_n = a_n\psi_n$，有以下數點特性：

1. **「Hermit算子」$\hat{A}$的特定值a，一定是實數。**

證明如下：ψ_n是屬於「Hermit算子」$\hat{A}$特定值a的特定函數。按「Hermit算子」的定義，有$\int \psi_n^* \hat{A}\psi_n d\tau = \int \psi_n (\hat{A}\psi_n)^* d\tau$（即（2.41）式）

因爲 $$\hat{A}\psi_n = a_n\psi_n$$

所以 $$(\hat{A}\psi_n)^* = a_n^*\psi_n^*$$ 。

上式變爲 $$\int (\hat{A}\psi_n)^*\psi_n d\tau = a_n^* \int \psi_n\,\psi_n^* d\tau$$

因爲 $$\int \psi_n^*\psi_n\, d\tau = \int |\psi_n|^2 d\tau$$

$$\int \psi_n\psi_n^* d\tau = \int |\psi_n|^2 d\tau$$

且 $$\int |\psi_n|^2 d\tau \neq 0$$

所以 $$a_n = a_n^*$$

如果一個數a_n與其共軛複數a_n^*相等，則a_n一定是實數。

---

2. **「Hermit算子」$\hat{A}$的所有「特定函數」都是「歸一化」的。**

「特定函數」的「歸一性」是指特定函數ψ_n與其共軛函數ψ_n^*之間滿足$\int_\infty \psi_n^*\psi_n d\tau = 1$的關係。

根據「量子力學第一個基本假設」（見下面章節），如果ψ_n是描述一個微觀粒子體系狀態的波函數，那麼，$\int_\infty \psi_n^*\psi_n d\tau = \int_\infty |\psi_n|^2 d\tau = 1$，因此，「特定函數」$\psi_n$「歸一化」的物理意義是：粒子在整個空間出現的機率爲1。

---

3. **「Hermit算子」$\hat{A}$有屬於不同「特定值」a_m和a_n的「特定函數」ψ_m和ψ_n，則ψ_m和ψ_n會彼此「正交」（orthogonal）。**

函數的「正交性」定義：若兩個函數ψ_m和ψ_n之間滿足

$$\int_{\infty}\psi_n^*\psi_m d\tau = 0 \qquad (2.42)$$

的關係，則說函數ψ_m和ψ_n彼此「正交」（orthogonal）。（2.42）式中，ψ_n^*爲ψ_n的共軛函數。

下面證明：「Hermit算子」$\hat{A}$的屬於不同「特定值」a_m和a_n的「特定函數」ψ_m和ψ_n，彼此「正交」的充分必要條件是

$$\int_{\infty}\psi_m^*\psi_n d\tau = 0$$

〔證明〕：設ψ_1，ψ_2，…，ψ_n，…是「算子」$\hat{A}$的分別屬於「特定值」a_1，a_2，…，a_n，…的「特定函數」，若ψ_m和ψ_n是上述序列中分別屬於不同「特定值」a_m和a_n的「特定函數」，即

$$\hat{A}\psi_m = a_m\psi_m \qquad (2.43)$$

$$\hat{A}\psi_n = a_n\psi_n \qquad (2.44)$$

因爲由上述1.的結論，已知：$\hat{A}$是「Hermit算子」，其「特定值」是實數，即$a_n = a_m^*$，所以

$$(\hat{A}\psi_m)^* = (a_m\psi_m)^* = a_m\psi_m^* \qquad (2.45)$$

用ψ_m^*乘（2.44）式的兩端且積分，且用ψ_n乘（2.45）式的兩端且積分得

$$\int_{\infty}\psi_m^*\hat{A}\psi_n d\tau = a_n\int_{\infty}\psi_m^*\psi_n d\tau$$

$$\int_{\infty}\psi_n(\hat{A}\psi_m)^* d\tau = a_m\int_{\infty}\psi_m^*\psi_n d\tau$$

因爲已知$\hat{A}$是「Hermit算子」，根據（2.41）式可知，上述兩式左端相等，所以

$(a_m - a_n)\int_{\infty}\psi_m^*\psi_n d\tau = 0$

因爲$a_m \neq a_n$，所以$\int_{\infty}\psi_m^*\psi_n d\tau = 0$，故（2.42）式得證。

---

4. **「Hermit算子」$\hat{A}$的屬於同一個「特定值」a_n不同「特定函數」$\psi_{n,1}$，$\psi_{n,2}$，…，$\psi_{n,i}$，…，任意線性組合後還是屬於「特定值」a_n的「特定函數」。**

〔證明〕：因爲$\psi_{n,1}$，$\psi_{n,2}$，…，$\psi_{n,i}$，…是「Hermit算子」$\hat{A}$的屬於同一個「特定值」a_n的不同「特定函數」，所以

$\hat{A}\psi_{n,1} = a_n\psi_{n,1}$，$\hat{A}\psi_{n,2} = a_n\psi_{n,2}$，…，$\hat{A}\psi_{n,i} = a_n\psi_{n,i}$，…

若$c_{n,1}$，$c_{n,2}$，…，$c_{n,i}$，…都是常數，那麼下面的系列等式成立

$\hat{A}(c_{n,1}\psi_{n,1} + c_{n,2}\psi_{n,2} + \cdots + c_{n,i}\psi_{n,i} + \cdots)$
$= a_n(c_{n,1}\psi_{n,1} + c_{n,2}\psi_{n,2} + \cdots + c_{n,i}\psi_{n,i} + \cdots)$

令$\psi_{n,c} = c_{n,1}\psi_{n,1} + c_{n,2}\psi_{n,2} + \cdots + c_{n,i}\psi_{n,i} + \cdots$代入上式可得

$$\hat{A}\psi_{n,c} = a_n\psi_{n,c}$$

上式說明，$\psi_{n,1}$，$\psi_{n,2}$，…，$\psi_{n,i}$，…中若干個函數任意線性組合所得到的函數$\psi_{n,c}$仍是「Hermit算子」$\hat{A}$的屬於同一個特定值a_n的「特定函數」，其中$c_{n,1}$，$c_{n,2}$，…，$c_{n,i}$，…稱爲線性係數。

函數的「正交、歸一性」可用（2.46）式表示：

$$\int_{\infty}\psi_n^*\psi_m d\tau = \delta_{nm} \qquad (2.46)$$

(1) 當m = n時，**ψ_n和ψ_m爲同一個函數，δ_{nm} = 1，即ψ_n和ψ_m爲「歸一化」。**

(2) 當m ≠ n時，**δ_{nm} = 0，ψ_n和ψ_m彼此「正交」。**

---

5. 「Hermit算子」**$\hat{A}$**的全部「特定函數」構成一個完備系列。

具有相同定義域和相同自變量，並滿足一定邊界條件的連續函數在任意線性組合後，所生成函數的集合構成該函數的「完備系列」（complete set）。同一「Hermit算子」的全部「特定函數」的集合式滿足完備系列函數的定義，因此也構成一個「完備系列」。

綜合上所述，屬於某一「Hermit算子」的每一個「特定函數」都是「歸一化」的，且彼此都「正交」，又全部「特定函數」構成了一個「完備系列」，即同一

「Hermit算子」的全部「特定函數」構成一個「正交、歸一、完備集」。

十、線性Hermit算子

如果一個「算子」即是線性的，同時又是Hermit，則這個「算子」就是「線性Hermit算子」。

（一）「量子力學」中所有用到表示「物理量」的「算子」，都是「線性Hermit算子」。
（二）根據「量子力學基本假設II」（見後面章節），微觀體系中任何一個可觀測「物理量」都對應著一個「線性Hermit算子」。
（三）量子力學需要用「線性Hermit算子」，是因爲要保證「算子」所對應的「特定函數」其「特定值」必須爲實數。

以下說明球座標系中的「物理量」算子。

在後面的計算中，經常需要將「直角座標」表示的函數或算子變換爲「球座標系」下的形式，「球座標系」中的三個變量不再是x, y, z，而是r, θ, ϕ。r，θ和ϕ分別代表任意向量r的長度，r與z軸夾角，以及r在xy平面投影與x軸的夾角，如圖2.3所示（又見圖2.1及圖2.2）。

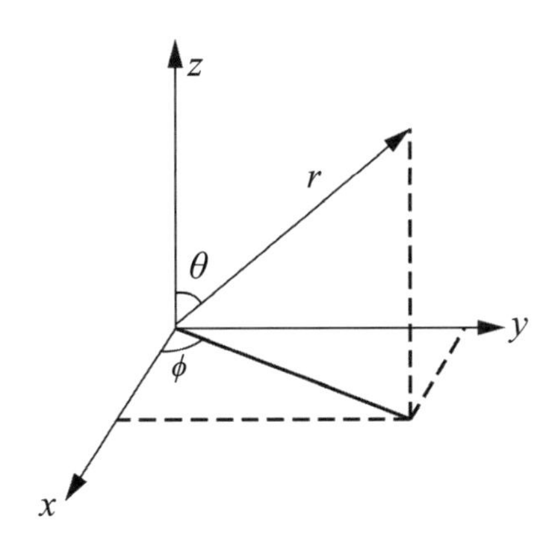

圖2.3　球座標系中的三個變量與直角座標的關係

這三個變量的取值範圍分別是

$$r：0 \sim \infty$$

$$\theta：0 \sim \pi$$

$$\phi：0 \sim 2\pi$$

x, y, z與r, θ, ϕ之間的基本關係爲

$$r = (x^2 + y^2 + z^2)^{1/2}$$

$$\tan\phi = \frac{y}{x}$$

$$x = r\sin\theta\cos\phi$$

$$y = r\sin\theta\sin\phi$$

$$z = r\cos\theta$$

在「球座標系」中，微小體積元表示

$$d\tau = r^2 \sin\theta dr d\theta d\phi \tag{2.47}$$

又在「直角座標系」中，微小體積元表示

$$d\tau = dxdydz$$

由此可以求出「球座標系」中一些常用「算子」的表達式：

$$\hat{L}_x = -i\hbar\left(\sin\phi\frac{\partial}{\partial\theta} + \cot\theta\cos\phi\frac{\partial}{\partial\phi}\right) \tag{2.48}$$

$$\hat{L}_y = -i\hbar\left(\cos\phi\frac{\partial}{\partial\theta} - \cot\theta\sin\phi\frac{\partial}{\partial\phi}\right) \tag{2.49}$$

$$\hat{L}_z = -i\hbar\frac{\partial}{\partial\phi} \tag{2.50}$$

$$\hat{L}^2 = -\hbar^2\left[\frac{1}{\sin\theta}\frac{\partial}{\partial\theta}\left(\frac{1}{\sin\theta}\frac{\partial}{\partial\theta}\right) + \frac{1}{\sin^2\theta}\frac{\partial^2}{\partial\phi^2}\right]$$
$$= -\hbar^2\nabla^2_{\theta,\phi} \tag{2.51}$$

$\nabla^2_{\theta,\phi}$ 稱爲「Laplace算子」∇^2的角度部分。

「球座標」系統的Laplace下，∇^2「算子」（2.19）式表示如下：

$$\frac{1}{r^2}\frac{\partial}{\partial r}\left(r^2\frac{\partial}{\partial r}\right)+\frac{1}{r^2\sin\theta}\frac{\partial}{\partial\theta}\left(\sin\theta\frac{\partial}{\partial\theta}\right)+\frac{1}{r^2\sin^2\theta}\frac{\partial^2}{\partial\phi^2} \tag{2.19}$$

又Laplace「算子」在「直角座標」的表示法爲：

$$\nabla^2=\frac{\partial^2}{\partial x^2}+\frac{\partial^2}{\partial y^2}+\frac{\partial^2}{\partial z^2} \tag{2.18}$$

第四節　量子力學基本假設之一——波函數

「古典力學」中常用到一些基本的「物理量」，如速度、位移、質量、力等。「量子力學」中也有一些基本概念，如：波函數（wavefunctions）、「物理量」、「算子」等。「量子力學」的基本假設闡明了這些基本概念的定義及其相互關係。

必須指出的是：如同幾何學中的公理一樣，「量子力學」的基本假設是不能根據其他定理和定律經由邏輯推理和數學演繹的方法來證明的。根據以下這些假設可以推出「量子力學」的全部理論，由這些理論而導出的結論是可以通過實驗驗證的。「量子力學」的基本假設有下列五項：

假設I：一個由微觀粒子構成的體系，狀態可以用一個波函數ψ描述。ψ是體系中所有粒子座標的函數，也是時間t的函數。

例如，對於一個由兩粒子構成的體系，兩個粒子的座標分別爲(x_1, y_1, z_1)和(x_2, y_2, z_2)，t代表時間，則描述這個體系的波函數可寫爲$\Psi(x_1, y_1, z_1, x_2, y_2, z_2, t)$。

一、電子繞射實驗的再認識（見第一章第七節）

微觀粒子的運動狀態可以用波函數ψ來描述，我們可以透過電子繞射實驗來進一步理解波函數ψ與ψ所描寫的粒子之間的關係。進行電子繞射實驗時，如果電子流的強度很大，很快就會在底片上得到明暗相間的繞射環。如果電子流的強度很小，電子一個個地發射出來，底片上就出現一個個分散的繞射點，實驗開始時，這些繞射點毫無規則地散布著，無法預知下一個點將出現在底片哪個位置上，它們並不重合在一起，所以無法顯示出電子的「粒子性」。但隨著時間的增長，繞射點的數量逐漸增加，底片上的點分布就顯現出規律性，最後得到圖像就完全與波的繞射強度分布一致，即得到明暗相間的繞射環，顯示出電子的「波動性」。由此可見，實驗所得到電子其「波動性」是在完全相同的情況下，許多相互獨立運動之電子的統計結果。波函數正是反映了粒子的上述行為。

二、波函數的物理意義

根據對電子繞射實驗現象的深入分析可以認識到，波函數的物理意義就是：

在時間t和在座標(x, y, z)附近小體積元$d\tau$內找到粒子的機率（probability）與波函數$\psi(x, y, z, t)$，絕對值的平方$|\psi|^2$成正比。

若將小體積元$d\tau$定義為三維空間中x到x + dx，y到y + dy，z到z + dz的微小區域，那麼，這個區域的體積是$d\tau = dx \cdot dy \cdot dz$。若以$d\omega(x, y, z, t)$表示在時間t和在空間小體積元$d\tau$內找到電子的機率，那麼$d\omega(x, y, z, t)$不僅與$|\psi|^2$成正比，而且還與$d\tau$成正比，所以

$$d\omega(x, y, z, t) = K|\psi(x, y, z, t)|^2 \tag{2.52}$$

（2.52）式中，K是比例常數。於是用機率$d\omega(x, y, z, t)$除以小體積元的體積$d\tau$，就得到在時間t和在空間某點(x, y, z)附近單位體積內出現粒子的機率：

$$\begin{aligned}\omega(x, y, z, t) &= \frac{d\omega(x, y, z, t)}{d\tau} \\ &= K|\psi(x, y, z, t)|^2 \end{aligned} \tag{2.53a}$$

$\omega(x, y, z, t)$稱為「機率密度」（probability density）。（2.53a）式說明波函數$\psi(x, y, z, t)$絕對值的平方$|\psi(x, y, z, t)|^2$與「機率密度」$\omega(x, y, z, t)$成正比。

我們又可以把（2.53a）式裡的常數K吸收到ψ裡面去，故寫成：

$$\omega(x, y, z, t) = |\psi(x, y, z, t)|^2 \tag{2.53b}$$

這裡有三點值得特別注意：

（一）「機率密度」和「機率」二者的物理意義不同，不可混為一談。「機率密

度」指的是$|\psi|^2$（$=\psi\psi^*$）；而「機率」指的是$|\psi|^2 d\tau$（$=\psi^*\psi d\tau$）。亦即，機率＝（機率密度）×（體積單位元$d\tau$）（參考（2.52）式）。

根據波函數的物理意義，可以引出波函數的一個很重要的性質：

「將波函數乘上一個常數因子並不改變它所描述的狀態」。

（二）$|\psi|^2$代表電子的「機率密度」，爲什麼有的書要加上絕對值的平方$|\psi|^2$，又有的書加上平方的絕對值$|\psi|^2$，究竟哪一個對？

【正解】：在第四章會提到，解「薛丁格方程式」所得到的氫原子其波函數是：

$$\psi(r,\theta,\varphi)=R_{n,l}(r)Y_{l,m}(\theta,\varphi)=R(r)\cdot H(\theta)\cdot\Phi(\varphi) \qquad (4.39)$$

其中$\Phi(\varphi)$是複數函數，其具體表達式爲

$$\Phi(\varphi)=Ae^{im\varphi}$$

上式中$i=\sqrt{-1}$。因此，只有當$m=0$時，所得的波函數才是實數函數，故ψ_{1s}、ψ_{2s}、ψ_{2p_z}、ψ_{3d_z}等都是複數函數。由於複數函數的平方不能得到正實數的結果，因此，它不可能具有電子的「機率密度」的含意。

用複數的波函數求電子的「機率密度」時，必須用波函數ψ和它的共軛複函數ψ^*的乘積來代替。

複數函數（$\psi=a+ib$）和它的共軛複函數的區別，僅在於其虛部的共軛複函數$\psi^*=a-ib$。如此一來，$\psi\cdot\psi^*=(a+ib)(a-ib)=a^2+b^2$是一個正實數，就可以代表電子的「機率密度」了。我們把$\psi\cdot\psi^*$稱爲ψ的絕對值平方，用符號$|\psi|^2$表示，即$|\psi|^2=\psi\cdot\psi^*$。

對實數的波函數，它的共軛函數就是它本身，因此，可用$\psi^2(=|\psi|^2)$來表示電子的機率密度。由此可見用$|\psi|^2$是正確的。

（三）將波函數乘上一個常數因子並不改變它所描述的狀態。

也就是說，如果c爲任意一常數，那麼，波函數$\psi(x, y, z, t)$所描述的狀態與

$c\psi(x, y, z, t)$所描述的相同。這是因爲粒子在空間各點出現的「機率密度」之比等於波函數在這些點的平方之比，而將波函數乘上一個常數後，它們在各點的平方之比並不改變，因而粒子在空間各點出現的「機率密度」之比不變，所以粒子所處的物理狀態也就相同。

必須指出：在「古典力學」裡，巨觀物體的運動狀態可用「位置」和「動量」來描述。所謂「狀態的確定」是指「位置」和「動量」同時有確定值。「古典力學」的「物理量」，包括「座標」、「動量」、「動能」、「位能」、「角動量」等，都可用來描述「古典粒子」的運動狀態性質，故容易得到「位置」、「動量」的函數。這些「物理量」都可以由實驗測定，稱爲「可觀測的」（measurable）。

「量子力學」同樣存在著「物理量」，除沿用「古典力學」的「物理量」外，還有一些新的「物理量」，如「自旋角動量」等。它們都是描述微觀體系運動狀態性質的。由於微觀粒子的「波粒二像性」，粒子的「位置」與「動量」不能同時有確定值，這就使得微觀粒子的運動狀態不能用「位置」和「動量」來描述，而是用波函數ψ來描寫。$|\psi|^2$表示在某一時刻，發現單一粒子在空間某點的機率。

三、「歸一化」的波函數

對於單個粒子體系，在整個空間找到粒子的機率應等於1，即（參考（2.32）式）

$$\int_\infty d\omega(x,y,z,t) = \int_\infty K|\psi(x,y,z,t)|^2 d\tau$$

$$K\int_\infty |\psi(x,y,z,t)|^2 d\tau = 1 \qquad (2.54)$$

（2.54）式稱爲波函數$\psi(x, y, z, t)$的「歸一化」條件，由「歸一化」條件可以求出常數K，也就是：

$$K = \frac{1}{\int_\infty |\psi(x,y,z,t)|^2 d\tau} \qquad (2.55)$$

若令$\Phi = \sqrt{K}\psi$，就將$\sqrt{K}$稱爲「歸一化常數」（normalization constant）。ψ乘以$\sqrt{K}$而得到Φ的過程稱爲ψ的「歸一化」（normalization）。Φ稱爲「歸一化波函

數」（normalized wave function）。

將$\psi = \Phi / \sqrt{K}$代入（2.52）式和（2.53）式，可得：

$$d\omega = |\Phi(x, y, z, t)|^2 d\tau \qquad (2.56)$$

$$\omega = |\Phi(x, y, z, t)|^2 \qquad (2.57)$$

因此，**「歸一化波函數」Φ的絕對值的平方（$|\Phi|^2$）就等於「機率密度」ω。**

由於微粒必定要在空間中的某一點出現，所以粒子在空間各點出現的機率總和必須等於1。因此，微粒在空間各點出現的機率，代表著波函數在空間各點的相對強度大小，而不是強度的絕對大小。這也就是說，如果把波函數在空間各點的振幅，同時放大n倍，並不會影響粒子在空間各點的機率。換言之，將波函數ψ乘上一個常數後，其所描述粒子的狀態，並不會因此而改。這可說是「量子力學」中波函數所特有的性質，其他「古典力學」的波動過程（如聲波、光波、水波等等），就不存在有這種性質，因爲對於聲波、光波等而言，它們體系的狀態會隨振幅的大小而改變。如果把各處振幅，同時放大n倍，那麼根據「古典力學」理論，聲波或光波的強度，也會跟著都放大n^2倍，這完全變成另一個狀態了。

這裡有二點要注意的是：

（一）並非所有的波函數，都可以依照（2.54）式或（2.57）式的方式來進行「歸一化」。它們「歸一化」的條件，是要求波函數的絕對值平方（$|\psi|^2$）必須在整個空間是可以積分的，亦即要求$|\psi|^2 d\tau$爲有限值（見本章第六節，二、波函數的標準化條件的討論）。若是不符合這一「有限值」的條件，而是「發散的」（divergent），則（2.53a）「歸一化常數」$\sqrt{K}$便必須等於零，這樣的「歸一化」顯然毫無意義可言。因此，碰到這種調皮的波函數，其「歸一化」問題必須用特殊的數學方法處理，由於這涉及到較高層次的討論，不太適合初學者的研讀，所以在此不進一步說明。

（二）在這裡，我們將量子態的波函數與古典波的波函數，就其性質上的區別，做一下整理。事實上，二者除了是有「干涉性」外，其餘可說是毫無共同之處。

1.描述量子態的波函數必定是複數形式（見第三章第三節之（iii）），但它絕不是一個物理量，其意義僅僅表現在它的絕對值平方（$|\Psi|^2 = \Psi^*\Psi$），即反應出微粒位置的機率分布，因此量子態的波函數，也常被稱作是「機率波」。相反的，古典波的波函數，則是代表著某一個物理量的時空分布。

2.任何描述量子態的波函數，都必須「歸一化」，這是物理上的要求。然而，古典波的波函數不存在著「歸一化」的問題，事實上，根本無「歸一化」可言。

3.前述討論中曾提到，$\Psi(x, y, z, t)$和$C\Psi(x, y, z, t)$其實是描述同一個量子狀態（C爲常數），因此，$|\Psi|^2$和$|C\Psi|^2$所表示微粒位置的相對機率分布是一樣的。但古典波的波函數就不同了，古典波的$|\Psi(x, y, z, t)|^2$代表著該物理量的波動強度，而$|C\Psi(x, y, z, t)|^2$則表該物理量的波動強度變成了$|C|^2$倍，其體系的狀態自然完全不一樣。

第五節　量子力學基本假設之二 ──「物理量」算子

假設II：微觀體系的任何一個可觀測「物理量」都對應著一個「線性Hermit算子」。

根據「量子力學基本假設II」，微觀體系的任何一個可觀測「物理量」M都對應著一個「算子」$\hat{M}$，那麼「量子力學」中常見的「物理量」，如座標、角動量、動量、能量、動能、位能、時間等，都應分別對應一個「物理量」「算子」。「物理量」M轉變爲「物理量」「算子」$\hat{M}$的過程稱爲「物理量」的「算子化」，這種轉化過程遵守以下「物理量算子化」規則（見表2.1）：

一、座標x, y, z和時間t所對應的「算子」就是座標和時間自身，即

$$\hat{x} = x \text{，} \hat{y} = y \text{，} \hat{z} = z \text{，} \hat{t} = t \tag{2.58}$$

二、動量p在x，y和z三個方向分量p_x，p_y，p_z對應的「算子」分別爲

$$\hat{p}_x = -i\hbar\frac{\partial}{\partial x}\text{，}\hat{p}_y = -i\hbar\frac{\partial}{\partial y}\text{，}\hat{p}_z = -i\hbar\frac{\partial}{\partial z} \quad (2.59)$$

三、任意「物理量」M可以寫爲座標、動量及時間的總函數，即

$$\hat{M} = M(x, y, z, p_x, p_y, p_z, t) \quad (2.60)$$

因此，對於任一「物理量」M，首先按「古典力學」方法將其表示成座標(x, y, z)、動量(p_x, p_y, p_z)及時間t的函數，然後再用相對應的「算子」取代座標、動量及時間後，就可得到與「物理量」M對應的「算子」，即

$$\hat{M} = \hat{M}(\hat{x}, \hat{y}, \hat{z}, \hat{p}_x, \hat{p}_y, \hat{p}_z, \hat{t})$$

注意：在「量子力學」裡，用來描述量子狀態的「算子」，是有限制的，也就是它們必須都是「Hermit算子」。見（2.41）式。

我們會在[例2.12]～[例2.14]裡，介紹如何利用（2.58）式～（2.60）式，將一個「物理量」轉換成「算子」的具體形式。

附帶一提的是：比較（2.58）式的座標「算子」和（2.59）式的動量「算子」，可看出這兩種「算子」似乎「不對稱」，前者沒有偏微分，而後者卻有偏微分。這是因爲我們目前是在「座標空間」中討論問題。但物理學家們往往是在「動量空間」中討論問題，如此一來，他們的座標「算子」和動量「算子」的定義就和（2.58）式及（2.59）式「相反」，即（以x軸爲例）：

$$\hat{x} = i\hbar\frac{\partial}{\partial p_x} \quad (2.61)$$

$$\hat{p}_x = p_x \quad (2.62)$$

不過，爲了方便理解起見，我們全書不採用「動量空間」。

表2.1　常用「物理量」的「算子」$\left(\hbar = \frac{h}{2\pi}\right)$

名稱		書寫方式
基本算子	座標算子	$\hat{x} = x$，$\hat{y} = y$，$\hat{z} = z$
	動量算子	$\hat{p}_x = -i\hbar\frac{\partial}{\partial x}$，$\hat{p}_y = -i\hbar\frac{\partial}{\partial y}$，$\hat{p}_z = -i\hbar\frac{\partial}{\partial z}$
其他算子	位能算子	$\hat{V} = V$
	動能算子	$\hat{T} = \hat{T}_x + \hat{T}_y + \hat{T}_z = \frac{\hat{p}_x^2}{2m} + \frac{\hat{p}_y^2}{2m} + \frac{\hat{p}_z^2}{2m} = -\frac{\hbar^2}{2m}\left(\frac{\partial^2}{\partial x^2} + \frac{\partial^2}{\partial y^2} + \frac{\partial^2}{\partial z^2}\right) = -\frac{\hbar^2}{2m}\nabla^2$
	Hamiltonion算子（或「能量算子」）	$\hat{H} = \hat{T} + \hat{V}$ $\hat{H} = -\frac{\hbar^2}{2m}\nabla^2 + V$（單粒子體系） $\hat{H} = \sum_{i=1}^{N}\left(-\frac{\hbar^2}{2m}\nabla_i^2 + V_i\right)$（多粒子體系）
	角動量算子	$\hat{L}_x = y\hat{p}_z - z\hat{p}_y = -i\hbar\left(y\frac{\partial}{\partial z} - z\frac{\partial}{\partial y}\right)$ $\hat{L}_y = z\hat{p}_x - x\hat{p}_z = -i\hbar\left(z\frac{\partial}{\partial x} - x\frac{\partial}{\partial z}\right)$ $\hat{L}_z = x\hat{p}_y - y\hat{p}_x = -i\hbar\left(x\frac{\partial}{\partial y} - y\frac{\partial}{\partial x}\right)$
	角動量平方算子	$\hat{L}^2 = \hat{L}_x^2 + \hat{L}_y^2 + \hat{L}_x^2$（參考（2.51）式）

在此我們用下面例子，來說明如何寫出一個「物理量」的「算子」之具體作法：

例2.12 求單個粒子的能量算子 $\hat{H}$。

解：因爲單個粒子的能量E等於粒子的動能T與位能V之和：

$$E = T + V \tag{1}$$

根據「古典力學」

$$T = \frac{1}{2}m\upsilon^2 = \frac{1}{2m}(m\upsilon)^2 = \frac{1}{2m}p^2 = \frac{1}{2m}(p_x^2 + p_y^2 + p_z^2) \tag{2}$$

$$V = V(x, y, z) \tag{3}$$

因爲E（總能量）＝T（動能）＋V（位能），故能量E對應的「算子」寫爲：

$$\hat{H} = \hat{T} + \hat{V} \tag{4}$$

而且，「動能算子」：

$$T = \frac{1}{2m}(\hat{p}_x^2 + \hat{p}_y^2 + \hat{p}_z^2) \tag{5}$$

且「位能算子」：

$$\hat{V} = \hat{V}(\hat{x}, \hat{y}, \hat{z}) \tag{6}$$

因爲由（2.59）式或表2.1，可知：

$$\hat{p}_x = -i\hbar\frac{\partial}{\partial x}\text{，}\hat{p}_y = -i\hbar\frac{\partial}{\partial y}\text{，}\hat{p}_z = -i\hbar\frac{\partial}{\partial z}$$

所以：

$$\hat{p}_x^2 = -\hbar^2\frac{\partial^2}{\partial x^2}\text{，}\hat{p}_y^2 = -\hbar^2\frac{\partial^2}{\partial y^2}\text{，}\hat{p}_z^2 = -\hbar^2\frac{\partial^2}{\partial z^2}$$

上式代入「動能算子」表達式（即(5)式），可得：

$$\hat{T} = \frac{1}{2m}(\hat{p}_x^2 + \hat{p}_y^2 + \hat{p}_z^2) = -\frac{\hbar^2}{2m}\left(\frac{\partial^2}{\partial x^2} + \frac{\partial^2}{\partial y^2} + \frac{\partial^2}{\partial z^2}\right) \tag{7}$$

根據（2.58）式或表2.1，已知：座標的「算子」就是其自身，所以

$$\hat{V} = \hat{V}(\hat{x}, \hat{y}, \hat{z}) = V(x, y, z) \tag{8}$$

將「動能算子」((7)式)和「位能算子」((8)式)代入到「總能量算子」$\hat{H} = \hat{T} + \hat{V}$((4)式或表2.1)中，可得：

$$\hat{H} = -\frac{\hbar^2}{2m}\left(\frac{\partial^2}{\partial x^2} + \frac{\partial^2}{\partial y^2} + \frac{\partial^2}{\partial z^2}\right) + V(x,y,z) \tag{2.63}$$

通常，在「算子」表示式中，常將$\left(\frac{\partial^2}{\partial x^2} + \frac{\partial^2}{\partial y^2} + \frac{\partial^2}{\partial z^2}\right)$用$\nabla^2$表示，即

$$\nabla^2 = \frac{\partial^2}{\partial x^2} + \frac{\partial^2}{\partial y^2} + \frac{\partial^2}{\partial z^2} \tag{2.18}$$

上式稱爲「Laplace算子」。這樣，「總能量算子」$\hat{H}$就可以簡寫爲

$$\hat{H} = -\frac{\hbar^2}{2m}\nabla^2 + V \tag{2.64}$$

上述的「總能量算子」也稱爲「Hamiltonian operator」。記住：(2.63)和(2.64)式都是「Hamiltonian operator」的表示式。

例2.13 求角動量$\vec{L}$在$(\hat{x}, \hat{y}, \hat{z})$三個方向分量$\vec{L_x}$，$\vec{L_y}$，$\vec{L_z}$的「算子」。

解：根據「古典力學」，角動量($\vec{L}$)等於座標向量($\vec{r}$)與動量向量($\vec{p}$)之「外積」(仍是向量)。

也就是：$\vec{L} = \vec{r} \times \vec{p}$

$$= \begin{vmatrix} i & j & k \\ x & y & z \\ p_x & p_y & p_z \end{vmatrix}$$

$$= i(yp_z - zp_y) + j(zp_x - xp_z) + k(xp_y - yp_x)$$

$$= iL_x + jL_y + kL_z \tag{1}$$

所以 $L_x = yp_z - zp_y$，$L_y = zp_x - xp_z$，$L_z = xp_y - yp_x$ (2)

根據(2.60)式，(2)式可改寫爲：(或見表2.1)

$$\hat{L}_x = \hat{y}\hat{p}_z - \hat{z}\hat{p}_y \text{，} \hat{L}_y = \hat{z}\hat{p}_x - \hat{x}\hat{p}_z \text{，} \hat{L}_z = \hat{x}\hat{p}_y - \hat{y}\hat{p}_x \tag{2.65}$$

將「動量算子」（2.59）式代入就得到了角動量$\vec{L}$在x, y, z三個方向分量的「算子」：

$$\hat{L}_x = -i\hbar\left(y\frac{\partial}{\partial z} - z\frac{\partial}{\partial y}\right) \tag{2.66a}$$

$$\hat{L}_y = -i\hbar\left(z\frac{\partial}{\partial x} - x\frac{\partial}{\partial z}\right) \tag{2.66b}$$

$$\hat{L}_z = -i\hbar\left(x\frac{\partial}{\partial y} - y\frac{\partial}{\partial x}\right) \tag{2.66c}$$

例2.14 現以H原子的「薛丁格方程式」爲例，說明如何寫出Hamiltonian「算子」$\hat{H}$。

解：從「古典力學」得知，總能量可表示爲「動能」與「位能」之和，「量子力學」也是如此。公式如下：

$$\hat{H}\text{（總能量）} = \hat{T}\text{（動能）} + \hat{V}\text{（位能）} \tag{1}$$

「動能」又可以寫成：$\hat{T} = \frac{1}{2}m\upsilon^2$

$$= \frac{\hat{P}^2}{2m} \tag{2}$$

因爲 $\hat{P}_x = -i\hbar\frac{\partial}{\partial x}$，$\hat{P}_y = -i\hbar\frac{\partial}{\partial y}$，$\hat{P}_z = -i\hbar\frac{\partial}{\partial z}$（見（2.59）式），皆代入(2)式，可得：

$$\frac{\hat{P}^2}{2m} = \frac{(\hat{P}_x^2 + \hat{P}_y^2 + \hat{P}_z^2)}{2m}$$

$$= -\frac{\hbar^2}{2m}\left(\frac{\partial^2}{\partial x^2} + \frac{\partial^2}{\partial y^2} + \frac{\partial^2}{\partial z^2}\right)$$

$$= -\frac{\hbar^2}{2m}\nabla^2 \tag{3}$$

H原子中的「位能」是指：原子核與電子間的靜電位能，與原子核、電子電量成正比，又與原子核與電子間距成反比，即

$$\hat{V}=\frac{Ze^2}{4\pi\varepsilon_0 r} \tag{4}$$

氫原子的 $\hat{H}$ 由原子核、電子的「動能」項與「位能」項組成，即

$$\hat{H}=\underbrace{-\frac{\hbar^2}{2M}\nabla_n^2}_{\text{原子核動能}}\underbrace{-\frac{\hbar^2}{2m}\nabla_e^2}_{\text{電子動能}}+\underbrace{\hat{V}}_{\text{位能}} \tag{5}$$

(5)式中：M與m分別爲核與電子的質量。

而在複雜體系裡，有多個原子核與許多電子，我們可對所有的原子核與電子的動能求和。另外，位能項則包括電子與電子之間的排斥能（$\hat{V}_{e-e}$）、核與核之間的排斥能（$\hat{V}_{n-n}$）、電子與原子核之間的吸引能（$\hat{V}_{n-e}$），即

$$\hat{H}=\sum_{\alpha}\left(-\frac{\hbar^2}{2M_\alpha}\nabla_\alpha^2\right)+\sum_{i}\left(-\frac{\hbar^2}{2M_i}\nabla_i^2\right)+\hat{V}_{e-e}+\hat{V}_{n-n}+\hat{V}_{n-e} \tag{6}$$

解上述的「定態薛丁格方程式」要根據方程式的具體情況而定。比如說：簡單體系可能是二階線性微分方程式，可求其通解，再通過「邊界條件」（boundary conditions）等得到特解。而較複雜體系則要用冪級數解法或特殊函數法（見第二章第一節）。複雜體系一般要做許多近似後，求近似解。

在前述第二節已提到過：在「量子力學」中，想要得到「軌域角動量」L（見表2.1）的可觀測值，必須先寫出相關的「算子」。

「軌域角動量平方算子」$\hat{L}^2$ 與「軌域角動量」任一分量「算子」$\hat{L}_q$ 均可「互換」，但「軌域角動量」3個分量「算子」卻互相不能「交換」：

$[\hat{L}^2,\hat{L}_q]=0$（q = x、y、z）　　（2.2.ㄇ）

$[\hat{L}_x,\hat{L}_y]=i\hbar\hat{L}_z$　　（2.2.ㄈ）

$[\hat{L}_y,\hat{L}_z]=i\hbar\hat{L}_x$　　（2.2.ㄈ）

$[\hat{L}_z,\hat{L}_x]=i\hbar\hat{L}_y$　　（2.2.ㄈ）

所以一般來說，只對一個分量「算子」$\hat{L}_q$有「特定值」。習慣上，我們通常選擇z分量「算子」$\hat{L}_z$，而x、y分量的「算子」（$\hat{L}_x$、$\hat{L}_y$）視爲不確定，以致總和向量——「軌域角動量」的「算子」$\hat{L}$也沒有「特定值」，但「軌域角動量平方算子」$\hat{L}^2$有「特定值」，由此可求得「軌域角動量」的大小。因此，我們只需要將以上$\hat{L}_z$和$\hat{L}^2$皆「算子」化，就可藉由$[\hat{L}^2, \hat{L}_q] = 0$式，求算其可觀測值。

第六節　量子力學基本假設之三——薛丁格方程式

> **假設III：波函數Ψ(x, y, z)滿足方程式：**
>
> $$\hat{H}\,\Psi(x, y, z, t) = i\hbar \frac{\partial \Psi(x, y, z, t)}{\partial t} \tag{2.67}$$
>
> **$\hat{H}$是體系的「總能量算子」，又稱「Hamiltonian算子」。又（2.67）式中包含時間變量t，故又稱爲「含時間的薛丁格方程式」**（time-dependent Schrödinger's equation）。

在「古典力學」中，粒子在某一時刻的狀態是由粒子的座標和動量來描述的，粒子的運動規律服從「牛頓力學」定律。那麼，對於微觀粒子，也應建立一個用於確定粒子狀態隨時間變化規律的方程式。但由於微觀粒子的運動規律與「古典力學」中粒子運動規律不同，因爲微觀粒子具有「波粒二像性」，在某一時刻的座標和動量是不能同時被測準的（即「測不準原理」），因此，微觀粒子不能像巨觀粒子那樣用座標和動量來描述微觀粒子的行爲。在「量子力學」中，微觀粒子的運動狀態是用波函數Ψ(x, y, z, t)來描述的（此即「量子力學的第一基本假設」）。因此，「量子力學」的第三基本假設就是關於波函數Ψ(x, y, z, t)所滿足的「特定方程式」（eigenequation）的假設。

再強調一次：能量「算子」$\hat{H}$作用在某個狀態波函數Ψ，等於某個常數E乘以該狀態波函數，即$\hat{H}\Psi = E\Psi$（即（2.67）式）。這是「薛丁格方程式」的最簡單表示形式。Ψ所描述的是與時間無關的微觀體系（或稱爲「波函數」），這時微觀體系所處的狀態就叫做「穩定態」（又稱「定態」，stationary state），能量具有確定的值E，E稱爲$\hat{H}$「算子」的「特定值」（eigenvalue），Ψ稱爲$\hat{H}$的「特定函數」

（eigenfunction）。

同牛頓運動定律一樣，描寫微觀粒子運動基本規律的「含時間的薛丁格方程式」是從科學實驗中概括總結出來的，不能根據其他定理或定律通過邏輯推理和數學演繹的方法得到，其正確性也只能由實驗來檢驗。大量實驗結果證明了這一方程式的正確性。

一、薛丁格方程式的再說明

根據假設III：波函數Ψ(x, y, z, y)隨時間的變化由「含時間的薛丁格方程式」（2.67）式來表達。該式中，「Hamiltonian算子」的具體形式由（2.64）式表示，即

$$\hat{H} = -\frac{\hbar^2}{2m}\nabla^2 + V \qquad (2.64)$$

其中，「Laplace算子」$\nabla^2 = \frac{\partial^2}{\partial x^2} + \frac{\partial^2}{\partial y^2} + \frac{\partial^2}{\partial z^2}$（（2.18）式），m是粒子的質量，V是位能。將$\hat{H}$的具體形式代入（2.67）式，可得：

$$i\hbar\frac{\partial \Psi(x,y,z,t)}{\partial t} = -\frac{\hbar^2}{2m}\nabla^2\Psi(x,y,z,t) + V\cdot\Psi(x,y,z,t) \qquad (2.68)$$

在化學上所討論的狀態，大多數是其「機率密度」$|\psi|^2$ $(=\psi^*\psi)$（probability density）分布不隨時間而改變的狀態。凡是「機率密度」不隨時間改變而改變的狀態就稱為「穩定態」。「穩定態」是原子或分子中的電子最可能的狀態。根據「穩定態」的定義，描述「穩定態」的波函數Ψ(x, y, z, t)一定具有下列形式：

$$\begin{aligned}\Psi(x, y, z, t) &= \psi(x, y, z)\cdot\phi(t)\\ &= \psi(x, y, z)\cdot e^{-iqt}\end{aligned} \qquad (2.69)$$

上式中，q為一個常數。當波函數Ψ(x, y, z, t)具有這種形式時，粒子在空間各點出現的「機率密度」$|\psi|^2$為：

$$\begin{aligned}|\Psi(x, y, z, t)|^2 &= \Psi^*(x, y, z, t)\cdot\Psi(x, y, z, t) \qquad (2.53c)\\ &= \psi^*(x, y, z)\cdot\psi(x, y, z)\cdot\phi^*(t)\cdot\phi(t)\end{aligned}$$

$$= \psi^*(x, y, z) \cdot \psi(x, y, z) \cdot (e^{i\omega t} \cdot e^{-i\omega t})$$
$$= \psi^*(x, y, z) \cdot \psi(x, y, z)$$
$$= |\psi(x, y, z)|^2 \qquad (2.53d)$$

> **由上式看出，在「穩定態」，只有當波函數$\Psi(x, y, z, t)$具有（2.69）式所表達的形式時，$|\Psi(x, y, z, t)|^2 = |\psi(x, y, z, t)|^2$，即粒子在空間的機率密度分布與時間無關，因此，處於「穩定態」粒子的狀態可用不含時間的波函數$\psi(x, y, z)$來表達。$\psi(x, y, z)$不含時間變量t，稱爲「定態波函數」（stationary state wavefunction），簡稱爲「波函數」（wavefunction）。**

將（2.69）式代入（2.68）式，可得

$$i\hbar \frac{\partial[\psi(x,y,z)\cdot\phi(t)]}{\partial t} = -\frac{\hbar^2}{2m}\nabla^2[\psi(x,y,z)\cdot\phi(t)] + V\cdot[\psi(x,y,z)\cdot\phi(t)]$$

$$i\hbar\psi(x,y,z)\cdot\frac{d\phi(t)}{dt} = -\frac{\hbar^2\phi(t)}{2m}\cdot\nabla^2\psi(x,y,z) + V\cdot\psi(x,y,z)\cdot\phi(t)$$

兩邊分別除以$[\psi(x, y, z) \cdot \phi(t)]$得

$$\frac{i\hbar}{\phi(t)}\cdot\frac{d\phi(t)}{dt} = -\frac{\hbar^2}{2m\psi(x,y,z)}\nabla^2\psi(x,y,z) + V$$

上式左邊只是時間的函數，右邊只是粒子座標的函數。這代表著：如果上式的等號成立，就必須等式兩邊同時等於同一常數。令此常數爲E，那麼等式右邊有

$$-\frac{\hbar^2}{2m}\nabla^2\cdot\psi(x,y,z) + V\cdot\psi(x,y,z) = E\psi(x,y,z)$$

$$\left(-\frac{\hbar^2}{2m}\nabla^2 + V\right)\psi(x,y,z) = E\psi(x,y,z) \qquad (2.70)$$

這就是「定態波函數」$\psi(x, y, z)$所應滿足的方程，稱爲「定態薛丁格方程式」，簡稱爲「薛丁格方程式」。

「量子力學」可以證明：常數E就是粒子的總能量，等於粒子的動能（T）和位能（V）之和，即$E = T + V$。

（2.70）式是「薛丁格方程式」的一般表達式。對於不同的體系，如箱中粒子、單電子原子、多電子原子、雙原子分子、多原子分子等體系，在寫具體體系的

「薛丁格方程式」時，應將相對應體系位能V的具體表達式代入。這將在後面章節裡做進一步的介紹。

化學的一個很重要的任務就是求解各種體系的「薛丁格方程式」，並根據求解的結果來解析物質的結構。

（2.67）式可以簡單表示為：

$$\hat{H}\psi = E\psi \tag{2.71}$$

這個簡單的等式說明：「Hamiltonian算子」$\hat{H}$ 作用到波函數 ψ 上後，等於一個常數E乘以這個波函數ψ。將這個等式與「特定函數」的定義（2.17）式比較會發現：「定態薛丁格方程式」（（2.70）式）其實就是一個屬於「Hamiltonian算子」$\hat{H}$ 的「特定方程式」，能量E是 $\hat{H}$ 的「特定值」，ψ是 $\hat{H}$ 屬於「特定值」E的「特定函數」。所以「定態薛丁格方程式」（（2.70）式）也叫「能量有確定值的特定方程式」。

滿足「特定方程式」的波函數一定滿足以下所述波函數的三個標準化條件。

二、波函數的標準化條件

根據波函數$\psi(x, y, z)$的物理意義和「薛丁格方程式」的性質，用來描述微觀粒子運動狀態的波函數必須滿足下列三個條件，稱為「波函數的標準化條件」。

（一）在所研究的空間區域內，函數$\psi(x, y, z)$以及$\psi(x, y, z)$對x，y和z的一級偏微分 $\frac{\partial\psi(x,y,z)}{\partial x}$，$\frac{\partial\psi(x,y,z)}{\partial y}$，$\frac{\partial\psi(x,y,z)}{\partial z}$ 應分別是x，y，z的連續函數。

因為「薛丁格方程式」（2.70）式是個二階微分方程，其中包括x，y，z的二級微分。如果$\psi(x, y, z)$不是x，y，z的連續函數，$\psi(x, y, z)$對x，y，z進行一級微分後，仍然不會是連續函數，那就無法對「薛丁格方程式」（2.70）式做數學運算，這就毫無意義可言。

（二）波函數$\psi(x, y, z)$是「單值」（single-valued）的、有限的（finite）。

因爲$|\psi|^2$是粒子在空間某一點出現的「機率密度」（見（2.53）式），這個數值應是唯一的。也就是說，粒子在空間某一點的「機率密度」不可能既是這個數值，又是其他的數值。

（三）波函數$\psi(x, y, z)$是可被平方積分的、可收斂的。

波函數的「歸一化」條件要求波函數$\psi(x, y, z)$的絕對值的平方$|\psi(x,y,z)|^2$在整個空間區域內是可以積分的，即要求積分$\int_{\infty}|\psi(x,y,z)|^2 d\tau$是等於有限的數值。如果$\psi(x, y, z)$不是平方可積分的，那麼會造成$\int_{\infty}|\psi(x,y,z)|^2 d\tau$是發散的（即：永遠無法被積分），那麼根據（2.55）式，可得到：「歸一化」常數$\sqrt{K}$等於零，這和實際情況完全不符（因爲既然存在著粒子，則該粒子的出現機率就不可能爲零。），因此，波函數$\psi(x, y, z)$一定是$|\psi(x, y, z)|^2$可被積分的。

所以能夠符合上述三個條件（連續性（continuity）、單值性（single value）、有限性（finite））的波函數，我們稱之爲「合格函數」（well-behaved functions）。總之，要想使「薛丁格方程式」能適切地表達微粒運動規律，其波函數ψ就不能是任意的，只有某些特定函數，以及和它相對應的能量E值才有可能存在，這樣一來，就很自然地得到能量「量子化」的結果，而每一個「合格的波函數」ψ，也就相當於一個可能的量子狀態。

有些書本採用「事後諸葛」的方式導出「薛丁格方程式」，我們也在此介紹如下：

由於微觀粒子的能量、波長、角動量等「物理量」的變化都是「分開的」（separate）、「量子化的」（quantized），而在「古典物理學」中波長具有「量子化」特定的只有「駐波」（standing wave）。早在1924年，de Broglie就提出：與「古典力學」中的「駐波」相比，原子中的電子在原子核庫倫位能場中運動，所表現出的「波動性」也應該具有「駐波」的特性。這一思想可做進一步推廣：所有微觀粒子在穩定位能場中運動都具有「駐波」的特性。薛丁格的重大貢獻就是把de Broglie關係和「駐波」思想結合在一起而產生更實用、更普遍的方程式──「薛丁格方程式」。

「駐波」是兩個振幅和波長都相同的波，在同一直線上沿相反方向傳播時、疊加而成的合成波。約束在一定空間範圍內的振動都產生「駐波」。如琴弦的振動可產生一維駐波，鼓面的振動可產生二維駐波。

微觀粒子之所以產生「量子化」效應，是因爲微觀粒子具有「波粒二像性」及「測不準原理」所導致。如此一來，此種波會產生「駐波」。而「駐波」的振幅方程式爲：

$$\psi(x) = A\sin\frac{2\pi x}{\lambda} \tag{2.72a}$$

上式中A是最大振幅，$\psi(x)$是一個數值只隨距離x以波動方式變化的量，它是在x處波的「振幅」，稱爲「振幅函數」。「駐波」波長λ的「量子化」效應如圖2.4所示。由該圖可知，在$x = l$處，$\psi(\ell) = 0$，即

$$\psi(\ell) = A\sin\frac{2\pi\ell}{\lambda} = 0 \tag{2.72b}$$

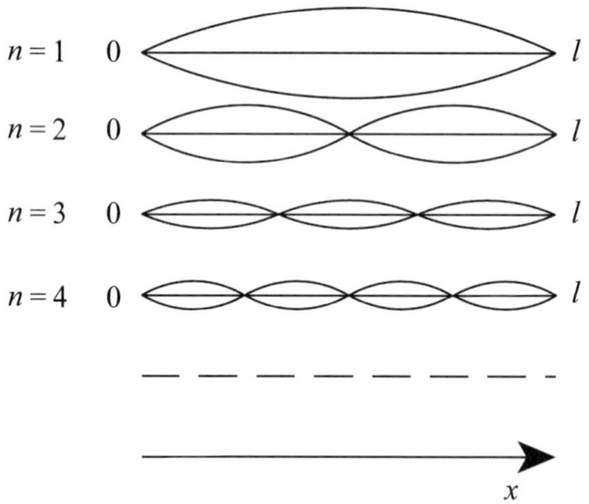

圖2.4　駐波波長的量子化效應

由於A是常數，故A不能爲零，因此由（2.72b）式，可得：

$$\sin\frac{2\pi\ell}{\lambda} = 0 \text{ ， } \frac{2\pi\ell}{\lambda} = n\pi$$

$$n = 1, 2, 3, \cdots, \quad \lambda = \frac{2\ell}{n}, \ \ell = n\left(\frac{\lambda}{2}\right) \tag{2.72c}$$

（2.72c）式表明「駐波」的波長變化是「量子化」的，「駐波」傳播的空間距離l必須是半波長的整數倍。「駐波」不能將能量傳播出去，「駐波」的能量是固定的，故是「定態」，所以稱「駐波」。

將（2.72a）式對x求二階導數，則有

$$\frac{d\psi}{dx} = \frac{2\pi}{\lambda} A\cos\frac{2\pi x}{\lambda}$$

$$\frac{d\psi}{dx^2} = -\left(\frac{2\pi}{\lambda}\right) A\sin\frac{2\pi x}{\lambda} = -\frac{4\pi^2}{\lambda^2}\psi(x) \tag{2.72d}$$

這就是「駐波」的波函數$\psi(x)$所滿足的「波動方程式」，即（2.72d）式描述了「駐波」的「波動」運動規律。如果用「粒子」所具有的「波粒二像性」來修正此一「駐波」的運動方程式，即用de Broglie關係式：$\lambda = h/p = h/m\upsilon$（（1.33）式）代入（2.72d）式中，可改得描述微觀「粒子」運動狀態的波動方程式

$$\frac{d^2\psi(x)}{dx^2} + \frac{4\pi^2}{(h/m\upsilon)^2}\psi(x) = 0$$

$$\frac{d^2\psi(x)}{dx^2} + \frac{4\pi^2 m^2\upsilon^2}{h^2}\psi(x) = 0 \tag{2.72e}$$

因爲 $$p^2 = m^2\upsilon^2 = \frac{1}{2}m\upsilon^2 \cdot 2m = 2mT = 2m(E - V) \tag{2.72f}$$

（2.72f）式中的E爲總能量，T爲動能，V爲位能。將（2.72f）式代入（2.72e）式，可得：

$$\frac{d^2\psi(x)}{dx^2} + \frac{8\pi^2 m(E - V)}{h^2}\psi(x) = 0 \tag{2.72g}$$

令$\hbar = h/2\pi$，上式乘以$(-\hbar^2/2m)$並移項得

$$-\frac{\hbar^2}{2m^2}\frac{d^2\psi(x)}{dx^2} + V\psi(x) = E\psi(x) \tag{2.72h}$$

這便是微觀粒子向x方向做一維運動時的「定態薛丁格方程式」。若推廣到三維空間中運動的粒子，方程式變爲

$$-\frac{\hbar^2}{2m^2}\left(\frac{\partial^2}{\partial x^2}+\frac{\partial^2}{\partial y^2}+\frac{\partial^2}{\partial z^2}\right)\psi(x,y,z)+V\psi(x,y,z)=E\psi(x,y,z)$$

$$\left[-\frac{\hbar^2}{2m^2}\left(\frac{\partial^2}{\partial x^2}+\frac{\partial^2}{\partial y^2}+\frac{\partial^2}{\partial z^2}\right)+V\right]\psi(x,y,z)=E\psi(x,y,z) \quad (2.70)$$

這正是前面曾提到過的，著名的「定態薛丁格方程式」，它描述了微觀粒子向任意方向做三維運動時的狀態，是「量子力學」的基本方程式。其物理意義爲：

「薛丁格方程式」（（2.70）式）描述了質量爲m的微觀粒子，在穩定位能V約束下的運動狀態。方程式裡每一個合理解ψ是一個不含時間的波函數，故ψ描述一種穩定的運動狀態（又稱「穩定態」，或「定態」），與每一個ψ相對應的常數E就是粒子處於該定態時的總能量。由（2.53）式可知：$|\psi|^2$是「機率密度」，且$|\psi|^2$不隨時間而變化，微觀粒子在體積元dτ內出現的機率爲$|\psi|^2d\tau$。

一般含時間的「薛丁格方程式」可寫爲$\hat{H}\varphi(x)=-i\hbar\frac{\partial\varphi}{\partial t}\left(\hbar=\frac{h}{2\pi}\right)$，但因化學課程多半討論「穩定態」（和時間無關）問題，故我們不再做進一步討論。

（2.67）式的「特定方程式」是數學方程式的一種。它的特點是「算子」是已知的，但波函數與「特定值」都是未知的。一個方程式中有多個未知數，故要用專門的數學解法求解。

以後研究原子、分子的電子結構都會遇到「薛丁格方程式」（即（2.67）式和（2.70）式）。首先要寫出適合各種微觀體系的「定態薛丁格方程式」。通過解該方程式，得到微觀體系的能量和狀態波函數——原子軌域或分子軌域。

值得注意的是，只有在體系處於「保守力場」（conservative force field）時，即位能只是空間座標的函數而和時間無關時，體系才有可能處於「穩定態」。「保守力場」的定義：粒子在力場中運動時，若力場所做的功，只與粒子的初、末位置有關，則稱該力場爲「保守力場」。「保守力場」有一重要物理性質，那就是粒子在保守力場中運動時，其動能與位能之和（即「機械能」）守恆。

在一般原子或分子結構研究中，大多指的就是這種「穩定態」。後續會提到：

原子或分子的電子雲會有一定的分布，這正是「穩定態」的具體表現。

當然，在化學反應的瞬間過程中，其電子雲的分布會隨時間而變，這就不能看做是「穩定態」，因此，若要研究這樣的過程時，必須應用包含時間在內的「薛丁格方程式」，即（2.67）式或（2.68）式。在上一節裡，我們曾提到，這時的波函數$\Psi(x, y, z, t)$，可被分解成$\psi(x, y, z)$和$\phi(t)$，亦即$\Psi(x, y, z, t) = \psi(x, y, z)\phi(t)$，換句話說，波函數在空間任一點的振幅$\psi$，將不隨時間而改變，因此$\Psi$（或$\psi$）就相當於一個「駐波」。

例2.15 描述某一維體系的波函數為$\psi_n(x) = \sqrt{\frac{2}{a}}\sin\left(\frac{n\pi x}{a}\right)$，a常數，n = 1，2，3，…。

如果$\psi_n(x)$不是「Hamiltonian算子」$\hat{H}$的「特定函數」，請證明：如果是其「特定函數」，請寫出該函數所屬的「特定值」。假設，體系的位能V等於零。

證明：根據「算子」的「特定值」、「特定函數」及「特定方程式」的定義，先將$\hat{H}$作用到波函數$\psi_n(x)$上。已知$\psi_n(x)$是一維的，即只有一個變數x，不含y和z，且由題中假設可知：體系的位能V = 0。因此，根據（2.64）式可得到符合題目所給體系的「Hamiltonian算子」表達式：

$$\hat{H} = -\frac{\hbar^2}{2m}\frac{d^2}{dx^2}$$

將$\hat{H}$作用於$\psi_n(x)$上

$$\hat{H}\psi_n(x) = \left(-\frac{\hbar^2}{2m}\frac{d^2}{dx^2}\right)\left[\sqrt{\frac{2}{a}}\sin\left(\frac{n\pi x}{a}\right)\right] = \frac{n^2h^2}{8ma^2}\left[\sqrt{\frac{2}{a}}\sin\left(\frac{n\pi x}{a}\right)\right]$$

$$= \frac{n^2h^2}{8ma^2}\psi_n(x)$$

即　$$\hat{H}\psi_n(x) = \frac{n^2h^2}{8ma^2}\psi_n(x) \quad (1)$$

令　$$E_n = \frac{n^2h^2}{8ma^2}，n = 1，2，3，\cdots \quad (2)$$

則(2)式可改寫爲：

$$\hat{H}\psi_n(x) = E_n\psi_n(x) \tag{3}$$

由(2)式可知：顯然E_n是與x無關的常數，只要n確定，$\psi_n(x)$只是x的函數，E_n也就確定了。因此(1)及(3)式符合「特定方程式」的定義，即$\psi_n(x)$是$\hat{H}$的「特定函數」，所以它的「特定值」就是E_n。

因爲由(2)式可知：n的取值是「量子化」的，只能取1，2，3，…等正整數，因此E_n的值是「不連續的」，所以算子$\hat{H}$的「特定函數」$\psi_n(x)$所屬的「特定值」是「分開的」（separate）。

從上例中「特定函數」$\psi_n(x)$及E_n表達式（即(1)、(2)、(3)三式）可看出，n確定後，「特定函數」$\psi_n(x)$和「特定值」E_n都唯一確定，因此，所有「特定值」都是「非等階系的」（non-degenerate），即「等階系」（degeneracy）f = 1。

進入下一節的討論之前，有三點必須提醒讀者：

（一）「薛丁格方程式」（即（2.67）式或（2.70）式）又稱爲「波動方程式」（wave equation），是「量子力學」中最基本的運動方程式。這是因爲所有原子、分子的一切訊息幾乎都是來自描述微觀粒子運動的波函數Ψ和能量E，而一切波函數又來自「薛丁格方程式」，因此，它在「量子力學」中的地位與「古典力學」中的牛頓運動方程式（F = ma）的地位相當。它也像牛頓方程式（F = ma）那樣，不能從其他更基本的假設中推導出來。這也就是說，「薛丁格方程式」的建立，並不是依靠數學邏輯，一步步單純推導而得，而是根據de Broglie的「物質波」假設，做大膽的推演和引申而成的。因而「薛丁格方程式」是作爲「量子力學」的一個基本原理而提出來的。「薛丁格方程式」是否正確，必須看它的結果而定，若運用此一方程式所演繹的結果與實驗事實相符合，則便可證明「薛丁格方程式」是正確的。從後來在微觀世界的研究中，所獲得的無數實驗事實來看，人們發現到「薛丁格方程式」的結果，全都毫無例外地相互一致，因而肯定了「薛丁格方程式」確能代表微觀粒子的客觀運動規律。

（二）在上述「薛丁格方程式」的介紹中，我們採用的是「$E = p^2/2m + V$」的概念。而根據「相對論」理論，任何粒子的運動速度（υ）在接近光速（c）時，其質量m會跟著有所改變（$m' = m/\sqrt{1-(\upsilon/c)^2}$），所以上述「薛丁格方程式」的描述式（見（2.67）式和（2.70）式），可說是「非相對論」的結果。並且因為這些式子的分母中含有m，顯然這些「薛丁格方程式」也都不適合用來處理一切m = 0的粒子運動（例如：光子）。這可說是「薛丁格方程式」本身所造成的局限性，這些局限性後來經由Dirac等人的努力，修改成更爲一般的理論，「薛丁格方程式」反倒成爲此一般理論，在「非相對論」情況下的極限情況，但這已超過本章的討論範圍，在此就此打住。

（三）在（2.67）式裡，「薛丁格方程式」雖然只含時間的一次微分，但由於虛數單位i出現在方程式內，因此，「薛丁格方程式」也同古典的「波動方程式」一樣，可以給出隨時間變化的「波動方程式」。附帶一提的是，「薛丁格方程式」之所以有虛數i存在是因爲：在「古典波動力學」裡，人們習慣用複指數函數的形式，來表達「簡諧波」（harmonic wave）：

$$\psi(x, t) = A \exp[2\pi i(x/\lambda - \nu T)]$$
$$= A[\cos 2\pi(x/\lambda - \nu T)] + i \sin 2\pi(x/\lambda - \nu T)$$

這樣做的目的，是因爲在數學處理上，用複指數函數可以大大簡化計算，這我們已在前文裡（見（2.6）式～（2.8）式）有簡單證明。因此，在「量子力學」處理上，人們就沿用這種方法，來表達微粒的波函數，如此一來，「薛丁格方程式」必須出現虛數i，才能有波動形式的解。經過後來的事實證明，「量子力學」中這種考慮虛數i的作法，不但是方便的，也是必要的。

〔附錄2.1〕薛丁格是如何推導出「薛丁格方程式」

在第一章裡我們提到：de Broglie只討論了「自由電子」（free particles）（即不受任何作用力作用的電子）。de Broglie雖提出開創性的見解，但他的理論不僅有很大的局限性，而且在解決實際問題中作用不大。1926年薛丁格從光學和力學的對比中出發，找到了de Broglie波所服從的「波動方程式」。如此一來，不僅可以研究與自由電子相關聯的de Broglie波（即「物質波」），而且也和束縛在原子分子中的電子有了相關聯性。由於薛丁格的理論是一種新的「量子理論」（quantum theory），原來稱爲「波動力學」（wave mechanics），現在習慣上稱爲「量子力學」（quantum mechanics）。以下我們來介紹薛丁格在推導他所發現的「薛丁格方程式」的最初想法。

我們知道，「物理光學」的理論基礎是「波動方程式」。當波長和儀器的大小相互比較，若是二者差値很小時，則「物理光學」的理論就可以近似地被「費馬原理」（Fermat principle）爲基礎的「幾何光學」所替代，因此「幾何光學」是「物理光學」的極端近似結果。而以「最小作用原理」表達出來的「牛頓力學」在形式上和「費馬原理」的相似性，使人想到是否還有另一種更爲精確的新力學存在，並且「牛頓力學」恰好是此新力學的極限情形，如果根據de Broglie的「微觀粒子也有波動」的想法時，很自然的讓人聯想到：這種新的力學在形式上可能和「物理光學」相近似。這種相對應的關係可以清楚地用圖2.5來表現出來：

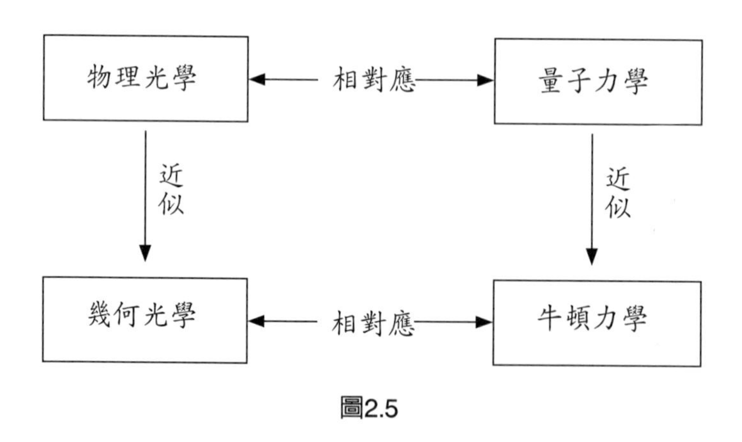

圖2.5

薛丁格基於上述這種對比來推測這種新的且更精確的力學——「量子力學」的基本方程式。現在我們用物理光學、幾何光學、牛頓力學的基本方程式代入圖2.5的表格，即得圖2.6：

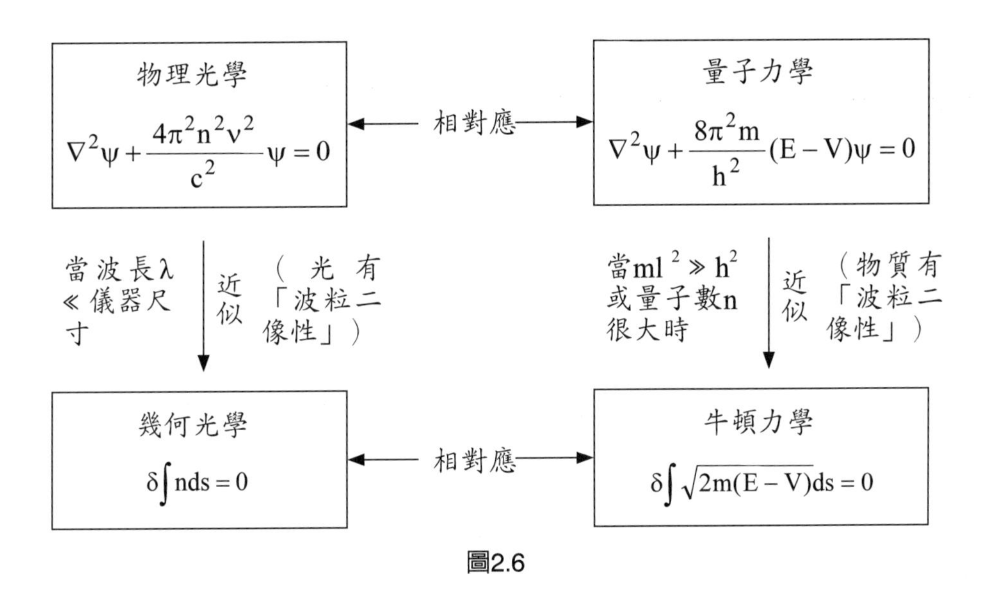

圖2.6

圖2.6中左上角的方程式是物理光學中的「波動方程式」。左下角的是「費馬原理」（從A點到B點一條光線實際所經過的路程，是和AB間與其他路程相較所需時間最短的一條），其中的n是折射指數。右下角是「牛頓力學」中的最小作用原理（它告訴我們：在通過系統的已知初始位置，以及終點位置的眞實軌道上其作用量的增量等於零），式中的m，V(x, y, z)，E分別是粒子的質量、位能和總能量。於是從「量子力學」的方程式和物理光學中「波動方程式」的對比中，可以看出，「量子力學」的重要方程式可能具有下面的形狀：

$$\nabla^2\psi(x, y, z)+cm(E-V)\psi(x, y, z)=0 \tag{2.73a}$$

（2.73a）式中的c是一個未知常數。

我們再設想（2.73a）就是de Broglie波適合的方程式，那麼，在自由粒子的情況時，位能V = 0，總能量E：

$$E=\frac{1}{2m}p^2$$

E是一個常數，於是皆代入（2.73a）式後，可成爲：

$$\nabla^2\psi(x, y, z)+(c/2)p^2\psi(x, y, z)=0 \tag{2.73b}$$

這裡的p就是粒子的動量，也是一個常數，用de Broglie波$\psi = e^{2\pi i Px/h}$代入（2.73a）式後，並消去因子$e^{2\pi i Px/h}$，可得：

$$-\left(\frac{2\pi p}{h}\right)^2 + \frac{c}{2}p^2 = 0 \qquad (2.73c)$$

因此，可得：

$$c = \frac{8\pi^2}{h^2} \qquad (2.73d)$$

將（2.73d）式代入（2.73a）式中，就可得到「薛丁格方程式」爲：

$$\nabla^2\psi(x,y,z) + \frac{8\pi^2 m}{h^2}(E-V)\psi(x,y,z) = 0 \qquad (2.72g)$$

後來的大量事實，證明上述「薛丁格方程式」是正確的。上面我們只是簡單介紹了找到這個方程式的思想線索，並不是什麼證明，通常「薛丁格方程式」可以通過「量子力學」的基本假設而獲得。

〔附錄2.2〕「聯想法」和「類比法」的重要性

我之所以不厭其煩的描述：薛丁格在創建其「薛丁格方程式」的由來，乃在於這個科學歷史故事帶給我們一個深刻的啓發：「聯想法」是個很有用且有效的思考方法。

薛丁格認爲「幾何光學」和「牛頓力學」相呼應（參考圖2.5），那麼既然「物理光學」和「幾何光學」相類似，因此，照理說應該也可以從「牛頓力學」推導到「量子力學」。於是，薛丁格根據（2.73a）～（2.73d）式進而推導出舉世聞名的「薛丁格方程式」（（2.72g）式）。

必須指出的是，上述的介紹只是引出「薛丁格方程式」的一種思路。各種實驗證明「薛丁格方程式」的確符合客觀事實，因而肯定該方程式是正確的。這也證明薛丁格利用「聯想法」和「類比法」是破解自然科學奧秘的一大利器。

這就好比我們日常生活喝的「紅豆湯」，裡面有紅豆（固體）及湯（液體）。

利用「聯想法」，我們有了柳橙原汁的新發明概念，即柳橙原汁裡含有柳橙果肉（固體）及柳橙汁（液體）。再利用「聯想法」，同理可推，我們有了「珍珠奶茶」的新發明概念，因爲「珍珠奶茶」裡含有粉圓（固體）及奶茶（液體）。推而廣之，我們可以用「聯想法」，讓自己的思緒無限延伸、推廣，於是我們心中可以聯想到「蕃茄汁加鳳梨粒」或者「咖啡加小湯圓」等等。

所以，從薛丁格發現「薛丁格方程式」的思考推理中，我們可以學到著名科學家的思考方式。好好的運用「聯想法」可以簡單且有效地幫助我們連結推想到其他相關的事物或者科學原理上，進而尋找出過去前所未見或者前所未聞的新原理及新事物。於是有人說這就是「發明」、這就是「創造」、這就是「開創性」。原來「創造」和「發明」的思考邏輯過程是這樣簡單而有趣。

第七節　量子力學基本假設之四——態的疊加原理

假設IV：若ψ_1，ψ_2，⋯，ψ_i，⋯爲某一微觀體系屬於「物理量」A的特定函數，那麼，它們任意「線性組合」

$$\Psi = c_1\psi_1 + c_2\psi_2 + c_3\psi_3 + \cdots + c_n\psi_n = \sum_{i=1}^{n} c_i\psi_i \tag{2.74}$$

得到的函數Ψ也是該體系可能的狀態。其中，c_1，c_2，⋯，c_i，爲任意常數。當體系處於Ψ所描述的狀態時，若Ψ是「歸一化」的，且Ψ_1，Ψ_2，⋯，Ψ_i，的特定值分別是a_1，a_2，⋯，a_i，那麼，所測得的「物理量」A的值必定是特定值a_1，a_2，⋯，a_i⋯中的一個。其中，測得A的值爲a_i的機率是$|c_i|^2$。

這可以理解爲：任何一個狀態Ψ，可以把它看做是微粒處於ψ_1，ψ_2，ψ_3，⋯，ψ_n等狀態中的任何一個，其中係數平方c_1^2，c_2^2，c_3^2，⋯，c_n^2可以看做處在這些狀態中的對應機率。正因如此，任何一個微粒的運動狀態Ψ，可以看做是：微粒可能處於ψ_1態，一下處於ψ_2態，一下又可能處於ψ_n態等，這些綜合而成的狀態中。因此，以這種方式所觀察得到的物理量，是不能算是屬於Ψ狀態，而只能算是屬於構成Ψ

的ψ_1，ψ_2，ψ_3，…，ψ_n中的某一個狀態。所以，在「量子力學」中，對於某些狀態是沒有確定的「物理量」數值的，每一次測得的值都不一樣，它只有可能出現的數值。

（2.74）式又稱爲「態的疊加原理」（Superposition Principle of States），說明一個微觀體系可能存在的狀態有許多，每個狀態都由對應的函數來描述。這些狀態是可以「相互疊加」的。所謂「相互疊加」指的是「線性組合」。疊加後的狀態也是體系一種可能的狀態。（2.74）式裡的常數c_1，c_2，…，c_i，…分別反應了ψ_1，ψ_2，…，ψ_n，…之每一個波函數對總波函數Ψ的性質所貢獻的大小。

例如：求解似氫離子（hydrogen-like ion）的「薛丁格方程式」，可得波函數$\psi = R(r)\Theta(\theta)\Phi(\phi)$，其中$\Phi$方程的通解爲複數函數，即

$$\Phi = \frac{1}{\sqrt{2\pi}} e^{\pm i|m|\phi}$$

當「磁矩角動量」$l = 1$時，則上式之複數形式的p軌道包含3個分量，p_0，p_{+1}，p_{-1}，要在「實數空間」表示它們，則須對它們進行疊加：

$$p_0 = p_z$$
$$p_x = \frac{1}{\sqrt{2}}(p_{+1} + p_{-1})$$
$$p_y = \frac{1}{\sqrt{2}i}(p_{+1} - p_{-1})$$

p軌域的「實數表示」與「複數表示」是完全等同的。對d軌域也有類似情況，即線性組合後的狀態，也是電子最有可能存在的狀態。組合係數c_i的大小，反應了波函數ψ中各個φ_i的貢獻。也就是說，c_i越大，φ_i在ψ中的貢獻越大。

「態的疊加原理」是微觀世界的獨特現象，是「古典物理」無法類比的。它告訴我們，體系的波函數不是唯一的。一組原子軌域或分子軌域，經過「態的疊加」後，可用另外一種形式來表示。

例如：求解體系的「定態薛丁格方程式」可得一組算術形式的分子軌域（conical orbitals），通過（2.74式）「態的疊加原理」之處理後，可得到一組新的分子軌

域（localized orbitals）。算術形式的軌域與新的分子軌域是等同的，都可用於表示體系的狀態。又算術形式的軌域適合討論分子光譜，新的軌域適合討論化學鍵。

一、「物理量」具有確定值的條件

描述一個微觀體系可能狀態的波函數不是唯一的。又見（2.17）式，如果函數$\psi(x, y, z)$是這個體系某一個可觀測「物理量」A的「算子」$\hat{A}$的屬於「特定值」a的「特定函數」，即

$$\hat{A}\psi(x,y,z) = a\psi(x,y,z) \tag{2.75}$$

那麼，在ψ所描述的狀態下，這個「物理量」A有確定的數值，「算子」$\hat{A}$作用於ψ後能使（2.75）式成立，那麼，ψ就是「算子」$\hat{A}$的屬於「特定值」a的「特定函數」。$\psi(x, y, z)$所描述的這個狀態稱爲「算子」的$\hat{A}$的「特定態」。

也就是說，對處於微觀狀態的「物理量」A進行測定時，所得測量值必定是A的一個「特定值」，進而把「量子力學」的計算值與實驗測量聯繫起來。如此一來，我們可利用「算子」和「特定方程式」來求解「物理量」的「特定值」。

例如：「Hamiltonian算子」$\hat{H}$的「特定態」稱爲「穩定態」（stationary state），根據（2.70）式，在「穩定態」的能量才具有確定值。

如果狀態$\psi(x, y, z)$不是「物理量」「算子」$\hat{A}$的「特定函數」，那麼，在此狀態下，「物理量」A不具有確定值。

例2.16 若一個微觀體系處於[例2.15]中的波函數所描述的狀態。在這個狀態下體系的能量E和動量p有無確定值？

解：已知[例2.15]中給出的波函數爲：$\psi_n(x) = \sqrt{\frac{2}{a}}\sin\left(\frac{n\pi x}{a}\right)$，a常數，n = 1，2，3，…。

根據「物理量」有無確定值的條件（即（2.74）式），只要將「物理量」E_n和P對應的「算子」分別作用於所給的波函數，如果作用的結果等於一個常數乘以這個波函數，那麼這個「物理量」就有確定值，若不等於常數乘以這個波函數，那麼這個「物理量」就沒有確定值。

能量「算子」就是Hamiltonian算子$\hat{H}$，根據[例2.15]的結果已經知道$\hat{H}$作用上述波函數後等於一個常數與這個函數的乘積，即

$$\hat{H}\psi_n(x) = \frac{n^2h^2}{8ma^2}\psi_n(x) = E_n\psi_n(x)$$

因此，對於[例2.15]所給定的狀態（即：波函數ψ_n），體系的能量E_n有確定值，$E_n = \frac{n^2h^2}{8ma^2}$，n = 1，2，3，…。

根據（2.59）式，體系的動量「算子」$\hat{p}$的x分量$\hat{p}_x = -i\hbar\frac{d}{dx}$，則

$$\hat{p}_x\psi_n(x) = -i\hbar\frac{d}{dx}\left[\sqrt{\frac{2}{a}}\sin\left(\frac{n\pi x}{a}\right)\right] = -i\hbar\frac{d}{dx}\frac{n\pi}{a}\sqrt{\frac{2}{a}}\cos\left(\frac{n\pi x}{a}\right)$$

顯然，動量「算子」$\hat{p}_x$作用於$\psi_n(x)$的結果不等於一個常數乘以$\psi_n(x)$，因此，對於題中所給定的狀態（即ψ_n），該體系的動量p沒有確定值。

〔例2.15〕的結果說明：$\psi_n(x)$所描述的狀態是這個微觀體系的一個可能狀態，而且是能量「算子」$\hat{H}$的「特定態」，但卻不是動量「算子」$\hat{P}_x$的「特定態」。因此，微觀體系的「特定態」一定是與某一個「算子」相對應的，如果離開了特定的「算子」來討論「特定態」是沒有意義的。那麼，是否可能有一個「特定函數」或一個「特定函數」系列，同時屬於兩個或多個不同的「物理量」呢？這個答案是肯定的，我們會在後續進一步討論。

二、不同「物理量」同時具有確定值的條件

對於一組「特定函數」ψ_n，且ψ_n組成「完備系列」（complete set），「物理量」A和B同時具有確定值的充分且必要條件是：這兩個「物理量」的「算子」$\hat{A}$和$\hat{B}$可「互換」，即

$$\hat{A}\hat{B} - \hat{B}\hat{A} = 0 \tag{2.76}$$

這就是不同「物理量」同時具有確定值的充分必要條件，證明如下：

設ψ_n是「算子」$\hat{A}$的屬於「特定值」a_n的「特定函數」，同時又是「算子」$\hat{B}$的屬於「特定值」b_n的「特定函數」，則由（2.17）式可得：

$$\hat{A}\hat{B}\psi_n = \hat{A}(b_n\psi_n) = b_n(\hat{A}\psi_n) = b_n a_n \psi_n$$

$$\hat{B}\hat{A}\psi_n = \hat{B}(a_n\psi_n) = a_n(\hat{B}\psi_n) = a_n b_n \psi_n$$

將上述兩式相減得

$$(\hat{A}\hat{B} - \hat{B}\hat{A})\psi_n = 0$$

因爲ψ_n不是任意函數，還無法確定其是否一定不爲零。假設ψ是任意函數，根據[量子力學基本假設IV]，ψ可以展開成ψ_1，ψ_2，…，ψ_i，…的級數，即

$$\psi = \sum_i c_i \psi_i \qquad (2.74)$$

將$\hat{A}\hat{B} - \hat{B}\hat{A}$作用在$\psi$上

$$(\hat{A}\hat{B} - \hat{B}\hat{A})\psi = \sum_i c_i (\hat{A}\hat{B} - \hat{B}\hat{A})\psi_i = 0$$

既然ψ_i是任意函數，所以$\hat{A}\hat{B} - \hat{B}\hat{A} = 0$，即對於一組共同的「特定函數」$\psi_n$，且$\psi_n$組成「完備系列」，如果「物理量」A和B同時具有確定值，則這兩個「物理量」的「算子」$\hat{A}$和$\hat{B}$是可「互換」的。

例如：在第二節討論「算子互換」關係時知道，座標x和動量P_x兩個「物理量」對應的「算子」不可「互換」，即$[\hat{x}, \hat{P}_x] = i\hbar \neq 0$。根據不同「物理量」同時具有確定值的判斷條件可知，它們沒有共同的「特定函數」，因此也不能同時具有確定值。這也正是「測不準原理」。我們會在後續做更進一步的說明。

三、「物理量」的平均值

由於微觀狀態具有「波粒二像性」的特質和「測不準關係」的約束，各「物理量」不可能全部同時都有確定值。「如果狀態$\psi(x, y, z)$不是『物理量』的『算子』$\hat{A}$的『特定函數』，那麼，在此狀態下的『物理量』A不具有確定值」，只能求得多次測量的「統計平均值」，又稱「期望值」（expectation value）：

〔「物理量」平均值定理〕：在任何狀態的波函數ψ中，任何「物理量」A的平均值$\overline{A}$都等於$\int_{\infty}^{+}\psi^*\hat{A}\psi d\tau$，即（可見第三節之說明）

$$\overline{A}=\langle A\rangle=\int_{-\infty}^{+\infty}\psi^*\hat{A}\psi d\tau \tag{2.77}$$

（2.77）式告訴我們：對於在一波函數ψ，「物理量」A會得到「平均值」（也就是說：「期望值」）$\overline{A}$（$=\langle A\rangle$），而得不到確定值。

再次強調：如果微觀體系處於任一波函數ψ狀態對可觀測「物理量」A做一系列測量，可得到以下的「統計平均值」（或說「期望值」，expectation value）

$$\overline{A}=\langle A\rangle=\frac{\int\psi^*\hat{A}\psi d\tau}{\int\psi^*\psi d\tau} \tag{2.78}$$

（2.78）式中的$\hat{A}$爲「物理量」A的「算子」。若ψ是「歸一化」的，則有

$$\overline{A}=\langle A\rangle=\int\psi^*\hat{A}\psi d\tau \tag{2.79}$$

此正是（2.77）式。此正是前述第三節之另一種敘述方式。

證明：因爲「特定函數」集合ψ_1，ψ_2，…是一個完備的「正交歸一化」系列，所以根據[量子力學基本假設IV]：任意兩個線性組合函數$\psi^{(i)}$及$\psi^{(j)}$可寫爲

$$\psi^{(i)}=\sum_i c_i\psi_i$$

$$\psi^{(j)}=\sum_j c_j\psi_j$$

因爲，ψ_1，ψ_2，…中任意一個函數都是$\hat{A}$的「特定函數」，所以

$$\hat{A}\psi^{(j)}=\sum_j(c_j\hat{A}\psi_j)=\sum_j c_j a_j\psi_j$$

因此：

$$\int_{-\infty}^{+\infty}\psi^{(i)*}\hat{A}\psi^{(j)}d\tau=\int_{-\infty}^{+\infty}\left(\sum_i c_i^*\psi_i^*\right)\hat{A}\left(\sum_j c_j\psi_j\right)d\tau$$

$$=\int_{-\infty}^{+\infty}\left(\sum_i c_i^*\psi_i^*\right)\left(\sum_j c_j a_j\psi_j\right)d\tau$$

$$= \sum_i \sum_j c_i^* c_j a_j \int_{-\infty}^{+\infty} \psi_i^* \psi_j d\tau$$

考慮到「正交、歸一化」性質，即當$i \neq j$時：

$$\int_{-\infty}^{+\infty} \psi^{(i)*} \psi^{(j)} d\tau = 0$$

所以 $\int_{-\infty}^{+\infty} \psi^{(i)*} \hat{A} \psi^{(j)} d\tau = 0$

當$i = j$時，$\psi^{(i)} = \psi^{(j)}$，令它們都等於ψ，

$$\int_{-\infty}^{+\infty} \psi^{(i)*} \psi^{(j)} d\tau = \int_{-\infty}^{+\infty} \psi^* \psi d\tau = 1$$

所以：

$$\begin{aligned}\int_{-\infty}^{+\infty} \psi^* \hat{A} \psi d\tau &= \sum_i \sum_j c_i^* c_j a_i \\ &= \sum_i c_i^* c_i a_i \\ &= \sum_i \left|c_i\right|^2 a_i \end{aligned} \quad (2.79)$$

根據[量子力學基本假設IV]，$|c_i|^2$是體系處於狀態ψ時所測得「物理量」A的值為a_i的機率，因此，上式右邊的值就是「物理量」A的平均值，於是可得：（見（2.31）及（2.77））

$$\overline{A} = \langle A \rangle = \int_{-\infty}^{+\infty} \psi^* \hat{A} \psi d\tau \quad (2.77)$$

再強調一次：由於已知「量子力學」的基本規律是統計規律，波函數$|\psi|^2$只包含機率的含意，故很自然的，對於任何「物理量」，只有求出與它相對應的「期望值」（即「統計平均值」）之後，才能與實驗觀察到的量相比較。因此，我們可從「薛丁格方程式」求得波函數，有了波函數再用（2.77）式，就可求出「期望值」。

在「物理量」的「期望值」定理的證明中，下列三點要特別注意：

（一）這裡的「期望值」（即「平均值，（2.77）式」）是指對大量相同的波函數ψ做多次測量的平均結果。這裡強調：不是對一個樣品進行連續的多次測量，而是對大量等同的樣品進行測量，每個樣品測量一次。

（二）在證明時，我們設定的條件是：ψ_1，ψ_2，…，ψ_i，…是「特定函數」集合，

符合「正交的、歸一的及完備的」性質。由此推導出（2.79）式成立。此式與（2.77）式比較後可知，在給定條件下，「物理量」A的平均值可以直接由（2.80）式求算：

$$\overline{A} = \sum_i \left|c_i\right|^2 a_i \tag{2.80}$$

在「量子力學」中，表示「物理量」的「算子」都是「Hermit算子」，任意一個「算子」$\hat{A}$的「特定函數」都組成一個「正交歸一的完備集」，因此，可觀測「物理量」A的期望值$\overline{A}$都可由（2.80）式計算。

（三）於第三節說過：（2.80）式是在ψ_1，ψ_2，…，ψ_i，…均具有「正交的、歸一的及完備的」性質條件下推出來的，因此，只能用於「特定函數」「物理量」平均值的計算。也就是說：對於「特定函數」系列，（2.77）式和（2.80）式是等同的。但是，如果ψ_1，ψ_2，…，ψ_i，…不能構成「正交歸一的」完備集合，這樣的狀態不是$\hat{A}$的「特定態」，在此條件下，（2.80）式是不成立的。因此，求非「特定態」的「物理量」平均值$\overline{A}$時只能用（2.77）式。

例2.17 根據[例2.16]的結果可知：某微觀體系處於狀態 $\psi_n(x) = \sqrt{\frac{2}{a}}\sin\left(\frac{n\pi}{a}x\right)$ 時，動量p_x無確定值，求：當$0 < x < a$時，動量p_x的平均值。

解：將動量「算子」$\hat{p}_x = -i\hbar\frac{d}{dx}$作用於函數$\psi_n(x)$上，得

$$\hat{p}_x\psi_n(x) = -i\hbar\frac{n\pi}{a}\cdot\sqrt{\frac{2}{a}}\cdot\cos\left(\frac{n\pi}{a}x\right)$$

顯然，$\psi_n(x)$所描述的狀態不是$\hat{p}_x$的「特定態」，因此需利用（2.77）式計算其平均值：

$$\begin{aligned}\overline{p}_x &= \int_0^a \psi_n^*(x)\left(-i\hbar\frac{d}{dx}\right)\psi_n(x)dx \\ &= \int_0^a\left[\sqrt{\frac{2}{a}}\cdot\sin\frac{n\pi x}{a}\left(-i\hbar\frac{d}{dx}\right)\sqrt{\frac{2}{a}}\cdot\sin\left(\frac{n\pi x}{a}\right)\right]dx\end{aligned}$$

$$= -i\hbar \cdot \frac{2}{a} \cdot \frac{n\pi}{a} \int_0^a \left(\sin\frac{n\pi x}{a} \cos\frac{n\pi x}{a} \right) dx$$
$$= 0$$

所以，在$0 < x < a$區域內，動量p_x的平均值爲零。

四、量子力學原理的數學概念及其物理意義的再說明

「態的疊加原理」（即（2.74）式）是「量子力學」最基本的原理之一，它表示什麼物理意義呢？

我們知道任何一個波函數ψ，可用來描述微觀世界的某一個狀態。這一狀態可以是電子在運動，例如：在原子或分子中，電子雲以一定的機率分布著，ψ是x，y，z（三度空間）及t（時間）的函數，用以描述電子在某一時刻t的某一點(x, y, z)出現的機率。任一個波函數ψ可以分解爲其他一些「狀態的線性疊加」（即（2.74）式）：

$$\Psi = c_1\psi_1 + c_2\psi_2 + \cdots$$

這可以理解爲：波函數Ψ可以看做是微粒可能處在ψ_1、ψ_2、ψ_3、…、ψ_n等狀態中的任何一個，其中係數c_1^2、c_2^2、…可以看做是處在這些狀態的相對應機率（見（2.53）式或（2.57）式）。如此一來，任何一個微粒運動的狀態可以看做是：一會兒處於ψ_1這個狀態，一會兒處於ψ_2那個狀態……，這樣綜合而成的狀態。因此，「態的疊加原理」實際上只是表示任何一個微粒狀態可以被看做是某些特定狀態以特定機率組合起來的情況。

「量子力學」中的另一個概念是「物理量」。「物理量」在「量子力學」中表示成作用於狀態的「算子」，或者說是對狀態的變換。我們知道，在「古典物理學」中，或者在巨觀世界裡，「物理量」是以作爲狀態的確定值出現的。例如：一顆石子在空間中運動，對於這個運動狀態本身，我們可以得到一些確定的值，如動量、能量、座標位置等等。然而，在動量、座標、能量這些值的確定中，早已含有這樣一個假定：即我們在測量這些「物理量」時，這個狀態本身沒有改變，沒有被我們的觀察所擾亂，這樣我們才可以說這個「物理量」是屬於這個狀態的。這點在

常識看來是非常自然的。可是到了微觀世界，應用這些常識就必須要非常小心。例如：我們要測定一個電子的位置，可在一個屏上鑽一小孔，讓電子流打到屏上，當有電子穿過小孔時，我們就可以說電子這時的位置就是小孔所在的位置。然而，我們發現這個觀察只對某些特別的電子狀態是有用的，即電子的座標剛好符合小孔位置的那些狀態。

對一個電子的一般狀態Ψ，它是由各狀態（ψ）以不同機率線性疊加而成的，此即（2.74）式。$\Psi = c_1\psi_1 + c_2\psi_2 + \cdots$，它表示著「電子可能處在$\psi_1$態，可能處於$\psi_2$、……」等等這樣的狀態。因此，以這種方式觀察得到的「物理量」是不屬於Ψ，而只能屬於構成Ψ的ψ_1、……、ψ_n中的某一個狀態。所以，在「量子力學」中，對於某些狀態，就沒有確定的「物理量」數值。每次測得的值是不一樣的，它只存在可能出現的數值，所以需要用機率密度$\Psi\Psi^*$（$=|\Psi|^2$）表示。

那麼，對於哪一些狀態及「算子」（相當於一定的觀察）有確定值呢？顯然，要滿足這個性質或要求，只有當一個「算子」（例如$\hat{A}$）作用於Ψ狀態後，不使Ψ狀態改變，或者說$\hat{A}$對Ψ狀態進行觀察後，不擾亂這個Ψ狀態。用數學語言表示，則爲：

$$\hat{A}\Psi = a\Psi \quad (a\text{是一個常數}) \tag{2.17}$$

因此，我們可得出「量子力學」中另一條基本公理：任何可觀察量（「物理量」）都是「算子」的「特定值」（即上面（2.17）式的a值）。「物理量」可由適當「算子」來表示，這句話可說是基於此而得來的通俗說法。

既然對於某一些狀態（即滿足$\hat{A}\psi = a\psi$的態稱爲「特定態」），「算子」是有確定值的，那麼對於一般的狀態，「算子」的確定值又是什麼意義呢？
例如：一個狀態（Ψ）是由一些「態線性疊加」而成：（即（2.74）式）

$$\Psi = c_1\psi_1 + c_2\psi_2 + \cdots$$

對Ψ進行某種觀察$\hat{A}$，等於分別對ψ_1、ψ_2、……、ψ_n進行觀察，用數學式表示，則爲：

$$\hat{A}\Psi = c_1\hat{A}\psi_1 + c_2\hat{A}\psi_2 + \cdots + c_n\hat{A}\psi_n$$
$$= c_1 \times a_1\psi_1 + c_2 \times a_2\psi_2 + \cdots + c_n \times a_n\psi_n$$

我們知道處於ψ_n的機率是$c_n c_n^*$（見（2.53）式或（2.57）式），因此對Ψ進行某種觀察$\hat{A}$，就可得到各次觀察的平均值（$\overline{A}$）。這平均值$\overline{A}$就是：

$$\overline{A} = c_1 c_1^* a_1 + c_2 c_2^* a_2 + \cdots + c_n c_n^* a_n$$

而我們發現$\int \Psi^* \hat{A}\Psi d\tau$剛好等於這個數值，於是，我們便可得到「量子力學」的一個重要原理：即任何「算子」$\hat{A}$在Ψ狀態的平均值（$\overline{A}$）是：（即（2.77）式）

$$\overline{A} = \int \Psi^* \hat{A}\Psi d\tau$$

在這裡，讀者可能會提出一個問題：既然對某一「算子」只有那些被它作用後不改變的狀態可用，這個「算子」在這個狀態中才有確定值可言，那麼，會不會出現這樣的情況：對於一個「算子」，某個狀態有確定值，而這同一個狀態對另外「算子」卻沒有確定值？事實上，這種情況是有的，這就是「量子力學」中的一個著名原理──「測不準原理」所描述的情況。

我們先來看，若要兩個「物理量」（即做兩種觀察或稱爲「算子」）同時有確定值，需要滿足什麼條件？顯然，條件是清楚的。那就是這個狀態同時是這兩個「算子」的「特定態」。例如：兩個「算子」是$\hat{F}$和$\hat{G}$，它們的特定值分別爲λ及n，即

$$\hat{F}\psi = \lambda\psi$$
$$\hat{G}\psi = n\psi$$

因爲　$$\hat{F}(\hat{G}\psi) = \hat{F}(n\psi) = n(\hat{F}\psi) = n(\lambda\psi) = \hat{G}(\lambda\psi) = \hat{G}\hat{F}\psi$$

亦即　$$\hat{F}\hat{G}\psi = \hat{G}\hat{F}\psi$$

也就是說$\hat{F}$、$\hat{G}$兩個「算子」可以「互換」，這樣一來，兩個「物理量」（λ及n）就可以同時有確定值。否則就不可能。

我們知道動量「算子」$\hat{p}_x = \frac{h}{2\pi i}\frac{d}{dx}$，和座標「算子」x存在著以下關係：（參考表2.1）

$$[x, \hat{p}_x] = x\hat{p}_x - \hat{p}_x x = x\left(-i\hbar\frac{\partial}{\partial x}\right) - \left(-i\hbar\frac{\partial}{\partial x}\right)x = i\hbar \neq 0$$

亦即 $$x\hat{p}_x \neq \hat{p}_x x$$

動量「算子」和座標「算子」既然不能「互換」，那麼可以得出以下結論：要同時測得一個狀態的動量和座標是不可能的。這個結論——「測不準原理」從物理意義上來理解也是顯然的。例如：用電子顯微鏡對準某一個電子（我們在此稱它為電子ㄅ），可觀察電子ㄅ的座標值，但電子顯微鏡放出的電子本身卻干擾了電子ㄅ的狀態，使原先電子狀態的動量變得不確定了。用其他的測量方法也是如此。這就是著名的「測不準原理」。

從前面討論中，我們了解到「量子力學」一些最基本的公理之物理意義，並可知道「量子力學」的發展實際上是基於對微觀世界的觀察與實驗，並從實踐中所得的抽象公理基礎上，運用大量數學工具而發揮其指導的作用。

第八節　量子力學基本假設之五——Pauli不相容原理（Pauli Exclusion Principle）

> 假設V：描述N個「等同粒子」（identical particles）組成的體系之波函數ψ具有一定的對稱性，這種對稱性是由粒子本身的自旋決定的。對於「費米子」（Fermions）體系，ψ是反對稱的；對於「玻色子」（Bosons）體系，ψ是對稱的。

在「古典力學」中，一些「等同粒子」可能有相同的質量、相同的電量等，但巨觀粒子在運動中都有自己的運動軌道，任何時刻可用粒子在空間中的「座標」和「動量」來標記它們，雖然性質相同，但還是可以區別它們的。

反之，在「量子力學」中，一些微觀粒子，如電子、光子等，它們具有相同的「質量」、「電量」、「自旋」等，也都具有「波粒二像性」，服從「測不準原理」，在這樣的「等同粒子」體系中，粒子是彼此「不可分辨的」（undistinguishable），因此，任意兩個「等同粒子」交換時，我們無法觀察到任何物理效應的變化。

一、「Pauli不相容原理」的量子力學表達（續見第五章第二節）

「Pauli不相容原理」：

「因爲在同一原子軌域或分子軌域上，最多只能容納兩個電子。這兩個電子的自旋狀態必須相反，或者說兩個自旋相同的電子不能占據同一軌域」。

這一陳述在「量子力學」中通常表達爲：描述多電子體系之「軌域運動」和「自旋運動」的「完全波函數」（total wavefunctions），對任意兩粒子的全部座標（「空間座標」和「自旋座標」）進行交換，一定得到「反對稱」的波函數。如果粒子有這種行爲，就稱爲「費米子」。

許多實驗現象都證明電子除軌域運動外還有其他運動，例如，光譜的Zeeman效應（Zeeman效應是在磁場中觀察到光譜譜線會出現分裂的現象，1896年由Zeeman發現）。Stern和Gerlach於1921年的實驗也發現：將銀、鋰、氫等原子束經過一個不均勻磁場後，原子束分裂成兩束，且出現光譜的精細結構（hyperfine structures）。直到1925年，Uhlenbeck和Goudsmmit提出電子自旋的假設，認爲電子具有不依賴於軌域運動的自旋運動存在，天生具有「自旋角動量」和相對應的「自旋磁矩」。於是，描述電子運動狀態的「完全波函數」，除了包括「空間座標(x, y, z)」外，還須包括「自旋座標（ω）」。對一個具有n個電子的體系來說，其「完全波函數」寫爲

$$\psi = \psi(\underbrace{x_1, y_1, z_1, \omega_1; \cdots; x_n, y_n, z_n}_{\text{空間座標}}, \underbrace{\omega_n}_{\text{自旋座標}}) = \psi(q_1, \cdots, q_n) \quad (2.81)$$

上式中q是廣義座標，例如q_1代表第1號粒子的4個座標$(x_1, y_1, z_1, \omega_1)$。

根據微觀粒子的「波動性」，相同微粒是「不可分辨的」（undistinguishable），它和巨觀粒子不同。巨觀粒子有一定的運動軌域，因此根據初始條件，沿著每個粒子所取的路徑，可以將粒子區分開來。然而，微觀粒子因爲「測不準原理」的限制，不能跟蹤每一個微粒所走的路徑。所以由「等同粒子」組成的體系的

波函數ψ，對粒子之間具有「不可分辨性」。

例如：由兩個電子組成的體系，$\psi(q_1, q_2)$代表這個體系的狀態，而$\psi(q_1, q_2)$代表電子1和電子2交換座標後的狀態。若這個波函數的平方能經得起座標q_1和q_2的「互換」，即

$$\psi^2(q_1, q_2) = \psi^2(q_2, q_1)$$

就實現了「不可分辨性」的要求，由此可得

$$\psi(q_1, q_2) = \pm\psi(q_2, q_1) \tag{2.82}$$

由（2.82）式可知：取正號的波函數，稱爲「對稱波函數」；而取負號的波函數，則稱爲「反對稱」波函數。

對於兩個「等同粒子」的討論可推廣到n個「等同粒子」系統，變化任意兩個粒子，就可判知是「對稱」或「反對稱」性的。

描述電子運動狀態的「完全波函數」除了包括「空間座標」外，還應包括「自旋座標」，對一個具有n個電子的體系，其「完全波函數」即爲（2.81）式。

由（2.81）式知道：交換兩個粒子的座標位置，「完全波函數」可能是正號（即對稱波函數），或是變爲負號（即反對稱波函數）。這兩種情況對於任一對粒子間的交換都成立。但究竟是「對稱的」還是「反對稱的」，應由粒子本身的性質來決定。「Pauli不相容原理」指出：對於電子、質子、中子等自旋量子數s爲半整數的體系（稱爲：「費米子」），描述其運動狀態的「完全波函數」必須是「反對稱函數」，即：

$$\psi(q_1, q_2, \cdots, q_n) = -\psi(q_2, q_1, \cdots, q_n) \tag{2.83}$$

倘若電子1和電子2具有相同的空間座標（$x_1 = x_2$，$y_1 = y_2$，$z_1 = z_2$），自旋相同（$\omega_1 = \omega_2$），可將其代入（2.83）式，得

$$\psi(q_1, q_1, q_3, \cdots, q_n) = -\psi(q_1, q_1, q_3, \cdots, q_n)$$

上式移項並除以2，得：

$$\psi(q_1, q_1, q_3, \cdots, q_n) = 0$$

這個結論說明處在三維空間同一座標位置上，兩個自旋相同的電子，其存在的機率密度爲零，「Pauli不相容原理」的這一結果可引伸出兩個常用的規則：

（一）「Pauli不相容原理」──在一個多電子體系中，兩個自旋相同的電子不能占據同一個軌域。也就是說，在同一原子中，兩個電子的量子數不能完全相同。

（二）「Pauli排斥原理」──在一個多電子體系中，自旋相同的電子盡可能分開、遠離。

反之，對於光子、π介子、氘（^2H）和α粒子（$= {}^4_2He^{2+}$）等之自旋量子數s爲整數的「玻色子」（Bosons），則要求「對稱波函數」。

「玻色子」不受「Pauli不相容原理」的約束，多個「玻色子」可以占據同一量子態。雷射之所以能夠發生就是因爲光子爲「玻色子」，因爲一個強的單色光束要由大量處於同一狀態的光子數組成。

也就是說：「等同粒子」波函數的「對稱性」與「反對稱性」來源於粒子的自旋。「等同粒子」可分爲兩類：

（一）一類n個粒子以任何方式重新排列時，它的Hamiltonian總是保持不變，我們稱它的函數爲「對稱函數」。這類粒子的自旋爲「整數」，運動行爲服從「玻色—愛因斯坦（Bose-Einstein）統計規律」，稱爲玻色子。例如光子等。

（二）另一類n個粒子在重新排列時，經過偶次交換後，它的Hamiltonian保持不變；但在經過奇次交換後，它的Hamiltonian改變符號。這類粒子的自旋爲「半整數」，運動行爲服從「費米—狄拉克（Fermi-Dirac）統計規律」，稱爲「費米子」（Fermions）。例如電子等。

再強調一次：對於一個「等同粒子」體系，根據（2.82）式，互換前後的波函數之間可能有以下兩種關係：

（一）若$\psi(q_1, q_2, \cdots, q_i, \cdots, q_j, \cdots) = +\psi(q_1, q_2, \cdots, q_j, \cdots, q_i, \cdots)$，則$\psi$稱爲「對稱波函數」（symmetry wavefunction）。

（二）若$\psi(q_1, q_2, \cdots, q_i, \cdots, q_j, \cdots) = -\psi(q_1, q_2, \cdots, q_j, \cdots, q_i, \cdots)$，則$\psi$稱爲「反對稱波函數」（antisymmetry wavefunction）。

描述粒子狀態的波函數究竟是「對稱的」還是「反對稱的」，則由粒子自身性質決定。據此，可將自然界中的微觀粒子分爲兩種，一種是「費米子」，另一種是「玻色子」。

再強調一次：通常認爲波函數ψ包含體系的全部訊息，就是說：已知任意波函數ψ，就可以完全確定該狀態下測量「物理量」的可能值（或說「平均值」或「期望值」）及其相對應的機率。這表明不能用「古典力學」方法確定「物理量」，「量子力學」確定「物理量」的方法是對波函數ψ進行某種運算，不同「物理量」用不同的計算方法，這種運算用一種符號來表示，簡稱爲「算子」。

對於「等同粒子」體系，「量子力學」實驗表明：兩個「等同粒子」處於相同的物理條件下，將有完全相同的實驗表現，無法區分它們。換句話說，兩個「等同粒子」位置互換，不會引起量子態的改變。概括這一結果爲「全同性原理」：「等同粒子」是不可分辨的。

此「全同性原理」涉及兩個密切相關、但並不相同的概念：

（一）「全同性」——對粒子本身。

（二）「分辨性」——對粒子的實驗觀測。

這種「不可分辨性」是由粒子的「波粒二像性」所決定的。特別是「波動性」導致「測不準原理」，使得「軌域觀念」失效，無法分辨測量結果，這並非技術性的原因。可以說，微觀粒子的「波動性」，若反應在單個粒子身上，如位置與動量之間就表現爲「測不準原理」；若反應在「等同粒子」的關係上就是「全同性原理」。可見，「全同性原理」是微觀粒子的普遍規律。

「古典力學」中原則上不存在「等同粒子」。由於巨觀物理的動量和位置可以同時確定，即可用一確定的軌道描述物體的運動，當然可以按其軌道來確定任一時刻該物體的位置。任何時刻均可判斷出哪一個是第一物體、哪一個是第二物體等等，因此，巨觀物體是「可被區分的」。

二、費米子和玻色子

（一）費米子

電子、質子、中子等的自旋量子數爲半整數的粒子叫「費米子」；「費米子」遵守「Pauli不相容原理」。描述費米子體系中粒子運動狀態的波函數一定是反對稱的。

在後續的介紹中，我們會了解「塞曼效應」（Zeeman effect）和「光譜精細結構」（spectrum hyperfine structure）等實驗的具體內容。這些實驗現象說明：電子除了軌域運動外還有不依賴於軌域運動的自旋運動形式存在。描述電子運動狀態的全部座標，既包括「空間座標(x_i, y_j, z_i)」，也包括「自旋座標（ω_i）」。

而電子的自旋座標是不可以相互「交換」的，所以電子的全部座標也不可以相互「交換」。根據「Pauli不相容原理」，電子就是一種「費米子」。因此，在一個多電子體系中，兩個自旋相同的電子不能占據同一軌域並且要盡可能遠離。也就是說，在同一原子或分子軌域裡，最多只能容納兩個自旋相反的電子。

（二）玻色子

光子、氘（$^{2}_{1}H$）和α粒子（$= {}^{4}_{2}He^{2+}$）等自旋量子數爲整數的粒子叫「玻色子」；「玻色子」不遵守「Pauli不相容原理」。描述「玻色子」體系中粒子運動狀態的波函數必須是「對稱波函數」。多個「玻色子」可以同時占據同一原子軌域或分子軌域，故都具有相同的量子態。

例如：我們知道，「雷射」是頻率單一的單色光束，應用領域非常廣泛。「雷射」之所以有許多不同於其他光束的獨特性質，就是因爲光子是一種「玻色子」，不受「Pauli不相容原理」約束，組成「雷射」的大量光子都處於同一能階上，具有相同的量子態。

前面幾節介紹了「量子力學」的五個基本假設，透過這些假設可以推出「量子力學」的全部理論。在下一章裡，我們將介紹一維空間和三維空間中運動的微觀粒子，用「量子力學」的方法分別研究它們的運動規律。

第九節　「量子力學」假設的再說明

若是這樣，我們不禁要問；對於什麼樣的狀態，「算子」在作用這些狀態之後（注意，這已暗示著「算子」相當於「一定的觀察」），會產生什麼樣的確定值呢？顯然，要滿足這個性質或要求，只有當一個「算子」作用在狀態後，狀態不會改變；或是說，對某個狀態Ψ進行觀察後（即指「算子」），不擾亂這個狀態。若用數學語言，則表示為

$$\hat{F}\Psi = f\Psi$$

其中f是一個常數。上式裡代表著兩種物理意義：

（一）任何可觀測的物理量（f），都是「算子」（$\hat{F}$）的「特定值」，換言之，「物理量」可由適當的「算子」來表示。

（二）對某一個「算子」而言，只有那些被它作用後不改變的態，這個「算子」在這個狀態中，才有確定值可言。也就是說$\hat{F}$作用在Ψ狀態後，得到常數f乘以原先的Ψ狀態，而不是f乘以其他的狀態，如此一來，所得的「物理量」f才有意義。既然對於某些狀態，「算子」是有確定值的（即滿足$\hat{F}\Psi = f\Psi$的條件），那麼對於一般的狀態，「算子」的確定值是何意義呢？

已知，一個狀態Ψ，可以由其他的特定態線性加成而得：

$$\Psi = c_1\psi_1 + c_2\psi_2 + \cdots + c_n\psi_n \tag{2.74}$$

以（2.74）式為例，若是對此Ψ狀態，進行某種觀察（$\hat{F}$），這就相當於對Ψ的ψ_1，ψ_2，……，ψ_n中，分別進行觀察，用數學語言表示成：

$$\begin{aligned}\hat{F}\Psi &= c_1\hat{F}\psi_1 + c_2\hat{F}\psi_2 + \cdots + c_n\hat{F}\psi_n \\ &= c_1f_1\psi_1 + c_2f_2\psi_2 + \cdots + c_nf_n\psi_n\end{aligned}$$

已知Ψ狀態在處於ψ_i狀態時，其機率為$c_i^*c_i$，故對Ψ狀態進行某種觀察（$\hat{F}$），就可得到各次觀察的平均值（$\bar{F}$），根據（2.30）式：

平均值＝（機率）×（觀測值）

即為

$$\overline{F} = c_1^* c_1 f_1 + c_2^* c_2 f_2 + \cdots + c_n^* c_n f_n$$

而我們又發現到$\int \Psi^* \hat{F} \Psi d\tau$剛好等於上式的$\overline{F}$，因此便可推得「量子力學」的一個重要定理：即任何「算子」，作用在Ψ*Ψ狀態的「平均值」為

$$\overline{F} = \int \Psi^* \hat{F} \Psi d\tau \qquad (2.77)$$

現在，又產生另一個疑問：既然對於一個「算子」而言，某個狀態有確定值，那麼這同一個狀態對其他「算子」而言，會不會沒有「確定值」呢？這種情形當然會有，而且經常發生，這就是著名的「測不準原理」所描述的情形。

我們先來看，要兩個「物理量」（即對兩種觀察或「算子」），同時有確定值，需具備什麼樣的條件？顯而易見的，那就是該狀態必須同時是這兩個「算子」的「特定態」。比如說，有兩個「算子」$\hat{M}$和$\hat{N}$，它們的「特定值」各為m和n，則

$$\hat{M}\Psi = m\Psi$$
$$\hat{N}\Psi = n\Psi$$

因為

$$\hat{M}\hat{N}\Psi = \hat{M}n\Psi = n\hat{M}\Psi = nm\Psi = n(m)\Psi = \hat{N}(m\Psi) = \hat{N}\hat{M}\Psi$$

所以

$$\hat{M}\hat{N}\Psi = \hat{N}\hat{M}\Psi$$

換言之，$\hat{M}$和$\hat{N}$兩個「算子」的位置是可以「互換的」，如此一來，該兩個「物理量」可以同時擁有確定值，否則就不可能。例如：座標「算子」$\hat{x}$和動量「算子」$\hat{p}_x = -i\hbar\dfrac{\partial}{\partial x}$，存在著以下的關係：（參考表2.1）

$$\hat{x}\hat{p}_x - \hat{p}_x\hat{x} = x\left(i\hbar\frac{\partial}{\partial x}\right) - \left(-i\hbar\frac{\partial}{\partial x}\right)x = i\hbar$$

也就是

$$\hat{x}\hat{p}_x \neq \hat{p}_x\hat{x}$$

顯而易見，座標「算子」$\hat{x}$ 和動量「算子」$\hat{p}_x$ 不能「互換的」，亦即要同時測得一個狀態的座標和動量，是不可能的。

接著，一旦待測體系給定後，反映該體系特定的「Hamiltonian算子」$\hat{H}$（見（2.64）式或（2.67）式），就立刻確定了。從（2.64）式或（2.67）式我們可以清楚看到，$\hat{H}$ 事實上包含兩大項：一是反映「位能」的「算子」V，另一是反映「動能」的算子 $\left(-\frac{\hbar^2}{2m}\nabla^2\right)$（見表2.1）。或者，從另一角度來看，$\hat{H}$ 可以歸結爲「吸引」和「排斥」兩大因素。例如：在原子體系中，原子核對電子的庫倫吸引力，就構成了主要的吸引因素，而電子繞原子核運動所產生的離心傾向，再加上電子與電子之間庫倫排斥力（若在多原子分子體系中，還必須考慮到原子核與原子核之間的斥力），這就構成了主要的「排斥」因素，由此，我們可以根據這些思路，去寫出各種不同體系的「Hamiltonian算子」的形式，這將會在以後章節裡陸續看到。

接著，讓我們就動量「算子」和求平均動能的關係式，來說明原子爲何能夠穩定存在的基本成因。

假設ψ爲某原子核外任一電子的波函數，且已經「歸一化」了。那麼根據求算「物理量」平均值公式（見（2.77）式或（2.78）式），我們可以得到以下的平均動能結果：（參考表2.1）

$$\text{平均動能} = \overline{T} = \int \psi^* \hat{T}\psi d\tau$$

$$= -\frac{\hbar^2}{2m}\int_{-\infty}^{+\infty}\int_{-\infty}^{+\infty}\int_{-\infty}^{+\infty}\psi^*\left(\frac{\partial^2}{\partial x^2}+\frac{\partial^2}{\partial y^2}+\frac{\partial^2}{\partial z^2}\right)\psi dxdydz \quad (2.84)$$

爲方便解說起見，先以一維情況下討論，根據「部分積分法」（即$\int udv = uv - \int vdu$），可以得到

$$\int_{-\infty}^{+\infty}\psi^*\frac{\partial^2}{\partial x^2}\psi dx=\int_{-\infty}^{+\infty}\psi^*\frac{\partial}{\partial x}\left(\frac{\partial\psi}{\partial x}\right)dx=\int_{-\infty}^{+\infty}\psi^* d\left(\frac{\partial\psi}{\partial x}\right)$$
$$=\left[\psi^*\frac{\partial\psi}{\partial x}\right]_{-\infty}^{\infty}-\int_{-\infty}^{\infty}\frac{\partial\psi}{\partial x}\frac{\partial\psi^*}{\partial x}dx \quad (2.85)$$

又因爲在距離原子核外無窮遠處，電子出現的可能性微乎其微，所以可以取爲0，也就是$x\to\pm\infty$時，$\psi=0$。因此（2.85）式可以改寫成

$$\int_{-\infty}^{+\infty}\psi^*\frac{\partial^2}{\partial x^2}\psi dx=-\int_{-\infty}^{+\infty}\frac{\partial\psi}{\partial x}\frac{\partial\psi^*}{\partial x}dx=-\int_{-\infty}^{+\infty}\left|\frac{\partial\psi}{\partial x}\right|^2 dx \quad (2.86)$$

而$\frac{\partial\psi}{\partial x}$就成爲波函數$\psi$在x方向上的陡峭程度的定量表示。現在將（2.86）式的一維情況，擴大到三維情況，再代入（2.84）式，於是電子動能的平均值可以表示爲：

$$\overline{T}=\frac{\hbar^2}{2m}\int_{-\infty}^{+\infty}\int_{-\infty}^{+\infty}\int_{-\infty}^{+\infty}\left(\left|\frac{\partial\psi}{\partial x}\right|^2+\left|\frac{\partial\psi}{\partial y}\right|^2+\left|\frac{\partial\psi}{\partial z}\right|^2\right)d\tau \quad (2.87)$$

上式的物理意義是說：當原子處於「穩定態」時，電子的平均動能，取決於其波函數隨位置座標變化曲線的陡峭程度，亦即其「梯度」（gradient）的絕對值平方。當原子裡的電子被原子核吸引，而逐漸靠近原子核時，它的空間分布範圍也就越小（注意，可以想見越靠近原子核空間區域內，電子出現的機率會顯著增大），亦即，其波函數曲線的「梯度」絕對值$\left(\left|\frac{\partial\psi}{\partial x}\right|,\left|\frac{\partial\psi}{\partial y}\right|,\left|\frac{\partial\psi}{\partial z}\right|\right)$也就越大。根據（2.87）式，也就是說，這時，電子的平均動能（$\overline{T}$）會增大。

當$\overline{T}$變得足夠大時，電子就可以產生一個強大的離心作用，想要離開原子核，並且該離心力作用會大到足以和原子核的吸引作用相抗衡，使得原子處於穩定的狀態。

因此，「量子力學」中的動能變化，實際上是反映了微觀世界中，「吸引」與「排斥」相互作用關係的特點。這就解開了第一章所提到的：「原子爲何會不塌縮」之謎，爲「古典力學」中無法解釋原子穩定性問題，提供了強而有力的內因根據。

第十節　不同波函數反映不同的物理意義

於本章第五節曾提過：「古典力學」中的一個「物理量」，在「量子力學」中對應於一個「算子」。如軌域「角動量平方」（L^2）和「角動量」在z軸的分量（L_z），所對應的「算子」分別爲：（參考第二章）

$$\hat{L}^2 = -\frac{h^2}{4\pi^2}\left[y\left(\frac{\partial}{\partial z} - z\frac{\partial}{\partial y}\right)^2 + \left(z\frac{\partial}{\partial x} - x\frac{\partial}{\partial z}\right)^2 + \left(x\frac{\partial}{\partial y} - y\frac{\partial}{\partial x}\right)^2\right]$$

$$= -\frac{h^2}{4\pi^2}\left[\frac{1}{\sin\theta}\frac{\partial}{\partial\theta}\left(\sin\theta\frac{\partial}{\partial\theta}\right) + \frac{1}{\sin^2\theta}\frac{\partial^2}{\partial\phi^2}\right] \quad (2.51)$$

$$\hat{L}_z = -\frac{ih}{2\pi}\frac{\partial}{\partial\phi} \quad (2.50)$$

一個微觀體系的「角動量平方」（$\hat{L}^2$）及「角動量在z軸上的分量」（$\hat{L}_z$），二者是否具有確定值，要看描述此微觀體系的波函數Ψ，是不是都是 $\hat{L}^2$ 和 $\hat{L}_z$ 的「特定函數」（eigenfunctions），亦即是否滿足下列的「特定方程式」（eigenvalue equation）：

$$\hat{L}^2\Psi = L^2\Psi \quad (2.88)$$

$$\hat{L}_z\Psi = L_z\Psi \quad (2.89)$$

設若氫原子的「穩定態」之「薛丁格方程式」寫爲：（參考第四章之（4.4）式）

$$\hat{H}\Psi = E\Psi \quad (2.90)$$

其中的「Hamiltonian算子」$\hat{H}$ 相對應於體系的總能量E。因此，（2.90）式亦是能量的「特定方程式」。由此方程式所解出的Ψ值的平方$|\Psi|^2$，表示著在該點發現電子的「機率密度」，這就是波函數的物理意義。（注意：機率＝（機率密度）×體積）

在第二章第四節已提過：應注意「機率」$|\Psi|^2 d\tau$與「機率密度」$|\Psi|^2$兩個概念的不同，前者是無單位的純數，後者的單位爲「1/體積」（如：$1/cm^3$）。

對於單電子而言，無論它處在哪個軌域裡，它在整個空間各處出現的機率總和，終歸是1，亦即將$|\Psi|^2 d\tau$對整個空間積分，應有：

$$\int |\Psi|^2 d\tau = 1$$

這也叫做「歸一化」條件（見第二章第四節）。從這裡也可看出，電子在空間任一處出現的機率$|\Psi|^2 d\tau$，一定是小於1的數值，但某點的「機率密度」$|\Psi|^2$卻可以是遠遠大於1的數值。

如此一來，正如先前所說的，一個「原子軌域」Ψ實際上是反映了原子中電子的一種運動狀態。$|\Psi|^2$反映了電子在原子核周圍空間各點出現的機會大小，此即「機率密度」分布。每一個「原子軌域」所對應的電子「機率密度」$|\Psi|^2$分布的具體情形，以及「原子軌域」Ψ本身數值分布的情形，都可從Ψ的函數形式中得知，也可用第四章第四節中所述及的圖形來表示。

原子中的電子有一系列能量從低到高的運動狀態，亦即「原子軌域」，分別稱做：1s軌域、2s軌域、3s軌域等等，這些軌域有無窮多個，原子中有限的電子通常**處在能量較低的軌域**上，並具有相對應的電子「機率密度」$|\Psi|^2$分布。

當電子吸收外界的能量時，便可能轉移到能量較高的軌域上，並產生相對應的新「機率密度」分布。由此可見，「量子力學」的「原子軌域」概念與「古典力學」的「軌域」概念，在本質上有很大的不同。

「古典力學」中的「軌域」，是指具有某種速度、有一定軌跡，可以確定運動物體在任意時刻的位置的軌域，如行星的軌域等。這種概念在研究原子、分子等微觀體系時，已被證明不成立而被摒棄。

「量子力學」中的「原子軌域」概念，如前所述，不是某種確定的軌跡，而是用波函數描述的一種運動狀態，它的平方反映著電子的「機率密度」分布。這是由於電子具有「波動性」，服從「測不準原理」，因而行蹤不定地按一定的機率，在原子核附近空間各處出現。

也正由於電子行蹤不定地在空間各點出現，彷彿電子是分散在原子核周圍的空間，化學家爲了有效且形像地掌握「原子軌域」的概念，常用一種雲狀物來模擬想像電子的「機率密度」分布，亦即$|\Psi|^2$的空間分布。

關於「電子雲」圖形，我們會在第四章第三節中，做進一步解說。電子出現「機率密度」大的地方，「雲」濃密一些；「機率密度」小的地方「雲」稀薄一

些，這種直觀的圖像，能夠形像地表達$|\Psi|^2$的分布，稱做軌域的「電子雲」分布。這並不是說電子眞的像「雲」那樣分散，電子不再是一個粒子，而只是電子行爲具有「統計性」的一種形像說法。在觀測原子的實驗中，事實上並不能觀察到電子正好在什麼地方，觀察到的只是電子在空間的機率分布而已，即「電子雲」的分布（目前還缺乏精密儀器來觀測「電子雲」，但有些方法如x光繞射法，是可以粗略地觀察到「電子雲」的分布）。

第十一節　virial 定理

「virial定理」是「量子化學」的基本定理之一（virial是從拉丁文vires引伸而來，意思是「力」。因爲virial不是人名，故它的第一個字母小寫）。此一定理告訴我們，只要知道一個體系的總能量，就可以把它的「動能」和「位能」分開。對一個處於平衡態的分子體系，只要知道其中的一個平均值，不必做繁瑣的積分，就可以很方便地求出另一個。

也就是說：n個粒子體系的「薛丁格方程式」寫爲：

$$-\sum_i \frac{\hbar^2}{2m_i}\frac{\partial^2\psi}{\partial x_i^2}+(V-E)\psi=0 \tag{2.91}$$

（2.91）式對x_k進行偏微分，得

$$-\sum_i \frac{\hbar^2}{2m_i}\frac{\partial^3\psi}{\partial x_k \partial x_i^2}+\frac{\partial V}{\partial x_k}\psi-E\frac{\partial\psi}{\partial x_k}=0 \tag{2.92}$$

（2.92）式乘以$x_k\psi^*$，並對k求和，得

$$-\sum_i \frac{\hbar^2}{2m_i}\sum_k x_k\left(\psi^*\frac{\partial^3\psi}{\partial x_k \partial x_i^2}-\frac{\partial^2\psi^*}{\partial x_i^2}\frac{\partial\psi}{\partial x_k}\right)+\sum_k x_k\frac{\partial V}{\partial x_k}\psi^*\psi=0 \tag{2.93}$$

（2.93）式經過處理後，並對粒子的座標積分得

$$\int\psi^*\left(-\sum_i \frac{\hbar^2}{2m_i}\frac{\partial^2}{\partial x_i^2}\right)\psi d\tau=\frac{1}{2}\int\psi^*\left(\sum_k x_k\frac{\partial V}{\partial x_k}\right)\psi d\tau \tag{2.94}$$

（2.94）式左邊爲「動能」平均值，右邊爲對某「物理量」的平均值，即

$$\langle T \rangle = \frac{1}{2}\left\langle \sum_{k} x_{k} \frac{\partial V}{\partial x_{k}} \right\rangle \tag{2.95}$$

當體系的位能V是座標的齊次線性函數，即

$$V(tx_1, tx_2, \cdots, tx_n) = t^n V(x_1, x_2, \cdots, x_n) \tag{2.96}$$

其中n爲一整數，將（2.96）式對t求偏微商，得

$$\sum_{k} x_{k} \frac{\partial V}{\partial (tx_{k})} = nt^{n-1} V \tag{2.97}$$

令t = 1，有

$$\sum_{k} x_{k} \frac{\partial V}{\partial x_{k}} = nV \tag{2.98}$$

由（2.95）式和（2.98）式，可得動能與位能的關係如下：

$$\langle T \rangle = \frac{n}{2} \langle V \rangle \tag{2.99}$$

（2.99）式是「virial定理」的簡潔表達式。

再強調一次，對位能服從r^n規律的體系，其平均位能〈V〉與平均動能〈T〉的關係爲（2.99）式

例如：諧振子體系的位能$V = 1/2kx^2$，此式代表著位能是座標（x）的2次方，即n = 2，則由（2.99）式，可得：（即n = 2代入（2.99）式）

$$\langle T \rangle = \langle V \rangle \tag{2.100}$$

又已知：

$$\langle T \rangle + \langle V \rangle = E\ (\text{總能量}) \tag{2.101}$$

故（2.100）式代入（2.101）式，可得：

$$\langle T \rangle = \langle V \rangle = \frac{1}{2}E \tag{2.102}$$

例如：對於原子、分子體系的位能 $V = \frac{1}{r}$，此式代表著：位能為座標（x）的−1次方，則由（2.99）式，可得：（即 $n = -1$ 代入（2.99）式）

$$\langle T \rangle = -\frac{1}{2}\langle V \rangle \tag{2.103}$$

即可寫成：

$$2\langle T \rangle + \langle V \rangle = 0 \tag{2.104}$$

又已知：

$$E（總能量）= \langle T \rangle（動能）+ \langle V \rangle（位能） \tag{2.105}$$

故（2.104）式代入（2.101）式，可得：

$$\langle T \rangle = -E 和 \langle V \rangle = 2E \tag{2.106}$$

在「量子化學」計算過程中，常用「virial定理」檢查計算結果的準確性。

練習題（習題詳解見本書第448頁）

2.1 $\psi = xe^{-ax^2}$是operator$\left(\frac{d^2}{dx^2} - 4a^2x^2\right)$的eigenfunction，求其eigenvalue。

2.2 $e^{im\phi}$和$\cos m\phi$是否為operator $\left(i\frac{d}{d\phi}\right)$的eigenfunction？若是，求出其eigenvalue。

2.3 下列函數中，那幾個是operator$\left(\frac{d^2}{dx^2}\right)$的eigenfunction？

e^x，sinx，2cosx，x^3，sinx + cosx

若是，求出其eigenvalue。

2.4 寫出下列物理量的「算子」：

(A) $\hat{p}_x^3$

(B)角動量z方向分量 $\hat{L}_z = x\hat{p}_y - y\hat{p}_x$

2.5 下列函數中，何者爲「算子」$\frac{d}{dx}$及$\frac{d^2}{dx^2}$的eigenfunction：

(A)cosKx　(B)exp(−Kx)　(C)exp(iKx)　(D)exp($-Kx^2$)

2.6 一個粒子的某狀態波函數爲$\psi(x) = \left(\frac{2a}{\pi}\right)^{1/4} e^{-ax^2}$，a爲常數，$-\infty \le x \le +\infty$，證明$\Delta x \Delta p_x$滿足「測不準原理」。

2.7 計算下列「算子」的「互換」關係：

(A) $\left[\frac{d}{dx}, x\right]$　(B) $\left[\frac{d}{dx}, x^2\right]$

2.8 設「算子」$\hat{A}$和$\hat{B}$定義爲$\hat{A} \equiv x^2$，$\hat{B} \equiv \frac{d}{dx}$，問「算子」$\hat{A}\hat{B}$和$\hat{B}\hat{A}$相等嗎？

2.9 $\psi = xe^{-ax^2}$是否爲「算子」$\left[\frac{d^2}{dx^2} - 4a^2x^2\right]$的「特定函數」？

若是，「特定值」是多少？

2.10 下列函數哪些是「算子」$\frac{d^2}{dx^2}$的「特定函數」？並求出相應的「特定值」。

(A)$e^{i\alpha x}$　(B)sin(x)　(C)$x^2 + y^2$　(D)$(a - x)e^{-x}$

(E)ln2x　(F)1/x　(G)6cos(5x)　(H)$3e^{-4x}$

2.11 試求能使e^{ax^2}爲「算子」$[d^2/dx^2 - Bx^2]$的「特定函數」的a值是什麼？此「特定函數」的「特定值」是什麼？

2.12 在球座標中，軌域角動量的Z分量「算子」可寫成$M_z = -i\frac{h}{2\pi}\frac{d}{d\phi}$，此「算子」作用於某函數，得到「特定值」爲$m\frac{h}{2\pi}$，試求出此「特定函數」。

2.13 證明$\psi_1 = ce^{\frac{i\sqrt{2mE}}{\hbar}x}$和$\psi_2 = ce^{-\frac{i\sqrt{2mE}}{\hbar}}$都是$\hat{p}_x = -i\hbar\frac{\partial}{\partial x}$的「特定函數」，求出相對應的「特定值」。

2.14 證明下列「算子」關係式成立：$x\frac{d}{dx}x - x^2\frac{d}{dx} = x$

2.15 下列哪些「算子」為「線性算子」？

$$x^2，d/dx，d^2/dx^2，\sin，\sqrt{\ }，\log$$

試予以證明。

2.16 求「算子」$\left[\frac{d^2}{dx^2} - Bx^2\right]$作用於「特定函數」$e^{-ax^2}$的「特定值」。

2.17 (A) 證明：函數$e^{-\frac{1}{2}x^2}$是「算子」$\left(-\frac{d^2}{dx^2}+x^2\right)$的「特定函數」，所屬的「特定值」為1。

(B) 函數$e^{\frac{1}{2}x^2}$是否也為「算子」$\left(-\frac{d^2}{dx^2}+x^2\right)$的「特定函數」？

如果不是，請說明原因；如果是，請求出其「特定值」。

2.18 下列哪些函數是「算子」d^2/dx^2的「特定函數」？若是，試求出「特定值」。

$$e^x，\sin x，2\cos x，x^3，\sin x + \cos x$$

2.19 請問以下函數，哪幾個為「算子」$\frac{d^2}{dx^2}$的「特定函數」？

它的「特定值」是什麼？

(A)e^{-x} (B)x^2 (C)sinx (D)3cosx

2.20 試將下面的一些eigenfunction「歸一化」：

(A) $\sin\frac{n\pi x}{\ell}$在$0 < x < \ell$範圍

(B) $\exp\left(\frac{-r}{a_0}\right)$在三維空間

(C) $r\exp\left(\frac{-r}{2a_0}\right)$在三維空間

注意：在三維空間積分體積單位元：$d\tau = r^2 dr\sin\theta d\theta d\phi$，且$0 \le r \le \infty$，$0 \le \theta \le \pi$，$0 \le \phi \le 2\pi$範圍，可應用：

$$\int_0^\infty x^n\exp(-ax)dx = \frac{n!}{a^{n+1}}$$

2.21 已知函數$\psi_1 = \sin\frac{n\pi x}{a}$，$\psi_2 = \cos\frac{n\pi x}{a}$，n、a爲常數，證明兩個函數相互正交（orthogonal）。

2.22 氫原子1s態的「特定函數」爲$\psi_{1s} = Ne^{-r/a_0}$（a_0爲Bohr半徑），試求1s態的「歸一化」波函數。

2.23 對於「Hermite算子」，下面哪些說法是對的？

(A)「算子」中必然不包含虛數

(B)「算子」的「特定值」必定是實數

(C)「算子」的「特定函數」中必然不包含虛數

2.24 若$\int|\psi|^2 d\tau = K$，則ψ的「歸一化」常數爲

(A) K………　(B) K^2………　(C) $1/\sqrt{K}$

2.25 「合格函數」的條件是

(A) 偶函數，連續

(B) 單值，連續，平方可積

(C) 奇函數，週期性

2.26 下列哪一式是Hermite「算子」$\hat{G}$的定義：

(A) $\hat{G}\psi = F$

(B) $\int \psi^* \hat{G}\psi d\tau = \int \psi(\hat{G}\psi)^* d\tau$

(C) $\int \psi^* \hat{G}\psi d\tau = \int \psi(\hat{G}\psi^*) d\tau$

2.27 $\psi = \pm\sqrt{x}$ 和$\psi = 1/x^2$

(A) 可以作爲「合格波函數」。

(B) 不可能作爲「合格波函數」，因爲它們分別違反單值性和連續性。

(C) 不可能作爲「合格波函數」，因爲它們沒有週期性。

2.28 試證明：若$\hat{A}$、$\hat{B}$都是「Hermite算子」，且c是實常數，則$c\hat{A}$和（$\hat{A}+\hat{B}$）都是Hermite「算子」。

2.29 若體系的狀態波函數爲

$$\psi(x,t) = \phi(x)\left[\exp\left(-\frac{i}{\hbar}Et\right) + \exp\left(\frac{i}{\hbar}Et\right)\right]$$

求體系的機率密度ρ，並問該體系是否處於「穩定態」？

2.30 下列函數中屬於「合格函數」的是________。

(A) $\phi(x) = e^x$ (B) $\phi(x) = x$ (C) $\phi(x) = e^{-x^2}$ (D) $\phi(x) = 1 - x^2$

2.31 證明波函數$\psi_n^*(x) = k^* \sin\frac{n\pi x}{a}$和$\psi_n'(x) = W\cos\frac{n\pi x}{a}$是正交的。

2.32 證明$\hat{p}_x = -i\hbar\frac{\partial}{\partial x}$爲「Hermite算子」。

2.33 設$\psi(x) = \exp(ikx)$，粒子的位置機率分布如何？這個波函數能否「歸一化」？

2.34 試證明：

若$e^{-\frac{1}{2}x^2}$是「算子」$\left(-\frac{d^2}{dx^2} + x^2\right)$的「特定函數」，則所屬的「特定值」爲1。

又$xe^{-\frac{1}{2}x^2}$若也是這個「算子」的「特定函數」，求相對應的「特定值」。

2.35 「量子力學」中「算子」和「物理量」的關係如何？

2.36 若Ψ_1，Ψ_2，……，Ψ_n是系統的n個可能狀態，對應於相同的能量E，試證明，它們的任意線性組合

$$c_1\Psi_1 + c_2\Psi_2 + \cdots + c_n\Psi_n$$

也是系統的一個可能狀態，對應於相同的能量E。

2.37 若$\hat{F}$，$\hat{G}$都是「Hermit算子」，問：

(A) $\hat{F}\hat{G}$是否一定是「Hermit算子」？什麼情況下$\hat{F}\hat{G}$是「Hermit算子」？

(B) 如果$\hat{F}\hat{G} \neq \hat{G}\hat{F}$，則$(\hat{F}\hat{G} - \hat{G}\hat{F})$和$i(\hat{F}\hat{G} - \hat{G}\hat{F})$是否是「Hermit算子」？

2.38 求一維函數$\psi(x) = A\exp\left(\frac{i}{\hbar}p_0 x - \frac{x^2}{4d^2}\right)$的「歸一化」因子A，並求x、$x^2$、p在這個狀態的平均值。

2.39 證明$[\hat{A} \pm \hat{B}, \hat{C}] = [\hat{A}, \hat{C}] \pm [\hat{B}, \hat{C}]$。

2.40 求$[\hat{L}_x, x]$、$[\hat{L}_y, x]$、$[\hat{L}_z, x]$，並由此推出L_x、L_y、L_z分別與y、z的「互換」關係。

2.41 設波函數$\Psi_1(x) = N_1(a^2 - x^2)$和$\Psi_2(x) = N_2x(a^2 - x^2)$在區間$x = +a$和$x = -a$有定義，而在$x < -a$和$x > +a$爲零，計算其「歸一化」常數$N_1$、$N_2$，並證明它們相互「正交」。

2.42 驗證函數$f = e^{iax}$和$g = 2\cos 5x$是否為「算子」$\hat{H} = -\frac{h^2}{8m\pi^2}\frac{d^2}{dx^2}$和$\hat{p} = -\frac{i\hbar}{2\pi}\frac{d}{dx}$的「特定函數」；若是，特定值是多少？

2.43 波長為662.6 pm光子和自由電子，光子的能量與自由電子的動能比為何值？

(A) 10^6：4515　(B) 273：1　(C) 1：35　(D) 546：1

2.44 若某函數的線性組合形式為

$$\psi = c_1(\psi_1 + C_2/C_1 \cdot \psi_2)$$

利用歸一化條件試求當$C_1 = C_2$時，$C_1 = (S_{11} + 2S_{12} + S_{22})^{-1/2}$。

2.45 證明：如果「算子」$\hat{L}$和$\hat{M}$是線性的，那麼$(c_1\hat{L} + c_2\hat{M})$及$(c_1\hat{L}\hat{M})$也都是線性的。

2.46 驗證函數$f(x, y, z) = \cos ax \cdot \cos by \cdot \cos cz$是「算子」$\nabla^2$的「特定函數」，並求出其「特定值」。

2.47 設波函數

$$\psi_1 = N_1(a^2 - x^2)$$

$$\psi_2 = N_2 x(a^2 - x^2)$$

在區間$x = a$和$x = -a$之間有定義，而在$x < -a$和$x > +a$處為零，計算其歸一化常數N_1，N_2，並證明$\psi_1(x)$和$\psi_2(x)$相互正交。

2.48 下列「算子」不可互換的是________。

(A) $\hat{x}$和$\hat{y}$　(B) $\frac{\partial}{\partial x}$和$\frac{\partial}{\partial y}$　(C) $\hat{p}_x$和$\hat{x}$　(D) $\hat{p}_x$和$\hat{y}$。

2.49 向x方向運動的自由粒子，其能量為E、動量為p_x，運動狀態可用波函數：

$\psi(x) = A\exp\left[\frac{i}{h}(xp_x - Et)\right]$描述。試推演「算子」$\hat{p}_x$的表示形式。

2.50 設體系處在$\psi = C_1Y_{11} + C_2Y_{10}$態中，求：

(A) 力學量L_z的可能值和平均值。

(B) 力學量L^2的「特定值」。

(C) 力學量L_x和L_y的可能值。

2.51 若$\hat{F}$是物理量的「算子」，證明其物理量期望值$\langle F^2\rangle \geq 0$。

2.52 定義「算子」$\hat{T}_n f(x) = f(x + n)$，分別計算：

(A) $(\hat{T}_1^2 - 3\hat{T}_2 + 2)x$　(B) $(\hat{T}_1^2 - 3\hat{T}_1 + 2)x^2$

第三章　「量子化學」在簡單模型上的應用

第一節　前言

從前面兩章的介紹中，初學「量子力學」的人，或許還不太能抓住「量子力學」的要領。這是很平常的事，因爲「量子力學」所涉及的是微觀物體的運動，和過去所學的及實際上的生活經驗，有著許多根本上的不同，而「古典力學」的形象，在人們頭腦裡早已先入爲主，根深蒂固，自然地一剛開始接觸「量子力學」，會有不適應的現象。爲此，我們稍微總結一下前面兩章的內容，將「古典力學」和「量子力學」，做一個簡單的對比，以便能使讀者掌握到「量子力學」的要領。

一、在「古典力學」中，粒子的狀態可以同時用確定的座標和動量（或速度）來描述，也可以同時擁有座標和動量（或速度）。但在「量子力學」中，微粒具有「波動性」，遵循「測不準原理」，不能同時得知粒子的座標及其動量，也不能同時用確定的座標和動量來描述微粒的狀態，而必須用波函數來描述微觀體系的狀態。

二、在「古典力學」中，粒子服從「牛頓力學定律」，有著確定的運動軌道。而在「量子力學」中，微觀體系服從「薛丁格方程式」，沒有確定的運動軌道，有的只是用波函數描述的機率分布規律。因此，在原子中沒有Bohr所說的行星式軌道（見第一章），而只有各種電子雲分布而已（見第四章）。

三、在「古典力學」中，能量、角動量等「物理量」皆是連續變化。而在「量子力學」中，能量、角動量等有著「量子化」的現象。而且，「量子力學」和「古典力學」最大不同處是，前者會有「自旋角動量」「量子化」、「零點能」現象、「穿隧效應」等等，後者則都沒有這些特徵存在。

上述的對比，只是一個概述而已，「量子力學」和「古典力學」間，還有許多不同的地方。這些不同的地方，將會在本章及下一章介紹。在本章內容中，將介紹「薛丁格方程式」的一些簡單應用。也就是，利用「薛丁格方程式」處理一些簡單體系，而得到它們的精確解。重點將擺在一些問題的出發點、解題的思路，以及得出的結論。在解題的過程中，將會反反覆覆應用到前面兩章所介紹的概念，因此，讀者須隨時參考前面兩章所講述的內容。事實上，學好「量子化學」的方法無它，就是時時溫習、思考、應用，如此而已。

用「薛丁格方程式」處理微觀體系時，一般來說有下列七大基本步驟：

一、先確定位能函數（V）的形式

二、寫出「Hamiltonian算子」（見（2.64）式）。

三、列出「薛丁格方程式」（見（2.70）式）。

四、如何確定並且應用「邊界條件」。

五、解「薛丁格方程式」，求得滿足「邊界條件」的解。

六、得到體系的能量。而能量的「量子化」，如何用位能V及「邊界條件」自然地得出。以及得到體系的波函數，並考慮此波函數的「正交、歸一化」的條件。

七、利用所得的能量及波函數公式，作出適當的結論。

在此後章節裡，我們將反覆地運用這七大基本步驟，以求解各種體系的「薛丁格方程式」。

第二節　「一維位能箱」中粒子的「薛丁格方程式」

原子、分子和金屬中運動的電子，都有一個共同的特徵，即它們的運動都是被約束在一個很小的空間範圍內而產生明顯的「量子化效應」（quantum effect）。為了研究它們所遵循的共同規律，將金屬中的電子或密封容器中的理想氣體分子抽象視為「位能箱」（potential energy well）中運動的粒子，再進行研究，即為「位能箱模型」（potential energy well model）。

也就是說，在研究科學問題時，我們常常故意忽略「次要條件」，只抓住事物本質（即只探討影響事物的「主要條件」），進而提出模型，並進行推理和計算，找出普遍性規律，這就是經常使用的「模型法」（model method）。

一、「一維位能箱」中的粒子

對於一個被束縛在$0 < x < a$的一維空間內運動的微觀粒子，x為粒子座標，假定其質量為m，設粒子在此區域內的運動位能$V = 0$。因為運動區域被限制在$0 <$

$x < a$內，粒子不可能到此區域之外，因此，也可認爲在此區域之外，粒子的位能$V \to \infty$。這種微觀粒子稱爲「一維位能箱」（也稱爲「一維無限深位能箱」one dimensional potential energy box，如圖3.1所示）中的微觀粒子，簡稱「一維位能箱中的粒子」。注意：「一維位能箱」又稱「一維位能阱」（one dimensional potential energy well）。

例如：一維導體中的電子和共軛直鏈多烯烴中的π電子，都可以抽象的視質量爲m，在長度爲a的一維「位能箱」中運動的自由粒子。

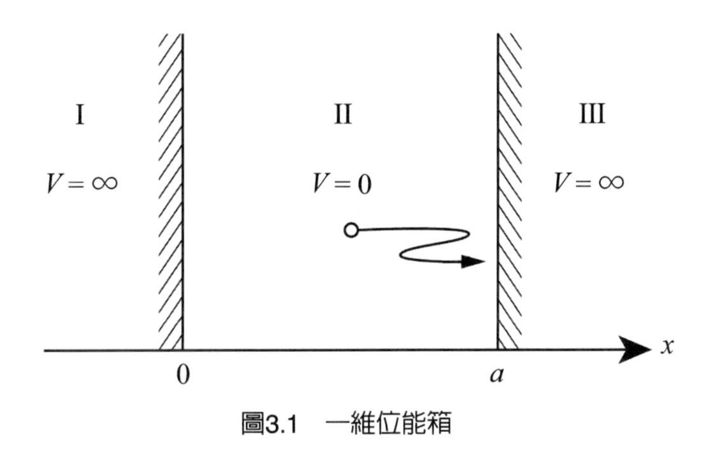

圖3.1　一維位能箱

如圖3.1所示：

（一）圖3.1的II區，稱爲「位能阱」，此區內的位能爲零。

（二）圖3.1的I區和III區，稱爲「位能阱」外圍地帶。此外圍地帶的位能爲無窮大。

（三）如此一來，粒子只能局限在II區之「位能阱」內做自由運動，而不能逾越「位能阱」的位能牆壁。

（四）所以在「位能阱」內的粒子之運動狀態，可用波函數$\psi(x)$描述。注意：「位能阱」外粒子的波函數爲零，即在「位能阱」（I區和III區）外找不到粒子出現的蹤跡。

之所以要用圖3.1的模型來解釋眾多的自然現象，這至少有以下四個原因：

（一）圖3.1的「薛丁格方程式」很容易精確求解。

（二）圖3.1的模型雖然簡單得有些理想化，卻仍能給出量子世界的許多重要特徵。

（三）圖3.1的問題的某些特徵類似於「古典物理」的彈簧振動的問題。

（四）對於某些實際問題，例如，共軛分子的π電子，圖3.1的模型是相當好的近似，因而具有實際意義。

在第三章前言中，已提及用「量子力學」處理微觀體系的一般步驟是：

（一）寫出體系的「位能算子」，進而寫出「Hamiltonian算子」。

（二）寫出「薛丁格方程式」。

（三）解上述方程式，求出滿足合格條件的解，得到體系的波函數及相對應的能量。

（四）對求解結果進行討論，做出適當的結論。

二、「一維位能箱」中粒子的「薛丁格方程式」及其解

在一維位能箱中，微觀粒子的運動也是一維的，因此，描寫粒子運動狀態的波函數ψ只是粒子座標x的函數：

$$\psi = \psi(x)$$

而且

$$\nabla^2 = \frac{d^2}{dx^2} \quad \text{（參考（2.18）式）}$$

配合第二章的（2.63）式，「一維位能箱」中微觀粒子的「薛丁格方程式」爲：

$$\left[-\frac{\hbar^2}{2m}\cdot\frac{d^2}{dx^2} + V(x)\right]\psi(x) = E\psi(x) \tag{3.1}$$

ψ(x)是粒子的可能狀態，解此微分方程就可得到ψ(x)。如果ψ(x)是「歸一化」的，那麼，$|\psi(x)|^2dx$就表示在x→x + dx這個微小區間內粒子出現的機率。

現在，我們將圖3.1分成三個區域來加以研究。

（一）在（I）區和（III）區內：

這時的位能V(x) = ∞，代入（3.1）式後，在這兩個區域粒子的「薛丁格方程

式」可寫爲：

$$\left[\frac{\hbar^2}{2m}\cdot\frac{d^2}{dx^2}+(E-\infty)\right]\psi(x)=0$$

由於總能量E和位能$V(x)=\infty$相比較，故總能量E可略之不計。

於是可得：

$$\frac{\hbar^2}{2m}\cdot\frac{d^2}{dx^2}\psi(x)=\infty\psi(x)$$

即
$$\psi(x)=\frac{1}{\infty}\frac{\hbar^2}{2m}\cdot\frac{d^2}{dx^2}\psi(x)$$

因此，我們得出結論：在「一維位能箱」外的（I）區和（III）區裡，其粒子的波函數$\psi(x)=0$。

（二）在（II）區內：

因已知x是從0到a之間，$V(x)=0$。又總能量（E）＝位能（V）＋動能（T），故總能量全部轉爲動能，即$\left(-\frac{\hbar^2}{2m}\frac{d^2}{dx^2}\right)$，所以「一維位能箱」中粒子的「薛丁格方程式」（3.1）式變爲：

$$-\frac{\hbar^2}{2m}\cdot\frac{d^2\psi(x)}{dx^2}=E\psi(x)$$

整理得（$\hbar=h/2\pi$）：

$$\frac{d^2\psi(x)}{dx^2}+\frac{8\pi^2 mE}{h^2}\psi(x)=0 \qquad (3.2)$$

這個二階線性常微分方程可視爲：（參考（2.5）式）

$$r^2+\frac{8\pi^2 mE}{h^2}=0$$

其根爲：

$$r=\pm i\cdot\frac{2\pi}{h}\sqrt{2mE}$$

即

$$r_1 = +i \cdot \frac{2\pi}{h}\sqrt{2mE}$$

$$r_2 = -i \cdot \frac{2\pi}{h}\sqrt{2mE}$$

因此，（3.2）式的通解為：（參考（2.6）式或（2.8）式）

$$\psi(x) = c_1 e^{\left(\frac{2\pi i}{h}\sqrt{2mE}x\right)} + c_2 e^{\left(\frac{-2\pi i}{h}\sqrt{2mE}x\right)} \tag{3.3a}$$

或

$$\psi(x) = c_1 \cos\left(\frac{2\pi}{h}\sqrt{2mE}\cdot x\right) + c_2 \sin\left(\frac{2\pi}{h}\sqrt{2mE}\cdot x\right) \tag{3.3b}$$

從（3.3a）與（3.3b）式可以看出，任何一組常數c_1，c_2和E都可以確定一個$\psi(x)$，即可得到（3.2）式的一個解，因此（3.2）式可以有許多解。但這樣得出的解$\psi(x)$不一定就是粒子所可能存在的狀態，因為每一組c_1，c_2和E所確定的解$\psi(x)$還必須滿足這個一維粒子體系所要求的「邊界條件」（boundary conditions）。

為了方便說明起見，在此我們用（3.3b）式說明如下：

由於粒子被束縛在$0 < x < a$區域內，它不會出現在$x \le 0$和$x \ge a$的區域，因此，當$x = 0$和$x = a$時，波函數$\psi(x)$一定等於零，即「邊界條件」是$\psi(0) = \psi(a) = 0$。因此，要對（3.3b）式所表達的所有$\psi(x)$進行篩選，只有符合「邊界條件」的$\psi(x)$才是「一維位能箱」中粒子「薛丁格方程式」（3.1）式的解。

將$x = 0$時，$\psi(0) = 0$帶入（3.3b）式得

$$c_1 \cos 0 + c_2 \sin 0 = 0$$

由於$\sin 0 = 0$，$\cos 0 = 1$，所以要使上式成立，則必須要有$c_1 = 0$，$c_2 \neq 0$，故再代回（3.3b）式，也就是可改寫為：

$$\psi(x) = c_2 \sin\left(\frac{2\pi}{h}\sqrt{2mE}\cdot x\right) \tag{3.4}$$

再將另一個「邊界條件」：$x = a$時，$\psi(a) = 0$帶入（3.4）式得：

$$c_2 \sin\left(\frac{2\pi}{h}\sqrt{2mE}\cdot a\right) = 0$$

上式強烈暗示著：常數c_2不能再為零，否則前面已得$c_1 = 0$，若再加上$c_2 = 0$，則波函數$\psi(x)$處處等於零，得到的只是$\psi(x)$的零解，根據波函數的統計解釋：$\psi(x)^*\psi(x)$代表「機率密度」（參考（2.53a）及（2.53b）式），這代表著在全空間裡的$\psi(x) = 0$，也就是說：在一維的位能箱內和外皆找不到粒子，成為一個空位能箱，那就完全沒有意義了，這是不合理的。所以要使上式成立，就必須

$$\sin\left(\frac{2\pi}{h}\sqrt{2mE}\cdot a\right) = 0$$

即要求：
$$\frac{2\pi}{h}\sqrt{2mE}\cdot a = n\pi \quad (n \neq 0)$$

這裡，n稱為「量子數」（quantum number），可取的數值為正整數，分別為$n = 1, 2, 3, \cdots$。由此推得能量E為：

$$E = \frac{n^2h^2}{8ma^2} \tag{3.5}$$

（3.5）式表明：為了滿足「邊界條件」，「一維位能箱」中粒子的能量只能是$\frac{h^2}{8ma^2}$整數倍，如$1^2 = 1$倍，$2^2 = 4$倍，$3^2 = 9$倍，……，而不可能取其他值。因此，「一維位能箱」中粒子的能量變化是「不連續的」，是「量子化」的。

對應於$n = 1, 2, 3, \cdots$的能階分別稱為第一能階，第二能階，第三能階，……。n值越大，能階越高，E的能量值也越大。

將（3.5）式代入（3.4）式可得

$$\psi(x) = c_2\sin\left(\frac{n\pi}{a}x\right) \tag{3.6}$$

（3.6）式裡的係數c_2需要做「歸一化」處理，而$\int_0^a \psi^2(x)\,dx = \int_0^a \psi(x)\psi^*(x)dx =$「歸一化」條件為：（參考（2.54）式）

$$\int_0^a c_2^2\sin^2\left(\frac{n\pi}{a}x\right)dx = 1 \tag{3.7}$$

將三角數學公式

$$\sin^2\left(\frac{n\pi}{a}x\right)=\frac{1-\cos\left(\frac{2n\pi}{a}x\right)}{2}$$

代入（3.7）式得

$$\int_0^a c_2^2\sin^2\left(\frac{n\pi}{a}x\right)dx=c_2^2\int_0^a\frac{1-\cos\frac{2n\pi x}{a}}{2}dx=\frac{ac_2^2}{2}=1 \qquad (3.8)$$

由（3.8）式可求得：$c_2=\sqrt{\frac{2}{a}}$，將其再代回（3.6）式中，就可得到描述「一維位能箱」中之粒子運動規律的波函數$\psi(x)$和粒子處於ψ狀態時的能量E：

$$\psi_n(x)=\begin{cases}\sqrt{\frac{2}{a}}\cdot\sin\left(\frac{n\pi}{a}x\right)，當0<x<a（箱內） & (n=1,2,3,\cdots)\\ 0 \quad ，當x\geq a 或 x\leq a（箱外）\end{cases} \qquad (3.9)$$

$$E_n=\frac{n^2h^2}{8ma^2} \qquad (3.10)$$

換句話說，所得的波函數及相對應的能量值E_n，可以用「量子數」n來標記。每一個ψ_n，代表著體系可能存在的一種狀態；每一個E_n，代表著粒子處於ψ_n狀態時的能量。而全部E_n值，就總稱爲「能量譜」（energy spectra），它包括了體系所有可能的能量值（見圖3.2）。

因爲n可取不同的值，所以可得到多個解。在$\psi(x)$和E的右下角註明下標n是爲了標記不同的解（不要忘了，前面已說過：n爲「量子數」）。這裡的能量E_n是與波函數$\psi_n(x)$一一對應的，例如：

1. 當n = 1時，體系處於「基本態」（ground state）

$$\psi_1=\sqrt{\frac{2}{a}}\sin\frac{\pi x}{a} \qquad (3.11)$$

$$E_1=\frac{h^2}{8ma^2} \qquad (3.12)$$

2. 當n = 2時，體系處於「第一激發態」（1st excited state）

$$\psi_2 = \sqrt{\frac{2}{a}} \sin\frac{2\pi x}{a} \tag{3.13}$$

$$E_2 = \frac{4h^2}{8ma^2} \tag{3.14}$$

3. 當n = 3時，體系處於「第二激發態」（2nd excited state）

$$\psi_3 = \sqrt{\frac{2}{a}} \sin\frac{3\pi x}{a} \tag{3.15}$$

$$E_3 = \frac{9h^2}{8ma^2} \tag{3.16}$$

三、「薛丁格方程式」解的討論

（一）「一維位能箱」中微觀粒子的「機率密度分布」具有「波動性」。

在研究「一維位能箱」中粒子運動規律時，如果按照「古典力學」模型，粒子在箱內各處出現的機率密度應該相等，機率密度分布曲線與x軸應是平行的，但用「量子力學」方法卻得到完全不同的結果。

相反的，在「量子力學」中，於研究「一維位能箱」中粒子運動規律時，我們可求波函數ψ_n（（3.9）式）和粒子能量（（3.10）式）的表達式，它們都是用「量子數」n確定的。每一個n值決定一個能量E_n和一個波函數ψ_n，描述一個運動狀態。n可以有多個取值，所以系統有許多種運動狀態，每一個運動狀態的能量E_n稱爲一個「能階」（energy level），全部E_n值組成系統的「能量譜」（energy spectrum）。

圖3.2爲「一維位能箱」中粒子的(a)波函數$\psi_n(x) - x$、(b)機率密度$|\psi_n(x)|^2 - x$及(c)能階$E_x - x$圖。由此圖可知：無任何力場存在條件下（亦即V = 0），「一維位能箱」中粒子在不同位置出現的機率不同，粒子既不是被固定在箱內的某一位置，也沒有「古典力學」的運動軌跡，「機率密度」$|\psi(x)|^2$分布呈現波動的性質。

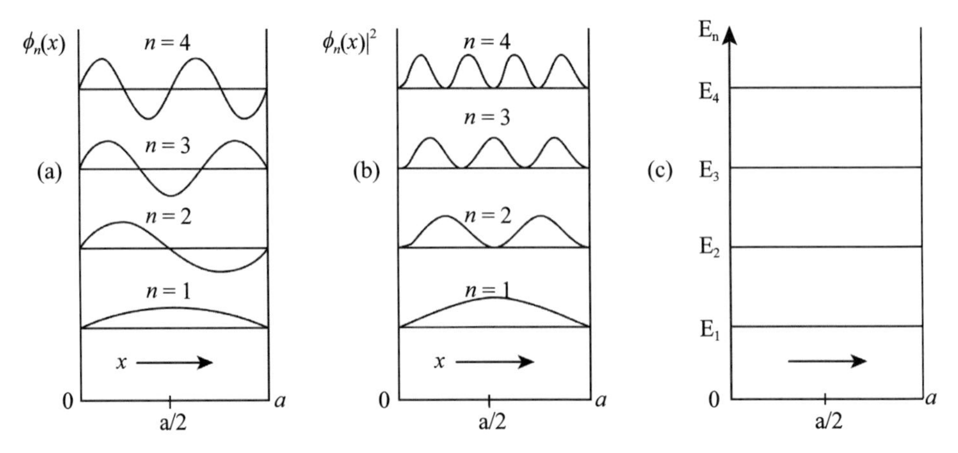

圖3.2　「一維位能箱」中粒子的(a)波函數$\psi_n(x)$，(b)機率密度$|\psi(x)|^2$和(c)能階E_n隨粒子座標x的變化關係

例如：

1. 當n = 1時，粒子處於「基本態」時，根據（3.5）式及（3.9）式，可得：

$$\psi_1(x) = \sqrt{\frac{2}{a}} \cdot \sin\left(\frac{\pi}{a}x\right) \tag{3.11}$$

$$E_1 = \frac{h^2}{8ma^2} \tag{3.12}$$

由圖（3.2）的(a)圖可知：當x = 0和x = a時，即

$$\psi_1(0) = \psi_1(a) = 0$$

但因圖3.1所示，「一維位能箱」中的粒子會在0 < x < a範圍內運動，故在0 < x < a的範圍裡，沒有$\psi(x) = 0$的點。

反而，當$x = \frac{a}{2}$時，$\psi_1(x)$出現極大值：

$$\psi_1\left(\frac{a}{2}\right) = \sqrt{\frac{2}{a}}$$

對應的「機率密度」最大：（見（2.53）式）

$$\left|\psi_1\left(\frac{a}{2}\right)\right|^2 = \frac{2}{a} \tag{3.17}$$

也就是說：當n = 1時（見圖3.2），粒子出現「機率密度」$|\psi(x)|^2$的極大值，是在中間處（x = a/2）。而在（x = 0）和a處，其粒子出現「機率密度」爲零。我們無法說出粒子一定出現在哪一位置，只能說出現在某一位置的機率較大。這也正是巨觀體系所沒有的特點。

請注意！已知（3.9）式：$\psi(x) = \sqrt{\frac{2}{a}}\sin\left(\frac{n\pi}{a}x\right)$，而「機率密度」$|\psi(x)|^2 = \frac{2}{a}\sin^2\left(\frac{n\pi}{a}x\right)$，由此可知，ψ(x)的曲線長相，會比$|\psi(x)|^2$的曲線長相來得胖些。

2. 當n = 2時，粒子處於「第一激發態」：

$$\psi_2(x) = \sqrt{\frac{2}{a}}\cdot\sin\left(\frac{2\pi}{a}x\right) \tag{3.13}$$

$$E_2 = \frac{4h^2}{8ma^2} \tag{3.14}$$

由圖3.2的（a）圖可知：當x = 0，$x = \frac{a}{2}$和x = a時，

$$\psi_2(0) = \psi_2\left(\frac{a}{2}\right) = \psi_2(a) = 0$$

在0 < x <a範圍裡，只有當$x = \frac{a}{2}$時，$\psi_2(x) = 0$

當$x = \frac{a}{4}$和$\frac{3a}{4}$時，代入（3.10）式，可知$\psi_2(x)$分別出現極大值和極小值：

$$\psi_2\left(\frac{a}{4}\right) = \sqrt{\frac{2}{a}}$$
$$\psi_2\left(\frac{3a}{4}\right) = -\sqrt{\frac{2}{a}}$$

所對應的機率密度最大：

$$\left|\psi_2\left(\frac{a}{4}\right)\right|^2 = \left|\psi_2\left(\frac{4a}{4}\right)\right|^2 = \frac{2}{a}$$

以n = 2為例（見圖3.2），在位能箱中間處（x = a/2），找到粒子的「機率密度」為零，那麼粒子是如何從位能箱的這半邊跑到另半邊，但卻不在中間處作短暫的停留呢？這是因為我們從日常生活經驗中所得到的巨觀粒子的運動規律，去理解微觀粒子的結果。事實上，嚴格來講，粒子出現在中間處（x = a/2）的「機率密度」（$|\psi(x)|^2$）為零，但「機率」（$\int_0^a |\psi(x)|^2 dx$）卻不為零，因此，微粒依然可以經由中間處，到達另一半區域，只是微粒在中間處出現的機率，非常非常的小（幾近於零）。這是因為，「機率密度」和「機率」最大不同之處，在於後者必須考慮到「線積分」（一維情況時），因此，「機率密度」可以指的是某一「點」，但「機率」即指的是某一「區域」或「範圍」。如此一來，若指粒子在某處的「機率密度」為零，這並不意味著，其「機率」也同樣為零。

由（3.9）式可知，波函數在$x \geq a$及$x \leq 0$時，均為零。換句話說，粒子被束縛在位能箱內部。通常我們把在無窮遠處為零的波函數所描寫的狀態，稱為「束縛態」（boundary state）。

（二）「一維位能箱」中粒子的波函數必定是相互「正交」（orthogonal）的。

前面已說明，波函數ψ是要「歸一化」的，即$\int_{-\infty}^{\infty} \psi_n^*(x)\psi_n(x)dx = 1$，$\psi_n(x)$為第n個能階的波函數。對於不同能階的波函數$\psi_i$和$\psi_j$（$i \neq j$），利用（3.12）式，並配合三角函數的和差與積的關係式：

$$2\sin\alpha\sin\beta = \cos(\alpha - \beta) - \cos(\alpha + \beta)$$

就可容易算出：

$$\begin{aligned}\int_0^a \psi_i^* \psi_j dx &= \int_0^a \sqrt{\frac{2}{a}}\sin\left(\frac{i\pi x}{a}\right)\cdot\sqrt{\frac{2}{a}}\sin\left(\frac{j\pi x}{a}\right)dx \\ &= \frac{1}{a}\int_0^a \left[\cos(i-j)\frac{\pi x}{a} - \cos(i+j)\frac{\pi x}{a}\right]dx \\ &= 0\end{aligned}$$

我們稱滿足關係式：

$$\int \psi_i^* \psi_j d\tau = 0 \qquad (i \neq j) \tag{2.42}$$

的波函數ψ_i和ψ_j爲互相「正交」，它們具有「正交」性質。上式中的積分遍及粒子可以到達的全空間（稱爲「組態空間」），故上式常稱爲波函數的「正交」條件，它也是「穩定態」波函數所必須具有的一個重要性質。由此可見，一維位能箱中粒子的波函數具有「正交、歸一性」。「正交、歸一性」條件可概括爲：

$$\int \psi_i^* \psi_j d\tau = \delta_{ij} \quad \begin{cases} 1 & 當 i = j \\ 0 & 當 i \neq j \end{cases} \tag{3.18}$$

上式積分遍及整個全「組態空間」。

（三）「一維位能箱」中粒子的能量是「量子化」的。

「一維位能箱」中粒子的能階由（3.5）式決定。能量只能是「分開」（separate）的數值，也就是「量子化」，即「一維位能箱」中粒子的能量是不連續的。這與「古典力學」的結論完全不同，因爲「古典力學」中的粒子能量是連續變化的。

由（3.10）式可知：能量E_n正比於n^2，n是「分開的」整數，故能量是「量子化」的，是解「薛丁格方程式」所得到的必然結果，而不是人爲的假設，這與Bohr「舊量子論」之人爲引進量子數的觀念不同。

「一維位能箱」中粒子的相鄰兩個能階E_n和E_{n+1}之間的間隔（ΔE_n）爲：（見（3.10）式）

$$\Delta E_n = E_{n+1} - E_n = \frac{h^2}{8ma^2}(n+1)^2 - \frac{h^2}{8ma^2}n^2$$

$$= \frac{(2n+1)h^2}{8ma^2} \tag{3.19}$$

由（3.10）式及（3.19）式可知：能階（E_n）與能階差（ΔE_n）都隨著「量子數」n的增大而增加，而且與粒子的質量（m）成反比。

所以，由（3.19）式可知：無論是運動範圍(a)很大的體系，還是質量m很大的粒子，都將導致$\Delta E \rightarrow 0$，也就是說：這時原本不連續的能階會趨於連續，原本「量子化」的特徵會消失。由此可知：「量子化」只存在於粒子質量（m）小且活動範圍(a)小的微觀系統世界裡。故簡單的說：「量子化」是微觀世界的特徵。

更進一步說明，（3.19）式的物理意義是：粒子的質量m和活動範圍a越小（即（3.19）式的分母越小），則ΔE_n越大，即粒子相鄰兩個能階之間的間隔也會越大，因此，能量「量子化」的特徵也就越顯著。所以，當粒子的m值確定後，a越小，「量子化」效應越強烈。這是粒子運動受所處環境範圍約束而引起的。於是，「位能箱」中的粒子受位能箱牆壁的約束，而表現出「量子化」效應，其波函數具有「駐波」的特徵。「駐波」不向外輻射能量，故粒子處於「穩定態」。

反之，粒子的質量m越重和粒子的活動範圍a值變大（即一維空間箱子變大了），相當於（3.19）式的分母越大，則$ma_2 >> h_2$，於是$\Delta E_n \to 0$，故能階間隔ΔE_n會變得更小。若m和a增大到一定程度時，如此一來，根據（3.19）式可知：ΔE_n會小到可以忽略，這時便可將能量看做是「連續變化」的，如此一來，就轉換成「古典力學」的情況。或者，我們可以假設a值無窮大（即$a \to \infty$），則由（3.19）式可得知：$\Delta E_n \to 0$，能量幾乎可以認爲是「連續變化」的。就巨觀物體運動來說，粒子質量m和粒子活動範圍a是如此之大，導致相鄰能階的能量間隔ΔE_n幾乎可以當作零來看待，於是就恢復到「能量連續變化」的「古典力學」結論。

對於像電子這樣質量爲$m = 9.109 \times 10^{-26}$kg的微小粒子，也只有當a具有原子大小的數量時，能量「量子化」特徵才顯示出來。若a很大，例如：當a = 0.01m時，由（3.19）式可求得：電子的相鄰能階間隔$\Delta E_n = 6.74 \times 10^{-15}$neV，這個能量如此的小，以至於可以忽略爲零，因此可將能量看做是「連續變化」的。

反之，若a很小，例如：當a = 10Å = 10^{-10}m時，依據（3.19）式可求出：電子的能階間隔ΔE_n = 6.74neV，這是完全可以觀測到的數值，不可以忽略，因此，當活動範圍a越小時，能量是「量子化」的。

不難看出，粒子能量的「量子化」是由於粒子受到束縛所引起的。因此，在位能箱中運動的粒子受到位能箱位能場的束縛，這就如同在原子、分子中運動的電子受到原子核，以及其他電子所產生的力場的束縛。

此外，由（3.10）式或（3.18）式可看到：粒子的能量隨活動範圍(a)的變大而降低，此一結論亦具有重要的意義。在有機化學中用到的「非定域化效應」（delocalization effect）觀念，就是由於π電子的活動範圍擴大，形成「非定域化」π鍵，以致總能量降低的效應。此一結論特別適用於含有多重鍵的有機分子情況，見以下項次編號3.的解釋。

從上述分析可以清楚看到，「量子化」是微觀領域的特徵。在巨觀領域裡，「量子化」的特徵很不顯著。

1. 零點能（zero-point energy）

(1) 由於n不能爲零（若$n = 0$，$\psi(x) = 0$，粒子不存在，違背事實）。

(2) 當$n = 1$時，E_n最小，爲$E_1 = \frac{h^2}{8ma^2}$（即（3.12）式），此值永遠大於零，在此E_1被稱爲「零點能」，是「一維位能箱」中粒子可取的最小能階。這時對應粒子的狀態稱爲「基本態」（ground state），處於「基本態」粒子的波函數爲$\psi_1(x) = \sqrt{\frac{2}{a}} \cdot \sin\left(\frac{\pi}{a}x\right)$（即（3.11）式））。也就是說，在「一維位能箱」內的粒子之最低能量不等於零，而等於$\frac{h^2}{8ma^2}$（3.12式）。也就是說，任何微觀粒子均處在永不停息的運動之中，這是「測不準原理」的必然結果（見以下詳述）。

(3) 再強調一次，「基本態」能量$E_1 = \frac{h^2}{8ma^2} \neq 0$，這表明體系有一份永遠不可被剝奪的能量，這就是「零點能」，這是「測不準原理」的必然結果。因爲粒子如果靜止，則其Δx和Δp_x均爲零，這就違反「測不準原理」。因此，任何微觀粒子要無時無刻地在運動，不能停止。

(4) 由（3.10）式可知，能階E_n公式的n值，不可以爲零，只能是正整數。這說明體系的最低能量不會剛好是零，而是$E_1 = h^2/8ma^2$，又由於位能箱的位能$V = 0$，因此，「基本態」粒子的動能 = 粒子的總能$E_1 = h^2/8ma^2$，換句話說，粒子即使處於最低能階（$n = 1$），它的動能永遠比零大，亦即微觀體系的最低能量不可以爲零，這最低能量就稱爲「零點能」（zero-point energy），這種現象就叫作「零點能效應」（zero-point energy effect）。但在「古典力學」中，絕不存在著「零點能效應」，因爲根據「古典力學」原理，粒子放在位能箱裡，只可以是動能爲零，這時的粒子完全處於靜止的狀態。

「零點能效應」可說是微粒具有「波粒二像性」的另一有力支持證據。我們也可由「測不準原理」簡單的證明：
因爲已知（1.38）式：

$$\Delta x \cdot \Delta p_x \geq \frac{\hbar}{2}$$

即

$$\Delta p_x \geq \frac{\hbar}{2(\Delta x)}$$

所以動能：

$$T（動能）= \frac{p_x^2}{2m} \geq \frac{(\Delta p_x)^2}{2m} \geq \frac{\hbar^2}{8m(\Delta x)^2} \geq 0 \quad (3.20)$$

（3.20）式的物理意義是說：若系統中粒子間的平均距離爲a，則粒子空間坐標的不確定程度範圍是$\Delta x = a$，由「測不準原理」可知，動量的不確定程度範圍，應該是$\Delta p_x \geq \frac{\hbar}{2a}$，因此粒子的零點運動（即「基本態」）動能，將具有大於$\frac{h^2}{8ma^2}$的數量級。因此，「量子力學」的「測不準原理」表明：局限在空間一定範圍內運動的粒子，該粒子的動能必大於零，也就是具有一定的「零點能」。
因爲已知所討論的微觀粒子所處範圍的位能V = 0，所以處於「基本態」粒子的總能量E_n（= V（位能）+ T（動能） = 0 + T（動能））就等於動能T。這也代表著處於「一維位能箱」的粒子之動能永遠大於零，此結果又稱爲「零點能效應」。對於巨觀物體而言，「零點能效應」非常不明顯。
「零點能」的存在說明著：微觀粒子世界裡的粒子不可能處於動能爲零的靜止狀態。根據「測不準原理」也可得到上述相同的結論：因爲所討論的對象是具有一定能量的粒子，如果它的動能T是確定的，根據「測不準原理」（見（1.42）式或（1.43）式），那麼它的座標就是不確定的，故粒子的動能不能爲零（否則「動能爲零」時，代入（1.42）式或（1.43）式，會造成「測不準原理」不能成立）。這個結果與「古典力學」概念不同。也就是說，在「古典力學」狀況下，粒子完全可以處於「動能爲零」的靜止狀態，亦即在「古典力學」中，最小能量爲零，無「零點能」存在。

要強調的是，另一方面，當Δx和m都很大時（也就是，位能箱變得很長，或粒子變得很重時），根據（3.10）式，可以知道「零點能效應」，可以被忽略不計；而對於原子或分子體系，由於Δx很小，且m也很小，「零點能效應」便變得特別凸顯出來。亦即「零點能」與粒子質量成反比，且隨粒子的活動範圍（x）的減小而迅速增大。

例如：液態氫和氦（^3He和^4He）的「零點能」都很大，但由於液態氦分子間的凡得瓦爾（vander Waals）吸引力，比起液態氫分子間的凡得瓦爾吸引力要小得許多（小十倍以上），因此，液態氦的「零點能」效應，顯得特別突出。致使液態氦（^3He和^4He）的氣化潛熱變得很小；且其液態體積膨脹，氣液兩態之間的差別變得很小；液態氦在常壓下，即使溫度降低亦不固化等等現象。

再強調一次，「零點能效應」是所有受一定位能場束縛的微觀粒子的一種「量子效應」。它的物理意義表示著：微粒在能量最低的「基本態」時仍在運動，所以叫做「零點能」。那麼，要怎樣理解氫原子的「基本態」（一般稱爲：1s態）能量$E_{1s}=-13.6eV$，而它又仍擁有「零點能」呢？這要用第二章的「virial theory」的概念（見第二章第十一節）。

virial theory（virial不是人名。所以第一個字母小寫，其意思是「力」）指出，對位能服從r^n規律的體系，其平均位能〈V〉與平均動能〈T〉的關係爲

$$\langle T\rangle=\frac{1}{2}n\langle V\rangle$$

對於氫原子，位能服從r^{-1}規律，所以n－1，故上式可寫爲：

$$\langle T\rangle=-\frac{1}{2}\langle V\rangle$$

$$E_{1s}=-13.6eV=\langle T\rangle+\langle V\rangle=\frac{1}{2}\langle V\rangle$$

$$\langle T\rangle=-\frac{1}{2}\langle V\rangle=13.6eV$$

即其動能爲正值，這也就是體系的「零點能」。

2. 節點（nodes）

由圖3.2或（3.15）式可以看到，處於「一維位能箱」中的粒子可以存在多種運動狀態，它們可由ψ_1、ψ_2、ψ_3……ψ_n等波函數描述。$\psi_n(x)$的正負號代表著相位的差異，當波函數$\psi_n(x)$由正變負或由負變正的中間必有一個等於零的點，該點相對應的「機率密度」也為零，這種點就稱為「節點」。

例3.1 若將1個電子（$m = 9.11\times10^{-31}$kg）和1個粒子（$m = 1\times10^{-3}$kg）的物體分別束縛在$a = 1\times10^{-10}$m和$a' = 1\times10^{-2}$m的「一維位能箱」中運動，試分別計算它們的能階差ΔE_n，$\Delta E'_n$和零點能E_1，E'_1，說明能量量子化和零點能效應是微觀世界的特徵。

解：根據（3.19）式，可得：

$$\Delta E_n = \frac{(2n+1)h^2}{8ma^2} = \frac{(2n+1)\times(6.63\times10^{-34}\,J\cdot s)^2}{8\times9.11\times10^{-31}\,kg\times(1\times10^{-10}\,m)^2}$$
$$= (2n+1)\times6.02\times10^{-18}J$$

$$\Delta E'_n = \frac{(2n+1)h^2}{8ma'^2} = \frac{(2n+1)\times(6.63\times10^{-34}\,J\cdot s)^2}{8\times1\times10^{-3}\,kg\times(1\times10^{-2}\,m)^2}$$
$$= (2n+1)\times5.49\times10^{-61}J$$

以及根據（3.12）式，可得：

$$E_1 = \frac{h^2}{8ma^2} = \frac{(6.63\times10^{-34}\,J\cdot s)^2}{8\times9.11\times10^{-31}\,kg\times(1\times10^{-10}\,m)^2} = 6.02\times10^{-18}J$$

$$E'_n = \frac{h^2}{8ma'^2} = \frac{(6.63\times10^{-34}\,J\cdot s)^2}{8\times1\times10^{-3}\,kg\times(1\times10^{-2}\,m)^2} = 5.49\times10^{-61}J$$

上述結果表明：對於1個被束縛在$a = 1\times10^{-10}$m的「一維位能箱」中運動的電子來說，其相鄰能階的能量間隔ΔE_n的數值已完全可以觀察出來，也就是說，能階「分開」（seperate）的現象極為明顯。反之，對於1個質量為1×10^{-3}kg束縛在$a' = 1\times10^{-2}$m的「一維位能箱」中運動的粒子來說，其相鄰能階的能量間隔$\Delta E'_n$值是如此之小，以致完全可以認為能量變化是「連續的」。此外，前者的「零點能效應」大，而後者的「零點能效應」完全可以忽略。由此可見，我們再次證明：能量「量子化」和「零點能效應」

是微觀世界的普遍特徵。

在「節點」處，粒子是不會出現的，或者說：粒子在「節點」處出現的「機率密度」爲零，即$|\psi_n(x)|^2 = 0$。

不同的n對應不同的「能階」狀態，「節點」的數目也就不同。能階越高（即n越大），「節點」數越多。

若忽略位能箱末端節點的情況下：

(1) 在$n = 1$時的能階稱爲「基本態」，「節點」數爲零，即「基本態無節點」。

(2) 在$n = 2$時的能階稱爲「第一激發態」（first excited state），「節點」數爲1。

(3) 在$n = 3$時的能階稱爲「第二激發態」（second excited state），「節點」數爲2。……，以此類推下去。

這說明，「一維位能箱」中波函數$\psi_n(x)$的節點數等於（$n-1$），也就是說：第n個能階的「節點」數有（$n-1$）個。

注意：波函數的「節點」越多，波長越短，相對應的狀態其能量和動量也就越高。這是波函數與能量關係上的一個通性。 注意：見圖3.2，在$x = 0$和$x = a$處，$\psi_n(x)$也等於零，但不叫「節點」。 注意：由圖3.2可看到，粒子並不是被固定在一維位能箱內的某一確定位置，也不是以一定的軌道在運動著，而是在位能箱內以不同的機率密度分布存在。

3. 「一維位能箱」中的粒子具有確定能量時沒有確定的座標，只能從圖3.2(b)的機率密度圖，來了解粒子在各種位置出現的機率。這與「測不準原理」也是一致的。並可以從「算子」的「互換」關係加以考察（注意：「位能算子」$\hat{V}$是由座標構成的，所以，「座標算子」$\hat{x}$與「位能算子」$\hat{V}$可以「互換」）：（參考第二章第二節）

$$[\hat{x},\hat{H}] = [\hat{x},\hat{V}+\hat{T}] = [\hat{x},\hat{V}] + [\hat{x},\hat{T}] = 0 + [\hat{x},\hat{T}] = \left[\hat{x},\frac{\hat{p}_x^2}{2m}\right] = \frac{1}{2m}[\hat{x},\hat{p}_x^2]$$

$$= \frac{1}{2m}\{[\hat{x},\hat{p}_x]\hat{p}_x + \hat{p}_x[\hat{x},\hat{p}_x]\} = \frac{1}{2m}\{i\hbar\hat{p}_x + \hat{p}_x \times i\hbar\}$$

$$= \frac{1}{2m}\{2i\hbar\hat{p}_x\} = \frac{1}{2m}\left\{2i\hbar\frac{\hbar}{i}\frac{d}{dx}\right\} = \frac{1}{m}\left\{\hbar^2\frac{d}{dx}\right\}$$

$$= \frac{\hbar^2}{m}\frac{d}{dx} \neq 0$$

3.「非定域化效應」（delocalization effect）

由能量E_n之（3.10）式可知：E_n與a成反比，這代表著：粒子的能量隨粒子的活動範圍(a)的增大而降低。這種因粒子的活動範圍擴大，而促成整個分子總能量大幅降低的效應，就稱爲「非定域化效應」。

現將「一維位能箱」模型用於討論「共軛分子」丁二烯的π電子運動。由於π電子可以遍布於整個分子的範圍內運動，但絕不能逃離分子之外，因此，可以把這種情形假想爲π電子在一維無限深位能箱中運動，我們可用一維無限深位能箱之簡單模型來解釋它的化學現象。。

丁二烯分子中4個碳原子上共有4個π電子，其分子結構式有兩種可能，如圖3.3所示。圖3.3(a)表示兩個電子在第1、第2個碳原子間運動，另兩個電子在第3、第4個碳原子之間運動，稱爲「定域分子軌域」（localized molecular orbitals）；圖3.3(b)表示4個電子同時運動於4個碳原子之間，稱爲「不定域分子軌域」（delocalized molecular orbitals），形成「不定域」π鍵。

若不考慮電子之間的相互排斥作用，可將丁二烯的「固定π軌域模型」看成兩個長度爲ℓ（C＝C鍵長）的「一維位能箱」，而「π鍵非定域化模型」可看成一個長度爲3ℓ的位能箱。見圖3.3。

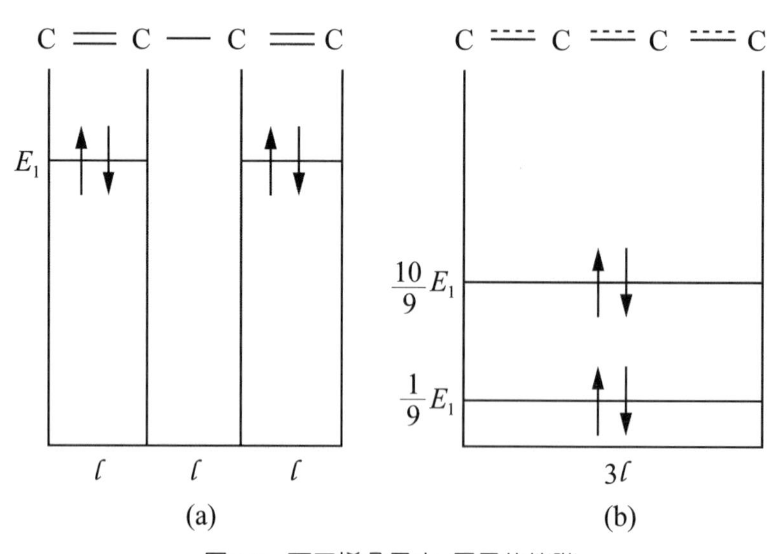

圖3.3　丁二烯分子中π電子的能階

處於「固定π軌域模型」(a)時，4個π電子的「基本態」總能量：（根據（3.12）式）

$$E_a = 4\frac{h^2}{8m\ell^2} = 4E_1 \quad \left(E_1 = \frac{h^2}{8m\ell^2}\right)$$

處於「π鍵非定域化模型」(b)時，4個π電子的「基本態」總能量：（根據（3.12）式）

$$\begin{aligned} E_b &= 2\frac{h^2}{8m(3\ell)^2} + 2\frac{2^2h^2}{8m(3\ell)^2} \\ &= \frac{10}{9}\cdot\frac{h^2}{8m\ell^2} \\ &= \frac{10}{9}E_1 \quad \left(E_1 = \frac{h^2}{8m\ell^2}\right) \end{aligned}$$

可見，π電子在「非定域化」（delocalization）後，總能量降低可達 $E_a - E_b = \frac{26}{9}E_1$，也就是說，當π電子的活動範圍由原先兩對碳原子間擴大到4個碳原子的寬廣區域時，丁二烯分子4個π電子的總能量就會比乙烯分子中2個π電子能量的兩倍還要低，導致丁二烯有更加的穩定性。這種由於π電子活動範圍擴大而產生總能量降低的效應，就稱爲「非定域化效應」。

如圖3.4所示的分子是「自由基」（free radical），但由於19個π電子在19個C原子之p-π軌域上運動，使之完全失去了「自由基」的活性，所以該分子反倒十分穩定。

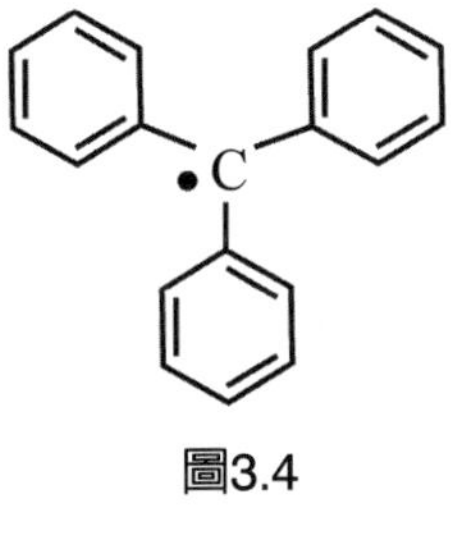

圖3.4

「對應原理」（Correspondence principle）：

微觀體系裡的兩相鄰能階能量之差ΔE_n和能階E_n的比值爲：

$$\frac{\Delta E_n}{E_n} = \frac{2n+1}{n^2} \tag{3.21}$$

當$n \to \infty$時，（$\Delta E_n/E_n$）也趨近於零。這說明當體系處於「量子數」n很大時，兩個相鄰能階之間的能量差值（ΔE_n）與能階本身的能量（E_n）相比，可忽略不計，即能量可「連續變化」，「量子力學」與「古典力學」趨於一致。

這說明當「量子數」很大時，也可以得到「能量連續變化」的「古典力學」結論，這就引出Bohr的「對應原理」（Correspondence principle）。所謂Bohr的「對應原理」是指：當「量子數」很大時，「量子力學」的結論和結果，將和「古典力學」的結論和結果相對應。

也就是說，「古典狀態」只不過是「量子狀態」的極限行爲，當「量子數」很大時，物體的行爲就會回歸到「古典力學」可以解釋的現象。

「對應原理」更普遍的說法是：從某種「古典理論」發展起來的任何理論，與初始的「古典理論」之間，必定存在著某種規律的聯繫。即在一定的極限情況之下，「新理論」必然還原成「舊理論」。例如：「狹義相對論」的動力學公式，在速度v遠小於光速時（$v \ll C$），可以變成「牛頓力學」的公式。又如：當波長可以忽略不計時（$\lambda \to 0$），「波動光學」可以還原成「幾何光學」。

Bohr也首次提出了「互補原理」（Complementary principle）。他認爲在「量子力學」中，不可能同時準確地測定微觀粒子的速度和位置。這是由於微觀粒子與測量儀器之間存在著「原則上不可控制的相互作用」，因此，微觀粒子的「波動性」與「粒子性」不可能在同一實驗中表現出來。但在描述「量子」現象時，這兩個概念缺一不可，它們「互補」起來，就能提供「量子」現象詳盡無遺的描述。

「互補原理」起因於實驗儀器與被觀測物體的相互影響。在「古典物理學」中，儀器與物體的相互作用可以通過對實驗條件的改進而減少，或通過更細緻的理論分析後被補償掉，在理論上這種相互作用是如此微小因而完全可以被忽略掉。因此，我們可以用同一個儀器去測量物體的不同性質，在此過程中不會對物體產生影響，我們把這些性質加起來就可以得到關於該物體完整而統一的描述。但是，在微觀領域裡，儀器與物體的相互作用原則上是「不可避免、不可控制、也不可被忽略」的。理論上我們也無法區分出測量結果中儀器與物體相互作用的部分，我們在測量物體其中一個性質的時候，就會無法避免的對物體產生「不可逆轉」的影響，因此，不能用同一個實驗去測量物體所有的性質，不同的實驗也就可能得出互相矛盾的結果，這些結果無法放到一個統一的物理圖像中，只有用「互補原理」這個更寬廣的思維框架將這些互相矛盾的性質結合起來，才能完整描述「微觀現象」。

又如：在直鏈多烯烴的分子中，2K個碳原子共有2K個π電子形成大π鍵。設鏈長爲a，則對於這個體系，π電子運動最簡單的模型就是假定π電子在整個鏈長a上運動，因此，可以近似地認爲原子核及其他電子所產生的總位能是固定的。設d爲兩個碳原子核之間的距離，則$a = (2K + 1)d$（假定π電子運動的範圍超出端點的碳原子d之距離，故總長度增加了2d）。此時，由於位能V = 常數，可令$E'_n = E_n - V$，根據（3.11）式及（3.12）式，可得

$$\psi_n = \sqrt{\frac{2}{(2K+1)d}}\sin\frac{n\pi x}{(2K+1)d} \tag{3.22}$$

$$E'_n = \frac{n^2\pi^2\hbar^2}{2m(2K+1)^2d^2} \tag{3.23}$$

在「基本態」時，一個多烯烴分子中的2K個π電子充滿能量最低的K個能階（每個能階容納兩個自旋反平行的電子）。當受到激發時，原來處於較高能階的電子可以跳躍到更高能階。如丁二烯，原有4個π電子（K = 2）占據E_1和E_2，受激發時一個電子可以從E_2跳躍到E_3，見圖3.5，則

$$\Delta E = E_3 - E_2 = \frac{\pi^2\hbar^2}{2md^2}\left(\frac{3^2}{5^2} - \frac{2^2}{5^2}\right) \tag{3.24}$$

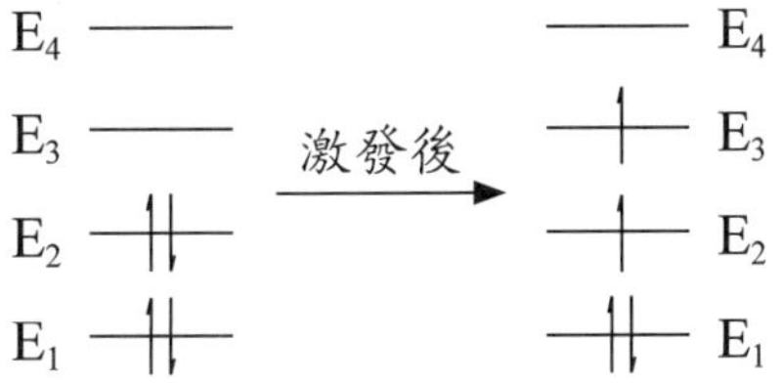

圖3.5

由此可見，碳鏈越長（K越大），則ΔE越小，故吸收光譜的波長越長，即隨著多烯烴碳鏈的增長，吸收峰的位置向長波方向移動，這和實驗結果是一致的。

我們再強調一次，根據（3.12）式或（3.18）式，在共軛多烯烴中，由於π電子的活動範圍（a）擴大到整個分子時，也就是a值越大，進而可使能量E_n降低，故整個共軛多烯烴系統可以穩定下來，這早已被實驗所證實。

4. 機率與「波動性」

「位能阱」中的粒子沒有古典粒子的運動軌跡，在某點發現粒子的機率，等於機率密度$|\psi|^2$。在x到x + dx區間發現粒子的機率為（見（2.52）式）

$$\int_x^{x+dx} |\psi_n|^2 dx = \int_x^{x+dx} \frac{2}{a} \sin^2\left(\frac{n\pi}{a}x\right) dx \tag{3.25}$$

也就是說：$|\psi_n|^2$曲線下的面積，相當於找到粒子的機率。粒子在各點出現的機率是不均勻的，呈波狀分布，具有「波的性質」，因此服從波動方程式，而不是「古典力學」裡的運動軌跡。

上述各項特徵通稱「量子化效應」。隨著粒子質量m及運動範圍a的增大，「量子化效應」會減弱，當m及a增大到巨觀尺寸時，「量子化」效應消失，如此一來，系統變為「巨觀系統」時，其運動規律可用「古典力學」描述。

由上述討論可知：能量「量子化」、「零點能效應」和粒子存在多種運動狀態沒有軌跡，只有「機率密度」、存在「節點」等等概念皆是「古典力學」所沒有的，只有用「量子力學」來處理微觀粒子體系時，才能得到。這些重要的結論一般稱為「量子效應」（quantum effect）。以後我們將看到原子、分子體系都有這種效應。

5. 「一維位能箱」中粒子的「物理量」

將「物理量」所對應的「算子」作用於波函數，經過運算，即可得到「一維位能箱」中粒子的各「物理量」。

(1) 平均位置（$\bar{x}$）

根據（2.79）式之「平均值」公式，且將（3.9）式之一維ψ_n波動函數描述式，以及表2.1的$\hat{x}$代入，可得：

$$\bar{x} = \int_0^a \psi_n^* \hat{x} \psi_n dx = \frac{2}{a}\int_0^a x \sin^2(n\pi x/a) = a/2 \qquad (3.26)$$

即粒子的平均位置（$\bar{x}$）在「一維位能箱」的中間a/2處。粒子在左、右兩半邊出現的機率為0.5，因此，$|\psi_n|^2$的圖形對中心點是對稱的。

(2) 動量在x方向的分量p_x

根據（2.79）式之「平均值」公式，且將（3.9）式之一維ψ_n波動函數描述式，以及表2.1的$\hat{p}_x$代入，可得：

$$\begin{aligned}
\bar{p}_x &= \int_0^a \psi_n^* \hat{p}_x \psi_n \\
&= \int_0^a \sqrt{\frac{2}{a}} \cdot \sin\left(\frac{n\pi}{a}x\right) \times \left(-i\hbar\frac{d}{dx}\right)\sqrt{\frac{2}{a}}\sin\left(\frac{n\pi}{a}x\right)dx \\
&= -\frac{i\hbar}{\pi a} \times \frac{n\pi}{a}\int_0^a \sin\left(\frac{n\pi x}{a}\right)\cdot\cos\left(\frac{n\pi x}{a}\right)dx \\
&= 0 \qquad (3.27)
\end{aligned}$$

（3.27）式表明粒子向正、反向運動的機率相等，平均動量$\bar{p}_x$為零。假設動量的不確定程度是Δp，那麼根據（1.40）式，

$$\begin{aligned}
\Delta P &= \sqrt{\overline{p^2} - (\bar{p})^2} = \sqrt{\overline{p^2} - 0} \qquad （根據（3.27）式） \\
&= \sqrt{\overline{p^2}} \\
&= \left[\int_0^a \left(\sqrt{\frac{2}{a}}\sin\frac{n\pi x}{a}\right)\left(-i\hbar\frac{\partial}{\partial x}\right)^2\left(\sqrt{\frac{2}{L}}\sin\frac{n\pi x}{a}\right)dx\right]^{\frac{1}{2}} \\
&= \left[\frac{2n^2\pi^2\hbar^2}{a^3}\int_0^a \sin^2\left(\frac{n\pi x}{a}\right)dx\right]^{\frac{1}{2}} \\
&= \frac{n\pi\hbar}{a} \qquad （利用\int \sin^2(bx)dx = \frac{x}{2} - \frac{1}{4b}\sin(2bx)）
\end{aligned}$$

又座標的不確定程度是Δx，那麼Δx = a（位能箱有多長，粒子的座標不確定程度就有多大）。於是，根據「測不準原理」（1.38式），可以證明：

$$\Delta x \cdot \Delta p = a \cdot \frac{n\pi\hbar}{a} = \frac{nh}{2}$$

當粒子處於「基本態」時（n = 1），則$\Delta x \cdot \Delta p = \frac{h}{2} \geq \frac{\hbar}{2}$，完全合乎第一章所說的

「測不準原理」的預測。

(3) 粒子動量平方 $\hat{p}_x^2$

$\hat{p}_x^2$ 的「算子」為（$-\hbar^2 d^2/dx^2$），見第二章的[例13]，因此 $\hat{p}_x^2$ 和（3.1）式的能量「算子」$\hat{H}$ 有同樣的表示方式，故都有「特定值」，令 $\hat{p}_x^2$ 作用於 ψ_n，可得：

$$\hat{p}_x^2\psi_n = -\hbar^2 \frac{d^2}{dx^2}\left[\sqrt{\frac{2}{a}}\sin\left(\frac{n\pi}{a}x\right)\right]$$
$$= (nh/2a)^2\psi_n \quad (3.28)$$

故「一維位能箱」中粒子的 $\hat{p}_x^2$ 有「特定值」為（$n^2h^2/4a^2$）。同理可推，線性共軛分子中π電子的行為也可用「一維位能箱」模型處理，求得π電子的能量和其他性質，並能從微觀層次理解共軛效應的根源。

6. 花青染料π電子的光譜跳躍能量

花青染料（一價正離子）通式為 $R_2\ddot{N}(CH{=}CH)_nCH{=}N^+R_2$，共軛體系的鍵長近似為「一維位能箱」的長度，π電子可近視為自由粒子。於是，n個烯基有2n個π電子，加上N原子上一對「孤對電子」及次甲基（CH_2）雙鍵兩個電子，故該體系帶有（2n＋4）個π電子，占據（n＋2）個分子軌域。（見圖3.6）

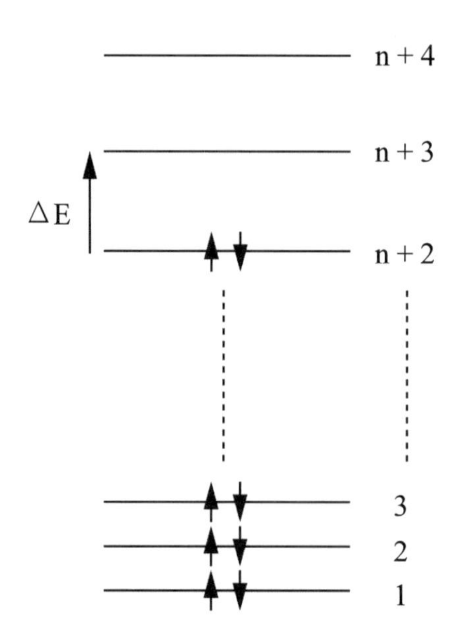

圖3.6　花菁染料分子之π軌域能階圖

當吸收某種波長的光時，電子可從最高占據軌域，即第（n + 2）軌域跳躍到第（n + 3）軌域上，這一跳躍所吸收的能量爲ΔE，所對應的光頻率爲$\nu = \Delta E/h$，波長爲$\lambda = c/\nu = hc/\Delta E$（見圖3.6）。

跳躍所需頻率爲：（利用（3.10）式）

$$\nu = \frac{\Delta E}{h} = \frac{h}{8ma^2}[(n+3)^2 - (n+2)^2] = \frac{h}{8ma^2}(2n+5) \tag{3.29}$$

又因爲$\lambda = \frac{c}{\nu}$，故波長$\lambda = \frac{8ma^2c}{h(2n+5)}$。

實驗測得烯基平均鍵長爲248pm（= 2.48Å），且已知有n個烯基，又NR_2和$HC=N^+R_2$共長565pm⇒$\lambda = 3.3 \times \frac{(248n+565)^2}{2n+5}$。

三組理論計算波長與實驗測得波長數據見表3.1。

表3.1　三組理論計算波長與實驗測得波長數據

n	$\lambda_{計算}$/nm	$\lambda_{實驗}$/nm
1	311.6	309.0
2	412.8	409.0
3	514.0	511.0

由此可見，計算值與實驗值非常近似。

又例如：

早期在討論多烯$H-(CH=CH)_m-H$的π電子結構時，也有人曾提出「自由電子模型」（free electron model），即假定多烯的π電子，是在長度爲l的「一維位能箱」中運動的自由電子，參考（3.10）式，可知其能階爲：

$$E_i = \frac{i^2h^2}{8m\ell^2} \quad (i = 1, 2, 3, \cdots) \tag{3.30}$$

相對應的波函數爲（參考（3.9）式）

$$\psi_i = \sqrt{\frac{2}{\ell}}\sin\left(\frac{i\pi}{\ell}x\right) \quad (i = 1, 2, 3, \cdots) \tag{3.31}$$

現假設偶數共軛多烯分子含有n個碳原子，每個碳原子提供一個π電子，且在H－(CH＝CH)$_m$－H的主鏈上，共有（n－1）個C－C鍵和2個C－H鍵，假定a爲每一個鍵的平均鍵長，則$\ell = (n+1)a$代入（3.30）式，可得：

$$E_i = \frac{h^2}{8ma^2} \times \frac{i^2}{(n+1)^2} \tag{3.32}$$

由於已知含有n個碳原子的多烯分子H－(CH＝CH)$_m$－H（n ＝ 2m），擁有n個π電子，因存在「基本態」時會有（n/2）個能階被塡滿電子。若是該多烯分子受到光照射，吸收合適的光能量後，電子可由「基本態」跳到「第一激發態」，亦即電子從第（n/2）個能階被激發到第（n/2 ＋ 1）能階，此稱爲「第一跳躍」（first transition）。於是，

$$\begin{aligned}
\text{「第一跳躍」的能量} &= E_{n/2+1} - E_{n/2} \\
&= \Delta E \\
&= \frac{h^2}{8ma^2} \times \frac{\left[\left(\frac{n}{2}+1\right)^2 - \left(\frac{n}{2}\right)^2\right]}{(n+1)^2} \\
&= \frac{h^2}{8ma^2(n+1)}
\end{aligned} \tag{3.33}$$

（3.33）式是由（3.32）式推導而得的（見圖3.6）。現假設平均鍵長a ＝ 1.4Å，於是由（3.33）式，可推算得「第一跳躍」能量（以「波數」$\bar{\nu} = \frac{1}{\lambda} = \frac{\nu}{c}$表示）。

$$\bar{\nu} = \frac{154739}{n+1} \text{cm}^{-1} \tag{3.34}$$

在表3.2中，列出數種多烯分子的「第一跳躍」能量，與實驗值相較的結果，二者之間相當不一致（這也難怪，因爲我們採用的模型太過於粗糙），但至少計算的$\bar{\nu}_{calc}$和實驗的$\bar{\nu}_{exp}$彼此間有著線性關係，因此，利用「最小平方法」（least-square）後，可得修正的$\bar{\nu}_{fit}$，即

$$\bar{\nu}_{fit} = 0.893 \cdot \bar{\nu}_{calc} + 17153\text{cm}^{-1} \tag{3.35}$$

如此一來，修正的$\bar{\nu}_{fit}$和實驗値相比較非常的接近，因此，基本上可以用（3.35）式

來預測某種未知多烯分子的「第一跳躍」能量。這是將「一維位能箱」模型用來處理實際情況而成功的例子之一。

表3.2

n[a]	$\bar{\nu}_{calc}$[b]	$\bar{\nu}_{exp}$[c]	$\bar{\nu}_{fit}$[d]
2	51580	61500	63207
4	30948	46080	44785
6	22106	39750	36891
8	17193	32900	32504
10	14067	29940	29713
20	7369	22371	23732

[a]線共軛多烯分子的碳原子數；[b]源自（3.34）式，單位cm^{-1}；[c]實驗值，單位cm^{-1}；[d]源自（3.35）式，單位cm^{-1}。

第三節　「三維位能箱」中粒子的「薛丁格方程式」

以下討論一個被束縛在三維空間中某一區域的微觀粒子運動規律。設粒子的質量爲m，被束縛在邊長分別爲a，b，c的長方箱中，見圖3.7。箱內粒子的位能V = 0。由於粒子被束縛在箱內而無法逃出箱外，所以可認爲箱外粒子的位能$V \to \infty$，粒子是無法跨越這個位能障礙的。

令這個箱子的一個頂點位於座標原點，而a，b，c三個邊分別與x，y，z三個軸重合，三個邊的夾角都爲90°。這種微觀粒子稱爲三維位能箱中（也稱爲「三維無限深位能箱」）的微觀粒子，簡稱爲「三維位能箱中的粒子」。如果「三維位能箱」的三個邊長都相等，即a = b = c，則稱爲「正立方位能箱」（three dimensional potential energy box）。

實際問題往往是粒子在三維空間中運動，對於一個邊長爲a、b、c的「三維位能箱」，其位能函數爲：

$$V(x)=\begin{cases}0 & 0<x<a\\ \infty & x\le 0 \text{ 或 } x\ge a\end{cases}$$
$$V(y)=\begin{cases}0 & 0<y<b\\ \infty & y\le 0 \text{ 或 } y\ge b\end{cases}$$
$$V(z)=\begin{cases}0 & 0<y<b\\ \infty & z\le 0 \text{ 或 } z\ge c\end{cases}$$

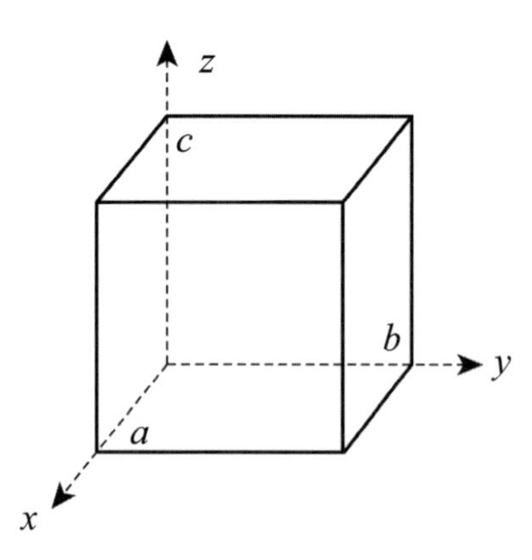

圖3.7　三維位能箱

「三維位能箱」中粒子的「薛丁格方程式」爲：（根據（2.70）式）

$$\frac{\hbar^2}{2m}\left[\frac{\partial^2\psi(x,y,z)}{\partial x^2}+\frac{\partial^2\psi(x,y,z)}{\partial y^2}+\frac{\partial^2\psi(x,y,z)}{\partial z^2}\right]+(E-V)\psi(x,y,z)=0$$
（3.36）

（3.36）式中，ψ是座標x, y, z的函數，即$\psi=\psi(x, y, z)$。

一、在「三維位能箱」外部：$V\to\infty$，所以（3.36）式只有零解，$\psi(x, y, z)=0$。解法如同本章第二節所述。在此不再詳述。

二、在「三維位能箱」內部：V= 0，所以（3.36）式可改寫爲：

$$\left(\frac{\partial^2}{\partial x^2}+\frac{\partial^2}{\partial y^2}+\frac{\partial^2}{\partial z^2}\right)\psi(x,y,z)+\frac{2mE}{\hbar^2}\psi(x,y,z)=0 \qquad (3.37)$$

假設波函數ψ(x, y, z)可以進行變數分離（這是因爲我們先假設粒子在x，y，z三軸方向各自獨立運動，互不相干），即

$$\psi(x, y, z) = \psi_1(x) \cdot \psi_2(y) \cdot \psi_3(z) \tag{3.38}$$

將（3.38）式代入（3.37）式，得

$$\psi_2(y)\psi_3(z)\frac{d^2\psi_1(x)}{dx^2} + \psi_1(x)\psi_3(z)\frac{d^2\psi_2(y)}{dy^2} + \psi_1(x)\psi_2(y)\frac{d^2\psi_3(z)}{dz^2} + \frac{2mE}{\hbar^2}\psi_1(x)\psi_2(y)\psi_3(z) = 0$$

上式兩邊同時除以[$\psi_1(x) \cdot \psi_2(y) \cdot \psi_3(z)$]並移項，可得：

$$-\frac{1}{\psi_1(x)}\frac{d^2\psi_1(x)}{dx^2} = \frac{1}{\psi_2(y)}\frac{d^2\psi_2(y)}{dy^2} + \frac{1}{\psi_3(z)}\frac{d^2\psi_3(z)}{dz^2} + \frac{2mE}{\hbar^2} \tag{3.39}$$

（3.39）式的等號左邊只是變數x的函數；等號右邊是變數y和z的函數，因此欲使左右兩邊相等，等號左右兩邊必須等於同一常數。令此常數爲$\frac{2mE_x}{\hbar^2}$，則得：

$$-\frac{1}{\psi_1(x)} \cdot \frac{d^2\psi_1(x)}{dx^2} = \frac{2mE_x}{\hbar^2} \tag{3.40}$$

和

$$\frac{1}{\psi_2(y)}\frac{d^2\psi_2(y)}{dy^2} + \frac{1}{\psi_3(z)}\frac{d^2\psi_3(z)}{dz^2} + \frac{2mE}{\hbar^2} = \frac{2mE_x}{\hbar^2} \tag{3.41}$$

將（3.41）式整理得：

$$-\frac{1}{\psi_2(y)}\frac{d^2\psi_2(y)}{dy^2} = \frac{1}{\psi_3(z)}\frac{d^2\psi_3(z)}{dz^2} + \frac{2m(E - E_x)}{\hbar^2} \tag{3.42}$$

同前述處理的方式一樣，（3.42）式的等號左邊是變數y的函數；等號右邊是變數z的函數，若欲使等號左右兩邊相等，則等號左右兩邊必須等於同一常數，故再令（3.42）式的兩邊同等於常數$\frac{2mE_y}{\hbar^2}$，則（3.42）式又可分離爲：

$$-\frac{1}{\psi_2(y)}\frac{d^2\psi_2(y)}{dy^2} = \frac{2mE_y}{\hbar^2} \tag{3.43}$$

和

$$\frac{1}{\psi_3(z)}\frac{d^2\psi_3(z)}{dz^2} + \frac{2m(E - E_x)}{\hbar^2} = \frac{2mE_y}{\hbar^2} \tag{3.44}$$

這樣將（3.37）式分解成三個常微分方程式：（3.40）式、（3.43）式和（3.44）式。整理後，這三個方程可寫爲：

$$\frac{d^2\psi_1(x)}{dz^2} + \frac{2mE_x}{\hbar^2}\psi_1(x) = 0 \tag{3.45}$$

$$\frac{d^2\psi_2(y)}{dy^2} + \frac{2mE_y}{\hbar^2}\psi_2(y) = 0 \tag{3.46}$$

$$\frac{d^2\psi_3(z)}{dz^2} + \frac{2mE_z}{\hbar^2}\psi_3(z) = 0 \tag{3.47}$$

令粒子總能量$E = E_x + E_y + E_z$。不難看出，這三個方程式就相當於三個「一維位能箱」中粒子的「薛丁格方程式」，根據「一維位能箱」中粒子「薛丁格方程式」的求解方法，故參考（3.9）式，很容易得出上述三個方程式（即（3.45）式、（3.46）式和（3.47）式）的解，它們分別是

$$\psi_{n_x}(x) = \sqrt{\frac{2}{a}} \cdot \sin\left(\frac{n_x\pi}{a}x\right)，E_{n_x} = \frac{n_x^2h^2}{8ma^2}，n_x = 1, 2, 3, \cdots \tag{3.48}$$

$$\psi_{n_y}(y) = \sqrt{\frac{2}{b}} \cdot \sin\left(\frac{n_y\pi}{b}y\right)，E_{n_y} = \frac{n_y^2h^2}{8mb^2}，n_y = 1, 2, 3, \cdots \tag{3.49}$$

$$\psi_{n_z}(z) = \sqrt{\frac{2}{c}} \cdot \sin\left(\frac{n_z\pi}{c}z\right)，E_{n_z} = \frac{n_z^2h^2}{8mc^2}，n_z = 1, 2, 3, \cdots \tag{3.50}$$

上述三個等式中的n_x，n_y，n_z也稱爲「量子數」，可取的數值分別爲1, 2, 3, …。因此，（3.36）式的解是：

$$\begin{aligned}\psi_{n_x,n_y,n_z}(x, y, z) &= \psi_{n_x}(x) \cdot \psi_{n_y}(y) \cdot \psi_{n_z}(z) \\ &= \sqrt{\frac{8}{abc}} \cdot \sin\left(\frac{n_x\pi x}{a}\right) \cdot \sin\left(\frac{n_y\pi y}{b}\right) \cdot \sin\left(\frac{n_z\pi z}{c}\right)\end{aligned} \tag{3.51}$$

$$E_{n_x,n_y,n_z} = E_x + E_y + E_z = \frac{h^2}{8m}\left(\frac{n_x^2}{a^2} + \frac{n_y^2}{b^2} + \frac{n_z^2}{c^2}\right) \tag{3.52}$$

（3.51）式和（3.52）式中a，b，c分別爲「三維位能箱」中的三個長度。這時就需要三個「量子數」n_x，n_y，n_z（都是大於零的正整數）來同時描述一個狀態。

它暗示我們，對於原子核外電子的空間運動也需要有三個「量子數」才能確定其狀態。

「三維位能箱」中粒子的「薛丁格方程式」（3.36）式可以看做是「Hamiltonian算子」$-\frac{\hbar}{2m}\left(\frac{\partial^2}{\partial x^2}+\frac{\partial^2}{\partial y^2}+\frac{\partial^2}{\partial z^2}\right)$的「特定方程」（參考（2.64）式及（2.72）式），其「特定值」就是粒子的能量E_{n_x, n_y, n_z}，由於「量子數」n_x，n_y和n_z可取的數值分別爲1，2，3，……，故E_{n_x, n_y, n_z}是「量子化」的，所以「三維位能箱」中粒子「Hamiltonian算子」的「特定値能量譜」是「分開的」（separate）。

由（3.51）式和（3.52）式可知：在長方形箱中，每一組（n_x，n_y，n_z）都確定一個狀態$\psi_{n_x, n_y, n_z}(x, y, z)$，每個狀態都對應一個確定的能量$E_{n_x, n_y, n_z}$。這裡須要注意的是，在長方箱中，一個能量只能與一種狀態對應。

如果箱子是立方的，即$a=b=c$，該立方盒子的體積$V=a\times b\times c=a^3$，則正立方箱中粒子「薛丁格方程式」的解，（3.51）式及（3.52）式可改寫爲：

$$\psi_{n_x,n_y,n_z}(x,y,z)=\sqrt{\frac{8}{a^3}}\cdot\sin\left(\frac{n_x\pi x}{a}\right)\cdot\sin\left(\frac{n_y\pi y}{a}\right)\cdot\sin\left(\frac{n_z\pi z}{a}\right) \tag{3.53}$$

$$E_{n_x,n_y,n_z}=\frac{h^2}{8ma^2}(n_x^2+n_y^2+n_z^2) \tag{3.54}$$

其中n_x、n_y、n_z都是從1開始的正整數。

下面對這個計算結果進行討論。

若盒子爲立方體，即$a=b=c$，盒子的體積$V=abc=a^3$，代入（3.54）式，則

$$E_{n_x,n_y,n_z}=\frac{h^2}{8mV^{\frac{2}{3}}}\left(n_x^2+n_y^2+n_z^2\right) \tag{3.55}$$

故兩個相鄰能階之間的能量差（ΔE）爲：

$$\Delta E=[(n_x+1)^2-n_x^2]\frac{h^2}{8mV^{\frac{2}{3}}}=(2n_x+1)\frac{h^2}{8mV^{\frac{2}{3}}} \tag{3.56}$$

這就說明盒子的體積V越大，則ΔE越小。對於自由粒子來說，當V趨於無窮大，能量就變成連續的了。

另外，從（2.1.14）能量的表達式可見，E_{n_x, n_y, n_z}可以是簡單的。例如：當n_x、n_y、n_z有以下六種取法時（相當於有六個不同的波函數），皆代入（3.54）式，都對應於同一個能量$E = \frac{14h^2}{8ma^2}$。

$n_x =$	1	1	2	2	3	3
$n_y =$	2	3	1	3	1	2
$n_z =$	3	2	3	1	2	1

由（3.53）式和（3.54）式可知，在立方形箱中（即a = b = c），每一組（n_x，n_y，n_z）也可確定一個狀態。但與長方箱不同的是，只要保持（$n_x^2 + n_y^2 + n_z^2$）的值相等，體系就具有相同的能量E_{n_x, n_y, n_z}，因此（n_x，n_y，n_z）可以有不同的組合方式。也就是說：立方形箱中的粒子，若有數個狀態的能量相同，這種的「能階」就稱爲「等階系的」（degenerate）能階。而相同能量的狀態數稱爲「等階系」（degeneracy）。

再強調一次：當體系有兩個或兩個以上的波函數，具有相同的能量時，這樣的能量就稱爲「等階能量」（degenerate energy）。它們所相對應的波函數，則稱爲「等階態」（degenerate state），而相對應於同一能量值的數目，就稱爲「等階系」。簡單的說：同一個能量所對應的狀態數目，就稱爲「等階系」。

例如：一、在正立方位能箱中，已知a = b = c，故由（3.52）式可知：ψ_{112}、ψ_{121}、ψ_{211}三種狀態對應的能量$E_{112} = E_{121} = E_{211}$，都是$\frac{h^2}{8ma^2}(1^2 + 1^2 + 2^2) = \frac{6h^2}{8ma^2}$，能量都是$\frac{6h^2}{8ma^2}$的能階都是「等階系的」，其「等階系」爲3。

二、在立方形箱情況下，有些「特定值」是「等階系的」，有些是「非等階系的」。如上所述，「特定值」$\frac{6h^2}{8ma^2}$是「等階系的」，因爲有個線性獨立的「特定函數」ψ_{112}，ψ_{121}及ψ_{211}屬於這個「特定值」，因此其「等階系」是3。

三、但在ψ_{222}所處的狀態，所對應的能量「特定值」$\frac{12h^2}{8ma^2}$是「非等階系的」，只有一種線性獨立的「特定函數」ψ_{222}屬於這個「特定值」，因此其「等階系」等於1。

四、上述討論，可見圖3.8之總結。

五、在長方型箱中（見圖3.8），所有「特定值」都是「非等階系的」（non-degenerate）。

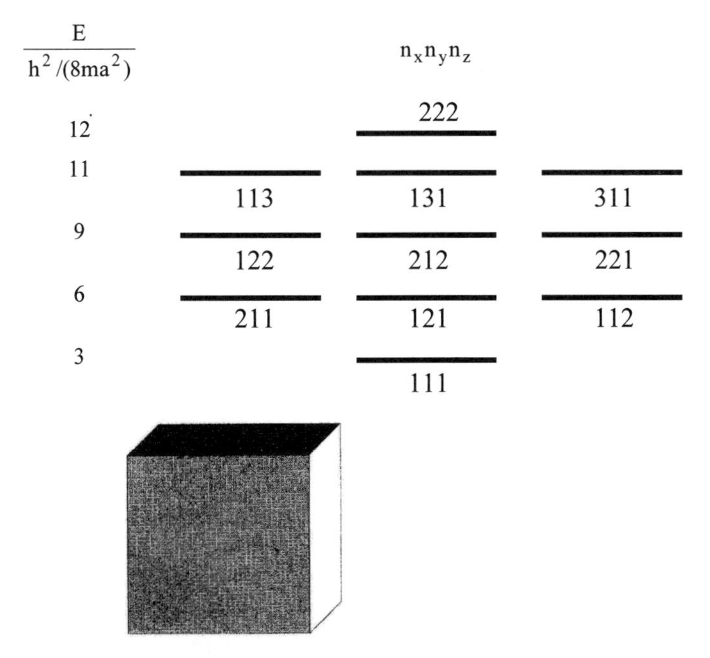

圖3.8　三維無限深正方體位能箱中粒子的「等階系」和「非等階系」的能階

六、「等階系」與「對稱性」有著密切關係。當「對稱性」降低往往會使「等階系」降低，甚至不再存在「等階系」。

以上述例子爲例：在立方箱中的粒子存在著三重的「等階系」現象，但到了長方箱中，由於「對稱性」被破壞，因此長方箱的所有「特定值」都是「非等階系的」。

例3.2 在

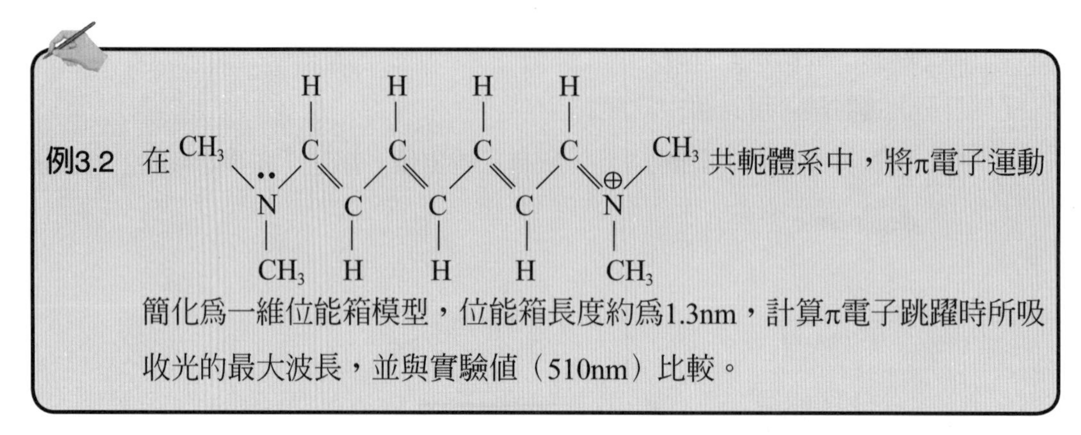

共軛體系中，將π電子運動簡化為一維位能箱模型，位能箱長度約為1.3nm，計算π電子跳躍時所吸收光的最大波長，並與實驗值（510nm）比較。

解：分子中共有10個π電子，π電子占據π軌域的分布為$\psi_1^2\psi_2^2\psi_3^2\psi_4^2\psi_5^2$。電子從能量最高的占有軌域$\psi_5$跳躍到能量最低的空軌域$\psi_6$上所需的能量：（見（3.19）式）

$$\Delta E_n = \frac{(2n+1)h^2}{8ma^2} \quad 且已知n = 5$$

故 $$\Delta E_5 = \frac{(2\times5+1)\times(6.626\times10^{-34})^2}{8\times9.1\times10^{-31}\times(1.3\times10^{-9})^2}J = 3.925\times10^{-19}J$$

$$\lambda = \frac{hc}{\Delta E} = \frac{6.626\times10^{-34}\times3\times10^8}{3.925\times10^{-19}}m = 5.064\times10^{-7}m = 506.4nm$$

故由「一維位能箱」模型所估算的吸收光波長506.4nm與實驗值510nm相比，相當接近。

我們再強調一次，立方形位能箱中的能量「等階系」：

當$a = b = c$時

$$E = \frac{h^2}{8ma^2}(n_x^2 + n_y^2 + n_z^2) \quad (n_x, n_y, n_z = 1, 2, \cdots)$$

當$n_x = n_y = n_z = 1$時為「基本態」：

$$E_0 = \frac{3h^2}{8ma^2}$$

「第一激發態」：

$n_x = n_y = 1$，$n_z = 2$，$E_1 = \dfrac{6h^2}{8ma^2}$，三個方向量子數取值為$\begin{cases} 1 & 1 & 2 \\ 1 & 2 & 1 \\ 2 & 1 & 1 \end{cases}$。

「第二激發態」：

$n_x = n_y = 2$，$n_z = 1$，$E_2 = \dfrac{9h^2}{8ma^2}$，三個方向量子數取值爲 $\begin{cases} 2 & 2 & 1 \\ 2 & 1 & 2 \\ 1 & 2 & 2 \end{cases}$。

一、正立方位能箱中，能量最低值爲$\dfrac{3h^2}{8ma^2}$，也稱爲「基本態」，這一能階僅與一種狀態波函數相對應（$n_x = n_y = n_z = 1$），稱爲「等階系」能階。

二、次低能階爲$\dfrac{6h^2}{8ma^2}$（也稱爲「第一激發態」），它對應（n_x, n_y, n_z）三個量子數中一個爲2及兩個爲1的三種狀態的波函數，稱之爲「三重等階系」（triple degeneracy）。

三、「第二激發態」對應的也是「三重等階系」態。

例3.3　處於長度爲1000pm的一維導體中的電子，可看做是「一維位能箱」中的粒子，試求：

(1) 最低能量。

(2) 在0～200pm區間發現電子的機率。

解：(1) 最低能階爲$n = 1$

$$E = \frac{n^2h^2}{8ma^2}\text{（利用（3.10）式）} = \frac{1^2 \times (6.626 \times 10^{-34}\,\text{J}\cdot\text{s})^2}{8 \times 9.110 \times 10^{-31}\,\text{kg} \times (10^{-9}\,\text{m})^2}$$

$= 6.024 \times 10^{-20}$J

(2) 在0～200pm區間對$\psi^2(x)$積分即爲發現電子的機率。

已知「一維位能箱」中粒子的波函數爲

$$\psi(x) = \sqrt{\frac{2}{\ell}} \sin\frac{n\pi x}{\ell}\text{（利用（3.9）式）}$$

由（2.52）式可知，發現該電子的機率爲：

$$\int_0^a \psi^2(x)dx = \frac{2}{\ell}\int_0^a \sin^2\left(\frac{n\pi x}{\ell}\right)dx = \frac{a}{\ell} - \frac{1}{2n\pi}\sin\left(\frac{2n\pi a}{\ell}\right)$$

$n = 1$，$a = 200$pm，$\ell = 1000$pm

$$\int_0^a \psi^2(x)dx = \frac{200\text{pm}}{1000\text{pm}} - \frac{1}{2\pi}\sin 0.4\pi = 0.0486$$

例3.4 已知「一維位能箱」中粒子的「歸一化」波函數為

$$\psi_n(x)=\sqrt{\frac{2}{\ell}}\sin\frac{n\pi x}{\ell}$$

計算粒子的能量

解：將能量「算子」$\hat{H}$ 作用於波函數，所得特徵方程式的常數即為「算子」$\hat{H}$ 的特定值，即粒子的能量值

$$\hat{H}\psi(x)=-\frac{h^2}{8\pi^2 m}\frac{d^2}{dx^2}\left(\sqrt{\frac{2}{\ell}}\sin\frac{n\pi x}{\ell}\right)=-\frac{h^2}{8\pi^2 m}\frac{d}{dx}\left(\sqrt{\frac{2}{\ell}}\frac{n\pi}{\ell}\cos\frac{n\pi x}{\ell}\right)$$

$$=-\frac{h^2}{8\pi^2 m}\sqrt{\frac{2}{\ell}}\frac{n\pi}{\ell}\left(-\frac{n\pi}{\ell}\sin\frac{n\pi x}{\ell}\right)=\frac{h^2}{8\pi^2 m}\frac{n^2\pi^2}{\ell^2}\sqrt{\frac{2}{\ell}}\sin\frac{n\pi x}{\ell}$$

$$=\frac{n^2h^2}{8m\ell^2}\psi_n(x)$$

故粒子的能量為

$$E_n=\frac{n^2h^2}{8m\ell^2}$$

由圖3.2可知：「一維位能箱」中自由粒子的波函數是「正弦函數」（sin），在「基本態」時，長度a位能箱中只包含正弦函數半個週期。隨著「能階」升高，波函數的「節點」越來越多。「機率分布函數」可以告訴我們自由粒子在位能箱中出現的機率大小。

例如：「基本態」時，粒子在 $x=\frac{a}{2}$ 處出現機率最大。（參考（3.17）式）

「第一激發態」時，粒子在 $x=\frac{a}{2}$ 處出現機率為0，卻在 $x=\frac{a}{4}$、$\frac{3a}{4}$ 處出現機率最大。

小結：從「一維位能箱」中自由粒子的實例，可看出「量子化學」處理微觀體系的一般步驟：

一、首先寫出「薛丁格方程式」的 $\hat{H}$。$\hat{H}$ 由動能與位能兩個部分組成。

即 $\hat{H}$(總能量) = $\hat{V}$(位能) + $\hat{T}$(動能)

n個粒子的「動能」通式爲$\left(-\sum_i \frac{\hbar^2}{2m_i}\nabla_i^2\right)$，但「位能」則視不同情況而異。

二、簡單體系的「薛丁格方程式」爲二階線性微分方程，可先求出通解。（可參考第二章第一節）

三、根據「邊界條件」訂出通解中的「待求係數」，並用「邊界條件」求解能量的「特定值」。

四、「能量」代回通解，並用「歸一化」，可求得「狀態波函數」。

五、根據「狀態波函數」和能量可求知體系的穩定性、機率分布、能階高低。

(I)「一維位能箱」的總結：

「一維位能箱」的「薛丁格方程式」可表示爲：

$$-\frac{h^2}{8\pi^2 m}\left(\frac{\partial}{\partial x^2}\right)\psi = [Ex - V]\psi \tag{3.1}$$

可解得：

$$x(x) = \sqrt{\frac{2}{a}}\sin\frac{n_x \pi x}{a}$$

$$\psi(x) = x(x) = \sqrt{\frac{2}{a}}\sin\frac{n_x \pi x}{a} \tag{3.9}$$

$$E = \frac{n_x^2 h^2}{8ma^2} \tag{3.10}$$

其中上述的n_x是從1開始的正整數。

(II)「二維位能箱」的總結：

由第三章第二節「一維位能箱」及第三節「三維位能箱」的結論，我們可以推知：

「二維位能箱」的「薛丁格方程式」可表示為：

$$-\frac{h^2}{8\pi^2 m}\left(\frac{\partial^2}{\partial x^2}+\frac{\partial^2}{\partial y^2}\right)\psi=[(E_x+E_y)-V]\psi \tag{3.57}$$

上述方程式可按x、y兩個方向分解，每個方向可用「一維位能箱」（見（3.9）式）及（3.10）式處理，因此可解得：

$$X(x)=\sqrt{\frac{2}{a}}\sin\frac{n_x\pi x}{a}$$

$$Y(y)=\sqrt{\frac{2}{b}}\sin\frac{n_y\pi y}{b}$$

$$\psi(x,y)=X(x)\cdot Y(y)=\sqrt{\frac{4}{ab}}\sin\frac{n_x\pi x}{a}\sin\frac{n_y\pi y}{b} \tag{3.58}$$

$$E=E_x+E_y=\frac{h^2}{8m}\left(\frac{n_x^2}{a^2}+\frac{n_y^2}{b^2}\right) \tag{3.59}$$

其中上述的n_x和n_y都是從1開始的正整數。

(III)「三維位能箱」的總結：

「三維位能箱」的「薛丁格方程式」可表示為：

$$-\frac{h^2}{8\pi^2 m}\nabla^2\psi=(E-V)\psi$$

$$\Rightarrow -\frac{h^2}{8\pi^2 m}\left(\frac{\partial^2}{\partial x^2}+\frac{\partial^2}{\partial y^2}+\frac{\partial^2}{\partial z^2}\right)\psi=[(E_x+E_y+E_z)-V]\psi \tag{2.70}$$

此方程式可按x、y、z三個方向分解，每個方向可用「一維位能箱」模型（見（3.9）式及（3.10）式）處理，因此可解得：

$$X(x)=\sqrt{\frac{2}{a}}\sin\frac{n_x\pi x}{a}$$

$$Y(y)=\sqrt{\frac{2}{b}}\sin\frac{n_y\pi y}{b}$$

$$Z(z)=\sqrt{\frac{2}{c}}\sin\frac{n_z\pi z}{c}$$

$$\psi(x, y) = X(x) \cdot Y(y) \cdot Z(z) = \sqrt{\frac{8}{abc}} \sin\frac{n_x \pi x}{a} \sin\frac{n_y \pi y}{b} \sin\frac{n_z \pi z}{c} \qquad (3.53)$$

$$E = E_x + E_y + E_z = \frac{h^2}{8m}\left(\frac{n_x^2}{a^2} + \frac{n_y^2}{b^2} + \frac{n_z^2}{c^2}\right) \qquad (3.54)$$

其中上述的n_x、n_y、n_z都是從1開始的正整數。

從上述的討論中，我們可以看到：用「量子力學」處理位能箱中的自由粒子，會得到系統的能量、波函數、「物理量」及一系列與「古典力學」迥然不同的重要結論，這有助於進一步認識其微觀系統的運動本質，並清楚表明「量子力學」是研究微觀世界的有力武器。

如今「量子力學」廣泛應用於許多科學領域，並且根據應用領域的區別而被賦予不同的名稱。例如：在基本粒子理論領域稱「量子電動力學」；處理多粒子的聚集狀態和運動規律時稱「量子統計學」；解析晶體中電子的能階及相關性質時，稱「固態量子論」；以電磁輻射爲主要研究內容時稱「量子電子學」；處理原子、分子的結構和化學鍵時稱「量子化學」。

第四節　穿隧效應

對於一個具有能量E的粒子，如果$E < V_0$，V_0爲「位能壘」（potential energy barriers）高度。根據「古典力學」原理，該粒子不可能越過「位能壘」或透過「位能壘」，而是反射回去，只有$E > V_0$的粒子才能越過「位能壘」。

但是，「量子力學」則不然，只要「位能壘」的高度和寬度有限，對於具有能量E的粒子，即使$E < V_0$仍然會以一定的機率出現在「位能壘」的另一邊。此稱爲「量子力學」的「穿隧效應」（tunnel effect）。它是「量子力學」中，最不平常也是最有意義的結果之一。

在「量子力學」出現以前，人們已在核物理實驗中發現了「穿隧效應」。雖然原子和發生α粒子的能量E比束縛能V_0小，但α粒子卻照樣離開了原子核，這一現象無法用「古典力學」做有效解釋，曾困擾物理學界一段時間。

「穿隧效應」產生的原因是基於微觀粒子的「波粒二像性」。

一、「穿隧效應」現象

在此我們應用「量子力學」原理來解釋「穿隧效應」。爲了方便說明起見，只考慮「一維位能壘」（one dimensional potential energy barrier），見圖3.9。

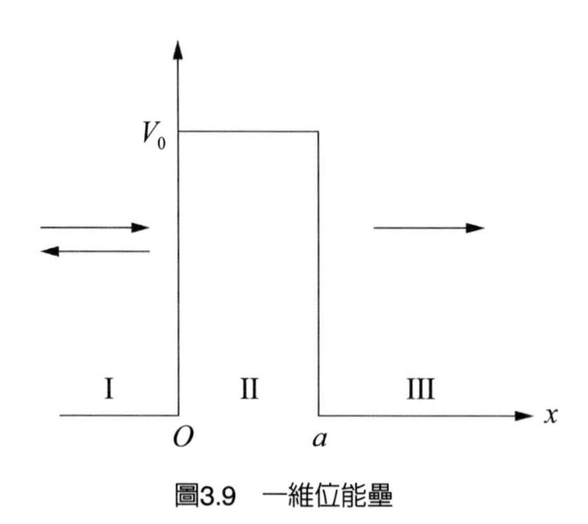

圖3.9　一維位能壘

$$V(x)=\begin{cases} V_0 & (0\le x\le a) \\ 0 & (x<0, x>a) \end{cases}$$

將位能壘分成I、II、和III個區域，其中$x<0$爲I區，位能爲零；$0<x<a$爲II區，位能爲V_0；$x>a$爲III區，位能爲零。也分別稱爲位能左面、裡面和右面。

根據「古典力學」，粒子的動能T必須大於零。

$$T（動能）=\frac{p^2}{2m}=E-V(x)=E（總能）-V_0（位能）\qquad (3.60)$$

（一）因爲只有能量E大於V_0的粒子（這時動能$T>0$），才能從$x<0$處翻越「位能壘」到達$x>a$處，或從$x>a$處到達$x<0$處。

（二）當$E<V_0$的粒子是不能翻越「位能壘」的，因爲（3.60）式的$(E-V_0)<0$，這使得p^2成爲負值，也就是：這時粒子的動量p是虛數，這就「古典力學」而言，是不可能的。由於能量小於V_0的粒子在$x=0$與$x=a$處會被「位能壘」（它的位能量是V_0）所折回，故稱V_0爲「位能壘」，a稱爲「位能壘」的厚度。

（三）以下討論粒子的能量E小於「位能壘」高度的情形。

當$E < V_0$時：

已知微觀粒子的運動狀態用波函數ψ來描述，粒子出現在I、II和III區域的機率爲$|\psi(x)|^2$。因此，應求解粒子在三個區域的波動方程式，得出相對應區域的波函數ψ(x)。

如果粒子的質量爲m，在區域I，由於V = 0，其波動方程式很類似「一維位能箱」中粒子的波動方程式，所以可寫成

$$\frac{d^2\psi_I}{dx^2} + \frac{2m}{\hbar^2}E\psi_I = 0 \quad (x < 0) \tag{3.61}$$

區域II位能爲V_0，則波動方程式爲

$$\frac{d^2\psi_I}{dx^2} + \frac{2m}{\hbar^2}(E - V_0)\psi_I = 0 \quad (0 < x < a) \tag{3.62}$$

區域III與區域I相同，V = 0，則波動方程式爲

$$\frac{d^2\psi_{III}}{dx^2} + \frac{2m}{\hbar^2}E\psi_{III} = 0 \quad (x > a) \tag{3.63}$$

必須注意這三個方程式在三個區域的不同形式，而ψ_I、ψ_{II}和ψ_{III}分別代表方程式在三個不同區間中的解。

引入符號

$$\left.\begin{aligned} k_1^2 &= \frac{2mE}{\hbar^2} \\ k_2^2 &= -\frac{2m}{\hbar^2}(E - V_0) \end{aligned}\right\} \tag{3.64}$$

根據（3.64）式，將（3.61）式～（3.63）式分別寫成如下形式：

$$\frac{d^2\psi_I}{dx^2} + k_1^2\psi_I = 0 \tag{3.65}$$

$$\frac{d^2\psi_{II}}{dx^2} - k_2^2\psi_{II} = 0 \tag{3.66}$$

$$\frac{d^2\psi_{III}}{dx^2}+k_1^2\psi_{III}=0 \tag{3.67}$$

由於假設V_0爲正值，同時粒子的能量$E < V_0$，所以k_1^2、k_2^2均爲正值。以後都取正根k_1和k_2。這裡不詳細解（3.65）式～（3.67）式三個方程式，根據以求解的相似方程式直接給出結果。

如果粒子束沿x方向從無限遠處向「位能壘」運動。對於I區，（3.65）式的求解很類似「一維位能箱」，可以方便地寫出解。於是「入射波」表示爲

$$Ae^{ik_1x}$$

然而，在I區還有一部分粒子被反射回去，需加上一項表示「反射波」，所以改寫爲：

$$\psi_I=Ae^{ik_1x}+Be^{-ik_1x} \tag{3.68}$$

式中：A與B分別表示入射波與反射波的振幅。假如A與B是實數，則$|B|^2/|A|^2$表示反射粒子的分數，又稱「反射係數」（reflection coefficient）。如果A與B是複數，則B^*B/A^*A表示反射粒子的分數，也稱「反射係數」。

因Ae^{ik_1x}代表入射粒子的波動，在實際問題中入射粒子流的強度是已知的，因此，常數A是已知的，爲了方便起見，這裡選擇$A=1$，則（3.65）式變爲：

$$\psi_I=Ae^{ik_1x}+Be^{-ik_1x} \tag{3.69}$$

在II區，（3.66）式中由於是$-k_2^2$，所以通解具有如下形式：

$$\psi_{II}=Ce^{ik_2x}+De^{-ik_2x} \tag{3.70}$$

在III區（3.67）式與（3.65）式形式相同。因假設沒有從右邊向「位能壘」運動的粒子，只有離開「位能壘」向右而去的粒子，所以這部分區域只有透射的粒子，其波函數具有如下形式：

$$\psi_{III}=Fe^{ik_1x} \tag{3.71}$$

F表示「透射波」的振幅。

由於波函數必須符合「合格函數」的標準條件（見第二章第六節），所以波函數和它的一階導數在定義域必須是連續的。波函數ψ與$\frac{d\psi}{dx}$在相鄰區域交界點上，如$x = 0$、$x = a$處，應分別具有相同的值，所以

$$\psi_{I}(0) = \psi_{I}(0)$$

由這個條件導出

$$1 + B = C + D \tag{3.72}$$

因為

$$\frac{d\psi_{I}(0)}{dx} = \frac{d\psi_{II}(0)}{dx}$$

它能給出

$$ik_1 - ik_1B = ik_2C - ik_2D \tag{3.73}$$

同樣，在$x = a$這一點，應該有

$$\psi_{II}(a) = \psi_{III}(a)$$

將（3.68）式與（3.69）式代入上式得

$$Ce^{ik_2a} + De^{-ik_2a} = Fe^{ik_1a} \tag{3.74}$$

最後，因為

$$\frac{d\psi_{II}(a)}{dx} = \frac{d\psi_{III}(a)}{dx}$$

得出

$$ik_2(Ce^{ik_2a} - De^{-ik_2a}) = ik_1Fe^{ik_1a} \tag{3.75}$$

從（3.72）式～（3.75）式可以解出係數B、C、D、F。在實際問題中最關心的是穿透「位能壘」的波，即「透射波」的振幅F，所以這裡只給出F：

$$e^{ik_1a}F = 2\left[(e^{k_2a} + e^{-k_2a}) + i\left(\frac{k_2}{k_1} - \frac{k_1}{k_2}\right)\frac{e^{k_2a} - e^{-k_2a}}{2}\right]^{-1} \quad (3.76)$$

「透射係數」（transmission coefficient）T定義為：

$$T = \frac{F^*F}{A^*A} \quad (3.77)$$

「透射係數」T可以理解為「透射波」的機率密度與「入射波」機率密度之比。

由於A＝1，代入（3.77）式，可得：

$$\begin{aligned} T &= |F|^2 = Fe^{ik_1a}Fe^{-ik_2a} \\ &= \frac{4}{(e^{k_2a} + De^{-k_2a})^2 + \left(\frac{k_2}{k_1} - \frac{k_1}{k_2}\right)^2\left(\frac{e^{k_2a} - e^{-k_2a}}{2}\right)^2} \end{aligned} \quad (3.78)$$

當「位能壘」V_0比入射粒子的能量E大得多，而且位能寬度a又很大時，也就是$k_2a > 1$，則e^{-ik_2a}與e^{k_2a}相比可以忽略不計，這時（3.78）式變為：

$$T \approx \frac{4e^{-2k_2a}}{1 + \frac{1}{4}\left(\frac{k_2}{k_1} - \frac{k_1}{k_2}\right)^2} \quad (3.79)$$

引入符號

$$T_0 = \frac{4}{1 + \frac{1}{4}\left(\frac{k_2}{k_1} - \frac{k_1}{k_2}\right)^2} \quad (3.80)$$

再考慮原先k_2的定義（3.64）式，即可將（3.79）式寫出：

$$T = T_0 e^{-\frac{2}{\hbar}\sqrt{2m(V_0 - E)}a} \quad (3.81)$$

由（3.81）式可知：T_0為常數。

在$k_2a >> 1$的情況下，並且有$k_2/k_1 > 1$，可見T_0的數量級接近1。因此，「透射係數」T的大小主要取決於e^{-2k_2a}。一般來說e^{-2k_2a}的值比較小，所以T比較小，但不等於零，如圖3.10所示。

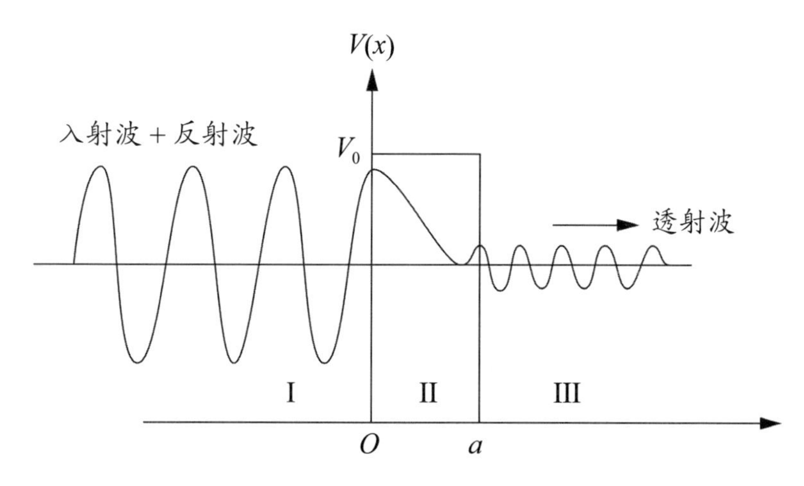

圖3.10 「穿隧效應」波動表示圖

我們可以用微觀粒子天生俱有的「波動性」，並配合圖3.10，來解釋「穿隧效應」。

1. 區域I的圖像表示「入射波」的強度。
2. 區域II表示在「位能壘」內波的大約強度。
3. 區間III給出「透射波」的強度。

可以看出，在$E < V_0$的情況下，「透射波」的強度比較弱，這表明透射粒子較少。按照「古典力學」的說法，當入射粒子的動能小於「位能壘」高度，甚至與「位能壘」高度相當時，粒子不能越過「位能壘」。但在「量子力學」確有一定數目的粒子穿過「位能壘」，產生了「穿隧效應」。

再強調一次，由（3.81）式可知，即使粒子能量小於「位能壘」，「透射係數」T也不會爲零，粒子仍有一定機率穿過「位能壘」。

又從（3.81）式可以看出：「透射係數」T隨粒子質量的增加、「位能壘」加寬或增高而按指數遞減，十分靈敏。爲了使「透射係數」T有個數量級的概念，以電子爲例，取$V_0 - E = 5eV$，計算所得「透射係數」T，見表3.2。

表3.3 計算所得「透射係數」T

a/nm	0.1	0.2	0.5	1.0
T	0.1	1.2×10^{-2}	1.7×10^{-5}	3.0×10^{-10}

從表3.3可以看出，當「位能壘」寬度a = 0.1nm時（原子線度），「透射係數」相當大。

而當「位能壘」寬度a = 1nm時，「透射係數」T很小。所以，「穿隧效應」只在一定條件下才比較顯著，巨觀實驗中不易觀察到。

「穿隧效應」是G. Gamow於1928年首先提出的：當「位能壘」的有限高度是V_0且有限厚度是a時（見圖3.9），向「位能壘」入射的粒子的能量E即使小於V_0，也仍有一定的機率會穿透「位能壘」，彷彿是在「位能壘」內鑽了一條隧道，而粒子從這隧道穿透出來。

這種奇妙的量子現象是「古典物理學」無法解釋的，因爲從「古典物理學」來看，(總能量)E = V(位能)+ T(動能)。在粒子貫穿的「位能壘」中，粒子的總能量E < V(位能)，這使得動能T成爲負數，這是無意義的、解釋不通。

但從「量子力學」來看，這個問題的問法本身就不成立，因爲「測不準原理」告訴我們：若粒子的運動方向叫做x軸時，那麼粒子的座標x與動量p_x都不能同時具有確定值，所以，在粒子貫穿「位能壘」時，位能V(x)與動能$T = p_x^2/(2m)$也不能同時具有確定值，如此一來，根本無法比較動能（T）與位能（V）的大小，能夠確定的是它們的平均值之間的關係：$\langle E\rangle = \langle T\rangle + \langle V\rangle$。然而，想要求平均值，就必須在x的整個區間積分，因此，僅僅在「位能壘」中比較動能與位能的平均值仍然辦不到。

「穿隧效應」源自於微觀粒子的「波動性」，它是α衰變等物理現象和隧道二極管（亦稱「江崎二極管」，用於微波到毫米波段振盪器和放大器）、超導Josophson結等許多物理器材的核心。

如果「位能壘」不是方形，而是任意形狀，可以將它看成許多狹窄方形位能壘

的疊加，如圖3.11所示。若每個方形位能壘的寬度爲dx，則粒子透過第i個狹窄方形位能壘的透射度T_i爲（參考（3.81）式）：

$$T_i = T_{i0} e^{-\frac{2}{\hbar}\sqrt{2m(V_0-E)}dx}$$

所以，穿過位能壘V(x)的「投射係數」T可寫爲：

$$T = T_0 e^{-\frac{2}{\hbar}\int_a^b \sqrt{2m(V_0-E)}dx} \quad (3.82)$$

從（3.80）式或（3.82）式可以歸納出以下幾點：

1. 「透射係數」隨「位能壘」寬度a的增加而減少。
2. 「透射係數」隨「位能壘」高度差$V_0 - E$的增加而減少。
3. 「透射係數」隨粒子質量的增加而減少。實際上，「穿隧效應」對輕粒子更具有意義。

必須指出：當$\hbar = 0$時，（3.82）式變爲零，這代表著：已不存在粒子透射「位能壘」現象，這樣，能量是連續的，屬於「古典力學」範疇。

由上述討論，可以得知：爲什麼一維位能箱的「位能壘」高度必須是無限大？目的就是要限制粒子100%完完全全在箱內。

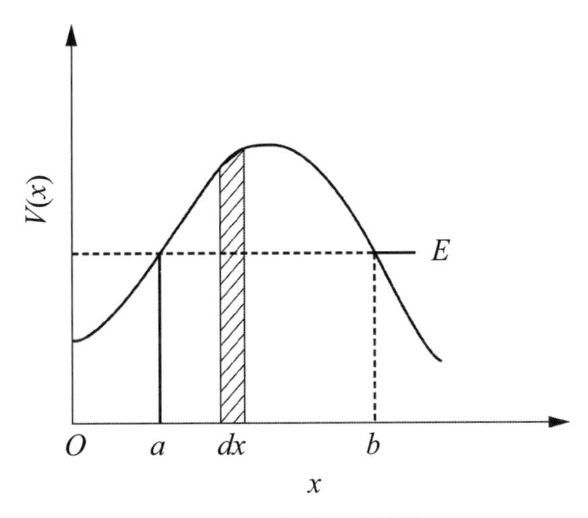

圖3.11　任意形狀的位能壘

按照「古典力學」的觀點，最大的困難在於：是如何把總能E表示成動能和位能之和（即$E = p^2/2m + V(x)$），且又能成功的解釋實驗事實。但這時只有「量子力學」才能做出完美的解釋。

根據「測不準原理」，想要同時以任意精確度來確定座標x和動量p的數值之可能性，完全被排除。換句話說，在「量子力學」裡，是不允許把總能E表示爲兩個精確確定值的和（即動能$p^2/2m$和位能V(x)之和）。如果粒子的座標x的不確定程度範圍是Δx，而其位能V(x)具有足夠的精確性，那麼依據（1.38）式，粒子動量p的不確定程度Δp（$\geq \hbar/2(\Delta x)$），將造成粒子動能（$p^2/2m$）的值無法被精確確定，連帶的也將無法確定上述粒子的總能量E值。在這樣的情況下，由於先確定了粒子座標，而導致粒子動量（Δp）及動能（ΔT）的不確定性，甚至這種動能的不確定程度（ΔT），將超過位能壘的高度（V_0）與粒子總能（E）的差，即$\Delta T > (V_0 - E)$，如此一來，ΔT之值將大於在位能壘中的粒子要逃離位能壘時所需的能量。由此可知，「測不準原理」再次對「穿隧效應」做了強而有力的解釋。

總而言之，求解「方形位能壘」（見圖3.9）的「穩定態薛格方程式」，其結果表明：能量大於V_0的粒子會被部分地折回，能量小於V_0的粒子卻有穿透「位能壘」的可能性，這種現象稱爲「穿隧效應」。

必須指出：「穿隧效應」純粹是「量子力學」的現象，只有在微觀世界中，才會存在這種效應。事實上，「量子力學」所預見的「穿隧效應」已被大量的實驗所證實。例如：用「穿隧效應」原理可以解釋原子核的α蛻變、化學分子裡的質子（H^+）轉移反應及很多重要的物理現象與化學現象。

例如：反應物經「過渡態」（transition state）變成產物，因爲存在「穿隧效應」，所需的活化能比圖3.12的活化能E活化要小。

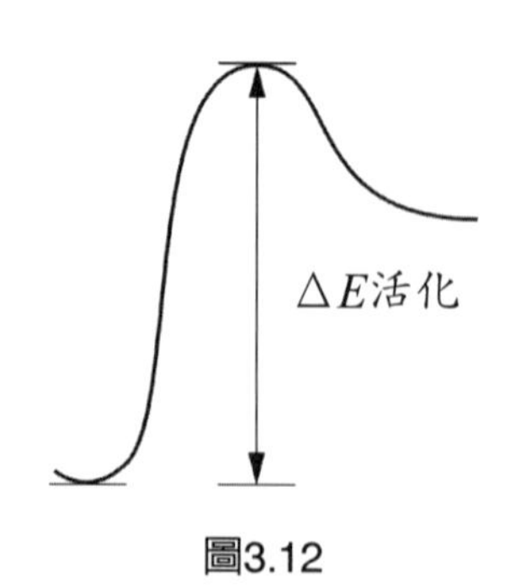

圖3.12

又如：Cu導線與Al導線，雖然其表面氧化物是絕緣層，但在接線處仍能導電，原因也是因爲金屬電子有穿透絕緣層的能力。1982年，國際商業機品公司蘇黎世實驗室的G. Binning和H. Rohrer根據「穿隧效應」原理，成功研製世界第一臺新型的表面分析儀器——掃瞄隧道顯微鏡（STM）。STM的横向分辨率爲0.1nm、縱向分辨率0.1nm。STM的問世，使人們第一次能夠實實在在的觀察到原子在物質表面的排列狀態，以及與表面電子行爲有關的物理化學性質。如觀察到鍺晶體上苯的六圓環結構、脫氧核糖核酸DNA中互相纏繞的雙螺旋結構等。這使得我們可以清楚知道：原子、分子不再只是一個抽象的模型，而是一個實實在在的客體。

二、又一個「穿隧效應」的著名應用例子

再舉一個化學有名的例子，即氨粒子（NH_3）的翻轉，這可用「穿隧效應」得到完美的解釋。

氨是錐形分子，通過分子振動可以變成倒置構型。氨分子構型的變化過程如圖3.13上半部所示，位於錐頂的N原子向三個H原子平面靠近，形成平面構型，又透過分子平面變成倒置構型。

N原子穿透「位能壘」的振動頻率數量約爲$10^{10}s^{-1}$。相對應分子構型所屬點群從C_{3v}變成D_{3h}再變爲C_{3v}。對應的能量變化如圖3.13中曲線所示：N原子位於錐頂的正錐形與平面構型的氨分子間有一「位能壘」存在，其高度爲$2076cm^{-1}$，氨分子由振動「基本態」（V_0）向「第一激發態」（V_1）的跳躍需要吸收能量$950cm^{-1}$。

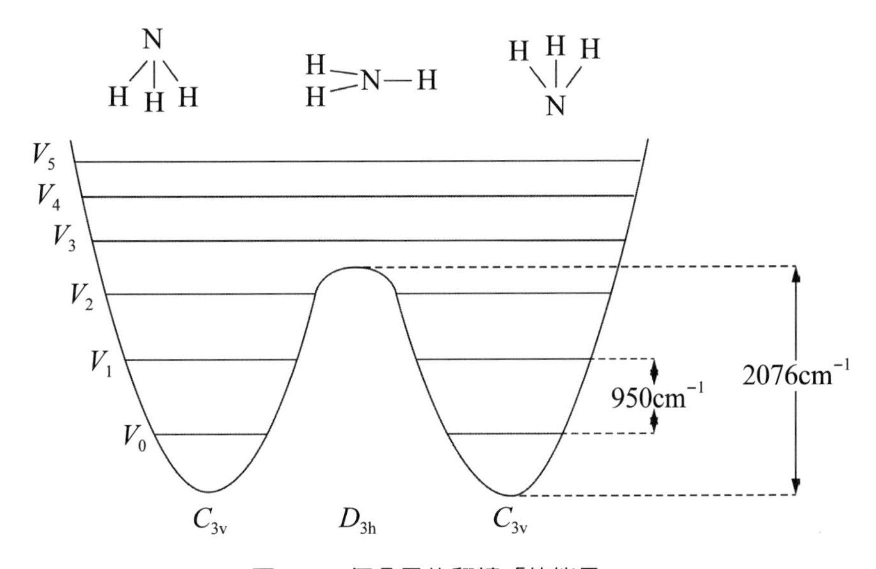

圖3.13　氨分子的翻轉「位能壘」

如果處於「基本態」的分子數爲n_0，「第一激發態」的分子數爲n_1，則依據Boltzmann分布，可寫爲：

$$\frac{n_1}{n_0} = e^{-\frac{\Delta E}{RT}} \qquad (3.83)$$

（3.83）式中：ΔE爲「第一激發態」與「基本態」的能階差；T爲熱力學溫度（K）；R爲莫耳氣體常數。若在室溫T = 300K時，則能量ΔE爲

$$\begin{aligned}\Delta E &= h\nu = h \times \frac{c}{\lambda} = h \times c \times \left(\frac{1}{\lambda}\right)\\ &= (6.626 \times 10^{-34} J \cdot s) \times (3.00 \times 10^{10} cm \cdot s^{-1}) \times (950 cm^{-1})\\ &= 11378 J \cdot mol^{-1}\end{aligned}$$

故Boltzmann分布爲：

$$\frac{n_1}{n_0} = e^{-(11378 J \cdot mol^{-1})/(8.314 J \cdot mol^{-1} \cdot K^{-1}) \times (300 K)} = 0.0104$$

可見，在室溫下幾乎99%的氨分子處於振動「基本態」。從圖3.13所示數據可以看出，按「古典力學」，處於「基本態」的氨分子越過「位能壘」2076cm^{-1}（24.83kJ · mol^{-1}）變成倒置氨分子完全是不可能的。但在「量子力學」，由於「位能壘」比較「薄」，氨分子可以通過隧道穿過「位能壘」變成倒置的氨分子，即發生了「穿隧效應」。

第五節　「一維簡諧振動」

微觀粒子會在平衡位置附近做微小振動，如原子核內中子和質子的振動、晶體中原子的振動等等，這些運動往往可分解成若干個獨立的「一維簡諧振動」（one dimensional oscillator）。

在第一章曾述及Planck在其「輻射理論」中，將物質的輻射中心看做是「一維簡諧振子」。在「分子光譜」中分子的振動可以用「簡諧振子」來處理；又電磁場的問題也能歸結爲「簡諧振子」的形式。因此，研究「一維簡諧振子」的運動規律是研究複雜振動的基礎。同時，「簡諧振子」也是解「薛丁格方程式」的典型例

子。

本節將討論微觀粒子的「一維簡諧振動」，建立其「薛丁格方程式」，求解「簡諧振子」的能量「特定值」和「特定函數」。

首先，回顧巨觀系統的「簡諧振動」。「古典力學」將一個與彈簧相連的小球，在彈性恢復力$F = -kx$作用下，在其平衡位置附近的往復運動視爲「一維簡諧振動」。

「簡諧振動」的自然頻率爲

$$\omega = \sqrt{\frac{k}{\mu}} \tag{3.84}$$

通常選「簡諧振動」的平衡位置爲座標原點，並取原點位能爲零，於是位能可以寫爲：

$$V = \frac{1}{2}kx^2 = \frac{1}{2}\mu\omega^2 x^2 \tag{3.85}$$

以下研究「量子力學」中「量子簡諧振子」（簡稱「簡諧振子」）問題。

「一維量子簡諧振子」的位能形式（（3.85）式）中，μ爲「簡諧振子」的質量，k爲「力常數」。如此一來，根據（2.63）式，「穩定態薛丁格方程式」可以表示爲

$$\left(-\frac{\hbar^2}{2\mu}\frac{d^2}{dx^2} + \frac{1}{2}\mu\omega^2 x^2\right)\psi = E\psi \tag{3.86}$$

爲使這個方程形式變得更簡練，則令：

$$\alpha = \sqrt{\frac{\mu\omega}{\hbar}} \tag{3.87}$$

$$\lambda = \frac{2E}{\hbar\omega} \tag{3.88}$$

引入新的變數ξ

$$\xi = \alpha x \tag{3.89}$$

在新的變數下，（3.64）式可以簡化爲：

$$\frac{d^2\psi}{d\xi^2}+(\lambda-\xi^2)\psi=0 \tag{3.90}$$

爲解上述這個二階常微分方程，先考察$\psi(\xi)$在$\xi\to\pm\infty$的漸近行爲。因爲$\xi\to\pm\infty$時，λ與ξ^2相比可以忽略。這樣得到的方程式，稱爲原方程式的漸近方程式，它的解用$\psi_\infty(\xi)$來表示，則得

$$\frac{d^2\psi_\infty(\xi)}{d\xi^2}-\xi^2\psi_\infty(\xi)=0 \tag{3.91}$$

不難證明，這個方程式的漸近解是

$$\psi_\infty(\xi)\sim e^{\pm\frac{1}{2}\xi^2} \tag{3.92}$$

將（3.92）式代入（3.91）式，並棄去係數爲1的項，只留下係數爲ξ^2的項，即能證明（3.92）式可近似滿足（3.91）式。因根據「波函數」的標準化條件，要求當$\xi\to\pm\infty$時，$\psi(\xi)$應爲有限，故捨去$e^{\frac{1}{2}\xi^2}$，只取指數上的負號，所以（3.92）可以改寫爲：

$$\psi_\infty(\xi)\sim e^{-\frac{1}{2}\xi^2} \tag{3.93}$$

雖然$\psi_\infty(\xi)$只是漸近方程式的解，但我們根據它的啓示，有理由用（3.94）式做原方程式（3.90）式的試探解：

$$\psi_\infty(\xi)=e^{-\frac{1}{2}\xi^2}u(\xi) \tag{3.94}$$

這裡$u(\xi)$是待定的未知函數。將（3.94）式代入（3.90）式，經過簡化得：

$$\frac{d^2u}{d\xi^2}-2\xi\frac{du}{d\xi}+(\lambda-1)u=0 \tag{3.95}$$

這個方程式可用級數解法，因爲（3.95）式在ξ取有限值處均無奇點，故$u(\xi)$在$\xi=0$點附近可用冪級數展開：（參考第二章第一節）

$$u(\xi)=\sum_{k=0}^{\infty}a_k\xi^k \tag{3.96}$$

（3.96）式中：a_k爲待定係數。將這個待定解（（3.96）式）代入（3.95）式，逐項決定其係數a_k：

$$\sum_{k=2}^{\infty}k(k-1)a_k\xi^{k-2}-2\xi\sum_{k=1}ka_k\xi^{k-1}+(\lambda-1)\sum_{k=0}a_k\xi^k=0 \tag{3.97}$$

將ξ的各種同次冪項集中在一起，若$u(\xi)$確實是（3.95）式的解，因爲不論ξ等於何值，（3.97）式必須恆等於零，所以ξ各次冪的係數必然都等於零。現在取（3.97）式中爲n次冪的項作爲代表來討論，即在（3.97）式中ξ^k的係數是

$$(n+2)(n+1)a_{n+2}-2na_n+(\lambda-1)a_n=0 \tag{3.98}$$

移項後得

$$a_{n+2}=\frac{2n-(\lambda-1)}{(n+2)(n+1)}a_n \tag{3.99}$$

（3.99）式又稱爲「遞迴公式」。由（3.99）式可知：奇次冪項之間的「遞迴數列」與偶次冪項之間的「遞迴數列」是各自獨力進行的，其中，$a_2, a_4, \cdots, a_{2i}$都可用a_0表示；$a_3, a_5, \cdots, a_{2i+1}$都可用$a_1$表示。於是（3.96）式中的$u(\xi)$中只含有兩個任意常數a0和a1，這和二階微分方程有兩個任意常數的特點相符。如果用$u_0(\xi)$、$u_1(\xi)$表示無窮級數，可得：

$$\begin{aligned}u_0(\xi)&=a_0+a_2\xi^2+a_4\xi^4+\cdots\\u_1(\xi)&=a_1+a_3\xi^3+a_5\xi^5+\cdots\end{aligned} \tag{3.100}$$

則$u(\xi)$可寫成

$$u(\xi)=u_0(\xi)+u_1(\xi) \tag{3.101}$$

這裡，還要討論所得到的解$u(\xi)$是否滿足波函數的有限條件。

對於（3.101）式兩個級數而言，相鄰兩項之比可由「遞迴公式」（即（3.99）式）給出：

$$\lim_{n\to\infty}\frac{a_{n+2}}{a_n}=\lim_{n\to\infty}\frac{2n-(\lambda-1)}{(n+2)(n+1)}=\lim_{n\to\infty}\frac{2}{n} \tag{3.102}$$

級數u(ξ)（（3.96）式）這個性質很像函數e^{ξ^2}的性質，即：

$$e^{\xi^2}=1+\xi^2+\frac{\xi^4}{2!}+\cdots+\frac{\xi^n}{\left(\frac{n}{2}\right)!}+\frac{\xi^{n+2}}{\left(\frac{n+2}{2}\right)!}+\cdots \tag{3.103}$$

因爲（3.103）式中，相鄰兩項係數之比的極限與（3.102）式相同，即：

$$\lim_{n\to\infty}\frac{\left(\frac{n}{2}\right)!}{\left(\frac{n+2}{2}\right)!}=\lim_{n\to\infty}\frac{1}{\frac{n}{2}+1}=\lim_{n\to\infty}\frac{2}{n} \tag{3.104}$$

這表明，當n→±∞時，u(ξ)的漸近形式與e^{ξ^2}一樣，於是（3.94）式可表示爲：

$$\psi(\xi)=e^{-\frac{1}{2}\xi^2}\cdot e^{\xi^2}=e^{\frac{1}{2}\xi^2} \tag{3.105}$$

從（3.105）式看出，當ξ→∞時，ψ(ξ)是發散的。爲了保證波函數ψ(ξ)滿足有限條件，必須將無窮級數u(ξ)中斷爲一個多項式。由（3.101）式知，若在n + 2處切斷，即$a_{n+2}=0$，則要求（3.101）式右邊分子等於零，則

$$2n-(\lambda-1)=0$$

$$\lambda=2n+1\ (n=0, 1, 2, \cdots) \tag{3.106}$$

進而有$a_{n+4}=a_{n+6}=\cdots=0$，於是級數中斷爲一個n次多項式。當n爲偶數時，$u_0(\xi)$中斷爲n次多項式[$u_1(\xi)$仍爲無窮級數]；當n爲奇數時，$u_1(\xi)$中斷爲n次多項式[$u_0(\xi)$仍爲無窮級數]。

由特殊函數理論可知，滿足上述條件的多項式是Hermite多項式，於是將u(ξ)改寫成$H_n(\xi)$，則（3.95）式要變爲n階Hermite方程式：

$$\frac{d^2H_n(\xi)}{d^2\xi}-2\xi\frac{dH_n(\xi)}{d\xi}+2nH_n(\xi)=0 \tag{3.107}$$

此方程式的解$H_n(\xi)$爲n階Hermite多項式：

$$H_n(\xi) = (-1)^n e^{\xi^2} \frac{d^n e^{-\xi^2}}{d\xi^n} \quad (3.108)$$

它們的前幾個是

$$\left.\begin{aligned} H_0(\xi) &= 1 \\ H_1(\xi) &= 2\xi \\ H_2(\xi) &= 4\xi^2 - 2 \\ H_3(\xi) &= 8\xi^2 - 12\xi \\ H_4(\xi) &= 16\xi^4 - 48\xi^2 + 12 \\ H_5(\xi) &= 32\xi^5 - 160\xi^3 + 120\xi \end{aligned}\right\} \quad (3.109)$$

這些$H_n(\xi)$具有以下「正交、歸一化」性質：

$$\int_{-\infty}^{\infty} H_m(\xi) H_n(\xi) e^{-\xi^2} d\xi = \begin{cases} 0 & (m \neq n) \\ 2^n \sqrt{\pi} n! & (m = n) \end{cases} \quad (3.110)$$

並且滿足以下「遞迴數列」公式：

$$\left.\begin{aligned} \frac{dH_n(\xi)}{d\xi} &= 2nH_{n-1}(\xi) \\ H_{n+1}(\xi) + 2nH_{n-1}(\xi) &= 2\xi H_n(\xi) \end{aligned}\right\} \quad (3.111)$$

以下討論「一維量子簡諧振子」的能量。

將（3.106）式代入（3.88）式，可得「一維量子簡諧振子」的能階：

$$E_n = \left(n + \frac{1}{2}\right)\hbar\omega = \left(n + \frac{1}{2}\right)h\nu \quad (n = 0, 1, 2, \cdots) \quad (3.112)$$

其中

$$\omega = 2\pi\nu = \sqrt{\frac{k}{\mu}} \quad (3.113)$$

注意：在「量子力學」的線性「簡諧振子」（harmonic oscillator）的量子數永遠用「半」整數$n + \frac{1}{2}$來表示，因此，即使在最低的量子態（即$n = 0$）時，「簡諧振子」的能量也不等於零，而是等於$E_0 = h\nu/2$，此能量值E_0就稱爲「零點能」（zero-point energy），這代表著在絕對零度時，此能量仍不消失。

從（3.112）式可以看出：「一維量子簡諧振子」的能量只能取「分開的值」（separate values），即「量子化」。兩相鄰能階的能量差（ΔE_n）爲

$$\Delta E_n = E_{n+1} - E_n = h\nu \tag{3.114}$$

也就是說：相鄰兩個能階的能量差（ΔE_n）爲一個定值（$= h\nu$）。

一、由（3.112）式可知：「振動量子數」n只能取0與正整數，因此，「一維量子簡諧振子」的能量是「量子化」的，且相鄰能階的能量差（ΔE_n）都是定值（$= h\nu$）。

二、當$n = 0$時，由（3.112）式可知，即「一維量子簡諧振子」的「基本態」能量是：

$$E_0 = \frac{1}{2}h\nu > 0 \tag{3.115}$$

也稱爲「零點能」。（見前述第二節的說明）這與前述所舉的例子：無限深方形位能箱中之粒子的「基本態」能量並不爲零的道理是相同的，都是微觀粒子「波粒二像性」的具體表現，也可以用「測不準原理」來定性說明。

光可被晶體散射的實驗驗證「零點能」的存在。光之所以會被晶體散射是由於晶體中原子的振動。實驗證明，溫度趨向熱力學0K時，散射後的散射光的強度趨向某一不爲零的極限值。這說明了即使在0K，原子仍有「零點能」存在，因此會振動。

以下討論「一維量子簡諧振子」的波函數：

將（3.94）式中的$u(\xi)$改寫成$H_n(\xi)$，則與能量E_n相對應的「穩定態」波函數可寫爲：

$$\psi_n(\xi) = A_n e^{-\frac{1}{2}\xi^2} H_n(\xi) \tag{3.116}$$

利用（3.89）式代入（3.116）式，可得：

$$\psi_n(x) = N_n e^{-\frac{1}{2}\alpha^2 x^2} H_n(\alpha x) \qquad (3.117)$$

（3.117）式中的N_n為「歸一化」常數，利用波函數「歸一化」條件可得到（利用（2.54）式）：

$$N_n = \left(\frac{\alpha}{\pi^{\frac{1}{2}} 2^n n!} \right)^{\frac{1}{2}} \qquad (3.118)$$

故（3.117）式的波函數$\psi_n(x)$可以改寫為：

$$\psi_n(x) = \left(\frac{\alpha}{\pi^{\frac{1}{2}} 2^n n!} \right)^{\frac{1}{2}} e^{-\frac{1}{2}\alpha^2 x^2} H_n(\alpha x) \qquad (3.119)$$

為方便起見，利用（3.119）式，與最低4個能階相對應的「量子簡諧振子」之波函數可表示如下：

$$\psi_0(x) = \frac{\sqrt{\alpha}}{\pi^{\frac{1}{4}}} e^{-\frac{1}{2}\alpha^2 x^2} \qquad (3.120)$$

$$\psi_1(x) = \frac{\sqrt{2\alpha}}{\pi^{\frac{1}{4}}} \alpha x e^{-\frac{1}{2}\alpha^2 x^2} \qquad (3.121)$$

$$\psi_2(x) = \frac{1}{\pi^{\frac{1}{4}}} \sqrt{\frac{\alpha}{2}} (2\alpha^2 x^2 - 1) e^{-\frac{1}{2}\alpha^2 x^2} \qquad (3.122)$$

$$\psi_3(x) = \frac{1}{\pi^{\frac{1}{4}}} \sqrt{\frac{\alpha}{3}} (2\alpha^2 x^2 - 3\alpha x) e^{-\frac{1}{2}\alpha^2 x^2} \qquad (3.123)$$

圖3.14表示「一維量子簡諧振子」的最低4個能階的特徵函數$\psi_n(x)$和「機率密度」（$=\psi\psi^*|\psi|^2$）隨x變化的曲線，以及其相對能量E_n。

由圖3.14可知：「簡諧振子」的波函數也有「節點」，「節點」數等於「量子數」n，n越大，能量越高。振動波函數的值在不同x值處不同，特別是在能階與位能曲線相交處之外，粒子仍有出現的機率。這是「簡諧振子」運動「波動性」的表現。

能階E_n與位能曲線相交處，意味著此處的總能量$E_n = V$且動能$T = 0$，在相交點之外，動能$T < 0$，由圖3.14可清楚看到：即使在動能為負值處，這裡的波函數$\psi \neq 0$，強烈意味著此處還有粒子出現的機率，這就是前述提及的「穿隧效應」。這無法用「古典力學」的振動原理來解釋，只有「量子力學」才能對微觀系統做出恰如其份的解答。

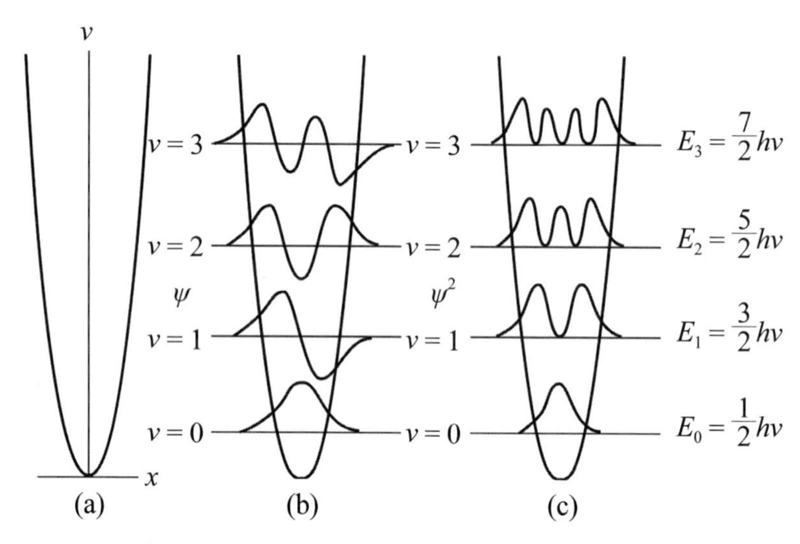

圖3.14　「一維量子簡諧振子」位能、能階、波函數和「機率密度」分布圖

第六節　「三維簡諧運動」

若改求「三維簡諧運動」（three dimensional harmonic oscillation）的能階，並討論它們的「等階系」（degeneracy）。則由（3.112）式，可推得：

$$E_{n_x n_y n_z} = \left(n_x + \frac{1}{2}\right)\hbar\omega_x + \left(n_y + \frac{1}{2}\right)\hbar\omega_y + \left(n_z + \frac{1}{2}\right)\hbar\omega_z$$

$$= \left(n_x + \frac{1}{2}\right)h\nu_x + \left(n_y + \frac{1}{2}\right)h\nu_y + \left(n_z + \frac{1}{2}\right)h\nu_z \qquad (3.124)$$

其中 $$\omega_x = 2\pi\nu_x，\omega_y = 2\pi\nu_y，\omega_z = 2\pi\nu_z \qquad (3.125)$$

於是 $\dfrac{E}{\hbar\omega} = \dfrac{E}{h\nu}$

$$
=\begin{cases}
\frac{11}{2} & (\text{第四激發態，等階系}=15) \\
\frac{9}{2} & \left(\text{第三激發態，等階系}=10\text{，量子數：}\begin{cases}300,030,003\\210,021,102,111\\201,120,012\end{cases}\right) \\
\frac{7}{2} & \left(\text{第二激發態，等階系}=6\text{，量子數：}\begin{cases}200,020,002\\110,101,011\end{cases}\right) \\
\frac{5}{2} & (\text{第一激發態，等階系}=3\text{，量子數：}100,010,001) \\
\frac{3}{2} & (\text{基本態，等階系}=1\text{，量子數：}n_x=n_y=n_z=0)
\end{cases}
$$

第七節　「量子力學」處理微觀體系的一般步驟與量子效應

再強調一次，從以上數個模型可知，我們可以得到「量子力學」處理微觀體系的一般步驟如下：

一、寫出表現體系特徵的位能函數，進而寫出能量「算子」$\hat{H}$的具體形式與「穩定態薛丁格方程式」。

二、求解該體系的「穩定態薛丁格方程式」，根據「邊界條件」與「歸一化」條件，最終確定表現「波動性」的波函數ψ與對應之表現「粒子性」的能量E。

三、繪製能階圖、ψ與$|\psi|^2$等圖形，討論它們的分布特點。

四、由波函數ψ可求得該狀態各種「物理量」的「特定值」或「平均值」，並預測與解釋體系的各種性質。

五、連結實際問題，從簡化的模型系統所得的結果加以應用於實際生活上。必須注意：

（一）微觀粒子沒有「古典軌道」，其可能的運動狀態只可用波函數ψ_1、ψ_2、ψ_3、…、ψ_n來描述。

（二）由波函數可求得體系「物理量」的「特定值」或「平均值」，由此可以了解波函數代表各狀態的具體含意。

（三）波函數存在「節點」，「節點」數越多，能量越高。

（四）微觀系統的能量「量子化」，並且存在「零點能」。

微觀粒子的所有上述這些特徵，統稱爲「量子效應」（quantum effect）。

〔附錄3.1〕電子如何穿越「節點」？

一、問題

當一顆質量m的粒子，在長度L的「一維無限位能阱」中（particle in a one dimensional infinite box）運動時，其「特定值」（eigenvalue）爲：

$$E = n^2h^2 / 8mL^2，n = 1, 2... \quad (3.126)$$

其波函數（wave function）爲：

$$\psi = (2 / L)^{1/2}\sin(n\pi x / L) \quad (0 \le x \le L) \quad (3.127)$$

其中，h是普朗克常數[1a]。

根據波恩（Born）的解釋[1b,2a]，將方程式（3.127）平方後，其意義表示在x與x + dx之間找到電子的機率，即：

$$dP = \rho dx \quad (3.128)$$

$$\rho = \psi^*\psi = (2 / L)\sin^2(n\pi x / L) \quad (3.129)$$

其中，ρ是「機率密度」。方程式（3.129）表示，對某一固定n，在每一次儀器對位置x的測量都不造成其擾動的情況下，一系列對x的測量，其意義就表示在x處發現電子的機率。這樣的情況如同用長時間的曝光照像術，將鐘擺的運動情形描述出來，如圖3.15所示。

圖3.16顯示當n = 2時，ρ與x的關係圖。可以看出，在盒子的中間（$x = \frac{1}{2}L$），有一個「節點」（node）的存在。這表示在$x = \frac{1}{2}L$和$x = \frac{1}{2}L + dx$之間，找到電子的機率爲0。因爲在這個區間的兩端，發現電子的機率不爲0。所以，現在的問題是電子如何越過「節點」，到達盒子的另一端？

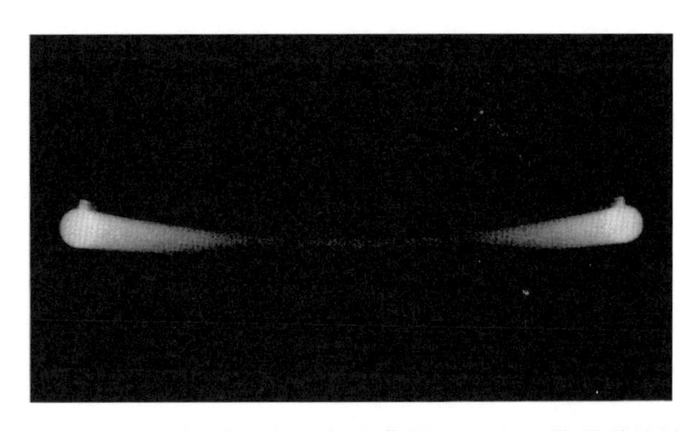

圖3.15　白色的鐘擺球，在黑色的背景下，來回做運動的情形。

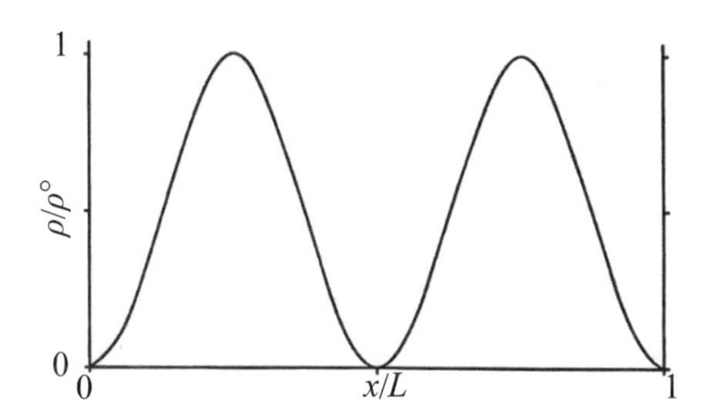

圖3.16　盒中粒子模型，在n=2時，「機率密度」ρ對位置x的關係圖。

（一）第一個回答：不正確的數學所導致

埃里森（Ellison）與霍林斯沃斯（Hollingsworth）[4]認為這是因為不正確的數學所導致。他們指出依照方程式（3.128）的定義，對於一個連續的機率函數而言，在任何一點，找到電子機率應都為0。所以他們認為並不是在節「點」（指微小的區間，infinitesimal interval）處找到電子的機率，而是在「節點」的有限範圍（指較大的區間）附近，找到電子的機率。也就是說，發現電子的機率應為：

$$\Delta P = \int_{x}^{x+dx} \rho dx \qquad (3.130)$$

在n = 2時，將方程式（3.127）代入（3.130），可得

$$\Delta P \approx (8\pi^2/3L^3)(\Delta x)^3 \qquad (3.131)$$

因此，在$x = \frac{1}{2}L$的時候，找到電子的機率就不爲0。

然而，若依照埃里森與霍林斯沃斯的想法，將發現電子的機率改定義成「累積機率」（cumulative probability）：

$$P = \int_{-\infty}^{x} \rho dx \quad (3.132)$$

對於一個連續的機率函數而言，在任何一點，找到電子之「累積機率」就不爲0。也就是說，「累積機率」的定義可用來計算在微小區間內發現電子的機率。但是，若依照此定義，當Δx趨近0的時候，在$x = \frac{1}{2}L$和$x = \frac{1}{2}L + dx$之間，找到電子之「累積機率」爲：

$$dP / dx = \lim_{\Delta x \to 0} (\Delta P / \Delta x) = 0 \quad (3.133)$$

在「節點」處發現電子之「累積機率」仍爲0。也就是說，「節點」的問題依然存在。

（二）第二個回答：不正確的解釋

對波函數的解釋並不是只有一種，還有其他對波函數的解釋[5]：

1. 干擾（Disturbance）的解釋

在這個解釋中，波函數並不代表粒子「眞正的運動」（real motion），而是「測量後的運動」（measured motion）。因爲儀器在偵測粒子位置的時候，也會對粒子的位置產生干擾，所以儀器所偵測到的並不是粒子眞正的位置，而是被干擾後的位置。然而，方程式（3.127）並沒有排除因測量造成的「系統化誤差」（systematic error）[2b]。所以，使用方程式（3.127），雖然在$x = \frac{1}{2}L$和$x = \frac{1}{2}L + dx$之間，貌似得到發現電子的機率爲0的結論，但實際上，發現電子的機率應不爲0。

2. 整體（Ensemble）的解釋

在這個解釋中，波函數並不代表單一粒子的運動，而是代表一大群粒子的運動[2c,6]。每一個粒子的質量爲m，分別位於長度爲L的「一維無限位能阱」內，且都處在某一固定n的「特定態」（eigenstate）中。

在這個解釋中，單一粒子並不需要穿越過「節點」。例如：

(1) 粒子可以被局限在兩個「節點」之間。例如，當粒子處在n=2的「本徵態」時，在盒子左邊的粒子，可以局限在盒子的左半邊，而在盒子右邊的粒子，可以局限在盒子的右半邊。

(2) 如同「玻姆理論」（Bohm theory）所述（見下文），粒子可以都停留在「穩定態」（stationary state）。

3. 波的解釋

當薛丁格（Schrödinger）發展他的力學方程式時，他是把物質視爲一種波，而非粒子[2d,7]。每一單位具有能量E的物質，可以由兩個波函數來描述：

$$\Psi = \psi \exp(-2\pi i E t/h) \qquad (3.134)$$

$$\Psi = \psi^* \exp(-2\pi i E t/h) \qquad (3.135)$$

其中，$|\psi|$是波的振幅，t是時間。他假設沿著波之不同位置上的物質密度與$\Psi^*\Psi$成正比（所以，每單位物質攜有電荷q，則電荷密度表示爲$q \cdot \Psi^*\Psi$）。他並認爲波的「粒子性」，可以互相「重疊」（superposition）而形成的「波包」（wave packet）。然而，這樣的作法很快就被人所拋棄。因爲，除了在特別的情況下[2d]，由Ψ重疊而成的波包並不會聚集在一起。直到最近，有幾位學者重新敘述「波」的解釋：

(1) 巴魯特（Barut）[8a]認爲電子的「薛丁格方程式」中，應有一個額外項，來避免它的解「擴散」。

(2) 克拉默（Cramer）[8b]認爲波的兩種形式：Ψ與Ψ*。假如前者是代表波是「向前進行」（forward）的話，那麼後者就代表波是「向後行進」（backward）。他並認爲波的「粒子性」可由Ψ與Ψ*疊加而成的函數來描述。

(3) 安德魯（Andrew）[8c]認爲應該有一種「波」，能夠延伸擴展在整個宇宙中，而基本粒子便對應於某一根穩定的干擾峰。

在「波」的解釋中，「節點」並不會有任何問題。因爲，它只是代表「波」的振幅爲0的地方。

4. 波與粒子雙重性的解釋

這個解釋有兩種版本：其一，它聲稱「量子物體」（quantum object）既不是粒子也不是波，而是在某種程度上，同時具有這兩種性質的物體[9]。其二，物體的

「粒子性」或「波動性」，彼此應是「互補的」（complementary）。不管哪一種版本。ψ都具有波的特徵，所以「節點」並不是一個問題。

5. 現象論（Phenomenalistic）的解釋

這個解釋聲稱並沒有「量子物體」這種事情，它就像是雲室中的軌跡與感光板中的圖案一樣，是我們為了解釋巨觀的現象所虛構的假想之物。「量子理論」可以幫助我們理解某些現象，但它當中的有些量並沒有物理意義。「節點」只是代表著實驗的某些特定的結果並不會發生。因此，粒子如何通過「節點」的問題是沒有意義的。

此解釋與海森堡的「測不準原理」（Heisenberg's uncertainty principle）有些關聯，並且與之前波耳的解釋（波耳在哥本哈根提出的解釋，所以又稱為「哥本哈根解釋」）[2f, 10a]有些許的不同。但是兩者都否認有「量子物體」的存在，並且都賦予觀察者決定何謂「量子現象」的角色。

6. 主觀的解釋

這個解釋認為「量子現象」有它的起源，至少在觀察者的心理[11, 12]會這麼覺得。例如，施塔普（Stapp）[12]主張「眞實是被一連串能自我決定的創造行為所建立的；被『量子理論』用波函數所表示的物理世界，能夠表達出創造行為的傾向」。當粒子處在盒中之n=2的「特定態」時，這就意味著觀察者欲測量到粒子處在$x = \frac{1}{2}L$和$x = \frac{1}{2}L + dx$之間的傾向是0。只是觀察者從未試著做這樣的測量。

7. 粒子和波的解釋

在薛丁格提出他的力學方程式之後，隨即德布羅意（de Broglie）也提出「雙解理論」（the theory of double solution）。在這個理論中，電子是被波（Ψ）所引導的粒子。這個波限制了單一粒子的運動軌跡，並且對於一大群的電子而言，Ψ*Ψ代表其機率分布。然而，當時這個理論有幾個缺陷，所以未被人所接受。後來，馮．諾伊曼（von Neumann）證明了「躲藏的變數」（hidden variables，即明確但看不見的變數）的存在[2h]。在1950年早期，玻姆沿著德布羅意的思路，產生這樣的一個理論[2i, 13]：

玻姆首先以取代法改寫了薛丁格方程式

$$\Psi = R\exp(2\pi iS/h) \tag{3.136}$$

其中，R與S是實數。計算R與S的方式與解一大群粒子的古典運動方程式相似，只是前者多了「量子力學位能項」（quantum-mechanical potential）。藉著類比於古典運動方程式，玻姆以量子方程式來描述一大群粒子的運動情形，並且找出個別粒子在一度空間的運動速度為：

$$v = (dS/dX)/m \tag{3.137}$$

對於處在「穩定態」的盒中粒子而言，$S = -Et$（方程式（3.134）、（3.127）和（3.136））。將此式帶入方程式（3.137）中，可得出$v = 0$，即根據「玻姆理論」，粒子處在「穩定態」。

對於這樣的結果，愛因斯坦（Einstein）曾提出批評[14a]。玻姆後來解釋，此結果只對處在完美之剛硬的盒中粒子有效。它並不能應用於真實盒中的粒子，因為熱運動會使粒子避免待在「穩定態」中。「玻姆理論」的另一個問題是，它依然假設一大群粒子的機率分布為$\Psi^*\Psi$。後來，玻姆與維吉耶（Vigier）[16]共同提出了以下的模型來解釋這個問題。

波動流體中的粒子模型（Particle in a Fluctuating Fluid）

此模型是玻姆與維吉耶（Vigier）基於馬德隆（Madelung）對「量子理論」的解釋[2j]所創造出來的。馬德隆使用類似玻姆的取代法，轉換薛丁格方程式（方程式（3.136）中，$\alpha = R$與$\beta = 2\pi S/h$）來解釋流體的運動（即流體動力學（hydrodynamic）的解釋）。然而，這個方程式並無法完美地解釋波的「粒子性」行為。後來，玻姆與維吉耶在馬德隆方程式的架構下，重新闡述了德布羅意的雙解理論。他們認為量子粒子是被埋在馬德隆流體內，它們的運動情形就如同水中的花粉粒進行「布朗運動」（Brownian motion）一般。他們更進一步認為，除了馬德隆流體的運動方式外，另外還有其他流體的運動方式，如以下會提及的例子。

在這個模型中，「穩定態」中粒子的運動，就好比粒子處在一個被「節點」所圍繞的區域當中。粒子無法跨過「節點」區。然而，為了得到整個空間粒子的機率分布，玻姆與維吉耶認為有兩種解釋方法：

1. 整體的解釋。
2. 真正的「穩定態」並不存在的解釋。

玻姆與維吉耶第二種解釋比較可信，即「完美的『穩定態』只是個抽象的概念，並不實際存在——所有的狀態都具有些微的不穩定因子，或者是說自然界中並沒有完美的『節點』區存在」。

對於流體中的粒子模型而言，能夠給出與「量子理論」相同結果的流體必須具有以下的性質：即使某兩個粒子的距離甚遠，對其中一粒子所做的測量，會透過流體來影響另一粒子的測量結果。相較於貝爾的「局部躲藏變數理論」（local hidden-variables theory）[2k]，「量子理論」預測這兩次的測量會有較大程度的「相關性」（correlation）。阿斯佩（Aspect）與他的同事做了一些實驗來檢測「量子理論」的預測結果[17]：他們研究由激發態的鈣原子，經由兩步驟的衰退所發出來之不同方向的兩道光。在每一道光的路徑上，放置有偏光鏡（polarizer）。然後，他比較這兩道光的「極化程度」（polarization）。他發現當兩個偏光鏡之間的夾角愈來愈大時（從0度、45度變化至90度），這兩道光的相關性也就愈大，而且「相關係數」（correlation coefficient）接近於「量子理論」的計算結果。

8. 隨機的解釋

一些學者將「布朗運動」之「古典力學」的處理方式（即「隨機力學」，stochastic mechanics）運用在薛丁格方程式的衍生上[21]。假如衍生過程中所做的假設（例如，非局限性的假設），可以被證明的話，那麼他們就可以把「量子理論」完整地變成是「古典理論」。

這個解釋對於「節點」問題的觀點是：粒子從不會靠近「節點」[18]。如同玻姆與維吉耶模型的想法，爲了得到整個空間粒子的機率分布，必須使用一大堆粒子的解釋[18c]或是「穩定態」存有「微擾」（small perturbations）的想法[18a]。

9. 多世界的解釋

埃弗里特（Everett）認爲當對某一系統執行測量時，整個宇宙就會分裂成不同的小宇宙。在其中一個小宇宙中，測量產生一種結果。而在另一個小宇宙中，測量則會產生另一種結果。所有結果的分布是由「波」（Ψ）來形容。

對於「節點」問題的說明，這個解釋類同於「干擾模型」的說法：當粒子處在 $n = 2$ 的「特定態」時，在 $x = \frac{1}{2}L$ 處有一個「節點」的意思是說，對x執行測量時，宇宙並不會分裂成測量結果是在$x = \frac{1}{2}L$和$x = \frac{1}{2}L + dx$之間的小宇宙。

（三）第二個回答的總結

爲了能讓「量子理論」與實驗現象做連結，科學家們提出了許多的解釋。在這些解釋中，大多數的物理學家認爲「哥本哈根解釋」的正確性最高。然而，最近幾年，對「哥本哈根解釋」的討論又再度蓬勃起來，有其他科學家懷疑其可信度[5]。眞理是愈辯愈明，對科學發展而言，這是很健全的歷程。

（四）第三個回答：邏輯是錯誤的

有數學家認爲之所以會有「節點」問題，是因爲使用布爾（Boole）所制定的邏輯系統所導致。實際上，就像是除了歐基里得（Euclidean）的幾何系統外，還有其他的幾何系統，邏輯系統也不僅只有一種可以使用。例如，對於粒子是否可以同時有明確的位置（x）與動量（p）的問題，「測不準原理」告訴我們，位置與動量無法同時明確的知道，即粒子有明確的位置（$x = x_1$）時，動量就有某些值（$p = p_1$ or p_2 or...）。若使用布爾的邏輯系統，這樣的敘述就暗示著（$x = x_1$ and $p = p_1$）或（$x = x_1$ and $p = p_2$）或…。這與「測不準原理」是相違背的。然而，若使用其他的邏輯系統，前者的敘述仍保有，但後者的暗示卻不會存在。

這樣的方法也可以用來處理「節點」的問題。假如x_1和x_2代表在不同時間，粒子在盒中的位置，那麼「量子力學」告訴我們：（$x_1 = 0$～1/2L或1/2L～L）與（$x_2 = 0$～1/2L或1/2L～L），即粒子分布在整個盒子中。以布爾的邏輯系統來看，這樣的敘述就如同（$x_1 = 0$～1/2L與$x_2 = 0$～1/2L）或（$x_1 = 0$～1/2L與$x_2 = 1/2L$～L）。交叉項則因「節點」的存在而消失。

以這樣的方法來解釋「節點」的問題是相當巧妙的。因爲它只是用另一個問題來取代「節點」問題，即爲何「量子理論」需要用不同的邏輯系統[19]？

（五）第四個回答：無限快的速度

這個解釋保留的懷特（White）[3]對波（Ψ）的解釋，並且使用它做爲邏輯的結論。

再次考慮「一維的盒中粒子模型」。根據懷特的解釋，粒子待在x與x + dx的時間比率等於ρdx。這段時間的一部分（ξ）被從左到右的「淨移動」（net movement）所占用，其餘的時間（$1-\xi$）則被從右到左的「淨移動」所占用。假如，粒子進行從左到右的移動所需要的平均時間爲Δt，則粒子在x與$x+dx$的間隔，所需時間則爲：

$$dt = (\xi\rho dx)\Delta t \tag{3.138}$$

平均速度則爲：

$$v = dx/dt = 1/\xi\rho\Delta t\ (v > 0) \tag{3.139}$$

同理，從右到左所需的時間則爲：

$$v = -1/(1-\xi)\rho\Delta t\ (v < 0) \tag{3.140}$$

在$\rho = 0$之處，從方程式（3.139）與（3.140）可知，$|V| = \infty$。即粒子將以無限快的速度通過「節點」[20]。

然而，這個解釋卻會違背「相對論」（theory of relativity）。因爲在「相對論」中，速度最高的是在眞空運行的光速（c）。

（六）**第五個回答：錯誤的理論**

鮑威爾（Powell）[21]認爲薛丁格方程式只是一個假設，並沒有考慮「相對論效應」。一個較好的理論是由迪拉克（Dirac）所發展的「相對論方程式」（relativistic equation）。

$$E = mc^2 = m_0c^2(1-\upsilon^2/c^2)^{-1/2} \tag{3.141}$$

或

$$E^2 = p^2c^2 + m_0^2c^4 \tag{3.142}$$

其中，m_0是靜質量。方程式（3.141）或（3.142）導致了不含「節點」的軌域。例如[21]：

1. 「薛丁格方程式」中的2s軌域存在有一個「節點」，但是Dirac方程式中的2s軌域，則爲非爲0之「有限」（finite）的等値面。

2. 「薛丁格方程式」中的$2p_0$軌域存在有一個「節點」，但是相對應之Dirac方程式的$2p_{1/2}$軌域則是「球形」對稱。
3. 「薛丁格方程式」中的$2p_x$、$2p_y$、$2p_z$軌域存在有一個「節點」，但「Dirac方程式」卻只有接近但不是「節點」的點（near-node）。

「薛丁格方程式」中的「節點」，只是在它理論中所產生的人造物。當這個理論被改進後，「節點」就消失了。

「薛丁格方程式」會產生「節點」的原因，是因爲在薛丁格的理論中，對於粒子的速度並沒有限制。在Dirac方程式中，若把光速c設定爲無限大，則原本接近「節點」的點就會變成「節點」[22]。以鮑威爾[21]的說法來看，當電子以光速接近Dirac之接近但不是「節點」的點時，此時若稍微提高電子的速度，那麼電子就會更快速通過等值面，而大大地降低電子的「機率密度」。當速度爲無限大時，「機率密度」就爲0。

二、討論

在以上五個回答中，第一個回答（不正確的數學）是錯誤的。第三個回答（改變邏輯）只是重新敘述問題。其他的三個回答，則各有利弊。

第二個回答的優點是它讓學生們理解到，關於「量子理論」的解釋仍是開放的問題。雖然有一段時間，大多數的物理學家認爲「哥本哈根解釋」是正確的，但是後來卻有其他的科學家有不同的意見。藉「節點」問題的例子，學生們可以學習到，科學的進步是不斷地討論與修正而來。

然而，對於有些學生而言，第二個回答依然過於困難。此時，第四個回答就可以提供簡單且有用的解釋方式[23]。然而，它的缺點在於它違反「相對論」中對速度的限制。

第五個回答的優點是它不僅保存懷特的解釋，還具有物理意義：在相對論中，沒有「節點」的存在。然而，這個回答也有缺點。首先，Dirac方程式並不容易被學生所接受。再者，它也有它自己的解釋問題：它有「奇異點」（singularity）的存在[24]。即當電子以光速穿越接近但不是「節點」的點時，此時動量會接近無限大。

以現在科學的發展，目前並沒有一個很好的方法，來回答學生對於電子如何穿越「節點」的疑惑。但是我們希望這篇文章，能夠幫助學生建立起有條理的思路，讓學生知道如何思考與解決問題。

(1) 原文取材自Nelson, P. G. “How do electrons get across nodes ?” J. Chem. Educ. 1990, vol. 67, p. 643-647.

(2) 楊明鐘翻譯，蘇明德改寫。

三、參考文獻

(1) See, for example, Atkins, P.W. *Physical Chemistry*, 3rd ed.; Oxford University: 1986; (a) Section 14.1(a); (b) Section 13.3(b).

(2) Jammer, M. *The Philosophy of Quantum Mechanics*; Wiley: New York, 1974; (a) Section 2.4; (b) Section 6.1; (c) Chapter 10; (d) Section 2.2; (e) pp202-205; (f) Chapters 3-6; (g) Section 2.5; (h) Section 7.4; (i) Section 7.5; (j) Section 2.3; (k) Section 7.7; (l) Chapter 9; (m) Section 11.6; (n) Chapter 8.

(3) White, H.E. *Introduction to Atomic Spectra*; McGraw-Hill: New York, 1934; Section 4.10. See also: Pauling, L. *The Nature of the Chemical Bond*, 1st-3rd eds.; Cornell University: Ithaca, NY, 1939-1960; Chapter 1, Section 4a. Van Vleck, J. H. In *Encyclopedia Britannica*, 1947-1973; art. “Quantum Mechanics”.

(4) Ellison, F.P.; Hollingsworth, C.A. *J.Chem.Educ.*1976, 53, 767.

(5) For a full account of all but the most recent work on the interpretation of the quantum theory, see ref 2. For an overview, see Sudbery, A. *Quantum Mechanics and the Particles of Nature*; Cambridge University: 1986; Chapter 5. For a popular account, see, e.g., Herbert, N. *Quantum Reality*; Rider: London, 1985; Squires, E. *The Mystery of the Quantum World*; Hilger: Bristol, 1986. For a recent discussion, see Davies, P.C.W.; Brown, J.R., Eds. *The Ghost in the Atom*; Cambridge University: 1986. See also ref 11.

(6) Cf. Castaño, F.; Latin, L.; Sanchez Rayo, M.N.; Torre, A. J. Chem. Educ. 1983,60,377. (Compare, however, ref 26.)

(7) Schrödinger, E. Collected Papers on Wave Mechanics; Blackie: London, 1928.

(8) (a) Barut, A.O. Found. Phys. Lett. 1988,1,47.(b) Cramer, J. G. Rew. Mod. Phys. 1986,

58, 647.(c) Andrew, T. B. Physica 1988, 151B, 351.

(9) Cf. Heisenberg, W. *The Physical Principles of the Quantum Theory*; Dover: 1930; p10.

(10) (a) Stapp, H.P. Am. J. Phys. 1972, 40, 1098. (b) Rae, A. I. M. *Quantum Physics: Illusion or Reality* ? Cambridge University: 1986.

(11) d'Espagnat, B. *Conceptual Foundations of Quantum Mechanics*, 2nd ed.; Benjamine: Reading, MA, 1976; Part 5.

(12) Stapp, H. P. *Found. Phys.* 1982, 12, 363.

(13) Bohm, D. *Phys. Rev.* 1952, 85, 166, 180.

(14) (a) Einstein, A. in *Scientific Papers Presented to Max Born*; Oliver and Boyd: Edinburgh, 1953. (b) Bohm, D. *Ibid.* See also de Broglie, L. *Ibid.*

(15) Bohm, D.; Hiley, B.J. *Phys. Rep.* 1987, 144, 323; Section 7.

(16) Bohm, D.; Vigier, J.P. *Phys. Rev.* 1954, 96, 208.

(17) Aspect, A.; Grangier, P.; Roger, G. *Phys. Rev. Lett.* 1982, 49, 91; Aspect, A.; Dalibard, J.; Roger, G. *Ibid.*, p 1804. See also Aspect, A. Atomic Phys. 1983, 8, 103.

(18) (a) Nelson, E. *Phys. Rev.* 1966, 150, 1079; *Quantum Flucuations*; Princeton University: 1985; Section 15. (b) Albeverio, S.; Høegh-Krohn, R. *J.Math. Phys.* 1974, 15, 1745, (c) Ghirardi, G. C.; Omero, C.; Rimini, A.; Weber, T. *Rivista del Nuovo Cimento* 1978, 1, No.3; Sections 7-8.

(19) Cf. Gibbins, P. *Particles and Paradoxes*; Cambridge University: 1987.

(20) Nelson, P.G. *Notes on the Structure of Atoms*; University of Hull: 1971. Cf. ref 13, p174, para 2.

(21) Powell, R. E. J. Chem. Educ. 1968, 45, 558; cf. White, ref 3, Sections 9.5-9.8.

(22) See White, ref 3, Section 9.7.

(23) Cf. Slater, J. C. *Phys Rev.* 1931, *37*, 481.

(24) Rose, M. E. *Relativistic Electron Theory*; Wiley: New York, 1961; Section 16 and pp 124-126. Coulter, B. L.; Adler, C. G. *Am. J. Phys.* 1971, 39, 305.

(25) Sherwin, G. W. *Introduction to Quantum Mechanics*; Holt, Rinehart and Winston: New York, 1959; Section 11.7 and Appendix XII.

(26) Henderson, G. *J. Chem. Educ.* 1979, 56, 631. (Note that the authors'assumption that c_1^2 and c_2^2 depend linearly on time is only supported by theory near $c_1^2 = 1$ and $c_2^2 = 1$.)

練習題（習題詳解見本書第468頁）

3.1 證明在一維位能箱中運動的粒子各個波函數互相「正交」（orthogonal）。

3.2 已知一維位能箱中粒子的歸一化波函數為

$$\psi_n(x) = \sqrt{\frac{2}{\ell}} \sin\left(\frac{n\pi x}{\ell}\right) \quad n = 1, 2, 3, \cdots$$

式中l是位能箱的長度，x是粒子的座標（$0 < x < l$）。

求：(A)粒子的能量，(B)粒子的座標，(C)動量的平均值。

3.3 求一維箱中粒子在ψ_1和ψ_2狀態時，在箱中0.49l～0.51l範圍內出現的機率，討論所得結果是否合理。

3.4 鏈型共軛分子$CH_2CHCHCHCHCHCHCH_2$在長波方向460nm處出現第一個強吸收峰，試按一維位能箱模型估算其長度。

3.5 一粒子處在a = b = c的三維位能箱中，試求能階最低的前5個能量值[單位為$h^2/(8ma^2)$]，計算每個能階的「等階系」（degeneracy）。

3.6 已知封閉的圓環中粒子的能階為

$$E_n = \frac{n^2h^2}{8\pi^2 mR^2} \quad n = 0，\pm1，\pm2，\pm3，\cdots$$

式中n為量子數，R是圓環的半徑。若將此能階公式近似地用於苯分子中的6個非定域化π鍵，取R = 140pm，試求其電子從基本態跳躍到第一激發態所吸收的光的波長。

3.7 若在下一離子中運動的π電子可用一維位能箱近似表示其運動特徵：

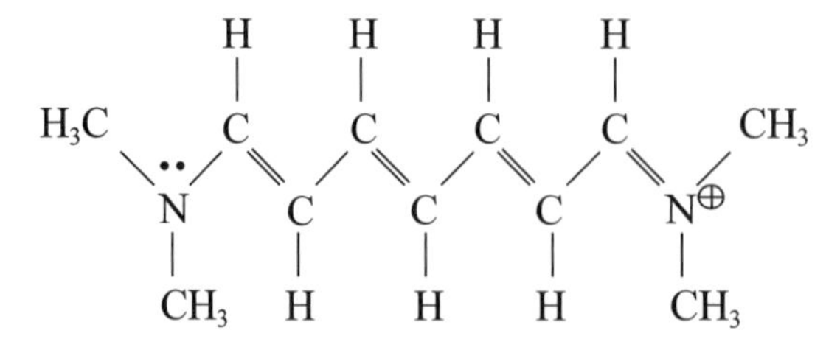

估計這一維位能箱的長度ℓ = 1.3m，根據能階公式$E_n = n^2h^2/8m\ell^2$估算π電子跳

躍時所吸收的光的波長，並與實驗值510.0nm做比較。

3.8 函數 $\psi(x)=2\sqrt{\frac{2}{a}}\sin\left(\frac{\pi x}{a}\right)-3\sqrt{\frac{2}{a}}\sin\left(\frac{2\pi x}{a}\right)$ 是否是一維位能箱中粒子的一種可能狀態？若是，其能量有無確定值？若有，其值爲多少？如無，求其平均值。

3.9 當一個質量爲 1×10^{-30} kg的粒子處在 3×10^{-10} m下的一維位能箱中，從n = 2跳躍到n = 1能階時，求發射光的波長。

3.10 在長度爲 l 的一維位能箱中，粒子的能量 $E_n=\frac{n^2h^2}{8m\ell^2}$，若在長度爲 ℓ = 1nm的共軛分子中有一個電子，問n = 2和n = 1之能階間隔是多少？
分別以J，kJ · mol^{-1}，eV，cm^{-1} 表示。

3.11 一個質量爲m的粒子被束縛在一個長度爲 ℓ 的一維位能箱中運動，其eigenfunction和eigenvalue分別爲

$$\psi_n(x)=\sqrt{\frac{2}{\ell}}\sin\left(\frac{n\pi x}{\ell}\right)$$

$$E_n=\frac{n^2h^2}{8m\ell}\quad n=1，2，3，\cdots$$

若該粒子的某一運動狀態用下列波函數表示：

$$\phi(x)=0.6\psi_1(x)+0.8\psi_2(x)$$

(A) 計算該粒子出現在 $0\le x\le \ell/3$ 範圍內的機率。

(B) 對此粒子的能量做一次測量，估算可能的實驗結果。

3.12 (A) 一個粒子處在長度爲a的一維位能箱中（一維位能阱中）。
求出該粒子基本態位於 $\frac{a}{4}\pm0.001a$ 範圍內的機率。

(B) 對一個具有量子數爲n的箱中粒子的定態，寫出（不必計算）該粒子在 $\frac{a}{4}\sim\frac{a}{2}$ 之間的機率表達式。

(C) 對一箱中粒子的定態，粒子出現在左邊的機率是多少？

3.13 已知簡諧振子的位能 $V=\frac{1}{2}Kx^2$，寫出簡諧振子穩定態薛丁格方程表示式，並說明μ、ψ、E的物理意義。

3.14 簡諧振子基本態的函數

$$\psi = \left(\frac{\alpha^2}{\pi}\right)^{1/4} \exp(-\alpha^2 x^2)$$

$$\alpha = \left(\frac{\pi^2 K\mu}{h^2}\right)^{1/4}$$

試證明爲簡諧振子薛丁格方程的解開計算基本態能量。

3.15 證明自由粒子一維運動eigenfunction的實數表示式

$$\psi_x = A\cos\left[\frac{1}{\hbar}(xp_x - Et)\right]$$

不是方程式 $i\hbar\frac{\partial\psi}{\partial t} = E\psi =$（實數）×ψ的解，而複數表示式

$$\psi_x = A\exp\left[-\frac{i}{\hbar}(Et - xp_x)\right]$$

是該方程式的解。

3.16 畫出一維位能箱中粒子在n = 2及n = 5時狀態ψ和$|\psi|^2$的示意圖。

3.17 一維無限深位能箱中運動粒子的狀態函數爲 $\sqrt{\frac{2}{\ell}}\sin\frac{n\pi x}{\ell}$，試計算其動量值。

3.18 證明一維位能箱的狀態函數不是動量「算子」$\hat{p}_x$ 的eigenfunction。

3.19 $\Psi = \sqrt{\frac{1}{2}}\Psi_1 + \sqrt{\frac{1}{2}}\Psi_2$ 爲一維位能箱中粒子的一種可能狀態，其中$\Psi_1(x)$和$\Psi_2(x)$分別爲量子數n = 1和n = 2的兩個「特定態」。求粒子在Ψ狀態下的能量「期望值」（即「平均值」）。

3.20 一個共軛鏈烴的電子能階可以按照一維位能箱內電子的「量子力學」圖像來處理。按這種方法，問當2個丁二烯（C_4H_6）聚合成辛四烯（C_8H_8）時，激發到第一激發態的光波波長將增加多少倍？

3.21 三維位能箱中粒子的Schrödinger方程式的解具有如下形式：

$$\psi_{n_x n_y n_z}(x,y,z) = \left(\frac{8}{abc}\right)^{1/2} \cdot \sin\frac{n_x \pi x}{a}\sin\frac{n_y \pi y}{b}\sin\frac{n_z \pi z}{c}$$

試證明這一波函數是歸一化的。

並求出在a = b = c = 100pm的情況下，在中心位置爲x = 50pm，y = 30pm，z = 10pm，邊長爲Δx = Δy = Δz = 0.2pm的小體積元中，發現粒子處於$n_x = 1$，$n_y = 2$，$n_z = 1$狀態的機率。

3.22 一維位能箱中三個電子按照Pauli原理占據了能量最低的兩個軌域，$n = 1$軌域中有兩個，$n = 2$軌域中有一個。問一維位能箱中何處電子密度最大？其值是多少？

3.23 一維位能箱中某一粒子的$n_x = 2$，且知

$$\hat{H} = -\frac{\hbar^2}{2m}\frac{d^2}{dx^2}$$

$$\psi(x) = \sqrt{\frac{2}{a}}\sin\frac{2\pi x}{a}$$

計算粒子的能量E_2、座標的平均值$\bar{x}$和動量的平均值$\bar{p}_x$。

3.24 在長度為a的一維位能箱中，試求一個處於穩定態n的粒子在$0 < x \leq a/4$區域中出現的機率，並計算$n = 1, 2, 3$時的機率值。

3.25 試求一維位能箱中粒子基本態波函數的歸一化係數。

畫出其基本態機率密度分布圖，並求粒子在$x = \frac{1}{2}a$到$x = \frac{1}{2}a + \frac{1}{100}a$區間的機率。

3.26 試證明一維位能箱內粒子波函數$\psi(x) = \sqrt{\frac{2}{a}}\sin\frac{n\pi x}{a}$是動量平方算子$\hat{p}_x^2$的特定函數，而不是$\hat{p}_x$的特定函數。

3.27 求一維位能箱中粒子在基本態和第一激發態之間的跳躍所產生之光譜的波數。

3.28 繪出一維位能箱中粒子運動狀態（$n_x \leq 3$）的能階圖、波函數圖像和機率密度圖像，並給予必要的分析和說明。

3.29 在下面的分子離子中運動的6個π電子，可近似作為一維位能箱中的粒子，若假定該分子離子中共軛鏈長為0.8nm。試求該分子離子由基本態跳躍至第一激發態時（相當於電子從n = 3的軌域跳躍到n = 4的軌域），吸收光的波長（實驗值為309nm）。

$$\left[\mathrm{H_2\ddot{N}-\dot{C}H-\dot{C}H-\dot{C}H-\dot{N}H_2}\right]^+$$

3.30 求一立方位能箱中粒子的能階（$8ma^2E/h^2$）分別等於12和14的「等階系」。

3.31 對被限制在邊長爲a，b和c的三維箱中的粒子，若其量子數爲n_x，n_y和n_z。

求：(A) x的平均值$\langle x \rangle$

(B) x方向動量的平均值$\langle p_x \rangle$

(C) $\langle x_2 \rangle$。

問 (D) $\langle x \rangle^2 = \langle x^2 \rangle$ 正確嗎？

3.32 試證明，對於「一維位能箱」中粒子，屬於不同「特定值」的波函數相互正交。

3.33 一質量爲m，在「一維位能箱」$0 < x < a$中運動的粒子，其量子態爲

$$\psi(x) = \sqrt{\frac{2}{a}}\left\{0.5\sin\left(\frac{\pi x}{a}\right) + 0.866\sin\left(\frac{3\pi x}{a}\right)\right\}$$

(A) 該量子態是否爲能量算子 $\hat{H}$ 的特徵態？

(B) 對該系統進行能量測量，其可能的結果及其所對應的機率爲何？

(C) 處於該量子態粒子能量的平均值爲多少？

3.34 試用「測不準原理」關係式估計一維位能箱中粒子的最低能量，即零點能。

3.35 設想一電子在一個每邊1cm正立方體的盒子中，計算這個電子從它的最低能階升到$n_x = 1$，$n_y = 2$和$n_z = 1$的位置狀態時需要多少能量。（電子的靜止質量$= 9.109 \times 10^{-28}$g）

3.36 (A) 一個粒子處在長度爲a的「一維位能箱」（一維位能阱）中。求出該粒子基本態位於$\frac{a}{4} \pm 0.001a$ 範圍內的機率。

(B) 對一具有量子數爲n的箱中粒子的定態，寫出（不必計算）該粒子在$\frac{a}{4} \sim \frac{a}{2}$之間的機率表達式。

(C) 對一箱中粒子的定態，粒子出現在左邊的機率是多少？

3.37 在某一維位能箱中的電子，觀察到最低跳躍頻率爲$2.0 \times 10^{14}s^{-1}$，求箱子的長度。

3.38 一維無限深阱中運動粒子的狀態函數爲$\sqrt{\frac{2}{\ell}}\sin\frac{n\pi x}{\ell}$，試計算其動量值。

3.39 原子核大小約爲10^{-15}m，若將原子核內的中子近似看做是在10^{-15}m範圍內的

「一維位能箱」中運動，試估計：

(A) 零點能的數量。

(B) 由此估計1mole原子核銳變時放出能量的數量級，並與化學反應的莫耳「熵」（entropy）變化的數量級做比較。

3.40 一個粒子處在a = b = c的三維位能箱中，試求能量最低的前5個能量值[以（$h^2/8ma^2$）]爲單位。計算每個能階的「等階系」。

3.41 一維運動的粒子處在

$$\psi(x)=\begin{cases}Axe^{-\lambda x} & 當x\geq 0\\ 0 & 當x<0\end{cases}$$

的狀態中，其中$\lambda > 0$。試將波函數「歸一化」，並求座標和動量的平均值。

3.42 說明己三烯中形成共軛π鍵的原因。

3.43 一粒子沿x方向運動，其波函數爲：

$$\varphi(x)=C\frac{1}{1+ix}$$

$$-\infty<x<\infty$$

求：(A) 常數C的值。

(B) 發現粒子機率密度最大的位置。

(C) 在[0, 1]區間粒子出現的機率。

3.44 若描述一維位能箱中粒子運動狀態的波函數爲$\Psi(x) = Ax(a-x)$，則A = ？粒子在何處機率最大？

3.45 若在下圖中，離子運動的π電子可用一維位能箱近似地表示其運動特定：

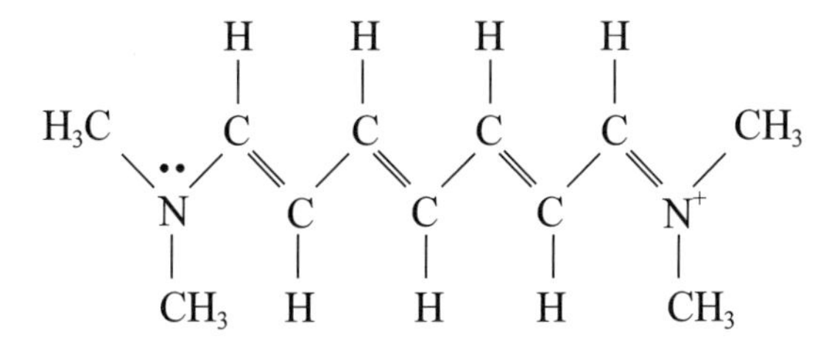

估計這一維位能箱的長度$\ell = 1.3$m，根據一維位能箱的能階公式估算π電子跳躍時所吸收的光的波長。

3.46 立方位能箱Ψ_{211}與Ψ_{112}是能量「等階系」，它們描述的是不是同一狀態？

3.47 請通過計算說明，用氫原子從第六激發態跳躍到基態所產生的光子照射長度爲1120pm的線型分子$CH_2CHCHCHCHCHCHCH_2$，該分子能否產生吸收光譜，計算譜線的最大波長；若不能，請提出將不能變爲可能的思路。

3.48 經由一維和三維位能箱的解，可以得出哪些重要結論和物理概念？

3.49 容積爲3L的立方位能箱充滿氧氣。假設氧氣是理想氣體。求37℃時氧分子的平均動能，對應於這個狀態，若3個量子數有同樣數值，求n_x。

3.50 試求一維位能箱中粒子處在基本態時，位置在$x = \frac{\ell}{2}$到$x = \frac{\ell}{2} + \frac{\ell}{100}$之間的機率。

3.51 對於在邊長爲a的立方位能箱中的粒子：

(A) 能量在0～$16h^2/8ma^2$的範圍內有多少種狀態？

(B) 在這個範圍內有多少個能階？

3.52 用「機率」統計方法求波函數$\Psi = \sqrt{\frac{1}{2}}\Psi_1 + \sqrt{\frac{1}{2}}\Psi_2$所表示的一維位能箱中粒子狀態的能量「平均值」。

3.53 一個在二維平面位能箱中運動的自由粒子，如下圖。

(A) 求能量。

(B) 求歸一化波函數。

(C) 當$\ell_1 = \ell_2$時，前四個能階狀態的「等階系」分別爲多少？

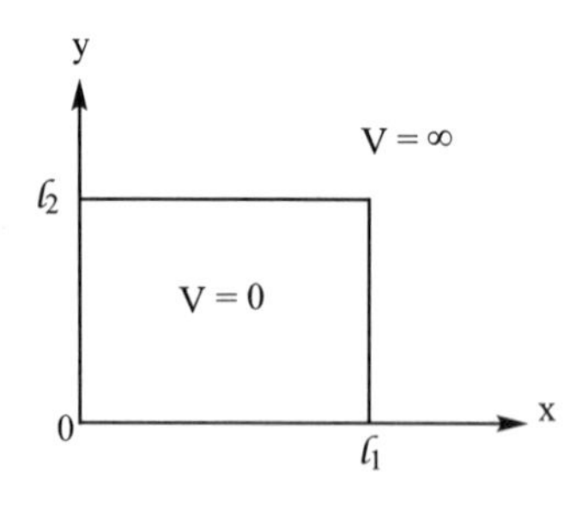

二維位能箱中自由粒子模型

3.54 在關於一維位能箱中運動粒子的ψ_x和$\psi_x{}^2$的下列說法中，不正確的是________。

(A) ψ_x爲粒子運動的狀態函數。

(B) ψ_x^2表示粒子出現的機率隨x的變化情況。

(C) ψ_x可以大於或小於零，ψ_x^2無正、負之分。

(D) 當$n_x \to \infty$，ψ_x^2圖像中的峰會多而密集，連成一片，表明粒子在$0 < x < a$內各處出現的機率相同。

第四章　氫原子的結構及其相關性質

第一節　前言

在第三章我們介紹如何使用「薛丁格方程式」，來處理簡單的模型。本章我們將擴大應用範圍，用「薛丁格方程式」處理實際問題——解氫原子的結構，進而得到其「穩定態」的波函數及相對應的「能量特定值」，和許許多多衍生的相關性質。

之所以找氫原子作為範例來討論「量子力學」對原子結構研究方面的應用，理由有以下三點。

第一，氫是宇宙中藏量最豐富的元素，對它的各種研究所累積的資料也相當多，因此，我們可以將「量子力學」處理所得到的理論值和實驗數據相互對照，以便驗證「量子力學」的的確確可以用來處理微觀系統的問題。

第二，氫原子只包含一個質子和一個電子，可看做是「兩個質點」的問題，而「薛丁格方程式」對「兩個質點」問題較容易處理。事實上，到目前為止，「薛丁格方程式」只對帶一個電子的原子系統（如氫原子和「似氫離子」，hydrogen-like ion）有眞正的直接解（exact solution），也就是直接從「薛丁格方程式」下手，純粹用數學方法，只需紙筆就可推導出氫原子的結構及其相關結果。但從第二章的介紹我們已知：「薛丁格方程式」是二階微分方程式，要知道，有許許多多二階以上的微分方程式是解不出來的，對於兩個電子以上的多電子系統，「薛丁格方程式」因必須考慮電子和電子間的相互作用，更無法眞正確切的求解，只能藉由其他近似方法慢慢逼近眞正值（這種近似方法將會在後面章節中詳加介紹）。

第三，解完氫原子的「薛丁格方程式」後，可以得到單電子的「特定波函數」（即「原子軌域」），由於多電子原子和單電子原子的軌域圖形相似，因此只要詳細了解氫原子的波函數及電子雲圖，我們可以拿氫原子的「單電子波函數」為基礎，近似地代替多電子原子的圖像，進而定性和定量地研究分子的形成和化學鍵的各項性質。因此，氫原子在「量子力學」中是個既簡單而又十分重要的體系。

從本章第二節開始，我們將針對氫原子模型，用前述「量子力學」的基礎，來研究原子中電子的運動狀態。由於隨著研究目標的不同，氫原子的「薛丁格方程式」會有好幾種不同的寫法，但在本章節中，我們只介紹一種描述氫原子的「薛丁格方程法」，那就是視原子核固定不動的「Born-Oppenheimer近似法」（Born-Oppenheimer approximation），而它也是目前最常被使用的方法。一旦「薛丁格方程式」能被寫出來，我們就可以採用數學技巧來求解。

一般說來，氫原子的「薛丁格方程式」會有兩種解法：一是「級數展開法」，另一是「升降算子法」，又稱「因式分解法」。前者在問題處理上頗為費時且不易掌握，但在物理圖像上卻較為直觀、易懂；反之，後者在處理手續上，雖較為簡便，但對初學者而言，卻往往不易了解其中的物理含義。同樣的，本章節中我們也只介紹一種處理法（即前者「級數展開法」），至於另一種方法，有興趣的讀者可以參考相關文獻資料。

必須提到的是，由於氫原子的「薛丁格方程式」本身的式子相當複雜，因此一般書籍多採用特殊函數來求解，但考慮到化學系的學生一般是不學特殊函數，為顧及學生的背景條件，且保持求解方程時的物理圖像，下文中我們將捨棄特殊函數的介紹，而改以較直觀、平易近人的「級數展開法」，使讀者一步步的登堂入室。

經由解氫原子的「薛丁格方程式」，可以得到本章第三節的一組量子數n、l、m，再加上「自旋量子數」m_s，以及氫原子或「似氫離子」的能階公式E_n，由它所算得的光譜頻率，和原子光譜實驗數據完全相互一致，並可圓滿地解釋元素週期表的規律性，但這裡並不需要像「舊量子論」（見第一章第四節）那樣生硬地引進「量子化」的條件，能量的「量子化」和各個量子數的存在，都是解「薛丁格方程式」的自然結果，這說明了「薛丁格方程式」的正確性及其處理微觀體系的巨大威力。

第二節　氫原子與似氫離子的薛丁格方程式解

氫原子和「似氫離子」（hydrogen-like ion）（如He^+、Li^{2+}、Be^{3+}等等）除了原子核電荷數不一樣外，都是只帶有一個電子的最簡單體系。根據分析，總能量「算子」$\hat{H}$應包括以下三項：

$$\hat{H} = \text{原子核的動能} + \text{電子的動能} + \text{電子受原子核吸引的位能}$$

$$= -\frac{h^2}{8\pi^2 M_N}\nabla_N^2 - \frac{h^2}{8\pi^2 m_e}\nabla_e^2 - \frac{Ze^2}{4\pi\varepsilon_0 r} \tag{4.1}$$

其中

M_N和m_e分別爲原子核和電子的質量。

Z爲「似氫離子」的原子序數。（如對H而言，Z = 1；對He而言，Z = 2）。

r爲原子核與電子間的距離。

（4.1）式中第一項之Laplace「算子」∇_N^2（參考第二章的（2.18）式或（2.19）式）涉及到原子核的三度空間座標（X、Y、Z）。

（4.1）式中第二項之Laplace「算子」∇_e^2則涉及到電子的三度空間座標（x、y、z）。

（4.1）式中第三項的r之數學表示法，根據定義寫成：

$$r = [(x-X)^2 + (y-Y)^2 + (z-Z)^2]^{\frac{1}{2}} \tag{4.2}$$

如此一來，這麼多的變數，給氫原子的「薛丁格方程式」求解帶來莫大的困難。

嚴格來說，電子並不是繞原子核運動，而是繞著整個原子（或離子）的「質量中心」做運動。見圖4.1所示，質量爲m_e的電子和質量爲M_N的原子核繞「質量中心」C點轉動，電子距離「質量中心」C點的距離爲r_e，而原子核與「質量中心」C點之距離爲r_N，故滿足以下關係式：

$$m_e r_e = M_N r_N$$

$$r = r_e + r_N$$

於是可推得：

$$r_e = \frac{M_N}{M_N + m_e} r$$

$$r_N = \frac{m_e}{M_N + m_e} r$$

$$\Rightarrow \text{總角動量} = \text{原子核的角動量} + \text{電子的角動量}$$

$$= M_N r_N^2 w + m_e r_e^2 w$$

$$= \left(\frac{M_N m_e}{M_N + m_e}\right) r^2 w$$

$$= \mu r^2 w \text{（w爲角速度）}$$

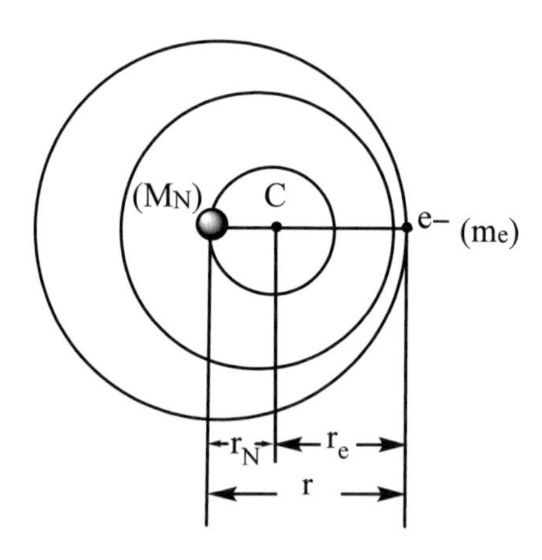

圖4.1　二質點（原子核和電子）繞質心C的運動

換句話說，在處理上，我們可以把「二質點體系」的「角動量」公式，轉化爲一個質點以距離r繞著原子核旋轉的運動形式，只是質量被轉換成「簡化質量」（reduced mass）μ來表示。

對氫原子而言，$M_N = 1836.1m_e$，也就是氫原子核質量M_N是電子質量m_e的1836.1倍，於是「簡化質量」$\mu = M_N \times m_e/M_N + m_e = 1836.1m_e \times m_e/1836.1m_e + m_e = 0.99946m_e$，所以可以粗略地認爲：氫原子核本身不動，而電子繞著氫原子核運動。也就是說，在研究電子的運動狀態時，我們有理由假定原子核固定不動，電子在做繞原子核運動時，可以隨時進行調整，以便隨時都保持在穩定狀態，如此一來，我們就可把原子核的位置設爲原點，原子核既然固定不動，那麼原子核的動能就不予考慮，並且電子與原子核的距離是r，故（4.1）式就可簡化成：

$$\hat{H} = -\frac{h^2}{8\pi^2\mu}\nabla^2 - \frac{Ze^2}{4\pi\varepsilon_0 r} \tag{4.3a}$$

而「薛丁格方程式」（參考（2.70）式）則可以寫成爲：

$$\hat{H}\Psi=\left(-\frac{h^2}{8\pi^2\mu}\nabla^2-\frac{Ze^2}{4\pi\varepsilon_0 r}\right)\psi=E\Psi \tag{4.4a}$$

也就是（見（2.18）式）：

$$\frac{\partial^2\Psi}{\partial x^2}+\frac{\partial^2\Psi}{\partial y^2}+\frac{\partial^2\Psi}{\partial z^2}+\frac{8\pi^2\mu}{h^2}\left(E+\frac{Ze^2}{4\pi\varepsilon_0 r}\right)\Psi=0 \tag{4.4b}$$

上述的簡化法，是假設原子核固定不動，又稱爲「Born-Oppenheimer近似法」，是由Born及Oppenheimer二人於1927年提出的。這種不考慮原子核運動的近似法，可以大幅地簡化多原子體系的複雜性，因此，在許多場合中被廣泛大量運用。

雖是如此，用「直角座標」處理（4.4）式，仍會遭遇到相當大的困難，爲了便於直接求解該方程式，有必要將它轉化爲「球座標」r、θ、ϕ（見第二章之圖2.1及圖2.2和（2.18）式～（2.29）式）的形式來處理。

因此，我們可以把（4.4）式轉變成以「球座標」表示的「薛丁格方程式」，即單電子原子的「Hamiltonian算子」$\hat{H}$爲：（利用（2.19）式）

$$\hat{H}=-\frac{\hbar^2}{2m}\left[\frac{1}{r^2}\frac{\partial}{\partial r}\left(r^2\frac{\partial}{\partial r}\right)+\frac{1}{r^2\sin\theta}\frac{\partial}{\partial\theta}\left(\sin\theta\frac{\partial}{\partial\theta}\right)+\frac{1}{r^2\sin^2\theta}\frac{\partial^2}{\partial\phi^2}\right]-\frac{Ze^2}{4\pi\varepsilon_0 r} \tag{4.3b}$$

代入（4.4a）式，可得：

$$\frac{1}{r^2}\frac{\partial}{\partial r}\left(r^2\frac{\partial\Psi}{\partial r}\right)+\frac{1}{r^2\sin\theta}\frac{\partial}{\partial\theta}\left(\sin\theta\frac{\partial\Psi}{\partial\theta}\right)+\frac{1}{r^2\sin^2\theta}\frac{\partial^2\Psi}{\partial\phi^2}+\frac{8\pi^2\mu}{h^2}\left(E+\frac{Ze^2}{4\pi\varepsilon_0 r}\right)\Psi=0 \tag{4.5}$$

要解此偏微分方程式，可用「變數分離法」，把含r、θ、ϕ之三個變數的偏微分方程式，轉化爲三個各含一個變數的常微分方程式來求解。於是，假定Ψ是三個獨立函數R(r)、Θ(θ)、Φ(ϕ)的乘積，亦即

$$\Psi=\Phi(\phi)\cdot R(r)\cdot\Theta(\theta) \tag{4.6}$$

其中，Φ只決定於ϕ，而R只決定於r，Θ只決定於θ，故只需找到Φ(ϕ)、R(r)、Θ(θ)這些函數，便可求得Ψ。

將（4.6）式代入（4.5）式，然後用$R\Theta\Phi/r^2\sin^2\theta$去除各項，可得：

$$\frac{\sin^2\theta}{R}\frac{\partial}{\partial r}\left(r^2\frac{\partial R}{\partial r}\right)+\frac{\sin\theta}{\Theta}\frac{\partial}{\partial\theta}\left(\sin\theta\frac{\partial\Theta}{\partial\theta}\right)+\frac{1}{\Phi}\frac{\partial^2\Phi}{\partial\phi^2}+\frac{8\pi^2\mu r^2\sin^2\theta}{h^2}\times\left(E+\frac{Ze^2}{4\pi\varepsilon_0 r}\right)=0 \quad (4.7)$$

將偏微分改寫爲全微分，並經過重排整理後，得：

$$\frac{\sin^2\theta}{R}\frac{d}{dr}\left(r^2\frac{dR}{dr}\right)+\frac{\sin\theta}{\Theta}\frac{d}{d\theta}\left(\sin\theta\frac{d\Theta}{d\theta}\right)+\frac{8\pi^2\mu r^2\sin^2\theta}{h^2}\left(E+\frac{Ze^2}{4\pi\varepsilon_0 r}\right)=-\frac{1}{\Phi}\frac{d^2\Phi}{d\phi^2} \quad (4.8)$$

在（4.8）式中，等號的左邊只和r及θ有關，而與ϕ無關；等號的右邊卻只和ϕ有關，而與r、θ無關。因此，無論r、θ、ϕ如何變動，想要使（4.8）式的左邊恆等於右邊，只有左右邊都爲常數時，才有可能。假設此一常數爲m^2，則分別得到二個方程式：

$$-\frac{1}{\Phi}\frac{d^2\Phi}{d\phi^2}=m^2 \quad (4.9)$$

$$\frac{\sin^2\theta}{R}\frac{d}{dr}\left(r^2\frac{dR}{dr}\right)+\frac{\sin\theta}{\Theta}\frac{d}{d\theta}\left(\sin\theta\frac{d\Theta}{d\theta}\right)+\frac{8\pi^2\mu r^2\sin^2\theta}{h^2}\left(E+\frac{Ze^2}{4\pi\varepsilon_0 r}\right)=m^2 \quad (4.10)$$

將（4.10）式用$\sin^2\theta$除之，移項、整理後，得：

$$\frac{1}{R}\frac{d}{dr}\left(r^2\frac{dR}{dr}\right)+\frac{8\pi^2\mu r^2}{h^2}\left(E+\frac{Ze^2}{4\pi\varepsilon_0 r}\right)=\frac{m^2}{\sin^2\theta}-\frac{1}{\Theta\sin\theta}\frac{d}{d\theta}\left(\sin\theta\frac{d\Theta}{d\theta}\right) \quad (4.11)$$

在（4.11）式中，等號的左邊只和r有關，等號的右邊則只和θ有關，同理，要保持二邊相等，只有兩邊都等於同一常數。假設此常數爲β，因此又可得到二個方程式：

$$\frac{m^2}{\sin^2\theta}-\frac{1}{\Theta\sin\theta}\frac{d}{d\theta}\left(\sin\theta\frac{d\Theta}{d\theta}\right)=\beta \quad (4.12)$$

$$\frac{1}{R}\frac{d}{dr}\left(r^2\frac{dR}{dr}\right)+\frac{8\pi^2\mu r^2}{h^2}\left(E+\frac{Ze^2}{4\pi\varepsilon_0 r}\right)=\beta \quad (4.13)$$

於是把（4.9）式、（4.12）式、（4.13）式三個方程式解出，以便求得Φ、Θ、R之三個函數，再代入（4.6）式便可得到Ψ。

例4.1　原子能階為何用負值？

解：原子能階是指原子的「內能」（internal energy），這是原子內部的位能和它內部運動的動能之和，但「原子核」內部的能量不在本問題範圍之內。至於原子作為一個整體在空間運動的能量是不包括在所說的能階之數值內。

現在舉氫原子——結構最簡單的原子——為例來解答這裡提出的問題。氫原子是一個「原子核」和一個電子構成的。「原子核」帶正電，電子帶負電。電子處在「原子核」的庫倫電場中，「原子核」也處在電子的庫倫電場中；所以「原子核」與電子所受的力是與它們的距離的平方成反比的，這兩個力是彼此互斥的，由此可知，系統的位能可以表示為

$$U = U_{\infty} - \frac{Ee}{r} \qquad (ㄅ)$$

E是「原子核」的電量，e是電子的電量，r是二者之間的距離，U_{∞}是當$r \to \infty$時的位能。從式子可見：顯然「原子核」和電子距離越遠，位能越大，直到r大到無窮遠時，位能最大。現在注意(ㄅ)式只給了U_{∞}與U之差，至於U的數值，須先確定U_{∞}的數值之後，才能眞正確定。但U_{∞}的值是可以隨意的，任何實常數都可以。如果令U_{∞}等於正數，則r大於某一定的數值時，(ㄅ)式的第二項小於U_{∞}，U就成為正值。但習慣上，我們知道：在r無窮大時庫倫場的位能常定為零，即$U_{\infty} = 0$，那麼由(ㄅ)式，$U = -Ee/r$，除了$r \to \infty$外，U是一個負值了。所以U的值是正或負決定於U_{∞}的選擇；位能本來沒有一定的絕對值，它的數值是要看把哪一處的位能定為零而定。

現在再討論這系統的內部動能。電子和「原子核」都繞著它們共同的「質量中心」運動，所以有動能。按照「古典力學」很容易證明所說的動能（T）是：

$$T = \frac{Ee}{2r} \qquad (ㄆ)$$

由(ㄆ)式可知，T是與r成反比的，r大到無窮大時，T是零。可是動能T的值對一定的r值是確定的。

把上述(ㄅ)、(ㄆ)兩式相加就得到此系統的總能（W），

$$W = T + U = U_{\infty} - \frac{Ee}{2r} \qquad (ㄇ)$$

這裡我們採用了位能的一般公式(ㄅ)，因而(ㄇ)式中W的數值，也要先把U_{∞}選定後才能確定。而U_{∞}的值如前所述是隨意的，如果我們把U_{∞}定爲很大的一個正值，那麼在r大於某一個很小的數值直到無窮的範圍內，總能量W都是正值。但如前所述，習慣上常令$U_{\infty} = 0$，之所以這樣做，是希望總能量就由一個單項式表示出來即可，因此這是一個方便的選擇。此時由(ㄇ)式，當r不是無窮大時，W就成爲負值了。這就是說，如果我們把r→∞時的位能定爲零，而動能按(ㄆ)式也是零，那麼這時的總能量當然是零了。由(ㄇ)式也得到$W_{r\to\infty} = U_{\infty} = 0$，但由(ㄇ)式，我們看到了W是隨r而增加的，$W_{r\to\infty}$最大。此值則是零，其他r值時的W值當然是負的了。由此可見，原子能階用負值是由於把r無窮大時的位能定爲零，這只是爲了方便，不是必須這樣做的。

本問題是按「古典力學」的觀點解答的，但上述總論在「量子力學」理論中也可以這樣說。又這裡只回答了爲何用負值，並未推演關於能階的公式，(ㄇ)式不是能階的最後公式，在此必須附帶聲明。

例4.2 原子由原子核與電子組成，爲什麼僅用電子的狀態即可描述整個原子的狀態？

解：由於原子核的質量>>電子的質量，故原子核的運動速度<<電子的運動速度。若假定原子核不動，把被研究的系統看做是電子繞原子核的相對運動，並將原子核放在座標原點，此即稱爲「Born-Oppenheimer近似」（Born-Oppenheimer approximation）。

一、Φ方程的求解

將（4.9）式移項後，可得：

$$\frac{d^2\Phi}{d\phi^2} + m^2\Phi = 0 \tag{4.14}$$

這是一個二階齊次線性微分方程式，其解爲：（參考第二章之（2.5）式）

$$\Phi = ce^{\pm i|m|\phi} \tag{4.15a}$$

對於任意m的值，Φ(ϕ)方程式的解都是（4.15）式。

根據第二章「量子力學的基本假設之三」：波函數的標準化條件要求Φ(ϕ)在空間各點都是「單值的」。又由圖2.1可知：ϕ自0°轉到360°時爲一週。這時，ϕ = 0°與ϕ = 360°相當於處在同一位置，因此Φ的值應該相等，亦即Φ(ϕ) = Φ(ϕ + 2π)，也就是Φ是一個週期爲2π的函數，否則假設Φ值在同一座標下會出現好幾個值，而非單值，這將違反上述之「量子力學的基本假設之三」，因此Φ_m必須是ϕ中的單值函數。

利用（4.15a）式，可得：

$$e^{im\phi} = e^{im(\phi + 2\pi)}$$

利用複數的三角表達式，上式可寫爲

$$\cos(m\phi) + i\sin(m\phi) = \cos[m(\phi + 2\pi)] + i\sin[m(\phi + 2\pi)]$$

兩個複數若相等，其實部和虛部都必須分別相等，即：

$$\cos(m\phi) = \cos[m(\phi + 2\pi)]\text{和}\sin(m\phi) = \sin[m(\phi + 2\pi)]$$

若要使這兩個等式成立，則m必須一定是整數：

$$m = 0，\pm1，\pm2，\pm3\cdots \tag{4.16}$$

也就是說，m值是不能任意的。這種用來規定一個穩定狀態的不連續數字，就叫做「量子數」（quantum number）。而此處的m稱爲「磁量子數」（magnetic quantum number），它與「電子雲」的分布方向有著密切關係，這將在後面章節裡詳加討論。

於是，（4.16）式中的m取值雖然可正可負，但當m的絕對值相等時，此微分方程式也相同，所以與同一個m^2所對應的微分方程式（如（4.14）式）有以下兩個複數解：

$$\Phi_{|m|} = ce^{i|m|\phi}\text{，}\Phi_{-|m|} = ce^{-i|m|\phi} \tag{4.15b}$$

現在求（4.15b）式的「歸一化」常數c。

在此必須先指出的是，我們令Φ、Θ、R三個函數都各自「歸一化」，它們的乘積（即等於Ψ，見（4.6）式）當然也必須「歸一化」。

根據「歸一化」關係式：（參考（2.55）式）

$$\int_0^{2\pi} \Phi_{|m|}^* \Phi_{|m|} d\phi = 1 \Rightarrow c^2 \int_0^{2\pi} e^{i|m|\phi} e^{-i|m|\phi} d\phi = 1 \Rightarrow 2\pi c^2 = 1$$

運用上式，可計算求得$c = \frac{1}{\sqrt{2\pi}}$，因此（4.15b）式的複數表達式可寫爲：

$$\Phi_{|m|} = \frac{1}{\sqrt{2\pi}} e^{i|m|\phi} = \frac{1}{\sqrt{2\pi}} [\cos(|m|\phi) + i\sin(|m|\phi)] \tag{4.17a}$$

$$\Phi_{-|m|} = \frac{1}{\sqrt{2\pi}} e^{-i|m|\phi} = \frac{1}{\sqrt{2\pi}} [\cos(|m|\phi) - i\sin(|m|\phi)] \tag{4.17b}$$

或者改只用一個式子表示爲：

$$\Phi_{\pm|m|} = \frac{1}{\sqrt{2\pi}} e^{\pm i|m|\phi} \tag{4.17c}$$

因爲前面曾說過：（4.14）式是個二階線性微分方程式。根據線性微分方程式一般解的原理，當它有若干個獨立解時（如$\Phi_{|m|}$和$\Phi_{-|m|}$），那麼這些獨立解的任意線性組合（例如：$\Phi_{|m|} + \Phi_{-|m|}$和$\Phi_{|m|} - \Phi_{-|m|}$），也必然是該線性微分方程式的解。所以我們可以將（4.17a）和（4.17b）二式，重新組成另兩個獨立解。

簡單的說，$\Phi_{|m|}$和$\Phi_{-|m|}$的任意線性組合也都是（4.14）式的解。因此，爲了得到實函數的解，取

$$\Phi^{\cos}_{\pm|m|} = C(\Phi_{|m|} + \Phi_{-|m|}) = \frac{2C}{\sqrt{2\pi}}\cos(|m|\phi)$$

$$\Phi^{\sin}_{\pm|m|} = D(\Phi_{|m|} - \Phi_{-|m|}) = i\cdot\frac{2D}{\sqrt{2\pi}}\sin(|m|\phi)$$

因為一般常用的方程式是採用實數解，所以要對Φ進行「態的疊加」（參考（2.74）式及本章的【例4.1】），即：

$$\frac{1}{\sqrt{2}}(\Phi_{+1} + \Phi_{-1}) = \frac{1}{2\sqrt{\pi}}\cdot 2\cos\phi = \frac{1}{\sqrt{\pi}}\cos\phi \qquad (4.18a)$$

$$\frac{1}{\sqrt{2}i}(\Phi_{+1} + \Phi_{-1}) = \frac{1}{2\sqrt{\pi}i}\cdot 2i\sin\phi = \frac{1}{\sqrt{\pi}}\sin\phi \qquad (4.18b)$$

當m = 0，±1和±2時，Φ(ϕ)方程的解如表4.1所示。

換言之，Φ(ϕ)方程除了有複數解（見（4.16a）和（4.16b）式）形式外，還有實數解（見（4.18a）和（4.18b）式）。至於在什麼場合用複數解或實數解及其二者之間的不同處，我們將留待本章第五節再詳加討論。

現將所得的各可允許Φ函數列於表4.1。

表4.1　$\Phi_m(\phi)$函數

磁量子數	指數型（複數型）	三角函數（實數型）
m = 0	$\Phi_0 = \frac{1}{\sqrt{2\pi}}$	$\Phi_0 = \frac{1}{\sqrt{2\pi}}$
m = ±1	$\Phi_1 = \frac{1}{\sqrt{2\pi}}e^{i\phi}$	$\Phi'_1 = \frac{1}{\sqrt{\pi}}\cos\phi$
	$\Phi_{-1} = \frac{1}{\sqrt{2\pi}}e^{-i\phi}$	$\Phi'_{-1} = \frac{1}{\sqrt{\pi}}\sin\phi$
m = ±2	$\Phi_2 = \frac{1}{\sqrt{2\pi}}e^{2i\phi}$	$\Phi'_2 = \frac{1}{\sqrt{\pi}}\cos2\phi$
	$\Phi_{-2} = \frac{1}{\sqrt{2\pi}}e^{-2i\phi}$	$\Phi'_{-2} = \frac{1}{\sqrt{\pi}}\sin2\phi$
m = ±3	$\Phi_3 = \frac{1}{\sqrt{2\pi}}e^{3i\phi}$	$\Phi'_3 = \frac{1}{\sqrt{\pi}}\cos3\phi$
	$\Phi_{-3} = \frac{1}{\sqrt{2\pi}}e^{-3i\phi}$	$\Phi'_{-3} = \frac{1}{\sqrt{\pi}}\sin3\phi$

例4.3 試證氫原子$\Phi(\phi)$函數的複數函數可線性組合得到實函數解。

解：根據（4.17）式，可知$\Phi(\phi)$的複數函數解，可寫爲：

$$\Phi(\phi) = \mathrm{A} \exp(im\phi)$$

於是，其共軛複數函數爲：

$$\Phi^*(\phi) = \mathrm{A} \exp(-im\phi)。$$

根據Euler公式：

$$\mathrm{A} \exp(-im\phi) = \mathrm{A}(\cos m\phi + i \sin m\phi) \tag{1}$$

$$\mathrm{A} \exp(-im\phi) = \mathrm{A}(\cos m\phi - i \sin m\phi) \tag{2}$$

線性組合得：

$$(1) + (2)\text{式}：\Phi'(\phi) = 2\mathrm{A} \cos m\phi = \mathrm{B} \cos m\phi \tag{3}$$

$$(1) - (2)\text{式}：\Phi''(\phi) = 2i\mathrm{A} \sin m\phi = \mathrm{B}' \sin m\phi \tag{4}$$

根據「歸一化」條件：

$$1 = \int_0^{2\pi} \left|\mathrm{B} \cos m\phi\right|^2 d\phi = \mathrm{B}^2\pi$$

可得：

$$\mathrm{B} = 1/\sqrt{\pi} \tag{5}$$

(5)式代入(3)式，可得實數函數解：

$$\Phi_{|m|}^{\cos} = (1/\sqrt{\pi}) \cos m\phi \tag{6}$$

同理，可得另一實數函數解：

$$\Phi_{|m|}^{\sin} = (1/\sqrt{\pi})\sin m\phi \tag{7}$$

二、Θ方程的求解

現在來求解含Θ函數的微分方程式，見（4.12）式。

$$\frac{m^2}{\sin^2\theta} - \frac{1}{\Theta\sin\theta}\frac{d}{d\theta}\left(\sin\theta\frac{d\Theta}{d\theta}\right) = \beta \tag{4.12}$$

先用Θ乘以上式各項，且移項、重排後，可得：

$$\frac{1}{\sin\theta}\frac{d}{d\theta}\left(\sin\theta\frac{d\Theta}{d\theta}\right) - \frac{m^2\Theta}{\sin^2\theta} + \beta\Theta = 0 \tag{4.19}$$

假設

$$\cos\theta = y \tag{4.20}$$

並且用另一函數P(y)來代替Θ(θ)，即

$$\Theta(\theta) = P(y) \tag{4.21}$$

那麼根據偏微分原理，可得到以下關係式：

$$\frac{d\Theta(\theta)}{d\theta} = \frac{dP(y)}{dy}\frac{dy}{d\theta} = -\frac{dP(y)}{dy}\sin\theta \tag{4.22}$$

由（4.20）式，也可推得另一關係式：

$$\sin^2\theta = 1 - y^2 \tag{4.23}$$

將（4.21）式～（4.23）式三式代入（4.12）式，並整理後，可得：

$$\frac{d}{dy}\left[(1-y^2)\frac{dP(y)}{dy}\right] + \left(\beta - \frac{m^2}{1-y^2}\right)P(y) = 0 \tag{4.24}$$

上式就是「量子力學」裡著名的Legendre微分方程。我們還假設

$$P(y) = (1-y^2)^{\frac{|m|}{2}} G(y) \tag{4.25}$$

或者

$$\Theta(\theta)=(1-y^2)^{\frac{|m|}{2}}G(y) \qquad (4.26)$$

上述的假設是因爲我們早已知道結果，爲了避免繁瑣的數學推演過程，所以「事後諸葛」式地做出這樣的假設。現在將（4.25）式代入（4.24）式，並且只取m爲正數，即取m之絕對值（|m|），經過一番推算之後，可得：

$$(1-y^2)\frac{d^2G(y)}{dy^2}-2(|m|+1)y\frac{dG(y)}{dy}+[\beta-|m|(|m|+1)]G(y)=0 \qquad (4.27)$$

上述方程式可以用「級數法」解決，也就是令

$$G(y)=a_0+a_1y+a_2y^2+a_3y^3+\cdots=\sum_{f=0}^{\infty}a_fy^f \qquad (4.28)$$

上式微分後，得：

$$\left\{\begin{aligned}&\frac{dG(y)}{dy}=a_1+2a_2y+3a_3y^2+\cdots=\sum_{f=1}^{\infty}a_f\cdot f\cdot y^{f-1} && (4.29)\\&\frac{d^2G(y)}{dy^2}=2a_2+2\cdot3a_3y+3\cdot4a_4y^2+\cdots=\sum_{f=2}^{\infty}a_f\cdot f(f-1)y^{f-2} && (4.30)\end{aligned}\right.$$

將（4.28）式～（4.30）式三式代入（4.34）式，得到：

$$\begin{aligned}&2a_2+2\cdot3a_3y+3\cdot4a_4y^2+4\cdot5a_5y^3+\cdots-2a_2y^2-2\cdot3a_3y^3-3\cdot4a_4y^4-4\cdot5a_5y^5\\&-\cdots-2(|m|+1)a_1y-2\cdot2(|m|+1)a_2y^2-2\cdot3(|m|+1)a_3y^3-3\cdot4(|m|+1)a_4y^4\cdots+[\beta-\\&|m|(|m|+1)]a_0+[\beta-|m|(|m|+1)]a_1y+[\beta-|m|(|m|+1)]a_0y^2+\cdots=0 \qquad (4.31)\end{aligned}$$

經過整理之後，可得y^0、y^1、y^2、y^3、…y^f各項的係數。爲使上式的等號左邊爲零（y是除零之外的任意值），只有使y^0、y^1、y^2、y^3、…y^f的各項係數爲零，亦即：

y^0項：$1\cdot2a_2+[\beta-|m|(|m|+1)]a_0=0$

y^1項：$2\cdot3a_3+\{[\beta-|m|(|m|+1)]-2(|m|+1)\}a_1=0$

y^2項：$3\cdot4a_4+\{[\beta-|m|(|m|+1)]-2\cdot2(|m|-1\cdot2)\}a_2=0$

y^3項：$4\cdot5a_5+\{[\beta-|m|(|m|+1)]-2\cdot3(|m|+1)-2\cdot3\}a_3=0$

y^f項：$(f+1)(f+2a_{f+2}+\{[\beta-|m|(|m|+1)]-2\cdot f(|m|+1)-f(f-1)a_f=0$

最後的y^f項係數，可視爲通式，經移項整理後，可得：

$$\frac{a_{f+2}}{a_f}=\frac{f(f-1)+2(|m|+1)f+(|m|+1)-\beta}{(f+1)(f+2)} \tag{4.32}$$

由（4.32）式，我們了解了G(y)函數中各項係數彼此間的關係。也就是說，知道a_0就可推知a_2，知道a_2就可推知a_4、a_6、a_8……以此類推；同理，知道a_1便可推知a_3、a_5、a_7……。

雖然如此，但是到了某項之後，級數$G(y)=a_0+a_1y+a_2y^2+\cdots$就必須中斷才行，否則若級數G(y)不收斂，無窮無盡的推算下去，就得不到確定的數值，換言之，G(y)函數必須是有限項的。這是理所當然的，合理解的條件要求：Θ函數必須有確定的值，這樣的話，「特定波函數」Ψ也才會有確定的值（滿足成爲「合格特定波函數」的基本條件，見第二章）。由（4.21）式和（4.25）式知道：

$$\Theta=(1-y^2)^{\frac{|m|}{2}}G$$

因此，也同樣要求G函數必須有確定的數值，也就是說，G的級數（見（4.28）式）在達到某項後（假設是y^x項）就停止了，沒有y^{x+2}、y^{x+3}、…等項，即這些項的係數必須等於零。

現在既然要求y^x項係數a_x不等於零，而y^{x+2}項的係數須等於零，如此一來，只有將（4.32）式的分子項等於零，亦即

$$x(x-1)+2(|m|+1)x+|m|(|m|+1)-\beta=0$$

整理得：

$$\beta=(x+|m|)(x+|m|+1) \tag{4.33}$$

由此可見，β不能是任意的常數，想要使Ψ波函數合理，連帶Θ、G函數皆合理，那麼β值必須符合（4.33）式的條件。

由（4.28）式已知f是表示項次的正整數，即f = 0, 1, 2, 3…；|m|當然也是正整

數，由此可知，β也必須是正整數。現假設

$$\ell = x + |m| \tag{4.34}$$

於是（4.33）式可改寫為：

$$\beta = \ell(\ell + 1) \tag{4.35}$$

事實上，由前述的（4.12）式已可看出：Θ方程（或說Θ狀態）決定於m「磁量子數」及β二個常數。而β又決定於ℓ量子數，ℓ稱為「角量子數」（azimuthal quantum number），又已知$\ell = x + |m|$（即（4.34）式），換言之，

$$\ell \geq |m| \tag{4.36}$$

因為f可以是0, 1, 2, 3,……等正整數，而|m|亦是從零開始的正整數，所以ℓ也必然是0, 1, 2, 3,……的正整數。簡單的說，ℓ和m不可以是任意的常數，必須是整數，它們影響著Θ函數，致使Θ「量子化」。我們會在後面章節裡，再次詳細討論ℓ和m量子數的關係及其物理意義。

為了求得Θ函數，必須先知道（4.25）式或（4.26）式的G函數，亦即

$$\Theta(\theta) = P(y) = (1 - y^2)^{\frac{|m|}{2}} G(y)$$

將（4.25）式和（4.26）式代入上式，可得：

$$\begin{aligned}\Theta &= (1 - \cos^2\theta)^{\frac{|m|}{2}} [a_0 + a_1 y + a_2 y^2 + \cdots + a_f y^f] \\ &= (\sin\theta)^{|m|}[a_0 + a_1\cos\theta + a_2\cos^2\theta + a_3\cos^3\theta + \cdots + a_f\cos^f\theta]\end{aligned} \tag{4.37}$$

前述已說過G級數只到x項為止，不再繼續下去，且x的項次受到ℓ和m兩量子數的限制（見（4.34）式），即$x = \ell - |m|$，於是（4.37）是可改寫成：

$$\Theta_{\ell,m} = (\sin\theta)^{|m|}[a_0 + a_1\cos\theta + a_2\cos^2\theta + \cdots + a_{\ell-|m|}(\cos\theta)c^{\ell-|m|}] \tag{4.38}$$

而a_0、a_1、a_2、a_3…之間的關係可由（4.32）式求得：

$$\frac{a_{f+2}}{a_f}=\frac{f(f-1)+2(|m|+1)f+|m|(|m|+1)-\ell(\ell+1)}{(f+1)(f+2)} \quad (4.39)$$

例如：

當$\ell = 1$，$m = 0$時，根據（4.34）式，知道$x = \ell - |m| = 1$，也就是G級數只到第1項爲止，第二項以後的係數必須爲零，即$a_2 = a_3 = \cdots = 0$。

因此，（4.37）式可寫成：

$$\Theta_{1,0} = a_0 + a_1\cos\theta \quad (4.40)$$

既然已知$a_2 = 0$，現令$f = 0$，代入（4.39）式後，可知$a_0 = 0$。於是結果爲：

$$\Theta_{1,0} = a_1\cos\theta \quad (4.41)$$

至於a_0常數可以由「歸一化」條件求得：（參考（2.54）式）

$$\int_0^{\pi}\Theta^*\Theta\sin\theta d\theta = 1 \quad (4.42)$$

$$\int_0^{\pi}(a_0\cos\theta)^*(a_0\cos\theta)\sin\theta d\theta = 1$$

$$a_0^2\int_0^{\pi}\cos^2\theta d\cos\theta = 1$$

可得

$$a_0^2\cdot\frac{2}{3}=1\ ，\ a_0=\sqrt{\frac{3}{2}}$$

故

$$\Theta_{1,0}=\frac{\sqrt{6}}{2}\cos\theta \quad (4.43)$$

又例如：

當$\ell = 2$，$m = 2$時，根據（4.34）式，知道$x = \ell - |m| = 0$，也就是G級數只到第0項爲止，第1項以後的係數必須爲零，即$a_1 = a_2 = \cdots = 0$。故（4.38）式可寫爲：

$$\Theta_{1,2} = (\sin\theta)^2 \cdot a_0$$

至於a_0常數可由（4.42）式的「歸一化」條件求得，得到

$$a_0 = \frac{\sqrt{15}}{4}$$

故$\Theta_{2,2}$函數爲：

$$\Theta_{2,0} = \frac{\sqrt{15}}{4}(\sin^2\theta) \tag{4.44}$$

同理，可推得所有的Θ函數，將前述幾個列於表4.2中，以供參考。

表4.2　$\Theta_{\ell,m}$函數

角量子數	磁量子數	Θ	已經「歸一化」的Θ
$\ell = 0$	$m = 0$	a_0	$\Theta_{0,0} = \frac{\sqrt{2}}{2}$
$\ell = 1$	$m = 0$	$a_1\cos\theta$	$\Theta_{1,0} = \frac{\sqrt{6}}{2}\cos\theta$
$\ell = 1$	$m = \pm 1$	$a_0\sin\theta$	$\Theta_{1,\pm1} = \frac{\sqrt{3}}{2}\sin\theta$
$\ell = 2$	$m = 0$	$a_0(1 - 3\cos^2\theta)$	$\Theta_{2,0} = \frac{\sqrt{10}}{4}(3\cos^2\theta - 1)$
$\ell = 2$	$m = \pm 1$	$a_1\sin\theta\cos\theta$	$\Theta_{2,\pm1} = \frac{\sqrt{15}}{2}\sin\theta\cos\theta$
$\ell = 2$	$m = \pm 2$	$a_0\sin^2\theta$	$\Theta_{2,\pm2} = \frac{\sqrt{15}}{4}\sin^2\theta$
$\ell = 3$	$m = 0$	$a_1(\cos\theta - \frac{5}{3}\cos^3\theta)$	$\Theta_{3,0} = \frac{3\sqrt{14}}{4}(\frac{5}{3}\cos^3\theta - \cos\theta)$
$\ell = 3$	$m = \pm 1$	$a_0(1 - 5\cos^2\theta)\sin\theta$	$\Theta_{3,\pm1} = \frac{\sqrt{42}}{8}(5\cos^2\theta - 1)\sin\theta$
$\ell = 3$	$m = \pm 2$	$a_1\sin^2\theta\cos\theta$	$\Theta_{3,\pm2} = \frac{\sqrt{105}}{4}\sin^2\theta\cos\theta$
$\ell = 3$	$m = \pm 3$	$a_0\sin^3\theta$	$\Theta_{3,\pm3} = \frac{1}{4}\sqrt{\frac{35}{2}}\sin^3\theta$

三、R(r)方程的求解

最後我們來解（4.13）式，以求得R(r)函數。

$$\frac{1}{R}\frac{d}{dr}\left(r^2\frac{dR}{dr}\right)+\frac{8\pi^2\mu r^2}{h^2}\left(E+\frac{Ze^2}{4\pi\varepsilon_0 r}\right)=\beta \tag{4.13}$$

先將（4.35）式之$\beta=\ell(\ell+1)$代入，經移項、整理後，可得：

$$\frac{d^2R}{dr^2}+\frac{2}{r}\frac{dR}{dr}+\left[\frac{8\pi^2\mu E}{h^2}+\frac{8\pi^2\mu Ze^2}{h^2 r}-\frac{\ell(\ell+1)}{r^2}\right]R=0 \tag{4.45}$$

原則上，上述的方程式在任何r值情況下都能符合才行（不要忘了，r值代表電子與原子核間的距離），因此，假設r值很大時，如$r\to\infty$，那麼（4.45）式便可簡化成以下的極限式：

$$\frac{d^2R}{dr^2}+\frac{8\pi^2\mu E}{h^2}R=0 \tag{4.46}$$

現在我們「事後諸葛」地令：

$$\frac{8\pi^2\mu E}{h^2}=-\alpha^2 \tag{4.47}$$

（4.46）式可再簡化成：

$$\frac{d^2R}{dr^2}=\alpha^2 R \tag{4.48}$$

根據（4.14）式及（4.15）式可知，上述微分方程的解可以是：

$$R=c\cdot e^{\pm\alpha r} \tag{4.49}$$

其中，只有$R=c\cdot e^{-\alpha r}$符合要求，而$R=c\cdot e^{+\alpha r}$是不合理的，這是因爲$r\to\infty$時，$R=c\cdot e^{+\alpha r}\to\infty$，造成波函數Ψ無確定值存在，所以我們排除$R=c\cdot e^{+\alpha r}$可能性。雖然如此，$R=c\cdot e^{-\alpha r}$仍只是（4.45）式的一個特解，想要使R對於各種r值都能滿足，就必須求其普遍解。在此我們也和求解Θ函數一樣，用「級數法」處理，也就是假定R(r)是未知級數g(r)和$e^{-\alpha r}$的乘積，即

$$R(r) = g(r) \cdot e^{-\alpha r} \tag{4.50}$$

$$g(r) = b_0 + b_1 r + b_2 r^2 + b_3 r^3 + \cdots = \sum_{f=0}^{\infty} b_f r^f \tag{4.51}$$

$$\frac{dg(r)}{dr} = b_1 + 2b_2 r + 3b_3 r^2 + 4b_4 r^3 + \cdots = \sum_{f=0}^{\infty} b_f \cdot f \cdot r^{f-1} \tag{4.52}$$

$$\frac{d^2 g(r)}{dr^2} = 2b_2 + 2 \cdot 3b_3 r + 3 \cdot 4b_4 r^2 + \cdots = \sum_{f=2}^{\infty} b_f \cdot f(f-1) \cdot r^{f-2} \tag{4.53}$$

先將（4.50）式代入（4.45）式，整理後得：

$$\frac{d^2 g}{dr^2} + \left(\frac{2}{r} - 2\alpha\right)\frac{dg}{dr} + \left[\frac{8\pi^2 \mu e^2 Z}{h^2 r} - \frac{2\alpha}{r} - \frac{\ell(\ell+1)}{r^2}\right] g = 0 \tag{4.54}$$

再將（4.51）式～（4.53）式三式代入（4.54）式，並歸類整理後，可得：

$$\{\cdots\}r^0 + \{\cdots\}r^1 + \{\cdots\}r^2 + \cdots + \{b_f\left(\frac{8\pi^2 \mu e^2 Z}{h^2} - 2\alpha f - 2\alpha\right) + b_{f+1}$$
$$[f(f+1) + 2(f+1) - \ell(\ell+1)]\}r^f = 0 \tag{4.55}$$

上式的大括號分別代表著r^0、r^1、$r^2 \cdots r^f$項的係數。為滿足（4.55）式的等號右邊是零，也就是要求等號左邊各項係數必須都等於零。我們以（4.62）式的最後一項，作為通式來處理如下：

$$b_f\left(\frac{8\pi^2 \mu e^2 Z}{h^2} - 2\alpha f - 2\alpha\right) + b_{f+1}[f(f+1) + 2(f+1) - \ell(\ell+1)] = 0 \tag{4.56}$$

經移項後，可得：

$$\frac{b_{f+1}}{b_f} = \frac{2\alpha(f+1) - \dfrac{8\pi^2 \mu e^2 Z}{h^2}}{(f+1)(f+2) - \ell(\ell+1)} \tag{4.57}$$

或者，也可以寫成：

$$\frac{b_f}{b_{f+1}} = \frac{(f+1)(f+2) - \ell(\ell+1)}{2\alpha(f+1) - \dfrac{8\pi^2 \mu e^2 Z}{h^2}} \tag{4.58}$$

如此一來，一旦知道某項係數，根據上述關係式，可以輕鬆地推知另一項係數。

但要注意的是，當$f = \ell - 1$時，代入（4.58）式，發現（4.58）式的分子項爲零，這代表著r^f項的係數$b_f = 0$，亦即$b_{\ell-1} = 0$；而當$f = \ell - 2$時，代入（4.57）式且既然已知$b_{\ell-1} = 0$，同理可推知$b_{\ell-2} = 0$。依此類推下去，我們可以證明：$b_{\ell-3}$、$b_{\ell-4}$、$b_{\ell-5}$……都是零，由此可知：g(r)的級數是從$b_\ell r^l$項開始的，亦即

$$f \geq \ell \text{（}\ell\text{是「角量子數」）} \tag{4.59}$$

不僅如此，我們還知道此g(r)級數必然是有限項的：

$$g(r) = b_\ell r^l + b_{\ell+1} r^{\ell+1} + b_{\ell+2} r^{\ell+2} + \cdots \tag{4.60}$$

否則當$r \to \infty$時，$g(r) \to \infty$是不合理的，因前述已提及，波函數Ψ必須是「有限的」（不可能說是電子距離原子核越遠，反而電子出現的機率$|\Psi|^2$越大），所以g(r)在若干項之後必須中斷，也就是若干項之後的係數必須都是零，現假設在第x項後即中斷，亦即第x + 1項的係數b_{f+1}必須是零。根據（4.57）式可看出：

$$\frac{b_{x+1}}{b_x} = \frac{2\alpha(x+1) - \dfrac{8\pi^2\mu e^2 Z}{h^2}}{(x+1)(x+2) - \ell(\ell+1)} \tag{4.61}$$

想要使$b_{x+1} = 0$，則須符合下列條件：

$$2\alpha(x+1) - \frac{8\pi^2\mu e^2 Z}{h^2} = 0 \tag{4.62}$$

由（4.47）式，可知：

$$\alpha = \left(-\frac{8\pi^2\mu E}{h^2}\right)^{\frac{1}{2}} \tag{4.63}$$

（4.63）式代入（4.62）式，得：

$$2(x+1)\left(-\frac{8\pi^2\mu E}{h^2}\right)^{\frac{1}{2}} - \frac{8\pi^2\mu e^2 Z}{h^2} = 0 \tag{4.64}$$

經整理後，可得：

$$E = -\frac{2\pi^2 \mu e^4 Z^2}{h^2(x+1)^2} \qquad (4.65)$$

（4.65）式正是滿足體系總能量條件的公式。換句話說，想要使R(r)函數有合理、確定的解，總能量E不能是任意值。已知x代表著某一項次，且是整數，當然x + 1亦是整數，現假設用另一整數n表示，即令

$$n = x + 1 \qquad (4.66)$$

（4.66）式代入（4.65）式，得：

$$E = -\frac{2\pi^2 \mu e^4 Z^2}{n^2 h^2} \qquad (4.67)$$

（4.67）式正是氫原子及「似氫離子」的能量公式，其中（4.67）式中Z是原子核電荷數。又（4.67）式的n稱為「主量子數」（principlal quantum number），「主量子數」n只能取正整數，這也是解R(r)方程式（（4.81）式）時所加入的限制。續見後面（4.86）式。

「量子力學」對於氫原子的處理，所獲得結果是符合實驗事實。對於「基本態」（n = 1）氫原子（Z = 1）而言，根據所得（4.67）式之能量公式：

$$E = \frac{-2\pi^2 \mu e^4}{h^2}$$

可計算出其理論值為13.6eV（電子伏特），這與氫原子「游離能」的實驗值13.6eV（電子伏特）完全符合。此強烈證明：「量子力學」可以幫助我們理解「微觀系統」。

又因n = x + 1（（4.66）式），且由（4.59）式得知$x \geq \ell$，於是：

$$n \geq \ell + 1 \qquad (4.68)$$

這正是「主量子數」n和「角量子數」ℓ的關係式。我們還會在後續章節裡，詳加討論它們的物理意義。

至於對應（4.67）式之能量E值得R(r)函數，則可從（4.50）式和（4.60）式求得。即：

$$R(r) = f(e)e^{-\alpha r} = e^{-\alpha r}[b_\ell r^1 + b_{\ell+1} r^{\ell+1} + \cdots + b_x r^x] \quad (4.69)$$

將（4.66）式的$x = n - 1$代入（4.69）式，則得：

$$R(r) = f(e)e^{-\alpha r} = e^{-\alpha r}[b_\ell r^1 + b_{\ell+1} r^{\ell+1} + \cdots + b_{n-1} r^{n-1}] \quad (4.70)$$

（4.70）式的b_ℓ、$b_{\ell+1}$、$b_{\ell+2}$、$\cdots b_{n-1}$等係數間的關係，則可從（4.57）式求得。若將（4.67）式代入（4.63）式，整理後可得：

$$2\alpha n = \frac{8\pi^2 \mu e^2 Z}{h^2} \quad (4.71)$$

再將（4.71）式代入（4.57）式，可寫成：

$$\frac{b_{f+1}}{b_f} = \frac{2\alpha(f+1) - 2n\alpha}{(f+1)(f+2) - \ell(\ell+1)}$$
$$= 2\alpha \times \frac{f+1-n}{(f+1)(f+2) - \ell(\ell+1)} \quad (4.72)$$

當$f = 1$，代入（4.72）式得：

$$b_{\ell+1} = \alpha \times \frac{\ell+1-n}{\ell+1} b_\ell \quad (4.73)$$

當$f = \ell + 1$，代入（4.72）式，且配合（4.73）式，可得：

$$b_{\ell+2} = 2\alpha \times \frac{\ell+2-n}{(\ell+2)(\ell+3) - \ell(\ell+1)} b_{\ell+1}$$
$$= \alpha^2 \times \frac{\ell+2-n}{2\ell+3} \times \frac{\ell+1-n}{\ell+1} b_\ell \quad (4.74)$$

$$\vdots$$

$$\vdots$$

將上述的係數皆代入（4.70）式，則得：

$$R_{n,\ell}=b_\ell e^{-\alpha r}\left[r^\ell+\frac{\ell+1-n}{\ell+1}\alpha r^{\ell+1}+\frac{(\ell+2-n)(\ell+1-n)}{(2\ell+3)(\ell+1)}\alpha^2 r^{\ell+2}+\cdots\right] \tag{4.75}$$

而由（4.71）式，可知：

$$\alpha=\frac{8\pi^2\mu e^2 Z}{2nh^2} \tag{4.76}$$

假設

$$a_0=\frac{h^2}{4\pi^2\mu e^2}\text{（續見（4.90）式）} \tag{4.77}$$

（4.77）式代入（4.76）式，得：

$$\alpha=\frac{Z}{na_0} \tag{4.78}$$

將（4.78）式代入（4.75）式，最後得：

$$R_{n,\ell}=b_\ell e^{-\frac{Zr}{na_0}}\left[r^\ell+\frac{\ell+1-n}{\ell+1}\left(\frac{Z}{na_0}\right)r^{\ell+1}+\frac{(\ell+2-n)(\ell+1-n)}{(2\ell+3)(\ell+1)}\left(\frac{Z}{na_0}\right)^2 r^{\ell+2}+\cdots\right] \tag{4.79}$$

其中，係數b_l可以從「歸一化」條件求得，即（參考（2.54）式）：

$$\int_0^\infty R^*R\,dr=1 \tag{4.80}$$

現將n、ℓ的數値及b_ℓ係數代入（4.79）式，便可得到如表4.3中的$R_{n,\ell}(r)$函數。換言之，R函數仍由「主量子數」n和「角量子數」ℓ同時決定，而且得到其一般通式爲：

$$R_{n,\ell}(r)=\left[C_1+C_2\left(\frac{Zr}{a_0}\right)+C_3\left(\frac{Zr}{a_0}\right)^2+\cdots+C_n\left(\frac{Zr}{a_0}\right)^{n-\ell-1}\right]\times\left(\frac{Zr}{a_0}\right)^\ell e^{-\frac{Zr}{na_0}} \tag{4.81}$$

（4.81）式中的C_1、C_2、…C_n等爲一些常數。

表4.3　$R_{n,\ell}(r)$函數

主量子數	角量子數	原子軌域	徑向函數$R_{n,\ell}(r)$
n = 1	$\ell = 0$	1s	$R_{1,0} = 2\left(\frac{Z}{a_0}\right)^{\frac{3}{2}} e^{-\frac{Zr}{a_0}}$
n = 2	$\ell = 0$	2s	$R_{2,0} = \frac{1}{2\sqrt{2}}\left(\frac{Z}{a_0}\right)^{\frac{3}{2}}\left(2 - \frac{Zr}{a_0}\right)e^{-\frac{Zr}{2a_0}}$
	$\ell = 1$	2p	$R_{2,1} = \frac{1}{2\sqrt{6}}\left(\frac{Z}{a_0}\right)^{\frac{3}{2}}\left(\frac{Zr}{a_0}\right)e^{-\frac{Zr}{2a_0}}$
n = 3	$\ell = 0$	3s	$R_{3,0} = \frac{1}{81\sqrt{3}}\left(\frac{Z}{a_0}\right)^{\frac{3}{2}}\left(27 - 18\frac{Zr}{a_0} - \frac{2Z^2r^2}{a_0^2}\right)e^{\frac{Zr}{3a_0}}$
	$\ell = 1$	3p	$R_{3,1} = \frac{1}{81\sqrt{6}}\left(\frac{Z}{a_0}\right)^{\frac{3}{2}}\left(6\frac{Zr}{a_0} - \frac{Z^2r^2}{a_0^2}\right)e^{-\frac{Zr}{3a_0}}$
	$\ell = 2$	3d	$R_{3,2} = \frac{1}{81\sqrt{30}}\left(\frac{Z}{a_0}\right)^{\frac{3}{2}}\left(\frac{Z^2r^2}{a_0^2}\right)e^{-\frac{Zr}{3a_0}}$
n = 4	$\ell = 0$	4s	$R_{4,0} = \frac{1}{768}\left(\frac{Z}{a_0}\right)^{\frac{3}{2}} - \left(192 - 144\frac{Zr}{a_0} + \frac{24Z^2r^2}{a_0^2} - \frac{Z^3r^3}{a_0^3}\right)e^{-\frac{Zr}{4a_0}}$
	$\ell = 1$	4p	$R_{4,1} = \frac{1}{265\sqrt{5}}\left(\frac{Z}{a_0}\right)^{\frac{3}{2}}\left(\frac{80Zr}{a_0} - \frac{20Z^2r^2}{a_0^2} + \frac{Z^3r^3}{a_0^3}\right)e^{-\frac{Zr}{4a_0}}$
	$\ell = 2$	4d	$R_{4,2} = \frac{1}{768\sqrt{5}}\left(\frac{Z}{a_0}\right)^{\frac{3}{2}}\left(\frac{12Z^2r^2}{a_0^2} - \frac{Z^3r^3}{a_0^3}\right)e^{-\frac{Zr}{4a_0}}$
	$\ell = 3$	4f	$R_{4,3} = \frac{1}{768\sqrt{35}}\left(\frac{Z}{a_0}\right)^{\frac{3}{2}}\left(\frac{Z^3r^3}{a_0^3}\right)e^{-\frac{Zr}{4a_0}}$

四、總波動函數$\Psi_{n,\ell,m}$的形式

在知道$\Phi_m(\phi)$、$\Theta_{\ell,m}(\theta)$、$R_{n,\ell}(r)$三函數後，分別見表4.1、表4.2、表4.3，即可根據（4.6）式而求得氫原子或「似氫離子」的「特定波函數」$\Psi_{n,\ell,m}$。

$$\Psi_{n,\ell,m} = R_{n,\ell}(r) \times \Theta_{\ell,m}(\theta) \times \Phi_m(\phi) = R_{n,\ell}(r) \times Y_{\ell,m}(\theta,\phi) \tag{4.6}$$

其中，

$R_{n,\ell}(r)$代表波函數的「徑向部分」（radial part），叫做「徑向波函數」（radial wavefunction）。

$\Theta_{\ell,m}(\theta)$和$\Phi_m(\phi)$是其「角度部分」（angular part），傳統上，常將此二者合在一起，叫做「角度波函數」（angular wavefunction）$Y_{\ell,m}(\theta,\phi)$。

$$Y_{\ell,m}(\theta,\phi)=\Phi_m(\phi)\times\Theta_{\ell,m}(\theta) \quad (4.82)$$

不少教科書稱$Y_{\ell,m}(\theta,\phi)$爲「球諧函數」（harmonic wavefunction），嚴格來講，應該是只有$Y_{\ell,m}(\theta,\phi)$爲複數形式時，才可做如是稱呼。

現將氫原子或「似氫離子」的部分「球諧函數」（$Y_{\ell,m}(\theta,\phi)$）列於表4.4。

表4.4　氫原子或「似氫離子」一些複數型和實數型「球諧函數」$Y_{\ell,m}(\theta,\phi)$

複數型的$Y_{\ell,m}(\theta,\phi)$	軌域符號	實數型的$Y_{\ell,\lvert m\rvert}(\theta,\phi)$	軌域符號
$Y_{0,0}=\frac{1}{\sqrt{4\pi}}$	s	$Y_{0,0}=\frac{1}{\sqrt{4\pi}}$	s
$Y_{1,0}=\sqrt{\frac{3}{4\pi}}\cos\theta$	p_0	$Y_{1,0}=\sqrt{\frac{3}{4\pi}}\cos\theta$	p_z
$Y_{1,+1}=\sqrt{\frac{3}{8\pi}}(\sin\theta)e^{+i\phi}$	p_{+1}	$Y_{1,\lvert 1\rvert\cos}=\sqrt{\frac{3}{4\pi}}\sin\theta\cos\phi$	p_x
$Y_{1,-1}=\sqrt{\frac{3}{8\pi}}(\sin\theta)e^{-i\phi}$	p_{-1}	$Y_{1,\lvert 1\rvert\sin}=\sqrt{\frac{3}{4\pi}}\sin\theta\sin\phi$	p_y
$Y_{2,0}=\sqrt{\frac{5}{16\pi}}(3\cos^2\theta-1)$	d_0	$Y_{2,0}=\sqrt{\frac{5}{16\pi}}(3\cos^2\theta-1)$	d_{Z^2}
$Y_{2,+1}=\sqrt{\frac{5}{8\pi}}(\sin\theta\cos\theta)e^{+i\phi}$	d_{+1}	$Y_{2,\lvert 1\rvert\cos}=\sqrt{\frac{15}{16\pi}}\sin2\theta\cos\phi$	d_{XZ}
$Y_{2,-1}=\sqrt{\frac{5}{8\pi}}(\sin\theta\cos\theta)e^{-i\phi}$	d_{-1}	$Y_{2,\lvert 1\rvert\sin}=\sqrt{\frac{15}{16\pi}}\sin2\theta\sin\phi$	d_{YZ}
$Y_{2,+2}=\sqrt{\frac{15}{32\pi}}(\sin^2\theta)e^{+i2\phi}$	d_{+2}	$Y_{2,\lvert 2\rvert\cos}=\sqrt{\frac{15}{16\pi}}\sin^2\theta\cos2\phi$	$d_{X^2-Y^2}$
$Y_{2,-2}=\sqrt{\frac{15}{32\pi}}(\sin^2\theta)e^{-i2\phi}$	d_{-2}	$Y_{2,\lvert 2\rvert\sin}=\sqrt{\frac{15}{16\pi}}\sin^2\theta\sin2\phi$	d_{XY}

根據線性微分方程式的原理，微分方程式的解之任意線性組合，也必然是該方程式的合理解。用「量子力學」的話來說，「等階系」波函數的任意線性組合，也將是屬於同一能量的合理波函數。因此，若將給定n和l值的「球諧函數」$Y_{\ell,m}(\theta, \phi)$中，任何具有±|m|的兩個波函數進行如下的線性組合，便可得到「實數球諧波函數」：

$$\frac{Y_{\ell,|m|} + Y_{\ell,-|m|}}{\sqrt{2}} \tag{4.83a}$$

和

$$-i\frac{Y_{\ell,|m|} - Y_{\ell,-|m|}}{\sqrt{2}} \tag{4.83b}$$

（一）當m = 0時（又稱爲s狀態）的$Y_{\ell,0}(\theta, \phi)$函數，本身已經是「實函數」，故不另外組合。

（二）當ℓ= 1時（又稱爲p狀態），原本複數形式爲$Y_{1,1}, Y_{1,-1}, Y_{1,0}$，若改寫爲實數形式，可改用$Y_{p_x}$，$Y_{p_y}$，$Y_{p_z}$表示，則爲：

$$\begin{cases} Y_{p_x} = \frac{1}{\sqrt{2}}(Y_{1,1} + Y_{1,-1}) & (4.83c) \\ Y_{p_y} = \frac{-i}{\sqrt{2}}(Y_{1,1} - Y_{1,-1}) & (4.83d) \\ Y_{p_z} = Y_{1,0} & (表4.4) \end{cases}$$

並且從前述的討論中（表4.1、表4.2、表4.3）得知$\Phi_m(\phi)$、$\Theta_{\ell,m}(\theta)$、$R_{n,\ell}(r)$可以分別簡寫成如下的形式：

$$\Phi_m(\phi) = （常數）\times e^{im\phi} \tag{表4.1}$$

$$\Theta_{\ell,m}(\theta) = \sin^{|m|\theta} \times （\cos\theta的多項式） \tag{表4.2}$$

$$R_{n,\ell}(r) = e^{-（常數）r/n} \times r^{\ell}（r的多項式） \tag{表4.3}$$

注意：只有$R_{n,\ell}(r)$和$\Theta_{\ell,m}(\theta)$都是「實數函數」，而$\Phi_m(\phi)$是「虛數函數」。

其中，

$\Phi_m(\phi)$只和「磁量子數」m有關。

$\Theta_{\ell,m}(\theta)$只和「角量子數」ℓ及「磁量子數」m有關。

$R_{n,\ell}(r)$只和「主量子數」n及「角量子數」ℓ有關。

將一個「徑向函數」$R_{n,\ell}(r)$與一個「角度函數」$Y_{\ell,m}(\theta,\phi)$相乘，便可得到一個原子波函數$\Psi_{n,\ell,m}(r,\theta,\phi)$，即（4.6）式。

例如：

（一）複數波函數$\Psi_{n,\ell,|m|}$：（見表（4.5）式）

$$\Psi_{211}(r,\theta,\phi)=R_{2,1}(r)Y_{1,1}(\theta,\phi)=\sqrt{\frac{Z^3}{24a_0^3}}\frac{Zr}{a_0}e^{-Zr/2a_0}\times\sqrt{\frac{3}{8\pi}}(\sin\theta)e^{i\phi}$$

$$=\frac{1}{8\sqrt{\pi}}\left(\frac{Z}{a_0}\right)^{5/2}re^{-Zr/2a_0}(\sin\theta)e^{i\phi}$$

（二）實數波函數$\Psi_{n,\ell,m}$：

$$\Psi_{2px}=R_{21}(r)Y_{1,|1|\cos}=\sqrt{\frac{Z^3}{24a_0^3}}\frac{Zr}{a_0}e^{-Zr/2a_0}\times\sqrt{\frac{3}{4\pi}}(\sin\theta)\cos\phi$$

$$=\frac{1}{4\sqrt{2\pi}}\left(\frac{Z}{a_0}\right)^{5/2}r^{-Zr/2a_0}(\sin\theta)\cos\phi \qquad \text{（表4.5）}$$

上述二式的R(r)和Y(θ, ϕ)，分別參考了表4.3和表4.4。

於是將表4.1、表4.2、表4.3或表4.4代入（4.6）式，可得表4.5之氫原子的三度空間總波動函數$\Psi_{n,\ell,m}$。

表4.5　氫原子（Z = 1）和「似氫離子」的波函數$\Psi_{n,\ell,m}$（r、θ、ϕ）

主量子數 n	角量子數 ℓ	磁量子數 m	波函數$\Psi_{n,\ell,m}$（r、θ、ϕ）
1	0	0	$\Psi_{100}=\frac{1}{\sqrt{\pi}}\left(\frac{Z}{a_0}\right)^{3/2}\cdot e^{-Zr/a_0}$
2	0	0	$\Psi_{200}=\frac{1}{4\sqrt{2\pi}}\left(\frac{Z}{a_0}\right)^{3/2}\cdot\left(2-\frac{Zr}{a_0}\right)e^{-Zr/2a_0}$
2	1	0	$\Psi_{210}=\frac{1}{4\sqrt{2\pi}}\left(\frac{Z}{a_0}\right)^{3/2}\cdot\frac{Zr}{a_0}e^{-Zr/2a_0}\cdot\cos\theta$

主量子數 n	角量子數 ℓ	磁量子數 m	波函數$\Psi_{n,\ell,m}$（r、θ、ϕ）
2	1	+1	$\Psi_{211}=\frac{1}{8\sqrt{\pi}}\left(\frac{Z}{a_0}\right)^{3/2}\cdot\frac{Zr}{a_0}e^{-Zr/2a_0}\cdot\sin\theta\, e^{+i\phi}$
2	1	−1	$\Psi_{21-1}=\frac{1}{8\sqrt{\pi}}\left(\frac{Z}{a_0}\right)^{3/2}\cdot\frac{Zr}{a_0}e^{-Zr/2a_0}\cdot\sin\theta\, e^{-i\phi}$
3	0	0	$\Psi_{300}=\frac{1}{81\sqrt{3\pi}}\left(\frac{Z}{a_0}\right)^{3/2}\cdot\left(27-\frac{18Zr}{a_0}+\frac{2Z^2r^2}{a_0^2}\right)e^{-Zr/3a_0}$
3	1	0	$\Psi_{310}=\frac{\sqrt{2}}{81\sqrt{\pi}}\left(\frac{Z}{a_0}\right)^{3/2}\cdot\left(6-\frac{Zr}{a_0}\right)\frac{Zr}{a_0}e^{-Zr/3a_0}\cdot\cos\theta$
3	1	+1	$\Psi_{311}=\frac{1}{81\sqrt{\pi}}\left(\frac{Z}{a_0}\right)^{3/2}\cdot\left(6-\frac{Zr}{a_0}\right)\frac{Zr}{a_0}e^{-Zr/3a_0}\cdot\sin\theta\, e^{+i\phi}$
3	1	−1	$\Psi_{31-1}=\frac{1}{81\sqrt{\pi}}\left(\frac{Z}{a_0}\right)^{3/2}\cdot\left(6-\frac{Zr}{a_0}\right)\frac{Zr}{a_0}e^{-Zr/3a_0}\cdot\sin\theta\, e^{-i\phi}$
3	2	0	$\Psi_{320}=\frac{1}{81\sqrt{6\pi}}\left(\frac{Z}{a_0}\right)^{3/2}\cdot\frac{Z^2r^2}{a_0^2}e^{-Zr/3a_0}\cdot(3\cos^2\theta-1)$
3	2	+1	$\Psi_{321}=\frac{1}{81\sqrt{\pi}}\left(\frac{Z}{a_0}\right)^{3/2}\cdot\frac{Z^2r^2}{a_0^2}e^{-Zr/3a_0}\cdot\sin\theta\cos\theta\, e^{+i\phi}$
3	2	−1	$\Psi_{32-1}=\frac{1}{81\sqrt{\pi}}\left(\frac{Z}{a_0}\right)^{3/2}\cdot\frac{Z^2r^2}{a_0^2}e^{-Zr/3a_0}\cdot\sin\theta\cos\theta\, e^{-i\phi}$
3	2	+2	$\Psi_{322}=\frac{1}{162\sqrt{\pi}}\left(\frac{Z}{a_0}\right)^{3/2}\cdot\frac{Z^2r^2}{a_0^2}e^{-Zr/3a_0}\cdot\sin^2\theta\, e^{+2i\phi}$
3	2	−2	$\Psi_{32-2}=\frac{1}{162\sqrt{\pi}}\left(\frac{Z}{a_0}\right)^{3/2}\cdot\frac{Z^2r^2}{a_0^2}e^{-Zr/3a_0}\cdot\sin^2\theta\, e^{-2i\phi}$

第三節　四個量子數（n、ℓ、m、m_s）的物理意義

由本章第二節的討論，我們可以知道：氫原子中的電子運動狀態是由n、ℓ、m三個量子數所決定的，除此之外，以下篇幅中還會提到電子的「自旋量子數」（spin quantum number）m_s。本節中，我們將藉由這四個量子數物理意義的討論，

使我們對氫原子和「似氫離子」的各種性質，有更清楚的了解。

這四個量子數n、ℓ、m、m_s彼此間有如下的關係：

$$
\begin{aligned}
&\text{「主量子數」} \quad n = 1，2，3，\cdots n \\
&\text{「角量子數」} \quad \ell = 0，1，2，\cdots n-1 \\
&\text{「磁量子數」} \quad m = 0，\pm 1，\pm 2，\pm 3 \cdots \pm \ell \\
&\text{「自旋量子數」} \quad m_s = +\frac{1}{2}，-\frac{1}{2}
\end{aligned}
\tag{4.84}
$$

由此我們可以得到以下組合的運動狀態：

<table>
<tr><td>n = 1</td><td>ℓ = 0</td><td>m = 0</td><td>1s軌域1個</td><td></td></tr>
<tr><td rowspan="3">n = 2</td><td>ℓ = 0</td><td>m = 0</td><td>2s軌域1個</td><td rowspan="3">共4個軌域</td></tr>
<tr><td rowspan="2">ℓ = 1</td><td>m = 0</td><td rowspan="2">2p軌域3個</td></tr>
<tr><td>m = ±1</td></tr>
<tr><td rowspan="5">n = 3</td><td>ℓ = 0</td><td>m = 0</td><td>3s軌域1個</td><td rowspan="5">共9個軌域</td></tr>
<tr><td>ℓ = 1</td><td>m = 0
m = ±1</td><td>3p軌域3個</td></tr>
<tr><td rowspan="3">ℓ = 2</td><td>m = 0</td><td rowspan="3">3d軌域5個</td></tr>
<tr><td>m = ±1</td></tr>
<tr><td>m = ±2</td></tr>
<tr><td rowspan="3">n = 4</td><td>ℓ = 0</td><td>m = 0</td><td>4s軌域1個</td><td rowspan="7">共16個軌域</td></tr>
<tr><td rowspan="2">ℓ = 1</td><td>m = 0</td><td rowspan="2">4p軌域3個</td></tr>
<tr><td>m = ±1</td></tr>
<tr><td rowspan="3">n = 4</td><td rowspan="3">ℓ = 2</td><td>m = 0</td><td rowspan="3">4d軌域5個</td></tr>
<tr><td>m = ±1</td></tr>
<tr><td>m = ±2</td></tr>
<tr><td>n = 4</td><td>ℓ = 3</td><td>m = 0
m = ±1
m = ±2
m = ±3</td><td>4f軌域7個</td></tr>
</table>

n = n		⋮		共n^2個軌域 （4.85）

換言之，每一個由(n、ℓ、m)所決定的運動狀態稱為「原子軌域」（atomic orbital），但這與第一章第四節提及Bohr所假設的「軌道」（orbit）概念絕對不同。在「量子力學」中，或說在「微觀系統」世界裡，電子繞原子核運動並不是像地球繞太陽（即「巨觀系統」）那樣，有著明確、清楚、可供追尋的「軌道」，相反地，「軌域」僅僅只是代表著一種運動狀態或某一波函數，而不是代表一種眞實「軌道」。而我們之所以沿用「原子軌域」這一名詞至今，純粹是為了教育初學者一個直觀、可想像的物理圖像罷了。

總波函數Ψ不僅規定了該狀態電子在空間的「機率密度分布」，而且透過「算子」的作用，可以確定該狀態下的各種「物理量」，進而對微觀系統有更深刻的認識。下一單元將利用Ψ求解各「物理量」，並理解「量子數」的物理意義。

一、「主量子數」n（主要決定總能量值大小）

在本章第二節中曾提到，當解氫原子體系的「薛丁格方程式」時，針對解R(r)函數，可以得到總能量E_n值，亦即單電子原子的能階公式（（4.67）式）為：

$$
\begin{aligned}
E_n &= -\frac{2\pi^2\mu\, e^4 Z^2}{n^2 h^2} \\
&= -\frac{1}{n^2}\left(\frac{4\pi^2\mu\, e^2}{h^2}\right)\left(\frac{e^2 Z^2}{2}\right) \\
&= -\frac{1}{n^2}\frac{e^2}{2a_0}Z^2 \\
&= -\frac{1}{n^2}\left(\frac{27.2\text{ev}}{2}\right)Z^2 \\
&= -13.59\frac{Z^2}{n^2}\ (\text{eV}) \\
&= -R\times\frac{Z^2}{n^2} = -(13.59\text{eV})\times\frac{Z^2}{n^2} \qquad (4.86)
\end{aligned}
$$

上式參考了以下的（4.87）和（4.88）二式。

（4.86）式中的R = Rydberg常數 = 13.59eV（見（1.34）式）。

E_n也可由「能量算子」$\hat{H}$（見表2.1）直接作用波函數Ψ得到，即$\hat{H}\psi = E_n\Psi$。

而（4.86）式的能量（E_n）之所以取負值，是因爲設定電子離原子核無窮遠處的能量當做是零。或是可以這麼說：由於「原子軌域」的能量值均爲負值，這代表著軌域上的電子處於被原子核吸引的「束縛狀態」（binding state）。

由（4.86）式可見：n由小到大，體系的能量由低到高，所以主量子數n決定了體系能量的高低。

由（4.86）式可見：氫原子（Z = 1）的能量E_n取決於n，且能量E_n與n^2成反比。由於n的取值是「量子化」的，所以能量E_n的取值也是「量子化」的。

再強調一次，解「薛丁格方程式」可知，「似氫離子」的能階公式爲$E_n = -R\dfrac{Z^2}{n^2}$（見（4.86）式），即電子能階只能與「主量子數」n有關。

例如：Li^{2+}（Z = 3）的

$$\begin{cases} \text{1s電子的能階爲：} E_{1s} - \left(\dfrac{3^2}{1^2}\right)R = -9R \\ \text{2s，2p電子的能階爲：} E_{2s,2p} - \left(\dfrac{3^2}{2^2}\right)R = \dfrac{-9}{4}R \\ \text{3s，3p，3d電子的能階爲：} E_{3s,3p,3d} - \left(\dfrac{3^2}{3^2}\right)R = -R \end{cases}$$

因此，相鄰兩個能階的差（ΔE_n）爲：

$$\begin{aligned} \Delta E_n &= E_{n+1} - E_n \\ &= \left[R \times \frac{-Z^2}{(n+1)^2}\right] - \left[R \times \frac{-Z^2}{n^2}\right] \\ &= -RZ^2 \times \frac{2n+1}{n^2(n+1)^2} \end{aligned} \tag{4.87}$$

ΔE_n隨著n的增大而減小，這與第三章的一維箱中粒子模型的結論相同。

若取其氫原子：Z = 1，利用（4.86）式，則其「基本態」（n = 1）能量爲：

$$E_1 = -R \times \frac{1^2}{1^2}$$
$$= -R$$
$$= \frac{-h^2}{8\pi^2 \mu a_0^2}$$
$$= \frac{(6.6262 \times 10^{-34}\,J \cdot s)^2}{8\pi^2 \times (9.1046 \times 10^{-31}\,kg) \times (0.529\,Å)^2}$$
$$= -2.178 \times 10^{-18}\,J$$
$$= -13.595\,eV \qquad (4.88a)$$

其中，$\frac{h^2}{8\pi^2 \mu a_0^2} = R =$ Rydberg常數$= 13.59\,eV$。

若以電子質量m_e（9.1095×10^{-31}kg）代替「簡化質量」μ，可得

$$E_1 = -2.180 \times 10^{-18}\,J = -13.60\,eV \qquad (4.88b)$$

當氫原子處於其他能階時，$E_n = -13.60\frac{1}{n^2}\,eV \quad n = 1，2，3，\cdots$ （4.89）

附帶一提的是，在「量子力學」的計算中，我們經常在原子或分子的計算中，採用下列單位作為「原子單位」（atomic units，簡稱au）：（參考（4.77）式）

長度單位：a_0（Bohr半徑）$= \frac{h^2}{4\pi^2 \mu e^2} = 0.529\,Å$ （4.90）

能量單位：H（Hartree）$= \frac{e^2}{a_0} = 27.2\,eV$ （4.91）

若用了上述「原子單位」，則氫原子的「基本態」能量（n = 1時），根據（4.67）式，並配合（4.87）和（4.88）式，可得：

$$E_{1s} = -\frac{2\pi^2 \mu e^4}{h^2} = -\frac{1}{2}\left(\frac{e^2}{a_0}\right) = -\frac{1}{2}(27.2) = -13.6\,eV \qquad (4.88c)$$

氫原子中電子的動能和位能無固定值，只有平均值。設電子在$\Psi_{n,l,m}$所描述的

狀態中，它在空間一點$\tau(r, \theta, \phi)$附近體積元$d\tau = r^2\sin\theta drd\theta d\phi$內出現的機率為$|\Psi_{n,\ell,m}(r, \theta, \phi)|^2 d\tau$，在該點的位能為$-Ze^2/4\pi\varepsilon_0 r$，根據「量子力學基本假設之四」的推論（即（2.77）式）可知電子在氫原子中的平均位能$\overline{V}$如（4.92）式所示，此式是量子力學假設的推論式（（2.78）式）的具體化：

$$\begin{aligned}\overline{V}_{n,\ell,m} &= \int \Psi^*(V)\Psi d\tau \\ &= \iiint \left(-\frac{Ze^2}{4\pi\varepsilon_0 r}\right)|\Psi_{n,\ell,m}|^2 r^2 \sin\theta drd\theta dr \\ &= -\frac{me^4}{\hbar^2(4\pi\varepsilon_0)^2}\cdot\frac{Z^2}{n^2} = 2E_n\end{aligned} \tag{4.92}$$

即平均位能$\overline{V}$是總能量E_n（見（4.86）式）的兩倍。

由於總能量E_n等於平均位能$\overline{V}$與平均動能$\overline{T}$之和，故

$$\begin{aligned}&E_n = \overline{V} + \overline{T} \\ \Rightarrow\ &\overline{T} = E_n - \overline{V} = \frac{me^4}{2\hbar^2(4\pi\varepsilon_0)^2}\cdot\frac{Z^2}{n^2} = -\frac{1}{2}\overline{V} \\ &E_n = \overline{T} + \overline{V} = \frac{1}{2}\overline{V} = -\overline{T}\end{aligned} \tag{4.93}$$

可見在庫倫引力約束下之微觀系統中，總能量E_n等於平均位能$\overline{V}$的一半，且均為負值，平均動能也是平均位能的一半，但為正值，這就是「Virial定理」（見第二章第十一節）。它們的數值均由「主量子數」n決定，而且都是「量子化」的。對於多電子原子而言，E_n除與「主量子數」n有關外，還受「角量子數」ℓ及「磁量子數」m的影響。

（4.86）式也告訴我們：對單電子原子體系而言，任何具有相同n值的狀態，即使它們的ℓ、m值不同，其能量一定是相同的，而這些狀態又互稱為「等階態」（degenerate state），例如：4s、4p、4d原子軌域的能量皆相同。

又在本章第二節之推導過程中可知：

對於任一個給定的「主量子數」n值，會有從0, 1, 2, …到n - 1共n個不同的「角量子數」ℓ許可值。

且對每個「角量子數」l值，又會有（$2\ell+1$）個不同的「磁量子數」m許可值，因此，具有相同能量的狀態總數為：

$$\sum_{\ell=0}^{n-1}(2\ell+1)=1+3+5+\cdots+2n-1=\frac{(\ell+2n-1)n}{2}=n^2 \qquad (4.94)$$

（一）此正是（4.85）式所示的結果，也就是說：「主量子數」n的軌域共有n^2個，亦稱n^2「等階系」（degeneracy）。

（二）n^2個不同的量子數組合（n、ℓ、m），也就是有n^2個不同的波函數$\psi_{n,\ell,m}$，它們描述了n^2個不同的獨立狀態。

（三）（4.86）式（及（4.67）式）還告訴我們：單電子原子體系的能量（E_n）主要取決於「主量子數」n。

（四）（4.86）式的（及（4.67）式）「主量子數」n值越小，E_n負值越大，能量越低，於是可按n = 1, 2, 3…稱這些「軌域」為：

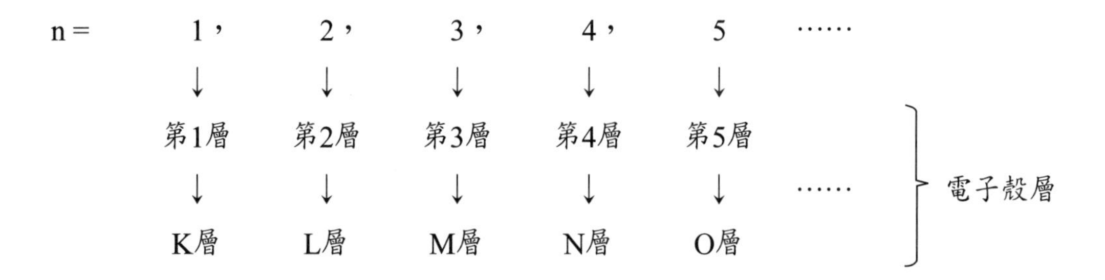

已知每個電子殼層會有n^2個軌域，若根據「Pauli原理」：每個軌域最多只能容納2個電子，則每個殼層最多只能容納$2n^2$個電子，亦即在原子的K、L、M、N、O……層中，最多各能容納2、8、18、32、50……個電子，這個結論和元素週期表所觀察到的事實完全地符合。

1. 前面已述，根據（4.67）式及（4.86）式，可以得知氫原子在「基本態」（這時「主量子數」n = 1）時的能量為13.6ev，這也和氫原子「游離能」的實驗觀測值相符合。
2. 當n = 2時，「單電子原子體系」會有四個狀態（$n^2 = 4$），即一個2s和三個2p狀態的能量是相同的。

3. 同理，n = 3時，「單電子原子體系」會有九個狀態（$n^2 = 9$），即一個3s、三個3p、五個3d軌域的能量皆相同。

也就是說，在同一個能量時有不只一個的獨立狀態，這種現象就稱爲「能量等階」（degenerate energy），「等階狀態」的數目稱爲「等階系」，可參考第三章第三節之說明。

例如：n = 3時，「等階系」爲9（$n^2 = 9$）。又n = 2和3時的能量值分別是n = 1能量值的1/4（$1/2^2$）和1/9（$1/3^2$），參考（4.67）式。

但必須指出的是，上述這些結果只有在「單電子原子體系」時才成立，這是因爲這時單電子和原子核的吸引位能爲$V = -Ze^2/4\pi\varepsilon_0 r$（見（4.3）式），也就是：電子是處在「球形」對稱的位能場中運動（故我們可以用「球座標」求解波函數），所以**「單電子原子體系」的能量只和「主量子數」n有關。**

一旦位能變成「非球形」對稱形式，如「多電子原子體系」時，那就必須考慮到電子和電子間的相互斥力作用所形成的互斥位能，如此一來，它的能量會同時和「量子數」n及ℓ有關。更進一步而言，若「多電子原子體」系處在外加磁場的情況下，其位能的「球對稱性」完完全全被破壞，**這時「多電子原子體系」的能量就必須同時和n、ℓ、m有關。**

即此時的2s、2p能階不再是「等階系」，而是分裂成兩種新能階。且3s、3p、3d能階也不再是「等階系」，而是分裂成三種能階。但這僅考慮電子的空間運動情況下，若再考慮電子的自旋運動，能階還要再進一步分裂（這方面內容在講述原子光譜時，會做進一步討論）。

二、角量子數ℓ（主要決定「電子雲」的形狀）

對於「角量子數」ℓ，我們常以字母方式表示：

ℓ=	0，	1，	2，	3，	4，	5，	6	……
	↓	↓	↓	↓	↓	↓	↓	
對應字母 =	s	p	d	f	g	h	i	……

因此，例如：n = 1、ℓ= 0時的狀態，稱爲1s態；n = 3、ℓ= 2時的狀態爲3d態。

根據第二章之（2.48）式～（2.51）式，我們得知「角動量平方算子」$\hat{L}^2$可以表示爲如下形式：

$$\hat{L}^2 = -\frac{h^2}{4\pi^2}\left[y\left(\frac{\partial}{\partial z} - z\frac{\partial}{\partial y}\right)^2 + \left(z\frac{\partial}{\partial x} - x\frac{\partial}{\partial z}\right)^2 + \left(x\frac{\partial}{\partial y} - y\frac{\partial}{\partial x}\right)^2\right]$$

$$= -\frac{h^2}{4\pi^2}\left[\frac{1}{\sin\theta}\frac{\partial}{\partial\theta}\left(\sin\theta\frac{\partial}{\partial\theta}\right) + \frac{1}{\sin^2\theta}\frac{\partial^2}{\partial\phi^2}\right] \qquad (2.51)$$

我們若將（4.9）式代入（4.12）式，且移項整理後，可得：

$$-\frac{1}{\Theta(\theta)\Phi(\phi)}\left[\frac{1}{\sin^2\theta}\frac{\partial^2}{\partial\phi^2} + \frac{1}{\sin\theta}\frac{\partial}{\partial\theta}\left(\sin\theta\frac{\partial}{\partial\theta}\right)\right]\Theta(\theta)\,\Phi(\phi) = \beta$$

現取$\Theta(\theta)\Phi(\phi) = Y(\theta, \phi)$，即「球諧函數」（見本章第二節），於是上式可改寫爲：

$$-\frac{1}{Y(\theta,\phi)}\left\{\left[\frac{1}{\sin\theta}\frac{\partial}{\partial\theta}\left(\sin\theta\frac{\partial}{\partial\theta}\right) + \frac{1}{\sin^2\theta}\frac{\partial^2}{\partial\phi^2}\right]Y(\theta,\phi)\right\} = \beta \qquad (4.95)$$

比較（2.51）式和（4.95）式，其括號內部分完全一樣。又已經證明$\beta = \ell(\ell+1)$（見（4.35）式），現將（2.51）式代入（4.95）式，得：

$$-\frac{1}{Y(\theta,\phi)} - \left(\frac{4\pi^2}{h^2}\hat{L}^2\right)Y(\theta,\phi) = \ell(\ell+1)$$

即

$$\hat{L}^2\,Y(\theta,\phi) = \ell(\ell+1) \times \frac{h^2}{4\pi^2}Y(\theta,\phi) \qquad (4.96)$$

換句話說，$\ell(\ell+1)h^2/4\pi^2 = \ell(\ell+1)\hbar^2$應爲$\hat{L}^2$的「特定值」（eigenvalue）。亦即電子在繞原子核運動時，其「軌域角動量」的絕對值（$|L|$）也必然「量子化」（不連續的）：

$$|L| = \sqrt{\ell(\ell+1)} \times \frac{h}{2\pi} = \sqrt{\ell(\ell+1)}\hbar \qquad (\ell = 0, 1, 2, \cdots, n-1) \qquad (4.97)$$

由於ℓ既然可以決定「軌域角動量」的大小，也就是決定「軌域」（或說是「電子雲」）的形狀大小，因此ℓ就被稱爲「角量子數」（azimuthal quantum number）。

ℓ取值既然爲「分開的值」（separate values），這意味著：微觀粒子不僅能量「量子化」，而且在「角動量」空間分布方向也是「量子化」的。

除此之外，從「古典電磁學」的觀點來看，當帶電質點做圓周運動時，除了具有「角動量」外，還會產生「磁矩」（magnetic moment），猶如電子在一個小線圈內流動，也會產生「磁矩」是一樣的。

根據研究指出：電子繞原子核運動，除了有「角動量」L之外，還會產生「磁矩」，就像小線圈上的環狀電流會產生「磁矩」一樣。

原子「角動量」和原子的「磁矩」有關。也就是說，原子只要有「角動量」，原子就存在著「磁矩」。原子的「磁矩」$\vec{L}$將和原子的「軌域角動量」$\vec{\mu}$成正比，即

$$\vec{\mu} = \frac{-e}{2m_eC}\vec{L} \tag{4.98}$$

上式中，C爲光速，m_e爲電子質量，e爲電子電荷，加上負號是因爲電子帶負電，而（4.98）式中，「軌域」運動的「磁矩」$\vec{L}$與「軌域角動量」$\vec{\mu}$的比值是（$-e/2m_eC$），此稱爲「軌域」運動的「磁旋比」。

「量子力學」雖然沒有「古典力學」的「軌道」概念，但在用波函數Ψ來描述電子繞原子核的運動狀態時，仍具有「角動量」，這必然也存在著「磁矩」，並可進一步證明（4.98）式在「量子力學」中，也是成立的。將（4.97）式代入（4.98）式，於是「軌域」運動所產生「磁矩」的絕對值（$\vec{\mu}$）爲：（或者說，具有「角量子數」ℓ的電子，其磁矩$\vec{L}$與「角量子數」ℓ的關係爲：）

$$|\vec{\mu}| = \frac{e}{2m_eC}\sqrt{\ell(\ell+1)} \times \frac{h}{2\pi} = \sqrt{\ell(\ell+1)}\mu_B \tag{4.99}$$

其中 $$\mu_B = \frac{eh}{4\pi m_eC} = 9.274 \times 10^{-24}\ J/T \tag{4.100}$$

μ_B常被稱爲「Bohr磁子」，是「磁矩」的一個最小自然單位。由此可知，「角

量子數」ℓ不但決定著電子做軌域運動的「角動量」大小，或「電子雲」的形狀大小，還決定著軌域「磁矩」的大小。

也就是說，「角動量」不為0的電子在磁場中運動會產生「磁矩」μ，μ的值也與「角量子數」ℓ有關，即$\mu = \sqrt{\ell(\ell+1)}\mu_\beta$，其中$\mu_B$為「Bohr磁子」。

可見，「角量子數」ℓ決定了電子軌域運動「角動量」和「磁矩」的數值，所以ℓ稱「角量子數」。由於「角量子數」ℓ是「量子化」的，所以「角動量」和「磁矩」也是「量子化」的。此外，「角量子數」ℓ還決定「原子軌域」的形狀，影響電子離原子核的平均距離$\bar{r}$（見（4.109）式）和多電子原子中電子的能量。

雖是如此，對於多電子原子而言，「主量子數」n相同時，「角量子數」ℓ值不同，則總能量不同，又將電子分成不同的「亞殼層」（subshell）。「角量子數」ℓ還參與確定R(r)和Θ(θ)兩函數的形式。

當ℓ= 1、2、3時，即「似氫離子」的p，d，f軌域的電子之「磁矩」（μ）分別為：

$$|\mu|_p = \sqrt{2}\beta_e \quad (\ell = 1)$$
$$|\mu|_d = \sqrt{6}\beta_e \quad (\ell = 2)$$
$$|\mu|_f = 2\sqrt{3}\beta_e \quad (\ell = 3)$$

即隨著「角量子數」ℓ的增大，電子受磁場的影響越來越大。

前面我們曾提到過，在「多電子原子體系」裡，「角量子數」ℓ也決定著分子軌域的能量大小。我們還會在後面章節裡做進一步的解說。

三、磁量子數m（主要決定「電子雲」的空間方位取向）

由第二章可以知道，「軌域角動量」在x、y、z方向的分量「算子」$\hat{L}_x$、$\hat{L}_y$、$\hat{L}_z$分別為：

$$\hat{L}_x = -i\frac{h}{2\pi}\left(y\frac{\partial}{\partial z} - z\frac{\partial}{\partial y}\right) = -i\frac{h}{2\pi}\left(\sin\phi\frac{\partial}{\partial\theta} + \cot\theta\cos\phi\frac{\partial}{\partial\phi}\right) \quad (2.48)$$

$$\hat{L}_y = -i\frac{h}{2\pi}\left(z\frac{\partial}{\partial x} - x\frac{\partial}{\partial z}\right) = -i\frac{h}{2\pi}\left(\cos\phi\frac{\partial}{\partial\theta} - \cot\theta\sin\phi\frac{\partial}{\partial\phi}\right) \quad (2.49)$$

$$\hat{L}_z = -i\frac{h}{2\pi}\frac{\partial}{\partial\phi} \tag{2.50}$$

於是，很容易證明，若將 $\hat{L}_x$ 、$\hat{L}_y$ 、$\hat{L}_z$ 分別作用在氫原子的波函數 $\Psi_{n,\ell,m}$（見表4.4）上，只有「軌域角動量」在z方向的分量（$\hat{L}_z$）才具有確定值mh/2π，即：

$$\begin{aligned}
\hat{L}_z\Psi_{n,\ell,m} &= -i\frac{h}{2\pi}\frac{\partial}{\partial\phi}[R_{n,\ell}(r)\cdot\Theta_{n,\ell}(\theta)\cdot\Phi_m(\phi)] \\
&= R_{n,\ell}(r)\cdot\Theta_{\ell,m}(\theta)\left[-i\frac{h}{2\pi}\frac{\partial}{\partial\phi}\Phi_m(\phi)\right] \\
&= R_{n,\ell}(r)\cdot\Theta_{\ell,m}(\theta)\left[-i\frac{h}{2\pi}\frac{\partial}{\partial\phi}\left(\frac{1}{\sqrt{2\pi}}e^{im\phi}\right)\right] \quad \text{（（4.17）式代入）} \\
&= \frac{mh}{2\pi}R_{n,\ell}(r)\cdot\Theta_{\ell,m}(\theta)\cdot\Phi_m(\phi)
\end{aligned}$$

也就是

$$\hat{L}_z\Psi_{n,\ell,m} = \frac{mh}{2\pi}\Psi_{n,\ell,m} \tag{4.101}$$

（一）如果給定一個「角量子數」ℓ 值，則其「磁量子數」m的取值爲：0、±1、±2、⋯、±ℓ，共 $2\ell+1$ 個。

因此s能階只有一種，p能階有三種，d能階有五種，f能階有七種，依此類推下去。

s能階電子（m＝0）爲球形對稱分布，磁矩爲0。
p電子的m爲0時，即 p_0 的「磁矩」與磁場方向垂直。（見圖4.2）
p電子的m＝±1時，$p_{\pm1}$ 的磁矩在磁場方向分量爲±1。（見圖4.2）
d電子的磁矩在外加磁場作用下，分裂成五個值，即0、±1、±2。（見圖4.3）
故「磁量子數」m的取值是電子運動產生的「磁矩」在z軸方向的分量。

故得：

$$L_z = \frac{mh}{2\pi} = m\hbar \quad (m = 0、\pm 1、\pm 2、\cdots、\pm \ell) \qquad (4.102)$$

這表示電子在繞原子核運動時，其「角動量」沿著z軸的分量，相當於「磁量子數」m乘以h/2π。因此，「量子數」m確定了電子軌域運動的「角動量」和「磁矩」在磁場方向的分量，所以m稱為「磁量子數」。由於m是「量子化」的，所以L_z和μ_z也都是「量子化」的。

由（4.97）和（4.102）二式可知：氫原子中電子的運動，其「角動量」（不論是「軌域角動量」L或是「沿著z軸的角動量分量」L_z）皆是「量子化」的（即「不連續」）。「角動量」的「量子化」不只存在於一個電子的運動，對於其他的「微粒系統」也普遍存在著，這我們還會在後面章節裡詳述。

雖然我們對電子繞原子核運動的實際情形無從得知（理由是因為「測不準原理」，參考第一章第八節），而只知道「電子雲」的分布，但藉由「量子力學」的幫助，使我們得知其「角動量」是「量子化」的，這個認識至少使我們對它的運動，有了更深一層的了解。

（二）「磁量子數」m值決定了$\Phi(\phi)$和$\Theta(\theta)$函數的形式和數值（見表4.1、表4.2和表4.4）。此外，它還影響「磁矩」與外加磁場的作用能。

（三）我們已在前文裡談到：「電子雲」的形狀及這類型的可能「軌域」數主要決定於「角量子數」ℓ，而「磁量子數」m又和這些「「電子雲」的空間方位取向」密切相關。根據上面討論，我們也知道「磁量子數」m又和「軌域角動量」（L）沿著z軸的分量（L_z）有關（即（4.102）式），因此，可以這麼說：沿著z軸的動量分量將關係著「「電子雲」的空間方位取向」。

（四）切記！我們常以外加磁場的方向，當做是磁場中的z方向，見（4.102）式，故m被稱做「磁量子數」。m的取值為0，±1，±2，…，±ℓ（見（4.84）式），即對同一個「軌域角動量」L大小（設「角量子數」ℓ為一定），其「軌域角動量」在外加磁場的影響下，其空間的方位可以有（$2\ell+1$）種的取向，稱爲「角動量」的「方向量子化」。

（五）對於每一個確定的「角量子數」ℓ值，僅有一個「角動量」L和「磁矩」μ。而它們在磁場方向上的分量卻有（$2\ell+1$）個，這說明它們在空間有各種不同的取向，才導致有這麼多個「分量值」，這種現象稱「角動量」方向的「量子化」。例如：

當「角動量子數」$\ell=2$（見圖4.3）：

「角動量」$L=\sqrt{\ell(\ell+1)}\hbar=\sqrt{6}\hbar$

「角量子數」m＝−2，−1，0，1，2

「角動量」在z方向的分量$L_z=-2\hbar, -\hbar, 0, \hbar, 2\hbar$

值得注意的是，當「軌域角動量」L在z軸上的投影L_z確定時，只能確定θ值，但ϕ值是不確定的。因此，L的方向還是可以變化的，故ϕ值由0°到360°的變化使L形成了以z軸爲主軸，且與z軸夾角爲θ的圓錐面，如圖4.1所示。

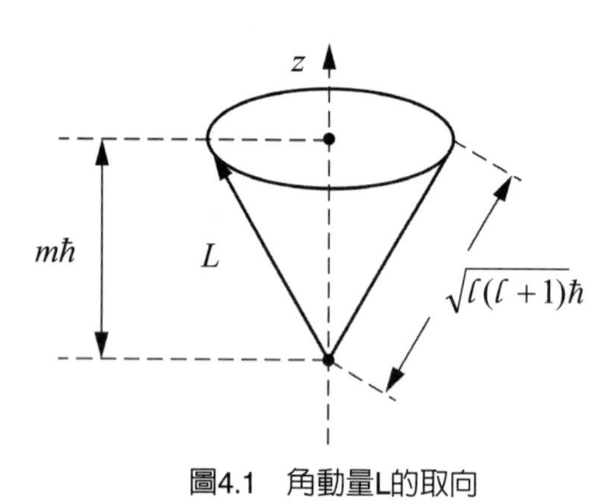

圖4.1　角動量L的取向

我們若是以⊕表示電子繞原子核的總效果（注意這並不代表電子運動具有具體「軌道」。在微觀世界裡，「軌道」是不存在的，也就是說：電子沒有確定的運動軌跡。）及「角動量」，而「角動量」的大小可以用向量長度來表示，單位是取h/2π（＝ħ）。

例如：見圖4.2，當$\ell=1$時，相當於p軌域狀態，其「軌域角動量」的向量長

度爲$\sqrt{2}h/2\pi$（即$|L| = \sqrt{\ell(\ell+1)}\ h/2\pi = \sqrt{2}\ h/2\pi = \sqrt{2}\hbar$），而它在空間中可以有三種（$= 2\ell + 1 = 2\times1 + 1$）方位取向，這三種取向在z軸上的投影分別爲+1h/2π、0、−1h/2π，所以對應於$\ell = 1$的p軌域，可以有三種不同的形式。

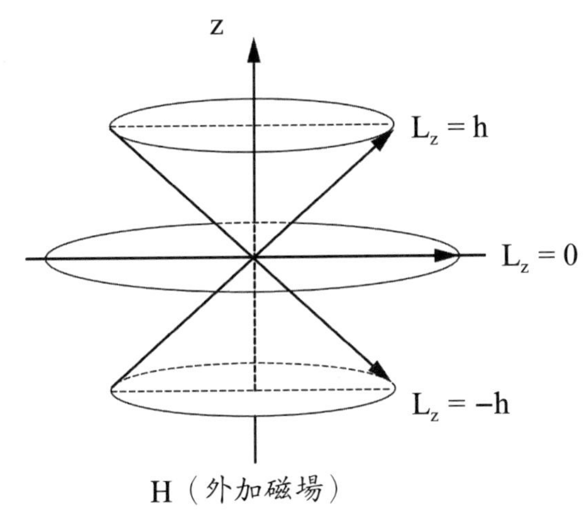

圖4.2　電子於$\ell = 1$狀態時的「軌域角動量」在z軸投影

註：有$3 = (2\times1 + 1)$種方位取向；$L^2 = 2\hbar^2$（見（4.96）式）。

同理，見圖4.3，當$\ell = 2$時，其「角動量」的向量長度爲$\sqrt{6}\ h/2\pi$（即$|L| = \sqrt{2(2+1)}\ h/2\pi = \sqrt{6}\ h/2\pi = \sqrt{6}\hbar$），而它在空間中可以有五種（$= 2\ell + 1 = 2\times2 + 1$）方位取向，即空間取向是「量子化」的。這五種取向在z軸上的投影分別爲：+2h/2π、+1h/2π、0、−1h/2π、−2h/2π，所以對應於$\ell = 2$的d軌域狀態，可以有五種不同的形式。當角動量在z軸上的分量L_z確定後，則在其他軸上的分量L_x，L_y是不固定的，有確定的L_z值，但L_x，L_y值是不確定的。磁矩在磁場中取向量子化的現象已被「Zeeman效應」（見第二章第九節）證實。

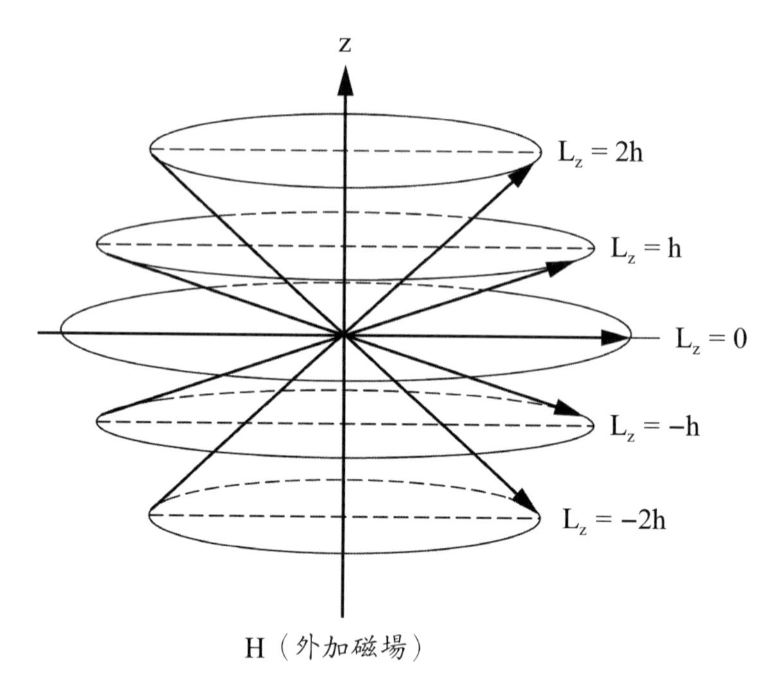

圖4.3 電子於ℓ= 2狀態時的「軌域角動量」在z軸投影

註：有5 = (2×2 + 1)種方位取向；$L^2 = 6\hbar^2$（見（4.96）式）

於本章第三節曾提到過，電子繞原子核運動會產生磁矩，既然「軌域角動量」L在外加磁場方向（即z向）上，會存在著一個分量L_z，可以想見，磁矩μ也必然在外加磁場方向上存在著一個分量μ_z，即（利用（4.102）式）：

$$\mu_z = -\frac{e}{2m_eC}L_z = -\frac{e}{2m_eC}\times\left(\frac{mh}{2\pi}\right) \quad (4.103)$$

事實上，將原子放在磁場中，就相當於將一塊小磁鐵置放在磁場中是一樣的。受到外加磁場（假設磁場強度爲H）的影響，原子的「磁矩」將因外加磁場的取向不同，使得原本處於「等階系」的狀態，其能量將有所不同，也就是原先具有相同能量的狀態會「分裂」成不同能量的能階，其作用能量E可寫爲：（配合（4.103）式）

$$E = -\mu_z \cdot H = \left(\frac{eh}{4\pi\, m_eC}\right)m \cdot H = -\mu_B \cdot m \cdot H \quad (m=0、\pm1、\pm2、\cdots、\pm\ell) \quad (4.104)$$

（4.104）式告訴我們：在「單電子原子體系」裡（如氫原子），若其n、ℓ量子數相同，而只有「磁量子數」m不同的各個狀態，在無外加磁場時（H = 0），這些狀態的能量會一樣，屬於「等階系」。

但一旦有外加磁場作用後，能量就不同了，原本相等能量的能階（即「等階系」）會「分裂」開來，其「分裂」大小依（4.104）式而定。因此，在磁場中觀察原子光譜時，確實會看到原本的一條光譜線，在磁場中會「分裂」成好幾條，這種現象我們稱爲「Zeeman效應」（Zeeman effect）。

原子中電子的「軌域」運動並不是古典圖像中的繞著原子核圓周運動（如圖4.4所示），且「測不準原理」也否定了這種確切的粒子運動軌跡。那麼，原子中的電子怎麼會有「軌域角動量」呢？

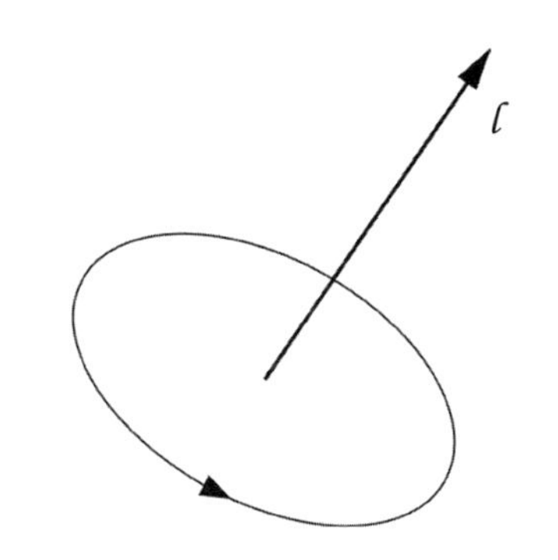

圖4.4　「軌域角動量」的古典圖像

「量子力學」證明：對於含時間的波函數Ψ(q, t)，儘管電子在全空間的總機率不變（對於「歸一化」波函數而言，總機率爲1），但電子在各點的「機率密度」可以隨時間t變化，這表明「機率密度」在「粒子數守恆」的前提下「流動」，衡量這種流動的大小與方向的向量稱爲「機率流密度」。對於「原子軌域」這樣的「穩定態」Ψ，不僅電子在全空間的總機率不變，就連電子在各點的「機率密度」也不隨時間t變化，但「機率流密度」仍不爲零，這表明空間各點的「機率密度」處於一種「動態平衡」，而不是「靜態平衡」。

討論「機率流密度」只能用「複數波函數」（「實數波函數」的「機率流密度」恆爲零），而原子的所有「複數波函數」都繞z軸對稱。於是，「機率流密度」不爲零就意謂著「電子雲」繞z軸轉動。

「機率密度流動」的本質是「波動性」，而不是電子以確切的軌跡做圓周運動。電子具有質量和負電荷，因此「電子雲」轉動產生「軌域角動量」的同時，在相反方向上產生「軌域磁矩」。「軌域磁矩」與「軌域角動量」的比值稱爲「軌域」的「磁旋比」（見（4.98）式）。

第二章已提及：在「量子力學」中，要得到「軌域角動量」的「觀測值」，需要寫出相關的「算子」形式。儘管「軌域角動量平方算子」$\hat{L}^2$與「軌域角動量」$\hat{L}$任一分量算子均可「互換」，但「軌域角動量」三個分量「算子」卻互不能「互換」：（見表2.1）

$$[\hat{L}^2, \hat{L}_x] = 0$$
$$[\hat{L}^2, \hat{L}_y] = 0$$
$$[\hat{L}^2, \hat{L}_z] = 0$$
$$[\hat{L}_x, \hat{L}_y] = i\hbar\hat{L}_z \neq 0$$
$$[\hat{L}_y, \hat{L}_z] = i\hbar\hat{L}_x \neq 0$$
$$[\hat{L}_z, \hat{L}_x] = i\hbar\hat{L}_y \neq 0$$

所以一般來說，只對一個「軌域角動量」分量「算子」有「特定值」，通常是選擇z分量「算子」$\hat{L}_z$。反之，「軌域角動量」的x、y分量（即$\hat{L}_x$和$\hat{L}_y$）的不確定，導致總和向量——「軌域角動量」的「算子」（$\hat{L}_x + \hat{L}_y + \hat{L}_z$）也沒有「特定值」，但「軌域角動量平方算子」$\hat{L}^2$有「特定值」，由此可求得「軌域角動量」的大小。於是，我們只需要將以上$\hat{L}_z$和$\hat{L}^2$「算子」化，就可以用第二章的「量子力學的基本假設」，求算出「特定值」（或說是「觀測值」）。

四、自旋量子數m_s（主要決定「自旋」的狀態）

電子除繞原子核運動外，現在已知還包括著「自旋」（spin）運動，猶如地球繞行太陽除了做「公轉」運動外，地球自身也做「自轉」運動。

根據研究指出，電子做「自旋」運動，亦是「量子化」的，其「自旋角動量」

（spin angular momentum）的大小$|L_s|$是由「自旋量子數」（spin quantum number）$|m_s|$所決定的。「自旋量子數」m_s只有兩種數值：$+\frac{1}{2}$和$+\frac{1}{2}$。並且「自旋角動量」若和（4.97）式的「軌域角動量」L相較：

$$|L_s| = \sqrt{|m_s|\cdot|m_s+1|}\,\frac{h}{2\pi} \tag{4.105}$$

而「自旋角動量」在磁場方向（z向）的分量$L_{s,z}$，也是由「自旋量子數」m_s所決定：（和（4.102）式相較）

$$L_{s,z} = m_s \cdot \frac{h}{2\pi} = m_s\hbar \tag{4.106}$$

電子本身的「自旋」現象或「自旋量子數」是無法從普通的「薛丁格方程式」導出，但卻能從實驗方面得到證實，並求出其「自旋角動量」。雖是如此，只有包含「相對論」理論的Dirac「量子力學」，才可推導出此「自旋量子數」m_s。

因此，決定電子運動狀態的共有n、ℓ、m、m_s四個量子數。現在已知同一原子中，絕對不可能有四個量子數完全相同的電子或運動狀態。也就是說，同一軌域（即有相同的n、ℓ、m）最多只能容納二個電子：

一個爲$m_s = \frac{1}{2}$（或稱爲「上自旋」（spin-up），標示爲↑）。
另一個爲$m_s = -\frac{1}{2}$（或稱爲「下自旋」（spin-down），標示爲↓）。

這就是第二章曾提到的著名「Pauli原理」（Pauli Principle）。

於是，這四個量子數（n、ℓ、m、m_s）與電子運動狀態的關係總結如表4.6所示。

表4.6　n、ℓ、m、m_s與單電子運動狀態的關係

主量子數n	n = 1	n = 2	n = 3	n = 4
（主要決定體系的能量或電子殼層次）	K層	L層	M層	N層

主量子數n	n = 1	n = 2	n = 3	n = 4
角量子數ℓ （主要決定電子雲的形狀或軌域的組別）	1s （ℓ = 0）	2s（ℓ = 0） 2p（ℓ = 1）	3s（ℓ = 0） 3p（ℓ = 1） 3d（ℓ = 2）	4s（ℓ = 0） 4p（ℓ = 1） 4d（ℓ = 2） 4f（ℓ = 3）
磁量子數m主要決定 （電子雲的空間方位取向）	（m = 0）	（m = 0）	（m = 0）	（m = 0）
		（m = 0 m = ±1）	（m = 0 m = ±1）	（m = 0 m = ±1）
			（m = 0 m = ±1 m = ±2）	（m = 0 m = ±1 m = ±2）
				（m = 0 m = ±1 m = ±2 m = ±3）
旋量子數m_s （主要決定電子的自旋狀態）	$m_s = \pm\frac{1}{2}$	$m_s = \pm\frac{1}{2}$	$m_s = \pm\frac{1}{2}$	$m_s = \pm\frac{1}{2}$
軌域數目	1	4	9	16
每組軌域的電子數最大容量	2	8	18	32

解單電子原子的「薛丁格方程式」，得到能量、「量子數」和R(r)、Θ(θ)、Φ(ϕ)之三個函數，將這些函數相乘（見表4.1、表4.2、表4.3），最後得到單電子原子的波函數等重要結論。

能量	$E_n = -13.6Z^2/n^2$（eV）（見（4.86）式）						
主量子數（n）	1	2	3	4	5	6	7
對應符號	K	L	M	N	O	P	Q

角量子數（ℓ）	0	1	2	3	4	…	(n－1)
對應符號	s	p	d	f	g	…	
磁量子數（m）	0	±1	±2	…	±ℓ	（共$2\ell+1$項）	

一個「主量子數」n確定一個能量E_n，每一套量子數（n、ℓ、m）確定一個總波函數$\Psi_{n,\ell,m}$的具體形式。每一個總波函數$\Psi_{n,\ell,m}$對應一個能量E_n，描述系統中一種單電子的空間運動狀態。

一個總波函數所描述的單電子空間運動，常常簡稱為一個「軌域」（orbital），因此，這些總波函數$\Psi_{n,\ell,m}$又稱「原子軌域函數」（atomic orbital functions），簡稱為「原子軌域」（atomic orbital）。

但應注意，此處的「軌域」完全不同於第一章所述的「Bohr理論」中具有固定半徑的軌域，僅僅是沿用習慣上的術語，目的是將電子的空間運動與以後所講的「自旋運動」加以區別。

後續凡提到「軌域」一詞，應理解為它是原子或分子的「單電子總波函數」，描寫了原子或分子中一個電子的運動狀態。在這種狀態下，電子在空間的位置服從由$|\Psi|^2$所決定的「機率分布」。

第四節　氫原子軌域之圖形表示

解氫原子的「薛丁格方程式」得到有關能量和波函數的定量描述，這些都是抽象和晦澀難懂的數學表達式，不易理解其物理意義。本節討論「原子軌域」（Ψ）和「電子雲」（$|\Psi|^2$）的圖形表示。

「原子軌域」和「電子雲」的圖形表示，不僅形象直觀、容易理解，且可幫助我們更深刻認識原子的結構、性質及形成鍵結過程。

原子的化學性質和其「電子雲」的分布範圍、形狀及方向有著極密切的關係。就因為各種「電子雲」有一定的形狀及取向，所以當兩個原子結合成分子時，就有一定的方向性。「電子雲」伸展範圍的大小，亦直接影響著它的鍵結能力。此外，原子半徑的大小、磁性等等也都和「電子雲」有關。因為氫原子的研究結果，常可定性地推廣到其他多電子原子的情況，所以我們就根據氫原子的各種波函數$\Psi_{n,\ell,m}$，來討論「電子雲」的分布及形狀。

由表4.5可見，原子「軌域函數」的形式，基本上是比較複雜；並且$\Psi_{n,\ell,m}$是空間座標r、θ、ϕ的函數，要畫出Ψ和三個變數r、θ、ϕ之間的關係，需要四維座標，而我們生存在三度空間，因此，不可能畫四度空間的「原子軌域」，所以無法用適當的圖形，將Ψ（或$|\Psi|^2$）隨r、θ、ϕ變化的情形表示清楚。

雖是如此，由於波函數$\Psi_{n,\ell,m}(r、\theta、\phi)$可以表示成「徑向部分」和「角度部分」的乘積，即（4.6）式：$\Psi_{n,\ell,m}(r、\theta、\phi) = R_{n,\ell}(r)Y_{\ell,m}(\theta, \phi)$。

一、$R_{n,\ell}(r)$代表原子波函數Ψ的「徑向部分」，叫做「徑向波函數」。把$R_{n,\ell}(r)$和$R_{n,\ell}(r)^2$隨r的變化關係，繪製成圖，稱爲「徑向分布圖」（後續會有詳細介紹）。

二、$\Theta_{\ell,m}(\theta)$和$\Phi_m(\phi)$是原子波函數Ψ的「角度部分」，結合在一起，叫做「角度波函數」，即

$$Y_{\ell,m}(\theta, \phi) = \Theta_{\ell,m}(\theta) \cdot \Phi_m(\phi) \tag{4.82}$$

也把$Y_{\ell,m}(\theta, \phi)$和$|Y_{\ell,m}(\theta, \phi)|^2$隨θ、ϕ的變化關係，繪製成圖，稱爲「角度分布圖」（後續會有詳細介紹）。

也就是先分別討論上述的「徑向部分」$R_{n,\ell}$和「角度部分」$Y_{\ell,m}$兩部分的情形，然後再加以綜合，如此一來，我們可以把複雜的波函數Ψ分解成低維的圖形，而從不同的角度來檢測單電子原子的「電子結構」（electronic structures）。

換句話說，所有的單電子波函數$\Psi_{n,\ell,m}$基本上都具有相同的數學結構，只是隨著「量子數」n和ℓ值的增大，「r的多項式」（即$R_{n,\ell}(r)$；見表4.3）和「cosθ的多項式」（即$\Theta_{\ell,m}(\theta)$；見表4.2）會變得越來越複雜。

還有一個參數值得注意，那就是（參考（4.90）式）：

$$a_0 = \frac{h^2}{4\pi^2\mu e^2} = 0.529 \times 10^{-10}\,m = 0.529\ Å \tag{4.90}$$

這正是第一章所提到的氫原子的「Bohr半徑」（或說是氫原子的最小軌域半徑）。

已知氫原子的「穩定態」之「薛丁格方程式」寫爲：

$$\hat{H}\Psi = E\Psi \quad (4.4)$$

其中的「Hamiltonian算子」（又稱「能量算子」）$\hat{H}$ 相對應於體系的總能量E。因此，（4.4）式亦是能量的「特定方程式」。Ψ是描述原子中電子運動狀態的函數（常稱「原子軌域」）。由（4.4）式方程式所解出的Ψ值的平方$|\Psi|^2$，表示著在該點發現電子的「機率密度」，這就是波函數Ψ的物理意義（注意：機率＝（機率密度）×體積）。

在第二章第四節的內容中已提及：應注意「機率」$|\Psi|^2d\tau$與「機率密度」$|\Psi|^2$兩個概念的不同，前者是無單位的純數，後者的單位爲「1/體積」（如：$1/cm^3$）。

對於單電子而言，無論它處在哪個軌域裡，它在整個空間各處出現的機率的總和，終歸是1，亦即將$|\Psi|^2d\tau$對整個空間積分，應有：

$$\int|\Psi|^2 d\tau = 1$$

這也叫做「歸一化」條件（見第二章第四節）。從這裡也可看出，電子在空間任一處出現的機率$|\Psi|^2d\tau$，一定是小於1的數值，但某點的「機率密度」$|\Psi|^2$卻可以是遠遠大於1的數值。

如此一來，正如先前所說的，一個「原子軌域」Ψ實際上是反映了原子中電子的一種運動狀態。$|\Psi|^2$反映了電子在原子核周圍空間各點出現的機會大小，此即「機率密度」分布。每一個「原子軌域」所對應的電子「機率密度」$|\Psi|^2$分布的具體情形，以及「原子軌域」Ψ本身數值分布的情形，都可從Ψ的函數形式中得知，也可用本節所述及的圖形來表示。

原子中的電子有一系列能量從低到高的運動狀態，亦即「原子軌域」，分別稱做：1s軌域、2s軌域、3s軌域等等，這些軌域有無窮多個，原子中有限的電子通常**處在能量較低的軌域**上，並具有相對應的電子「機率密度」$|\Psi|^2$分布。

當電子吸收外界的能量時，便可能轉移到能量較高的軌域上，並產生相對應的新「機率密度」分布。由此可見，「量子力學」的「原子軌域」概念與「古典力學」的「軌道」概念，在本質上有很大的不同。

「古典力學」中的「軌道」，是指具有某種速度、有一定軌跡，可以確定運動物體在任意時刻的位置的軌道，如行星的軌道等。這種概念在研究原子、分子等微觀體系時，已被證明不成立而被摒棄。

「量子力學」中的「原子軌域」概念，如前所述，不是某種確定的軌跡，而是用波函數Ψ描述的一種運動狀態，它的平方反映著電子的「機率密度」分布。這是由於電子具有「波動性」，服從「測不準原理」，因而「行蹤不定地」按一定的機率，在原子核附近空間各處出現。

也正由於電子行蹤不定地在空間各點出現，彷彿電子是分散在原子核周圍的空間，化學家爲了有效且形象地掌握「原子軌域」的概念，常用一種雲狀物來模擬想像電子的「機率密度」分布，亦即$|\Psi|^2$的空間分布。

關於「電子雲」圖形，我們將在後續的內容中解說。電子出現「機率密度」大的地方，「雲」濃密一些；「機率密度」小的地方「雲」稀薄一些，這種直觀的圖像，能夠形象地表達$|\Psi|^2$的分布，稱做軌域的「電子雲」分布。這並不是說電子眞的像「雲」那樣分散，使得電子不再是一個粒子，而只是表明電子行爲具有「統計性」的一種形象說法。在觀測原子的實驗中，事實上並不能觀察到電子正好在什麼地方，觀察到的只是電子在空間的機率分布而已，即「電子雲」的分布。（目前還缺乏精密儀器來觀測「電子雲」，但有些方法如x光繞射法，是可以粗略地觀察到「電子雲」的分布。）

例4.4 H原子的1s電子離原子核越近「機率密度」應該越大，爲什麼它卻在離原子核52.9 pm處機率最大？

解：本題包含兩個基本概念：「機率密度」和「機率」。（也見第二章之介紹）

所謂「機率」，是指電子在某區域內出現的可能性大小，因此，「機率」總是針對一定體積而言。例如，原子結構中把電子在某體積元dτ中出現的「機率」用$|\Psi|^2 d\tau$表示。我們把原子的核周圍空間中某一點Ψ的絕對值平方$|\Psi|^2$，稱爲在該點發現的「機率密度」。因此，「機率密度」總是對一點而言。

H原子的1s軌域之波函數爲：

$$\psi_{1s} = \sqrt{\frac{1}{\pi a_0^3}} e^{-r/a_0}$$

則

$$\psi_{1s}^2 = \frac{1}{\pi a_0^3} e^{-2r/a_0}$$

其中，a_0爲Bohr半徑，r爲空間上某點與原子核的距離。從上式可看出，ψ_{1s}^2值隨r的增大按指數關係迅速減小，如圖A，所以1s電子在近原子核處「機率密度」最大。

如果我們研究1s電子在距原子核r處厚度爲dr的薄球殼圖B體積內電子出現的「機率」，因爲薄球殼體積爲$4\pi r^2 dr$，故其「機率」爲$\psi_{1s}^2 \times 4\pi r^2 dr$。當dr = 1時，則「機率」爲$\psi_{1s}^2 \cdot 4\pi r^2$。$\psi_{1s}^2 \cdot 4\pi r^2$隨r的變化圖（見圖B）。圖B中極大點正好落在Bohr半徑（52.9pm）處。這表明在r = 52.9pm附近，厚度爲dr = 1的薄球殼內找到電子的「機率」要比r爲其他值的地方同樣厚度的薄球殼內找到電子的「機率」大。

比較圖A、圖B可以看到，圖A中的原子核處，電子出現的「機率密度」最大（或「電子雲」最密），在圖B的原子核處發現電子的「機率」卻爲零。兩者似乎有矛盾。實際上則不然，因爲前者是指原子核外空間某點的「機率密度」，而後者可理解爲距原子核r附近厚度dr薄殼層內的「機率」。因薄殼層的體積$4\pi r^2 dr$隨著r的增加而迅速增加，雖然r = 0處ψ_{1s}^2最大，但r = 0處$4\pi r^2 dr = 0$，它們的乘積還是零。同理，當r值很大時，儘管$4\pi r^2 dr$值很大，但ψ_{1s}^2值趨近於0，它們的乘積也趨近於0。只有當r值不大也不小時，這個不大不小的r就等於52.9pm，此時ψ_{1s}^2和$4\pi r^2 dr$的乘積最大。

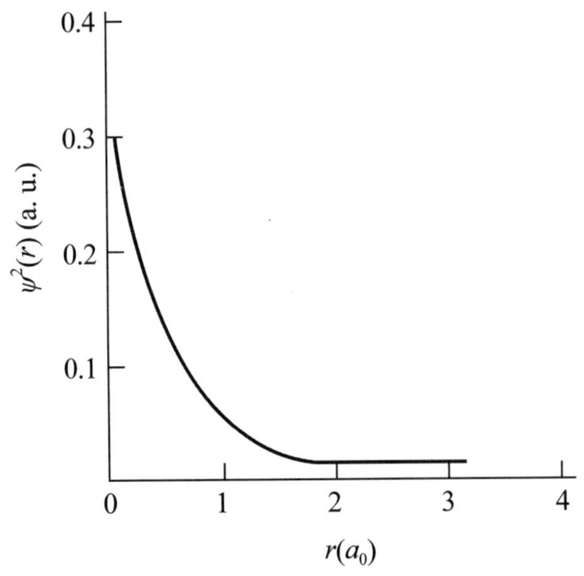

圖A 氫原子電子徑向密度分布表示圖

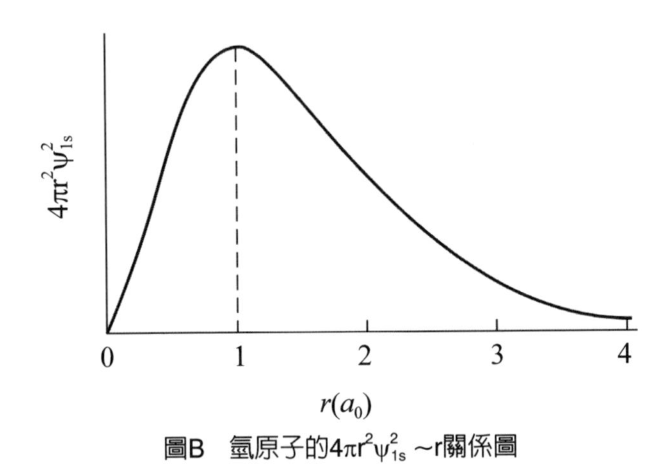

圖B 氫原子的$4\pi r^2\psi_{1s}^2$ ~r關係圖

例4.5 原子軌域中的電子是怎樣穿過「節面」（node surface）從一個區域到另一個區域的？

解：「節面」是指原子軌域中「電子雲」的「機率密度」爲零的面。在每一個原子軌域中，「角度節面」有ℓ個，「徑向節面」討論$(n - \ell - 1)$個，因此共有n − 1個「節面」（n 爲「主量子數」，ℓ爲「角量子數」）。例如：4s

軌域無「角度節面」；4d軌域「角度節面」2個，「徑向節面」1個。4s、4p、4d「節面」總數都是3個。既然在「節面」上電子出現的「機率」爲零，那麼電子是怎樣從「節面」的一側到另一側呢？

這裡同樣要拋開「古典力學」物理中「軌跡」的概念，具體可有以下幾種解釋：

(1) 認爲電子具有「波動性」，電子波具有「駐波」的特點，因此「節面」不影響波的傳播。

(2) 認爲「節面」是幾何的面，而電子本身有體積，所以在「節面」上任一點微體積元$\Delta\tau$時，$\Delta\tau$至少應等於電子本身的體積，$\psi^2\Delta\tau$並不等於零，因而電子出現的「機率」也不是零。

(3) 認爲如果把「電子雲」理解爲對一個處於狀態（如$2p_x$態）的電子反覆進行觀察，確定其不同時間的座標，然後把這些座標「疊加」起來形成圖像，當電子的座標完全確定時，它的動量就不可能同時也有確定值。所以，我們對一個$2p_x$態電子進行一次觀察，確定了它的位置座標後，這個電子就可能再處於$2p_x$態，也就是說確定座標的同時電子的狀態必定發生變化。如果我們接著就進行第二次觀察，這第二次觀察的，當然不可能是一個處於$2p_x$態的電子。如果我們要得到$2p_x$「電子雲」圖，在每次觀察以後必須採取措施使電子的狀態再恢復$2p_x$態。由於在兩次觀察之間電子要經歷一系列狀態變化，所以，我們就可以理解爲什麼在相繼兩次$2p_x$態觀察中，電子在前一次可以出現在「節面」的一側，而在後一次卻出現在「節面」的另一側。

(4) 認爲「節面」的出現乃是「非相對論性量子力學」處理的結果。根據「狹義相對論」，物質在接近光速時，物質運動規律就要用「相對論力學」去處理。原子中的電子運動速度已接近光速，因此，嚴格說應該用「相對論量子力學」去處理。由於「相對論量子力學」正確地處理了電子自旋，使得在原非相對論性角度「節面」的地方出現了一定的機率值，此機率值雖然不太大，但不等於零。相對論性「徑向機率分布圖」與非相對論性的差別不大，也存在「節面」。但「相對論」

的「徑向函數」是由一個大分量和一個小分量所組成。兩個分量的「徑向機率分布曲線」雖然各有「節面」，但不出現在同一r值處，因而總的「徑向機率分布圖」上的「節面」便消失了。圖A顯示出了「相對論」性4p軌域的「徑向機率分布圖」。上圖是大分量的「徑向機率分布圖」，中圖是小分量的「徑向機率分布圖」（注意，中圖的縱座標比例比上圖小得多），下圖是「軌域徑向機率分布圖」，它是由上、中兩圖相加得到的。由於上、中兩圖「節面」位置不同，相加結果使「節面」消失。

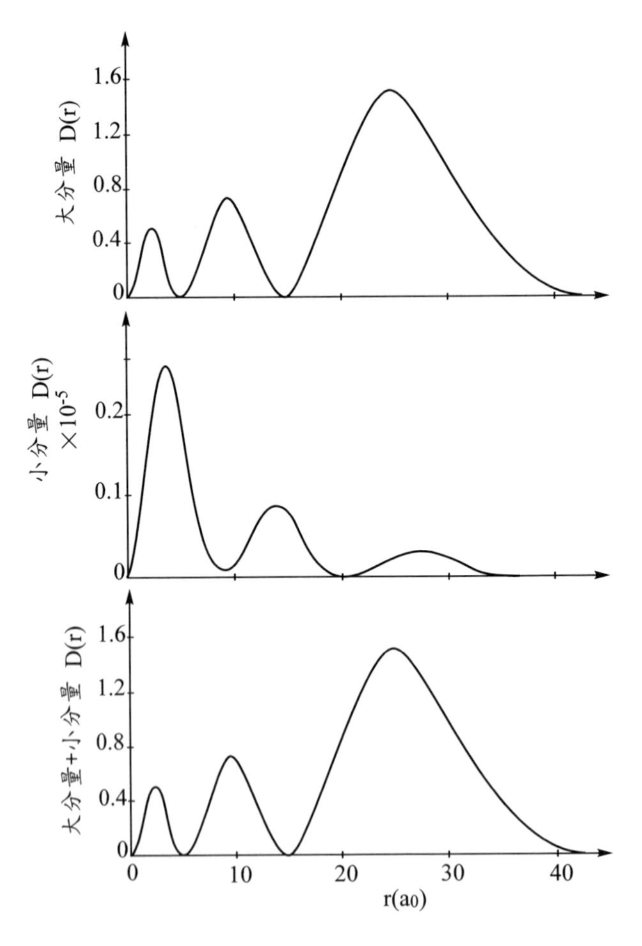

圖A　相對論性$4p_{3/2}$軌域的「徑向機率分布圖」

必須指出：關於「原子軌域」和「電子雲」的圖形正如本節所述會有多種表示形式。這些都是爲了不同的目的，從不同的角度考察ψ和$|\psi|^2$的性質，進而得到不同的圖形。這些圖形總是突出某些性質而忽略另一些性質，各自從不同的角度反映ψ和$|\psi|^2$的性質。應用時要特別注意不同圖形的特定意義。將各種不同的圖形綜合起來考慮，就能得到ψ和$|\psi|^2$的完整形象。

通常有兩種基本的方法來描述「原子軌域」：一種是以波函數做圖。另一種是畫出一定「機率密度」的「界面」（surface）。

但經常有人將上述兩種方法混淆。例如，有人將波函數的「角度分布圖」誤認爲是「原子軌域」的「界面」。以下我們將分別對此兩種方法加以討論。

一、徑向(r)分布圖

首先，以「原子軌域」的作圖法來加以說明。如果將總波函數ψ用r、θ、ϕ之三個獨立變數來作圖，那我們就需要有4維空間，但我們原本是生活在3度空間，因此不可能畫出4度空間的「原子軌域圖」。所以，出於不同的目的，常從不同的角度來考慮ψ和$|\psi|^2$的性質，進而就得到了不同的圖形，使抽象的數學表達式成爲具體的圖像。將這些不同的圖形綜合加以考慮，就可以得到關於ψ和$|\psi|^2$性質的一個較完整的形象，這對於了解原子的結構和性質，了解原子化合爲分子的過程都具有重要的意義。

爲此，我們將對ψ中的各個獨立變數作圖。爲了表示「軌域函數」或「電子雲」隨徑向r（電子與原子核之距）值變化的情形，在一般文獻、書籍中，常見的圖形表示法有三種（見圖4.5）：（一）徑向波函數（radial wave function）$R_{n,\ell}(r)$圖；（二）徑向密度函數（radial density function）$|R_{n,\ell}|^2(r)$圖；（三）徑向分布密度函數（radial distribution function）$D_{n,\ell}(r)$圖。這三種圖彼此間相互有關係，但又有一定的區別。「徑向波函數圖」反映在任意給定的角度方向上（即已固定θ和ψ），$R_{n,\ell}(r)$本身數值隨r變化的情形；「徑向密度函數圖」反映在任何給定角度方向上，電子「機率密度」函數的徑向部分$|R_{n,\ell}|^2(r)$隨r變化的情形；「徑向分布密度函數圖」則是反映了電子雲的分布隨r變化的情形。

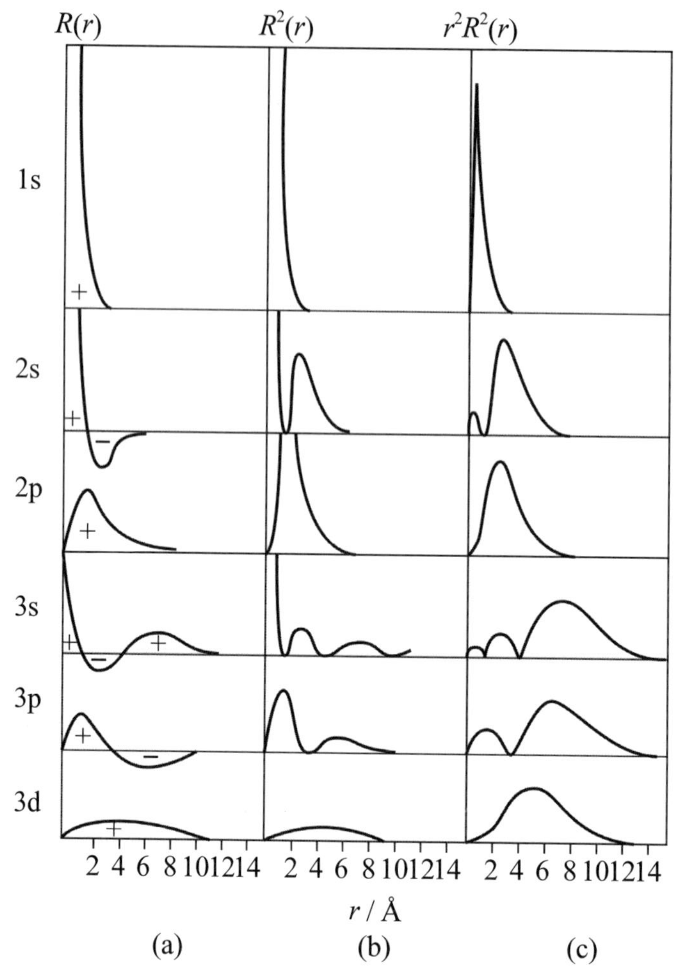

圖4.5 氫原子的(a)「徑向波函數圖」；(b)「徑向密度函數圖」；(c)「徑向分布密度函數圖」

現在分別介紹如下：

（一）徑向波函數$R_{n,\ell}(r)$圖

以「徑向函數」$R_{n,\ell}(r)$對r作圖，可得到「徑向波函數圖」。見圖4.5(a)，圖中$R_{n,\ell}(r)$值的大小反映著電子與原子核，在不同距離r時的相對大小及正負。要注意的是，圖4.5(a)中曲線在經過橫軸時，$R_{n,\ell}(r)$會改變符號，而$R_{n,\ell}(r)$曲線和橫軸的交叉點，就稱爲「節點」（node）。

以3s軌域（$n = 3$，$\ell = 0$）爲例，從圖4.5(a)中可看到，$R_{30}(r)$隨r的增大，起先正值逐漸變小，經過一個「節點」後，變爲負值，隨後又經過一個「節點」，轉爲正

值。

我們若仔細觀察圖4.5(a)的$R_{n,\ell}(r)$對r的作圖，將可發現到「徑向波函數」的「節點」數（亦即$R_{n,\ell}(r)=0$），恰好爲（n − ℓ − 1）個。這可從（4.81）式得到證明：

$$R_{n,\ell}(r)=\left[C_1+C_2\left(\frac{Zr}{a_0}\right)+C_3\left(\frac{Zr}{a_0}\right)^2+\cdots+C_n\left(\frac{Zr}{a_0}\right)^{n-\ell-1}\right]\times\left(\frac{Zr}{a_0}\right)^{\ell}e^{-\frac{Zr}{na_0}} \qquad (4.81)$$

換言之，想要使$R_{n,\ell}(r)=0$，必須上述三個因子的其中一個爲零：

$$\left[C_1+C_2\left(\frac{Zr}{a_0}\right)^2+\cdots+C_n\left(\frac{Zr}{a_0}\right)^{n-\ell-1}\right]=0 \quad 或 \quad [Zr/a_0]^{\ell}=0$$

或　$\exp[-Zr/na_0]=0$

其中$[Zr/a_0]^{\ell}$和$\exp[-Zr/na_0]$只有在r = 0或r = ∞時才會爲零，否則它們是不會爲零的，因此，想要使介於0和∞之間的r值造成$R_{n,\ell}(r)=0$，那就必須$\left[C_1+C_2\left(\frac{Zr}{a_0}\right)^2+\cdots+C_n\left(\frac{Zr}{a_0}\right)^{n-\ell-1}\right]$爲零，亦即：

$$C_1+C_2\left(\frac{Zr}{a_0}\right)+C_3\left(\frac{Zr}{a_0}\right)^2+\cdots+C_n\left(\frac{Zr}{a_0}\right)^{n-\ell-1}=0 \qquad (4.107)$$

這就相當於求解上述方程式的「根數」（roots），而此代數方程式的r的階次等於該方程式有幾個根值。因爲已知（4.107）式的r的最高階次爲（n − ℓ − 1），即會有（n − ℓ − 1）個r值使得$R_{n,\ell}(r)=0$，因此，「徑向波函數圖」的「節點」數爲（n − ℓ − 1）。

我們再強調一次：（又見圖4.6）

1. 圖4.5(a)和圖4.6中「徑向函數」$R_{n,\ell}(r) = 0$的點稱爲「節點」，其「節點」數爲（$n - \ell - 1$）個。
2. 以「節點」到原點間的距離爲半徑所形成的球面稱爲「節面」（node surface）。在「節點」和「節面」上的總波函數Ψ爲零。
3. 由於$R_{n,\ell}(r) = 0$值與θ、ϕ角無關，只和r值有關，所以$R_{n,\ell}(r)$的「徑向波函數圖」是「球形」對稱的。

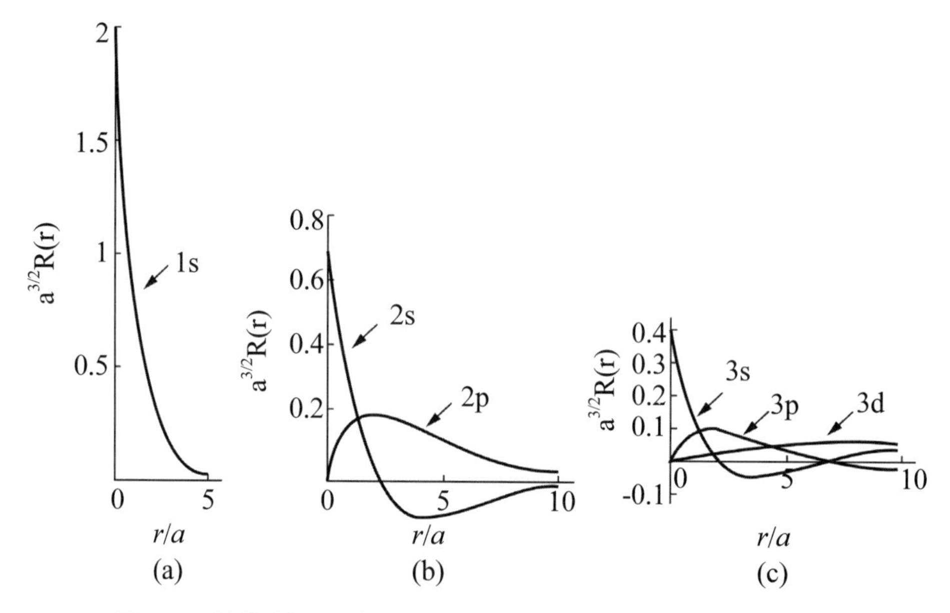

圖4.6　「似氫離子」波函數的徑向因子$R_{n,\ell}(r)$之「徑向波函數圖」

（二）徑向密度函數$|R_{n,\ell}|^2(r)$圖（$|R_{n,\ell}|^2(r)$常簡寫爲$|R|^2(r)$）

以「機率密度」$|R_{n,\ell}|^2(r)$對r作圖，可得「徑向密度函數圖」，見圖4.5(b)，它表示電子在任意給定角度（即θ和ϕ固定）方向上，距原子核爲r的某點附近、單位體積內出現的機率。

$|\Psi|^2$對r做圖，稱爲「機率密度」（電子雲）的「徑向密度分布圖」，其實，由（4.81）式可知，這相當於$|R|^2(r)$對r做圖，故$|R|^2(r)$稱爲「徑向機率密度」，即在徑向r上某點附近，發現電子的「機率密度」。

由於電子具有「波動性」，服從「測不準關係」，在原子中運動的電子不再有

古典式的「軌道」運動，而是行蹤閃爍不定，按「機率密度」（$|\Psi|^2$）分布出現在原子核周圍的空間。在「機率密度」圖上，常以小黑點的疏密度表示機率的大小。

也就是說：$|\Psi|^2$大的地方，小黑點密，表示電子出現的機率大。反之，$|\Psi|^2$小的地方，小黑點稀疏，表示電子出現的機率小。所以，可以圖像地稱$|\Psi|^2$的空間分布爲「電子雲」。這是對電子行爲具有「統計性」的一種形象說法，並不是說電子眞的像雲那樣瀰漫分散，不再是一個粒子。

我們再強調一次：$|R|^2(r)$對r作圖如圖4.5(b)所示。圖中「節點」或「節面」數爲（$n-\ell-1$），高峰值數爲（$n-\ell$）個。

從圖4.5(b)可以看出：對於s軌域，$r\rightarrow 0$時，$|R|^2(r)$最大，即在原子核附近發現s電子的「機率密度」最大。故由圖4.5(b)可以知道：s軌域的電子在原子核處，有個相當大的「機率密度」$|R|^2(r)$，但對於其他軌域（像是p、d軌域）的電子，在原子核處卻都是$|R|^2(r)=0$，這代表著只有s電子在原子核處出現的機率不等於零，也就是說，s電子較其他軌域的電子更容易接近原子核，這使得s電子對其他軌域的電子產生「遮蔽」作用，因此，其他電子和原子核的吸力效果自然會比s電子和原子核吸力效果來得小。

就以3s電子和3p電子爲例，見圖4.5(b)，3s軌域和3p軌域上的電子分布，其遠近大致相同，但3s電子有相當大一部分靠近原子核（這種現象又稱爲「穿隧效應」，見第三章第四節），故3s電子被原子核更緊緊地吸引著，所以3s能階較3p能階低一些。這一重要結果乃是「電子自旋共振」（electronic spin resonance，簡稱ESR）光譜的基本成因。

我們再強調一次，從1s、2s、3s電子的Ψ_{100}、Ψ_{200}及Ψ_{300}可以看出：

$$\Psi_{100}=\frac{1}{\sqrt{\pi a_0^3}}e^{-\frac{r}{a_0}} \quad \text{（表4.4）}$$

$$\Psi_{200}=\frac{1}{4\sqrt{2\pi a_0^3}}\left(2-\frac{r}{a_0}\right)e^{-\frac{r}{2a_0}} \quad \text{（表4.4）}$$

$$\Psi_{300}=\frac{1}{81\sqrt{3\pi a_0^3}}\left(27-18\frac{r}{a_0}+2\frac{r^2}{a_0^2}\right)e^{-\frac{r}{3a_0}} \quad \text{（表4.4）}$$

以上Ψ_{100}、Ψ_{200}及Ψ_{300}都是不含任何θ及ϕ的函數，因此$|\Psi|^2$（也就是「電子雲密度」）與θ及ϕ無關，而只與原子核的距離r有關，亦即「電子雲」是「對稱」地分布在原子核的周圍。也就是說，所有s「電子雲」都是「球形」對稱的。所謂「球形對稱」，代表電子距離原子核爲r的球面上各點波函數Ψ的數値相同，機率密度$|\Psi|^2$的數値也相同。所以對s「電子雲」而言，也就不必再做「角度分布圖」（見本章第五節）了。

雖然1s、2s、3s的「電子雲」同爲「球形」對稱，但它們的徑向分布情形（$|R|^2(r)$）卻有所不同。若以這些s軌域的$|\Psi|^2$（相當於只討論$|R|^2$）對r作圖，則有如圖4.7所示的圖形。其實也就是將圖4.5(b)再放大而已。

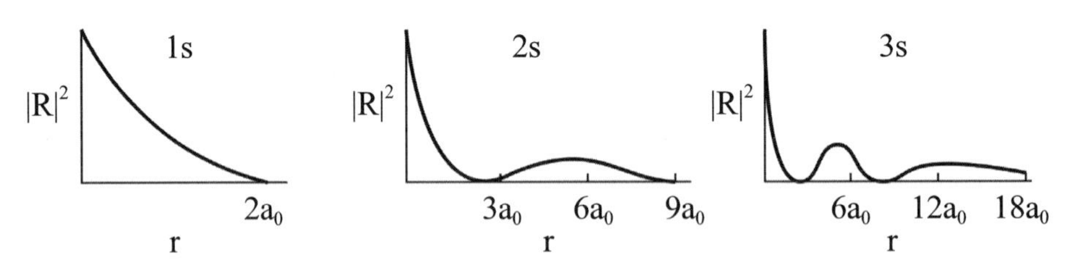

圖4.7　$R^2_{n,\ell}(r)$對r所做的s電子雲之「徑向密度函數圖」

例如：2s「電子雲」在$r = 2a_0$處的「電子雲密度」$|R|^2$爲零；而在比$2a_0$較小或較大的地方都有較大的「電子雲密度」。這意謂著：2s「電子雲」有一個空心層，平常稱此2s軌域有一個「節面」。

3s「電子雲」在$r = 2a_0$及$7a_0$左右的$|R|^2$也是零，因而就有兩個空心層或說是2個「節面」。依此類推，4s「電子雲」就有3個「節面」。但1s「電子雲」沒有「節面」，而是實心的。

顯然，描述s軌域的波函數Ψ會有(n − 1)個「球形節面」。在「節面」兩邊波函數Ψ符號相反。

各種s「電子雲」的徑向分布$|R|^2$雖有不同，但卻有一個共同點：即距原子核很近處（即$r \to 0$）的「電子雲密度」都特別大，因而s電子對其他軌域電子的「遮蔽」作用亦特別大。

（三）徑向分布密度函數D(r)圖

在中心力場中運動的電子，與原子核之間的吸力作用大小，只取決於電子與原子核之距r（因爲其吸力位能$V = -Ze^2/4\pi\varepsilon_0 r$），因此我們所關心的是：電子處在半徑爲r和r + dr的兩個同心球殼之間的機率大小，而不管其角度方向(θ, ϕ)爲何。於是，又引入「徑向分布密度函數」的觀念。

已知在氫原子或「似氫離子」中，於空間某單位體積元（dτ）內找到電子的機率爲$|\Psi_{n\ell m}(r, \theta, \phi)|^2 d\tau$，單位體積元dτ的「球座標」形式可表示爲$d\tau = r^2\sin\theta d\theta d\phi dr$（見（2.34）式）。

根據第二章第四節之介紹可知：「原子軌域」Ψ本身就具有「歸一化」性質，代表在無窮空間中發現電子的機率爲100%，故可寫爲：

$$\int \left|\Psi_{n\ell m}(r,\theta,\phi)\right|^2 d\tau = \iiint \left|R_{n\ell}(r)\Theta_{\ell m}(\theta)\Phi_m(\phi)\right|^2 r^2\sin\theta\, d\theta\, d\phi\, dr \quad \text{（(4.6)式代入）}$$

$$= \int_{r=0}^{\infty} R_{n\ell}^2(r)\cdot r^2 d\tau \int_{\theta=0}^{\pi}\int_{\phi=0}^{2\pi}\left|\Theta_{\ell m}(\theta)\Phi_m(\phi)\right|^2 \sin\theta d\theta d\phi$$

$$= \int_{r=0}^{\infty} R_{n\ell}^2(r)\cdot r^2 dr \times \int \left|Y_{\ell m}(\theta,\phi)\right|^2 d\Omega$$

$$= \int_{r=0}^{\infty} r^2 R_{n\ell}^2(r) dr \quad \text{（即}\Theta_{\ell m}\text{和}\Phi_m\text{的「角度分布」積分均爲1）}$$

$$= 1 \tag{4.108}$$

於是$|Y_{\ell m}(\theta, \phi)|^2 d\Omega$：相當於在$(\theta, \phi)$方向上的「立體角」元$d\Omega(= \sin\, d\theta d\phi)$中，找到電子的機率。

$r^2R_{n\ell}^2(r)dr$：相當於在半徑爲r到r + dr之同心球殼間電子出現的機率（這實際上，就是將Ψ只對θ和ϕ的整個變化範圍，進行積分的結果）（見圖4.8）。

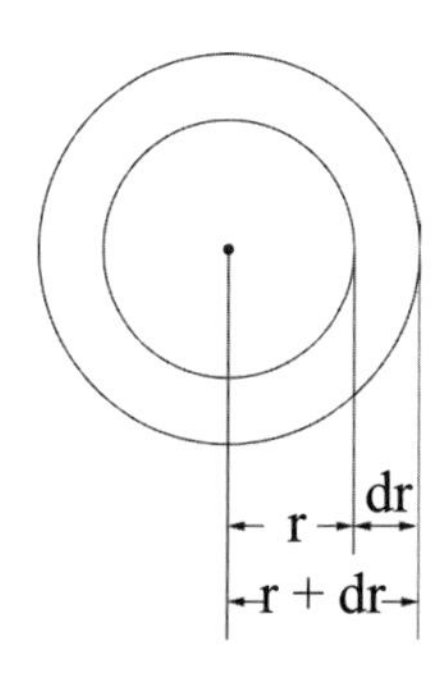

圖4.8

我們若將$r^2R^2_{n\ell}(r)dr$改寫為$(R^2_{n\ell}(r)/4\pi)\times 4\pi r^2 dr$，便可很容易明白。這裡$4\pi r^2$是指「球面積」，dr是球殼厚度，故後者$4\pi r^2 dr$是指半徑為r球殼的體積。
又前者$(R^2_{n\ell}(r)/4\pi)$已知是「機率密度」，根據第二章第四節介紹的定義可知：機率密度×體積＝機率，因此$r^2R^2_{n\ell}(r)dr$代表著：電子在距原子核r到r＋dr之間所出現的機率（包括所有的θ、ϕ角度方向），而不是「機率密度」。

因此，根據（4.108）式，我們令：

$$D(r) = r^2 R^2_{n\ell}(r) \quad (4.109)$$

而D(r)稱為「徑向分布密度函數」。這種球面上的機率其實是一種「線密度」，要進一步得到全空間的機率，只要將D(r)從r＝0到r＝∞做「線積分」，即把無窮多球面上的機率加起來，就得到電子在全空間出現的總機率。

D(r)有時也被視為：單位厚度球殼中電子出現的機率。

將D(r)對r作圖，稱為「徑向分布密度函數圖」。圖4.5(c)為氫原子的不同軌域之「徑向分布密度函數圖」。

讀者或許在某些書籍中會看到「徑向分布密度函數」D(r)除了（4.109）式的定義外，還存在另一種定義：

$$D(r) = 4\pi r^2 \cdot \frac{R^2_{n\ell}(r)}{4\pi} \quad (4.110)$$

至於D(r)該用（4.109）式或（4.110）式哪一種定義？這必須視情況而定，在此我們不再多做討論。但不論是$R^2_{n\ell}(r)$（（4.109）式）或$R^2_{1,\ell}(r)/4\pi$（（4.110）式），皆可表示電子的「徑向分布密度函數」。

請注意：圖4.5(c)中「最高峰」位置即是電子出現機率最大的球面。

我們就以氫原子的1s軌域為例，做一番解說。見圖4.5(c)的氫原子1s態的「徑向分布密度函數圖」。其曲線以下的面積，就是電子出現的機率，整個面積部分應等於1。並且圖4.5(c)中的極高點（可由dD(r)/dr＝0求得，續見下文）恰好座落在「Bohr半徑」上，即$r = a_0 = 0.529$Å，它表明了在$r = a_0$附近，在厚度為dr的球殼夾層內找到電子的機率，將比其他任何地方同樣厚度的球殼夾層內找到電子的機率大。

換言之，「量子力學」再次證實了「Bohr半徑」的存在。

又我們若將圖4.5(b)和圖4.5(c)裡的1s軌域相互比較，則不難發現前者的$R^2_{1s}(r)$圖裡，在原子核處（r = 0）有著極大值，但在後者的$D_{1s}(r)$圖裡，在原子核處的「徑向分布密度函數」D(r) = 0。這一表面上的矛盾，事實上源於二者的物理意義不同：

前者之圖4.5(b)代表著：「機率密度」（即$R^2_{n\ell}(r)$）。
後者之圖4.5(c)代表著：單位厚度之球殼夾層內找到電子的機率（$= r^2R^2_{n\ell}(r)$，即（4.109）式）。

我們再以$D(r) = (R^2(r)/4\pi) \times 4\pi r^2$說明如下：

由圖4.5(b)可知，1s軌域的「機率密度」$(R^2(r)/4\pi)$雖然會隨著r的增大而逐漸減小，但在同時球殼面積$4\pi r^2$也會隨r的增大跟著增大。到了$r = a_0 = 0.529$Å（見（4.90）式）時，其電子的「機率密度」會比電子在原子核處的「機率密度」來得小，但因$4\pi r^2$較大，因此，這兩個（即$R^2(r)/4\pi$和$4\pi r^2$）因子隨r變化而趨勢相反的因素，乘在一起的結果，使得D(r)還是在0.529Å（Bohr半徑）處達到了最大值。相反的，在原子核附近時，所考慮的球殼幾乎小到了零（即$4\pi r^2 \to 0$），因此，儘管在該處（$r \to 0$）的「機率密度」（$= R^2(r)/4\pi$）最大，但作爲$R^2(r)/4\pi$和$4\pi r^2$二者乘積所得的「機率」D(r)卻趨近於零。

也就是說，從圖4.5(c)的1s軌域之$D(r) = r^2R^2(r)$可看出：1s電子在原子核處所出現的機率反而不如在適當的距離（$r = a_0 = 0.529$Å）的球面層上大。換言之，從「機率密度」大小和球面積大小之二因素，可知在離原子核a_0處，氫之1s電子出現的機率最大。

我們再強調一次：

從$R^2(r)$圖看到的是沿徑向各點的「機率密度」變化（見圖4.5(b)）。

從D(r)圖看到的則是沿著徑向之各個球面上（或單位厚度球殼中）機率的變化（見圖4.5(c)），這種機率取決於兩個因素：「機率密度」大小和球面積大小。

觀察圖4.5(c)還可以得到許多重要且有趣的結果：

1. 「徑向分布密度函數」圖有兩個明顯的特徵，那就是「主量子數」爲n、「角量子數」爲ℓ的「徑向分布密度函數圖」$r^2R^2_{n,\ell}(r)$具有（$n-\ell$）個「徑向極大值」（或說是「最高峰」）以及（$n-\ell-1$）個「徑向節點」（但原點不算）。若在三度空間，則稱爲「徑向節面」；不論是「節點」、「節面」，它們的電子雲密度皆爲零。
   (1) 從圖4.5中可看出，s電子的「徑向分布函數」是屬於「球對稱」型，極大值已不在r = 0處。這是因爲「機率分布」$R^2(r)$隨r值增加而減少，而殼層體積$4\pi r^2$隨r的增大而增大。兩者綜合結果，會在離原子核a_0處，1s態的機率最大。氫原子的1s電子隨「電子雲」運動構成一個圍繞原子核的球。
   (2) 氫原子的2s態電子運動構成一個小球和一個外球殼；氫原子的3s態電子運動則構成一個小球和兩個同心球殼，即會出現兩個節面。
   (3) 比較這些「徑向分布圖」可發現，1s態的r^2R^2極大值最大，2s態其次，3s態再其次，而極大值離原子核的距離越來越遠。
   (4) 反之，氫原子的2p態徑向分布沒有節面，但3p態有一節面。
2. 當「主量子數」n值相同，而「角量子數」ℓ值不同時，ℓ越小的軌域，它的高峰數越多，且最高峰（又稱「主峰」）離原子核越遠，而最小峰（又稱「第一峰」）則離原子核越近，俗稱「鑽得越深」，此即第二章所提到的「穿隧效應」。由圖4.5(c)可看出：從左至右的第一個高峰與原子核的距離最近。
   例如：3s的第一個高峰比3p的第一個高峰離原子核近，3p的第一個高峰又比3d的第一個高峰離原子核近。第一個高峰離原子核較近代表著：電子在原子核附近出現的機率較大，而又由於該電子較靠近原子核，電子與原子核的吸力作用增強，使得該較靠近原子核的軌域之能量會下降，體系更形穩定。
   簡而言之，當n值相同時，ℓ值越小的軌域，其第一個高峰離原子核較近，且能量最低。如3s（$\ell=0$）能量較3p（$\ell=1$）能量低，3p能量又比3d（$\ell=2$）能量低。我們就把上述的現象，稱爲軌域的「穿隧效應」，這在討論多電子原子的電子排列分布時很有用處，我們會在後面章節裡再詳加介紹。
3. 當「角量子數」ℓ值相同，而「主量子數」n值不同時，隨著n值的增大，D(r)之

「徑向分布密度函數」曲線的「最高峰」離原子核最遠（也就是說：「電子雲」沿著徑向r值的擴展而越遠），且能量也越高。但是它的「次高峰」有可能出現在離原子核較近的空間內。比如說：「主量子數」n相同的2s和2p之「最高峰」相互接近，且3s、3p、3d的「最高峰」也相互接近，但這兩層（n = 2和n = 3）之間的「最高峰」值得差異卻很大，這說明「原子軌域」或電子雲是依據「主量子數」n的不同而分層分布的。

4. 又比如說：「主量子數」n值小的軌域較靠近原子核，故和原子核吸力作用較大，所以能量較低。反之，「主量子數」n值大的軌域離原子核較遠，故能量較高。這一點也與第一章所提及的「Bohr模型」的結論一致，但卻有本質上的區別：「Bohr模型」是行星繞太陽式的能階，n值大的能階絕對在外，相對的，n值小的能階絕對在內。相反的，我們若實際求解氫原子的「薛丁格方程式」，所求得的計算結果證實（見圖4.5）：由於已知電子具有「波動性」，故其活動範圍並不僅僅局限在主峰上，「主量子數」n大的會有一部分鑽到離原子核很近的內層（即第三章所述的「穿隧效應」）。例如：1s軌域能量較2s軌域能量低，2s軌域能量又較3s軌域能量低。
5. 從圖4.5(c)還可看到：3p軌域的「最高峰」較2p軌域的「最高峰」離原子核遠，但3p軌域的「次高峰」會出現在2p軌域的「最高峰」內，甚至到離原子核很近的內部，由此可知：電子出現的「機率」分布的主要區域，雖是按照「主量子數」n的順序反映在「最高峰」上，但電子的活動範圍並不局限在「最高峰」而已，「主量子數」n較大的軌域電子，會藉由「穿隧效應」，來到離原子核很近的內層裡，這也正是電子具有「波動性」的另一表現。

有些初學者常常被「徑向密度函數圖」$R^2(r)$和「徑向分布密度函數圖」$r^2R^2(r)$迥然不同的特徵搞糊塗。例如，對$3p_z$「電子雲」的下列兩圖（見圖4.9(a)和(b)），就常常有人問：從原子核出發，考察「電子雲」沿徑向的變化，最大值究竟在第一峰值處還是第二峰值處？爲什麼兩圖互相矛盾呢？其實並不矛盾，因爲它們的含意不同：

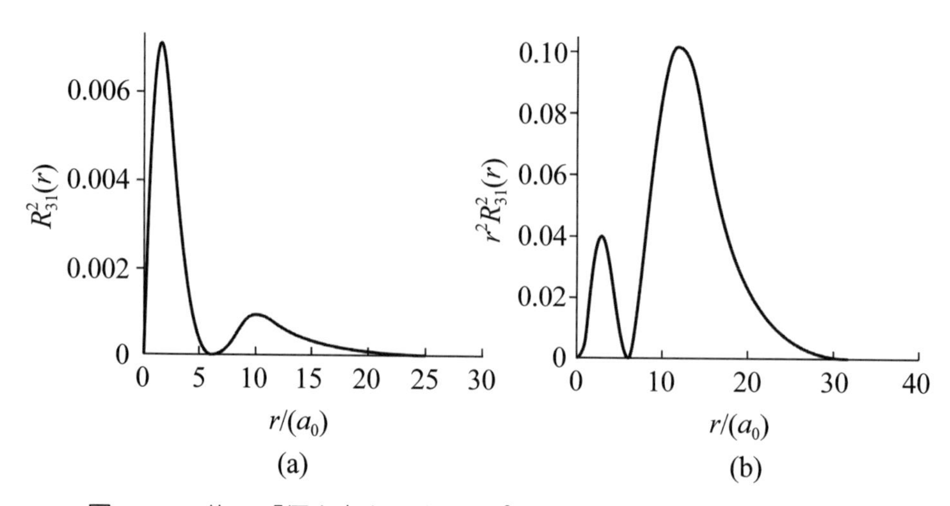

圖4.9　$3p_z$的(a)「徑向密度函數圖」$R^2(r)$與(b)「徑向分布密度函數圖」

註：$r^2R^2(r)$的比較也參考圖4.5。

比較這兩圖可以看出：儘管$R^2(r)$圖表明「機率密度」在$2a_0$附近達到最大，但由於在此半徑上球面積很小，使得球面積機率並不是最大值，所以在$r^2R^2(r)$圖上此處並非最高峰；而在$12a_0$附近，儘管「機率密度」不算大，但球面積較大，使得球面上機率最大，因此，在$r^2R^2(r)$圖上此處爲最高峰。正因爲「徑向分布密度函數圖」$r^2R^2(r)$考慮了任意一個球面上所有方向的電子「機率密度」總和，所以常用於考察「穿隧效應」（見第3章）和「屏蔽效應」（見第5章）。

必須指出，有人將$4\pi r^2|\Psi|^2$作爲「徑向分布密度函數」的定義，理由是：$|\Psi|^2$代表「機率密度」，$4\pi r^2$代表球面積，二者相乘即爲半徑爲r的球面上的機率。但這種說法是錯誤的，至少是片面的。

事實上，上述這種說法只對s「電子雲」才成立，因爲它們是與方向無關的球對稱形。由表4.4可知：$Y_{00} = (4\pi)^{-1/2}$，$|Y_{00}|^2 = (4\pi)^{-1}$，因此$R^2(r) = |\Psi|^2/|Y_{00}|^2 = 4\pi|\overline{\Psi}|^2$，又代入（4.109）式：$D(r) = r^2R^2(r) = 4\pi r^2|\Psi|^2$。可見，$D(r) = 4\pi r^2|\Psi|^2$只適用於s「電子雲」的描述，而用$D(r) = r^2R^2(r)$表示才能眞正適用於任何「原子軌域」的「電子雲」。

現在我們再利用「徑向分布密度函數」D(r)（（4.109）式），來計算電子與原子核的「平均距離」（$\bar{r}$）及「徑向分布密度函數」的「最大機率距離」（r_{max}）。

1. 處於$\Psi_{n,\ell,m}(r, \theta, \phi)$狀態的電子離開原子核的「平均距離」。故「平均距離」$\bar{r}$可寫為：（見（2.77）式）

$$\bar{r} = \int \Psi^* r \Psi d\tau \qquad \text{（利用（2.34）式及（4.6）式）}$$

$$= \int R^*_{n\ell}(r) Y^*_{\ell m}(\theta,\phi) \times r \times R_{n\ell}(r) Y_{\ell m}(\theta,\phi) \cdot r^2 \sin\theta d\theta d\phi dr$$

$$= \int_0^\infty [R_{n\ell}(r)]^2 r^3 dr \qquad (4.111)$$

$$= \int_0^\infty D(r) \cdot r dr \qquad \text{（參考（4.109）式）}$$

我們若將$R_{n\ell}(r)$的表示式（即（4.81）式），代入（4.111）式，不難證明，可得到以下的「平均距離」$\bar{r}$公式：

$$\bar{r} = \frac{n^2}{Z}\left[\frac{3}{2} - \frac{\ell(\ell+1)}{2n^2}\right] a_0 \qquad (4.112)$$

由（4.112）式可知，氫原子的1s軌域（取$Z = 1$，且$n = 1$，$\ell = 0$）的「平均距離」為$1.5a_0$（或1.5×0.529Å）。且ns軌域的「平均距離」$\bar{r}$之比相當於n^2之比，即

$$\bar{r}(1s) : \bar{r}(2s) : \bar{r}(3s) : \bar{r}(4s) : \cdots = 1^2 : 2^2 : 3^2 : 4^2 : \cdots$$

換言之，「主量子數」n值越大，其ns軌域的「平均距離」（$\bar{r}$），也會以n^2之倍數增大。必須指出：在氫原子中，電子並沒有固定的軌域半徑，其電子運動服從機率分布，故只存在「平均距離」。由（4.112）式可知：「平均距離」$\bar{r}$主要是由「主量子數」n決定，但也受「角量子數」ℓ的影響。

2. 「徑向分布密度函數」之極大值處的r_{max}（稱為「最大機率距離」），在這個半徑上，單位厚度球殼內電子出現的機率最大。故

$$\frac{dD(r)}{dr} = 0 \qquad (4.113)$$

利用（4.109）式，可得：

$$\frac{d[r^2 R^2_{n\ell}(r)]}{dr} = 0 \qquad (4.114)$$

將$R_{n\ell}(r)$之表示式（即（4.81）式）代入（4.114）式，且排除$r = 0$（即原子核處）之根，不難證明，可以得到以下的r_{max}公式：

$$r_{max} = \frac{n^2 a_0}{Z} \qquad (4.115)$$

(1) 由（4.115）可知，對於氫原子（Z = 1）「基本態」1s軌域（n = 1）而言，其機率最大出現處（即最高峰）是在$r = a_0 = 0.529Å$（見圖4.5(c)）。也就是說：靠近原子核處的「電子雲密度」$|\Psi|^2$雖然很大，但因球面積很小（見（4.110）式），所以電子出現的總機率反不如在適當距離（在此為$r = a_0$ =「Bohr半徑」）的球面層上大。

(2) 由（4.115）式可知，氫原子的（Z = 1）「原子軌域」之r_{max}之比相當於n^2之比，即：

$$r_{max}(1s) : r_{max}(2s) : r_{max}(3s) : r_{max}(4s) : \cdots = 1^2 : 2^2 : 3^2 : 4^2 : \cdots$$

總之，由上述討論可知：「主量子數」n主要決定電子的能量、離原子核的「平均距離」、「等階系」和電子殼層數等重要物理量。n值還規定「徑向」$R_{n,\ell}(r)$函數的形式。由於能量是決定狀態性質的最主要的「物理量」，所以n稱為「主量子數」。

例4.6 以單電子原子的1s軌域為例（見表4.3），求其「平均距離」$\bar{r}$？

解：由表4.3可知：

$$R_{10}(r) = 2\left(\frac{Z}{a_0}\right)^{3/2} e^{-Zr/a_0} \quad (a_0 = \text{Bohr半徑，見（4.90）式})$$

$$\langle r \rangle = \int \psi_{1s}^* \hat{r} \psi_{1s} d\tau \quad \text{（利用（2.77）式）}$$

$$= \int_{\phi=0}^{2\pi}\int_{\theta=0}^{\pi}\int_{r=0}^{\infty} \frac{1}{\sqrt{\pi}}\left(\frac{Z}{a_0}\right)^{3/2} e^{-Zr/a_0} \cdot r \cdot \frac{1}{\sqrt{\pi}}\left(\frac{Z}{a_0}\right)^{3/2} e^{-Zr/a_0} \times r^2 \sin\theta dr d\theta d\phi$$

$$= \int_{\phi=0}^{2\pi} d\phi \int_{\theta=0}^{\pi} \sin\theta d\theta \left[\frac{Z^3}{\pi a_0^3}\int_{r=0}^{\infty} r^3 e^{-2Zr/a_0} dr\right]$$

$$= 4\pi \cdot \frac{Z^3}{\pi a_0^3} \cdot \frac{3!}{(2Z/a_0)^{3+1}}$$

$$= \frac{3}{2} \cdot \frac{a_0}{Z}$$

因爲氫原子的原子核$Z = 1$，故氫原子的「平均距離」$\bar{r} = \frac{3}{2}a_0$。

例4.7　以單電子原子的1s軌域爲例（見表4.3），求其「最大機率距離」r_{max}？

解：由表4.3可知：

$$R_{10}(r) = 2\left(\frac{Z}{a_0}\right)^{3/2} e^{-Zr/a_0}$$（a_0 = Bohr半徑，見（4.90）式）

$$D(r) = r^2R_{10}^2 = \frac{4Z^3}{a_0^3} r^2 e^{-2Zr/a_0}$$（見（4.109）式）

$$\frac{dD(r)}{dr} = \frac{4Z^3}{a_0^3}\frac{d}{dr}[r^2e^{-2Zr/a_0}]$$

$$= \frac{4Z^3}{a_0^3}\left[2re^{-2Zr/a_0} - \frac{2Z}{a_0}r^2e^{-2Zr/a_0}\right]$$

$$= \frac{4Z^3}{a_0^3}2re^{-2Zr/a_0}\left(1 - \frac{Zr}{a_0}\right)$$

$= 0$（見（4.113）式）

可得：$r \times e^{-2Zr/a_0} \times \left(1 - \frac{Zr}{a_0}\right) = 0$

這只有三種可能：

(1) 若$r = 0$，但這導致$D(r) = 0$，故應捨去。

(2) 若$e^{-2Zr/a_0} = 0$，這也導致$R_{10} = 0$，$D(r) = 0$，應捨去。

(3) 若$1 - \frac{Zr}{a_0} = 0$，則得：$r_{max} = \frac{a_0}{Z}$。

這就是「似氫離子」1s軌域之「最大機率距離」。對於氫原子而言（Z = 1），則r_{max} = Bohr半徑a_0。

氫之1s「原子軌域」的「平均距離」（$\bar{r}$）和「最大機率距離」（r_{max}）示於圖4.10中。

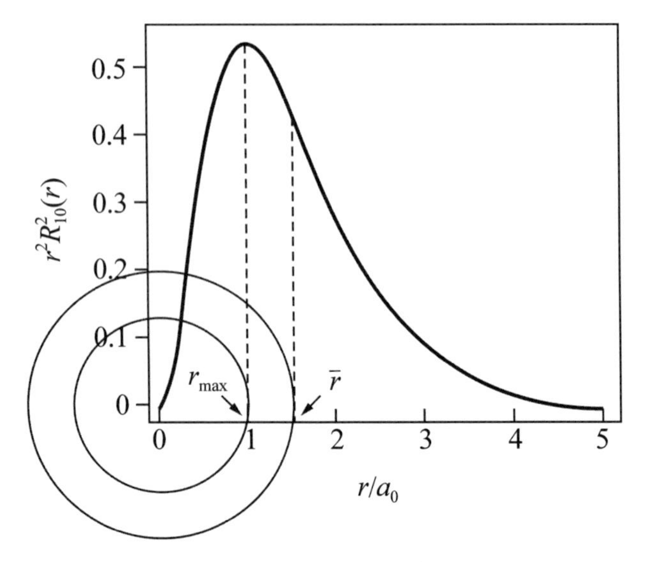

圖4.10 「似氫離子」1s軌域的「平均距離」($\bar{r}$)和「最大機率距離」(r_{max})

例4.8 求氦離子(He^+)1s軌域電子出現機率最大的球殼半徑(用a_0標度),並列出週期表中從H到Ne原子1s電子的最大機率距離。

解:由(4.109)式,可知:「徑向分布函數」:

$$D = r^2R_{n,\ell}^2$$

由表4.3及表4.4知:

$$\Psi_{1,0,0} = \Phi_0(\phi)\Theta_{0,0}(\theta)R_{1,0}(r) = \frac{1}{\sqrt{2\pi}}\cdot\frac{\sqrt{2}}{2}\cdot R_{1,0}(r) \Rightarrow R_{1,0} = 2\sqrt{\pi}\Psi_{1,0,0}$$

代入(4.109)式,可得:

$$D = r^2R_{1,0}^2 = 4\pi r^2\Psi_{1,0,0}^2 \tag{1}$$

由表4.5知:

$$\Psi_{1,0,0} = \frac{1}{\sqrt{\pi}}\left(\frac{Z}{a_0}\right)^{3/2}\exp(-Zr/a_0) \tag{2}$$

(1)式代入(2)式，可得：

$$D = 4\left(\frac{Z}{a_0}\right)^3 r^2 \exp\left(-\frac{2Zr}{a_0}\right)$$

求極值：

$$\frac{dD}{dr} = 4\left(\frac{Z}{a_0}\right)^3\left[2r\exp\left(-\frac{2Zr}{a_0}\right) - \frac{2Z}{a_0}r^2\exp\left(-\frac{2Zr}{a_0}\right)\right]$$

$$= 4\left(\frac{Z}{a_0}\right)^3 2r\exp\left(-\frac{2Zr}{a_0}\right)\left(1-\frac{Zr}{a_0}\right)$$

$$= 0$$

有：$\left(1-\frac{Zr}{a_0}=0\right)$，此項可成立，故得：

$$r = a_0/Z \tag{3}$$

對於He^+而言，$Z = 2$，故由(3)式可得：

$$r = a_0/2 = 0.265\text{Å}$$ （參考（4.90）式）

對於氦離子1s軌域上的電子，在$r = a_0/2$處單位厚度的球殼裡出現的機率最大，又稱「最大機率距離」（r_{max}），其他原子的「最大機率距離」爲：

原子	H	He	Li	Be	B
$r/\text{Å} = a_0/Z$	0.529	0.265	0.176	0.132	0.106
原子	C	N	O	F	Ne
$r/\text{Å} = a_0/Z$	0.0882	0.0756	0.0661	0.0588	0.0529

上面表格的數據顯示：隨原子序數的增加，原子核對電子的吸引力明顯增強，1s電子的「最大機率距離」（r_{max}）也迅速減小。到Ne時，其「最大機率距離」爲0.0529Å，幾乎是氫原子的十分之一，這時Ne的1s電子因爲較靠近原子核，而將受到相當強烈的吸引作用，導致Ne的1s電子運動速率會更快，幾乎接近光速，如此一來「相對論效應」也就變得顯著了（因爲根

據「相對應理論」指出，任何物質的運動速率在接近光速時，就必須考慮「相對論效應」的影響）。

必須指出：上述「徑向部分」的任何圖形都只是從「徑向側面」描述軌域或「電子雲」的特徵，絲毫不涉及「方向」的問題。換言之，「徑向部分」的各種圖形（見圖4.5）對任何方向都是適用的。例如：圖4.5的3p「徑向密度函數圖」實際上就等於描述了任何一個3p軌域，包括$3p_0$、$3p_1$、$3p_{-1}$或$3p_z$、$3p_x$、$3p_y$的「電子雲」沿「徑向」（r）的變化情形。

二、角度分布圖

在實際討論分子的幾何結構及其在化學反應中發生的「化學鍵」變化問題時，我們最關心的還是「軌域」和「電子雲」的「角度分布」，因為「共價鍵」是有方向性的。

「軌域」的「角度部分」有「實數函數」、也有「複數函數」（見表4.1或表4.4）。我們首先討論最常用的「實數函數」，而將「複數函數」留到最後做簡要說明。注意：由表4.1和表4.4可知：「複數函數」與「量子數」ℓ、m有關，「實數函數」只與「角量子數」ℓ有關。

（一）$\Theta_{\ell,m}$對θ作圖（參考表4.2）

可將θ定義為「軌域」與正z軸間的夾角。

在不同的θ值時，從原點可引出不同的直線。於是，可在各個θ值引出的直線上截取等於該θ值時$\Theta_{\ell,m}$值的長度，即得該θ值時$\Theta_{\ell,m}$值之點，將各個θ值得到的這種點連起來，就得到$\Theta_{\ell,m}$對θ的圖。

例如，從表4.2得知：

$$\Theta_{0,0} = \frac{1}{\sqrt{2}}$$

$$\Theta_{1,0} = \frac{1}{2}\sqrt{6}\cos\theta$$

按照上述方法，就得到$\Theta_{0,0}$的圖為一個圓，見圖4.11(a)。

同理，$\Theta_{1,0}$的圖爲兩個相切的圖，見圖4.11(b)。並且$\Theta_{1,0}$圖中下面一個圓的負號代表：對於$\frac{1}{2}\pi < \theta \le \pi$而言，$\Theta_{1,0}$是負值。

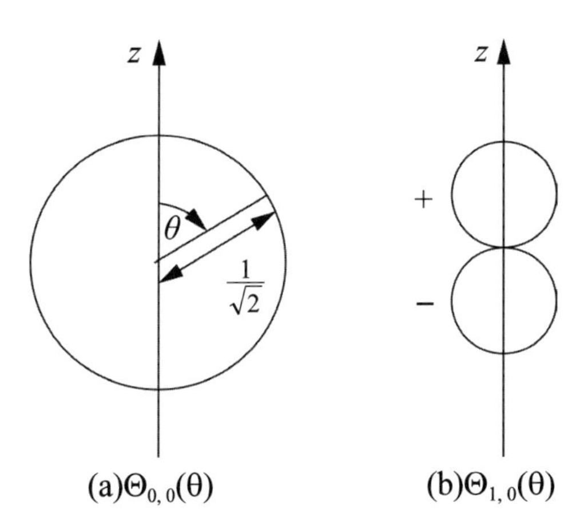

圖4.11　氫原子波函數中θ變數的「球座標圖」

（二）將$|\Theta_{\ell,m}|^2$對r作圖

若將$|\Theta_{\ell,m}|^2$對r作圖，則畫出的圖形將類似$\Theta_{\ell,m}$，但比$\Theta_{\ell,m}$的圖形要「瘦」一些。

圖4.12是$|\Theta_{0,0}|^2$，$|\Theta_{1,1}|^2$，$|\Theta_{2,2}|^2$和$|\Theta_{3,3}|^2$的極座標圖形，從該圖中可看出，當ℓ增加時，「機率分布函數」變得越來越向xy平面集中。

一般而言，對於單電子原子軌域的「角度部分」作圖表示法，大多用「球諧函數」$Y_{\ell,m}(\theta, \phi)$（見（4.82）式）來描述，即以下（三）和（四）兩種作圖方式，現分別介紹如下：

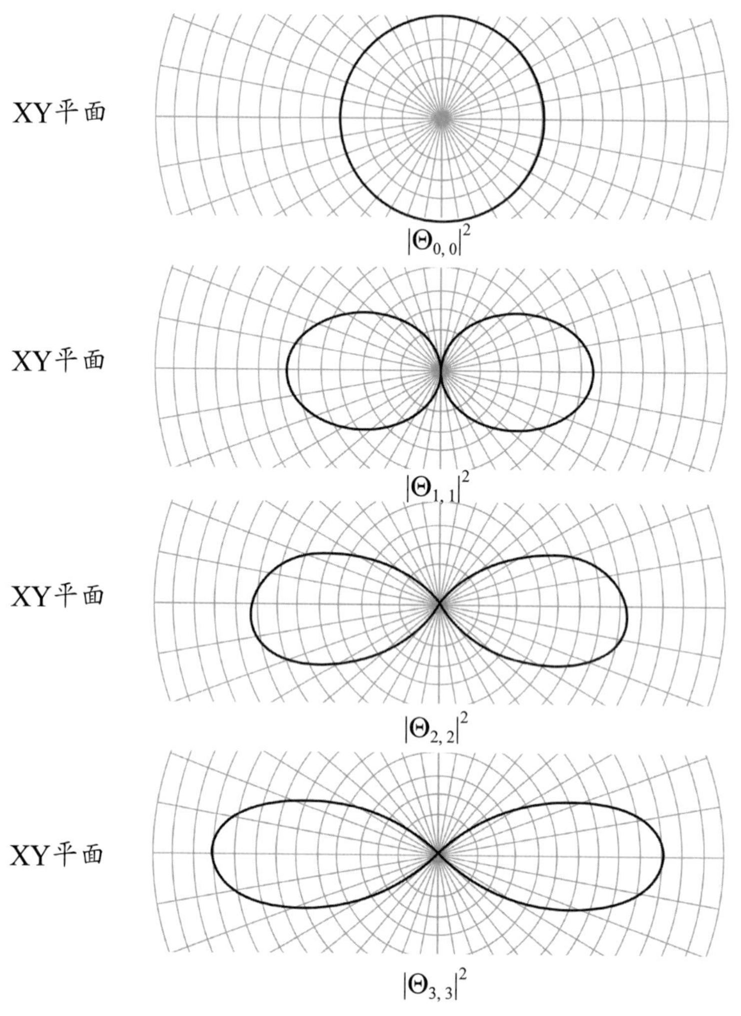

圖4.12　m = ±ℓ，而ℓ = 1，2和3時函數$|\Theta_{\ell,m}|^2$的極座標圖

（三）$Y_{\ell,m}(\theta, \phi)$對(θ, ϕ)作圖

由於「球諧函數」$Y_{\ell,m}(\theta, \phi) = \Theta_{\ell,m}(\theta)\Phi m(\phi)$（見（4.82）式），故$Y_{\ell,m}(\theta, \phi)$是總波函數$\Psi_{n,\ell,m}$的「角度部分波函數」。所以反映「原子軌域」的「角度部分」$Y_{\ell,m}(\theta, \phi)$隨空間方向（θ和φ）的變化情況作圖，或者說反映同一球面不同方向（θ和φ）上Ψ的相對大小，稱爲「波函數角度分布圖」或「原子軌域角度分布圖」。

$Y_{\ell,m}(\theta, \phi)$作圖方法與上述的$\Theta_{\ell,m}$相同，其作法是在「球座標系」中，選原子核爲原點，在每一個方向角(θ, ϕ)上，引出一直線，使其長度等於$|Y_{\ell,m}|$的絕對值，所有直

線的端點構成空間封閉曲面，根據$Y_{\ell,m}$值的正、負，在該曲面內標記正號或負號，這種圖形便是「原子軌域」的「角度分布圖」。

例4.9 試畫出s軌域的「角度分布圖」。

解：由表4.4得知：$Y_{1s}=1/\sqrt{4\pi}$（即$\ell=0$，m = 0）是一個與θ、ϕ無關的常數，也就是說：s軌域沒有角度依賴性。故原子軌域1s的「角度分布」爲一球面，半徑爲$1/\sqrt{4\pi}$，球面內標記正號（見圖4.13中的s軌域）。其實所有s軌域的「角度分布」都可用同一球面表示，所以s軌域從原點到曲線的距離（即$Y_{0,0}$的絕對值）都是常數，故s軌域的任一方向剖面圖均爲一個圓。

另外，「球諧函數」$Y_{\ell,m}$若是正值，這通常並不一定代表總函數Ψ也是正值，因爲由（4.6）式可知道：這還需要考慮「徑向波函數」R(r)項的正負，才能眞正決定總波函數Ψ的值最後是正、還是負。

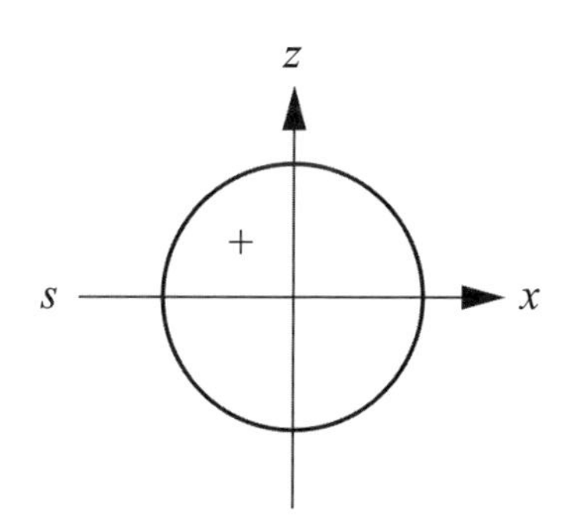

圖4.13　氫原子的1s軌域之$Y_{0,0}(\theta,\phi)$「角度分布圖」

例4.10 試畫出p_z軌域的「角度分布圖」。

解：由表4.4得知：$Y_{p_z}=\sqrt{\frac{3}{4\pi}}\cos\theta$，它與ϕ無關。我們分幾步來作圖，先求出「節面」，即令

$$\sqrt{\frac{3}{4\pi}}\cos\theta=0$$

顯然要求$\theta = 90°$，即「節面」相當於xy平面。接著再求它的極大值，即

$$\frac{dYp_x}{d\theta} = \frac{d}{d\theta}\sqrt{\frac{3}{4\pi}}\cos\theta = -\sqrt{\frac{3}{4\pi}}\sin\theta = 0$$

解之得$\theta = 0°$，$\theta = 180°$。前者對應於z軸的正方向，後者對應於z軸的負方向。將$\theta = 0°$，$\theta = 180°$代入Y_{p_z}式中，所得數值分別爲$\sqrt{\frac{3}{4\pi}}$和$-\sqrt{\frac{3}{4\pi}}$。最後，按$Y_{p_z} = \sqrt{\frac{3}{4\pi}}\cos\theta$式計算出不同θ值時的$Y_{p_z}$值，列表如下：

$\theta/(°)$	0	15	30	45	60	90
	180	165	150	135	120	
Y_{p_z}	±0.4886	±0.4720	±0.4231	±0.3455	±0.2443	0

因爲Y_{p_z}只含有θ而與ϕ無關，所以我們可以在xy平面上做Y_{p_z}的極座標圖，將此圖繞z軸旋轉一周所形成的曲面，即爲其原子軌域的「角度分布」曲面，如圖4.14所示。該圖的正負號表示Y_{p_z}的正負，所得圖形爲兩個相切於原點的球面。

再強調一次：p_z軌域的$Y_{\ell,m}(\theta, \phi)$是$\cos\theta$的函數（和ϕ無關），見表4.4之$Y_{1,0}$（即$\ell = 1$，$m = 0$）。故p_z軌域的「角度分布」圖形對z軸而言是對稱的，不管在xz剖面（$\phi = 0$，π）還是在yz剖面（$\phi = \frac{\pi}{2}$，$\frac{3}{2}\pi$）上，都爲兩個切於x軸或y軸的圓。見圖4.14，兩圓的圓心在z軸上，上面一個$Y_{1,0}$值爲正，下面一個$Y_{1,0}$爲負。圓上任一點到原點的距離就正比於$|\cos\theta|$的值。

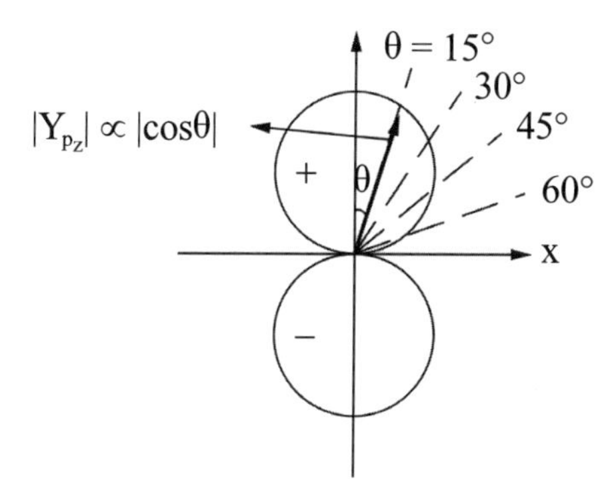

圖4.14　氫原子的p_z軌域之Y_{P_z}（$= Y_{1,0}(\theta, \phi)$）「角度分布圖」

對於p_x和p_y軌域而言，其角度變數給出的圖形與p_z相似，不過是相切的兩個圓球分別是置於x軸與y軸上。許多書上指出這樣得到的圖形給出了p軌域的形狀，這種說法是錯誤的。因爲圖4.14所得到的只是p_z軌域之θ角度變數的圖形（即圖4.14指的是p_z軌域的「角度分布圖」，還必須考慮p_z軌域的R(r)圖，才能得到眞正的p_z軌域之三度空間立體圖），和$\Theta_{1,0}$的圖形（如圖4.11(b)）一樣，但實際上，p_x和p_y軌域之角度變化須參考如（4.83c）式和（4.83d）式，故p_x和p_y的角度變化圖形也有正、負兩部分的區別，這在討論對稱性和一些積分的計算時會應用到。見圖4.15。

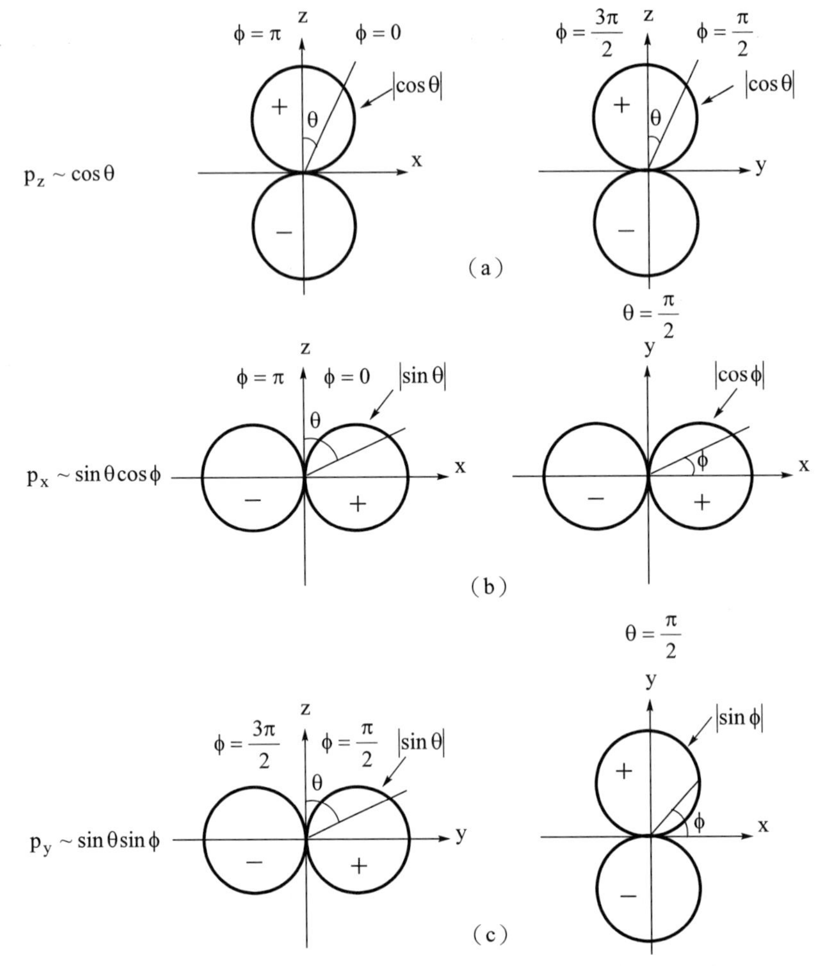

圖4.15　氫原子的p軌域（$\ell=1$）之$Y_{\ell,m}(\theta,\phi)$的「角度分布圖」

假定從「原點」開始，沿著一個給定方向（θ或ϕ）到曲線上某點的距離是正比於$Y_{\ell,m}$函數的絕對值。於是，可根據$Y_{\ell,m}$函數的「實數函數」形式選定θ（或ϕ）爲0或π/4、π/2、……等一些特殊角度做剖面，然後，可在這些剖面上做$Y_{\ell,m}$隨ϕ（或θ）變化的圖。見圖4.16。

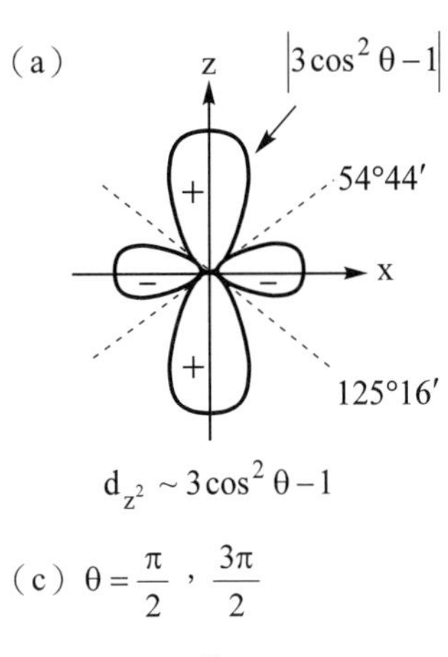

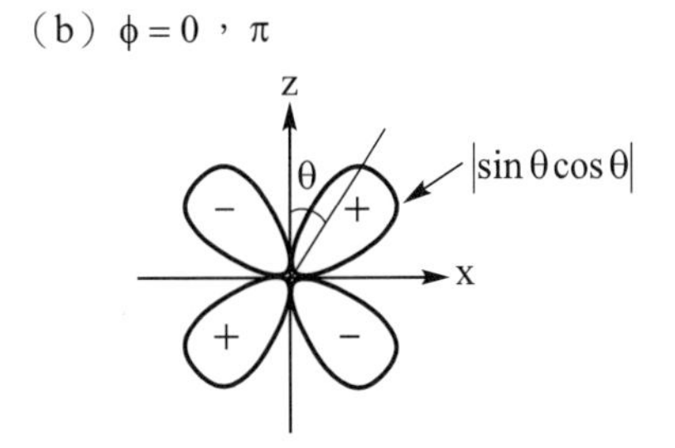

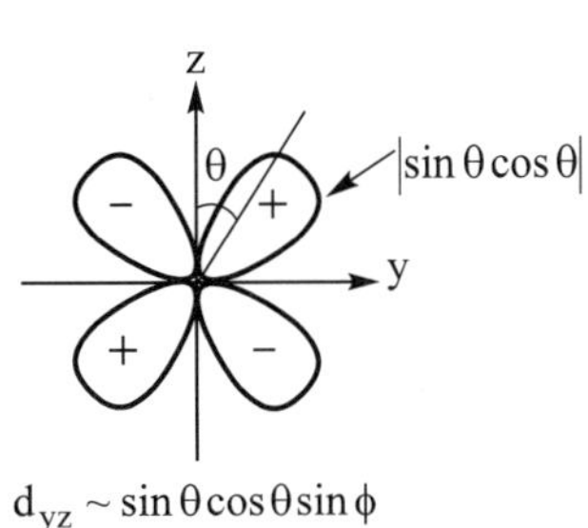

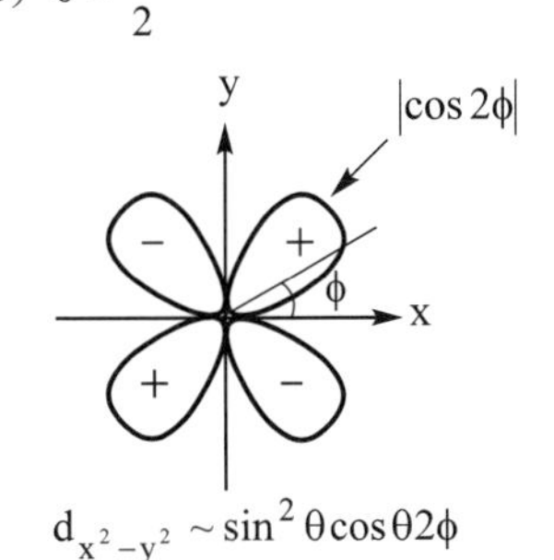

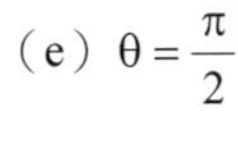

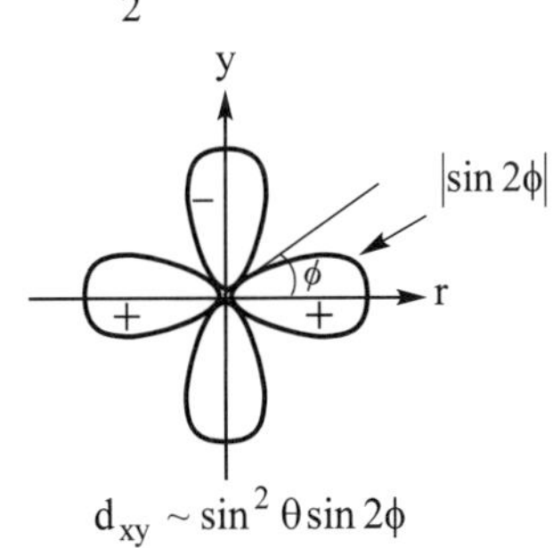

圖4.16　氫原子的d 軌域（$\ell = 2$）之$Y_{\ell,m}(\theta, \phi)$的「角度分布圖」

對於$\ell = 2$的d軌域來說，都有兩個「角度節面」，其中$d_{x^2-y^2}$、d_{xy}、d_{yz}和d_{zx}的「角度節面」都是兩個互成直角的平面，而$d_{3z^2-r^2}$的「角度節面」為兩個圓錐面。可參考圖4.17。

這裡必須提及，初看起來$d_{3z^2-r^2}$（有時簡單寫成d_{z^2}）的「角度分布」形狀和其他四個特別不一樣。然而，當我們考慮了另外兩個「角度分布」函數——$Y_{dz^2-x^2}$及$Y_{dz^2-y^2}$，它們的角度依賴關係為：

$$\left.\begin{aligned} Y_{d_{z^2-x^2}} &\sim \cos^2\theta - \sin^2\theta\cos^2\phi \\ Y_{d_{z^2-y^2}} &\sim \cos^2\theta - \sin^2\theta\sin^2\phi \end{aligned}\right\} \tag{4.116}$$

可以發現這兩個函數在zx和zy平面中的「角度分布」和前面四個具有相同的形狀，僅四瓣葉子的空間伸展方向不同。讀者可按（4.116）式自行作圖，得知$d_{z^2-x^2}$的軌域波函數沿z軸有兩瓣正的「葉」，而沿x軸上有兩瓣負的「葉」；$d_{z^2-y^2}$則沿z軸有兩瓣正的「葉」，而在y軸上有兩瓣負的「葉」，如果我們做它們的線性組合，可以得到

$$\left.\begin{aligned} Y_{d_{z^2-y^2}} + Y_{d_{z^2-x^2}} &\sim 2\cos^2\theta - \sin^2\theta = 3\cos^2\theta - 1 \sim Y_{d_{3z^2-r^2}} \\ Y_{d_{z^2-y^2}} - Y_{d_{z^2-x^2}} &\sim \sin^2\theta(\cos^2\phi - \sin^2\phi) = \sin^2\theta\cdot\cos 2\phi \sim Y_{d_{x^2-y^2}} \end{aligned}\right\} \tag{4.117}$$

由此可知，$d_{3z^2-r^2}$的「角度分布」只不過是具有其他d軌域函數特定形狀的兩個$d_{z^2-x^2}$和$d_{z^2-y^2}$函數的總和。這樣，五個d軌域就構成了$\ell=2$時彼此「正交、歸一化」的波函數集合。當然，視條件的不同（如原子和原子在組成分子時），亦可能存在其他的組合方式，進而得到另一組彼此「正交、歸一化」的五個d軌域波函數的集合，在此就不再贅述了。

由圖4.16或圖4.17可看到：$d_{z^2}=d_{3z^2-r^2}$軌域波函數的「角度部分」表現在z軸方向上有兩大瓣正的「葉」，而在x軸和y軸上有兩小瓣負的「葉」，因爲這個函數對z軸成對稱型（和ϕ無關），所以在zx和yz平面上的剖面圖都是一樣的。這樣$d_{3z^2-r^2}$軌域的空間圖像可想像爲上下兩個正的「氣球」中間一個負的「輪胎」。

又圖4.16所示：d_{zx}和d_{yz}軌域波函數分別爲zx和yz平面上由四瓣互成直角、符號交替的「葉子」組成，其中在一直線上、符號相同的兩葉分別與座標軸成45°角。做類似的討論，可知$d_{x^2-y^2}$和d_{xy}軌域波函數的「角度分布」有和d_{zx}、d_{yz}、相似的形狀，僅是四瓣葉子的伸展方向不同。

$Y_{\ell,m}(\theta,\phi)=0$的方向上出現「角度節面」，它們可能是平面或錐面，共有ℓ個。因此，令$Y_{\ell,m}(\theta,\phi)=0$可以求出「角度節面」的位置。可參考[例 4.12]。

例4.11 求氫原子的d_{z^2}軌域之「角度節面」位置？

解：由表4.4可知d_{z^2}軌域的「角度分布」波函數爲：

$$Y_{2,0} = Y_{d_{3z^2-r^2}} = Y_{d_{z^2}} = \sqrt{\frac{5}{16\pi}}(3\cos^2\theta - 1) \qquad (4.118)$$

故爲求Y_{dz^2}軌域的「角度節面」，設

$$Y_{2,0} = Y_{dz^2} = \sqrt{\frac{5}{16\pi}}(3\cos^2\theta - 1) = 0$$

求得：$\cos\theta = \pm\frac{1}{\sqrt{3}} \Rightarrow$即$\theta = 54°44'$，$125°16'$

這說明d_{z^2}軌域的「角度節面」是以這兩個θ值爲頂角且繞z軸旋轉對稱的雙圓錐體，該雙圓錐體的錐面與z軸夾角爲$\theta = 54°44'$。（由於該函數（4.118）式與ϕ無關，故不討論此一函數與ϕ的關係），見圖4.17。

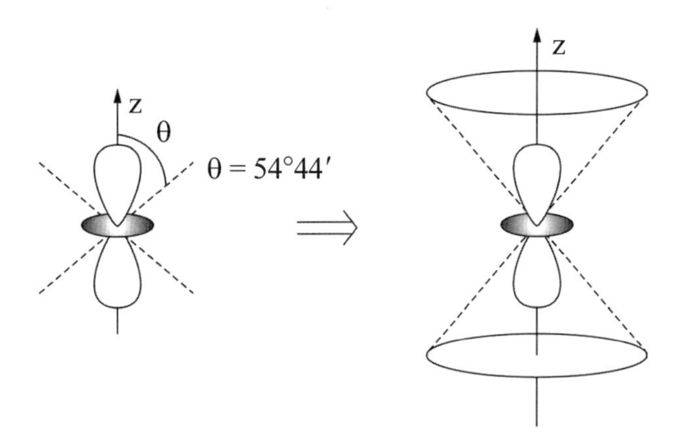

圖4.17　$Y_{2,0}(\theta, \phi) = Y_{dz^2}$之「角度節面」位置

〔附帶一提〕：若令$\frac{dY}{d\theta} = 0$，可求得其Y爲極大値時的θ値。

故由（4.118）式，可知：

$$\frac{dY}{d\theta} = -6\sqrt{\frac{5}{16\pi}}\cos\theta \times \sin\theta = 0$$

所以存在一個極大值出現在$\cos\theta = 0$，得$\theta = 90°$，即xy平面上，此時帶回原（4.118）式，可得：

$$Y_{d_{3z^2-r^2}} = -\sqrt{\frac{5}{16\pi}}$$

而另一個極大值在出現$\sin\theta = 0$，得 = 0°或180°，即z軸的正負方向上，此時代入原（4.118）式，可得：

$$Y_{d_{3z^2-r^2}} = 2\sqrt{\frac{5}{16\pi}}$$

因爲$Y_{d_{3z^2-r^2}}$（即（4.118）式）裡不含變數ϕ，所以可將0°~180°內不同的θ值代入$Y_{d_{3z^2-r^2}}$的表達式中，就可在xz平面上畫出$d_{3z^2-r^2}$軌域的「角度分布」剖面圖（見圖4.16及圖4.17）。

我們在拿圖4.15及圖4.16，做個總整理：

1. 任何的s軌域之「角度分布」都是圓球形。
2. $2p_z$，$3p_z$和$4p_z$的原子軌域「角度分布」都是相同的，可統稱爲p_z軌域的「角度分布」。
3. 3個p軌域（指p_x、p_y、p_z）的圖形都是雙球面，貫穿雙球面的直徑分別與x、y、z軸重合。
4. 5個d軌域中有4個軌域（即d_{xy}、d_{yz}、d_{xz}、$d_{x^2-y^2}$）的「角度分布」形狀都是4個橄欖形的曲面交於原點，所不同的是它們在空間的取向不同。但d_{z^2}軌域的「角度分布」形狀是兩個爲z軸所貫穿得橄欖形曲面，還有1個類似於救生圈形狀的曲面平放在xy平面上。
5. 由圖還可看出：s軌域（$\ell = 0$）的「角度節面」數爲0，p軌域（$\ell = 1$）的「角度節面」數爲1，d軌域（$\ell = 2$）「角度節面」數爲2。所以，不難得出，原子軌域的角度部分之「角度節面」數爲ℓ。也就是說，波函數角度部分的「角度節面」數目由「角量子數」ℓ決定。
6. 對實數函數的「似氫離子」波函數$\Psi_{n,\ell,m} = R_{n,\ell}(r) \times Y_{\ell,m}(\theta, \phi)$來說，由於「徑向部

分」$R_{n,\ell}(r)$的「節面」數爲$n-\ell-1$，「角度部分」$Y_{\ell,m}(\theta,\phi)$的「節面」數爲ℓ，故總波函數的總「節面」數爲（$n-1$），即由「主量子數」n決定。

（四）以上討論了軌域的「角度分布」$Y_{\ell,m}$函數的圖形，接著討論「電子雲」的「角度分布」問題就容易了。

反映「電子雲」的角度部分$|Y_{\ell,m}(\theta,\phi)|^2$隨空間方向θ，ϕ的變化情況，即電子出現在θ和ϕ方向上單位立體角內的機率，或同一球面不同方向上$|\Psi|^2$的相對大小，稱爲「電子雲角度分布圖」。其意義又可作以下理解：（參考第二章之（2.53）式及第四章之（4.6）式、（4.82）式及（4.108）式）因爲電子在空間（r、θ、ϕ）點的周圍體積元$d\tau=r^2\sin\theta drd\theta d\phi$內之機率正比於波函數的平方，即

$$
\begin{aligned}
\int\left|\Psi_{n,\ell,m}\right|^2 d\tau &= \int\left|R_{n,\ell}(r)\cdot Y_{\ell,m}(\theta,\phi)\right|^2 d\tau \\
&= \int\left|R_{n,\ell}(r)\cdot Y_{\ell,m}(\theta,\phi)\right|^2\cdot r^2\sin\theta drd\theta d\phi \qquad \text{（利用（2.34）式）} \\
&= \int_{r=0}^{r=\infty}\left|R_{n,\ell}(r)\right|^2 r^2 dr\cdot\left|Y_{\ell,m}(\theta,\phi)\right|^2\sin\theta d\theta d\phi \\
&= 1\cdot|Y_{\ell,m}(\theta,\phi)|^2\sin\theta d\theta d\phi \\
&= |Y_{\ell,m}(\theta,\phi)|^2 d\Omega \qquad (4.119)
\end{aligned}
$$

（4.119）式中之立體角$d\Omega=\sin\theta d\theta d\phi$，見圖4.18。

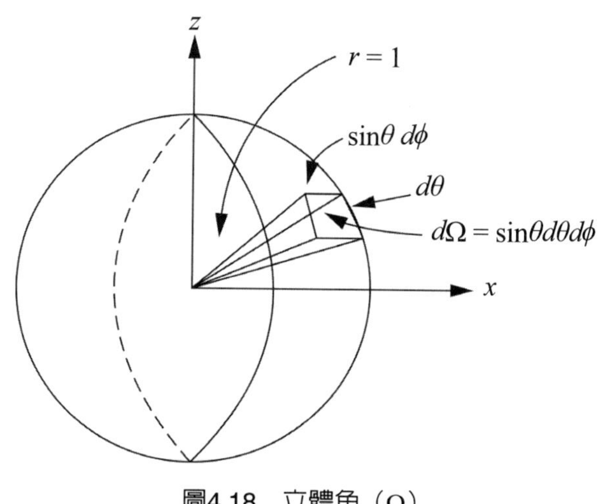

圖4.18　立體角（Ω）

註：本圖源自於第二章的圖2.2。

（4.119）式的物理意義是指：在立體角$d\Omega$中，電子出現在一定方向（即θ和ϕ確定時）的機率。

$|Y^2_{\ell,m}(\theta, \phi)|^2$就是「電子雲」的「角度分布」函數。它表示電子在$(\theta, \phi)$方向上之單位立體角（$\Omega$）內出現的機率。也就是說：$|Y_{\ell,m}(\theta, \phi)|^2$對$(\theta, \phi)$作圖，可得到在同一球面上（即r相同）之不同方向（$\theta$、$\phi$不同）各點的「機率密度」$Y^2_{\ell,m}(\theta, \phi)$相對大小。因此，我們把這種圖形稱爲「電子雲」的「角度分布圖」。

同樣，$|Y^2_{\ell,m}(\theta, \phi)|^2$和「主量子數」n也沒有關係。所以各ns態、np態、nd態、nf態的$|Y^2_{\ell,m}(\theta, \phi)|^2$形狀都分別應該是一樣的。但是這些圖形常常導致一些人的誤解，認爲電子就是塗在像通常畫的「電子雲」形狀外部的電荷，這是錯誤的觀念。

由於$|Y_{\ell,m}(\theta, \phi)|^2$永遠大於零，所以原先在「原子軌域」$Y_{\ell,m}(\theta, \phi)$圖像中的正負號，在$|Y_{\ell,m}(\theta, \phi)|^2$「電子雲」的圖形中就不再有正、負之分（即皆恆爲正值）。

其次，$Y_{\ell,m}$的值不會大於1，故平方後$|Y_{\ell,m}(\theta, \phi)|^2$的值會更小，所以$|Y_{\ell,m}(\theta, \phi)|^2$「電子雲」的圖像要比$Y_{\ell,m}(\theta, \phi)$的「角度分布圖」之圖形來得「苗條細長」一些。故$Y_{\ell,m}(\theta, \phi)$圖原來是「圓形」的，現在$|Y_{\ell,m}(\theta, \phi)|^2$圖要變成「狹長雞蛋形」了。但不論是$Y_{\ell,m}(\theta, \phi)$和$|Y_{\ell,m}(\theta, \phi)|^2$，二者的對稱性和方向性都是相同的，見圖4.19。

例如：圖4.19的p_z軌域的$|Y_{\ell,m}(\theta, \phi)|^2$圖形就不是兩個相切圓（見圖4.14），而是橢圓了。

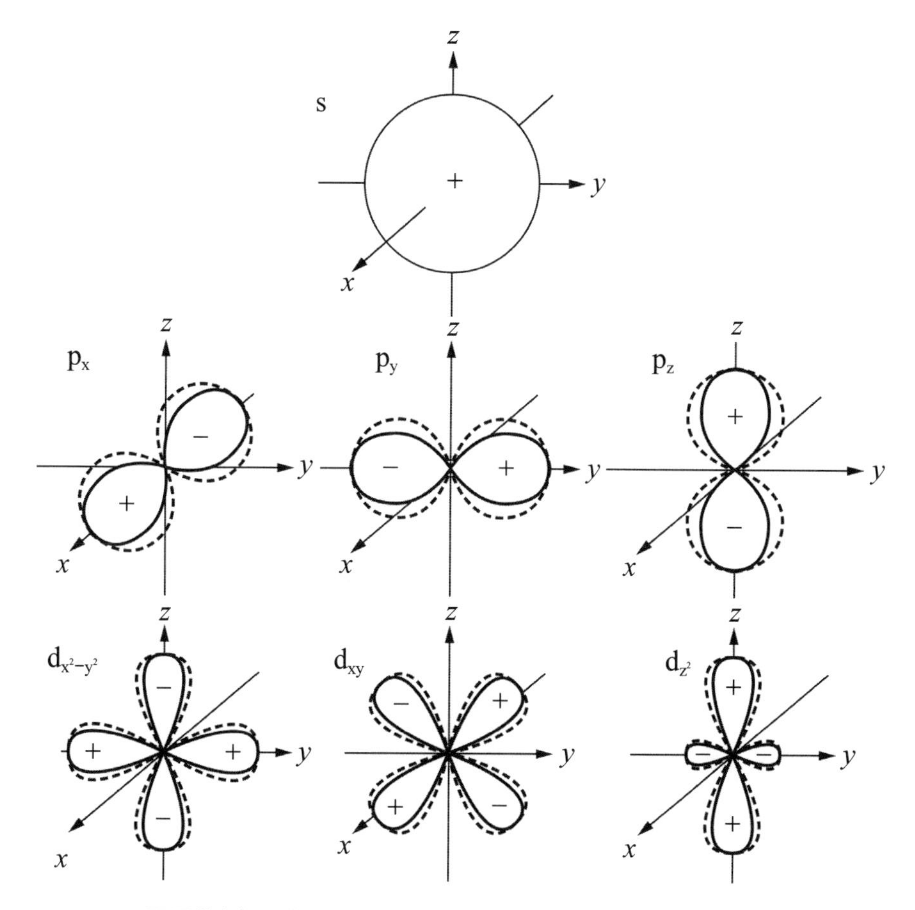

圖4.19　s、p、d原子軌域的（$Y_{\ell,m}(\theta,\phi)$）「角度分布圖」（虛線）和「電子雲」（$|Y_{\ell,m}(\theta,\phi)|^2$）的「角度分布圖」（實線）之比較

再提醒一次：（配合圖4.19）

1. 「角度部分」的任何圖形都只是從「角度側面」描述軌域或「電子雲」的特徵。例如：p_z「電子雲角度分布圖」（見圖4.19）只表明任一個p_z軌域的「電子雲」在各個方向上的相對大小。從原子核向任一方向引出的直線被曲面截取的線段越長，該方向上電子「機率密度」就越大。但「電子雲角度分布圖」絲毫不涉及「徑向」r值。也就是說，$|Y_{\ell,m}(\theta,\phi)|^2$之「電子雲角度分布圖」對任何半徑都是適用的。所以，千萬不要誤以爲「電子雲」主要分布在這些球殼中。

2. $Y_{\ell,m}(\theta,\phi)$圖與$|Y_{\ell,m}(\theta,\phi)|^2$圖的共同特點是（見圖4.19）：

(1) 不論是$Y_{\ell,m}(\theta,\phi)$圖或$|Y_{\ell,m}(\theta,\phi)|^2$，所有的s軌域（$\ell=0$）均是「球形」對稱分布

的。

(2) p軌域（$\ell=1$）的$Y_{\ell,m}(\theta,\phi)$「角度分布圖」都是沿對稱軸展開的相切雙球。而其「電子雲」的角度分布圖$|Y_{\ell,m}(\theta,\phi)|^2$是啞鈴形。

(3) d軌域（$\ell=2$）的$Y_{\ell,m}(\theta,\phi)$「角度分布圖」中，d_{xy}、d_{yz}、d_{xz}和$d_{x^2-y^2}$的形狀相同，都是4個波瓣，它們都有4個極值，2個「節面」。其中，d_{xy}的角度分布取xy截面（見圖4.19），4個波瓣分別朝向x軸和y軸夾角的平分線方向。d_{z^2}軌域，以z軸爲對稱軸，極值在z軸上，在xy平面上還有小的負波瓣（圖4.19）。

其中，d_{z^2}形狀似乎特殊些，但它實際是$d_{z^2-x^2}$與$d_{z^2-y^2}$的組合。

3. $Y_{\ell,m}(\theta,\phi)$與$|Y_{\ell,m}(\theta,\phi)|^2$的「角節面數」爲$\ell$個，「節面」的形狀爲「平面」或「錐面」。

故如s軌域（$\ell=0$），則無「角節面數」。但p軌域（$\ell=1$），則會有1個「角節面數」。

4. 最主要的區別在於：$Y_{\ell,m}(\theta,\phi)$圖較$|Y_{\ell,m}(\theta,\phi)|^2$圖來得胖些，且$Y_{\ell,m}(\theta,\phi)$圖標有正、負號，但$|Y_{\ell,m}(\theta,\phi)|^2$電子雲的「角度分布圖」都是正號。但$Y_{\ell,m}(\theta,\phi)$和$|Y_{\ell,m}(\theta,\phi)|^2$二圖的對稱性和方向性皆相同，見圖4.19的$|Y_{\ell,m}(\theta,\phi)|^2$圖（實線）和$Y(\theta,\phi)$圖（虛線）。

5. 「角量子數」ℓ不同，$Y_{\ell,m}(\theta,\phi)$和$|Y_{\ell,m}(\theta,\phi)|^2$之「角度分布圖」的形狀不同，即「角量子數」$\ell$還決定「原子軌域」（或「電子雲」）的角度變化形狀，這就是「角量子數」ℓ的另一個重要物理意義。

比較「徑向分布圖」（見圖4.5）和「角度分布圖」（見圖4.19）可知：

(1) $R_{n,\ell}(r)$「徑向分布」只與「量子數」n和ℓ有關，而$Y_{\ell,m}(\theta,\phi)$「角度分布」只與「量子數」ℓ和m有關，而與「主量子數」n無關。所以，只要ℓ和m相同的軌域，其$Y_{\ell,m}(\theta,\phi)$「角度分布」的形狀和方向（θ和φ）都相同。

再強調一次：「角量子數」ℓ決定軌域之$Y_{\ell,m}(\theta,\phi)$「角度分布」的形狀，「磁量子數」m決定方向（θ和φ）。

(2) 在同一球面上，各點的「徑向分布」$R_{n,\ell}(r)$都相同，而「角度分布」（$Y_{\ell,m}(\theta,\phi)$或$|Y_{\ell,m}(\theta,\phi)|^2$）不相同。

三、電子雲空間分布圖

有了「電子雲」的「角度分布圖」（即$|Y_{\ell, m}(\theta, \phi)|^2$），並不代表就是等於「電子雲」的眞正空間形狀。因為「電子雲」的眞正三度空間實際形狀要同時考慮它的「徑向分布」（$R_{n, \ell}(r)$）和「角度分布」（$Y_{\ell, m}(\theta, \phi)$）。

將「徑向分布」與「角度分布」綜合起來，即（4.6）式，這才能眞正得到$\Psi_{n, \ell, m}(r, \theta, \phi)$或$|\Psi_{n, \ell, m}(r, \theta, \phi)|^2$的三度「空間分布圖」。也就是說，這些圖形都是立體圖像。

「空間分布圖」有多種表達形式，如「電子雲圖」、「等值面圖」、「網格立體圖」、「節面圖」和「原子軌域輪廓圖」等（後續分別詳述之）。

將$|\Psi|^2$的大小用小黑點在空間分布的疏密程度來表示的圖形稱為「電子雲圖」，也稱「小黑點圖」，見圖4.20。

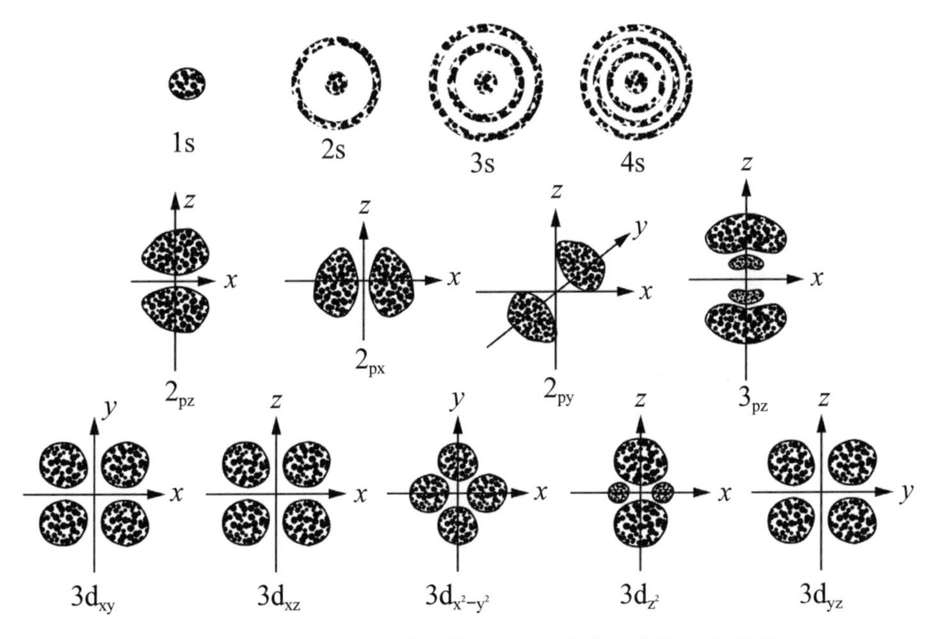

圖4.20　氫原子常見軌域的三度空間「電子雲」表示圖

我們做進一步說明：以氫原子$3p_z$軌域而言，$3p_z$的「徑向分布」有2個極大值及1個「徑向節面」（因為$n = 3$且$\ell = 1$，故$3 - 1 - 1 = 1$），而它的「角度分布」有1個「角度節面」（因為$\ell = 1$，即xy平面），所以$3p_z$軌域的實際三度空間「電子雲」圖像就有兩個極大值及兩個「節面」，如圖4.21及圖4.27所示。

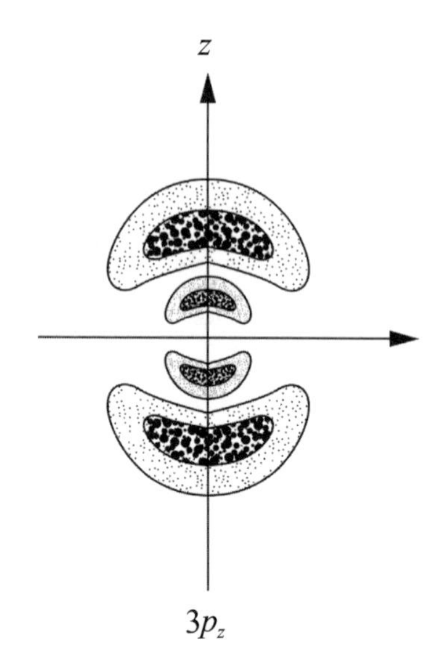

圖4.21 3p_z之三度空間「電子雲」表示圖（續見圖4.27）

四、原子軌域等值線圖及原子軌域等密度線圖

原子能階Ψ是以r、θ、ϕ爲變數的函數。Ψ在原子核周圍空間各點上的數值隨r、θ、ϕ的變化而改變。由於三維數值在紙面上不易表達，通常是在通過原子核及某些座標軸的截面上，把面上各點的r、θ、ϕ值代入Ψ中，然後根據Ψ值的正負和大小畫出等值線，即爲「原子軌域等值線圖」。

將「等值線圖」圍繞對稱軸轉動，可將平面圖形擴展成「原子軌域空間分布圖」，故「等值線圖」是繪製「原子軌域空間分布圖」的基礎。若是將$|\Psi|^2$值相等的點連接起來，則稱「等機率密度線圖」。

爲了標註方便，經常取等值線剖面圖。圖4.21爲2s，$2p_z$，$3d_{z^2}$和$3d_{x^2-y^2}$軌域的「電子雲」空間分布「等機率密度線圖」。

也就是說，將波函數Ψ或「機率密度」$|\Psi|^2$之值相等的各點連成一個曲面，並標有波函數的值或「機率密度」的大小（絕對密度或相對密度），便是「原子軌域」或「電子雲」的「等機率密度線圖」。這猶如一般地圖上的等高線，見圖4.22。

「等值線圖」或「等機率密度線圖」的特點是：皆可清晰地表示波函數和「機率密度」變化的層次與特點，以及「節面」的位置。

例如：由圖4.22可知：$2p_z$最大值之點在z軸上，離原子核$\pm 2a_0$處，xy平面是Ψ爲零的「節面」。

又如：$3p_z$的「等值線圖」大體輪廓和$2p_z$相似，但多一個球形「節面」，此節面離原子核距離為$6a_0$（在圖4.22(b)中畫出時已按2/n（即2/3）比例縮小，所以「節面」出現在離原子核為4單位長度上）。

在各種「原子軌域」中，「主量子數」n越大，「節面」越多，能階越高。「節面」的多少及其形狀是了解「原子軌域」空間分布的重要資料。

值的注意的是（由圖4.22可知）：

（一）s軌域是球形對稱的。

（二）軌域的「等值線」或「電子雲」的「等機率密度線」都具有一定的對稱性。

例如：p_z、d_{z^2}軌域對z軸是軸對稱的，將它們的「等值線」繞圖繞z軸旋轉180°，即得到它們的空間圖，各條「等值線」構成「等值面」。

其他軌域有類似情況。例如：p_z軌域對z軸對稱，d_{xy}軌域對xy平面是對稱的。

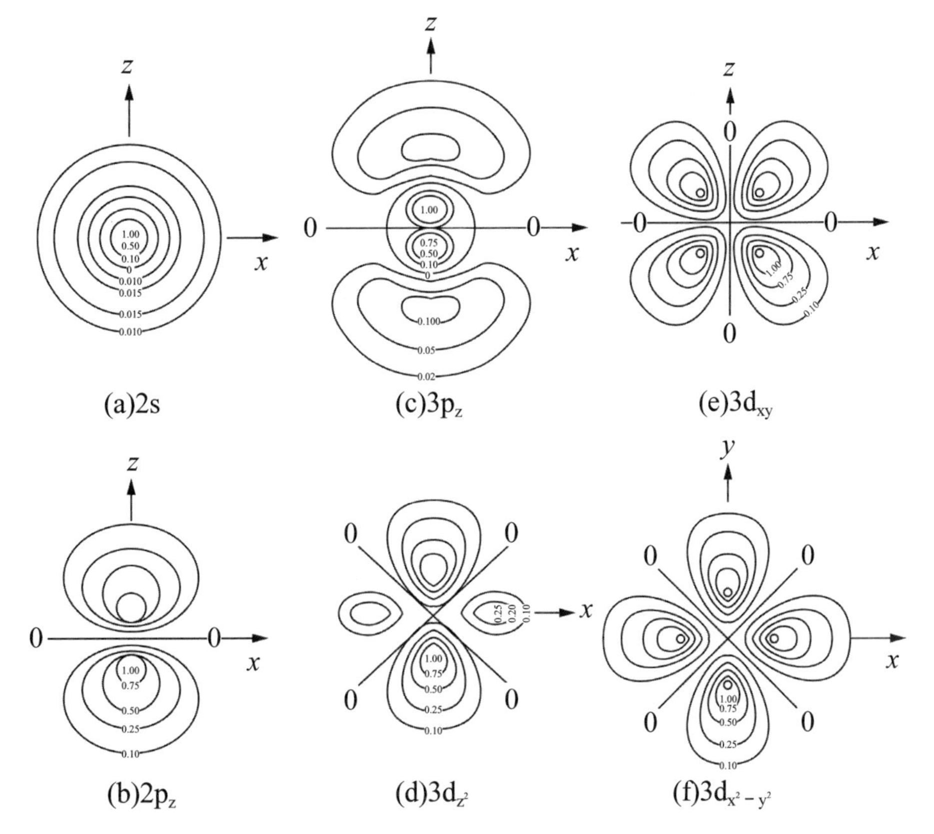

圖4.22　氫原子之2s，$2p_z$，$3p_z$，$3d_{z^2}$，$3d_{x^2-y^2}$及$3d_{xy}$的「電子雲」之空間分布「等值線圖」

註：標示0處的直線，在三度空間而言，代表「節面」。

有些書本或論文會將「原子軌域等值線圖」（圖4.21）改用實、虛線描述。圖4.23繪製的是2p、3p、3d等能階之平面xz剖面圖，實線爲正，虛線爲負。

例如：2p能階最小的實線圈爲數值最高處，隨等值線向外擴展，數值逐漸降低，直至爲零（「節面」）；虛線等值線逐次收縮，數值越來越負，虛線圈最小處，負值達最低點。

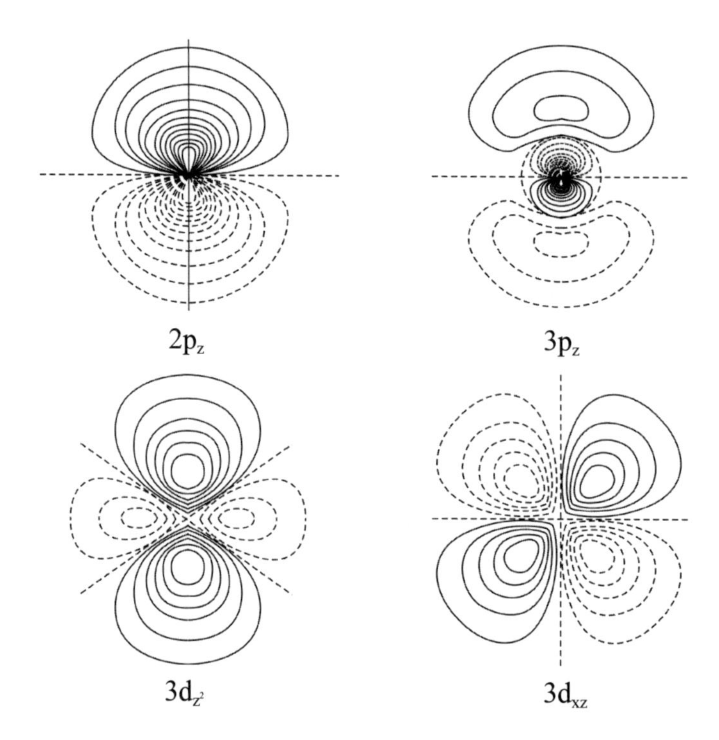

圖4.23　氫原子的「原子軌域等值線圖」

五、原子軌域之網格立體圖

原子軌域或「電子雲」的「網格立體圖」，是指某一截面（常取通過原子核的平面）上Ψ或$|\Psi|^2$的值用網格線的起伏來表示。

- 網格平整的「平面」是指：Ψ或機率$|\Psi|^2$爲零。
- 網格線「向上凸起」是指：Ψ爲正值，或說機率越大。
- 網格線向下凹是指：Ψ爲負值。
- $|\Psi|^2$網格圖均爲正值。

注意：「網格立體圖」是用網格線的高度表示某一截面Ψ或$|\Psi|^2$的分布，因而「網格立體圖」不表示「原子軌域」或「電子雲」的眞實形狀（見圖4.24）。

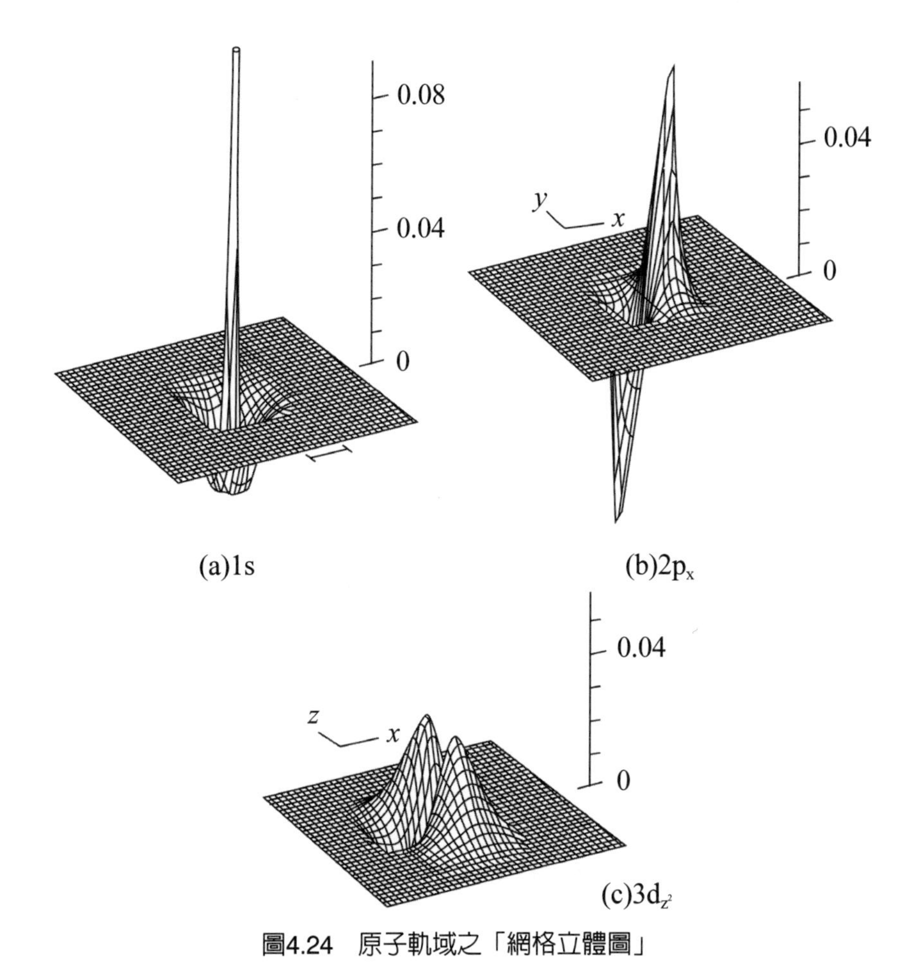

圖4.24　原子軌域之「網格立體圖」

註：圖上各點相對於座標面（通過原子核）的高度表示波函數的代數值。

六、原子軌域節面圖

從上面三種圖形（電子雲空間分布圖、等密度線圖及網格立體圖）可見，這些圖所標示的電子在空間的分布並沒有明確的邊界。

然而，在「徑向」r值較大，也就是離原子核較遠的地方，$|\Psi|^2$並不爲零，而是仍存在一定的「機率密度」，但實際上在離原子核不到1nm（$= 1\times10^{-9}$m）以外，電子出現的機率就已經微不足道了。

如此一來，爲了能了解電子分布的機率，可以取一個「等密度面」，使電子在該面內出現的機率達到總機率的一定百分比。例如50%，90%，99%等，這種面就稱爲「節面」（node surface）。「節面圖」能直觀地表示原子在不同狀態時的大小和形狀（見圖4.25）。

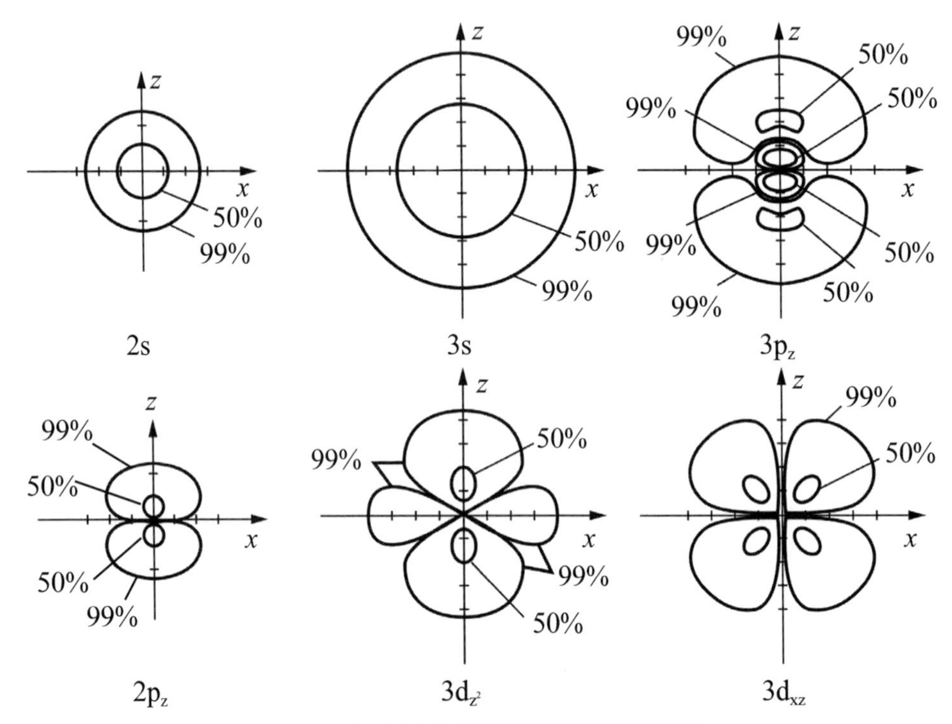

圖4.25　氫原子的幾種原子軌域「節面圖」

更進一步的說：我們可以在空間做一個「節面」，在這個「節面」內的$|\Psi|^2$（即「機率密度」）是一個常數。$|\Psi|$一定也是常數。所以「節面」對$|\Psi|^2$和$|\Psi|$而言是等同的。

例如：對於s軌域波函數而言，s軌域僅決定於r，因此，s軌域的「節面」就是一個具有一定r值的「節面」，也就是s軌域是一個以原點爲中心的「球」。

爲了要描述「軌域」的大小，我們考慮一個能發現電子存在機率爲90%的「節面」，因此就要求下列積分成立：

$$\int_V |\Psi|^2 d\tau = 0.90 \tag{4.120}$$

其中V是「軌域節面」所包含的體積。

現在我們來求在yz平面上之「似氫離子」的$2p_y$軌域的截面，在這平面上$\phi = \pi/2$（見圖4.18），所以$\sin\phi = 1$。從表4.5就可得到yz平面上的p_y軌域爲：

$$|\Psi_{2p_y}| = K^{5/2}\pi^{-1/2}re^{-Kr}|\sin\theta| \qquad (4.121)$$

其中$K = Z/2a_0$，爲了求取軌域的截面，對於已經固定的一個Ψ值我們用平面極座標來畫出（4.121）式：r是從原點算起來的距離，而θ則是與z軸的夾角。對於一個典型$2p_y$的節面，如圖4.26所示。

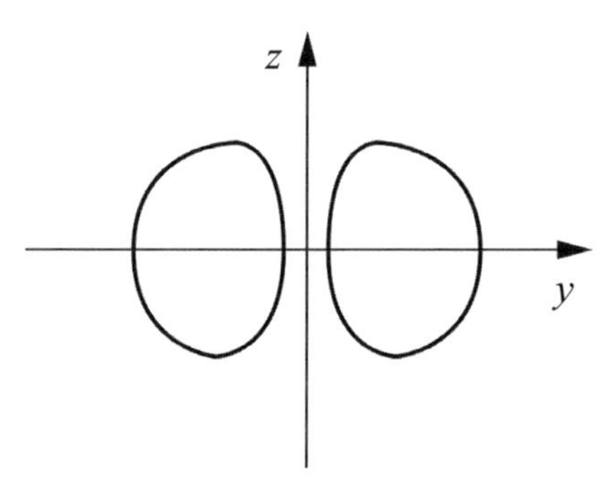

圖4.26　$2p_y$軌域的「節面」

因爲

$$ye^{-Kr} = y \cdot \exp[-K(x^2 + y^2 + z^2)^{1/2}] \qquad (4.122)$$

從（4.122）式得知，Ψ_{2p_y}是y和$(x^2 + z^2)$的函數。由此可得知：在一個以y軸爲中心並平行於xz軸的圓上，Ψ_{2p_y}是常數。因此，一個三度空間的「節面」就可以由圖4.25的截面繞y軸旋轉，而形成一對扭歪了的橢圓球。因此，一個實數的2p軌域是兩個分開、扭歪的橢圓球，而不是兩個相切的球。兩個相切的球是一種對眞實軌域形狀的粗略而簡單的近似，但是這種近似許多化學家仍舊繼續在應用。

現在我們來考慮複數軌域$\Psi_{2p\pm1}$，根據表4.5可以寫成：

$$\Psi_{2p\pm1} = K^{5/2}\pi^{-1/2}re^{-Kr}\sin\theta e^{\pm i\phi} \qquad (4.123)$$

$$|\Psi_{2p\pm1}| = K^{5/2}\pi^{-1/2}re^{-Kr}r|\sin\theta| \qquad (4.124)$$

從上式得知該$2p_{+1}$和$2p_{-1}$兩個軌域具有相同的形狀，由於（4.124）和（4.122）式是等同的，因此可得出$2p_{\pm1}$軌域在yz上也將會有與圖4.25一樣的截面。

從「笛卡爾座標」（又稱「直角座標」）與「球極座標」之間的關係就可得到

$$e^{-Kr}r|\sin\theta| = \exp[-K(x^2 + y^2 + z^2)^{1/2}](x^2 + y^2)^{1/2}$$

由此可見，$|\Psi_{2p\pm1}|$是z和$(x^2 + y^2)$的函數。我們可以將圖4.26繞z軸旋轉，而得到一個三維軌域的形狀。由此就得到一個環形式形狀的「節面」（見圖4.27）。其他各個「似氫離子」軌域所得的「節面」圖形也都畫在圖4.27中。在這些空間「節面」內找到電子的機率為90%。

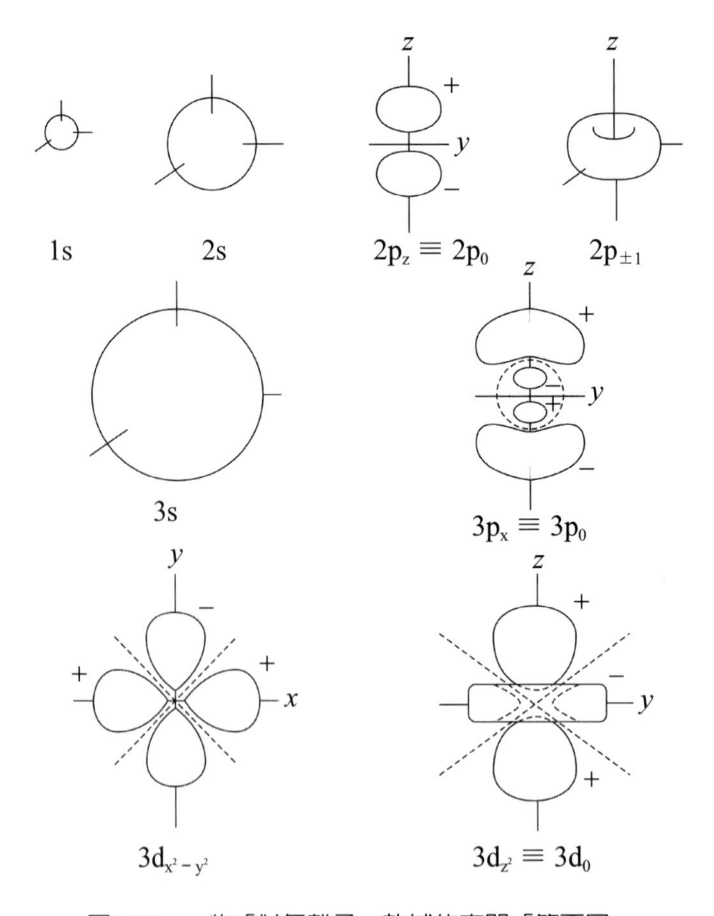

圖4.27　一些「似氫離子」軌域的空間「節面圖」

在「原子軌域節面圖」上，可以同時看到兩種「節面」：ℓ個「角度節面」（平面或錐面）和$n - \ell - 1$個「徑向節面」（球面），「節面」總數為$n - 1$個。

例如：3p軌域（$\ell = 1$）有1個「角度節面」和1個（$= 3 - 1 - 1$）「徑向節面」，故「節面」總數為2（$= 3 - 1$）個（見圖4.21和圖4.28）。

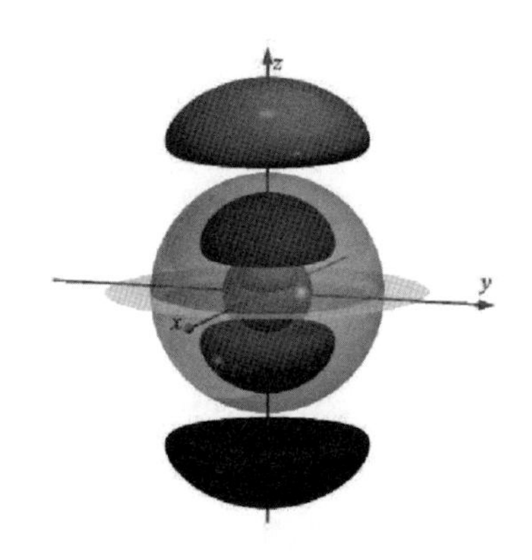

圖4.28　$3p_z$原子軌域的「徑向節面」與「角度節面」（續見圖4.21）

應當特別注意的是：軌域「角度分布圖」$Y(\theta, \phi)$與「軌域節面圖」是不同的。且「電子雲角度分布圖」$|Y(\theta, \phi)|^2$與「電子雲節面圖」也是不同的。有些書忽視這一問題，導致觀念錯誤，給初學者造成困擾。最常見的一種錯誤是把$Y(\theta, \phi)$當作「原子軌域」，並製成模型作為教具。

比較圖4.29中的圖形，不難看出二者的區別。如果說p_z軌域「角度分布圖」$Y_{1,0}(\theta, \phi)$圖「冒充」$2p_z$「軌域節面圖」還可能魚目混珠，但若「冒充」$3p_z$「軌域節面圖」就會露出馬腳了。（因為前面圖4.28提到過$3p_z$軌域有2個「節面」，但$2p_z$軌域只有1個「節面」。）

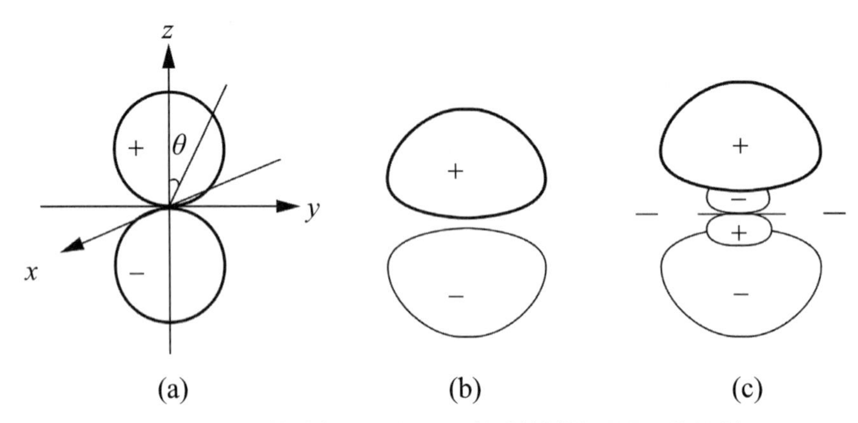

圖4.29　「軌域角度分布圖」與「軌域節面圖」的比較

註：(a)p_z軌域「角度分布圖」$Y_{1,0}(\theta, \phi)$；(b)$2p_z$軌域「節面圖」；(c)$3p_z$軌域「節面圖」。

通常所說的「原子軌域」圖形，應當使用「原子軌域節面圖」；「電子雲」圖形應當使用「電子雲節面圖」。畢竟，它們描繪了軌域或電子雲的整體形狀，而不像$Y(\theta, \phi)$和$|Y(\theta, \phi)|^2$圖那樣完全不考慮「徑向因素」。當然，在某些場合，若只關心軌域「角度分布」的大致形狀和位相關係，例如：討論軌域的「軌域對稱性守恆」等問題時，用簡單的$Y(\theta, \phi)$圖代替「軌域節面圖」是可以的，但這只是特定場合約定俗成的作法，並不意謂著可以混淆它們的概念。

同理，也不要誤認爲「軌域節面圖」是$R_{n,\ell}(r)$與$Y_{\ell,m}(\theta, \phi)$相乘的直接結果。例如，$R_{31}(r)$與$Y_{1,0}(\theta, \phi)$相乘並不能直接產生$3p_z$「軌域節面圖」（圖4.30），因爲$R_{31}(r)$與$Y_{1,0}(\theta, \phi)$都是利用「函數—變數」之關係畫圖，二者相乘後，必須再利用函數參數才能畫出眞正的「軌域節面圖」。

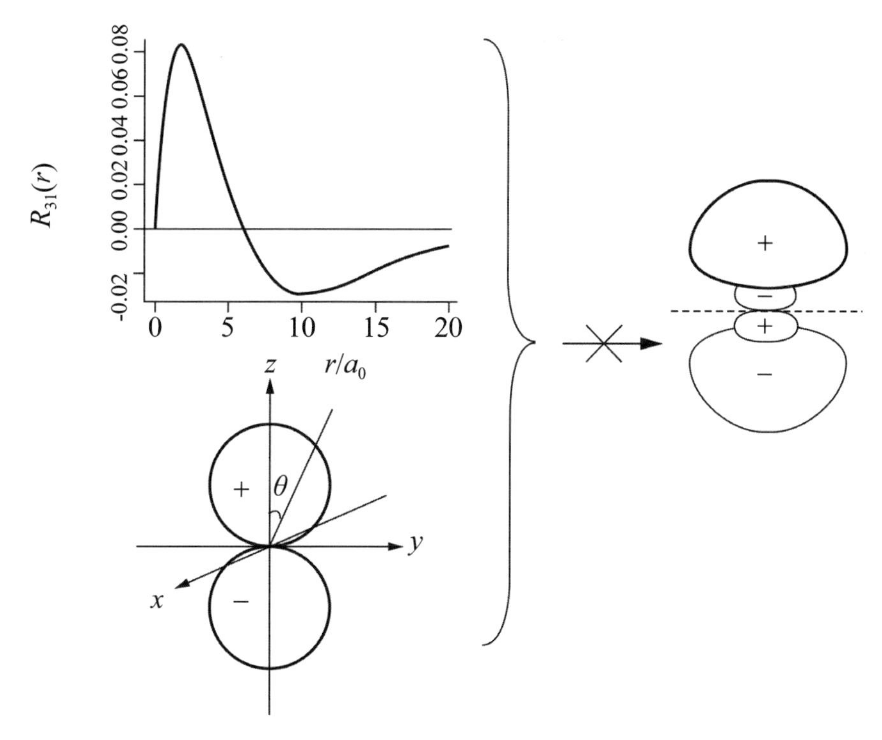

圖4.30　「軌域節面圖」不是根據$R_{n,\ell}(r)$與$Y_{\ell,m}(\theta,\phi)$乘積所畫的圖

七、原子軌域輪廓圖

把Ψ的大小輪廓和正負號在「直角座標系」中表達出來，以反映Ψ在空間分布的圖形叫做「原子軌域輪廓圖」，或簡稱「原子軌域圖」。它和「原子軌域節面圖」不同，因爲「原子軌域節面圖」沒有正、負號。「原子軌域圖」也和「等值線圖」不同，因爲「等值線圖」反映「原子軌域」在通過原點的某一平面上的「等值線」，能定量地反映Ψ數值的大小和正負號。而「原子軌域輪廓圖」是三維空間中反映Ψ的空間分布情況，具有大小和正負號，但它的圖線只具有定性上的意義。

實際上，一般較常用的是「原子軌域輪廓圖」，其輪廓圖一般定爲電子出現機率爲90%的「節面」。它可定性地反映原子波函數在三維空間大小、正負、分布和「節面」情況。「原子軌域輪廓圖」在化學中有重要意義，它對於了解分子內部「原子之間軌域重疊」（atomic orbital overlap）形成化學鍵的情況，提供明顯的圖像。「原子軌域輪廓圖」是「原子軌域空間分布圖」簡化的實用圖形。圖4.31不僅列出了比較熟悉的2s~3d「原子軌域輪廓圖」及「節面」，而且列出了4f的「原子軌域輪廓圖」。

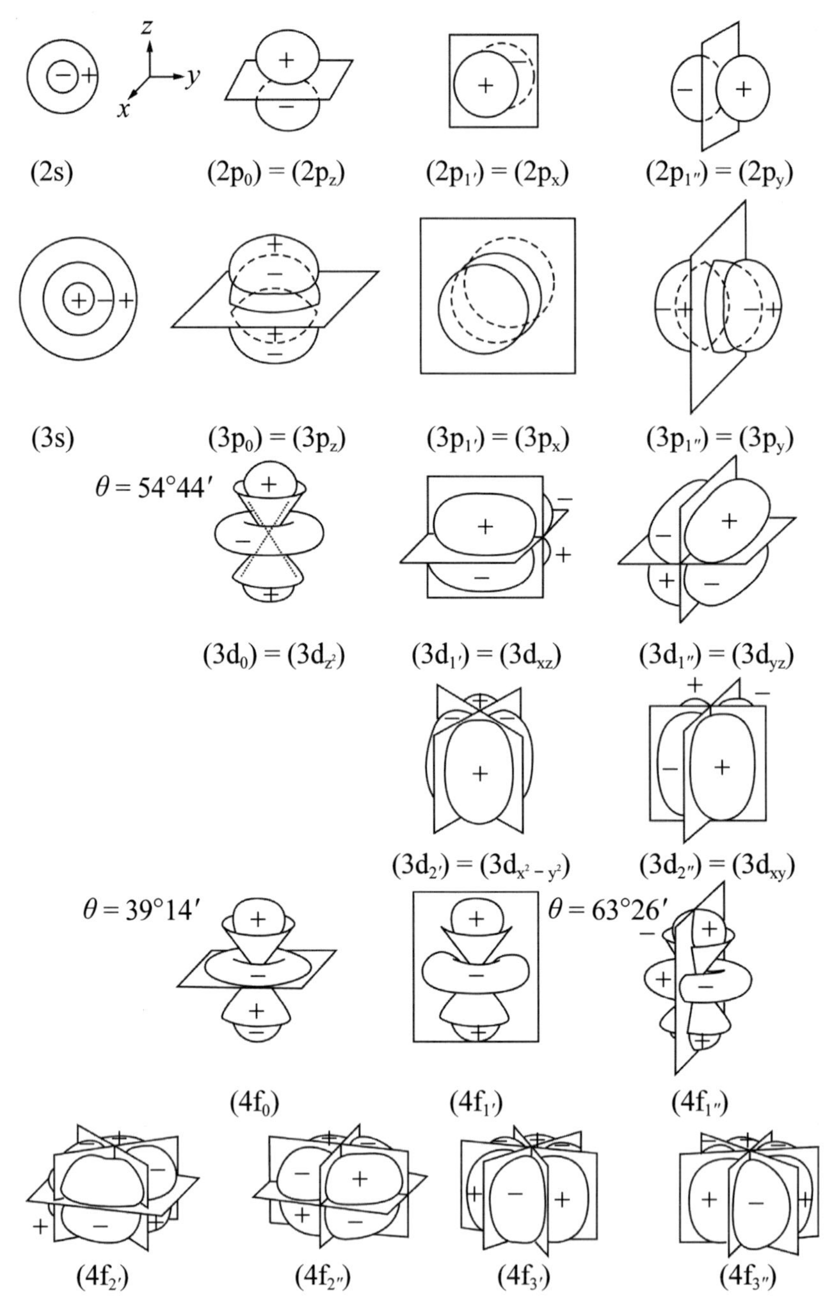

圖4.31　1s、$2p_x$、$2p_y$、$2p_z$、$3d_{x^2-y^2}$、$3d_{z^2}$、$3d_{yz}$、$3d_{xz}$、$3d_{yz}$及4f能階的「原子軌域輪廓圖」

在許多教課書中畫出「角度分布圖」（見本節項目編號二）。通常「角度分布圖」是用極座標畫出，它將Ψ的「角度部分」Y(θ, ϕ)函數的數值按給定的θ，ϕ值代入求出。做圖時從原點（即原子核的位置）開始，沿著給定的θ和ϕ值方向，取一

定長度線段|Y|，再註明正負號。將空間各方向上代表Y值大小的線段的端點連成曲面，即得「角度分布圖」。

例4.12 試在直角座標系中畫出氫原子5種3d軌域的輪廓圖，比較這些軌域在空間的分布，正、負號，「節面」及對稱性。

解：氫原子5種3d軌域的輪廓圖如下圖A所示。它們定性地反映了H原子3d軌域的下述性質：

(1) 軌域在空間的分布：$3d_{z^2}$的兩個極大值分別在z軸的正、負方向上距原子核等距離處，另一類極大值則在xy平面、以原子核爲心的圓周上。其餘4個3d軌域彼此形狀相同，但空間取向不同。其中$3d_{x^2-y^2}$分別沿x軸和y軸的正、負方向伸展，$3d_{xy}$，$3d_{xz}$和$3d_{yz}$的極大值（各有4個）夾在相應的兩座標軸之間。例如，$3d_{xz}$的4個極大值若以極座標表示，分別在θ = 45°，ϕ = 0°，θ = 45°，ϕ = 180°，θ = 135°，ϕ = 180°方向上。

(2) 軌域的「節面」：$3d_{z^2}$有兩個錐形「節面」（$z^2 = x^2 + y^2$），其頂點在原子核上，錐角約110°。另外，4個3d軌域各有兩個平面型「節面」，將4個瓣分開。但「節面」的空間取向不同：

$3d_{xz}$的「節面」分別爲xy平面（z = 0）和yz平面（x = 0）；$3d_{yz}$的「節面」分別爲xy平面（z = 0）和xz平面（y = 0）；$3d_{xy}$的「節面」分別是xz平面（y = 0）和yz平面（x = 0）；而$3d_{x^2-y^2}$的「節面」則分別爲y = x和y = −x（z任意）兩個平面。「節面」的數目依據（$(n - \ell + 1)$）規則。根據「節面」的數目可以大致了解「軌域」能階的高低，根據「節面」的形狀可以了解「軌域」在空間的分布情況。

(3) 軌域的對稱性：5個3d軌域都是中心對稱的，且$3d_{z^2}$軌域沿z軸旋轉對稱。

(4) 軌域的正、負號：已在圖A中標明。

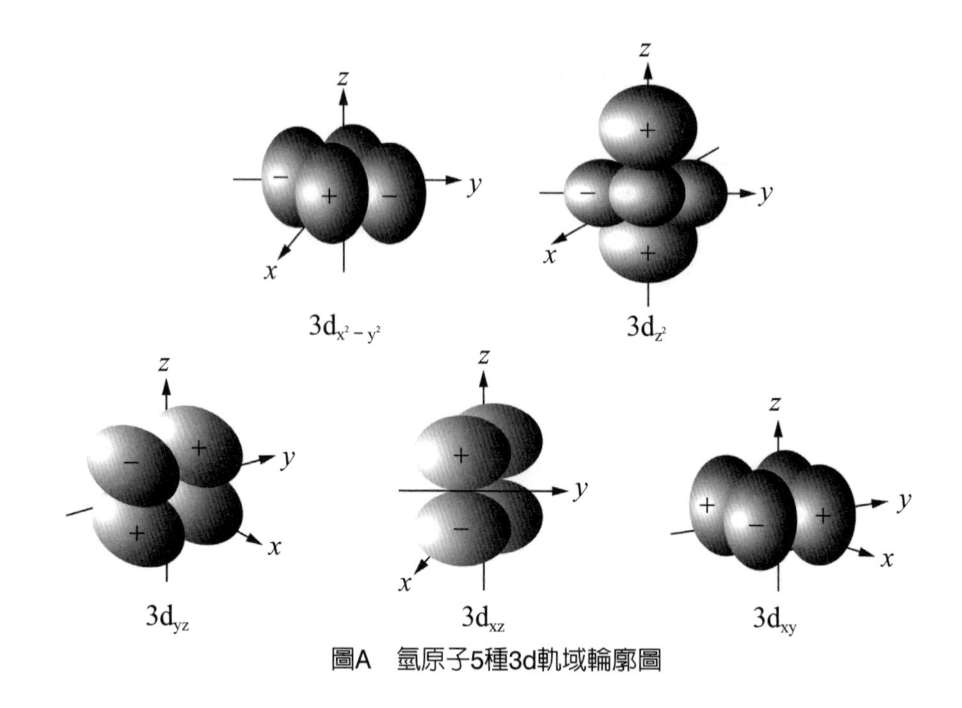

圖A　氫原子5種3d軌域輪廓圖

原子軌域輪廓圖雖然只有定性意義，但它圖像明確，簡單實用，在研究軌域疊加形成化學鍵時具有重要意義。

第五節　不同波函數及反映不同的物理意義

表4.4曾告訴我們：「複數波函數」和「實數波函數」的角度部分並不完全相同，因此，它們的「角度分布圖形」和「電子雲」「角度分布圖形」當然也會有所不同。

例如：「實數波函數」p_x、p_y、p_z的圖形，是分別在x、y、z軸方向伸展的雙球形，且有正、負號，見圖4.11(b)。

但對於「複數波函數」$p_{\pm1}$、p_0而言，想要在「實數空間」中，畫出「複數波函數」的「角度分布圖」，必須取其絕對值|Y|，也就是：

$$|Y_{1,1}| = \sqrt{Y_{1,1}^{*} \cdot Y_{1,1}} = \sqrt{Y_{1,-1} \cdot Y_{1,1}} = \sqrt{\frac{3}{8\pi}}\sin\theta = |Y_{1,-1}|$$

上式參考了表4.4的「複數波函數」$Y_{1,\pm1}$。由上式可知：$p_{\pm1}$的圖形類似如圖

4.11(b)所示。必須注意的是，p_x、p_y、p_z分別繞x、y、z軸旋轉一周，但$p_{\pm 1}$、p_0則是繞z軸旋轉一周，顯然的，除p_z和p_0圖形相同之外，p_x、p_y的圖形和$p_{\pm 1}$不同。

在圖4.19及我們已提到過：「電子雲角度分布」$|Y(\theta, \phi)|^2$圖形和波函數的「角度分布」$Y(\theta, \phi)$圖形相似，但由於前者取了平方，因此，前者的圖形會比後者來得瘦小些，且均爲正值。

又「電子雲」的空間分布，一般是用$4\pi r^2\Psi^2$表示，這可由相對應的$R^2(r)$和$|Y(\theta, \phi)|^2$得到，因爲（4.6）式已說明$\Psi = R(r) \times Y(\theta, \phi)$。

在前面我們已經證明，實數p_x、p_y的波函數「角度分布圖」和虛數$p_{\pm 1}$不盡相同，顯而易見的，它們彼此間的「電子雲角度分布圖」及「電子雲空間分布圖」，也必然有所不同。

必須強調的是，「複數波函數」的$p_{\pm 1}$電子雲「角度分布圖」和「實數波函數」的p_x、p_y「電子雲角度分布圖」（圖4.15）最大不同之處，在於前者皆繞z軸旋轉一周，而後者則是依其原波函數的需要，分別繞x、y、z軸一周。

例如：表4.5的左邊數起第4行之Ψ_{1s}、Ψ_{2s}、Ψ_{2p_x}、Ψ_{2p_y}、Ψ_{2p_z}……等等。基本上，它們的關係如下列所示：

$$\Psi_{1s} = \Psi_{100}，\Psi_{2s} = \Psi_{200} \tag{4.125}$$

$$\Psi_{2p_x} = \frac{\Psi_{211} + \Psi_{21-1}}{\sqrt{2}} \quad （參考（4.132）式） \tag{4.126}$$

$$\Psi_{2p_y} = \frac{\Psi_{211} - \Psi_{21-1}}{\sqrt{2}} \quad （參考（4.133）式） \tag{4.127}$$

$$\Psi_{2p_z} = \Psi_{210} \tag{4.128}$$

$$\Psi_{3d_{z^2}} = \Psi_{320} \tag{4.129}$$

$$\Psi_{3d_{xz}} = \frac{\Psi_{321} + \Psi_{32-1}}{\sqrt{2}}，\Psi_{3d_{yz}} = \frac{\Psi_{321} - \Psi_{32-1}}{\sqrt{2}} \tag{4.130}$$

$$\Psi_{3d_{x^2-y^2}} = \frac{\Psi_{321} + \Psi_{32-2}}{\sqrt{2}}，\Psi_{3d_{xy}} = \frac{\Psi_{322} - \Psi_{32-2}}{\sqrt{2}} \tag{4.131}$$

「複數波函數」和「實數波函數」都是「薛丁格方程式」的合理解，也都反映著電子可能的運動狀態，但它們的函數式和圖像卻又不盡相同，這該如何理解呢？事實上，儘管不同的波函數，代表著電子的不同運動狀態，但就給定n、ℓ值的「等階系」能階之總體而言，二者各自整體混合而成的「電子雲」圖像，則是完全一致的。

波函數，不論是複數形式$\Psi_{n,\ell,m}$，或者實數形式$\Psi_{n,\ell,|m|}$，它們所描述的電子狀態的能量，都具有相同的確定數值E。

可以驗證，把$\Psi_{n,\ell,m}$或$\Psi_{n,\ell,|m|}$代入（4.96）式，都能得到滿足，且皆可得到$L^2 = \ell(\ell+1)\times h^2/4\pi$（見（4.97）式）。這說明不論「複數波函數」或「實數波函數」，它們所描述的電子狀態的「角動量」，都具有確定的數值$L = \sqrt{\ell(\ell+1)} \times h/2\pi$。

「複數波函數」$\Psi_{n,\ell,m}$是$\hat{L}_z$的「特定函數」，其「特定值」$L_z = mh/2\pi$。然而，「實數波函數」$\Psi_{n,\ell,|m|}$中，除$m = 0$的狀態外，都不是$\hat{L}_z$的「特定函數」。這一點可以簡單證明如下：（見（2.50）式及（4.6）式）

$$
\begin{aligned}
\hat{L}_z \Psi_{n,\ell,m} &= \left(-\frac{ih}{2\pi}\frac{\partial}{\partial\phi}\right)\left[R_{n,\ell}(r)\,\Theta_{\ell,m}(\theta)\,\Phi_m(\phi)\right] \\
&= -\frac{ih}{2\pi}\left[R_{n,\ell}(r)\,\Theta_{\ell,m}(\theta)\right]\frac{\partial}{\partial\phi}\left[\Phi_m(\phi)\right] \\
&= -\frac{ih}{2\pi}\left[R_{n,\ell}(r)\,\Theta_{\ell,m}(\theta)\right]\frac{\partial}{\partial\phi}\left(\frac{1}{\sqrt{2\pi}}e^{im\phi}\right) \quad \text{（見表4.1）} \\
&= \frac{mh}{2\pi}\Psi_{n,\ell,m}
\end{aligned}
$$

但若用「實數波函數」$\Psi_{n,\ell,|m|}$，因實數波函數$\Psi_{n,\ell,|m|}$對ϕ的一次微分，仍是實數，但$\hat{L}_z$中還包含虛數i，因此，不可能求得實數的「特定值」。而反映體系性質的「物理量」之「特定值」，又必須是「實數」，否則沒有意義。故「實數波函數」所描述的電子狀態，其「角動量」在z軸的分量，不可能有確定的值。

如此看來，情勢變得非常明顯。由於「複數波函數」是$\hat{H}$、$\hat{L}^2$、$\hat{L}_z$的共同「特定函數」，故在能量、「角動量」及其在z軸上的分量，也都有確定的值；再加上複數波函數在進行「角動量耦合」（angular momentum coupling）時，比較方便。這種種原因，使得物理學多半採用「複數波函數」。

反之，化學中多半採用「實數波函數」。爲什麼呢？從圖4.15可以看出，除了$m = 0$者之外，所有「複數波函數」的電子雲圖像，都是繞z軸旋轉一周，這樣的波函數，我們稱之爲「旋轉波函數」（rotating wavefunctions），反觀「實數波函數」的「電子雲」圖像，其在空間有一定的取向，而不是指繞z軸旋轉而已。（但m = 0時，就必須繞z旋轉一周），這樣的波函數，我們另外稱之爲「駐波函數」（standing wavefunctions）。當然，不論產生「旋轉波函數」或是「駐波函數」，都和原子所處的環境和條件有關。

原子中電子的運動會產生磁矩。在自由原子的情況下，磁矩的方向在空間中可以是任意的。但一旦外加一均勻磁場時，將給原子提供了一個確定的方向，也就是原子磁矩要在外加磁場影響下取向，習慣上，我們令外加磁場方向爲z軸。這時電子的「角動量」在z軸的分量，有了確定的數値，但仍保持電子雲繞z軸旋轉的對稱性，這正是產生「旋轉波函數」的情況。反過來說，當外加磁場爲非均勻磁場時，這將帶給原子一些附加的取向，可以想見，此時電子雲繞z軸旋轉的對稱性受到破壞，這也正是出現「駐波函數」的情況。

在化學中，離不開對分子幾何結構亦即化學鍵方向性的討論。在分子中，每個原子總是處在其他原子的高度非均勻場的作用之下，如此一來，其電子的運動狀態理應由「駐波函數」來描述。而「實數波函數」都是「駐波函數」，所以化學中常用「實數波函數」。

必須指出的是，氫原子及「似氫離子」的可能軌域，並非只有上述兩組而已。如同後續〔附錄4.2〕所述，「等階系」波函數的任意線性組合，都是該能階的合理解。只要每組解中的各解是彼此獨立的，都可構成氫原子中電子運動的一組可能狀態。例如：上述的五個實數d軌域（見（4.129）式～（4.131）式，也就是d_{xy}、d_{yz}、d_{xz}、$d_{x^2-y^2}$、d_{z^2}），再進行線性組合，可以得到另外五個彼此獨立、但伸展取向不同的等價實數d軌域（參考Powell, R. E., J. Chem. Edu., 45, 45（1968））。

由上述的討論中，我們可以了解到，問題的關鍵在於：必須根據不同場合與條件，來正確地選用合適的波函數集合。雖然在化學中，最常用的是「實數波函數」集合，但在某些情況下，用其他的波函數集合，可能更好或更方便。因此，我們不能不管條件如何，而將一組波函數到處套用，必須視問題情況，做出具體的分析，這是我們要特別注意的。

〔附錄4.1〕

由於因子$e^{im\phi}$的存在，使得表4.5中的某些波函數為「虛數波函數」（m = 0除外），而化學中習慣於用「實數波函數」，為此，我們需要對這些「虛數波函數」進行線性組合。

例如：見表4.5，用Ψ_{211}與Ψ_{21-1}線性組合成兩個「歸一化」的「實數波函數」，並證明「實數波函數」仍然是「能量算子」$\hat{H}$和「角動量平方算子」$\hat{L}^2$的「特定函數」，且Ψ_{211}與Ψ_{21-1}具有相同的「特定值」，它們不再是「角動量分量算子」$\hat{L}_z$的「特定函數」。

(1) 由Ψ_{211}與Ψ_{21-1}線性組合成「實數波函數」：（這裡$\sigma = Zr/a_0$）

$$\Psi_{2p_x} = \frac{1}{\sqrt{2}}(\Psi_{211} + \Psi_{21-1})\text{（參考（4.126）式）}$$

$$= \frac{1}{\sqrt{2}}\frac{1}{\sqrt{64\pi}}\left(\frac{Z}{a}\right)^{3/2}\sigma e^{-\sigma/2}\sin\theta(e^{i\phi} + e^{-i\phi})$$

$$= \frac{1}{\sqrt{2}}\frac{1}{\sqrt{64\pi}}\left(\frac{Z}{a}\right)^{3/2}\sigma e^{-\sigma/2}\sin\theta 2\cos\phi$$

$$= \frac{1}{4\sqrt{2}\pi}\left(\frac{Z}{a}\right)^{5/2} xe^{-\sigma/2} \qquad (4.132)$$

（4.132）式利用了「笛卡爾座標」（又稱「直角座標」）與球座標的變換關係：

$$x = r\sin\theta\cos\phi$$

也就是說：由於「實數波函數」的角度部分與x是一致的，因此我們把新組合的「實數波函數」記為Ψ_{2p_x}。同樣地，我們也可以得到另外一個「實數波函數」（見（4.127）式）：

$$\Psi_{2p_y} = \frac{1}{\sqrt{2}i}(\Psi_{211} - \Psi_{21-1}) = \frac{1}{4\sqrt{2\pi}}\left(\frac{Z}{a}\right)^{5/2} ye^{-\sigma/2} \qquad (4.133)$$

(2) Ψ_{2p_x}與Ψ_{2p_y}是「歸一化」的（這裡取$\sigma = Zr/a_0$）。

以Ψ_{2p_x}為例（參考（4.126）式）：

$$
\begin{aligned}
\int |\Psi_{2p_x}|^2 d\tau &= \frac{1}{2}\int (\Psi_{211}+\Psi_{21-1})^*(\Psi_{211}+\Psi_{21-1})d\tau \\
&= \frac{1}{2}\int (|\Psi_{211}|^2+|\Psi_{21-1}|^2+\Psi_{211}^*\Psi_{21-1}+\Psi_{21-1}^*\Psi_{211})d\tau \\
&= \frac{1}{2}(1+1+0+0) \\
&= 1
\end{aligned}
$$

上式利用了「似氫離子」的波函數是「正交、歸一化」的事實。

(3) Ψ_{2p_x}與Ψ_{2p_y}是「能量算子」$\hat{H}$和「角動量平方算子」$\hat{L}^2$的特定函數。以Ψ_{2p_x}為例（參考（4.126）式）：

$$\hat{H}\Psi_{2p_x}=\hat{H}\left[\frac{1}{\sqrt{2}}(\Psi_{211}+\Psi_{21-1})\right]=\frac{1}{2}(E_2\Psi_{211}+E_2\Psi_{21-1})=E_2\Psi_{2p_x}$$

$\left(\text{其中，}E_2=-\frac{Z^2}{2^2}\left(\frac{e^2}{2a}\right)\text{（由能量表達式給出）}\right)$

$$
\begin{aligned}
\hat{L}^2\Psi_{2p_x} &= \hat{L}^2\left[\frac{1}{\sqrt{2}}(\Psi_{211}+\Psi_{21-1})\right] \\
&= \frac{1}{2}[1\cdot(1+1)\hbar^2\Psi_{211}+1\cdot(1+1)\hbar^2\Psi_{21-1}] \\
&= 2\hbar^2\Psi_{2p_x}
\end{aligned}
$$

顯然的，Ψ_{2p_x}與Ψ_{211}和Ψ_{21-1}具有相同的「能量特定值」和「角動量平方特定值」。

(4) Ψ_{2p_x}與Ψ_{2p_y}不再是$\hat{L}_z$的「特定函數」，因為

$$\hat{L}_z=\hat{L}^2\left[\frac{1}{\sqrt{2}}(\Psi_{211}+\Psi_{21-1})\right]=\frac{1}{\sqrt{2}}\ (+\hbar\Psi_{211}-\hbar\Psi_{21-1})\neq c\Psi_{2p_x}$$

由上例可以看出，「似氫離子」具有相同「量子數」n和ℓ值的兩個互為共軛的「虛數波函數」（Ψ函數分別為$e^{i|m|\phi}$和$e^{-i|m|\phi}$），在線性組合後，可得兩個「歸一化」的「實數波函數」，組合前、後的波函數都是「算子」$\hat{H}$和$\hat{L}^2$的「特定函數」，且「特定值」不變，組合後的波函數不再是$\hat{L}_z$的「特定函數」。或者說線性組合前、後的波函數所代表的「狀態」（或說「節階」）都具有確定的能量值和角動量平方值，線性組合前的波函數所代表的「狀態」有確定的角動量在z分

量上的值，而組合後的波函數所代表的「狀態」的角動量在z分量上的值是不確定的。

〔附錄4.2〕

假設有n個波函數Ψ_1、Ψ_2、…、Ψ_n，且皆屬「等階系」，E是這些「等階系」的能量，則

$$\hat{H}\Psi_1 = E\Psi_1，\hat{H}\Psi_2 = E\Psi_2\cdots，\hat{H}\Psi_n = E\Psi_n \quad （附4.1）$$

證明n個「等階系」的波函數的任何線性組合

$$\Psi = c_1\Psi_1 + c_2\Psi_2 + \cdots + c_n\Psi_n \text{（參考第二章第七節）} \quad （附4.2）$$

也必然是具有「特定值」為E的「Hamiltonian算子」的「特定函數」。

〔證明〕：首先我們來證明下式：

$$\hat{H}\Psi = E\Psi \quad （附4.3）$$

將（附4.2）式代入上式，得：

$$\hat{H}(c_1\Psi_1 + c_2\Psi_2 + \cdots + c_n\Psi_n) = E(c_1\Psi_1 + c_2\Psi_2 + \cdots + c_n\Psi_n) \quad （附4.4）$$

已知「Hamiltonian算子」$\hat{H}$是一個線性「算子」（見第二章之表2.1），因此，上式的左邊可寫成：

$$\hat{H}(c_1\Psi_1 + c_2\Psi_2 + \cdots + c_n\Psi_n) = c_1\hat{H}\Psi_1 + c_2\hat{H}\Psi_2 + \cdots + c_n\hat{H}\Psi_n \quad （附4.5）$$

又由（附4.1）式可知：

$$c_1\hat{H}\Psi_1 = c_1E\Psi_1，c_2\hat{H}\Psi_2 = c_2E\Psi_2\cdots，c_n\hat{H}\Psi_n = c_nE\Psi_n \quad （附4.6）$$

將（附4.6）代入（附4.5）式，得：

$$\begin{aligned}\hat{H}(c_1\Psi_1 + c_2\Psi_2 + \cdots + c_n\Psi_n) &= c_1E\Psi_1 + c_2E\Psi_2 + \cdots + c_nE\Psi_n \\ &= E(c_1\Psi_1 + c_2\Psi_2 + \cdots + c_n\Psi_n) \text{ 得證}\end{aligned}$$

由上述定理可以看出：任何「等階系」能階的「特定函數」的線性組合，都是具有與原來相同「特定值」的「Hamiltonian算子」的一個「特定函數」。因此，

對於任何「等階系」能階，將可以組成無窮多個不同的波函數。雖是如此，在「量子力學」中，我們只對「線性獨立」的「特定函數」有興趣。也就是說，假設有n個函數f_1、f_2、…、f_n，假若方程$c_1f_1 + c_2f_2 + \cdots + c_nf_n = 0$，只能在$c_1 = c_2 = c_3 = \cdots = c_n = 0$時才成立，則$f_1$、$f_2$、…、$f_n$函數就稱爲「線性獨立」，這也正意味著：在$f_1$、$f_2$、…、$f_n$函數中，沒有一個函數可以表示成其他函數的線性組合。

例如：$f_1 = 3x$，$f_2 = 5x^3 - x$，$f_3 = x^3$

則此三個函數並非「線性獨立」，因爲可以寫成$f_2 = 5f_3 - f_1/3$。

又例如：$g_1 = 1$，$g_2 = x^3$，$g_3 = x^5$

則此三個函數爲「線性獨立」，因爲它們彼此不能寫成其他函數的線性組合。

練習題（習題詳解見本書第500頁）

4.1　氫原子處於激發態$\Psi_{2,1,1}(r, \theta, \phi)$，求其電子的軌域角動量L和L與z軸之間的夾角θ。

4.2　試證明：p軌域中電子半塡滿或全塡滿時，「電子雲」是球對稱的。

4.3　試由「算子」$\hat{L}_z = -i\hbar\frac{\partial}{\partial\phi}$，證明複數函數：

$$\Phi = [(1/2\pi)^{1/2}e^{\pm im\phi}]$$

代表L_z有確定值的狀態。

而「實數函數」：

$$\Phi = (1/\pi)^{1/2}\cos m\phi \text{或} \Phi' = (1/\pi)^{1/2}\sin m\phi$$

代表L_z無確定值的狀態。

並說明Φ_{2px}態的E，|L|，L_z和x各有無確定値？若有，則是多少？

4.4　已知「似氫離子」其一激發態的「徑向波函數」和「球諧波函數」分別爲：

$$R_{n,\ell} = \frac{4}{81\sqrt{6}}\sqrt{\left(\frac{Z}{a_0}\right)^3}\left[6\frac{Zr}{a_0} - \left(\frac{Zr}{a_0}\right)^2\right]e^{-Zr/3a_0}$$

$$Y_{\ell,m} = \left(\frac{3}{4\pi}\right)^{1/2}\cos\theta$$

試做該「電子雲」的「徑向分布」及「角向分布」表示圖。寫出「量子數」n，ℓ，m值，並說明理由。

4.5 已知H原子的某狀態波函數：

$$\psi = \frac{1}{\sqrt{2\pi a_0^3}}\left(\frac{r}{a_0}\right)\exp\left[-\frac{r}{2a_0}\right]\cos\theta$$

試求(A) 該軌域的能量E。

(B) 軌域角動量|L|。

(C) 軌域角動量L和z軸的夾角。

(D)「節面」的個數、位置和形狀。

4.6 「徑向分布函數」定義為$D(r) = r^2R^2(r)$，有的書上用$4\pi r^2|\psi|^2(r)$，兩者一致嗎？請說明理由。

4.7 下圖給出了一個「似氫軌域」的「徑向分布函數圖」(a)和軌域函數的平方在xy和xz平面上的極座標圖(b)和(c)，yz平面上的「電子密度」為零。求該軌域的n，ℓ值。

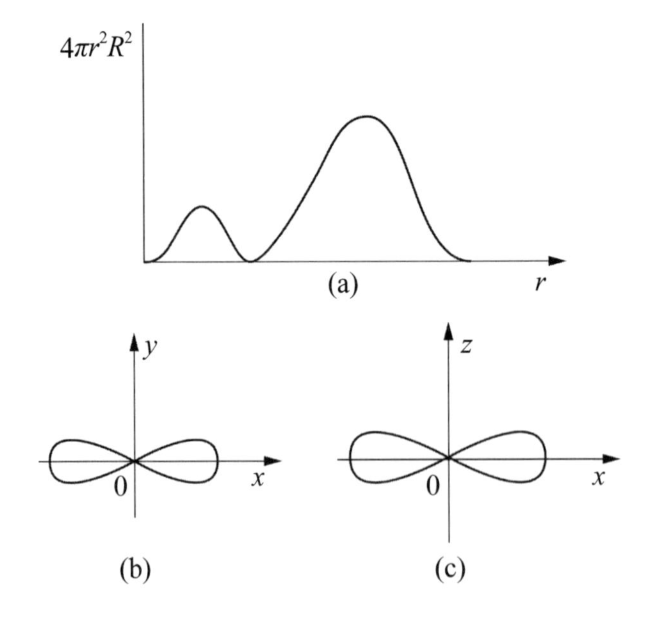

4.8 用氫原子「基本態」波函數計算電子在半徑為0.1nm的球面內區域出現的「機率」。

4.9 若氫原子處於「基本態」，計算發現電子一起在球面內的區域中出現「機率」爲90%的球面半徑。

4.10 試證明五個d軌域全塡滿或半塡滿時，「電子雲」是球對稱的。由此可得出什麼結論？

4.11 試由5個複數d軌域d_0，d_1，d_{-1}，d_2和d_{-2}線性組合成5個實數型d軌域d_{x^2}，d_{xz}，d_{yz}，d_{xy}和$d_{x^2}-d_{y^2}$。

4.12 下列關於氫原子和「似氫離子」的徑向分布曲線D(r)~r的敘述中，選出正確的。

(A) 徑向分布曲線的峰數與n，ℓ無關。

(B) 在最高峰對應的r處，電子出現的「機率密度」最大。

(C) ℓ相同時，n越大，最高峰離中心點越遠。

(D) 原子核周圍電子出現的「機率」大於0。

4.13 電子的「磁量子數」m與「自旋量子數」m_s的聯繫和區別是什麼？

4.14 試證氫原子波函數中$\Theta_{0,0}(\theta)$和$\Theta_{1,0}(\theta)$相互正交。

4.15 已知「單電子原子」「軌域波函數」爲$\psi = Nf(r)(3\cos^2\theta - 1)$，求該軌域角動量「特定值」|L|，並指出「軌域角量子數」ℓ之值。

4.16 試證氫原子的ψ_{1s}和ψ_{2s}相互正交。

4.17 求算氫原子1s電子出現在r = 50pm球內的「機率」。

4.18 已知Li^{2+}的1s波函數爲

$$\psi_{1s} = \sqrt{\frac{27}{\pi a_0^3}} e^{-3r/a_0}$$

(A) 記算1s電子徑向分布最大值處離原子核的距離。

(B) 計算1s電子離原子核平均距離。

(C) 計算1s電子「機率密度」最大處離原子核的距離。

4.19 已知H原子的一個波函數：$\psi_{3d_{z^2}} = cr^2 e^{-\frac{1}{3a_0}}(3\cos^2\theta - 1)$，式中，c爲常數；$a_0$爲Bohr半徑。

(A) 求角度分布極大值的位置。

(B) 求「電子雲」的「節面」位置，並指定「節面」的幾何形狀。

(C) 求「電子雲」極大值的位置。

4.20 已知氫原子

$$\psi_{1s}=\sqrt{\frac{1}{\pi a_0^3}}e^{-\frac{r}{a_0}}$$

求此狀態電子出現在半徑$r=a_0$的圓球內的「機率」是多少？

4.21 已知氫原子「基本態」波函數

$$\psi_{1s}=\frac{1}{\sqrt{\pi}}\left(\frac{1}{a_0}\right)^{3/2}\cdot e^{-r/a_0}$$

$$a_0=\frac{\hbar^2}{me^2}$$

試用氫原子的「Hamiltonian算子」計算氫原子的「基本態」能量。

4.22 對「似氫離子」實數波函數，若「主量子數」爲n，「軌域角量子數」爲ℓ，「磁量子數」爲m_s：

(A) 其徑向因數的值爲零的「節面」有幾個？「節面」形狀是何形狀？

(B) Φ因數爲零的「節面」（它們垂直於xy平面）有幾個？

(C) Θ因數爲零的「節面」有幾個，它們的形狀是何形狀？

(D) 「似氫離子」實數波函數共有「節面」幾個？

4.23 通過計算說明，H原子2s和2p軌域上的電子，哪一個離原子核較遠？

4.24 已知氫原子：

$$\psi_{2s}=\frac{(2-r/a_0)\exp(-r/2a_0)}{4\sqrt{2\pi a_0^3}}$$

求ψ_{2s}波函數徑向分布極大值和「節點」的半徑是多少？

「機率密度」極大値半徑是多少？

4.25 試求氫原子ψ_{2p_z}軌域「電子雲」徑向分布極大離原子核的距離。

已知該軌域的「徑向波函數」爲$R=\left(2\sqrt{6}\right)^{-1}(1/a_0)^{3/2}(r/a_0)e^{-r/2a_0}$

4.26 設氫原子處於ψ_{321}的狀態，其軌域角動量與z軸的夾角是多少？

4.27 氫原子的「基本態」波函數爲

$$\psi_{1s}=\left(1/\sqrt{\pi a_0^3}\right)e^{-r/a_0}$$

求x、y、z均為$a_0 \rightarrow 1.01a_0$的小體積內電子出現的「機率」（該體積內ψ可近似當作常數）。

4.28 已知氫原子處於$\ell = 3$的狀態上，試求此時其電子的動量向量和動量向量在外磁場方向上分量的可能值，並做出動量向量在外磁場中的取向圖。

4.29 已知氫原子的1s波動函數為：$\psi_{1s} = \frac{1}{\sqrt{\pi}}\left(\frac{Z}{a_0}\right)^{3/2} e^{-Zr/a_0}$

計算氫原子和氦正離子在1s態時電子離原子核的平均距離。

利用Γ-函數積分公式：$\Gamma(n) = \int_0^\infty x^{n-1}e^{-x}dx = (n-1)!$

4.30 氫原子處於「基本態」時：

$$\psi_3 = \pi^{-\frac{1}{2}} a_0^{-\frac{3}{2}} e_0^{-\frac{r}{a_0}}$$

a_0為Bohr半徑，求：

(A) r的平均值$\bar{r}$。

(B) 位能$V = \frac{-e^2}{r}$的平均值。

(C) 動能的平均值$\bar{T}$。

4.31 氫原子波函數$\psi = c_1\phi_{2,1,0} + c_2\phi_{2,1,1} + c_3\phi_{3,1,1}$（波函數$\psi$和$\phi$都是歸一化的）所描述的狀態平均能量是多少原子單位？

能量為$-\frac{1}{8}$原子單位狀態出現的「機率」是多少？

角動平均值是多少？

角動量為$\sqrt{2}\hbar$狀態出現「機率」是多少？

角動量在z軸上分量為$2\hbar$狀態出現的「機率」是多少？

4.32 氫原子1s態「特定函數」$\psi(r) = Ne^{-\alpha r}$，其中N和α為常數。

(A) 求歸一化常數N和常數α

(B) 求該軌域能量的「特定值」。

4.33 試問在$\Phi_{+m}(\varphi) = \frac{1}{\sqrt{2\pi}}e^{+im\varphi}$和$\Phi_{-m}(\varphi) = \frac{1}{\sqrt{2\pi}}e^{-im\varphi}$兩個狀態下電子的角動量的z分量分別是什麼？而在$\Phi'_{|\pm m|}(\varphi) = \frac{1}{\sqrt{\pi}}\cos m\varphi$和$\Phi''_{|\pm m|}(\varphi) = \frac{1}{\sqrt{\pi}}\sin m\varphi$這兩個狀態下電子的角動量的z分量有無確定值？

4.34 下列說法是否正確？應如何改正？

(A) s電子繞原子核旋轉，其軌域爲一圓圈，而p電子是走∞字形。

(B) 「主量子數」爲1時，有自旋相反的兩條軌域。

(C) 「主量子數」爲3時，有3s、3p、3d、3f四條軌域。

4.35 做氫原子波函數ψ_{1s}的角度函數分布圖。

4.36 做氫原子ψ_{1s}^2-r圖及$D_{1s}-r$圖，證明D_{1s}極大值在$r=a_0$處，說明兩圖形不同的原因。

4.37 已知氫原子「基本態」波函數爲：

$$\psi_{1s}=\frac{1}{\sqrt{\pi}}\left(\frac{1}{a_0}\right)^{3/2}e^{-\frac{r}{a_0}}$$

計算氫原子ψ_{1s}在$r=a_0$和$r=2a_0$處的比值。

4.38 計算氫原子的積分：

$$P(r)=\int_0^{2\pi}\int_0^{\pi}\int_r^{\infty}\psi_{1s}^2r^2\sin\theta drd\theta d\phi$$

做$P(r)-r$圖，求$P(r)=0.1$時的r值，說明在該r值以內電子出現的「機率」是90%。

4.39 ψ_{2p_x}軌域的角度部分爲

$$Y'_{1,|\pm1|}(\theta,\varphi)=\Theta_{1,|\pm1|}(\theta)\cdot\Phi'_{|\pm1|}(\varphi)=\frac{\sqrt{3}}{2}\sin\theta\cdot\frac{1}{\sqrt{\pi}}\cos\varphi$$

$$=\sqrt{\frac{3}{4\pi}}\sin\theta\cos\varphi$$（見表4.5）

做ψ_{2p_x}軌域的角度函數分布圖。

4.40 計算氫原子的1s電子出現在$r=100$pm的球形界面內的「機率」。

4.41 求「基本態」氫原子中電子的平均位能。

4.42 已知氫原子的「基本態」波函數$\Psi_{1s}=\frac{1}{\sqrt{\pi a_0^3}}e^{-\frac{r}{a_0}}$，求「基本態」能量。

4.43 已知：$\psi_{2s}=\frac{1}{4\sqrt{2\pi}}a_0^{-3/2}\left(2-\frac{r}{a_0}\right)e^{-r/2a_0}$（見表4.5）

做氫原子的波函數ψ_{2s}和「電子雲」密度ψ_{2s}^2的分布圖。

4.44 求H原子「基本態」的「電子雲」之「徑向分布函數」及其極大值位置。

4.45 試分別計算H原子「基本態」在半徑爲a_0、$2a_0$和$5a_0$的球內所包含的「電子雲」。

4.46 已知氫原子的

$$\psi_{2p_z}=\frac{1}{4\sqrt{2\pi a_0^3}}\left(\frac{r}{a_0}\right)\exp\left[-\frac{r}{2a_0}\right]\cos\theta$$

試回答下列問題：

(A) 原子軌域能量E＝？

(B) 軌域角動量|L|＝？軌域磁矩|μ|＝？

(C) 軌域角動量L和z軸的夾角是多少度？

(D) 列出計算電子離原子核平均距離的公式（不必算出具體的數值）。

(E) 「節面」的個數、位置和形狀怎樣？

(F) 「機率密度」極大值的位置在何處？

(G) 畫出徑向分布表示圖。

4.47 已知$3d_z^2$軌域的角度部分爲

$$Y_{2,0}(\theta,\varphi)=\sqrt{\frac{5}{16\pi}}(3\cos^2\theta-1)\text{（見表4.5）}$$

試分析$3d_z^2$軌域的角度函數分布，並做出分布圖。

4.48 已知$3d_{xy}$的角度函數爲

$$Y'_{2,|\pm2|}(\theta,\varphi)=\Theta_{2,|\pm2|}(\theta)\cdot\Phi'_{|\pm2|}(\varphi)=\frac{\sqrt{15}}{4}\sin^2\theta\cdot\frac{1}{\sqrt{\pi}}\sin2\varphi$$
$$=\sqrt{\frac{15}{16\pi}}\sin^2\theta\sin2\varphi$$

做$3d_{xy}$軌域的角度分布圖。

4.49 對於1s狀態的氫原子，計算電子在離原子核0到2.00×10^{-10}m範圍內的機率。

4.50 設粒子處於態：$\psi(\theta,\phi)=\sqrt{\frac{1}{3}}Y_{11}+\sqrt{\frac{2}{3}}Y_{20}$

試求：(A) L_z的取值機率分布。　(B) $\overline{L_z}$和$\overline{(\Delta L_z)^2}$。

4.51 已知氫原子的「歸一化」之「基本態」波函數爲

$$\Psi_{1s}=(\pi a_0^3)^{-1/2}\exp\left[-\frac{r}{a_0}\right]$$

(A) 利用「量子力學」基本假設求該「基本態」的能量和角動量。

(B) 利用「virial」定理（見第二章第十一節）求該「基本態」的平均位能和零點能。

4.52 試求在$r = 1.1a_0 \to 1.105a_0$，$\theta = 0.2\pi \to 0.201\pi$，$\varphi = 0.6\pi \to 0.601\pi$所圍成的體積元內找到氫原子1s電子的機率。

4.53 氫原子「基本態」波函數爲

$$\psi_{1s} = Ce^{-r/a_0}$$

求歸一化係數C，並計算在x，y，z爲

$$a_0 \to a_0 + \frac{1}{100}a_0$$

範圍內電子出現的「機率」P（在Δx，Δy，Δz小體積圓內ψ可近似爲常數）。

4.54 怎樣理解p_x、p_y、p_z和p_{+1}、p_{-1}、p_0之間的關係？分別與p_x、p_y和p_z相對應的量子數m爲+1、−1和0，這樣說法對嗎？爲什麼？

4.55 氫原子的4s、4p、4d和4f這些狀態都有相同的能量嗎？He^+的相對應狀態「等階系」是多少？He相對應的原子軌域的能量情況如何？

4.56 若測量氫原子中電子的軌域角動量在磁場方向（z軸方向）的分量M_z值，當電子處在下列狀態時，M_z值的測量值爲大的是狀態______。

(A) Ψ_{2p_x} (B) Ψ_{2p_z} (C) Ψ_{2p+1}

4.57 若某波函數的線性組合形式爲$\psi = C_1\left[\phi_1 + \frac{C_2}{C_1}\phi_2\right]$利用歸一化條件，試求$C_1 = C_2$時，$C_1$可表示爲$C_1 = (S_{11} + 2S_{12} + S_{22})^{-1/2}$。

4.58 處於激發態$\Psi_{211}(r, \theta, \varphi)$的氫原子的電子軌域角動量M爲多少？軌域角動量M與z軸之間的夾角θ多大？

4.59 比較氫原子中處於Ψ_{2p_x}和Ψ_{2p_z}的電子出現在$r = a_0$的圓球內機率的大小。

4.60 已知氫原子的波函數：$\Psi_{2p_z} = \frac{1}{4\sqrt{2\pi a_0^3}}\left(\frac{r}{a_0}\right)\exp\left(-\frac{r}{a_0}\right)\cos\theta$

(A) 原子軌域能量E = ?

(B) 軌域角動量M = ?

(C) 軌域角動量M和z軸的夾角是多少度？

(D) 機率密度極大值的位置在何處？

4.61 試證明氫原子的1s軌道ψ_{1s}是歸一化波函數。

4.62 證明似氫原子基本態的徑向分布函數中極大值是在a_0/Z處。

4.63 假定波函數$\Psi(r) = N(b - r)e^{-ar}$是氫原子徑向「薛丁格方程式」

$$-\frac{h^2}{8\pi^2 m}\left(\frac{d^2\Psi}{dr^2} + \frac{2}{r}\frac{d\Psi}{dr}\right) - \frac{Ze^2}{4\pi\varepsilon_0 r}\Psi = E\Psi$$

的一個解，試求其a，b，N的值及相對應的能量E。

4.64 H原子的1s電子離原子核越近，則「機率密度」應該越大，爲什麼它卻在離原子核0.529Å處機率最大？

4.65 氫原子中處於Ψ_{2p_z}狀態的電子，其角動量在x軸和y軸上的投影是否具有確定值？若有，其值是多少？若沒有，其平均值是多少？

4.66 已知氫原子基本態波函數爲

$$\Psi_{1s} = (\pi a_0^3)^{1/2}\exp\left(-\frac{r}{a_0}\right)$$

(A) 試求氫原子基本態的能量和角動量。

(B) 求氫原子Ψ_{1s}在$r = a_0$和$r = 2a_0$處的比值。

(C) 利用「virial」定理求在基本態的平均位能和零點能。

4.67 氫原子的$2p_z$「軌域波函數」爲

$$\psi_{2p_z} = \left(4\sqrt{2\pi a_0^3}\right)^{-1}(r/a_0)\exp(-r/2a_0)\cos\theta$$

則軌域能階E = (A) __________。

軌域角動量的絕對值|L| = (B) __________。

軌域角動量L與z軸的夾角 = (C) __________。

該軌域「節面」是(D) __________ 平面。

第五章　多電子原子結構

在第四章我們討論只含單一電子的氫原子或「似氫離子」系統，在此基礎上，接著進一步探討多電子原子的結構。其實我們很快就會發現，那怕只是增加一個電子而已，多電子原子的「薛丁格方程式」就無法精確求解了！問題的難度並不是和電子數的多少成正比，而是在於電子瞬間的相互作用斥力項太多，故其斥力位能函數的形式會變得更複雜，導致無法用「變數分離法」來簡化處理。

雖是如此，研究多電子原子結構具有重要的意義，因化學家所要處理的分子問題，本身就是多電子系統。正因如此，物理學家還是想出種種辦法，對多電子原子的「薛丁格方程式」進行近似法的求解。這些求解的數學過程相當複雜，在目前階段，我們只要求初學者能了解其主要思想和步驟，能進一步掌握整個思考精髓，希望這能有助於讀者培養科學研究能力。

第一節　多電子原子的薛丁格方程式之近似求解

一、多電子原子的「薛丁格方程式」

按照「量子力學」的基本假設（見（2.67）式），對於有N個電子的原子，描述其狀態的波函數應是包含這些電子座標的函數$\Psi = \Psi(x_1, y_1, z_1, x_2, y_2, z_2, \cdots, x_N, y_N, z_N)$，若將原子核作作為座標原點（見圖5.1），則多電子原子的「Hamiltonian算子」$\hat{H}$可寫為：

$$\hat{H} = (\hat{T}) + (\hat{V}) = \left(-\frac{\hbar^2}{2m}\sum_{i=1}^{n}\nabla_i^2\right) + \left(-\sum_{i=1}^{n}\frac{Ze^2}{4\pi\varepsilon_0 r_i} + \sum_{i=1}^{n}\sum_{j>i}^{n}\frac{e^2}{4\pi\varepsilon_0 r_{ij}}\right) \tag{5.1}$$

接著，將（5.1）式配合圖5.1，說明如下：

（一）在（5.1）式的「Hamiltonian算子」$\hat{H}$中，第一項$\left(-\frac{\hbar^2}{2m}\sum_{i=1}^{n}\nabla_i^2\right)$是N個電子的「動能算子」。其中，$\nabla_i^2$是第$i$個電子的「Laplace算子」（見第二章之（2.18）式和（2.19）式）。

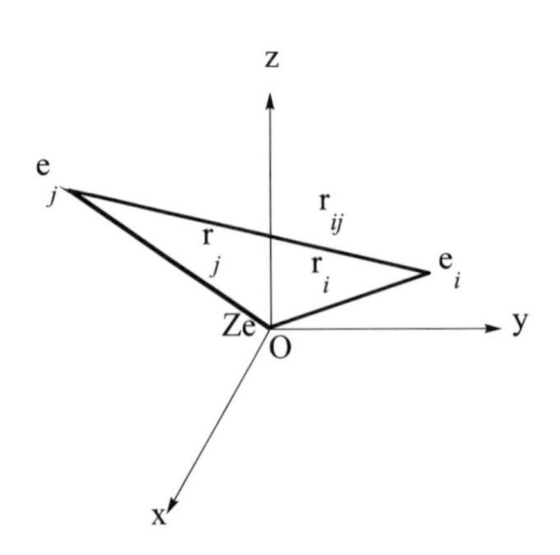

圖5.1　多電子原子中的電子座標

（二）（5.1）式的第二項$\left(-\sum_{i=1}^{n}\frac{Ze^2}{4\pi\varepsilon_0 r_i}\right)$是帶正電荷Ze原子核對N個電子的「吸引位能算子」。其中，Z是原子核正電荷數，r_i是第i個電子與原子核之間的距離。

（三）（5.1）式的第三項$\left(\sum_{i=1}\sum_{j>i}^{n}\frac{e^2}{4\pi\varepsilon_0 r_{ij}}\right)$是N個電子之間的「總斥力位能算子」。其中$r_{i,j}$是指第i個電子與第j個電子之間的距離。$j>i$是爲了避免重複計算。

其中項目編號（一）和（二）項的「算子」只和一個電子的座標有關，故常稱爲「一電子算子」。反之，編號（三）項的「算子」，其內的每一加和項都和兩個電子的座標有關，故常被稱爲「二電子算子」。

假設波函數Ψ是與N個電子座標有關的「總波函數」（x_1，y_1，z_1；x_2，y_2，z_2；⋯；x_N，y_N，z_N）。那麼，E就是與波函數Ψ相對應的N個電子的總能量。

由（2.71）式，可知：

$$\hat{H}\Psi = E\Psi \tag{2.71}$$

將（5.1）式代入（2.71）式，可得：

$$\left[-\frac{\hbar^2}{2m}\sum_{i=1}^{n}\nabla_i^2-\sum_{i=1}^{n}\frac{Ze^2}{4\pi\varepsilon_0 r_i}+\sum_{i=1}\sum_{j>i}^{n}\frac{e^2}{4\pi\varepsilon_0 r_{ij}}\right]\Psi = E\Psi \tag{5.2}$$

在「量子化學」中，通常採用「原子單位」（atomic unit，簡稱au）制（參考第一章之介紹），這可使上述方程式的形式變得十分簡潔，於是，（5.1）式和

（5.2）式在改用「原子單位」描述後，可分別改寫爲（5.3）式和（5.4）式：

$$\hat{H} = \hat{T} + \hat{V} = -\frac{1}{2}\sum_{i=1}^{n}\nabla_i^2 - \sum_{i=1}^{n}\frac{Z}{r_i} + \sum_{i=1}\sum_{j>i}^{n}\frac{1}{r_{ij}} \quad (5.3)$$

$$\hat{H}\Psi = \left[-\frac{1}{2}\sum_{i=1}^{n}\nabla_i^2 - \sum_{i=1}^{n}\frac{Z}{r_i} + \sum_{i=1}\sum_{j>i}^{n}\frac{1}{r_{ij}}\right]\Psi = E\Psi \quad (5.4)$$

（一）「原子單位」是量子化學家常用的單位，儘管與國際單位制（SI）不一致，但在表達上具有重要意義。

（二）因爲這不僅能使「薛丁格方程式」（（5.2）式或（5.4）式）變得十分簡潔，而且可使計算結果與「Planck常數」h、電子質量m_e、電子電荷e等的測量精度無關。

（三）在「原子單位」制中：

1. 質量單位爲電子質量m_e。
2. 電荷單位爲電子電荷e。
3. 角動量單位爲$\hbar$。

（四）「原子單位」均假設m_e、e、$\hbar$的數値等於1，$4\pi\varepsilon_0 = 1$。由這些「基本單位」定義，可進一步的得到其他導出的單位，包括：

1. 長度單位Bohr，記作a_0。
2. 能量單位Hartree，記作E_h。

（五）「原子單位」制的「基本單位」和導出單位，與國際單位制單位和某些常用單位的換算如下：（參考第一章之介紹）

$$1\text{a. u.（長度）} = a_0 = \frac{4\pi\varepsilon_0\hbar^2}{m_e e^2} = 5.2917720859(36)\times10^{-11}\text{m} \quad (5.5)$$

$$1\text{a. u.（質量）} = 9.10938215(45)\times10^{-31}\text{kg} \quad (5.6)$$

$$1\text{a. u.（電荷）} = e = 1.602176487(40)\times10^{-19}\text{C} \quad (5.7)$$

$$1\text{a. u.（角動量）} = \hbar = 1.0515887\times10^{-34}\text{J}\cdot\text{s} \quad (5.8)$$

$$1\text{a. u.（速度）} = \frac{e^2}{4\pi\varepsilon_0\hbar} = 2.1876906\times10^{6}\,\text{m}\cdot\text{s}^{-1} \quad (5.9)$$

$$1\text{a. u.（能量）} = \frac{m_e e^2}{(4\pi\varepsilon_0)^2\hbar^2} = 4.35981\times10^{-18}\,\text{J} = 27.2116\text{eV} \approx 27.21\text{eV} \quad (5.10)$$

對於微觀體系而言，使用「原子單位」不但使「薛丁格方程式」省寫了m_e、e、$\hbar$等物理常數而得到簡化，更重要的是，當未來能夠將這些有關的基本物理常數值測得更準確時，使用「原子單位」表達的物理量數值也不需要修改。

在前述的（5.3）式和（5.4）式中裡，有$1/r_{ij}$的存在，但因

$$r_{ij} = \sqrt{(x_i - x_j)^2 + (y_i - y_j) + (z_i - z_j)^2}$$

由上式可見：此涉及第i和第j兩個電子的座標，因此無論採用什麼座標系，都無法使「薛丁格方程式」（5.4）式進行「變數分離」，以致不能精確求解多電子原子的「薛丁格方程式」，故有必要採用近似方法來處理及了解多電子原子的內在「電子結構」（electronic structures）。

二、「單電子近似法」（又稱「軌域近似法」）

「單電子近似法」或「軌域近似法」中最重要的假設是：認爲每個電子都是在原子核（如果只有一個原子核，就是多電子單一原子核的情況）的靜電場及其他電子的有效平均位能場中「獨立地」運動著。於是，在該電子的位能函數中，其他電子的座標都在對電子斥力能求平均的過程中被去除掉了，唯獨只剩下各個電子自己的座標作爲變數。如此一來，在「Hamiltonian算子」中，既考慮了$\sum_{i=1}\sum_{j>i}^{n}\frac{e^2}{4\pi\varepsilon_0 r_{ij}}$的項（即斥力能項），又同時在形式上把它變成和其他電子的相對位置無關。於是，體系中每個電子都在各自的某種相等功效（簡稱「等效」）之平均位能場中獨立地運動著。所以，這種「獨立」實際上是表示其運動狀態不受瞬間相互作用對平均作用偏差的影響。

因爲是多電子原子體系，又已假設：只是單原子核中心，故電子i的總位能函數可認爲是：

$$V_i(\vec{r}_i) = -\frac{Ze^2}{4\pi\varepsilon_0 r_i} + U_i(\vec{r}_i) \quad (i = 1, 2, \cdots, N) \quad (5.11)$$

（一）（5.11）式中 $\frac{-Ze^2}{4\pi\varepsilon_0 r_i}$ 爲原子核吸引位能項，不必做任何近似處理。

（二）$U_i(\vec{r}_i)$就是電子i在其他電子的有效平均位能場中的位能函數。若把其他電子都看成按一定機率分布的「電子雲」模型，則其他電子的「電子雲」的靜電場就是這有效平均位能場中的主要成分，其他重要成分將在「單電子近似法」的後來發展中，逐步得到考慮。

「單電子近似法」最主要的價值在於：它使我們有可能暫時先爲每一個電子i定義一個單電子有效「Hamiltonian算子」$\hat{H}_i$：

$$\hat{H}_i = -\frac{h^2}{8\pi^2 m}\nabla_i^2 - \frac{Ze^2}{4\pi\varepsilon_0 r_i} + U_i(\vec{r}_i) \tag{5.12}$$

然後，設法逐步近似地求解單電子的「薛丁格方程式」：

$$\hat{H}_i \psi_i(\vec{r}_i) = E_i \psi_i(\vec{r}_i) \tag{5.13}$$

（5.13）式所得「特定函數」$\psi_i(\vec{r}_i)$便稱之爲「原子軌域」，而其對應的E_i稱爲「軌域能量」。由於沒有考慮「自旋」，故體系的「總波函數」Ψ就等於各單電子「波函數」ψ_i的乘積。這是因爲「多個獨立事件同時出現的機率」等於「各事件出現機率之積」。即：

$$\Psi = \prod_{i=1}^{N} \psi_i(\vec{r}_i) \tag{5.14}$$

例如：在多電子原子中，第1個電子出現在r_1處，第2個電子出現在r_2處，……同時第i個電子出現在r_i處的「機率密度」爲：

$$\psi^*(r_1, r_2, \cdots, r_i, \cdots)\psi(r_1, r_2, \cdots, r_i, \cdots) = |\psi(r_1, r_2, \cdots, r_i, \cdots)|^2 \tag{5.15}$$

而第i個電子出現在r_i處的「機率密度」爲$\psi_i^*\psi_i = |\psi_i|^2$，故$|\Psi|^2 = \prod|\psi_i|^2$。很明顯，爲要求解單電子「薛丁格方程式」（5.13）式，需要知道$U_i(\vec{r}_i)$的具體形式（或見（5.12）式）。爲此，人們曾在「單電子近似法」基礎上，再進一步用一些近似法來加以處理。

三、中心力場近似法

在多電子原子的例子中裡，最先被採用的是「中心力場近似法」。它自1920年代由Bohr採用的一種半經驗方法開始，並把它與原子光譜和週期表緊緊地聯繫起來加以發展，由此取得了很重大的成就。接著，再經由1928年Hartree提出定量的「自我滿足」（Self-consistent field）處理方法，以及1930年代在考慮「自旋相關」後，形成的「Hartree-Fock方法」而逐趨完善。

分別考察原子中各個電子的運動，每一個電子都受其他電子的瞬間相互斥力作用。一般而言，這種瞬間相互斥力作用不具有「球對稱性」，因其他電子可能處在「非球對稱」的軌域（如p、d、f軌域等）上。

如果把其他(N − 1)個電子對任一電子i的斥力作用，平均起來看成是：「球對稱」的「電子雲」作用，則每個電子i受其他電子斥力作用的位能就可以近似看做是「半徑r_i的函數$U_i(r_i)$」。於是電子i在原子中的位能$V_i(r_i)$仍然只是r_i的函數：

$$V_i(\vec{r}_i) = -\frac{Ze^2}{4\pi\varepsilon_0 r_i} + U_i(\vec{r}_i) \quad (i = 1, 2, \cdots, N) \tag{5.11}$$

如此一來，將原子中每一個電子都看做是：在一個原子核爲中心點的「球對稱」的位能場中運動。也就是說，其他(N − 1)個電子對第i個電子的相互作用是從座標原點（即原子核的位置）出發的，這種模型就稱爲「中心力場模型」。

再強調一次，「中心力場模型」主要認爲其他電子所產生的有效平均位能場是一種「球對稱」場，即在（5.12）式中$U_i(\vec{r}_i)$函數只與$\vec{r}_i$的「徑向部分」有關，而與角度部分θ_i、ϕ_i無關，故$U_i(\vec{r}_i)$可簡寫爲$U_i(r_i)$。也就是說，這種位能場與原子核的靜電庫倫場 $-\frac{Ze^2}{4\pi\varepsilon_0 r_i}$ 同樣有「球對稱性」。此種近似方法的合理性在於：在很多情況下，一個原子的全部電子的「電子雲」總體往往表現出「球對稱性」或很接近於「球對稱性」（若有個別電子j處於「非球對稱性」的「開殼層」（open-shelled）p、d、f軌域，則可對 $\sum_{i=1}\sum_{j>i}\frac{e^2}{4\pi\varepsilon_0 r_{ij}}$ 在各個方向進行平均化，也能夠使之近似成爲「球對稱性」）。故可認爲由這些電子產生的有效平均位能場也應表現出「球對稱性」或接近於「球對稱性」。

該「中心力場近似模型」既然是建立在「單電子近似法」之基礎上，在這種近似下，得到原子中單電子「薛丁格方程式」：

$$\left[-\frac{h^2}{8\pi^2 m}\nabla_i^2 + V_i(r_i)\right]\psi_i = E_i\psi_i \qquad (5.16)$$

ψ_i是原子中單個電子的波函數，它代表第i個電子在原子中的運動狀態，一般稱做「原子軌域」，而相對應的能量E_i稱「原子軌域能量」。故多電子原子體系的「總波函數」Ψ可寫爲各單電子波函數ψ的乘積：

$$\Psi = \prod_{i=1}^{N}\psi_i(\vec{r}_i) \qquad (5.14)$$

原子的能量等於各電子的「原子軌域能量」之和：

$$E = E_1 + E_2 + \cdots + E_N \qquad (5.17)$$

引入上述假設後，單電子「薛丁格方程式」（5.4）式及（5.13）式便可寫爲：

$$\hat{H}_i\psi_i(r_i) = \left[-\frac{1}{2}\nabla_i^2 - \frac{Z}{r_i} + U_i(r_i)\right]\psi_i(r_i) = E_i\psi_i(r_i) \qquad (5.18)$$

（5.18）式與「似氫離子」之「薛丁格方程式」的極座標表達式（4.5）式相比，只多了一個$U_i(r_i)$位能項。且在此「中心力場近似法」模型中，新增加的$U_i(r_i)$項裡只與「徑向部分」r_i有關，而與「角度部分」θ_i、ϕ_i無關。因而可以應用「變數分離」法，如同第四章的含單電子氫原子「薛丁格方程式」之解法一樣，而得到$R_i(r_i)$、$\Theta_i(\theta_i)$和$\Phi_i(\phi_i)$三個微分方程式。

其中「角度部分」的$\Theta_i(\theta_i)$和$\Phi_i(\phi_i)$方程式及其解和「似氫離子」完全一樣，於是第四章文中提及關於「角動量」及「角動量在z方向的分量」、「角量子數」ℓ、「磁量子數」m的討論，對「中心力場近似法」處理下所得到的「原子軌域」皆完全可以適用，這就使問題大大簡化了。

所以目前在很精確的計算中，「中心力場近似法」仍被廣泛地作爲基本出發點之一。只是「徑向部分」的$R_i(r_i)$函數會有所不同，其形式可寫爲：

$$\frac{1}{r_i^2}\frac{d}{dr_i}\left(r_i^2\frac{dR_i}{dr_i}\right)+\left\{-\frac{\ell(\ell+1)}{r_i^2}+\frac{8\pi^2 m}{h^2}\times\left[E_i+\frac{Ze^2}{4\pi\varepsilon_0 r_i}-U_i(r_i)\right]\right\}R_i=0 \quad (5.19)$$

由此可得到結論：

（一）在（5.16）式的求解過程中，其「角度部分」——即Θ(θ)和Φ(ϕ)——的解應與「似氫離子」完全一樣。

（二）而（5.19）式與「似氫離子」的R(r)方程式相對應的（4.45）式相比，則只有一個地方不同，那就是前者只比後者多了一項——$U_i(r_i)$。這個$U_i(r_i)$項的形式雖未具體化，但它的存在無疑部分地抵銷了原子核吸引位能。

因此要解（5.19）式，就必須要知道$U_i(r_i)$的具體表達式。J. C. Slater採取了一個簡化的模型，即近似認爲：其餘(N − 1)個電子對電子i的斥力作用相當於抵銷掉了原子核的σ_i個正電荷，也就是抵銷掉了部分吸引位能（$-Ze^2/4\pi\varepsilon_0 r_i$）的作用，於是可寫爲：

$$U_i(r_i)=\frac{\sigma_i e^2}{4\pi\varepsilon_0 r_i} \quad (5.20a)$$

於是（5.11）式變爲：

$$V_i(r_i)=-\frac{Ze^2}{4\pi\varepsilon_0 r_i}+\frac{\sigma_i e^2}{4\pi\varepsilon_0 r_i}=-\frac{(Z-\sigma_i)e^2}{4\pi\varepsilon_0 r_i} \quad (5.21a)$$

或簡寫爲（用前面（5.5）式～（5.10）式）：

$$U_i(r_i)=\frac{\sigma_i}{r_i} \quad (5.20b)$$

及

$$V_i(r_i)=\frac{-Z}{r_i}+\frac{\sigma_i}{r_i}=\frac{-(Z-\sigma_i)}{r_i} \quad (5.21b)$$

（5.20）式中的σ_i稱爲電子*i*的「遮蔽常數」。它相當於抵銷了σ_i個原子核正電荷的作用。這樣，電子*i*就好像處在一個以原子核爲中心的「單中心平均有效位能場」中運動。

（5.21）式中的$(Z-\sigma_i)$稱爲「有效原子核電荷」。由此可見，在「中心力場模型」中，原子中的一個電子受到的其餘電子的斥力作用，可以歸結爲：

其餘電子對於原子核正電荷的遮蔽，每個電子都在其有效原子核正電荷的中心力場中獨立運動，σ_i既與電子i所處狀態有關，也與其餘電子的數目和狀態有關。

這時，電子i所處的軌域能量E_i為：

$$E_i = -R\frac{(Z-\sigma_i)^2}{n^2} = -R\frac{Z^{*2}}{n^2} \quad (5.22a)$$

再強調一次，用「中心力場近似法」求解，所解得的電子i所處的軌域能量E_i也和「似氫離子」的能量公式（4.86）式相似，只需將Z換成$(Z-\sigma_i)$，即：

$$E_i = -R\frac{(Z-\sigma_i)^2}{n^2} = -13.6\frac{(Z-\sigma_i)^2}{n^2}(eV) \quad (5.22b)$$

（5.22）式就是著名的Slater公式。其中，電子i的「遮蔽常數」σ_i為原子中其他電子對它「遮蔽作用」的總和：

$$\sigma_i = \sum_j \sigma_{ji} \quad (5.23)$$

（5.23）式中，σ_{ji}為j電子對i電子的「遮蔽常數」。可見：「遮蔽常數」σ_i既與i電子所處的狀態有關，也與其他電子的數目和狀態有關。σ_i可由原子光譜實驗數據總結得到。

這裡需要強調說明：

（一）對於「單電子原子」而言，其總能量$E = -R \cdot Z^2/n^2$，E只與「主量子數」n有關。

（二）對於「多電子原子」而言，（5.22）式表面上看，好像E_i也只與「主量子數」n有關，但由於在（5.22）式中含有「遮蔽常數」σ_i，而σ_i與電子所處狀態的「角量子數」ℓ有關，因此，E_i也就與ℓ有關。也就是說，E_i與ℓ之間的關係，隱藏在σ_i與ℓ的關係當中。

一般而言，「外層電子」對「內層電子」的「遮蔽作用」較小，但因電子本身具有「波動性」，這使各軌域的「徑向分布」發生相互滲透，導致「外層電子」的「徑向分布」曲線在距原子核較近的空間範圍內也會出現一定的分布，因而對「內層電子」也有「遮蔽作用」，這是不容忽視的。

根據研究指出，無論是實驗數據，還是理論計算都已表明：

（一）對同一元素而言，軌域能量隨著「主量子數」n的增大而增大。

（二）由於電子間的相互遮蔽而得到：「主量子數」n相同、「角量子數」ℓ不同的軌域，其軌域能階發生分裂。也就是說：

$$E_{ns} < E_{np} < E_{nd} < E_{nf} \qquad (5.24)$$

至於「主量子數」n、「角量子數」ℓ不同的軌域，其能量次序還與電子填充有關。

例如：第四週期，在d軌域無電子填充時，$E_{3d} > E_{4s}$。

像是K原子，$E_{3d} = -0.64eV$，$E_{4s} = -4.00eV$。

例如：當d軌域有電子填充時，$E_{3d} < E_{4s}$。

像是Ni原子，$E_{3d_\beta} = -18.74eV$，$E_{4s} = -7.53eV$。

這種「能階倒置」不僅發生在第四週期的Ca、Sc原子之間，也發生在第五週期Sr、Y原子，以及第六週期Ba、La原子等處。

對於「能階倒置」，一般是用「遮蔽效應」與「鑽穿效應」解釋。所謂「鑽穿效應」，是指「主量子數」n和「角量子數」ℓ有所不同的電子，由於「徑向分布」的差異，引起軌域能量不同的效應。

與單電子原子相比，多電子原子的「徑向分布函數」的定義不變，也就是「徑向分布曲線」的規律不變，但是，由於徑向R(r)函數變了，因此，多電子原子的「徑向分布曲線」與單電子原子的「徑向分布曲線」是有區別的，見圖5.2(a)（可見4s徑向分布圖之第一、二峰小）。

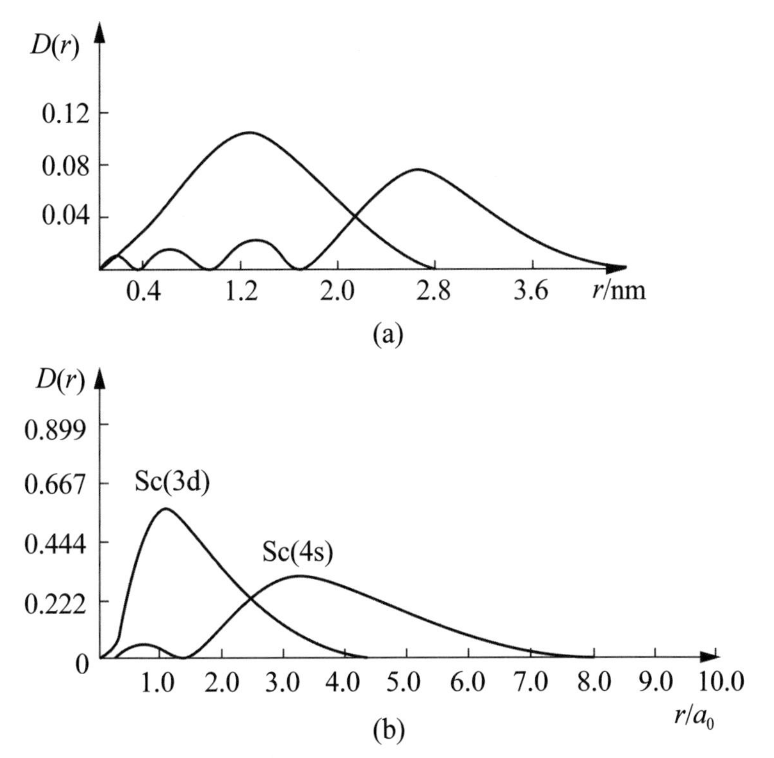

圖5.2　(a)氫原子的3d和4s徑向分布圖；(b)鈧（Sc）原子的3d和4s的徑向分布圖

電子鑽穿越深，該電子感受到原子核的吸引作用越強，故能量越低。同時，由於電子鑽穿越深，該電子去「遮蔽作用」越強，但卻對其他電子的「遮蔽效應」越大。

由於上述兩個效應都是定性的效應，且互相具有關連性，因此，想要定量、令人信服地解釋「能階倒置」的原因較為困難。

「遮蔽常數」σ可由下列方法簡單計算：

將電子按由內而外的次序分組：

(1s)(2s2p)(3s3p)(3d)(4s4p)(4d)(4f)(5s5p)⋯

（一）「外層電子」對「內層電子」的「遮蔽常數」為0。

（二）同組中一個電子對另一個電子的「遮蔽常數」為0.35；1s軌域中兩個電子之間的「遮蔽常數」為0.30。

（三）n相同時，s或p電子對d和f電子的「遮蔽常數」為1.00。

（四）n相差1的「內層電子」對外層s或p電子的「遮蔽常數」為0.85，對外層d和f電子的「遮蔽常數」爲1.00。

（五）n相差2及2以上的「內層電子」對「外層電子」的「遮蔽常數」爲1.00。

在「中心力場近似法」條件下，「主量子數」n相同而「角量子數」ℓ不同的「原子軌域」的能階不存在「等階系」，即ℓ越大的「原子軌域」，其能量越高。

而「角量子數」ℓ相同的「原子軌域」能階，則仍然是處於「等階系」。也就是說，對於確定的「主量子數」n值，「角量子數」ℓ有n個取值，按「中心力場近似法」，第n能階分裂爲n個能階。

例如：在此「中心力場近似法」近似條件下，3s和3p的能量不再相同，但$3p_x$，$3p_y$，$3p_z$三個「原子軌域」的能量仍然相同。

圖5.3所示的是在「中心力場近似法」條件下n = 3的「原子軌域」能階分裂情況。

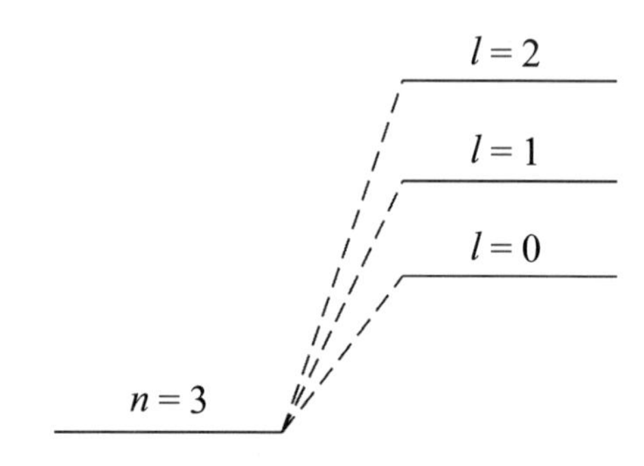

圖5.3　按「中心力場近似法」之「原子軌域」能階的分裂

例5.1　根據「遮蔽常數」近似計算「基本態」鉀原子$4s^1$電子的「原子軌域」能。

解：鉀原子的原子序數是19，「基本態」原子核外電子排列分布爲：$1s^22s^22p^63s^23p^64s^1$。根據Slater的近似方法，將鉀原子其他電子對$4s^1$電子的「遮蔽常數」σ列於下表：

	4s層以外	與4s同層	n相差1的內層	n相差大於等於2的內層
電子數	0	0	$8(3s^23p^6)$	$10(1s^22s^22p^6)$
對$4s^1$電子的σ	0	0	8×0.85	10×1.00

所以，作用於$4s^1$電子總的$\sigma = 0 + 0 + 8\times0.85 + 10\times100 = 16.80$。因此，「基本態」鉀原子$4s^1$電子的「原子軌域」能$E_{4,0}$爲：

$$E_{4,0} = -13.6\times\left(\frac{Z-\sigma}{n}\right)^2 eV$$
$$= -13.6\times\left(\frac{19-16.80}{4}\right)^2 eV$$
$$= -4.114eV$$

例5.2　已知He原子的第一游離能$I_1 = 24.59eV$，試計算：

(A) 第二游離能I_2

(B) 「基本態」He原子的能量

(C) 兩個1s電子的互斥能

(D) 遮蔽常數

解：(A) 根據定義，I_2是He^+失去一個電子變成He^{2+}所需要的最低能量。

$$He^+(g) \rightarrow He^{2+}(g) + e$$

$$I_2 = E_{He^{2+}} - E_{He^+} = 0 - E_{He^+} = -E_{He^+}$$

He^{2+}僅有原子核，而無電子，故$E_{He^{2+}}$爲零。He^+只有一個電子，可按單電子原子的能階公式計算（見（4.89）式），所以

$$I_2 = -E_{He^+} = -\left(-13.6eV\times\frac{2^2}{1^2}\right) = 54.4eV$$

(B) He原子的游離過程爲：

$$He(g) \rightarrow He^+(g) + e$$

$$I_1 = E_{He^+} - E_{He} \tag{1}$$

$$He(g) \rightarrow He^{2+}(g) + e$$

$$I_2 = E_{He^{2+}} - E_{He^+} \tag{2}$$

由(1)式得：$E_{He} = E_{He^+} - I_1$

由(2)式求得代入上式得：

$$E_{He} = E_{He^+} - I_1 = E_{He^{2+}} - I_2 - I_1 = 0 - (I_1 + I_2) = -(I_1 + I_2)$$
$$= -(24.59eV + 54.4eV)$$
$$= -78.99eV$$

可見原子「基本態」的能量等於所有電子游離能之和的負值。

(C) 如果兩個1s電子沒有相互排斥作用，則兩個電子的游離能相等，應等於只含有一個電子（He^+）時的游離能，即第二游離能I_2。實際上$I_1 < I_2$，這種差別就是由兩電子間的排斥作用所引起的，第一個電子游離時，由於受到另一個電子的排斥作用，所以$I_1 < I_2$，兩者的差值即爲電子互斥能。用J(s, s)表示兩個1s電子的互斥能，則有：

$$J(s, s) = I_2 - I_1 = 54.4eV - 24.49eV = 29.91eV$$

(D) 利用「遮蔽常數」計算He原子「基本態」能量爲：（利用（5.22）式）

$$E_{He} = \left[-13.6eV \times \frac{(2-\sigma)^2}{1^2}\right] \times 2$$

$$\sigma = 2 - \left[\frac{E_{He}}{-13.6eV \times 2}\right]^{1/2} = 2 - 1.704 = 0.3$$

四、「自我滿足場」方法

爲了要能逐步定量地計算$U_i(r_i)$，Hartree曾於1928年提出「自我滿足場」（Self-Consistent Field，簡稱SCF）模型。這個模型的主要特點是：認爲其他電子的有效平均位能場主要就是其「電子雲」的靜電位能，而完全忽略瞬間相互斥力作用對其偏離所產生的影響（當時也還沒有條件去考慮這種因素）。這種「靜電位能」是按其他電子（例如標號爲j）出現於空間所有可能位置而進行的統計平均，因此j電子對i電子間的平均斥力能就只是i電子的座標的函數（如圖5.4）。也就是說：「自我滿足場模型」不考慮i電子與j電子之間的瞬間相互作用，而是考慮i電子與j電子雲之間的直接作用。

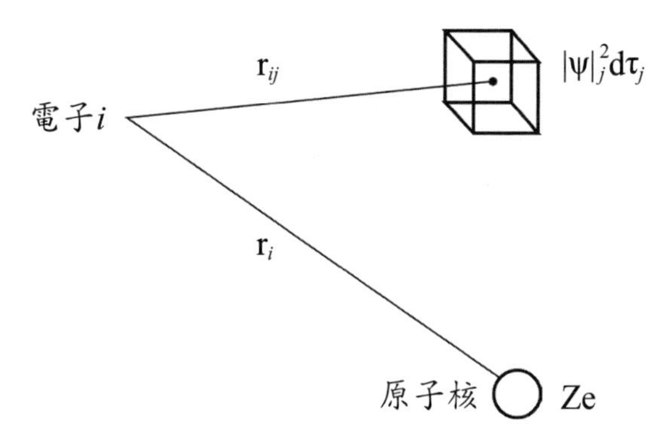

圖5.4　計算$\left(\frac{e^2}{r_{ij}}\right)$對電子$j$平均表示圖

今假定N個電子的單電子「波函數」分別爲ψ_1、ψ_2、…、ψ_i、…、ψ_N，它們都是「歸一化」的。則第j個電子的「電子雲密度」可以用表達其運動狀態的單電子波函數的平方$|\psi_j(r_j)|^2$來表示。電子j按這種「機率密度」散布在空間，故它分布在體積元$d\tau_j$中的電荷大小可寫爲：$e|\psi_j(r_j)|^2 d\tau_j$。假定i電子離原子核Ze的距離是r_i，與j電子的距離爲r_{ij}。那麼，這些電荷對電子i的位能就是$\frac{e\cdot e|\psi_j(r_j)|^2 d\tau_j}{4\pi\varepsilon_0 r_{ij}}$，對整個空間積分，便可得到電子$j$出現在整個空間對電子$i$的斥力位能的總和：

$$\left(\frac{e^2}{4\pi\varepsilon_0 r_{ij}}\right)_{\text{對電子}j\text{平均}} = \int \frac{e^2\psi_j^2(r_j)d\tau_j}{4\pi\varepsilon_0 r_{ij}} \tag{5.25}$$

由於已對j電子的所有可能位置取平均值了，因此，積分後與j電子座標無關，而僅與i電子座標有關。再多電子原子中有N－1個j電子，上式對j求和（$j \neq i$）後表示所有其他電子對i電子的斥力能$U_i(r_i)$：

$$U_i(r_i) = \sum_{j\neq i}^{N}\left(\frac{e^2}{4\pi\varepsilon_0 r_{ij}}\right)_{\text{對電子}j\text{平均}} = \sum_{j\neq i}^{N}\int \frac{e^2\psi_j^2(r_j)d\tau_j}{4\pi\varepsilon_0 r_{ij}} \tag{5.26}$$

（5.26）式中的$j \neq i$。於是，單電子「薛丁格方程式」（5.16）式可寫爲：

$$\hat{H}\psi = \left(-\frac{h^2}{8\pi^2 m}\nabla_i^2 - \frac{Ze^2}{4\pi\varepsilon_0 r_i} + \sum_{j\neq i}\int\frac{e^2\psi_j^2 d\tau_j}{4\pi\varepsilon_0 r_{ij}}\right)\psi_i = E_i\psi_i \tag{5.27}$$

（5.27）式就是原子的「Hartree方程式」。然而，當我們企圖要解這個方程式時，又遇到了困難。因爲要解得（5.27）式的ψ_i，必須先算出平均電子斥力能（5.26）式。而要算出這能量，就只有在知道單電子「波函數」ψ_i時才行。事實上，從ψ_1、ψ_2、…、ψ_i、…、一直到ψ_N，我們對於哪一個電子的波函數都不知道。這就意味著：在解（5.27）式之前，必先知道此一方程式的解。

於是，Hartree用「選擇替代法」（或稱「逐次逼近法」）求解。其大致步驟是：

（一）先假定N個函數$\psi_i^{(0)}$作爲「零級波函數」：

$$\psi_1^{(0)}，\psi_2^{(0)}，\psi_3^{(0)}，\cdots，\psi_i^{(0)}，\cdots，\psi_N^{(0)}$$

（二）將$\psi_2^{(0)}$、$\psi_3^{(0)}$、…、$\psi_N^{(0)}$代入（5.26）式求得$i = 1$時的$U(r_1)$，然後將此結果代入（5.27）式求得$\psi_1^{(1)}$和$E_1^{(1)}$。

（三）將$\psi_1^{(1)}$、$\psi_3^{(0)}$、…、$\psi_N^{(0)}$代入（5.26）式求得$i = 2$時的$U(r_2)$，進而求解（5.27）式，求得$\psi_2^{(1)}$和$E_2^{(1)}$。

（四）同理，用$\psi_1^{(1)}$、$\psi_2^{(1)}$、$\psi_4^{(0)}$、…、$\psi_N^{(0)}$，求$\psi_3^{(1)}$、$E_3^{(1)}$，直至求得一組新的波函數$\psi_1^{(1)}$、$\psi_2^{(1)}$、$\psi_3^{(1)}$、…、$\psi_N^{(1)}$，稱爲「一級波函數」，顯然它比「零級波函數」更接近於眞實情況。

（五）用同樣方法求得「二級波函數」$\psi_i^{(2)}$與軌域能量$E_i^{(2)}$。接著，繼續求出「三級波函數」$\psi_i^{(3)}$與軌域能量$E_i^{(3)}$。……，如此循環下去。

（六）如果「零級波函數」選擇得好，那麼計算結果容易一次比一次更接近於體系的眞實情況，直至解得的總能量與上一級計算的總能量在允許誤差範圍內，能夠很好地吻合爲止，這個過程稱爲「選擇替代法」。

（七）最後求得的$U(r_i)$就是「自我滿足場」，終結的波函數與軌域能是方程式的一組「自我滿足解答」（Self-Consistent solution）。整個體系的波函數ψ與總能量E，由此可得：

$$\psi = \prod_{i\neq 1}^{N} \psi_i \tag{5.28}$$

$$E = \prod_{i\neq 1}^{N} E_i \tag{5.29}$$

（5.28）式、（5.29）式是否合理呢？本節僅對（5.27）式進行分析。

軌域能量E_i的成分：

$$E_i = \overline{E}_{動能i} + \overline{E}_{核吸引i} + \overline{E}_{斥力i} \tag{5.30}$$

N個電子軌域能量的總和：

$$\begin{aligned}\sum_{i=1}^{N} E_i &= \sum_{i=1}^{N} \overline{E}_{動能i} + \sum_{i=1}^{N} \overline{E}_{核吸引i} + \sum_{i=1}^{N} \overline{E}_{斥力i} \\ &= \overline{E}_{總動能} + \overline{E}_{總核吸引能} + \overline{E}_{總斥力能}\end{aligned} \tag{5.31}$$

（5.31）式中$\sum_{i=1}^{N} \overline{E}_{斥力i} = 2\overline{E}_{總斥力能}$，是因為計算電子斥力能時僅做$j \neq i$的限制，因而做了重複計算。可見：

$$\sum_{i=1}^{N} \overline{E}_i = \overline{E}_{總} + \overline{E}_{總斥力能} \tag{5.32}$$

（5.27）式提到積分$\int \frac{e^2}{4\pi\varepsilon_0 r_{ij}} \left|\psi_j\right|^2 d\tau_j$表示$j$電子在所有可能位置對距$r_{ij}$處之$i$電子的平均斥力能。又$i$電子的位置也瞬息萬變，故$i$、$j$電子間斥力作用還應對$i$電子平均，所以定義$J_{ij}$為原子的「庫倫積分」（coulomb integral）：

$$J_{ij} = \iint \frac{e^2}{4\pi\varepsilon_0 r_{ij}} \left|\psi_j\right|^2 \left|\psi_i\right|^2 d\tau_j d\tau_i \tag{5.33}$$

在多電子原子中，電子不只兩個，所有電子間的斥力作用能對應i、j累加，為避免重複計算，應做$i < j$的限制。

總的電子斥力能$\overline{E}_{總斥力能}$：

$$\overline{E}_{總斥力能} = \sum_{i<j} \sum J_{ij} \tag{5.34}$$

故

$$\overline{E}_{總} = \sum_{i=1}^{N} E_i - \sum_{i<j} \sum J_{ij} \tag{5.35}$$

（5.35）式的物理意義是：被占據軌域的能量之和扣除一份多算的電子斥力能後，得到體系的總能量。

上述的「SCF法」用「平均位能場」代替「電子瞬間相互作用」，並且用「選擇替代法」逐漸逼近眞實狀態。如此一來，在這樣一個物理模型中，每個電子的運動與其他電子的瞬間座標無關，故在多電子原子中，每個電子均在各自的「原子軌域」上彼此「獨立」地運動。當然，這種「獨立」與「零級近似」中完全忽略電子間相互斥力而獨立（假想的獨立）是不同的。在「SCF法」中，i電子受到其他電子的斥力，但經平均處理後，已與其他電子的瞬間座標無關，於是認爲電子間彼此「獨立」運動。

我們再強調一次，從上述單電子「薛丁格方程式」（（5.18）式）看，要構成第i個電子的「位能算子」，首先必須知道其餘電子的「機率密度分布」，這就要求預先知道其餘電子的波函數；但爲了得到那些電子的波函數，也需要建立並求解它們的「薛丁格方程式」。結果是：每個電子都要求別的電子的波函數是事先預知的！事實卻是：在問題的出發點上，任何一個電子的波函數都是未知的。這種互爲因果關係的難題，基本上要用「SCF法」來解決。

再強調一次，在「SCF法」中，用「平均位能場」代替電子的「瞬間相互作用」，也使計算多電子運動狀態有了可能，但同時也帶來了誤差。因爲某一電子在某處出現的機率與另一電子此刻的瞬間位置有關。電子間總是彼此相互排斥，傾向於彼此迴避。「電子間有互相分離的趨勢」（又稱爲「瞬間電子斥力效應」）的這一現象稱爲「電子相關作用」（electron correlation）。

Hartree的「SCF法」用「平均位能場」代替「電子間瞬間相互作用」，必然忽略電子間的靜電相關斥力作用，多算了電子斥力位能。因此，原子中若電子數越多，則電子的「靜電斥力相關作用」越大，「SCF法」的計算誤差也就越大。

第二節　原子核外多電子的排列與分布

前述討論了單個電子各種可能的狀態及其能階的高低，但對於多電子在原子核外的能階排列分布，則應服從下面三個規律：

一、Pauli不相容原理（Pauli Exclusion Principle）

> **一個原子中不能有兩個或更多個電子具有完全相同的四個「量子數」（n、ℓ、m、m_s）。**
>
> **也就是說，每個「量子態」只能容納一個電子。由此可知，一個「原子軌域」最多只能容納2個電子，且這兩個電子的自旋方向相反。**

根據「Pauli不相容原理」，還可計算出一個原子內具有相同「主量子數」n的電子不會超過$2n^2$個：

$$\sum_{\ell=0}^{n-1} 2(2\ell+1) = \frac{2+2\times(2n-1)}{2}\cdot n = 2n^2$$

例如：第一能階（n＝1）最多只能容納2個電子。

第二能階（n＝2）最多只能容納8個電子。

第三能階（n＝3）最多只能容納18個電子。

第四個能階（n＝4）最多只能容納32個電子。

二、能量最低原理

> **在不違背「Pauli不相容原理」的原則下，電子優先填充在能量較低的「原子軌域」上，以保證整個原子的總能量最低。**

例如：根據「Pauli不相容原理」，原子序數從1到5的原子核外電子排列分布方式如下：

H：　$1s^1$

He：　$1s^2$

Li：　$1s^22s^1$

Be：　$1s^22s^2$

B：　$1s^22s^22p^1$

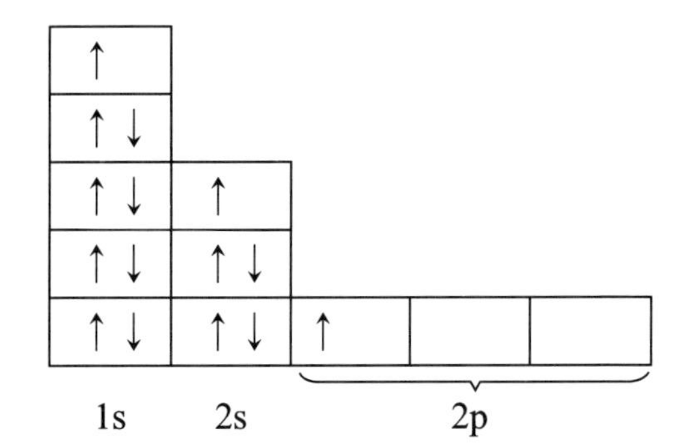

三、Hund's Rule

> **在不違背「Pauli不相容原理」和「能量最低原理」的原則下，在「角量子數」l相同的「原子軌域」上，相同平行自旋的單電子數越多的狀態，其原子總能量越低，該多電子原子也越穩定。**

例如：根據上述原子核外電子排列分布的三原則，原子序數分別爲6，7，8的C，N，O之原子核外電子排列分布方式如下：

C：　$1s^22s^22p^2$

N：　$1s^22s^22p^3$

O：　$1s^22s^22p^4$

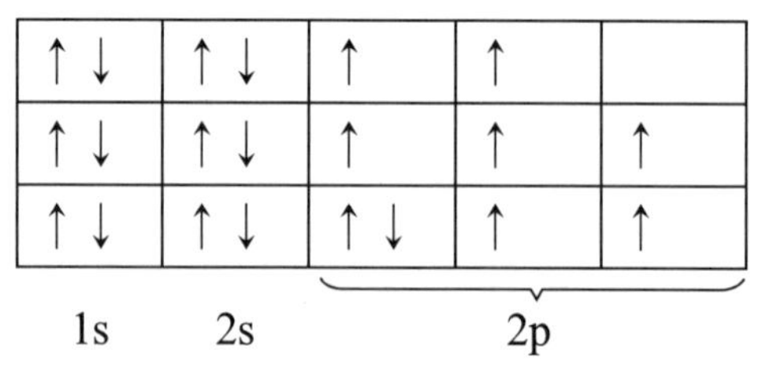

而不是

C：　$1s^22s^22p^2$

N：　$1s^22s^22p^3$

O：　$1s^22s^22p^4$

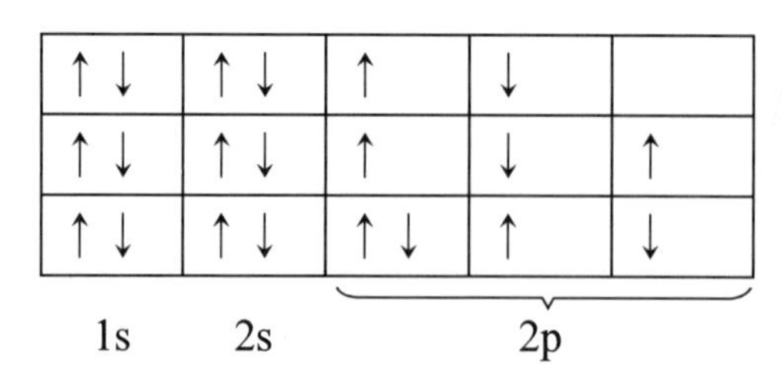

請注意：上述的電子排列分布中，**相同平行自旋的單電子數越多，則總能量越低，故整個多電子原子系統越穩定。**

第三節　電子「自旋」

在多電子原子的結構中，除了考慮電子間靜電相互作用外，另一個重要問題就是電子的「自旋」（spin）。

一、電子「自旋」問題的提出

前述討論氫原子和「似氫離子」的結構時，用三個「量子數」n（主量子數）、ℓ（角量子數）、m（磁量子數）來描述原子核外一個電子的運動狀態，就可以求得其能量、軌域角動量、磁矩，以及後二者在磁場方向的分量，並得到與實驗相符的結論。

雖是如此，進一步研究卻發現了難以解釋的現象。例如：氫原子中電子由1s→2p的跳躍，在高分辨率的光譜儀中，得到的不是一條，而是兩條靠得很近的光譜線。又如：鈉（Na）光譜的黃線（D線）也分裂為兩條波長只相差0.6nm的光譜線，波長分別為589.0nm和589.6nm。

我們知道，光譜線的波長（或頻率）是由電子跳躍的「初態」（initial state）和「末態」（final state）的能階所決定。Na光譜的黃線是「價電子」從3p狀態跳回到3s狀態所產生的。現在既然發生了光譜線的分裂，那一定是「初態」或「末態」本身存在著能階的差異。如果只考慮原子核和其他電子對「價電子」的庫倫靜電作用，則在沒有外磁場的情況下，「量子數」n、ℓ已完全可以確定電子繞原子核運動的狀態和能階，故這種雙線的光譜精細結構不可能是因為「軌域」運動狀態的不同所引起，這強烈暗示著：電子一定還有其他運動。

1925年，荷蘭物理學家G. Uhlenbeck和S. Goudsmit提出電子具有「不依賴於軌域運動的、固有的磁矩」的假說。也就是說，即使對於處在s態電子（$\ell = 0$），它的「軌域角動量」為零，但仍有個「內在的固有磁矩」。如果我們把這個「磁矩」看成由電子「固有的角動量」形成的，那麼就能像處理「軌域角動量」那樣來處理這個「固有的角動量」，於是他們就把這個內在的「固有角動量」形象化地用電子的「自旋」運動來描述。

既然電子「自旋」伴隨有「自旋磁矩」，則當電子的「軌域運動角動量」不為零時（如p、d狀態等），「自旋磁矩」就會與軌域運動所產生的磁場發生相互作用：它可能順著軌域運動所產生磁場取向，也可能逆著這磁場取向。

但前述曾提及：Na金屬光譜是能階二重分裂的雙線結構，於是可推測只有這兩種取向，而無第三種。

電子「自旋」的存在和當時許多實驗的結論是一致的。其中最直接的是在1921年O. Stern和W. Gerlach的實驗（見圖5.5），其實驗結果用上述「自旋量子化」的觀點便可解釋清楚。

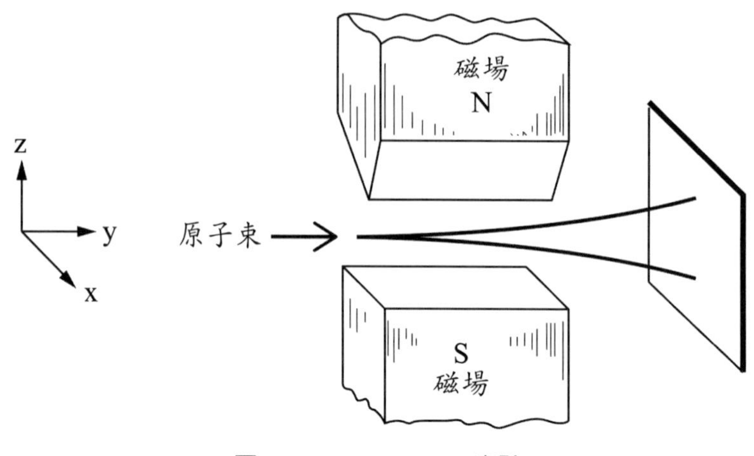

圖5.5　Stern-Gerlach實驗

如圖5.5所示，Na金屬原子束經過一個不均勻磁場而射到一個屏幕上時，發現射線束將分裂爲兩束向不同方向偏轉。因爲Na金屬原子在s外層軌域上有一個單電子，它的「軌域磁矩」等於零，故其「固有自旋角動量」就成爲「原子磁矩」的主要貢獻者，所以其他電子分別占據各個其他軌域，它們的軌域和「自旋磁矩」都互相抵銷了，而原子核的「磁矩」均爲電子「磁矩」的幾千分之一，故可以完全忽略。所以在這實驗中，由於不均勻磁場的存在，而使Na金屬原子束發生分裂，這個Na金屬所表現的「磁矩」，只能是電子「自旋」產生的。而且，原子束一分爲二，說明「自旋磁矩」只可能有兩個取向——或「順著磁場方向」，或「逆於磁場方向」，這也和光譜線的兩重線結構相一致。

二、「自旋波函數」和「自旋-軌域波函數」

既然電子存在著「自旋」運動，那麼我們應該如何全面地描述電子的運動呢？「單電子波函數」$\psi_i(\vec{r}_i)$ 只描述了電子i的質心在空間的運動狀態，而沒有考慮到電子的「自旋」。所以，對電子運動狀態更完整的描述除了考慮空間座標外，還應包括「自旋」的某個座標μ。於是電子的「定態波函數」應寫爲$\Psi(x, y, z, \mu)$。

假定電子的「自旋」運動和其軌域運動都彼此獨立，即電子的「自旋角動量」（或磁矩）和「軌域角動量」（或磁矩）間的相互作用可以忽略不計，於是描述軌域運動的變數可以和「自旋」變數分開，電子的「總波函數」就可表達爲：只與空間座標有關的「軌域波函數」ψ和只與「自旋」座標有關的「自旋波函數」η的乘

積，稱爲「自旋—軌域」（spin-orbital）。即

$$\Psi(x, y, z, \mu) = \psi(x, y, z) \cdot \eta(\mu) \qquad (5.36)$$

由此可見，原先的每一個軌域ψ，現在必須代之以一個「自旋—軌域波函數」$\psi\eta$。那麼，電子的「自旋」波函數又該如何求得呢？顯然它不能從解「薛丁格方程式」（見（2.70）式）求得，因爲「薛丁格方程式」並不包含「自旋」。

人們曾把電子的「自旋」描繪得像陀螺自轉一樣，這固然很形象化，但是進一步研究分析表明：不能在這個模型基礎上用「古典力學」來描述「量子化學」的「自旋」本質。根據電子軌域運動「動量矩」的「量子化」特性（參看第二章第五節）可類比推測「自旋」運動所可能具有的性質。

例如：對應於「軌域角動量平方算子」$\hat{L}^2$滿足「特定函數」ψ如下：

$$\hat{L}^2\psi = \ell(\ell+1)\hbar^2\psi$$

同理可推，相對應的「自旋角動量平方算子」$\hat{M}_s^2$也應有：

$$\hat{M}_s^2\eta = s(s+1)\hbar^2 \cdot \eta \qquad (5.37)$$

（5.37）式中s爲「自旋量子數」。所以，「自旋波函數」η也和「軌域波函數」ψ的地位類似，η可爲$\hat{L}_s^2$的「特定函數」。相對應的「軌域角動量」（$\vec{\ell}$）和「自旋角動量」（$|\vec{s}|$）的數値爲（注意在第四章，本書是用L代表這裡的L，如：（4.97）式、（4.102）式。續見表5.1）：

$$|\vec{\ell}| = \sqrt{\ell(\ell+1)}\hbar \qquad (5.38)$$

$$|\vec{s}| = \sqrt{s(s+1)}\hbar \qquad (5.39)$$

同樣，相對應於「軌域角動量」在z方向的分量「算子」$\hat{L}_z$，可推知應有「自旋角動量」在z方向的分量「算子」$\hat{M}_{s,z}$。已知$\hat{L}_Z$「算子」滿足「特定函數」ψ如下：

$$\hat{L}_z\psi = m\hbar\psi \qquad (5.40)$$

同理可推，

$$\hat{M}_{s,z}\eta = m_s\hbar\eta \tag{5.41}$$

（5.40）式中m為「磁量子數」，而（5.41）式中m_s為「自旋磁量子數」。「自旋波函數」η也是$\hat{M}_{s,z}$的「特定函數」。於是，相對應的「軌域角動量」在z方向（即磁場方向）的分量和「自旋角動量」s在z方向分量的數值為s_z：

$$\ell_z = m\hbar \tag{5.42}$$

$$s_z = m_s\hbar \tag{5.43}$$

（一）「磁量子數」m的取值可以為m = 1，$\ell - 1$，⋯，$-\ell + 1$，$-\ell$共（$2\ell + 1$）個可能值。

（二）「自旋磁量子數」m_s取值也可為m_s = s，s − 1，⋯，−s + 1，−s共（2s + 1）個可能值。

但由光譜和原子束等實驗事實知道，一個電子的自旋角動量在磁場（z方向）方向分量的取值只有兩個可能值（如圖5.6所示），故2s + 1 = 2，於是有

$$s = \frac{1}{2}$$

$$m_s = \frac{1}{2}\text{及} -\frac{1}{2} \tag{5.44}$$

（三）對應於$m_s = \frac{1}{2}$時的「自旋波函數」，「自旋」狀態為α，它在z方向的角動量為$\frac{1}{2}\hbar$，我們不妨說它是「上自旋」的，用「↑」表示。

（四）對應於$m_s = -\frac{1}{2}$時的「自旋波函數」為電子的另一種「自旋」狀態β，它在z方向角動量分量的值為$-\frac{1}{2}\hbar$，我們說它是「下自旋」，並用「↓」來表示。

（五）當兩個電子處於不同「自旋」狀態時叫做「自旋反平行」，可用↑↓或↓↑表示。

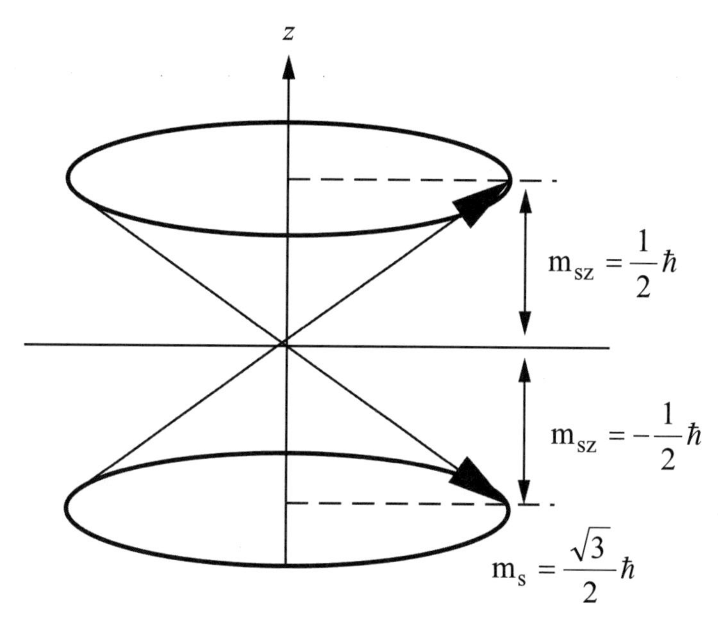

圖5.6　「自旋角動量」的空間量子化

（六）當兩個電子處於相同「自旋」狀態時叫做「自旋平行」，可用符號↑↑或↓↓表示之。又已知「軌域波函數」具有「正交、歸一性」（見第二章（2.46）式）：

$$\int \psi_i^* \psi_j d\tau = \delta_{ij} \begin{cases} = 0 & (i \neq j) \\ = 1 & (i = j) \end{cases} \tag{5.45}$$

同理，「自旋波函數」$\alpha(\mu)$和$\beta(\mu)$也滿足「正交、歸一化」要求，並可取「自旋磁量子數」m_s作爲「自旋特定函數」α和β所依賴的變數。

由於m_s只能取兩個分裂值，故可用加號Σ代替積分號，於是：

$$\left.\begin{aligned} \int \alpha^*(\mu)\alpha(\mu)d\mu &= \sum_{m_s=\frac{1}{2}}^{-\frac{1}{2}} \alpha^*(m_s)\alpha(m_s) = 1 \\ \int \beta^*(\mu)\beta(\mu)d\mu &= \sum_{m_s=\frac{1}{2}}^{-\frac{1}{2}} \beta^*(m_s)\beta(m_s) = 1 \\ \int \alpha^*(\mu)\beta(\mu)d\mu &= \sum_{m_s=\frac{1}{2}}^{-\frac{1}{2}} \alpha^*(m_s)\beta(m_s) = 0 \end{aligned}\right\} \tag{5.46}$$

三、等同粒子和「Pauli不相容原理」（參考第二章第八節及第五章第二節）

我們已知要描述原子中全部電子的運動狀態，需要同時有四個「量子數」：n、ℓ、m、m_s。或者說，描述電子運動狀態的「總波函數」除了包括空間座標(x, y, z)外，還應包括「自旋」座標μ，對一個具有N個電子的體系來說，其「總波函數」應爲

$$\begin{aligned}\Psi &= \Psi(x_1, y_1, z_1, \mu_1, \cdots, x_i, y_i, z_i, \mu_i, \cdots, x_N, y_N, z_N, \mu_N)\\ &= \Psi(1, \cdots, i, \cdots, N)\end{aligned} \qquad (5.47)$$

爲了簡單起見，式中將電子i的全部座標只用「i」來標記。然而，進一步考察一下，對N個電子的體系來說，將其中某個電子定爲1號，另一電子定爲2號是做不到的。因爲電子是作爲「固有性質」（intrinsic properties，例如：電子靜止質量、電荷、自旋等不因運動情況而改變的性質）完全相同的「等同粒子」存在於原子、分子中。由於它兼具波動性，所以我們無法「跟蹤」兩個電子的各自運動，因而也就不能辨認它們。對於這種「等同粒子」組成的體系，交換其中任意兩個粒子，是不會引起體系狀態改變的。例如，兩個電子：一個處於低能階，另一個處於高能階，兩者自旋都朝上（如圖5.7所示）。

現在交換這兩個電子，若從「古典力學」觀點來看，電子1原在低能階，現在變成高能階了，而電子2原在高能階，卻變到低能階了。但從「量子力學」觀點看來，兩種情況都有一個電子在低能階，另一個電子在高能階，自旋都朝上，體系總狀態並不起變化。

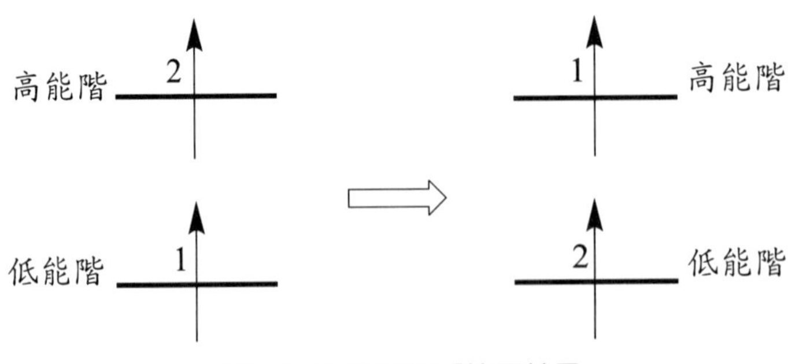

圖5.7　交換兩個「等同粒子」

那麼，體系的「總波函數」應當具有怎樣的形式，才能反映「等同粒子」體系的這種特性呢？

現定義一個「交換算子」$\hat{P}_{12}$，它的作用是將1，2兩個粒子交換一個位置，於是有

$$\hat{P}_{12}\Psi(1,2,\cdots,N)=\Psi(2,1,\cdots,N) \tag{5.48}$$

如果再作用一次

$$\hat{P}_{12}\hat{P}_{12}\Psi(1,2,\cdots,N)=\Psi(1,2,\cdots,N)$$

可見$\hat{P}_{12}^2$的「特定值」應等於1。如果要求$\hat{P}_{12}$的「特定值」爲±1，也就是說，寫成：

$$\hat{P}_{12}\Psi(1,2,\cdots,N)=\Psi(1,2,\cdots,N) \tag{5.49a}$$

及

$$\hat{P}_{12}\Psi(1,2,\cdots,N)=-\Psi(1,2,\cdots,N) \tag{5.49b}$$

將（5.48）式代入，就有：

$$\Psi(1,2,\cdots,N)=\pm\Psi(2,1,\cdots,N) \tag{5.50}$$

這就是說，交換兩粒子，波函數可能不變（5.49a），或變爲負號（5.49b）。前者稱爲「對稱波函數」，後者稱爲「反對稱波函數」。

Pauli在總結了大量實驗結果後指出：對於半奇整數自旋的粒子（像電子、質子、中子等自旋量子數爲1/2的粒子），所有合適的波函數必須對任何兩個「等同粒子」的座標交換是「反對稱」的。

於是在（5.50）式中，處於同一軌域（即空間座標完全相同）上的兩個電子，其自旋磁量子數m_s的符號必須相反，即「自旋」應取「反平行」。否則，由於兩個電子的「軌域波函數」及「自旋波函數」全同，交換它們的座標不可能引起「總波函數」$\Psi(1,2,\cdots,N)$的變化，故得到$\Psi(1,2,3,\cdots,N)=\Psi(2,1,3,\cdots,N)$，但這時又要滿足「反對稱性」的要求，於是$\Psi(1,2,3,\cdots,N)=-\Psi(2,1,3,\cdots,N)$，如此一來，$\Psi$只能爲零。

所以「Pauli不相容原理」又可表達爲：同一原子中，不能有兩個或兩個以上的電子具有相同的四個「量子數」n、ℓ、m、m_s。或者說，在每一個「原子軌域」中，只能容納兩個電子，且「自旋」必須相反。

對於整數自旋的粒子（如光子的「自旋」爲1），則要求波函數對任何兩個粒子的座標交換應是對稱的。

既然，對於電子這樣的粒子，交換任兩個「等同粒子」的座標，波函數應爲「反對稱」，因此，我們必須尋求新的「總波函數」形式來滿足「Pauli不相容原理」的要求。用「自我滿足場」法所得多電子體系的波函數爲各「單電子波函數」的乘積，即

$$\Psi = \psi_1(1)\psi_2(2)\cdots\psi_N(N)$$

上式中的下標是「軌域」標號，括號內數字則爲電子的空間座標。

當我們考慮了「自旋」運動，但又忽略「軌域」和「自旋」的相互作用，則根據（5.36）式，可將「單電子完全波函數寫成『軌域波函數』ψ_i和『自旋波函數』η_i的乘積」，即表達爲一個「自旋—軌域」（又稱爲「總函數」）。於是上式應寫成「各單電子『自旋—軌域』的乘積」如下：

$$\Psi = \psi_1(1)\eta_1(1)\times\psi_2(2)\eta_2(2)\times\cdots\times\psi_N(N)\eta_N(N) \tag{5.51}$$

其中η括號內的數字代表某個電子的「自旋」座標。然而，當交換兩個電子位置時，（5.51）式並不滿足「反對稱」要求，但卻可得到一個新的乘積爲

$$\Psi = \psi_1(2)\eta_1(2)\times\psi_2(1)\eta_2(1)\times\cdots\times\psi_N(N)\eta_N(N)$$

這樣的乘積共有N!個。如果將這N!個乘積在考慮「反對稱性」要求下組成一個線性組合，則將符合「Pauli不相容原理」對「總波函數」的要求。

這也就是「Slater行列式」，如下所示：

$$\Psi = \frac{1}{\sqrt{N!}}\begin{vmatrix} \psi_1(1)\eta_1(1) & \psi_1(2)\eta_1(2) & \cdots & \psi_1(N)\eta_1(N) \\ \psi_1(1)\eta_1(1) & \psi_1(2)\eta_1(2) & \cdots & \psi_1(N)\eta_1(N) \\ \vdots & \vdots & \cdots & \vdots \\ \psi_1(1)\eta_1(1) & \psi_1(2)\eta_1(2) & \cdots & \psi_1(N)\eta_1(N) \end{vmatrix} \qquad (5.52)$$

（5.52）式中$\frac{1}{\sqrt{N!}}$爲「歸一化」係數。

（5.52）式之「Slater行列式」表明：每一行中所有元素有同樣的「自旋—軌域」，而在同一列中所有元素都爲同一個電子。我們不能說體系中哪一個個別電子處於哪一個電子態上，只能說整個N-電子體系的狀態爲Ψ。根據這個形式，當交換任何兩個電子的全部座標時，相當於行列式的兩列對調，故行列式變號，使Ψ滿足「反對稱」要求。

另外，若兩個電子同屬一個「軌域」（即ψ_i和ψ_j相同）且「自旋」方向相同（即η_i和η_j也相同），則相當於行列式的兩行相同，於是這時行列式的值爲零。由此可知，多電子體系中不能存在有兩個電子——它們有完全相同的四個「量子數」。其實這正是「等同粒子」體系之「反對稱性」要求的一個數學上有力證據。

例5.3　鋰（Li）原子的「基本態」之「Slater行列式」？

解：如果我們試想把Li的三個電子都放在1s軌域上（即$n_1 = n_2 = n_3 = 1$，$\ell_1 = \ell_2 = \ell_3 = 0$，$m_{s_1} = m_{s_2} = m_{s_3} = 0$），則三個電子的第四個「量子數」$m_s$必須都不同，這樣才能滿足「Pauli不相容原理」。然而，m_s只可能取$\pm\frac{1}{2}$，分別對應於α態（即「上自旋」，↑）和β態（即「下自旋」，↓）。

假設↑↑↑這種電子都塡在1s軌域上，即

2s ——

1s ↑↑↑

則其「組態」的「Slater行列式」可寫爲：

$$\begin{array}{l} 2s \ \text{——} \\ 1s \ \uparrow\uparrow\uparrow \end{array} \Rightarrow \Psi_{Li}(1,2,3) = \frac{1}{\sqrt{3!}}\begin{vmatrix} 1s\alpha(1) & 1s\alpha(2) & 1s\alpha(3) \\ 1s\alpha(1) & 1s\alpha(2) & 1s\alpha(3) \\ 1s\alpha(1) & 1s\alpha(2) & 1s\alpha(3) \end{vmatrix} = 0 \quad (1)$$

其他可能的「組態」還有三種：

$$\begin{array}{l} 2s \ \text{——} \\ 1s \ \uparrow\downarrow\downarrow \end{array} \Rightarrow \Psi_{Li}(1,2,3) = \frac{1}{\sqrt{3!}}\begin{vmatrix} 1s\alpha(1) & 1s\alpha(2) & 1s\alpha(3) \\ 1s\beta(1) & 1s\beta(2) & 1s\beta(3) \\ 1s\beta(1) & 1s\beta(2) & 1s\beta(3) \end{vmatrix} = 0 \quad (2)$$

$$\begin{array}{l} 2s \ \text{——} \\ 1s \ \uparrow\uparrow\downarrow \end{array} \Rightarrow \Psi_{Li}(1,2,3) = \frac{1}{\sqrt{3!}}\begin{vmatrix} 1s\alpha(1) & 1s\alpha(2) & 1s\alpha(3) \\ 1s\alpha(1) & 1s\alpha(2) & 1s\alpha(3) \\ 1s\beta(1) & 1s\beta(2) & 1s\beta(3) \end{vmatrix} = 0 \quad (3)$$

$$\begin{array}{l} 2s \ \text{——} \\ 1s \ \downarrow\downarrow\downarrow \end{array} \Rightarrow \Psi_{Li}(1,2,3) = \frac{1}{\sqrt{3!}}\begin{vmatrix} 1s\beta(1) & 1s\beta(2) & 1s\beta(3) \\ 1s\beta(1) & 1s\beta(2) & 1s\beta(3) \\ 1s\beta(1) & 1s\beta(2) & 1s\beta(3) \end{vmatrix} = 0 \quad (4)$$

由(1)、(2)、(3)和(4)四式可知：其相對應的這四個行列式之值均爲零。所以要想得到滿足「Pauli不相容原理」的「反對稱波函數」，至少要有一個電子安排到能量較高的軌域，即（2s）軌域。

又Li原子的$2s^1$電子的「自旋」可以爲α（上自旋，↑）也可以爲β（下自旋，↓），於是相對應的「Slater行列式」應爲：

$$\begin{array}{l} 2s \ \uparrow \\ 1s \ \uparrow\downarrow \end{array} \Rightarrow \Psi_{Li}(1,2,3) = \frac{1}{\sqrt{3!}}\begin{vmatrix} 1s\alpha(1) & 1s\alpha(2) & 1s\alpha(3) \\ 1s\beta(1) & 1s\beta(2) & 1s\beta(3) \\ 2s\alpha(1) & 2s\alpha(2) & 2s\alpha(3) \end{vmatrix} \quad (5)$$

及

$$\begin{array}{l} 2s \ \downarrow \\ 1s \ \uparrow\downarrow \end{array} \Rightarrow \Psi_{Li}(1,2,3) = \frac{1}{\sqrt{3!}}\begin{vmatrix} 1s\alpha(1) & 1s\alpha(2) & 1s\alpha(3) \\ 1s\beta(1) & 1s\beta(2) & 1s\beta(3) \\ 2s\beta(1) & 2s\beta(2) & 2s\beta(3) \end{vmatrix} \quad (6)$$

從(1) = (2) = (3) = (4) =「Slater行列式」之值 = 0，而只有(5) ≠ (6) ≠ 0之事實，可以看出：「一個能階最多只能有2個電子，且這2個電子必須有一個電子是『上自旋』↑，另一個電子是『下自旋』↓，這正是「Pauli不相容原理」（見本章第二節）。

換言之，「Pauli不相容原理」背後有著深厚堅實的數學邏輯基礎。因此，可以這麼說，「Pauli不相容原理」是自然科學中，少數幾個顛簸不破的眞理之一。

四、「自旋相關效應」

當進一步考慮電子的「自旋」後，體系的狀態不能簡單地用「單電子波函數」的乘積，而應改用「Slater行列式」來描述。

根據「Pauli不相容原理」：「自旋」相同的兩個電子位於空間同一位置的機率爲零。也就是說，對於每一個電子的近鄰可認爲有一個「空穴」存在。在這個空穴中和此電子自旋方向相同的電子進來的機會是很少的。常稱這個空穴爲「費米空穴」（Fermi hole）。這就意味著實際存在的電子間相互作用能沒有像前面Hartree的「自我滿足場」法中由庫倫積分J_{iJ}中減去交換積分$K_{i\ j}^{\uparrow\ \uparrow}$。通常稱之爲「自旋相關效應」。

考慮了「自旋相關效應」後的「自我滿足場」法叫做「Hartree-Fock自我滿足場法」。這個方法會在另外專書裡詳加介紹。

第四節　原子光譜

一、原子光譜的概念

原子中的電子都處於一定的運動狀態，每個狀態都具有確定的能量，這些能量是「量子化」的。在無外來作用時，原子核外電子的排列分布遵守三個原則（見本章第二節），於是整個原子處於能量最低的狀態——「基本態」。

但原子的「基本態」可以被破壞。例如：用一定波長的光照射原子時，原子中的一個或幾個電子就有可能由此獲得能量，而跳躍到較高能階上去，這種電子占據較高能階的狀態叫做「激發態」（excited state）。原子由「基本態」跳躍到「激發態」的過程叫做「激發」（excitation）。

原子的「激發態」是不穩定的能量狀態，存續時間僅10^{-8}~10^{-5}s，之後便會將多餘能量釋放出來，並跳躍回到原先的「基本態」。

假設原子「激發態」能量爲E_2，「基本態」能量爲E_1，當一個電子由E_2跳躍回到E_1時，多餘的能量會以光的形式釋放，那麼釋放出的一個光子的能量$\Delta E = E_2 - E_1$。而一個光子的能量爲hν，所以釋放出光子的頻率：

$$\nu = \frac{\Delta E}{h} = \frac{E_2 - E_1}{h} \tag{5.53}$$

若用波數來表示則爲

$$\tilde{\nu} = \frac{\nu}{c} = \frac{E_2}{hc} - \frac{E_1}{hc} \tag{5.54}$$

若用底片將放射的光接收下來，便得到一條光譜線。與此同時，體系中處於其他能量狀態的原子，也會發生其他能階間的跳躍，也會發出其他頻率的光，將不同頻率的光全部接收下來，便得到多條明亮的光譜線，這就是「原子放射光譜」。

另一方面，若用一束白光照射某種物質，此物質將選擇吸收其中某些頻率的光而發生能階跳躍，即原子中的電子會由低能階跳躍到較高能階上去，如果用底片將透過的光接收下來，則被物質吸收的那些頻率的光將會在底片上顯示出一系列暗的線，這樣獲得的光譜稱爲「原子吸收光譜」。本節主要討論「原子放射光譜」，簡稱爲「原子光譜」。

「原子光譜」是原子結構的反應，是由於原子結構決定的。光譜與結構之間存在著一一對應的關係。不同元素的原子結構不同，當然能階也不同，因而其光譜的結構和強度也不同。即使是同一元素組成的原子和離子，由於兩者的結構不同，能階也不同，其光譜結構也一定不同。

由於原子核與原子內層的電子合稱爲「原子實」，結構比較堅固，不易激發，因此，「原子光譜」主要是處於最高能階的「價電子」（又稱「外層電子」）跳躍產生的，其結構也主要取決於「價電子」的運動狀態。

同族元素的原子具相似的「價電子」結構，故其「原子光譜」也相似。1A族的鹼金屬只有一個「價電子」，光譜比較簡單。但過渡元素有好多個不容易激發的「價電子」，其「原子光譜」也就比較複雜。

對某一原子而言，其能階的分布是一定的，因此，電子在這些能階間跳躍而產生的光譜就不是雜亂無章的，其成分和強度都具有一定的規律性。下面討論氫的「原子光譜」和鹼金屬「原子光譜」。

二、氫原子光譜

氫原子的能量 $E_n = -\frac{13.6}{n^2}eV$（見（4.89）式），H的「基本態」能階爲$E_1$，「激發態」能階$E_2$，當H氫原子裡的唯一電子由能階$E_1$跳躍至$E_2$時產生的一系列光譜線的波數爲：（利用（4.89）式和（5.54）式）

$$\tilde{\nu} = \frac{E_2}{hc} - \frac{E_1}{hc} = 13.6 \times \left(\frac{1}{n_1^2} - \frac{1}{n_2^2}\right)eV = 1.097 \times 10^5 \times \left(\frac{1}{n_1^2} - \frac{1}{n_2^2}\right)cm^{-1} \tag{5.55}$$

（一）當$n_1 = 1$時，稱爲Lyman線系，光譜線的波數通式爲：

$$\tilde{\nu} = 1.097 \times 10^5 \times \left(1 - \frac{1}{n_2^2}\right)cm^{-1}\text{，}n_2 = 2\text{，}3\text{，}\cdots \tag{5.56a}$$

波數的範圍$\tilde{\nu} = 8.228 \times 10^4 \sim 1.097 \times 10^5 cm^{-1}$，位於遠紫外光區域。

（二）當$n_1 = 2$時，稱爲Balmer線系，光譜線的波數通式爲：

$$\tilde{\nu} = 1.097 \times 10^5 \times \left(\frac{1}{2^2} - \frac{1}{n_2^2}\right)cm^{-1}\text{，}n_2 = 3\text{，}4\text{，}\cdots \tag{5.56b}$$

波數的範圍$\tilde{\nu} = 1.524 \times 10^4 \sim 2.743 \times 10^4 cm^{-1}$，位於可見光區域。

（三）當$n_1 = 3$時，稱爲Paschen線系，光譜線的波數通式爲：

$$\tilde{\nu} = 1.097 \times 10^5 \times \left(\frac{1}{3^2} - \frac{1}{n_2^2}\right)cm^{-1}\text{，}n_2 = 4\text{，}5\text{，}\cdots \tag{5.56c}$$

波數的範圍$\tilde{\nu} = 5.333 \times 10^3 \sim 1.219 \times 10^4 cm^{-1}$，位於中紅外和近紅外光區域。

由上述分析可知：「原子光譜」中的任一條光譜線都可以寫成兩項之差，前一項稱爲n_1，後一項稱爲n_2，見圖5.8所示。

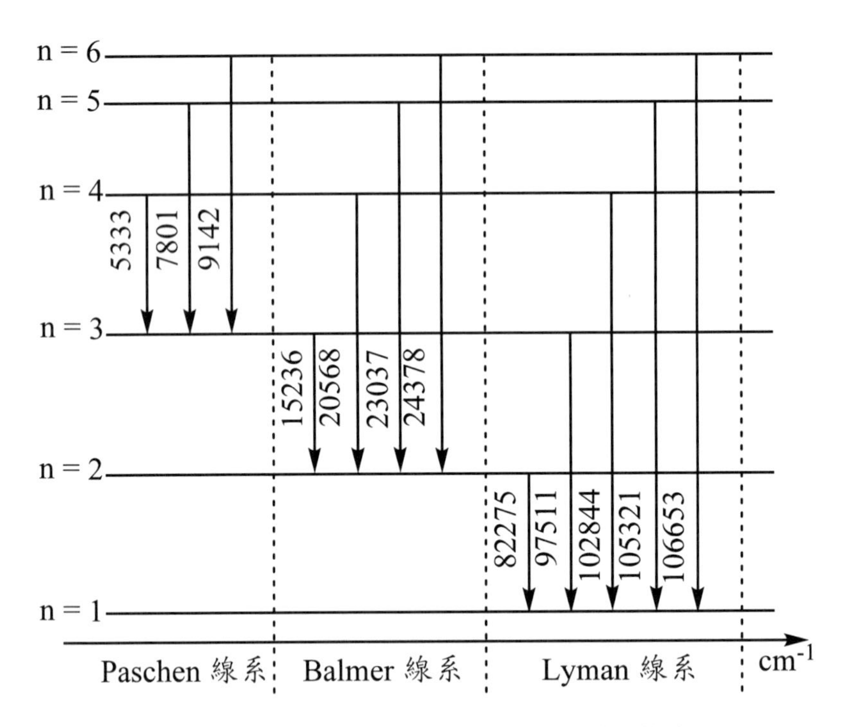

圖5.8　氫原子光譜的三個光譜線系的部分光譜線表示圖

氫原子光譜三個光線系中n_1的值不同（Lyman線系的n_1 = 1，Balmen線系的n_1 = 2，Paschen線系的n_1 = 3）。同一光譜線系中的所有光譜線的波數都不超過n_1的值，越靠近n_1，光譜線越密。

n_2的最小值也不同。每一個n_2對應一條光譜線；改變n_2可得一系列光譜線；n_2由最小值變化到無窮大，該系列光譜線的波數也由最小極限值變化到最大極限值。

三、多電子原子的「光譜項」（Term Symbol）

對於「單電子原子」，由於原子核外只有一個電子，因而其運動狀態可用該電子的運動狀態來表示。換言之，電子的「量子數」（n、ℓ、m和m_s）就是該單電子原子的「量子數」。一個電子「組態」只對應一個「能階（或說一種運動狀態）」。

對於「多電子原子」，則不能只用描述各「單電子原子」的運動狀態來簡單加以描述整個原子的狀態。也就是說：「多電子原子」在一種電子「組態」（各電子擁有確定的「量子數」n、ℓ值時的排列分布方式稱爲「組態」（configuration））

可能存在多種能量狀態。這是因爲電子和電子間存在複雜的「交互作用」（coupling）關係所致。

可近似地認爲原子中的電子在各自的「軌域」上運動，其運動狀態由「軌域波函數」或「量子數」n、ℓ、m描述。且每個電子還有「自旋」運動，其運動狀態由「自旋波函數」或「量子數」s和m_s來描述。在這5個「量子數」中，n、ℓ、s與磁場無關，而m和m_s則與磁場有關。

人們常用各電子的「量子數」n、ℓ表示無磁場作用下的原子狀態，如此表示的狀態稱爲「組態」（configuration）。而把「量子數」m和m_s也考慮進去的狀態稱爲原子的「微觀狀態」，它是原子在磁場作用下的運動狀態。

整個原子的運動狀態應是各個電子所處的「軌域」和「自旋」狀態的總結果。但是，上述「量子數」是從「量子力學」的近似法處理得到的，它們既未涉及電子間的「交互作用」，也未涉及「軌域運動」和「自旋」運動的「交互作用」，因而用各個電子的運動狀態的簡單加和關係，還是無法完美表達原子眞實的運動狀態，故不能和「原子光譜」實驗測到的數據直接聯繫。

爲了方便掌握符號，避免混淆，將原子和單個電子的各種角動量及其「量子數」取值比較如表5.1所示：

表5.1

單個電子	原子	量子數的可能取值
$\lvert L\rvert=\lvert\vec{\ell}\rvert=\sqrt{\ell(\ell+1)}\hbar$ （4.97）式，（5.38）式	$\lvert\vec{L}\rvert=\sqrt{L(L+1)}\hbar$ （5.57）式	$L=\ell_1+\ell_2$，$\ell_1+\ell_2-1$，$\cdots$，$\lvert\ell_1-\ell_2\rvert$ （5.57a）式
$L_z=\ell_z=m\hbar$ （4.102）式，（5.42）式	$L_z=m_L\hbar$ （5.58）式	$m_L=L$，$L-1$，$\cdots$，0，$\cdots$，$-L+1$，$-L$ （5.57b）式
$\lvert L_s\rvert=\sqrt{\lvert m_s\rvert\cdot\lvert m_s+1\rvert}\hbar$ （4.105）式 $\lvert\vec{s}\rvert=\sqrt{s(s+1)}\hbar$ （5.39）式	$\lvert\vec{S}\rvert=\sqrt{S(S+1)}\hbar$ （5.59）式	$S=s_1+s_2$，s_1+s_2-1，$\cdots$，$\lvert s_1-s_2\rvert$ （5.57c）式

單個電子	原子	量子數的可能取值
$L_{s,z} = s_z = m_S\hbar$ （4.106）式，（5.43）式	$S_z = m_S\hbar$ （5.60）式	$m_S = S$，$S - 1$，…，0，…，$-S + 1$，$-S$ （5.57d）式
$J_z = m_J\hbar$	$\lvert\vec{J}\rvert = \sqrt{J(J+1)}\hbar$ （5.63）式 $J_z = m_J\hbar$ （5.64）式	$J = L + S$，$L + S - 1$，…，$\lvert L - S\rvert$ （5.57e）式 $m_J = J, J-1, \cdots, -J+1, -J$ （5.57f）式

註：1.括號內表示單個電子過去所用的符號（包括一般書中所用的符號）。
2.用小寫字母表示個別電子，大寫字母表示原子。
3.帶有向量符號的$\vec{l}$、$\vec{s}$、$\vec{L}$、$\vec{S}$、$\vec{J}$表示「角動量」，不帶向量符號的表示「量子數」。

其實和「原子光譜」實驗結果直接相聯繫的是原子的能量狀態，它由一套原子的「量子數」L（總軌域角動量子數）、S（總自旋量子數）、J（總角動量子數）來描述。這些「量子數」分別規定了原子的「軌域角動量」M_L、「自旋角動量」M_S和「總角動量」M_J，這些角動量在磁場方向上的分量則分別由「量子數」m_L、m_S和m_J規定（見表5.2，且配合表5.1）。

表5.2

原子的量子數	符號	角動量表達式
總軌域角動量子數	L	$\lvert\vec{L}\rvert = \sqrt{L(L+1)} \times \frac{h}{2\pi}$
磁量子數	m_L	$L_z = m_L \times \frac{h}{2\pi}$
總自旋量子數	S	$\lvert\vec{S}\rvert = \sqrt{S(S+1)} \times \frac{h}{2\pi}$
自旋磁量子數	m_S	$S_z = m_S \times \frac{h}{2\pi}$
總角動量子數	J	$\lvert\vec{J}\rvert = \sqrt{J(J+1)} \times \frac{h}{2\pi}$
總磁量子數	m_J	$J_z = m_J \times \frac{h}{2\pi}$

前述我們曾用s、p、d、f、……表示各別「電子」的「角動量量子數」$\ell = 0$，1，2，3，……所對應的狀態，現在我們用大寫字母S、P、D、F，……依次表示「原子」的「總軌域角動量量子數」L＝0，1，2，3，……的狀態。

以下我們在將表5.2的原子之「量子數」總結於下：

$$L = (\ell_1 + \ell_2), (\ell_1 + \ell_2 - 1), \cdots |\ell_1 - \ell_2| \tag{5.57a}$$

$$m_L = \underbrace{L, L-1, \cdots, 0, \cdots -L+1, -L}_{(2L+1)\text{個}} \tag{5.57b}$$

$$S = s_1 + s_2, s_1 + s_2 - 1, \cdots, |s_1 - s_2| \tag{5.57c}$$

$$m_S = \underbrace{S, S-1, \cdots, 0, -S+1, -S}_{(2S+1)\text{個}} \ (S\text{為整數時}) \tag{5.57d}$$

$$J = (L+S), (L+S-1), \cdots |L-S| \tag{5.57e}$$

$$m_J = \underbrace{J, J-1, \cdots, 0, \cdots -J+1, -J}_{(2J+1)\text{個}} \tag{5.57f}$$

根據「原子光譜」的實驗數據及「量子力學」理論可以得出結論：對原子的同一「組態」而言，L和S都相同，而m_L、m_S都不相同的諸狀態，若不計較「軌域」和「自旋」二運動間的「交互作用」，且在沒有外界磁場作用下，都具有完全相同的能量。因此，就把同一「組態」中，由同一個L和同一個S所構成的諸狀態合稱為一個「光譜項」。每一個「光譜項」相當於一個能階。

原子的每一個「光譜項」都與一確定的原子能量狀態相對應，而原子的能量狀態可由原子的「量子數」表示。因此，原子的「光譜項」可由原子的「量子數」來表示。

「光譜項」表示的方法如下：

（一）L取值為0，1，2，3，4，……等數值時，對應的狀態符號分別用大寫字母S，P，D，F，G，……等表示。即：

L＝	0	1	2	3	4	……
對應的狀態	S	P	D	F	G	……

（二）將2S + 1之值寫在L對應符號的左上角，即寫成^{2S+1}L，稱爲多電子原子的「光譜項」。

（三）2S + 1稱做「光譜項」的「多重態」（multiplicity）。

一般說來，「總自旋角動量量子數」爲S的狀態，其「自旋多重態」爲2S + 1。

對S = 0的狀態而言，根據2S + 1 = 2×0 + 1 = 1，故稱之爲「單重態」（singlet）或「多重態」爲1。

對於S = 1的狀態而言，故稱之爲「三重態」（triplet）或「多重態」爲3。

（四）「軌域—自旋交互作用」使每個「光譜項」分裂爲（2S + 1）或（2L + 1）個「光譜支項」，即有（2S + 1）或（2L + 1）個不同的J。

也就是說，「總軌域角動量子數」L和「總自旋角動量子數」S再「交互作用」，可得到「總角動量子數」J，不同的J所對應的能階會有微小的差別，J值寫在L對應符號的右下角，即寫成$^{2S+1}L_J$。$^{2S+1}L_J$稱爲多電子原子的「光譜支項」。

1. 多電子原子的能量狀態可用原子的「量子數」L、S和J來表示。

因此在L ≥ S時，「自旋多重態」2S + 1就成爲一個「光譜項」中所包含的「光譜支項」的數目（當L < S時，1個「光譜項」包含有2L + 1個「光譜支項」，但習慣上仍稱2S + 1爲「多重態」）。

2. 原子在磁場中表現的「微觀狀態」又與原子的「磁量子數」m_L、m_S和m_J有關，那麼這些「量子數」可取哪些數值，且怎樣推求呢？

每個電子都有「軌域角動量」和「自旋角動量」，而原子的「總角動量」等於這些電子的「軌域角動量」和「自旋角動量」的向量和。加和的方法有兩種：

(1) 一種是將每個電子的「軌域角動量」$\vec{\ell}$和「自旋角動量」$\vec{s}$先組合得「總角動量」$\vec{j}$，然後將各電子的「總角動量」再組合起來，以求得原子的「總角動量」$\vec{J}$，這種組合方式可稱爲「j-j交互作用」（j-j coupling）。

(2)另一種是將各電子的「軌域角動量」或「自旋角動量」先分別組合起來，得到原子的「總軌域角動量」$\vec{L}$和「總自旋角動量」$\vec{S}$，然後再進一步組合得到原子的「總角動量」$\vec{J}$，這種組合方式稱爲「L-S交互作用」，又叫「Russell-Saunders Coupling」。

以原子中的兩個電子爲例（見圖5.9），我們會有兩種「交互作用」方式處理：

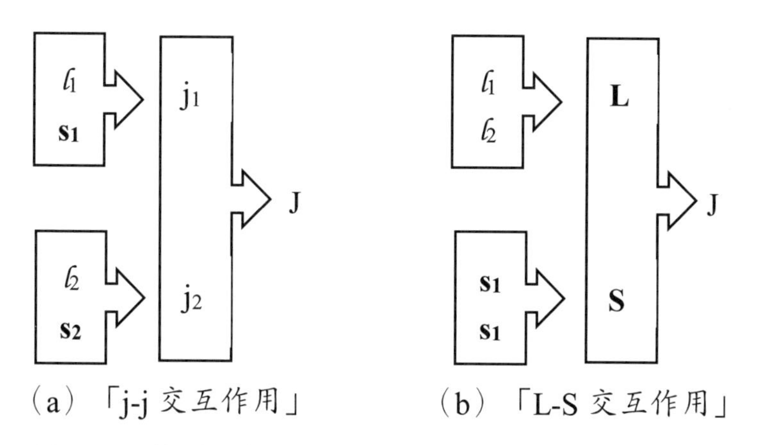

圖5.9　(a)「j-j交互作用」與　(b)「L-S交互作用」的不同處理方式

一般說來，對於原子核電荷Z ≥ 40的重原子（例如：稀土元素），由於其每個電子的「軌域」和「自旋」的「交互作用」比個別電子間的「交互作用」都要來得大，故採用「j- j交互作用」將會得到較好的結果。

反之，對於原子核電荷Z ≤ 40的輕原子，各電子間的「交互作用」要遠大於個別電子間的「軌域」和「自旋」的「交互作用」，於是「L-S交互作用」將是更好、更方便的近似方法。

這裡我們只討論「L-S交互作用」的情況。

（一）原子的「總軌域角動量」$\vec{L}$

因爲每一個電子的「軌域」運動都有一個「軌域角動量」，它在空間可以用一$\vec{\ell}$向量來表示，它的長度就是「軌域角動量」的大小，

即（見表5.1）：

$$|\vec{\ell}| = \sqrt{\ell(\ell+1)}\hbar \tag{5.38}$$

ℓ爲電子軌域的「角量子數」。既然「軌域角動量」是一個向量（即前面所說的$\vec{\ell}=\vec{M}$），我們就可用向量的加法，把各個電子的「軌域角動量」加起來，得到原子的「總軌域角動量」$\vec{L}$。它仍然是一個向量。也就是說：多電子原子中各個電子的「軌域角動量」的向量和就是原子的「軌域角動量」$L=\sum_i \ell_i$。同「自旋角動量」加和的情況相似，同一原子中的電子，其「軌域角動量」的相對方向也不是任意的，加和後所得到的原子「總軌域角動量」$\vec{L}$之絕對值是（見表5.2）：

$$|\vec{L}| = \sqrt{L(L+1)}\hbar \tag{5.58}$$

（5.57）式中，L（沒有向量符號）爲原子的「總軌域角動量子數」。參考電子的「軌域角動量子數」ℓ之（5.38）式。

一般由「量子力學」原理可以得到更爲普遍的規則：

$$L = \ell_1+\ell_2，\ell_1+\ell_2-1，\cdots，|\ell_1-\ell_2| \tag{5.57a}$$

（5.57a）式意思是說：即當兩個「軌域角動量」（ℓ）向量加和時，其「總軌域角動量量子數」L只能是兩個「角量子數」ℓ_1和ℓ_2之和到它們之差之間的任何一個整數（包括其和及差）。這就是所謂「角動量」加和的的向量模型。

例5.4 對於兩個p電子而言：兩個電子的「軌域角動量」$\ell_1=\ell_2=1$，而兩個電子「軌域角動量」的加和結果，取決於兩個$\vec{\ell}$的取向（如圖5.10），這種取向不能是任意的，必須滿足「總軌域角動量子數」L = 2，1，0的要求。

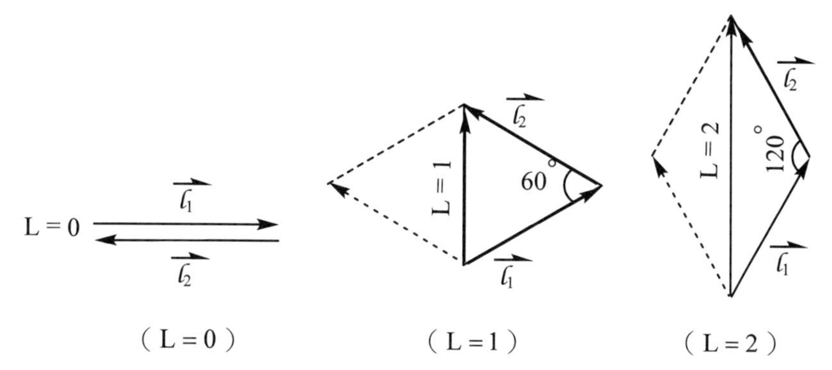

圖5.10　兩個p電子（$\ell_1 = \ell_2 = 1$）的「軌域角動量」向量間的「交互作用」

進而原子的「軌域角動量」L的大小（利用（5.58）式）可有$\sqrt{6}\hbar$，$\sqrt{2}\hbar$，0三種。

對於三電子體系，可先將其中的兩個電子的「角量子數」加和，其結果與第三個電子的「角量子數」再加和。

例5.5　三個p電子而言，$\ell_1 = 1$，$\ell_2 = 1$，$\ell_3 = 1$，原子的「角量子數」可取值爲3，2，1，0，而原子「軌域角動量」的大小可爲$\sqrt{12}\hbar$，$\sqrt{6}\hbar$，$\sqrt{2}\hbar$，0。（利用（5.58）式）

對於「角量子數」爲L的原子來說，其「軌域角動量」L在z軸（即磁場的方向）上的投影是：

$$L_z = m_L \hbar \tag{5.59}$$

$$m_L = \underbrace{L, L-1, \cdots, 0, \cdots, -L+1, -L}_{(2L+1)\text{個}} \tag{5.57b}$$

（5.57b）式中，m_L共有（2L + 1）個取值，說明L在z軸（即磁場方向）上共有（2L + 1）個投影，因此，原子的「軌域角動量」L必定只有（2L + 1）個方向（參考電子的角動量在z方向的分量之（5.40）式）。

（二）原子的「總自旋角動量」$\vec{S}$

在多電子原子中，多個單電子的「自旋角動量」s_i（$=\frac{1}{2}$或$-\frac{1}{2}$）的向量總和，就相當於原子的「總自旋角動量」$\vec{S}$：

$$\vec{S} = \sum_i s_i$$

同樣的，也可將「總軌域角動量」$\vec{L}$的結論運用於「總自旋角動量」$\vec{S}$。故也可得知原子的「總自旋角動量」$\vec{S}$也是「量子化」的。

「總自旋角動量」的絕對值大小爲$|\vec{S}|$：

$$|\vec{S}| = \sqrt{S(S+1)}\hbar \qquad (5.60)$$

（5.60）式，S稱爲「總自旋量子數」。S允許值爲：

$$S = s_1 + s_2，s_1 + s_2 - 1，\cdots，|s_1 - s_2| \qquad (5.57c)$$

「總自旋角動量」在z軸方向的投影之分量S_z，故：

$$S_Z = m_S\hbar \qquad (5.61)$$

$$m_S = \underbrace{S，S-1，\cdots，0，\cdots，-S+1，-S}_{(2S+1)個} \qquad (5.57d)$$

（5.57d）式中，m_S稱爲「總自旋磁量子數」。且m_S共有（2S + 1）個取值，說明S在z軸上的投影共有（2S + 1）個，因此，原子的「總自旋角動量」S必定只有（2S + 1）個方向。

1. 代表：S沿磁場方向（z方向）的能階分裂值有（2S+1）個，故（2S + 1）也稱爲「自旋多重態」（spin multiplicity）。
2. 每個「光譜項」^{2S+1}L對應電子運動的（2S + 1）×（2L + 1）個「微觀狀態」。（5.62）

例5.6　對於二電子原子，S的取值只有兩種：見圖5.11。

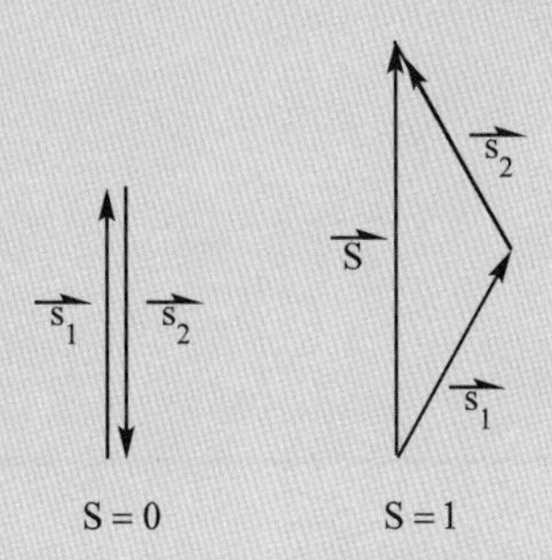

圖5.11　兩個電子「自旋角動量」向量的「交互作用」

$S=1$（$=\frac{1}{2}+\frac{1}{2}$，即↑↑）$\Rightarrow|\vec{S}|=\sqrt{1(1+1)}\hbar=\sqrt{2}\hbar$（利用（5.60）式）

$S=0$（$=\frac{1}{2}-\frac{1}{2}$，即↑↓）$\Rightarrow|\vec{S}|=\sqrt{0(1+0)}\hbar=0\hbar$（利用（5.60）式）

因此二電子原子的「自旋角量」$\vec{S}$的大小，只有$|\vec{S}|=\sqrt{2}\hbar$和$|\vec{S}|=0$兩種。

例5.7　對於三電子原子，S的取值可有兩種：（利用（5.60）式）

$S=\frac{3}{2}$（$=\frac{1}{2}+\frac{1}{2}+\frac{1}{2}$，即↑↑↑）$\Rightarrow|\vec{S}|=\sqrt{\frac{3}{2}\left(\frac{3}{2}+1\right)}\hbar=\frac{\sqrt{15}}{2}\hbar$

$S=\frac{1}{2}$（$=\frac{1}{2}+\frac{1}{2}-\frac{1}{2}$，即↑↑↓）$\Rightarrow|\vec{S}|=\sqrt{\frac{1}{2}\left(\frac{1}{2}+1\right)}\hbar=\frac{\sqrt{3}}{2}\hbar$

故上述三電子原子之「自旋角動量」S的大小$|\vec{S}|$可分別有$\frac{\sqrt{15}}{2}\hbar$和$\frac{\sqrt{3}}{2}\hbar$兩種。

例5.8　對於四電子的原子時，S的取值可有三種：（利用（5.60）式）

$S=2$（$=\frac{1}{2}+\frac{1}{2}+\frac{1}{2}+\frac{1}{2}$，即↑↑↑↑）

$\Rightarrow|\vec{S}|=\sqrt{2(2+1)}\hbar=\sqrt{6}\hbar$

$S=1$（$=\frac{1}{2}+\frac{1}{2}+\frac{1}{2}-\frac{1}{2}$，即↑↑↑↓）

$\Rightarrow|\vec{S}|=\sqrt{1(1+1)}\hbar=\sqrt{2}\hbar$

$S=0$（$=\frac{1}{2}+\frac{1}{2}-\frac{1}{2}-\frac{1}{2}$，即↑↑↓↓）$\Rightarrow|\vec{S}|=\sqrt{0(0+1)}\hbar=0\hbar$

故四電子原子的「自旋角動量」S大小$|\vec{S}|$可分別有$\sqrt{6}\hbar$，$\sqrt{2}\hbar$，0三種。

例5.9 ^3P對應9（$=(2S+1)\times(2L+1)=(2\times1+1)\times(2\times1+1)=3\times3$）個「微觀狀態」。

^2D對應電子運動10（$=(2S+1)(2L+1)=\left(2\times\frac{1}{2}+1\right)(2\times2+1)=2\times5$）個「微觀狀態」。

（上述例子皆用（5.62）式）

（三）原子的「總角動量」$\vec{J}$

在「L-S交互作用」中，原子的「總軌域角動量」$\vec{L}$和「總自旋角動量」$\vec{S}$再「交互作用」得到「總角動量」$\vec{J}$（或寫成M_J）：

$$\vec{J}=\vec{L}+\vec{S} \tag{5.63}$$

$\vec{J}$也是「量子化」的，故「總角動量」的絕對值大小：

$$|\vec{J}|=\sqrt{J(J+1)}\hbar \tag{5.64}$$

（5.64）式中J稱爲「總角動量量子數」，根據「量子力學」原理及實驗事實的要求，它的取值可由兩個「角動量量子數」（L及S）之和變到其差的絕對值，每一步改變1，故應有：

$$J=L+S，L+S-1，\cdots，|L-S| \tag{5.57e}$$

1. 當$L \geq S$時，J有（2S + 1）個取值，因而會有（2S+1）個「光譜支項」，所以$^{2S+1}L_J$的左上角標示（2S+1）叫「光譜項」的「多重態」（multiplicity）。
2. 當L<S時，「光譜支項」的數目不再等於（2S+1），而是等於（2L+1），但（2S+1）仍叫「光譜項」的「多重態」（multiplicity）。

如果進一步用「總角動量」$\vec{J}$在z方向的分量J_z來標記「總角動量」的z軸取向，則得：

$$J_Z = m_J\hbar \tag{5.65}$$

$$m_J = \underbrace{J，J-1，\cdots，0，-J+1，-J}_{（2J+1）個} \tag{5.57f}$$

就是說「總角動量」J在z方向的分量J_z共有（2J + 1）個不同的數值，用它們可以表示在外磁場作用下能階的分裂，且必定只有（2J + 1）個分裂方向。

例5.10 ^3D「光譜項」（S = 1，L = 2）⇒J = 3（= |L + S|），2，1（= |L − S|），即^3D「光譜項」可分裂爲$^3D_3$，$^3D_2$，$^3D_1$三個「光譜支項」。

例5.11 ^4P「光譜項」$\left(S = \frac{3}{2}，L = 1\right)$⇒$J = \frac{5}{2}$（= |L + S|），$\frac{3}{2}$，$\frac{1}{2}$（= |L − S|）。即$^4P$可分裂爲$^4P_{\frac{5}{2}}$，$^4P_{\frac{3}{2}}$，$^4P_{\frac{1}{2}}$三個「光譜支項」。

例5.12 處於L = 2，$S = \frac{1}{2}$的狀態的原子，其光譜項爲^2D。此狀態下J可能取值爲$\frac{5}{2}$（$= L + S = 2 + \frac{1}{2}$）和$\frac{3}{2}$（$= |L - S| = \left|2 - \frac{1}{2}\right|$），因此「光譜項」$^2D$有兩個「光譜支項」，分別是$^2D_{\frac{5}{2}}$和$^2D_{\frac{3}{2}}$。

四、原子能階圖

（一）能階的分裂

在原子的各個「光譜項」中，能量最低的「光譜項」稱爲「基本光譜項」。可以根據下列規則確定「基本光譜項」：

(A) S值越大的「光譜項」能量越低。

(B) 若相同，則其中L值越大的「光譜項」，其能量越低。

(C) 若S和L都相同，則對於「正光譜」而言，J越小者能量越低；對「反光譜」而言，J越大，能量越低。

1. 「正光譜」是指電子數未達到半填滿或處於半填滿「組態」（如p^1，p^2，p^3等「組態」）所產生的光譜。
2. 「反光譜」是指電子數超過半填滿「組態」（如p^4，p^5「組態」等）產生的光譜。

例如：nd^2「組態」的「光譜項」能階高低次序是$^3F < {}^1P < {}^1G < {}^1D < {}^1S$，「基本光譜項」是$^3F$。

（二）「原子光譜」的「選擇律」（selection rule）

對於多電子原子而言，電子在各能階間跳躍依然需遵循「選擇律」：

$$\text{選擇律：}\begin{cases}\Delta S = 0 \\ \Delta L = 0,\ \pm 1 \\ \Delta J = 0,\ \pm 1 \\ \text{而}J = 0 \rightarrow J' = 0\text{的跳躍是「禁止的」（forbidden）。}\end{cases} \qquad (5.66)$$

例如：Ca原子光譜中，電子由4^3D向4^3P的跳躍，因^3D和^3P都是三重「等階系」，各有三個「光譜支項」，應分裂爲9條光譜線，但實驗只測得6條，其原因就是由於光譜「選擇律」的限制，圖5.12中虛線表示的3條是被「禁止的」。除此之

外，實際能測得幾條光譜線還與儀器的解析度有關。

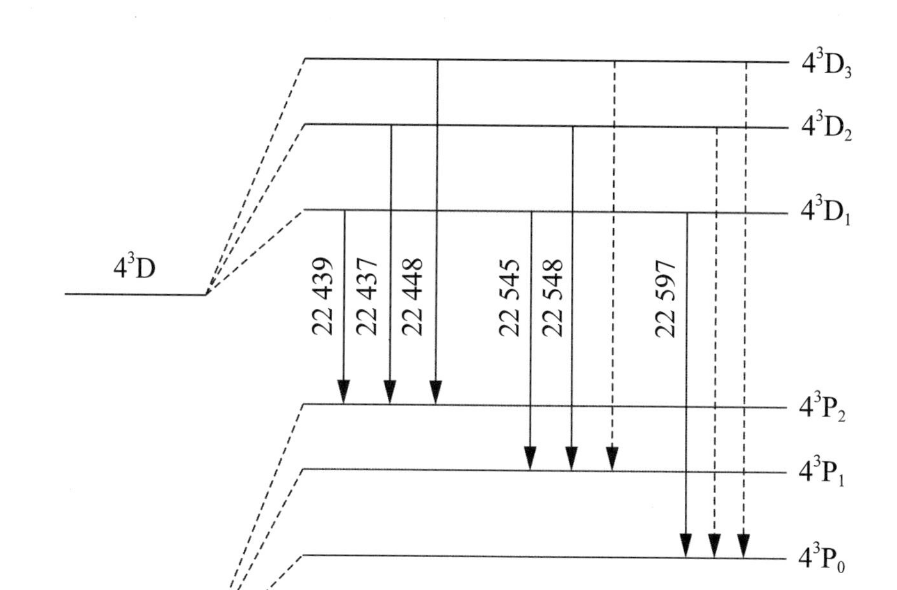

圖5.12　Ca原子4^3D向4^3P的跳躍

（三）Zemann效應

以上討論的是原子不受外力作用情況下能階的分裂。但同H原子一樣，多電子原子也有「Zemann效應」，即在磁場中，多電子原子的能階也發生分裂，光譜線增多。

多電子原子的光譜線在磁場中發生分裂的原因，同樣也是原子的「總角動量」J在空間取向的「量子化」，它可有2^{J+1}個不同取向。在磁場中np^2「組態」的能階發生分裂的情況如圖5.13所示。考慮到「Zemann效應」，光譜的「選擇律」應再加一項：

$$\Delta m_J = 0，\pm 1 \tag{5.67}$$

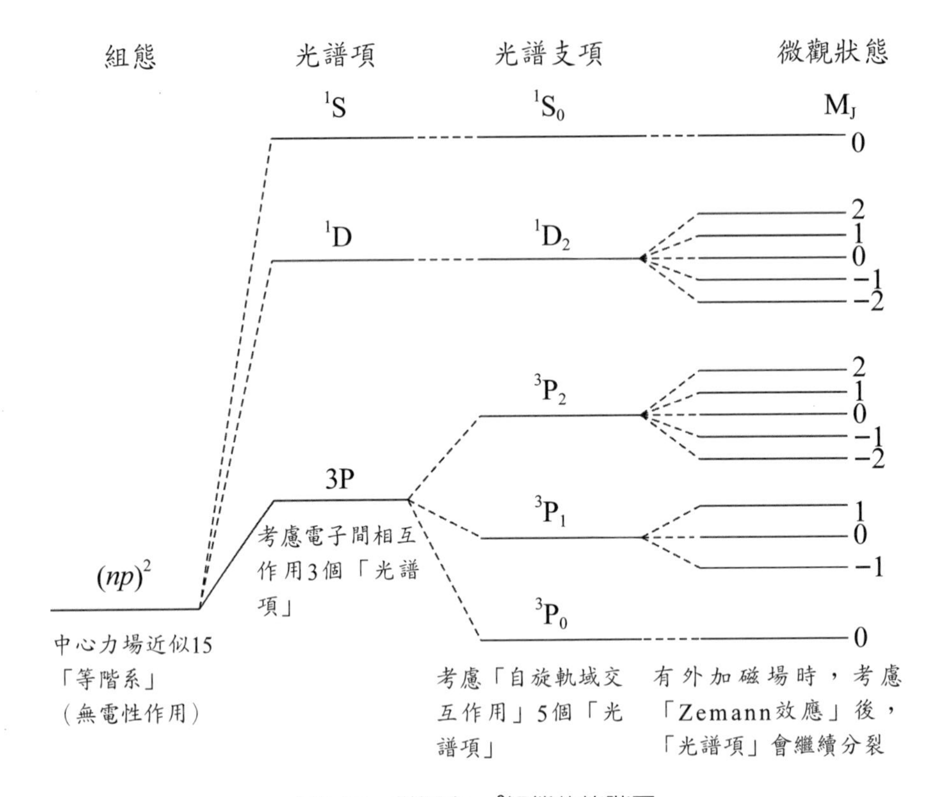

圖5.13 磁場中np^2組態的能階圖

五、由電子「組態」確定「光譜項」

原子核外電子的排列分布稱爲電子的「組態」（configuration）。同一種原子，原子核外電子的排列分布可有許多種，其中，原子處於「基本態」（整個原子能量最低的狀態）的電子「組態」稱爲「基本組態」。

由於受到「Pauli不相容原理」的限制，「等價電子」與「非等價電子」的「光譜項」的求法不同。

（一）「非等價電子」的「光譜項」

兩個電子的「主量子數」n或「角量子數」ℓ不同時，或者說n和ℓ中至少有一個不相同的電子稱爲「非等價電子」。

例如：$(2p)^1(3p)^1$或$(4s)^1(3d)^1$是屬於「非等價電子」，由於至少有一個「量子數」不同。

對於「非等價電子」而言，n和ℓ中至少已有一個「量子數」不同，因此，描述原子狀態的另外兩個「量子數」J和m_J的選取不受限制，其「光譜項」也比較容易確定。首先需確定原子的「總軌域角量子數」L和「總自旋量子數」S的所有可能的值，再將兩者組合在一起，就可得到其「光譜項」。

每個「光譜項」分別包含$(2L+1)\times(2S+1)$個「微觀狀態」。　(5.62)

下面舉例說明：

1.「主量子數」n不同而「角量子數」ℓ不同的電子「組態」之「光譜項」

例5.13 求$ns^1(n+1)s^1$組態的「光譜項」？

解：這裡有2個s電子，$\ell_1=\ell_2=0$且$s_1=s_2=\frac{1}{2}$。

由ℓ_1和ℓ_2可得L = 0（見（5.57a）式）。

由s_1和s_2可得S = 1（$=\frac{1}{2}+\frac{1}{2}$，即↑↑）和0（$=\frac{1}{2}-\frac{1}{2}$，即↑↓）。

L和S再組合在一起，利用（5.57e）式，因此得2個（$|0+1|$及$|0+0|$）「光譜項」：^3S，^1S。

例5.14 求$np^1(n+1)p^1$組態電子的「光譜項」？

解：2個p電子，$\ell_1=\ell_2=1$，$s_1=s_2=\frac{1}{2}$。

由ℓ_1和ℓ_2可得L = 2（= 1 + 1），1，0（$=|1-1|$）（利用（5.57a）式）。

由s_1和s_2（利用[例5.13]）可得S = 1，0。

L和S再組合在一起，利用（5.57e）式，得6個「光譜項」：

^3D，^3P，^3S，^1D，^1P，^1S。

利用（5.62）式，可得「微觀狀態」數分別為15，9，3，5，3，1，共計36個「微觀狀態」。寫為：$^3D(15)$，$^3P(9)$，$^3S(3)$，$^1D(5)$，$^1P(3)$，$^1S(1)$。

例5.15 求$np^1(n+1)p^1(n+2)p^1$組態電子的「光譜項」？

解：這裡有3個p電子，$\ell_1=\ell_2=\ell_3=1$，$s_1=s_2=s_3=\frac{1}{2}$。

在[例5.14]中已知2個p電子加和得$L'=2$，1和0，由s_1和s_2可得$S'=1$，0。

L'和S'再分別與ℓ_3和s_3組合可得$L=3$，2，1，0和$S=\frac{1}{2}$，$\frac{3}{2}$。

L和S再組合在一起，最後得到8個「光譜項」（利用（5.62）式）：

$^4F(1)$，$^4D(2)$，$^4P(3)$，$^4S(1)$，$^2F(2)$，$^2D(4)$，$^2P(6)$，$^2S(2)$

L'或S'與ℓ_3或s_3組合後，某些「量子數」的值重複出現，使最後得到的「光譜項」也重複出現。括號內的數字代表該「光譜項」出現的次數。

2.「主量子數」n相同而「角量子數」ℓ不同的電子「組態」

例5.16 求ns^1np^1電子的「光譜項」？

解：這裡有2個電子，1個s電子和1個p電子，這兩個電子的前者$\ell_1=0$，後者的$\ell_2=1$，且$s_1=s_2=\frac{1}{2}$。

由ℓ_1和ℓ_2可得$L=1$。

由s_1和s_2可得$S=1$，0。

L和S再組合，利用（（5.62）式），因此得2個「光譜項」：^3P，^1P。

例5.17 求np^1nd^1電子的「光譜項」？

解：1個p電子和d電子，這2個電子的前者（np）的$\ell_1=1$，後者（nd）的$\ell_2=2$，且$s_1=s_2=\frac{1}{2}$。

由ℓ_1和ℓ_2可得$L=3$，2，1。

由s_1和s_2可得$S=1$，0。

L和S再組合在一起，得6個「光譜項」：^3F，^3D，^3P，^1F，^1D，^1P。

例5.18 $(4s)^1(3d)^1$，1個電子塡在1個s能階內可自旋向上或向下，有兩種可能，而1個電子塡在5個d能階中則有10種可能，共有20個微觀狀態，2個電子的「L-S交互作用」可得L = 2，S = 1，0，則「光譜項」可組合出（^3D，^1D）2個「光譜項」。L與S向量再「交互作用」，可得「總角動量」J，即$^3D_3$、$^3D_2$、$^3D_1$和$^1D_2$4個「光譜項支項」。

例5.19 Ca原子的一個激發態之電子組態爲$[Ar](4s)^1(3d)^1$，其原子「量子數」計算如下：

解：$(4s)^1$：$\ell_1 = 0$，$s_1 = \frac{1}{2}$

$(3d)^1$：$\ell_2 = 2$，$s_2 = \frac{1}{2}$

$L = (\ell_1 + \ell_2)$，$\cdots|\ell_1 - \ell_2|$

$= \quad 2$，$\quad 2$

$\therefore m_L = 0$，± 1，± 2（$\because -L \leq m_L \leq L$）

$S = |s_1 + s_2| = 1$，$S = |s_1 - s_2| = 0$

$\therefore m_S = 0$，± 1（$\because -S \leq m_S \leq S$）

$J = (L + S)$，$(L + S - 1)$，$\cdots|L - S|$

$= \quad 3$，$\quad 2$，$\quad 1$

$\therefore m_J = 0$，± 1，± 2，± 3，0，± 1，± 2，0，± 1

在計算原子「量子數」時，只考慮「未滿殼層」（open shell）電子的貢獻，可不考慮「全充滿殼層」（closd shell）的電子，因爲「閉殼層」的電子（如s^2，p^6，d^{10}，或f^{14}）可近似看做「球形對稱分布」，其「軌域角動量」和「自旋角動量」的向量和爲零，它們對原子「量子數」無貢獻。

對於一種確定的電子「組態」（如$2p^2$「組態」），可以有幾種不同的S、L、J狀態，這些狀態的「自旋」、「軌域」和「總角動量」不同，就包含著不同的電子間「交互作用」狀況，因而能量也會有所不同。

於是，部分「非等價電子組態」的「光譜項」，見表5.3所示。

表5.3 部分「非等價電子」的「光譜項」

電子組態	光譜項
$ns^1(n+1)s^1$	^3S，^1S
ns^1np^1	^3P，^1P
ns^1nd^1	^3D，^1D
$np^1(n+1)p^1$	^3D，^3P，^3S，^1D，^1P，^1S
np^1nd^1	^3F，^3D，^3P，^1F，^1D，^1P
nd^1nd^1	^3G，^3F，^3D，^3P，^3S，^1G，^1F，^1D，^1P，^1S
$(n-1)s^1ns^1(n+1)s^1$	$^4S(1)$，$^2S(2)$
$(n-1)s^1ns^1(n+1)p^1$	$^4P(1)$，$^2P(2)$
$(n-1)s^1ns^1(n+1)d^1$	$^4D(1)$，$^2D(2)$
$(n-1)s^1np^1(n+1)p^1$	$^4D(1)$，$^2P(1)$，$^4S(1)$，$^2D(2)$，$^2P(2)$，$^4S(2)$
$(n-1)s^1np^1(n+1)d^1$	$^4F(1)$，$^4D(1)$，$^4P(1)$，$^2F(2)$，$^2D(2)$，$^4P(2)$
$(n-1)p^1np^1(n+1)p^1$	$^4F(1)$，$^4D(2)$，$^4P(3)$，$^4S(1)$，$^2F(2)$，$^4D(4)$，$^2P(6)$，$^2S(2)$
$(n-1)p^1np^1(n+1)d^1$	$^4G(1)$，$^4F(2)$，$^4D(3)$，$^4P(2)$，$^4S(1)$，$^2G(2)$，$^2F(4)$，$^2D(6)$ $^2P(4)$，$^4S(2)$

（二）「等價電子」的「光譜項」

處在同一「主量子數」n且同一「角量子數」ℓ的電子，另外兩個「量子數」m和m_s中至少要有一個是不同的，稱爲「等價電子」。

例如：np^3，nd^2，…，就屬於「等價電子」。但由於受「Pauli不相容原理」的限制，它們的「微觀狀態」大大減少，「光譜項」推算的難度也增大。

對於「等價電子」，需要考慮「Pauli不相容原理」，所以「光譜項」的求法比較複雜。以下以np^2電子「組態」爲例，來討論「等價電子」之「光譜項」的求法。

舉例來說：若考慮到電子的「自旋」運動，p軌域的「等階系」（degeneracy）就是6。2個p電子在這6個狀態中的分布方式有共15種，這15種狀態如表5.4所示。

表5.4中箭頭向上表示「α自旋態」（↑，又稱「上自旋」），箭頭向下則指「β自旋態」（↓又稱「下自旋」）。當我們選用p軌域的複數函數形式時，「磁量子數」m就有確定值+1，0，−1。所以接下來的問題應該是如何依據這15種微觀狀態，把這兩個同一「主量子數」的電子（np^2「組態」）可能出現的「光譜項」確定下來。

表5.4　p^2「組態」的原子「光譜項」

磁量子數m			$M_L=\sum m_L$	$M_S=\sum m_S$	光譜項
+1	0	−1			
↑↓			2	0	^1D
↑	↑		1	1	^3P
↑	↓		1	0	^1D，^3P
↓	↑		1	0	
↓	↓		1	−1	^3P
↑		↑	0	1	^3P
↑		↓	0	0	^1D，^3P，^1S
	↑↓		0	0	
↓		↑	0	0	
↓		↓	0	−1	^3P
	↑	↑	−1	1	^3P
	↓	↑	−1	0	^1D，^3P
	↑	↓	−1	0	
	↓	↓	−1	−1	^3P
		↑↓	−2	0	^1D

這15種微觀狀態的「總軌域量子數」（M_L）和「總自旋磁量子數」（M_S）各可由其m及m_s值求得：

$$M_L = m_1 + m_2$$

$$M_S = m_{S1} + m_{S2}$$

根據「角動量交互作用」規則：L值可由ℓ_1和ℓ_2的加和規則（見（5.57a）式）得到，結果是可能為2，1，或0。我們可以把所有可能的m_1，和m_2組合起來形成M_L的表格形式，這裡M_L有三種序列，用虛線隔開，如圖5.14所示：

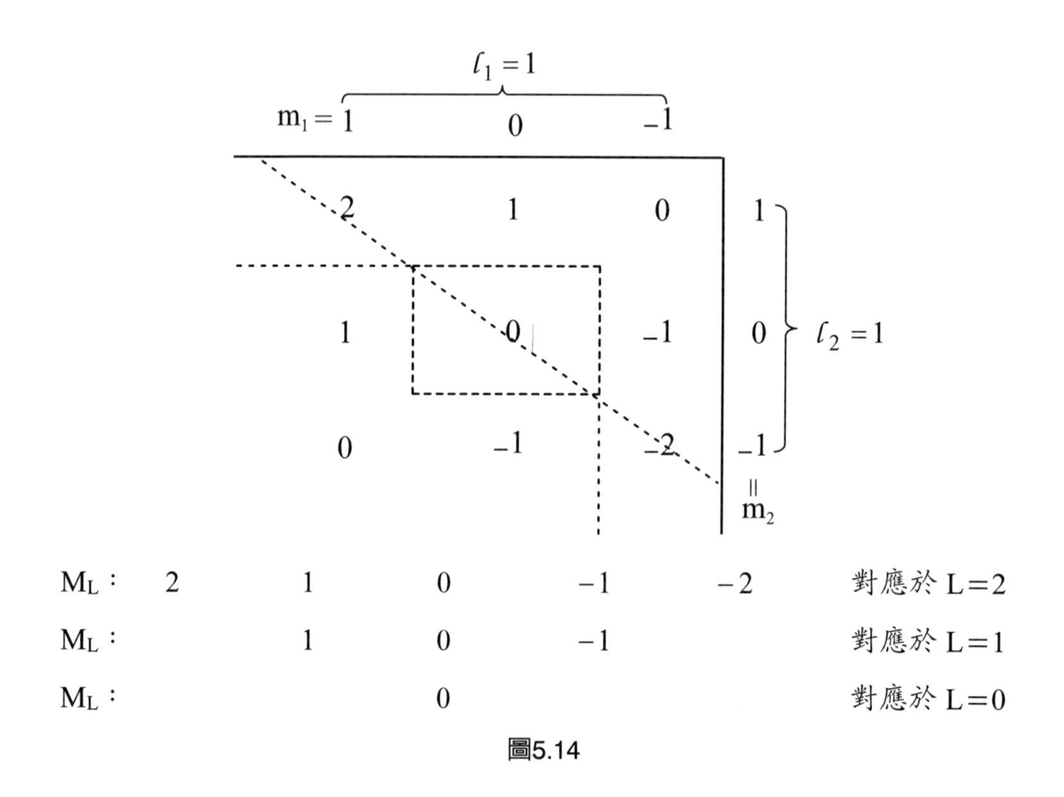

圖5.14

正好形成1個D（L = 2）項、1個P（L = 1）項和1個S（L = 0）項所需的值。同樣，S值可由$\vec{s}_1$和$\vec{s}_2$相加求得（見（5.57c）式），兩個電子所能組成的「自旋」方式是形成S = 0和S = 1。但因「Pauli不相容」原理的限制，L和S值並不能隨便結合。

對於S = 1，兩個電子具有相同的「自旋磁量子數」m_s，故它們的m值必須不同。因此，我們不能由圖5.14中對角線位置上的值來組成M_L序列，只能取對角線一側的1，0，−1，故得^{3}P項。

如果S = 0，則兩個電子「自旋量子數」不同，故與S值相結合的L值所對應的M_L序列不受任何限制，有對角線位置參與的M_L所行程的兩個序列2，1，0，−1，−2及0就分別形成^{1}D和^{1}S兩個「光譜項」。

顯然，「組態」$(ns)^2$只有一個^1S項。

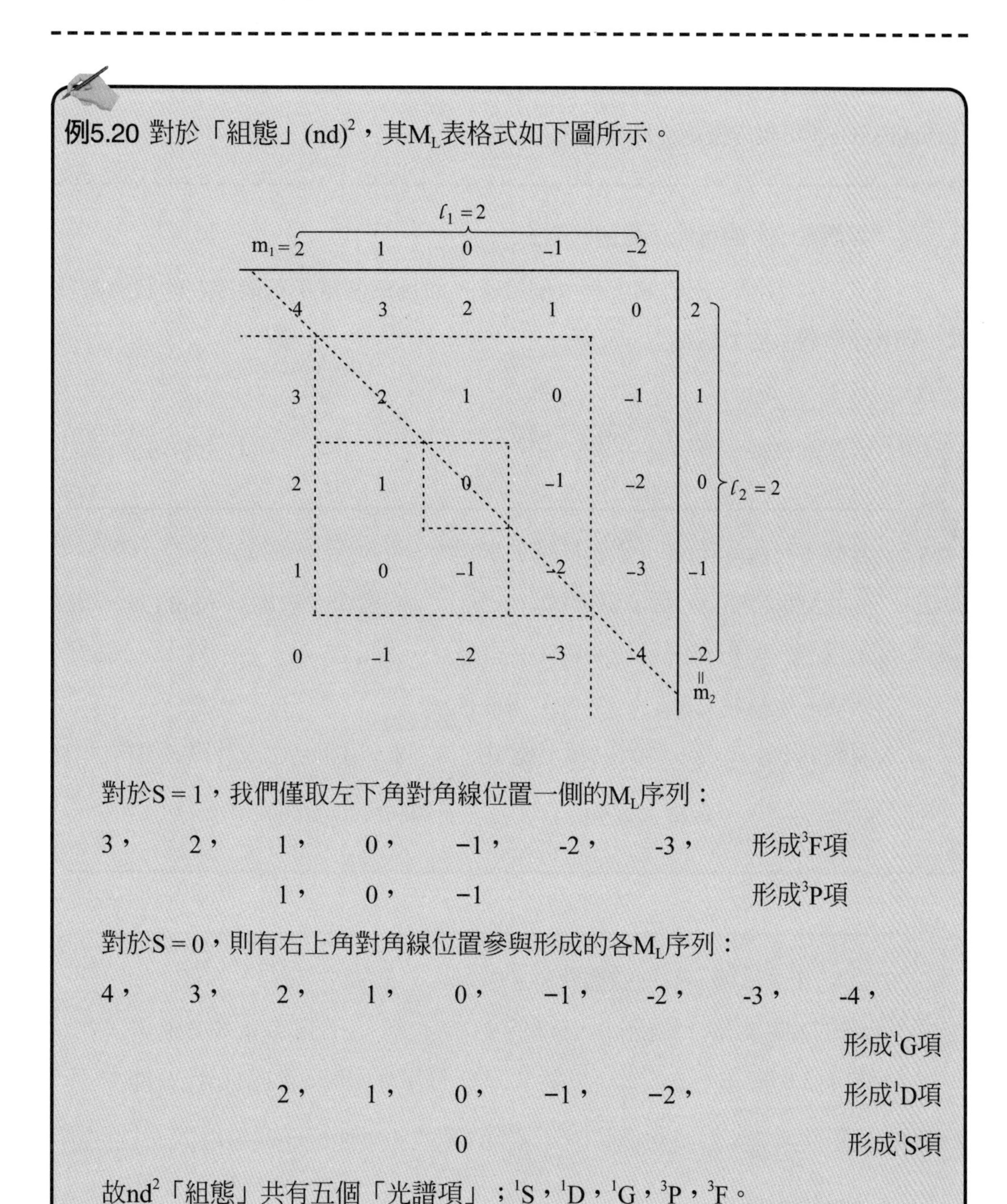

例5.20 對於「組態」$(nd)^2$，其M_L表格式如下圖所示。

對於S = 1，我們僅取左下角對角線位置一側的M_L序列：

3，　2，　1，　0，　−1，　-2，　-3，　形成^3F項

1，　0，　−1　形成^3P項

對於S = 0，則有右上角對角線位置參與形成的各M_L序列：

4，　3，　2，　1，　0，　−1，　-2，　-3，　-4，　形成^1G項

2，　1，　0，　−1，　−2，　形成^1D項

0　形成^1S項

故nd^2「組態」共有五個「光譜項」；^1S，^1D，^1G，^3P，^3F。

對於（mp，np）「組態」，「Pauli不相容原理」已由「主量子數」（m和n）不同而滿足，所以M_L序列和S值組合沒有限制，可得^3D，^3P，^3S，^1D，^1P以及^1S項。

對於（np，nd）「組態」，「Pauli不相容原理」已由「角量子數」（p和d）不同而滿足，所以可得^3F，^3D，^3P，^1F，^1D和^1P項。

如果只要知道「基本組態」的「光譜支項」，則可根據「Pauli不相容原理」和「Hund's rule」可更方便地立即求得。

（三）「等價電子」的可能「微觀狀態」

（公式）：若同一組軌域上有ㄅ個電子，而且每個電子可能存在的狀態數爲ㄆ，則其「微觀狀態」數爲：

$$C_{ㄆ}^{ㄅ} = \frac{ㄆ!}{ㄅ!(ㄆ-ㄅ!)} \quad (5.68)$$

例5.21 我們先討論np^3可能「微觀狀態」數目。

np的3個能階中，電子可選擇自旋向上（稱爲「上自旋」，spin up，表示爲↑）與自旋向下（稱爲「下自旋」，spin down，表示爲↓）2個方式填入，故共有6種（$=3\times2$）可能性。

現有3個電子，故必須在6種可能中選擇3個，用組合C_6^3來計算，可得

$C_6^3 = \frac{6!}{3!\cdot(6-3)!} = 20$（（5.68）式），所以有20個微觀狀態。

例5.22 又如nd^2「組態」的「微觀狀態」數目。

nd的5個能階，電子也有「上自旋」與「下自旋」的2種方式，共有10種（$=5\times2$）可能性。2個電子填入這些能階，即會有$C_{10}^2 = \frac{10!}{2!\cdot(10-2)!}$=45種狀態（（5.68）式），要比「非等價電子」的可能狀態少得多。

例5.23 np^2「組態」可能的「微觀狀態」爲$C_6^2=\frac{6!}{2!(6-2)!}=15$種（見（5.68）式），具體列出如表5.4所示。

六、「基本態」之「光譜項」

在許多情況下，我們只需要知道「基本態」之「光譜項」，這時我們不必像上述那樣進行繁瑣的分析推導，只要根據「Pauli不相容原理」和「Hund規則」，利用圖示法就可很快寫出「基本態」之「光譜項」，具體步驟如下：

（一）「滿殼層」「組態」，如，ns^2，np^6，nd^{10}。

因$L=0$，$S=0$，所以「基本態」之「光譜項」爲$^1S_0$。

（二）「組態」中的電子「自旋」要盡量平行（如此一來，可使S達到最大）。

（三）「自旋」時，先填「自旋向上」↑（即$m_S=\frac{1}{2}$），全部軌域皆半填滿後，再填「自旋向下」↓$\left(m_S=-\frac{1}{2}\right)$。故若有i個電子，則得「自旋量子數」$S=\sum_i m_S(i)$。

（四）關於「軌域角動量子數」L：

1. 若是電子占據p能階，則各自的「總軌域角動量子數」如下所示：

p能階 ⇒ ——　——　——

（$\ell=+1$）（$\ell=0$）（$\ell=-1$）

於是，

例1：p^1能階 ⇒ ↑　——　—— ⇒ $L=+1$

例2：p^2能階 ⇒ ↑　↑　—— ⇒ $L=(1+0)=1$

例3：p^3能階 ⇒ ↑　↑　↑ ⇒ $L=(1+0-1)=0$

例4：p^4能階 ⇒ ↑↓　↑　↑ ⇒ $L=(1+1+0-1)=1$

例5：p^5能階 ⇒ ↑↓　↑↓　↑ ⇒ $L=(1+1+0+0-1)=1$

2. 若是電子占據d能階，則各自的「總軌域角動量子數」如下所示：

d能階 ⇒ ＿＿ ＿＿ ＿＿ ＿＿ ＿＿

（$\ell=+2$）（$\ell=1$）（$\ell=0$）（$\ell=-1$）（$\ell=-2$）

於是，

例1：d^1能階 ⇒ ↑ ＿ ＿ ＿ ＿ ⇒ L = 2

例2：d^2能階 ⇒ ↑ ↑ ＿ ＿ ＿ ⇒ L = (2 + 1) = 3

例3：d^3能階 ⇒ ↑ ↑ ↑ ＿ ＿ ⇒ L = (2 + 1 + 0) = 3

例4：d^4能階 ⇒ ↑ ↑ ↑ ↑ ＿ ⇒ L = (2 + 1 + 0 − 1) = 2

例5：d^5能階 ⇒ ↑ ↑ ↑ ↑ ↑ ⇒ L = (2 + 1 + 0 − 1 − 2) = 0

例6：d^6能階 ⇒ ↑↓ ↑ ↑ ↑ ↑

⇒ L = (2 + 2 + 1 + 0 − 1 − 2) = 2

例7：d^7能階 ⇒ ↑↓ ↑↓ ↑ ↑ ↑

⇒ L = (2 + 2 + 1 + 1 + 0 − 1 − 2) = 3

例8：d^8能階 ⇒ ↑↓ ↑↓ ↑↓ ↑ ↑

⇒ L = (2 + 2 + 1 + 1 + 0 + 0 − 1 − 2) = 3

例9：d^9能階 ⇒ ↑↓ ↑↓ ↑↓ ↑↓ ↑

⇒ L = (2 + 2 + 1 + 1 + 0 + 0 − 1 − 1 − 2) = 2

（五）「總角量子數」J之求法：

p^1，p^2，p^3採用$J = |L - S|$

p^4，p^5採用$J = |L + S|$

d^1，d^2，d^3，d^4採用$J = |L - S|$

d^5，d^6，d^7，d^8，d^9採用$J = |L + S|$

各種「組態」的「基本態」之「光譜項」見表5.5所示。

表5.5　各種「組態」的「基本態」之「光譜項」

電子組態	「總自旋量子數」S	「總軌域角動量子數」L	「總角動量子數」J	基本態光譜項$^{2s+1}L_J$
p^1	↑ — — $\frac{1}{2}$	1	$\frac{1}{2}$	$^2P_{\frac{1}{2}}$
p^2	↑ ↑ — $\left(\frac{1}{2}+\frac{1}{2}\right)=1$	1	0	$^3P_0$
p^3	↑ ↑ ↑ $\left(\frac{1}{2}+\frac{1}{2}+\frac{1}{2}\right)=\frac{3}{2}$	0	$\frac{3}{2}$	$^4S_{\frac{3}{2}}$
p^4	↑↓ ↑ ↑ $\left(\frac{1}{2}-\frac{1}{2}+\frac{1}{2}+\frac{1}{2}\right)=1$	1	2	$^3P_2$
p^5	↑↓ ↑↓ ↑ $\left(\frac{1}{2}-\frac{1}{2}+\frac{1}{2}-\frac{1}{2}+\frac{1}{2}\right)=\frac{1}{2}$	1	$\frac{3}{2}$	$^2P_{\frac{3}{2}}$
d^1	— — ↑ — — $\frac{1}{2}$	2	$\frac{3}{2}$	$^2D_{\frac{3}{2}}$
d^2	— — ↑ ↑ — $\left(\frac{1}{2}+\frac{1}{2}\right)=1$	3	2	$^3F_2$
d^3	— — ↑ ↑ ↑ $\left(\frac{1}{2}+\frac{1}{2}+\frac{1}{2}\right)=\frac{3}{2}$	3	$\frac{3}{2}$	$^4F_{\frac{3}{2}}$

電子組態	「總自旋量子數」S	「總軌域角動量子數」L	「總角動量子數」J	基本態光譜項$^{2s+1}L_J$
d^4	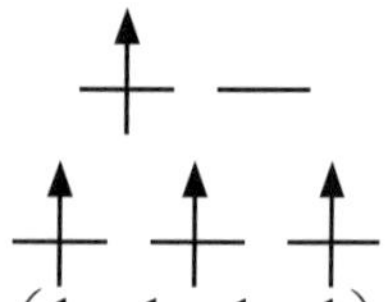 ↑ — ↑ ↑ ↑ $\left(\frac{1}{2}+\frac{1}{2}+\frac{1}{2}+\frac{1}{2}\right)=2$	2	0	$^5D_0$
d^5	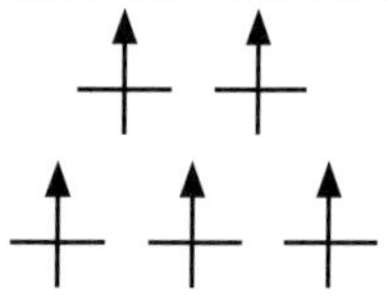 ↑ ↑ ↑ ↑ ↑ $\begin{pmatrix} \frac{1}{2}+\frac{1}{2} \\ \frac{1}{2}+\frac{1}{2}+\frac{1}{2} \end{pmatrix}=\frac{5}{2}$	0	$\frac{5}{2}$	$^6S_{\frac{5}{2}}$
d^6	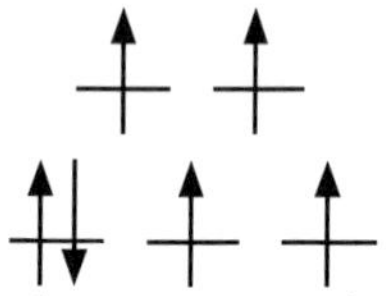 ↑ ↑ ↑↓ ↑ ↑ $\begin{pmatrix} \frac{1}{2}+\frac{1}{2} \\ \frac{1}{2}-\frac{1}{2}+\frac{1}{2}+\frac{1}{2} \end{pmatrix}=2$	2	4	$^5D_4$
d^7	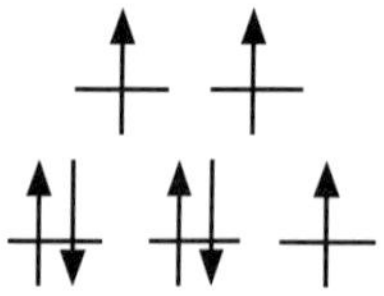 ↑ ↑ ↑↓ ↑↓ ↑ $\begin{pmatrix} +\frac{1}{2}+\frac{1}{2} \\ \frac{1}{2}-\frac{1}{2}+\frac{1}{2}-\frac{1}{2}+\frac{1}{2} \end{pmatrix}=\frac{3}{2}$	3	$\frac{9}{2}$	$^4F_{\frac{9}{2}}$
d^8	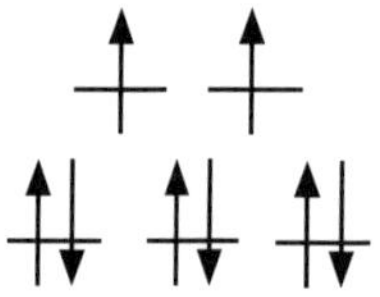 ↑ ↑ ↑↓ ↑↓ ↑↓ $\begin{pmatrix} \frac{1}{2}+\frac{1}{2} \\ \frac{1}{2}-\frac{1}{2}+\frac{1}{2}-\frac{1}{2}+\frac{1}{2}-\frac{1}{2} \end{pmatrix}=1$	3	4	$^3F_4$

電子組態	「總自旋量子數」S	「總軌域角動量子數」L	「總角動量子數」J	基本態光譜項$^{2s+1}L_J$
d^9	⇅ ↑ / ⇅ ⇅ ⇅ $\left(\begin{matrix}\frac{1}{2}-\frac{1}{2}+\frac{1}{2}\\ \frac{1}{2}-\frac{1}{2}+\frac{1}{2}-\frac{1}{2}+\frac{1}{2}-\frac{1}{2}\end{matrix}\right)=\frac{1}{2}$	2	$\frac{5}{2}$	$^2D_{\frac{5}{2}}$

1. H原子：「基本態」爲$(1s)^1$，故$L=0$，$S=\frac{1}{2}$，$J=\frac{1}{2}$（$=L+S=0+\frac{1}{2}$）。

   故對應的「基本態」之「光譜項」爲$^2S_{1/2}$。

2. He原子：「基本組態」爲$(1s)^2$，故$\ell_1=\ell_2=0$。

   又兩個電子同處於一個s軌域，「自旋」方向必相反，$m_{s_1}=\frac{1}{2}$，

   $m_s=-\frac{1}{2}$，⇒得到$M_s=\sum m_s=0$。

   故$L=0$，$S=0$，$J=0$（$=L+S=0+0$）。

   故對應的「基本態」之「光譜項」爲$^1S_0$。

我們再強調一次：

(1) 凡是充滿殼層s^2、p^6、d^{10}、f^{14}等的「總軌域角動量」和「自旋角動量」均爲0（因「閉殼層」（closed shell）的電子雲分布爲「球對稱」，$M_L=\sum m=0$，故$L=0$；又同一軌域內電子兩兩成對，$M_S=\sum m_S=0$，$S=0$，即閉殼層上的$\vec{L}$和$\vec{S}$均爲0），它們對整個原子的$\vec{L}$和$\vec{S}$均無貢獻。故推求「光譜項」時「閉殼層」部分可以不考慮，只需考慮「開殼層」（open shell）上的外層「價電子」就可以了。

(2) 週期表中IIA族原子（即Be、Mg、Ca、Sr、Ba）的「基本組態」都爲$(ns)^2$型之外層電子結構，故其對應的「光譜項」和「光譜支項」均與He原子有相同類型。

(3) 既然「閉殼層」的「總角動量」爲0，故p^2「組態」的「總角動量」和p^1「組態」的「總角動量」就互相抵銷。也就是說，它們大小相等，方向相反。

因此，p^2和p^4的「光譜項」也相同，爲^1S、^1D、^3P。

同理可知：p^1「組態」之「光譜項」爲^2P（$\ell = 1$、$L = 1$、$S = \frac{1}{2}$）後，就知道了p^5「組態」的「光譜項」也爲^2P（參見表5.5），但應注意「光譜支項」的能階次序正好相反（詳見下面「Hund's rule」）。

---

3. C原子：「基本組態」爲$(1s)^2(2s)^2(2p)^2$，按照上面討論，我們只需要討論兩個「外層電子」就可以了。

$$\ell_1 = \ell_2 = 1$$

$$s_1 = s_2 = \frac{1}{2}$$

按前面所述「角動量交互作用」之規則可知：

$$L = 2\ (= 1 + 1)\ ,1,0\ (= 1 - 1)$$

$$S = 1\ (= \frac{1}{2} + \frac{1}{2}\text{，即} \uparrow\ \uparrow\ \text{—})$$

及

$$0\ (= \frac{1}{2} - \frac{1}{2}\text{，即} \uparrow\ \downarrow\ \text{—})$$

所以組合的結果可得六個「光譜項」^3D，^3P，^3S，^1D，^1P，^1S。可是實際上發現，對於這種具有相同n，ℓ的「等價電子」$2p^2$，並沒有這六個「光譜項」，而是受「Pauli不相容原理」限制，只有^3P、^1D、^1S三個「光譜項」，只有在對於一般非同一軌域量子數的電子[如$(2p)^1(3p)^1$]才具有這六個「光譜項」。

於是部分「等價電子組態」的「光譜項」可見表5.6。

表5.6　部分「等價電子」的「光譜項」

組態	光譜項	獨立狀態數
ns^2	^1S	1
np，np^5	^2P	6
np^2，np^4	^1S，^1D，^3P	15
np^3	^2P，^2D，^4S	20

組態	光譜項	獨立狀態數
nd，nd^9	^2D	10
nd^2，nd^8	^1S，^1D，^1G，^3P，^3F	45
nd^3，nd^7	^2P，$^2D(2)$，^2F，^2G，^2H，^4P，^4F	120
nd^4，nd^6	$^1S(2)$，$^1D(2)$，^1F，$^1G(2)$，^1I，$^3P(2)$，^3D，$^3F(2)$，^3G，^3H，^5D	210
nd^5	$^2S(2)$，^2P，$^2D(3)$，$^2F(2)$，$^2G(2)$，^2H，^2I，^4P，^4D，^4F，^4G，^6S	252

註：括號內數字表示該種「光譜項」出現的次數，其能量各不相同。

練習題（習題詳解見第541頁）

5.1　如何理解n、ℓ、m、m_s既可用於描述氫原子的狀態，也適用於描述多電子原子中電子的狀態？它們各有什麼物理意義？

5.2　Li^{2+}的電子處於第二激發態時，電子有________種運動狀態，電子運動的角動量有________幾種取值？

5.3　基本態N原子的電子自旋量子數S最大値爲？

5.4　若$\ell = 2$和$m = 1$，則角動量向量與z軸的夾角爲________。

5.5　已知He原子有兩個電子，若電子自旋波函數用α、β表示，則He原子基本態的波函數表示式爲：________。

5.6　已知He原子的第一游離能$I_1 = 3.92 \times 10^{-18}$J，計算He的第二游離能，遮蔽常數和有效原子核電荷。

5.7　氫原子與「似氫離子」系統的能量由________決定，多電子原子中電子的能量由________決定。

5.8　氫原子的3d電子的軌域運動角動量爲________，有________種角動量在z軸方向取值。

5.9　Slater提出估算遮蔽常數σ的方法：將電子按內、外次序分組

1s|2s2p|3s3p|3d|4s4p|4d|4f|5s5p|

同組$\sigma = 0.35$（1s的$\sigma = 0.30$）；相鄰內組$\sigma = 0.85$（d和f的$\sigma = 1.00$）；更內各組$\sigma = 1.00$；外組$\sigma = 0$；「主量子數」1，2，3，4，5，6，7相對應的有效「主量子數」1.00，2.00，2.60，2.85，3.00，3.05，3.30。試由「Slater遮蔽常數」，通過計算說明基本態Rb原子的第37個電子應填充在5s而不是4d或4f軌域。

5.10 某原子有一個3d電子，表示這個電子狀態的量子數的可能取值是n = ________、ℓ = ________、m = ________和m_s = ________。

5.11 當一個電子從氫原子n = 3的能階跳躍至n = 2的能階時，發射出的光子波長爲________。

5.12 He原子的激發態$(2s)^1(2p)^1$的軌域角動量是多少？自旋角動量是多少？

5.13 處於$\ell = 2$的電子，其自旋角動量與軌域角動量的相對方向有哪些？

5.14 氫原子中處於Ψ_{2p_x}狀態的電子，其角動量在x軸、y軸、z軸上的投影是否具有確定值？若有，其值是多少？若沒有，其平均值是多少？

5.15 寫出Li^{2+}離子的薛丁格方程式，說明該方程式的意義，寫出Li^{2+} 1s態的波函數並計算：

(A) 1s電子徑向分布最大值離原子核的距離。

(B) 1s電子離原子核的平均距離。

(C) 1s電子機率密度最大處離原子核距離。

(D) 比較Li^{2+}離子的2s和2p態能量的高低。

(E) Li原子的第一游離能（按Slater遮蔽常數算有效原子核電荷）。

5.16 已知Li和Be的第一游離能分別爲8.65×10^{-19}J和1.49×10^{-18}J，計算它們的2s電子的有效核電荷Z'以及遮蔽常數σ。

5.17 已知He原子的第一游離能$I_1 = 3.94 \times 10^{-18}$J，試計算：

(A) 第二游離能。

(B) 在1s軌域中兩個電子的互斥能。

(C) 有效原子核電荷。

(D) 遮蔽常數。

5.18 計算Ar的第八游離能。

5.19 說明下列每一對中哪一個的量較大：

(A) H或He^+的基本態能量。

(B) K或K^+的游離能。

(C) H或He^+基本態電子吸收的最長波長。

5.20 對Sc原子（Z = 21），寫出：

(A) 能階最低的光譜支項。

(B) 在該光譜支項特定的狀態中，原子的總軌域角動量。

(C) 在該光譜支項特定的狀態中，原子的總自旋角動量。

(D) 在該光譜支項特定的狀態中，原子的總角動量。

(E) 在磁場中此光譜支項分裂爲多少個微觀能態。

5.21 比較H中2s電子，He^+中2s電子和He($1s^12s^1$)中2s電子能量的大小。

5.22 寫出Ti^{2+}、Ti^{3+}、Ti^{4+}、V^{2+}、V^{3+}、V^{4+}、V^{5+}、Mn^{2+}、Mn^{3+}、Mn^{4+}、Mn^{6+}、Mn^{7+}的外層電子結構，並說明四價鈦、五價釩、二價錳比較穩定的原因。

5.23 分別列出Li原子在Born-Oppenheimer近似下和在中心力場近似下的薛丁格方程式。

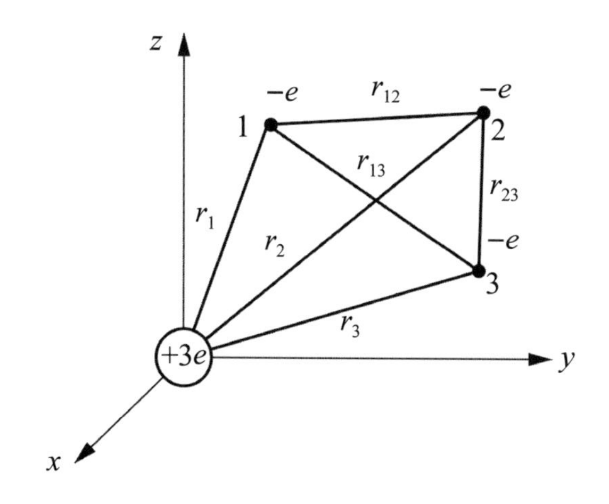

5.24 基本態Ni原子可能的電子組態爲：(1)[Ar]$3d^84s^2$，(2)[Ar]$3d^94s^1$。由光譜實驗確定其能量最低的光譜支項爲$^3F_4$，試判斷它是哪種組態？

5.25 寫出He原子Schrödinger方程式，說明用「中心力場模型」解此方程式時要做哪些假設，計算其激發態$(2s)^1(2p)^1$的軌域角動量和軌域磁矩。

5.26 推導出下列組態對應的光譜項。

$(A)p^1d^1$；$(B)d^1d^1$；$(C)p^1f^1$；$(D)s^1p^1d^1$；$(E)p^1p^1p^1$。

5.27 已知Li的價電子的游離能爲5.4eV，計算Li的價電子的有效原子核電荷。

5.28 在忽略電子間相互作用的情況下，He原子電子運動的Hamiltonian「算子」可近似表示爲

$$\hat{H}=\left(-\frac{\hbar^2}{2m}\nabla_1^2-\frac{2e^2}{4\pi\varepsilon_0 r_1}-\frac{\hbar^2}{2m}\nabla_2^2-\frac{2e^2}{4\pi\varepsilon_0 r_2}\right)。$$

式中，m爲電子的質量，r_1、r_2分別爲電子1和電子2與核之間的距離。

(A) 在上述近似下，寫出原子「基本態」的能量表達式。

(B) 如果1s爲He^+的「基本態」波函數（空間軌域），則He原子「基本態」波函數表示爲$\varphi(1, 2) = 1s(1)\alpha(1)1s(2)\beta(2)$，這種說法正確嗎？爲什麼？請給出正確的「基本態」波函數的表達式。

5.29 寫出He原子的「薛丁格方程式」，用中心力場模型解此方程式時，要做哪些假定？其激發態(2s)(2p)的軌域角動量值是多少？

5.30 寫出Na和F原子基本組態以及C的激發態$C(1s^22s^22p^13p^1)$存在的光譜支項符號。

5.31 對於一個一維位能箱中的雙電子體系，一個電子在n = 1和另一個電子在n = 2的狀態，寫出包括自旋的近似波函數（忽略電子間的排斥作用），並指出哪種狀態的能量最低。

5.32 已知Li原子核外三個電子分別處於下列兩種情況。

(1) 兩個處於1s軌域，一個處於2s軌域。

(2) 一個處於1s軌域兩個處於2s軌域，請用「Slater行列式」表示處於上述兩種情況的完全波函數。

5.33 寫出下列原子的基本態光譜支項的符號：

(A)Si，(B)Mn，(C)Br，(D)Nb，(E)Ni。

5.34 求P^1d^1電子組態的光譜項，並回答P^1d^1組態的兩個電子自旋角動量之間可能的夾角有哪些？總自旋角動量與z軸的可能夾角有哪些？

5.35 寫出鈹原子的激發態$1s^22s^12p^1$可能的「Slater行列式」波函數。

5.36 對Li^{2+}離子

(A) 分別用國際單位和原子單位寫出其「薛丁格方程式」，並說明每一項的物理意義。

(B) 寫出Li^{2+}的1s態波函數。

(C) 1s電子徑向分布函數最大值處離原子核的距離。

(D) 1s電子離原子核的平均距離。

(E) 1s電子機率密度最大處離原子核的距離。

(F) 比較Li^{2+}的2s和2p態能量的高低；此結論對Li原子如何？

(G) Li原子的第一游離能（按Slater遮蔽常數計算有效電荷）。

(H) 寫出Li原子的原子光譜項。

5.37 某原子的「基本態」光譜項爲$^2D_{3/2}$，試判斷下列分布哪一種是基本組態。

(A)$4d^1 5s^2$；(B)$4d^2 5s^1$。

5.38 若某原子在不同的軌域中有(A)一個；(B)兩個；(C)三個；(D)四個電子。問上述各種情況總的自旋量子數S可取哪些值，每種情況的多重度（multiplicity）各是幾個？

5.39 自我滿足場方法的要點是什麼。Fock對Hartree的方法做了哪些改進。

5.40 什麼是光譜項，什麼是光譜支項，它們和能階以及量子態有什麼區別？

5.41 寫出鋁原子「基本態」($3p^1$)和激發態($3d^1$)的光譜項和光譜支項。

5.42 ^3p光譜項可分裂成(A)________個光譜支項，在磁場中又分裂爲(B)________個能階。

5.43 試推出鈉原子和氟原子「基本態」的原子光譜項和光譜支項；推出碳原子激發態（$1s^2 2s^2 2p^1 3p^1$）的原子光譜項和光譜支項。

5.44 氦原子的自旋量子數s在滿足「Pauli不相容原理」條件下的最大值及在s爲最大值時，氦原子的軌域量子數ℓ的最大值分別爲________。

(A) $1, \frac{1}{2}$　(B) $1, \frac{1}{4}$　(C) $\frac{1}{2}, 1$　(D) $\frac{1}{4}, 1$

5.45 求氫原子光譜中波長最短的光譜線的波長值，這個波長值的能量有什麼意義？

5.46 已知He原子的第一游離能和第二游離能分別爲24.6eV和54.4eV，試求其中一個電子對另一個電子的遮蔽常數。

5.47 鈉原子光譜的鈉D線是由3p到3s間的跳躍產生的，在無外磁場時該D線分裂爲幾條光譜線？這些光譜線是由怎樣的跳躍產生的？

5.48 求Na原子的基本態和激發態組態(Ne)$3p^1$之間的跳躍可能產生的光譜，以及在外磁場中譜線的分裂情況，畫出光譜及有關能階和跳躍示意圖。

5.49 何謂「遮蔽效應」，何謂「鑽穿效應」？它們對原子軌域的能階順序產生什麼影響？

5.50 採用原子單位後，H_2^+的「Hamiltonian算子」 $\hat{H}=$________。

5.51 給出Li原子「基本態」的光譜項和波函數。

5.52 He原子的「Hamiltonian算子」 $\hat{H}=$(A)________。忽略電子相互作用時的薛丁格方程式爲(B)________。

5.53 Si原子的一個激發態組態爲$KL3s^23p^13d^1$，給出其全部光譜項。

5.54 給出組態$(nd)^2$的光譜項，並計算出總的微觀狀態數。

5.55 兩個原子軌域的角動量應用Russell-Saunders偶合所得的量子數L是全部所有角動量量子數ℓ_i向量組合的總和，亦就是

$$L=\ell_1+\ell_2,\ \ell_1+\ell_2-\ell_1,\ \cdots\cdots,\ |\ell_1-\ell_2|$$

當一個p電子和一個d電子交互作用時，L的值將是什麼？

5.56 氦原子的「薛丁格方程式」爲

$$\left[-\frac{1}{2}\nabla_1^2-\frac{1}{2}\nabla_2^2-\frac{z}{r_1}-\frac{z}{r_2}+\frac{1}{r_{12}}\right]\psi=E\psi$$

這一方程式很難精確求解，困難在於________。

(A) 方程式中的變量太多。

(B) 偏微分方程式都很難進行精確求解

(C) 方程式含$r_{12}=\sqrt{(x_1-x_2)^2+(y_1-y_2)^2+(z_1-z_2)^2}$，無法進行變量分離。

(D) 數學模型本身存在缺陷。

5.57 試寫出下列原子的「基本光譜項」符號：

(A) Si　(B) Mn　(C) Br　(D) Nb　(E) Ni

5.58 寫出Li^{2+}離子的「薛丁格方程式」，說明該方程式中各符號及各項的意義；寫出Li^{2+}離子1s態的波函數並計算：

(A) 1s電子徑向分布最大值離原子核的距離。

(B) 1s電子離原子核的平均距離。

(C) 1s電子「機率密度」最大處離原子核距離。

(D) 比較Li^{2+}離子的2s和2p態能量的高低。

(E) Li原子的第一游離能（按Slater遮蔽常數算有效原子核電荷）。

5.59 「原子吸收光譜」較「發射光譜」有哪些優缺點，爲什麼？

習題解答

第一章

1.1 「量子化學」計算中，往往會涉及多種能量單位，如焦耳（J）、千卡（kcal）、電子伏特（ev）、波數（cm^{-1}）等，正確理解每一種單位的物理意義，以及各種能量單位之間的換算關係，是準確進行「量子化學」計算的基本條件。

在能量單位換算時，常要用到以下物理常數：

光速：$c = 2.9979 \times 10^{8} m \cdot s^{-1}$

Planck常數：$h = 6.626 \times 10^{-34} J \cdot s$

電子電量：$e = 1.602 \times 10^{-19} coul$

光譜線頻率：$\nu = c/\lambda = (2.9979 \times 10^{8})/(6867 \times 10^{-10}) = 4.3656 \times 10^{14} s^{-1}$

光譜線波數：$\tilde{\nu} = 1/\lambda = 1/(6867 \times 10^{-8} cm) = 14562.4 cm^{-1}$

光子能量：$E = h\nu = 6.626 \times 10^{-34} \times 4.3656 \times 10^{14} = 2.893 \times 10^{-19} J$

$= 2.893 \times 10^{-19}/(1.602 \times 10^{-19}) = 1.806 eV$

光子動量：$P = h/\lambda = 6.626 \times 10^{-34}/(6867 \times 10^{-10}) = 9.649 \times 10^{-28} J \cdot s \cdot m^{-1}$

1.2 $E = h\nu = h \cdot c/\lambda$

$$\lambda = \frac{h \cdot c}{E} = \frac{6.626 \times 10^{-34} \times 3 \times 10^{8}}{1.8 \times 1.6022 \times 10^{-19}} m = 6.893 \times 10^{-7} m$$

$$m = \frac{E}{c^2} = \frac{1.8 \times 1.6022 \times 10^{-19}}{(3 \times 10^{8})^2} kg = 3.204 \times 10^{-36} kg$$

$$p = \frac{h}{\lambda} = \frac{6.626 \times 10^{-34}}{6.893 \times 10^{-7}} kg \cdot m \cdot s^{-1} = 9.612 \times 10^{-28} kg \cdot m \cdot s^{-1}$$

1.3 根據愛因斯坦對「光電效應」的解釋，電子從輻射中吸收了能量以後，將一部分能量用於克服金屬表面對電子的吸引（即脫出功），另一部分能量則轉化爲光電子的動能，能夠使金屬產生光電子所需的最小輻射頻率稱爲金屬的臨界頻率。根據「能量守恆定律」：

$$h\nu = E_k + W_0$$

式中，ν是輻射頻率

E_k是光電子動能

W_0是金屬的脫出功。

$W_0 = h\nu - E_k = hc/\lambda - E_k$

$= 6.63\times10^{-34}\times3\times10^{8}/(2000\times10^{-10}) - 2.29\times10^{-19}$

$= 9.95\times10^{-19} - 2.29\times10^{-19}$

$= 7.66\times10^{-19}\text{J}$

$\nu_0 = 7.66\times10^{-19}/(6.63\times10^{-34}) = 1.15\times10^{15}\text{s}^{-1}$

若改用1500Å光照射，則

$E_b = h\nu - W_0 = hc/\lambda - W_0$

$= 6.63\times10^{-34}\times3\times10^{8}/(1500\times10^{-10}) - 7.66\times10^{-19}$

$= 5.0\times10^{-19}\text{J}$

1.4 不相等。根據愛因斯坦的「光子學說」和de Broglie「物質波」的假設，光子和電子的能量均爲$E = h\nu$，但光子是以光速運動的，其頻率$\nu = c/\lambda$，當電子的運動速度遠小於光速時，其頻率爲電子運動速度除以電子波長。相反的，當光波長與電子波長相等時，光的頻率遠大於電子的頻率，因此光的能量也大於電子的能量。

1.5 (A) 一個光子能：$E = h\nu = h\dfrac{c}{\lambda} = 1\text{eV} = 1.6021\times10^{-19}\text{ J}$

波長：$\lambda = \dfrac{hc}{E} = \dfrac{6.626\times10^{-34}\text{ J}\cdot\text{s}\times2.998\times10^{8}\text{ m}\cdot\text{s}^{-1}}{1.6021\times10^{-19}\text{ J}}$

$= 12.399\times10^{-7}\text{m}$

$= 1239.9\text{nm}$

(B) 一個電子的能量 $E = \dfrac{1}{2}m\upsilon^2 = 1.6021\times10^{-19}\text{ J}$

m = 電子的質量 $= 9.109\times10^{-31}\text{kg}$

υ = 電子的速度。

電子的速度：

$$\upsilon = \sqrt{\frac{2E}{m}} = \sqrt{\frac{2\times1.6021\times10^{-19}\text{ J}}{9.109\times10^{-31}\text{ kg}}} = \sqrt{\frac{35.176\times10^{10}\text{ kg}\cdot\text{m}^2\cdot\text{s}^{-2}}{\text{kg}}}$$

$= 5.930 \times 10^5 \text{m} \cdot \text{s}^{-1}$

一個電子的波長：

$$\lambda = \frac{h}{m\upsilon} = \frac{6.626 \times 10^{-34}\,\text{J} \cdot \text{s}}{9.109 \times 10^{-31}\,\text{kg} \times 5.930 \times 10^5\,\text{m} \cdot \text{s}^{-1}} = 1.227 \times 10^{-9}\text{m}$$

$= 1.227\text{mm}$

1.6 (A) $\because p = mc = \dfrac{h}{\lambda}$

$$\therefore m = \frac{h}{c\lambda} = \frac{6.626 \times 10^{-34}}{3.0 \times 10^8 \times 401400 \times 10^{-12}} = 5.5 \times 10^{-36}\,\text{kg}$$

$$E_{光子} = \frac{hc}{\lambda} = \frac{6.626 \times 10^{-34} \times 3.0 \times 10^8}{401400 \times 10^{-12}} = 5.0 \times 10^{-19}\,\text{J}$$

(B) $$m = \frac{h}{c\lambda} = \frac{6.626 \times 10^{-34}}{3.0 \times 10^8 \times 0.2 \times 10^{-12}} = 1.1 \times 10^{-29}\,\text{kg}$$

$$E_{光子} = \frac{hc}{\lambda} = \frac{6.626 \times 10^{-34} \times 3.0 \times 10^8}{0.2 \times 10^{-12}} = 1.0 \times 10^{-12}\,\text{J}$$

1.7 1. 應用CGS單位：一個電子的動能可以用電子伏特（eV）表示。

$$\frac{1}{2}m\upsilon^2 = eV$$

(A) 速度：

$$\upsilon = \sqrt{\frac{2eV}{m}} = \sqrt{\frac{2 \times 4.803 \times 10^{-10}\,\text{esu} \times \frac{100\text{V}}{300}}{9.109 \times 10^{-28}\,\text{g}}}$$

$$= \sqrt{0.35152 \times 10^{18}\,\frac{\text{g} \cdot \text{cm}^2 \cdot \text{s}^{-2}}{\text{g}}} = 0.5929 \times 10^9 \text{cm} \cdot \text{s}^{-1}$$

$= 5.93 \times 10^8 \text{cm} \cdot \text{s}^{-1}$

(B) 動能：

$$E_{K.E.} = \frac{1}{2}m\upsilon^2 = \frac{1}{2}(9.109 \times 10^{-28}\text{g})(5.93 \times 10^8 \text{cm} \cdot \text{s}^{-1})^2$$

$= 160.159 \times 10^{-12} \text{g} \cdot \text{cm}^2 \cdot \text{s}^{-2} = 1.602 \times 10^{-10} \text{erg}$

$$= 1.602 \times 10^{-10}\,\text{erg} \times \frac{1\text{eV}}{1.602 \times 10^{-12}\,\text{erg}}$$

$= 100\text{eV}$

或是　動能$E_{K.E.} = 1e \times 100V = 100eV$

(C) 應用de Broglie方程式：$\lambda = \dfrac{h}{p} = \dfrac{h}{m\upsilon}$

$$波長：\lambda = \frac{6.626\times10^{-27}\,\mathrm{erg\cdot s}}{9.109\times10^{-28}\times5.93\times10^{8}\,\mathrm{cm\cdot s^{-1}}}$$

$$=1.23\times10^{-8}\,\frac{\mathrm{g\cdot cm^{2}\cdot s^{-2}s}}{\mathrm{g\cdot cm\cdot s^{-1}}}$$

$$=1.23\times10^{-8}\,\mathrm{cm}$$

$$=1.23\,\text{Å}$$

2. 應用國際單位：$\frac{1}{2}m\upsilon^2 = eV$

(A) 速度：

$$\upsilon=\sqrt{\frac{2eV}{m}}=\sqrt{\frac{2\times1.602\times10^{-19}\,\mathrm{C}\times100\,\mathrm{V}}{9.109\times10^{-31}\,\mathrm{kg}}}$$

$$=\sqrt{\frac{35.174\times10^{12}\,\mathrm{kg\cdot m^{2}\cdot s^{-2}}}{\mathrm{kg}}}$$

$$=5.93\times10^{6}\,\mathrm{cm\cdot s^{-1}}$$

(B) 動能：

$$E_{K.E.}=\frac{1}{2}m\upsilon^2=\frac{1}{2}(9.109\times10^{-31}\,\mathrm{g})(5.93\times10^{6}\,\mathrm{cm\cdot s^{-1}})^2$$

$$=160.159\times10^{-19}\,\mathrm{kg\cdot m^{2}\cdot s^{-2}}=1.602\times10^{-17}\,\mathrm{J}$$

$$=1.602\times10^{-17}\,\mathrm{J}\times\frac{1\mathrm{eV}}{1.602\times10^{-19}\,\mathrm{J}}$$

$$=100\,\mathrm{eV}$$

(C) 波長：

$$\lambda=\frac{h}{p}=\frac{h}{m\upsilon}=\frac{6.626\times10^{-34}\,\mathrm{J\cdot s}}{9.109\times10^{-31}\,\mathrm{kg}\times5.93\times10^{6}\,\mathrm{m\cdot s^{-1}}}$$

$$=1.23\times10^{-10}\,\frac{\mathrm{kg\cdot m^{2}\cdot s^{-2}s}}{\mathrm{kg\cdot m\cdot s^{-1}}}=1.23\times10^{-10}\,\mathrm{cm}$$

$$=1.23\,\text{Å}$$

1.8 光子能量爲

$$E=h\nu=h\frac{c}{\lambda}=6.626\times10^{-34}\,\mathrm{J\cdot s}\times\frac{2.998\times10^{8}\,\mathrm{m\cdot s^{-1}}}{2536\times10^{-10}\,\mathrm{m}}=7.833\times10^{-19}\,\mathrm{J}=4.900\,\mathrm{eV}$$

光子的能量正好等於撞擊Hg原子的電子所損失的動能。這說明被撞擊的Hg原子吸收了電子損失的能量，由低能階的「基本態」跳躍到能階高出4.9eV的一個「激發態」，由於激發態壽命很短，因而又很快回到了基本態，同時發出光子能量等於能階差4.9eV的紫外光。這清楚地說明了Hg原子的能量是呈能階分布的。

1.9 「波數」（wave number）的定義爲波長的倒數，其含意爲：單位長度所包含的波長的數目，單位爲cm^{-1}或m^{-1}。由H原子的能階公式和Bohr頻率可求得H原子光譜每一條光譜線的波數。設$E_{n_2} > E_{n_1}$

$$\Delta E = E_{n_2} - E_{n_1} = h\nu，\ \nu = \frac{\Delta E}{h}$$

$$\bar{\nu} = \frac{\nu}{c} = \frac{1}{\lambda} = \frac{E_{n_2} - E_{n_1}}{hc}$$

在原子光譜中$-\frac{E_n}{hc}$稱爲「光譜項」，並寫作T(n)，其值爲正值，稱爲「光譜項」的「項值」（見第五章）。

$$T(n) = -\frac{E_n}{hc} = R_H \times \frac{1}{n^2}$$

因此，$\bar{\nu} = T(n_1) - T(n_2) = R_H\left(\frac{1}{n_1^2} - \frac{1}{n_2^2}\right)$

Balmer線系爲$n_1 = 2$，$n_2 > 2$的光譜線系，其光譜線的波數爲

$$\bar{\nu} = R_H\left(\frac{1}{2^2} - \frac{1}{n^2}\right)\ n > 2$$

該光譜線系的極限爲$n \to \infty$的光譜線。波數爲

$$\bar{\nu} = R_H \times \frac{1}{2^2} = 1.09677 \times 10^7\,m^{-1} \times \frac{1}{4} = 2.7419 \times 10^4 cm^{-1}$$

1.10 $\nu = \frac{E_n - E_m}{h} = \frac{R}{h}\left(\frac{1}{m^2} - \frac{1}{n^2}\right)$（見（1.24）式）

對於Balmer系，m = 2，且當n = 3時，對應光譜線的頻率ν最小，波長最長，故有：

$$\nu = \frac{R}{h}\left(\frac{1}{2^2} - \frac{1}{3^2}\right) = \frac{13.16 \times 1.602 \times 10^{-19}}{6.626 \times 10^{-34}}\left(\frac{1}{4} - \frac{1}{9}\right)s^{-1} = 4.587 \times 10^{15} s^{-1}$$

$$\tilde{\nu} = \nu / c = 1.529 \times 10^6\,m^{-1}$$

$$\lambda = \frac{1}{\tilde{\nu}} = 6.540 \times 10^{-7}\,m = 654.0\,nm$$

1.11 $\nu(頻率) = \frac{c(光速)}{\lambda(波長)} = \frac{2.998 \times 10^8\,ms^{-1}}{670.8\,nm} = 4.469 \times 10^{14} s^{-1}$（見（1.24）式）

$\tilde{\nu}(波數) = \frac{1}{\lambda(波長)} = \frac{1}{670.8 \times 10^{-7}\,cm} = 1.491 \times 10^4 cm^{-1}$（見（1.24）式）

$E = h\nu N_A = 6.626 \times 10^{-34} Js \times 4.469 \times 10^{14} s^{-1} \times 6.023 \times 10^{23} mol^{-1}$

$= 178.4 kJmol^{-1}$

1.12 能和頻率的關係式是：$E = h\nu$ (1)

$h =$ Planck常數 $= 6.626 \times 10^{-34} J \cdot s = 6.626 \times 10^{-27} erg \cdot s$

但是$\nu = \dfrac{c}{\lambda}$

因此(1)式變成：$E = \dfrac{hc}{\lambda}$ (2)

(2)式重新排列

$$\lambda = \frac{hc}{E} = \frac{6.626 \times 10^{-27} erg \cdot s \times 2.998 \times 10^{10} cm \cdot s^{-1} \times \frac{10^{8} Å}{1cm}}{3.62 \times 10^{-12} erg} = 5487Å$$

波長5487Å顯示在綠色光譜中，因此，若樣品中含有鋇的物質在本生燈上燃燒將會發現綠色的火焰。

1.13 當電子在兩個能階上發生跳躍時，產生一確定的光譜線，該光譜線不是幾何線，而是有一定寬度。因爲粒子從高能階向低能階跳躍時，粒子在高能階存在一定時間，即有一定壽命Δt，Δt是很短的時間，按（1.38）式，可知：

$$\Delta E \geq \frac{h}{4\pi \Delta t}$$

ΔE可取一定值，表明這個能階的能量存在相對應的寬度爲ΔE，此即光譜線的「自然寬度」。假定原子的某「激發態」的壽命爲$\Delta t = 10^{-8} s$，由上式計算得：

$$\Delta E \geq \frac{6.626 \times 10^{-34} J \cdot s}{4 \times 3.14 \times 10^{-8} s} = 0.53 \times 10^{-26} J$$

這就是與「激發態」相對應的光譜線寬度，它是由能階的固有壽命決定的。

1.14 依照Bohr的量子學說（Quantun theory），當一個電子從一個能階（energy level）跳到另一個能階便發生光譜線（spectrallines）。當一個電子從較高的能階E_2回到較低的能階E_1時，這個原子便放出一個量子（quantum）的能量，它和頻率的關係式是：

$$\Delta E = E_2 - E_1 = h\nu = h\frac{c}{\lambda}$$

在這裡，$h =$ Planck常數，$c =$ 光速，$\lambda =$ 放射的波長。

依照提示$\Delta E = 10.2 eV = 10.2 \times 1.602 \times 10^{-19} J$

因此，當氫原子回復到「基本態」狀態時放射出的波長

$$\lambda = \frac{hc}{\Delta E} = \frac{6.626\times10^{-34}\,J\cdot s\times2.998\times10^{8}\,m\cdot s^{-1}}{10.2\times1.602\times10^{-19}\,J} = 1.216\times10^{-7}m$$

$$= 1.216\times10^{-7}\,m\times\frac{10^{9}\,nm}{1m} = 121.6nm$$

1.15 將各波長換算成波數：

$\lambda_1 = 656.47nm$　　$\tilde{\nu}_1 = 15233cm^{-1}$

$\lambda_2 = 486.27nm$　　$\tilde{\nu}_2 = 20565cm^{-1}$

$\lambda_3 = 434.17nm$　　$\tilde{\nu} = 23032cm^{-1}$

$\lambda_4 = 410.29nm$　　$\tilde{\nu}_4 = 24373cm^{-1}$

由於這些光譜線相鄰，可令$n_1 = m$，$n_2 = m + 1$，$m + 2$，…。列出下列4式：

$$15233 = \frac{R}{m^2} - \frac{R}{(m+1)^2} \qquad (1)$$

$$20565 = \frac{R}{m^2} - \frac{R}{(m+2)^2} \qquad (2)$$

$$23032 = \frac{R}{m^2} - \frac{R}{(m+3)^2} \qquad (3)$$

$$24373 = \frac{R}{m^2} - \frac{R}{(m+4)^2} \qquad (4)$$

(1)÷(2)得：$\frac{15233}{20565} = \frac{(2m+1)(m+2)^2}{4(m+1)^3} = 0.740725$

用嘗試法得m = 2（任意兩式計算，結果皆同）。將m = 2代入上式中的任一式，得：

$$R = 109678cm^{-1}$$

因而，氫原子可見光譜（Balmer線系）各光譜線的波數可歸納爲下式表示：

$$\tilde{\nu} = R\left(\frac{1}{n_1^2} - \frac{1}{n_2^2}\right)$$

上式中，$R = 109678cm^{-1}$，$n_1 = 2$，$n_2 = 3, 4, 5, 6$。

1.16 (A) $\frac{1}{\lambda} = R\left(\frac{1}{n_1^2} - \frac{1}{n_2^2}\right) = 109677\left(\frac{1}{3^2} - \frac{1}{4^2}\right) = 5.3\ \times10^{3}$

$\therefore \lambda = 1.8\times10^{-4}(cm) = 1.8\mu m$

$$\nu = \frac{c}{\lambda} = \frac{2.998\times10^{8}}{1.8\ \times10^{-6}} = 1.59\times10^{14}\,s^{-1}$$

(B) 這個波長的輻射屬於電磁波的紅外光部分。

1.17 (A) 如圖所示。

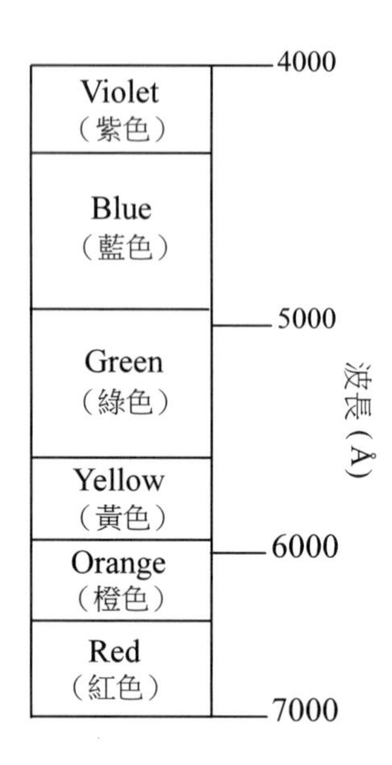

(B) 應用波長和頻率的關係式

$$\nu = \frac{c}{\lambda} \tag{1}$$

ν = 放射的頻率，或是每秒的周波數Cycles・s^{-1}

c = 光的速度 = 2.9979×10^{10}cm・s^{-1}

λ = 波長（m或cm或Å（angström））

(1)式重新排列：$\nu = \frac{c}{\lambda} = \frac{2.998\times10^{10}\,cm\cdot s^{-1}\times\frac{10^{8}\,Å}{1cm}}{7.41\times10^{14}s^{-1}} = 4046Å$

波長4046Å顯示在紫色光譜中，因此，含鉀的物質在本生燈上燃燒將會發現紫色的火焰。

1.18 (A) 電子圍繞原子核旋轉的「向心力」（centrifugal force）

$$F_{cent} = \frac{m_e \upsilon^2}{r} \tag{1}$$

這裡m_e = 電子的質量，υ = 電子運行的速度，r = 電子圍繞原子核旋轉的距離（半徑）。

電子和原子核之間的靜電吸引力（electrostatic force of attraction）

$$F_{elec} = \frac{e^2}{4\pi\varepsilon_0 r^2} \tag{2}$$

e = 電子和氫原子核的電荷（charge）

ε_0 = 眞空間的電容率（permittivity of vacuum）

r = 原子核和電子之間的距離

因爲「向心力」= 吸引力，所以(1)式 = (2)式

$$\frac{m_e \upsilon^2}{r} = \frac{e^2}{4\pi\varepsilon_0 r^2} \tag{3}$$

電子全部的能量

$$E = T_{K.E} + V_{P.E} \tag{4}$$

$T_{K.E}$ = 動能（Kinetic energy）

$V_{P.E}$ = 位能（Potential energy）

動能：$T_{K.E} = \frac{1}{2} m_e \upsilon^2$ (5)

因爲 $F_{elec} = \frac{-dV_{P.E.}}{dr}$ (6)

所以 $V_{P.E.} = -F_{elec} \times r$ (7)

將(2)式代入(7)式：

$$V_{P.E} = -\left(\frac{e^2}{4\pi\varepsilon_0 r^2}\right) r = -\frac{e^2}{4\pi\varepsilon_0 r} \tag{8}$$

從(3)式：

$$\upsilon^2 = \frac{e^2}{m_e (4\pi\varepsilon_0 r)} \tag{9}$$

將(9)式代入(5)式：

$$T_{K.E} = \frac{1}{2} m_e \upsilon^2 = \frac{1}{2}\left(\frac{e^2}{4\pi\varepsilon_0 r}\right)$$

從(8)式：

$$\frac{e^2}{4\pi\varepsilon_0 r} = -V_{P.E.}$$

因此 $$T_{K.E} = \frac{1}{2}(-V_{P.E.}) = -\left(\frac{1}{2} V_{P.E.}\right) \tag{10}$$

從(4)式：

$$E = T_{K.E.} + V_{P.E.}$$
$$= -\frac{1}{2}V_{P.E.} + V_{K.E.}$$
$$= \frac{1}{2}V_{P.E.}\text{（∵(10)式代入）}$$
$$= \frac{1}{2}\left(-\frac{e^2}{4\pi\varepsilon_0 r}\right)\text{（∵(9)式代入）}$$
$$= -\left(\frac{e^2}{8\pi\varepsilon_0 r}\right) \qquad (11)$$

一個角動量（angular momentum）是

$$L = n\frac{h}{2\pi} \qquad (12)$$

一個質點m_e的質點在一個半徑r圓周上移動的角動量

$$L = m_e \upsilon r \qquad (13)$$

(12)式 = (13)式，我們獲得一個電子在一個圓形軌域上的運動是

$$m_e \upsilon r = n\frac{h}{2\pi} \qquad (14)$$

或是

$$\upsilon = \frac{nh}{2\pi m_e r} \qquad (15)$$

將(15)式代入(3)式：

$$\frac{m_e\left(\frac{nh}{2\pi m_e r}\right)^2}{r} = \frac{e^2}{4\pi\varepsilon_0 r^2}$$

或是

$$r = \frac{n^2h^2\varepsilon_0}{\pi e^2 m_e} \qquad (16)$$

(16)式的r是不同量化圓形軌域的半徑

氫原子當n = 1時，「Bohr半徑」是

$$a_0 = r = \frac{(1)^2(6.626\times10^{-34}\,J\cdot s)^2(8.854\times10^{-12}\,s^2\cdot C^2\cdot kg^{-1}\cdot m^{-3})}{3.1416(1.602\times10^{-19}\,C)^2(9.1094\times10^{-31}\,kg)}$$
$$= 5.293\times10^{-11}m = 0.53\times10^{-10}m$$
$$= 0.5Å$$

(B) 從(11)式：$E = -\frac{e^2}{8\pi\varepsilon_0 r}$

從(16)式：$r = \frac{n^2h^2\varepsilon_0}{\pi e^2 m_e}$

因此，電子的能量

$$E = -\frac{e^2}{8\pi\varepsilon_0} \times \frac{\pi e^2 m_e}{n^2 h^2 \varepsilon_0} = -\frac{1}{n^2}\left(\frac{e^4 m_e}{8\varepsilon_0^2 h^2}\right) \tag{17}$$

當n = 1時，(17)式變成：

$$E_H = -\frac{1}{(1)^2} \times \frac{(1.602\times10^{-19}C)^4 \times 9.109}{8(8.854\times10^{-12}s^2\cdot C^2\cdot kg^{-1}\cdot m^{-3})^2} \times \frac{10^{-31}kg}{(6.626\times10^{-34}J\cdot s)^2}$$

$$= -\frac{6.586\times10^{-76}C^4 \times 9.109\times10^{-31}kg}{627.147\times10^{-24}s^4\cdot C^2\cdot kg^{-2}\cdot m^{-6}\times 43.904\times10^{-68}J^2\cdot s^2}$$

$$= -0.0021788\times10^{-15}J$$

$$= -2.179\times10^{-18}J$$

(C) 電子的速度

從(15)式：

$$\upsilon = \frac{nh}{2\pi m_e r} = \frac{1\times6.626\times10^{-34}J\cdot s}{2\times3.1416\times9.109\times10^{-31}kg\times0.5293\times10^{-10}m}$$

$$= 2.187\times10^6\frac{(kg\cdot m^2\cdot s^{-2})}{kg\cdot m}$$

$$= 2.187\times10^6 m\cdot s^{-1}$$

(D) 電子的頻率

$$\nu = \frac{E}{h} = \frac{2.179\times10^{-18}J}{6.626\times10^{-34}J\cdot s} = 3.29\times10^{15}s^{-1}\text{（或Hz）}$$

1.19 (A) 電子的速度和$\frac{1}{n}$成正比，這個關係式可以從下列兩個方程式導出：

設一個氫原子核的電荷是Ze^+，周圍有一個帶電荷e^-的電子繞著半徑r的圓周做旋轉運動，電子的質量是m，速度是υ，遵順Coulomb法則，原子核和電子的吸引力該是$\frac{kZe^2}{r^2}$，電子的向心力是$\frac{m\upsilon^2}{r}$，如果電子和原子核保持平衡，這兩個力必須相等，故：

$$\frac{kZe^2}{r^2} = \frac{m\upsilon^2}{r} \tag{1}$$

其中，$k = \frac{1}{4\pi\varepsilon_0}$，$\varepsilon_0 = 8.854787819\times10^{-12}c^2\cdot J^{-1}\cdot m^{-1}$

依照de Broglie物質波方程式：$\lambda = \dfrac{h}{m\upsilon}$

但是圓周的長度必是波長的整倍數，$2\pi r = n\lambda$

因此，
$$m\upsilon r = \frac{nh}{2\pi} \tag{2}$$

這裡$m\upsilon r$是角動量（angular momentum），等於 $\dfrac{h}{2\pi}$ 的整倍數（n），在這種情況下，波方能存在，聯立(1)式和(2)式解得υ和r。

從(1)式 $r = \dfrac{kZe^2}{m\upsilon^2}$ 代入(2)式：$m\upsilon\left(\dfrac{kZe^2}{m\upsilon^2}\right) = \dfrac{nh}{2\pi}$

$$\upsilon = \frac{k2\pi Ze^2}{nh} \tag{3}$$

將(3)式代入(2)式：

$$m\left(\frac{2\pi Ze^2 k}{nh}\right)r = \frac{nh}{2\pi}$$

$$r = \frac{n^2h^2}{4\pi^2 mZe^2 k} \tag{4}$$

從(3)式，得知電子的速度和$\dfrac{1}{n}$成正比

當電子軌域n = 1，$\upsilon_1 = \dfrac{2\pi Ze^2 k}{(1)h}$ (5)

當電子軌域n = 4，$\upsilon_4 = \dfrac{2\pi Ze^2 k}{(4)h}$ (6)

(6)式÷(5)式：

$$\frac{\upsilon_4}{\upsilon_1} = \frac{2\pi Ze^2}{4h} \times \frac{1h}{2\pi Ze^2} = \frac{1}{4}$$

依照de Broglie物質波方程式：$\lambda = \dfrac{h}{m\upsilon}$

波長λ和速度υ成反比，因此$\lambda_4 = 4\lambda_1$

已知n = 1時，$\lambda_1 = 3.33Å$

當電子的軌域n = 4時，電子的波長$\lambda_4 = 4 \times 3.33Å = 13.32Å$

(B) 從(4)式：

$$r = \frac{n^2h^2}{4\pi^2 mZe^2 k}$$

Bohr氫原子電子軌域的半徑和n^2成正比

因此$r_4 = (4)^2 r_1 = 16r_1$

已知$n = 1$時，$r_1 = a_0 = 0.53Å$（參考【例1.18】）

當電子的軌域$n = 4$時，軌域的圓周長度將是

$C_4 = 2\pi r_4 = 2\pi(16r_1) = 32\pi(0.53Å) = 53.28Å$

(C) 當電子的軌域$n = 4$，圓周長度和波長的比例將是

$$\frac{C_4}{\lambda_4} = \frac{53.28Å}{13.32Å} = 4$$

另一種計算法：因爲波長：$\lambda_n = n\lambda_1$，圓周：$C_n = n^2 C_1$

所以$\frac{C_n}{\lambda_n} = \frac{n^2 C_1}{n\lambda_1} = n\left(\frac{C_1}{\lambda_1}\right) = n(1) = n$

$\frac{C_4}{\lambda_4} = 4$

1.20 原子的半徑：$r = \frac{n^2 h^2}{4\pi^2 m Z e^2}$（見（1.30b）式） (1)

原子的總能量：$E = T_{K.E.} + V_{P.E.}$

$T_{K.E.} =$ 動能 $= \frac{1}{2} m\upsilon^2 = \frac{1}{2}\frac{Ze^2}{r}$

$V_{P.E.} =$ 位能 $= \frac{-Ze^2}{r}$

或是 $= -\frac{e^2}{4\pi\varepsilon_0 r}$，$\left(Z = \frac{1}{4\pi\varepsilon_0}\right)$（參考【例1.18】） (2)

因此，總能量：

$$E = \frac{1}{2} m\upsilon^2 - \frac{Ze^2}{r} = \frac{Ze^2}{2r} - \frac{Ze^2}{r} = -\frac{Ze^2}{2r} \quad (3)$$

將(1)式代入(3)：

$$E = -\frac{Ze^2}{2} \times \frac{4\pi^2 m Z e^2}{n^2 h^2} = -\frac{2\pi^2 m Z^2 e^4}{n^2 h^2} \quad (4)$$

(4)式×(1)式或是從(3)式乘r

$$E_r = -\frac{2\pi^2 m Z^2 e^4}{n^2 h^2} \times \frac{n^2 h^2}{4\pi^2 m Z e^2} = -\frac{Ze^2}{2} \quad (5)$$

在氫原子時，

$E_r = -\frac{Ze^2}{2}$

1. 應用CGS單位：

$$E_r=\frac{-(4.803\times10^{-10}\,esu)^2}{2}=-1.153\times10^{-19}(esu)^2$$

$$=-1.153\times10^{-19}dyne\cdot cm^2=-1.153\times10^{-19}(g\cdot cm\cdot s^{-2})cm^2$$

$$=-1.153\times10^{-19}(g\cdot cm\cdot s^{-2})m^2$$

$$=-1.153\times10^{-19}erg\cdot cm$$

2. 應用國際單位：

$$E_r=\frac{-(1.602\times10^{-9}\,C)^2}{2(4\pi\varepsilon_0)}$$

$$=\frac{2.5664\times10^{-38}\,C^2}{8\times3.1416\times8.854\times10^{-12}\,kg^{-1}\cdot m^{-3}\cdot s^2\cdot C^2}$$

$$=-1.153\times10^{-28}kg\cdot m^2\cdot s^{-2}\cdot m$$

$$=-1.153\times10^{-28}J\cdot m$$

1.21 依據Bohr方程式：

$$E=-\frac{2\pi^2me^4Z^2}{n^2h^2}$$（見（1.31）式）

因為Na原子最外層的電子軌域是n = 3，所以Na的「游離能」該是氫的$\frac{Z^2}{3^2}$倍，依照題示，Na原子的第一「游離能」約是氫原子「游離能」的$\frac{2}{5}$倍。

因此，$\frac{Z^2}{9}=\frac{2}{5}\Rightarrow$ 可得：$Z=\sqrt{\frac{18}{5}}=1.9$

1.22 氫原子的第一Bohr軌域半徑為

$$a_0=\frac{\varepsilon_0h^2}{\pi m_e e^2}$$（見（1.30）式）

$$=\frac{8.854\times10^{-12}\,F\cdot m^{-1}\times(6.626\times10^{-34}\,J\cdot s)^2}{\pi\times9.1095\times10^{-31}\,kg\times(1.602\times10^{-19}\,C)^2}$$

$$=5.292\times10^{-11}A\cdot s\cdot m^{-1}\times J^2\cdot s^2/(kg\cdot A^2\cdot s^2\cdot V)$$

$$=5.292\times10^{-11}m$$

$$=0.05292nm$$

在此軌域上，電子的能量為

$$E_H=-\frac{Z^2m_e e^4}{8n^2\varepsilon_0^2h^2}$$（見（1.31）式）

$$=\frac{1^2\times 9.1095\times 10^{-31}\,\text{kg}\times(1.602\times 10^{-19}\,\text{C})^4}{8\times 1^2\times(8.854\times 10^{-21}\,\text{F}\cdot\text{m}^{-1})^2\times(6.626\times 10^{-34}\,\text{J}\cdot\text{s})^2}$$

$$=-2.1792\times 10^{-18}\text{J}$$

若能量以eV表示，則

$$E_H=\frac{-2.1792\times 10^{-18}\,\text{J}}{1.602\times 10^{-19}(\text{eV})^{-1}\cdot\text{J}}=-13.60\text{eV}$$

1.23 (A) 氫原子的「穩定態」能量由下式給出：

$$E_n=-2.18\times 10^{-18}\cdot\frac{1}{n^2}(\text{J})$$

式中n是主量子數。

「第一激發態」（n＝2）和「基本態」（n＝1）之間的能量差爲：

$$\Delta E_1=E_2-E_1=\left(-2.18\times 10^{-18}\times\frac{1}{2^2}\text{J}\right)-\left(-2.18\times 10^{-18}\times\frac{1}{1^2}\text{J}\right)$$

$$=1.64\times 10^{-18}\text{J}$$

原子從「第一激發態」跳躍到「基本態」所發射出的光譜線的波長爲：

$$\lambda_1=\frac{ch}{\Delta E}=\frac{2.9979\times 10^8\,\text{ms}^{-1}\times 6.6262\times 10^{-34}\,\text{Js}}{1.64\times 10^{-18}\,\text{J}}=121\text{nm}$$

「第六激發態」（n＝7）和「基本態」之間的能量差爲：

$$\Delta E_6=E_7-E_1=\left(-2.18\times 10^{-18}\times\frac{1}{7^2}\text{J}\right)-\left(-2.18\times 10^{-18}\times\frac{1}{1^2}\text{J}\right)$$

$$=2.14\times 10^{-18}\text{J}$$

所以原子從「第六激發態」跳躍到「基本態」所發射出的光譜線的波長爲：

$$\lambda_1=\frac{ch}{\Delta E_6}=\frac{2.9979\times 10^8\,\text{ms}^{-1}\times 6.6262\times 10^{-34}\,\text{Js}}{2.14\times 10^{-18}\,\text{J}}=92.9\text{nm}$$

這兩條光譜線皆屬Lyman系，處於紫外光區。

在（1.24）式中，已將氫原子光譜可見波段光譜線的波數歸納在下式中：

$$\tilde{\nu}=R_H\left(\frac{1}{n_1^2}-\frac{1}{n_2^2}\right)\quad n_1\text{和}n_2\text{皆爲正整數，且}n_2>n_1$$

事實上，氫原子光譜所有光譜線的波數都可用上式表示。當$n_1=1$時，光譜線系稱爲Lyman系，處於紫外區。當$n_1 = 2$時，光譜線系稱爲Balmer系，處於可見光區。當$n_1 = 3, 4, 5$時，光譜線分別屬於Paschen系、Brackett系和Pfund系，它們皆落在紅外光譜區。

(B) 使處於「基本態」的氫原子電子之游離所需要的最小能量爲：

$$\Delta E_\infty = E_\infty - E_1 = -E_1 = 2.18 \times 10^{-18} J$$

而 $$\Delta E_1 = 1.64 \times 10^{-18} J < \Delta E_\infty$$

$$\Delta E_6 = 2.14 \times 10^{-18} J < \Delta E_\infty$$

所以，兩條光譜線產生的光子均不能使處於「基本態」的氫原子電子游離。但是，

$$\Delta E_1 > W_{Cu} = 7.44 \times 10^{-19} J$$

$$\Delta E_6 > W_{Cu} = 7.44 \times 10^{-19} J$$

所以，兩條光譜線產生的光子均能使銅晶體的電子游離。

(C) 根據de Broglie關係式和愛因斯坦光子學說，銅晶體發射出的光電子的波長爲：（見（1.33）式）

$$\lambda = \frac{h}{p} = \frac{h}{m\upsilon} = \frac{h}{\sqrt{2m\Delta E}}$$

式中ΔE爲照射到銅晶體上光子的能量和W_{Cu}之差。應用上式，分別計算出兩條原子光譜繞射到銅晶體上後銅晶體所發射出的光電子的波長：

$$\lambda_1' = \frac{6.6262 \times 10^{-34} Js}{[2 \times 9.1095 \times 10^{-31} kg \times (1.64 \times 10^{-18} J - 7.44 \times 10^{-19} J)]^{1/2}}$$

$$= 519 pm$$

$$\lambda_6' = \frac{6.6262 \times 10^{-34} Js}{[2 \times 9.1095 \times 10^{-31} kg \times (2.14 \times 10^{-18} J - 7.44 \times 10^{-19} J)]^{1/2}}$$

$$= 415 pm$$

1.24 解氫原子的「薛丁格方程式」（Schrödinger equation）得到其能階公式，由Bohr的頻率公式即可求得氫原子光譜。氫原子的能階公式：

$$E_n = -\frac{\mu e^4}{2(4\pi\varepsilon_0)^2 \hbar^2} \times \frac{1}{n^2} \quad \text{（見（1.31）式）}$$

Bohr頻率公式：$\Delta E = \Delta h\nu$，$\nu = \dfrac{\Delta E}{h}$，$\lambda = \dfrac{c}{\nu} = \dfrac{hc}{\Delta E}$

設$E_2 > E_1$，$\lambda = \dfrac{hc}{E_2 - E_1}$

「基本態」和「第一激發態」之間跳躍產生的光譜線的波長則爲

$$\lambda = \frac{hc}{\dfrac{\mu e^4}{\hbar 2(4\pi\varepsilon_0)^2}\left(\dfrac{1}{1^2} - \dfrac{1}{2^2}\right)} = \frac{1}{R_H\left(\dfrac{1}{1^2} - \dfrac{1}{2^2}\right)}$$

式中$R_H = \dfrac{\mu e^4}{8\varepsilon_0^2 h^3 c} = 1.09677 \times 10^7 m^{-1} = 1.09677 \times 10^5 cm^{-1}$

R_H爲Rydberg常數

$$\lambda = \frac{1}{1.09677 \times 10^7 m^{-1} \times \left(\dfrac{1}{1^2} - \dfrac{1}{2^2}\right)} = 1.21569 \times 10^{-7} m$$

$$= 1215.69 \times 10^{-10} m$$

$$= 1215.69 Å$$

極限波長爲

$$\lambda_\infty = \frac{1}{1.09677 \times 10^7 m^{-1} \times \left(\dfrac{1}{1^2} - \dfrac{1}{\infty^2}\right)} = 9.1103 \times 10^{-8} m$$

$$= 911.03 \times 10^{-10} m$$

$$= 911.03 Å$$

1.25 光的折射、反射、光壓及光電效應等實驗證明光是一束光子流。光子有能量（$E = h\nu$）和動量（$p = mc$）。光（包括電子）的繞射實驗表明光具有波動性，光有波長λ和頻率ν。光（包括電子）的粒子性和波動性可用$p = h/\lambda$統一描述。其中p代表粒子性，λ代表波動性，表明光（包括電子）具有「波粒二像性」。粒子性和波動性是物質兩種對立的運動形式，但在微觀粒子運動中，矛盾雙方和諧地統一起來。一般而言，微粒的傳播過程更多地展現出「波動性」；微粒和實物相互作用時則更多地顯現出「粒子性」。兩種性質相互排斥、相互聯繫，並在一定條件下相互轉化，構成矛盾對立的統一體，這就是微觀粒子運動的「波粒二像性」。那種簡單地認爲光（包括電子）「既有粒子性，怎麼會有波動性」或「既是粒子，又是波」或「既不完全是粒子，也不完全是波」的觀點都是片面的，不科學的。

1.26 微觀粒子具有「波動性」和「粒子性」，兩者的對立統一和相互制約可由下列關係式表達：

$$E = h\nu \qquad \text{（見（1.16）式）}$$

$$p = h/\lambda \qquad \text{（見（1.24）式）}$$

第二式中，等號左邊的物理量表現了「粒子性」，等號右邊的物理量表現了「波動性」，而聯繫「波動性」和「粒子性」的主角是Planck常數（h）。根據上述兩式和早爲人們所熟知的力學公式：

$$p = m\upsilon$$

知，(1)，(2)，(4)和(5)都是正確的。

微粒波的波長λ服從下式：

$$\lambda = u/\nu$$

上式中，u是微粒的傳播速度，它不等於微粒的運動速度υ，但(3)中用了$\lambda = \upsilon/\nu$，是錯的。

1.27 (A) 關係式$p = \dfrac{h}{\lambda}$是de Broglie提出的實物粒子具有「波粒二像性」的定量描述，即粒子的動量和相對應的粒子波長藉由Planck常數h，而定量聯繫在一起。

$$E_K = \frac{p^2}{2m}$$

$$p = \sqrt{2mE_K}$$

$$\lambda = \frac{h}{p} = \frac{h}{\sqrt{2mE_K}} = \frac{6.626\times10^{-34}\,\text{J}\cdot\text{s}}{\sqrt{2\times9.11\times10^{-31}\,\text{kg}\times50\times1.602\times10^{-19}\,\text{J}}}$$

$$= \frac{12.26\times10^{-10}}{\sqrt{50}}\text{m} = 1.734\times10^{-10}\text{m} = 0.1734\text{nm}$$

$$= 1.73\text{Å}$$

(B) 此電子的能量很高，估計其速度已接近光速，因此，「古典力學」不再適用，其動量必須由「相對論」的總能量公式求得。試以「古典力學」公式求該電子的速度。

$$E_k = \frac{1}{2}m\upsilon^2\ \upsilon = \sqrt{2E_K/m}$$

$$= \sqrt{2 \times 5 \times 10^{6} \times 1.60 \times 10^{-19} \text{J} / 9.11 \times 10^{-31} \text{kg}}$$
$$= 1.33 \times 10^{9} \text{m} \cdot \text{s}^{-1}$$

所得速度已超過光速，是錯誤的結果。

由相對論的總能量和動量關係式：$E^2 = m_0^2c^4 + c^2p^2$

得：$p = \frac{1}{c}\sqrt{E^2 - m_0^2c^4}$

又$E = m_0c^2 + E_K$

$$p = \frac{1}{c}\sqrt{(E_K + m_0c^2)^2 - m_0^2c^4} = \frac{1}{c}\sqrt{E_K^2 + 2E_K m_0 c^2}$$
$$= \sqrt{2m_0E_K} \cdot \sqrt{1 + E_K / 2m_0c^2}$$

上式中$\sqrt{2m_0E_K}$為古典動量表達式，$\sqrt{1 + E_K / 2m_0c^2}$為相對論效應修正項。因此，

$$\lambda = \frac{h}{p} = \frac{h}{\sqrt{2m_0E_K}} \cdot \frac{1}{\sqrt{1 + E_K / 2m_0c^2}}$$

$$\frac{h}{\sqrt{2m_0E_K}} = \frac{6.626 \times 10^{-34} \text{J} \cdot \text{s}}{\sqrt{2 \times 9.110 \times 10^{-31} \text{kg} \times 5 \times 10^{6} \times 1.602 \times 10^{-19} \text{J}}}$$
$$= 5.485 \times 10^{-13} \text{m}$$

$$\lambda = 5.485 \times 10^{-13} \text{m} / \sqrt{1 + E_K / 2m_0c^2}$$
$$= \frac{5.485 \times 10^{-13} \text{m}}{\sqrt{1 + 5 \times 10^{6} \times 1.602 \times 10^{-19} \text{J} / 2 \times 9.110 \times 10^{-31} \text{kg} \times (2.998 \times 10^{8} \text{m})^2}}$$
$$= 2.22 \times 10^{-19} \text{m}$$
$$= 2.22 \times 10^{-17} \text{m}$$

(C) $\lambda = \frac{h}{p} = \frac{h}{mv} = \frac{6.626 \times 10^{-34} \text{J} \cdot \text{s}}{1.6 \times 10^{-24} \text{g} \times 1000 \text{ms}^{-1}} = 4.14 \times 10^{-10} \text{m} = 4.14 \text{Å}$

(D) $\lambda = \frac{h}{mv} = \frac{6.626 \times 10^{-34} \text{J} \cdot \text{s}}{10 \times 10^{-3} \text{kg} \times 10^{3} \text{ms}^{-1}} = 6.623 \times 10^{-35} \text{m}$

在應用de Broglie關係式（即（1.33）式）解題時，值得注意的是，de Broglie關係式與光子的波動性和粒子性的關係式在形式上相同，但二者有實質的區別。對於靜止質量為零的光子，由於$\lambda\nu = c$，因此，可從$E = h\nu$、$p = \frac{h}{\lambda}$兩式中的一式推出另一式。而對於有一定靜止質量的實物粒

子，$E = h\nu$和$p = \frac{h}{\lambda}$是兩個獨立的關係式。

1.28 Bohr原子軌道理論的基本要點如下：

(1) 「穩定態假設」：在原子中存在著某些分開的軌域，在這些軌域中運動的電子，其能量狀態是穩定的，稱爲「穩定態」。

(2) 「量子化規則」：「穩定態」的條件是，電子軌域運動的角動量L必須是h/2π（=$\hbar$）的整數倍，即

$$M = n\frac{h}{2\pi} \quad \text{（n是整數）}$$

(3) 頻率規則：當電子從一定「穩定態」跳躍到另一個「穩定態」時，會吸收或發射輻射，其頻率ν將取決於兩個「穩定態」的能量差：

$$\nu = (E_2 - E_1)/h$$

設半徑爲r的Bohr軌域中有一個電子，其角動量爲$M = m\upsilon r$

$$\left(\lambda = \frac{h}{p} = \frac{h}{m\upsilon} \quad \therefore m\upsilon = \frac{h}{\lambda}\right)$$

按照Bohr量子化規則：$L = n\frac{h}{2\pi}$

又，根據de Broglie關係式：$\lambda = \frac{h}{m\nu}$

有：$\frac{h}{\lambda}r = n\frac{h}{2\pi}$，即$2\pi r = n\lambda$

故電子所在Bohr軌域的周長等於其de Broglie波波長的整數倍。

根據Bohr理論，電子在「穩定態」軌域中運動時，「向心力」和靜電力達到平衡：

$$m\frac{\upsilon^2}{r} = Z\frac{e^2}{r^2}k$$

$$\left(k = \frac{1}{4\pi\varepsilon_0}，\varepsilon_0 = 8.854187816\times10^{12}c^2 \cdot J^{-1} \cdot m^{-1}\right)$$

再根據「量子化規則」：$m\upsilon r = n\frac{h}{2\pi}$

消去r，得：$r = \frac{n^2h^2}{4\pi^2 mZe^2 k}$

（r是「穩定態」軌域的半徑；$k = \frac{1}{4\pi\varepsilon_0}$，$\varepsilon_0 = 8.854187816\times10^{12}c^2 \cdot J^{-1} \cdot m^{-1}$）

總能量：

$$E=\frac{1}{2}m\upsilon^2-\frac{kZe^2}{r}=\frac{kZe^2}{2r}-\frac{kZe^2}{r}=-\frac{kZe^2}{2r}=\frac{-2\pi^2me^4Z^2k^2}{n^2h^2}$$

$$=\left(\frac{-2\pi^2me^4k^2}{h^2}\right)\times\frac{Z^2}{n^2}$$

式中，$\left(-\frac{2\pi^2me^4k^2}{h^2}\right)$是常數，它表示氫原子「基本態」的能量。

現對氦原子$z=2$，又根據題意知$2\pi r=3\lambda$。（由前題的證明知$n=3$）

所以，$n=3$

體系能量爲：

$$E=\frac{4}{9}\left(-\frac{2\pi^2me^4}{h^2}\right)$$

即氦原子指「穩定軌域」中運動的電子的能量是氫原子「基本態」能量的$\frac{4}{9}$。

1.29 因爲由（1.38）式可知：$\Delta p\cdot\Delta x\geq\frac{\hbar}{2}$

故$(m\Delta\upsilon)\cdot\Delta x\geq h/4\pi\Rightarrow\Delta\upsilon\geq\frac{h}{4\pi\cdot m\cdot\Delta x}$

(A) 彈丸：$\lambda=h/m\upsilon=6.626\times10^{-27}/(10\times10^3\times10^2)=6.6\times10^{-40}$cm

$$\Rightarrow\Delta\upsilon=\frac{h}{4\pi\cdot m\cdot\Delta x}=\frac{6.626\times10^{-27}}{4\pi\cdot10\times1}\approx5\times10^{-29}\,cm\cdot s^{-1}\ll10^3\,m\cdot s^{-1}$$

∴觀察不到波動性。

(B) 電子：$\lambda=h/m\upsilon=6.626\times10^{-27}/(9.1\times10^{-28}\times10^6\times10^2)=7.28\times10^{-8}$cm

$$\Rightarrow\Delta\upsilon=\frac{h}{4\pi\cdot m\cdot\Delta x}\approx\frac{6.626\times10^{-27}}{4\pi\times9.1\times10^{-28}\times2.8\times10^{-13}}$$

$\approx2\times10^{-12}$cm · s$^{-1}>10^8$cm · s^{-1}

∴可以看到波動性。

(C) 氫原子：$\lambda=\frac{h}{m\cdot\upsilon}\approx6.626\times10^{-27}/(1.6\times10^{-24}\times10^3\times10^2)=4.14\times10^{-8}$cm

$$\Rightarrow\Delta\upsilon=\frac{h}{4\pi\cdot m\cdot\Delta x}\approx\frac{6.626\times10^{-27}}{4\pi\times1.6\times10^{-27}\times7\times10^{-9}}$$

$\approx5\times10^4$cm · s$^{-1}\approx10^5$cm · s^{-1}

∴可以看到波動性。

(D) 氫原子：$\lambda = h/m \cdot \upsilon = 6.626\times10^{-27}/(1.6\times10^{-24}\times10^{6}\times10^{2}) = 4.14\times10^{-11}$cm

$$\Rightarrow \Delta\upsilon = \frac{h}{4\pi\cdot m\cdot\Delta x} \approx \frac{6.626\times10^{-34}}{4\pi\cdot10^{-24}\times10^{-9}}$$

$\approx 5\times10^{1}\text{cm}\cdot\text{s}^{-1} << 10^{8}\text{cm}\cdot\text{s}^{-1}$

∴無法觀察到波動性。

1.30 公式：$mc = \frac{h}{\lambda}$，波長$\lambda = \frac{c}{\nu}$，只適用光，因爲式中c爲光速。

不適用於實物粒子。對於光來說，光子的運動速度等於波的傳播速度，都等於光速c。對於實物粒子而言，粒子的運動速度υ不等於de Broglie波的傳播速度u，可以證明$\upsilon = 2u$。由此可以看出，凡涉及粒子運動速度有關的物理量，如動量p、動能E都選用速度υ

$$p = m\upsilon$$

$$E = \frac{1}{2}m\upsilon^{2} = \frac{p^{2}}{2m}$$

凡涉及與波動速度有關物理量，如λ，都選用速度u

$$\lambda = \frac{u}{\nu}$$

以上是對動量p、波長λ公式的修正。

1.31 $\lambda = \frac{h}{p} = \frac{h}{\sqrt{2mT}} = \frac{6.626\times10^{-34}\,\text{J}\cdot\text{s}}{\sqrt{2\times9.109\times10^{-31}\,\text{kg}\times1.602\times10^{-19}\,\text{C}\times1\times10^{3}\,\text{J}}}$

該波長數量級與光學光柵的柵線間距數量級相差甚遠，所以不能用普通光學光柵觀察到這類電子的繞射現象。該波長與晶體中晶面間距數量級相同，晶體可作爲它的天然光柵，所以此時能觀察到電子的繞射現象。

1.32 (A) 電子速度：$3\times10^{8}\text{m/s}\times\frac{1}{137} = 2.19\times10^{6}\text{m/s}$

$$p = \frac{h}{\lambda} \Rightarrow m\nu = \frac{h}{\lambda}$$

$$\Rightarrow \lambda = \frac{h}{m\nu} = \frac{6.626\times10^{-34}}{9.1\ \times10^{-31}\times2.19\times10^{6}} = 3.32\times10^{-10}\,\text{m}$$

(B) 相對論質量。

1.33 電子的繞射實驗可以證實電子具有「波動性」。

電子的「波動性」不同於機械波，也就是說電子不是以波浪方式前進的，電子的「波動性」不像古典波那樣可代表「物理量」的波動，它是描述粒子在空間出現機率分布的「機率波」。

1.34 電子繞射實驗。根據de Broglie「物質波」的假設，巨觀物體也具有「波動性」。巨觀物體的波長非常小，根本觀測不到，其「波動性」不影響對其運動軌跡的準確測量和描述，因此可以不考慮其「波動性」。

「任何微觀粒子的運動都是『量子化』的，都不能在一定程度上滿足『古典力學』的要求」的說法不正確。應該是說：在粒子的「波動性」很顯著的場合，「古典力學」才無能爲力。例如：在顯像管中，可以通過電場控制電子的速度和運動方向，使電子打在螢光幕的指定位置，此時「量子化效應」不顯著，電子的能量和運動速度可認爲是連續變化的，「古典力學」的描述方法完全適用。而在原子中運動的電子，「量子化效應」非常顯著，「古典力學」就不適用了。

1.35 質量爲m，能量爲E的自由粒子，其位能爲零，動能爲$T = 1.6022 \times 10^{-18}$J。

因爲動能$T = \dfrac{m\upsilon^2}{2}$，所以速度$\upsilon = \left(\dfrac{2T}{m}\right)^{1/2}$，又有動量$P = m\upsilon$。

可得de Broglie波長：$\lambda = \dfrac{h}{P} = \dfrac{h}{(2mT)^{1/2}}$

其中m爲電子的質量：$m = 9.11 \times 10^{-31}$kg。

因此，電子的de Broglie波長爲

$$\lambda = \frac{6.626 \times 10^{-34}\,\text{J}\cdot\text{s}}{\sqrt{2 \times 9.11 \times 10^{-31}\,\text{kg} \times 1.6022 \times 10^{-18}\,\text{J}}} = 1.23 \times 10^{-9}\,\text{m}$$

1.36 鐳（Ra）是一種放射性元素（radioactive element），它放射出α-質點（相對於氦的原子核，He^{2+}），β-質點（相當於電子）和γ-射線（gamma rays），它的能量依賴著頻率或是波長的關係是

$$E = h\nu = \frac{hc}{\lambda} \tag{1}$$

依照Einstein方程式

$$E = mc^2 \tag{2}$$

m = 質點的質量，c = 光速，質點的動量是p = mc

因此，$p = mc = \left(\dfrac{E}{c^2}\right)c = \dfrac{E}{c}$ (3)

將(1)式代入(3)式：

$$p=\frac{E}{c}=\frac{hc}{c\lambda}=\frac{h}{\lambda}=m\upsilon \tag{4}$$

從(4)式：

$$\lambda=\frac{h}{m\upsilon}\quad \text{這就是俗稱的de Broglie物質波方程式} \tag{5}$$

依照題示α-質點的動能（Kinetic energy）$E_{KE}=4.8MeV$

但是動能：

$$E_{K.E.}=\frac{1}{2}m\upsilon^2$$

因此，

$$\frac{1}{2}m\upsilon^2=4.8MeV$$

$$\upsilon^2=\frac{2\times 4.8MeV}{m}=\frac{9.6MeV\left[\frac{1.602\times10^{-6}erg}{1MeV}\right]\left[\frac{1g\cdot cm^2\cdot s^{-2}}{1erg}\right]}{6.6\times10^{-24}g}$$
$$=2.330\times10^{18}cm^2\cdot s^{-2}$$

α質點的速度：

$$\upsilon=\sqrt{2.330\times10^{18}cm^2\cdot s^{-2}}=1.526\times10^{9}cm\cdot s^{-1}$$

將υ代入(5)式：

$$\lambda=\frac{6.626\times10^{-27}erg\cdot s\times\frac{1g\cdot cm^2\cdot s^{-2}}{1erg}}{(6.6\times10^{-24}g)(1.526\times10^{9}cm\cdot s^{-1})}=6.58\times10^{-13}cm$$

1.37 De Broglie說明任何物質的質點都有一個波的性質，因為這個波不是電磁波，叫做「物質波」（material waves），de Broglie主張一個質點的波長和它的動量（momentum）p成反比。

$$\lambda\propto\frac{1}{p}$$

$$\lambda=\frac{h}{p}=\frac{h}{m\upsilon}$$

在這裡h = Planck常數，p = 動量 = mυ，υ = 物質運動的速度，m = 物質的質量。de Broglie也爭論著電子波必須是一個圓形的定波，它們波的首尾相接，如果n個波長不等於圓周的長度時，波的首尾不相偕便發生波的干涉終於被破壞而消失，於是所有存在的波，波長乘上倍數必等於軌域的圓周長。

$$n\lambda = 2\pi r \quad n = 1, 2, 3....$$

依照de Broglie方程式：

$$\lambda = \frac{h}{m\upsilon}$$

所以 $$2\pi r = \frac{nh}{m\upsilon}$$

或是 $$m\upsilon r = \frac{nh}{2\pi} = n\hbar$$

在這裡 $$\hbar = \frac{h}{2\pi}$$

一個電子的動能：

$$E = 13.6\text{eV} \times \frac{1.602 \times 10^{-19}\text{J}}{1\text{eV}} = 2.179 \times 10^{-18}\text{J} \qquad (1)$$

電子的質量：

$$m_e = 9.109 \times 10^{-3}\text{kg}$$

一個電子的動能亦可以這樣的表示：

$$E = \frac{1}{2}m\upsilon^2 \qquad (2)$$

(1)式 = (2)式：

$$\frac{1}{2}m\upsilon^2 = 2.179 \times 10^{-18}\text{J}$$

$$\upsilon^2 = \frac{2.179 \times 10^{-18}\text{J} \times 2}{9.109 \times 10^{-31}\text{kg}} = 0.4784 \times 10^{13}\frac{\text{kg}\cdot\text{m}^2\cdot\text{s}^{-2}}{\text{kg}}$$

$$\upsilon = \sqrt{4.784 \times 10^{12}\,\text{m}^2\cdot\text{s}^{-2}} = 2.187 \times 10^6\,\text{m}\cdot\text{s}^{-1}$$

應用de Broglie方程式：$\lambda = \frac{h}{m\upsilon}$

電子的波長：

$$\lambda = \frac{6.626 \times 10^{-34}\text{J}\cdot\text{s}}{9.109 \times 10^{-31}\text{kg} \times 2.187 \times 10^6\,\text{m}\cdot\text{s}^{-1}} = 3.3 \times 10^{-10}\text{m} = 3.3\text{Å}$$

1.38 「測不準原理」：$\Delta p \cdot \Delta x \geq \hbar/2$（見（1.38）式），即$m\Delta\upsilon \cdot \Delta x \geq h/4\pi$。

已知「測不準原理」的重要用途之一就是用於判斷一個客體是應該按「古典力學」處理，還是按照「量子力學」處理。判斷的標準是比較該物體的尺度與其尺度誤差的相對比例。若尺度誤差與尺度在同一數量級，或大於尺度，體系必須用「量子力學」處理，否則可用「古典力學」處理。

汽車：

$$\Delta x=\frac{h}{4\pi\times m\Delta \upsilon}=\frac{6.626\times10^{-34}}{4\pi\times1000\times(60\times10^{3}/3600)\times0.1}\approx3.2\times10^{-38}\,m$$

子彈：$$\Delta x=\frac{h}{4\pi\times m\Delta \upsilon}=\frac{6.626\times10^{-34}}{4\pi\times10\times10^{-3}\times2000\times0.1}\approx2.6\times10^{-35}\,m$$

氫原子：

$$\Delta x=\frac{h}{4\pi\times m\Delta \upsilon}=\frac{6.63\times10^{-34}}{4\pi\times1.6\times10^{-27}\times2\times10^{3}\times0.1}=1.7\times10^{-10}\,m$$

所以，汽車和子彈的運動有確定的軌跡，而氫原子的位置誤差和它的尺度相當，因此，它沒有「古典力學」意義上的軌跡。

1.39 按「測不準原理」，諸粒子座標的不確定度分別為：（見（1.38）式）

子彈：

$$\Delta x=\frac{h}{4\pi\cdot m\cdot\Delta \upsilon}=\frac{6.626\times10^{-34}\,Js}{4\pi\times0.01kg\times1000\times10\%ms^{-1}}=5.27\times10^{-35}\,m$$

塵埃：$$\Delta x=\frac{h}{4\pi\cdot m\cdot\Delta \upsilon}=\frac{6.626\times10^{-34}\,Js}{4\pi\times10^{-9}kg\times10\times10\%ms^{-1}}=5.27\times10^{-26}\,m$$

花粉：$$\Delta x=\frac{h}{4\pi\cdot m\cdot\Delta \upsilon}=\frac{6.626\times10^{-34}\,Js}{4\pi\times10^{-13}kg\times1\times10\%ms^{-1}}=5.27\times10^{-21}\,m$$

電子：$$\Delta x=\frac{h}{4\pi\cdot m\cdot\Delta \upsilon}=\frac{6.626\times10^{-34}\,Js}{4\pi\times9.109\times10^{-31}kg\times1\times10\%ms^{-1}}=5.79\times10^{-7}m$$

由計算結果可見，前三者的座標不確定度與它們各自的大小相比可以忽略。換言之，由「測不準原理」所決定的座標不確定度遠遠小於實際測量的精確度（巨觀物體準確到10^{-8}m就再好不過了）。即使質量最小、運動最慢的花粉，由「測不準原理」所決定的Δx也是微不足道的。此即意謂著：子彈、塵埃和花粉運動中的「波動性」可完全忽略，其座標和動量能同時確定，「測不準原理」對所討論的問題實際上不起任何作用。

而原子中電子的情況截然不同。由「測不準原理」所決定的座標不確定度遠遠大於原子本身的大小（原子大小數量級一般為幾十到幾百個pm，1pm = 10^{-12}m），顯然是不能忽略的，即電子在運動中的波動效應不能忽略，其運動規律必須服從「量子力學」，故「測不準原理」對討論該問題有實際意義。

由此可見，「測不準原理」為檢驗和判斷「古典力學」適用的場合和限度提供了客觀標準。凡是可以把Planck常數（h）看做零的場合都是古典場合，粒子的運動規律可以用「古典力學」處理；凡是不能把Planck常數（h）看做零的場合都是量子場合，微粒的運動規律必須用「量子力學」處理。

1.40 產生繞射的條件是所用光柵的寬度（d）必須與物質波的波長（λ）具有相同的數量級，若波長遠小於光柵寬度，則無法觀測到繞射現象。

50eV電子的能量：

$$E = h\nu = h \cdot \left(\frac{c}{\lambda}\right)$$

$$\therefore \lambda = \frac{hc}{E} = \frac{6.626\times10^{-34}\times3\times10^{8}}{50\times1.6\times10^{-19}} = 2.5\times10^{-8}\,\text{m} << 10^{-6}\,\text{m}$$

所以無法觀測到繞射現象。

1.41 假設原子核外的電子離核的距離為r，隨著電子離核越來越近，即r越來越小，它將從原子的尺度10^{-10}m，逐漸變到原子核的尺度10^{-15}m，依「測不準原理」，可求得動量的不確定度Δp_x：

$$\Delta p_x \geq \frac{h}{4\pi\Delta x} \qquad \text{（見（1.38）式）}$$

分別代入$\Delta x = 10^{-10}$m，$\Delta x' = 10^{-15}$m，則有

$$\Delta p_x \geq \frac{6.626\times10^{-34}\,\text{J}\cdot\text{s}}{4\times3.14\times10^{-10}\,\text{m}} = 0.53\times10^{-24}\,\text{N}\cdot\text{s}$$

$$\Delta p'_x \geq \frac{6.626\times10^{-34}\,\text{J}\cdot\text{s}}{4\times3.14\times10^{-15}\,\text{m}} = 0.53\times10^{-19}\,\text{N}\cdot\text{s}$$

可見p_x與p'_x的數量級分別為10^{-24}與10^{-19}。

電子的動能為：

$$T_x = \frac{p^2}{2m}$$

上式中，m為電子的質量，$m = 9.1\times10^{-31}$kg，動能數量級分別為

$$T_x = \frac{(0.53\times10^{-24})^2}{2\times9.11\times10^{-31}} = 1.54\times10^{-19}\text{（J）}$$

$$T'_x = \frac{(0.53\times10^{-19})^2}{2\times9.11\times10^{-31}} = 1.54\times10^{-9}\text{（J）}$$

從上式計算可知：電子要落到原子核內，其動能數量級增加10^{10}倍，由於電子沒有這樣大的能量來源。因此，電子不可能落到原子核內而是在外圍形成穩定態。

1.42 依題意可知$\Delta x = 2\times10^{-6}$m，而$\Delta p \cdot \Delta x \geq h/4\pi$，故有：

$$\Delta p = \frac{h}{4\pi\times\Delta x} = \frac{6.63\times10^{-34}}{4\pi\times2\times10^{-6}}\text{kg}\cdot\text{m}\cdot\text{s}^{-1} = 2.6\times10^{-29}\text{kg}\cdot\text{m}\cdot\text{s}^{-1}$$

$$\Delta v = \frac{\Delta p}{m} = \frac{2.6\times10^{-29}}{2\times10^{-6}}\text{m}\cdot\text{s}^{-1} = 1.3\times10^{-23}\text{m}\cdot\text{s}^{-1}$$

計算所得速度的不準確量$\Delta v = 1.3\times10^{-23}\text{m}\cdot\text{s}^{-1}$遠小於測量精度，它對確定小球速度的影響可略而不計，故無實際意義。

1.43 $\Delta t\cdot\Delta E \geq \frac{h}{4\pi}$（見（1.41）式）

$$\Delta E \geq \frac{h}{4\pi\Delta t} = \frac{6.626\times10^{-34}}{4\pi\times1.5\times10^{-8}} = 3.52\times10^{-27}\text{ J}$$

1.44 $\Delta p_x \cdot \Delta x = h/4\pi$（見（1.38）式）

$\Delta x = h/4\pi\times\Delta p_x = h/4\pi(m\Delta v_x)$

$$\Delta x（電子）= \frac{6.626\times10^{-34}}{4\pi\times9.1\times10^{-31}\times300\times1\times10^{-4}}\text{m} = 1.9\times10^{-3}\text{m}$$

同理：電子位置的不確定範圍Δx（電子）$= 1.9\times10^{-3}$m，比電子的直徑大得多，Δx（電子）不能忽略。

Δx（子彈）$= \frac{6.626\times10^{-34}\text{ J}\cdot\text{s}}{4\pi\times0.05\times300\times1\times10^{-4}}\text{m} = 3.5\times10^{-32}\text{m}$，遠小於彈的直徑，故$\Delta x$（子彈）可以忽略。

1.45 由「測不準原理」關係式可見，粒子的位置和動量不可能同時有確定的值，而是具有不確定量Δx、Δp_x，這說明粒子不存在確定的運動軌道。因爲一個確定的軌道要求同時有確定的座標和動量。

在「古典力學」中，只要知道了質點在初始時刻位置和動量的確定值，原則上可以由牛頓方程求出任意時刻質點位置和動量的確定值，因而說質點沿著某一軌道運動。

對於實物粒子，從「測不準原理」關係可知，它的位置和動量不可能同時有確定的值，所以也根本不存在什麼「軌道」了。

1.46 根據「測不準原理」：$\Delta x \cdot \Delta p \geq \frac{h}{4\pi}$（見（1.38式））　(1)

已知$\Delta x = 0.1\text{nm} = 0.1 \times 10^{-9}\text{m}$，$p_x = m\upsilon_x$

代入(1)式，得：$\Delta x \cdot m\Delta\upsilon_x \geq \frac{h}{4\pi}$

$$\Delta\upsilon_x \geq \frac{h}{4\pi m\Delta x} \quad (2)$$

已知電子質量$m = 9.109 \times 10^{-31}\text{kg}$，有關數據代入(2)式，得

$$\Delta\upsilon_x \geq \frac{6.626\times10^{-34}\,\text{J}\cdot\text{s}}{4\times3.14\times9.109\times10^{-31}\,\text{kg}\times0.1\times10^{-9}\,\text{m}} \geq 5.79\times10^5\text{m}\cdot\text{s}^{-1}$$

1.47 根據de Broglie關係式：（見（1.33）式）

$$\lambda = \frac{h}{p} = \frac{h}{m\upsilon} = \frac{h}{\sqrt{2mE}} = \frac{6.626\times10^{-34}\,\text{J}\cdot\text{s}}{\sqrt{2\times9.110\times10^{-31}\,\text{kg}\times1.602\times10^{-19}\,\text{C}\times10^3\,\text{V}}}$$

$$= 3.878\times10^{-11}\text{m}$$

根據「測不準原理」

$$\Delta x \cdot \Delta p_x \geq h/4\pi \quad \text{（見（1.38）式）}$$

則電子座標的不確定度為

$$\Delta x = h/\Delta p_x \cdot 4\pi = h/m\cdot\Delta\upsilon\cdot4\pi = h/\sqrt{2mE}\times10\%\times4\pi$$

$$\Delta x = \frac{6.626\times10^{-34}\,\text{J}\cdot\text{s}\times10}{4\pi\times\sqrt{2\times9.110\times10^{-31}\,\text{kg}\times1.602\times10^{-19}\,\text{C}\times10^3\,\text{V}}} = 3.086\times10^{-11}\,\text{m}$$

該座標不確定度相對於螢光幕的尺寸來說，完全可略而不計。人眼睛的分辨大致在（$10^{-3} \sim 10^{-4}$m）之間，根本辨別不出電子座標的不確定量。所以，電子的波動性不會影響螢光幕上的成像。

1.48 根據題目已知條件：

α粒子的質量為$m = 6.65\times10^{-27}\text{kg}$

動能為$\frac{1}{2}m\upsilon^2 = 8.011\times10^{-13}\,\text{J}$

運動速度為$\upsilon = \sqrt{\frac{2\times8.011\times10^{-13}\,\text{J}}{6.65\times10^{-27}\,\text{kg}}} = 1.55\times10^7\,\text{m}\cdot\text{s}^{-1}$

若假設α粒子的速度不確定量爲10%，即$\Delta \upsilon = 1.55 \times 10^6 m \cdot s^{-1}$

根據不確定關係式：

$$\Delta x \cdot \Delta p_x \geq h/4\pi = 5.273 \times 10^{-35} J \cdot s \qquad （見（1.38）式）$$

可得座標不確定量爲

$$\Delta x \geq \frac{h}{\Delta p_x \times 4\pi} = \frac{h}{m\Delta \upsilon_x \times 4\pi} = \frac{6.626 \times 10^{-34} J \cdot s}{6.65 \times 10^{-27} kg \times 1.5 \quad \times 10^6 m \cdot s^{-1} \times 4\pi}$$

$$= 5.12 \times 10^{-15} m$$

座標不確定量Δx爲原子尺度（10^{-10}m）的0.0051%，可以用「古典力學」處理。質量20g的槍彈，其動量p = mυ。根據de Broglie「物質波」的假設p = h/λ，可得de Broglie波長

$$\lambda = \frac{h}{p} = \frac{h}{m\upsilon} = \frac{6.626 \times 10^{-34} J \cdot s}{20g \times 10^{-3} \times 1000m \cdot s^{-1}} = 3.31 \times 10^{-35} m$$

由於此時λ < h，故沒有必要用「波動力學」來處理。

1.49 在「古典力學」中，我們用粒子的座標和速度來描述它的狀態。因爲動量等於質量和速度的乘積（p = mυ），所以我們也可用粒子的座標和動量來描述它的狀態。也就是說，在任一瞬間「巨觀粒子」必有確定的座標和動量。但是對於電子等「微觀粒子」，就不具備以上的性質。

在1927年，德國物理學家Heirenberg首先用較嚴格的方法推導出下面的關係式：

$$\Delta x \cdot \Delta p_x \geq \frac{\hbar}{2} \qquad （見（1.38a）式）$$

這就是測不準關係式。式中Δx表示「微觀粒子」沿x軸方向座標的測不準值，Δp_x是動量p在x軸方向分量p_x的測不準值。當然，在y、z軸方向也存在類似的關係式

$$\Delta y \cdot \Delta p_y \geq \frac{\hbar}{2} \qquad （見（1.38b）式）$$

$$\Delta z \cdot \Delta p_z \geq \frac{\hbar}{2} \qquad （見（1.38c）式）$$

「測不準原理」告訴我們：「微觀粒子」與「巨觀粒子」有著完全不同的性質，它不能同時有確定的座標和動量。它的座標被確定的越準確，則相對應

的動量就越不準確。反過來也是這樣。座標不確定程度和動量不確定程度的乘積約等於Planck常數。

爲什麼「微觀粒子」要遵循「測不準原理」關係式，而「巨觀粒子」的座標和動量卻可測得很準呢？首先必須指出，「測不準原理」關係式，是一普通適用的關係式。它不僅適用於「微觀粒子」，也適用於「巨觀粒子」，只不過對「巨觀粒子」來說，座標測不準量和動量測不準量完全可以忽略罷了。例如，某「巨觀粒子」質量$m = 10^{-8}$g，假設它的座標測量準確到$\Delta x \approx 100$nm（這對「巨觀粒子」來說已經很準確了），這時它的速度測不準量（$\Delta \upsilon_x$）只有

$$\Delta \upsilon_x \approx \frac{h}{m \cdot \Delta x \times 4\pi} \approx \frac{6.6\times 10^{-34}}{10^{-8}\times 10^{-3}\times 10\times 10^{-9}\times 4\pi} \approx 5.3\times 10^{-16}\text{m} \cdot \text{s}^{-1}$$

這個「測不準」的數值已遠遠超過可能的測量精度。「測不準原理」關係並不影響我們確定「巨觀粒子」的座標和速度，「巨觀粒子」自然能遵守「古典力學」規律。

對於原子核外電子來說，其速度約爲$10^6\text{m} \cdot \text{s}^{-1}$，$m = 9\times 10^{-28}$g，因電子座標至少被確定到原子的大小範圍才有意義，即$\Delta x \approx 100$pm，這時速度的測不準量（$\Delta \upsilon_x$）爲：

$$\Delta \upsilon_x = \frac{6.6\times 10^{-34}}{9\times 10^{-28}\times 10^{-3}\times 100\times 10^{-12}\times 4\pi} = 5.8\times 10^{5}\,\text{m}\cdot\text{s}^{-1}$$

速度的「測不準」量幾乎超過電子本身的速度，顯然對「微觀粒子」來說不能忽略了。因此，原子的原子核外電子不能同時有確定的座標和動量，電子在原子核外不可能沿著固定軌道運動，而只能指出它在原子核外某處出現的可能性（即機率）大小。

對於「測不準原理」關係，不能錯誤地認爲「微觀粒子」運動規律「不可知」了。實際上，「測不準原理」關係反應「微觀粒子」有「波動性」，只是表明它不服從由巨觀物體運動規律所總結出來的「古典力學」。這不等於沒有規律，相反的，它說明「微觀粒子」的運動是遵循著更深刻的一種規律　「量子力學」。

1.50 (A)。（見（1.33）式）

1.51 (C)。（見（1.33）式）

1.52 (D)。（見本書第55頁）

第二章

2.1 應用量子力學基本假設II（operator）和III（eigenfunction、eigenvalue和eigenvalue equation），得：

$$\left(\frac{d^2}{dx^2}-4a^2x^2\right)\psi=\left(\frac{d^2}{dx^2}-4a^2x^2\right)xe^{-ax^2}$$

$$=\frac{d^2}{dx^2}xe^{-ax^2}-4a^2x^2(xe^{-ax^2})$$

$$=\frac{d}{dx}(e^{-ax^2}-2ax^2e^{-ax^2})-4a^2x^3e^{-ax^2}$$

$$=-2axe^{-ax^2}-4axe^{-ax^2}+4a^2x^3e^{-ax^2}-4a^2x^3e^{-ax^2}$$

$$=-6axe^{-ax^2}$$

$$=-6a\psi$$

因此，eigenvalue為−6a。

2.2 $\left(i\frac{d}{d\phi}\right)e^{im\phi}=(i)(im)\left(e^{im\phi}\right)=-me^{im\phi}$

所以$e^{im\phi}$是operator $\left(i\frac{d}{d\phi}\right)$的eigenfunction，eigenvalue為−m。

而$\left(i\frac{d}{d\phi}\right)\cos m\phi=i(-\sin m\phi)\cdot m=-im\sin m\phi\neq c\cos m\phi$

所以cos mϕ不是operator $\left(i\frac{d}{d\phi}\right)$的eigenfunction。

2.3 $\frac{d^2}{dx^2}e^x=1\times e^x$，$e^x$是$\left(\frac{d^2}{dx^2}\right)$的eigenfunction，eigenvalue為1。

$\frac{d^2}{dx^2}\sin x=-1\times\sin x$，sinx是$\left(\frac{d^2}{dx^2}\right)$的eigenfunction，eigenvalue為−1。

$\frac{d^2}{dx^2}2\cos x=-2\cos x$，2cosx是$\left(\frac{d^2}{dx^2}\right)$的eigenfunction，eigenvalue為−1。

$\frac{d^2}{dx^2}x^3=6x\neq cx^3$，$x^3$不是$\left(\frac{d^2}{dx^2}\right)$的eigenfunction。

$\frac{d^2}{dx^2}(\sin x+\cos x)=-(\sin x+\cos x)$，sinx + cosx是$\left(\frac{d^2}{dx^2}\right)$的eigenfunction，eigenvalue爲−1。

2.4 (A) 已知$\hat{p}_x = -i\hbar\frac{\partial}{\partial x}$，故$\hat{p}_x^3 = \left(-i\hbar\frac{\partial}{\partial x}\right)^3 = +i\hbar^3\frac{\partial^3}{\partial x^3}$

(B) $\hat{L}_z = x\hat{p}_y - y\hat{p}_x$

已知$\hat{p}_x = -i\hbar\frac{\partial}{\partial x}$，$\hat{p}_y = -i\hbar\frac{\partial}{\partial y}$，$\hat{x} = x$，$\hat{y} = y$，代入上式：

$$\hat{L}_z = x\left(-i\hbar\frac{\partial}{\partial y}\right) - y\left(-i\hbar\frac{\partial}{\partial x}\right) = -i\hbar\left(+x\frac{\partial}{\partial y} - y\frac{\partial}{\partial x}\right)$$

2.5 (A) 根據eigenfunction的定義：$\hat{A}\psi = a\psi$（見（2.17）式）

式中，a爲常數

$$\frac{d\cos Kx}{dx} = -K\sin Kx$$

$$\cos Kx \neq \sin Kx$$

所以不是$\frac{d}{dx}$的eigenfunction

$\frac{d^2\cos Kx}{dx^2} = -K^2\cos Kx$是$\frac{d^2}{dx^2}$的eigenfunction

(B) $\frac{d\exp(-Kx)}{dx} = -K\exp(-Kx)$是$\frac{d}{dx}$的eigenfunction

$\frac{d^2\exp(-Kx)}{dx^2} = K^2\exp(-Kx)$是$\frac{d^2}{dx^2}$的eigenfunction

(C) $\frac{d\exp(iKx)}{dx} = iK\exp(iKx)$

由於iK不是常數，所以不是$\frac{d}{dx}$的eigenfunction

$\frac{d^2\exp(iKx)}{dx^2} = -K^2\exp(iKx)$是$\frac{d^2}{dx^2}$的eigenfunction

(D) $\frac{d\exp(-Kx^2)}{dx} = -2Kx\exp(-Kx^2)$

$\exp(-Kx^2) \neq x\exp(-Kx^2)$，所以不是$\frac{d}{dx}$的eigenfunction

$\frac{d^2}{dx^2}\exp(-Kx^2) = 2K(-1+2Kx^2)\exp(-Kx^2)$，所以不是$\frac{d^2}{dx^2}$的eigenfunction

2.6 利用（2.14）式，故：

$[\hat{x}, \hat{p}_x] = i\hbar \neq 0$

$[A, B] \neq 0$（取 $A = \hat{x}$，$B = \hat{p}_x$）

$AB\psi \neq BA\psi \rightarrow (AB - BA)\psi \neq 0 \rightarrow AB - BA \neq 0 \rightarrow [A, B] \neq 0$

2.7 (A) $\left[\frac{d}{dx}, x\right] = \frac{d}{dx}x - x\frac{d}{dx} = 1 - 0 = 1$

(B) $\left[\frac{d}{dx}, x^2\right] = \frac{d}{dx}x^2 - x^2\frac{d}{dx} = 2x - 0 = 2x$

2.8 設f(x)是一任意函數，則 $\hat{A}\,\hat{B}\,f(x) = x^2\frac{d}{dx}f(x)$

$\hat{B}\,\hat{A}\,f(x) = \frac{d}{dx}[x^2 f(x)] = 2xf(x) + x^2\frac{d}{dx}f(x)$

所以，$\hat{A}\,\hat{B} \neq \hat{B}\,\hat{A}$，由此題中，我們可以看到「算子」的一條重要性質，即在一般情況下，兩個「算子」是不能任意交換運算次序的，如本題中的 $\hat{A}\,\hat{B} \neq \hat{B}\,\hat{A}$ 一樣，稱「算子」$\hat{A}$ 和 $\hat{B}$ 不能互換。若對任何函數u，都成立 $\hat{A}\,\hat{B}u = \hat{B}\,\hat{A}u$，稱「算子」$\hat{A}$ 和 $\hat{B}$ 可互換。

2.9 若「算子」$\hat{F}$ 作用於函數ψ，所得結果為 $\hat{F}\psi = \lambda\psi$，即（2.17）式。

λ是一種常數，稱ψ是「算子」$\hat{F}$ 的「特定函數」。

λ是「算子」$\hat{F}$ 作用於ψ所得的「特定值」。

現在 $\hat{F} = \left[\frac{d^2}{dx^2} - 4a^2x^2\right]$，於是依照（2.17）式，可寫成：

$$\hat{F}\psi = \left[\frac{d^2}{dx^2} - 4a^2x^2\right]\psi = \lambda\psi$$

$$\hat{F}\psi = \left[\frac{d^2}{dx^2} - 4a^2x^2\right]xe^{-ax^2} = \frac{d}{dx}[-2ax^2e^{-ax^2} + e^{-ax^2}] - 4a^2x^3e^{-ax^2}$$

$$= -6axe^{-ax^2}$$

$$= -6a\psi = \lambda\psi$$

$\therefore \psi = xe^{-ax^2}$ 是「算子」$\left[\frac{d^2}{dx^2} - 4a^2x^2\right]$ 的「特定函數」，

「特定值」為：$-6a$。

2.10 函數f若滿足 $\hat{F}f = \lambda f$，則稱f是「算子」$\hat{F}$ 的「特定函數」，λ是「算子」$\hat{F}$ 作用於函數f所得的「特定值」。

(A) $d^2(e^{i\alpha x})/dx^2 = -\alpha^2 e^{i\alpha x}$

$e^{i\alpha x}$是d^2/dx^2的「特定函數」，「特定值」$-\alpha^2$

(B) $d^2(\sin x)/dx^2 = -\sin x$

$\sin x$是d^2/dx^2的「特定函數」，「特定值」-1

(C) $d^2(x^2+y^2)/dx^2 = 2$

(x^2+y^2)不是d^2/dx^2的「特定函數」

(D) $$d^2[(a-x)e^{-x}]/dx^2 = \frac{d}{dx}[-e^{-x}-(a-x)e^{-x}]$$
$$= e^{-x}+e^{-x}+(a-x)e^{-x}$$
$$= 2e^{-x}+(a-x)e^{-x}$$

$(a-x)e^{-x}$不是d^2/dx^2的「特定函數」

(E) $$d^2\ln(2x)/dx^2 = d\left[\frac{1}{x}\right]/dx = -\frac{1}{x^2}$$

$\ln(2x)$不是d^2/dx^2的「特定函數」

(F) $$d^2\left(\frac{1}{x}\right)/dx^2 = d\left(-\frac{1}{x^2}\right)/dx = 2\frac{1}{x^3}$$

$\frac{1}{x}$不是d^2/dx^2的「特定函數」

(G) $d^2[6\cos(5x)]/dx^2 = -6\times 25\cos 5x = -25\times(6\cos 5x)$

$6\cos(5x)$是d^2/dx^2的「特定函數」，「特定值」-25

(H) $d^2(3e^{-4x})/dx^2 = 16\times(3x^{-4x})$

$3e^{-4x}$是d^2/dx^2的「特定函數」，「特定值」爲16

2.11 要使e^{ax^2}成爲「算子」$[d^2/dx^2 - Bx^2]$的「特定函數」，e^{ax^2}必須滿足$[d^2/dx^2 - Bx^2]e^{-ax^2}$，即

$$[d^2/dx^2 - Bx^2]e^{ax^2} = d[e^{ax^2}\cdot 2x]/dx - Bx^2e^{ax^2}$$
$$= a^2\cdot(4x^2)e^{ax^2} + 2ae^{ax^2} - Bx^2e^{ax^2} = \lambda e^{ax^2}$$

由於此式是恆等式，故x的二次項的係數爲零：

$$4a^2 = B，a = \pm\frac{\sqrt{B}}{2}，2a = \lambda，\lambda = \pm\sqrt{B}$$

2.12 設「特定函數」爲Φ，則有

$$M_z\Phi = -i\frac{h}{2\pi}\frac{d\Phi}{d\phi} = m\frac{h}{2\pi}\Phi$$

$$\frac{d\Phi}{\Phi} = imd\phi \text{，} \Phi = Ae^{im\phi}$$

又 $\int_0^{2\pi} \Phi^* \Phi d\phi = 1$

$A^2 \int_0^{2\pi} e^{-im\phi} \cdot e^{im\phi} d\phi = 1$

$\Rightarrow A^2 \cdot (2\pi) = 1$

$\Rightarrow \therefore A = \frac{1}{\sqrt{2\pi}}$，因此 $\Phi = \frac{1}{\sqrt{2\pi}} e^{im\phi}$

故「特定函數」$\Phi = \frac{1}{\sqrt{2\pi}} e^{im\phi}$

2.13 $\hat{p}_x \psi_1 = -i\hbar \frac{\partial}{\partial x} ce^{\frac{i\sqrt{2mE}}{\hbar}x} = c\left(-i\hbar \frac{i\sqrt{2mE}}{\hbar}\right) e^{\frac{i\sqrt{2mE}}{\hbar}x} = \sqrt{2mE} ce^{\frac{i\sqrt{2mE}}{\hbar}x}$

$= \sqrt{2mE}\psi_1$

因為 $\hat{p}_x \psi_1 = \sqrt{2mE}\psi_1$，故$\psi_1$是 $\hat{p}_x$ 的「特定函數」，「特定值」是$\sqrt{2mE}$。同理可證明ψ_2也是$\hat{p}_x$的「特定函數」，「特定值」是$-\sqrt{2mE}$。

2.14 將上式兩端左乘函數$\phi(x)$，則

左邊 $= \left[x \frac{d}{dx} x - x^2 \frac{d}{dx}\right] \phi(x) = x \frac{d}{dx} x\phi(x) - x^2 \frac{d}{dx} \phi(x)$

$= x\phi(x) + x^2 \frac{d}{dx} \phi(x) - x^2 \frac{d}{dx} \phi(x) = x\phi(x)$

右邊 $= x\phi(x)$

顯然，左邊 =右邊，故原「算子」關係式成立。

2.15 假設u和υ均為x的函數

$x^2(u + \upsilon) = x^2u + x^2\upsilon \quad \therefore x^2$是「線性算子」

$\frac{d}{dx}(u + \upsilon) = \frac{d}{dx} u + \frac{d}{dx} \upsilon \quad \therefore \frac{d}{dx}$是「線性算子」

$\frac{d^2}{dx^2}(u + \upsilon) = \frac{d^2}{dx^2} u + \frac{d^2}{dx^2} \upsilon \quad \therefore \frac{d^2}{dx^2}$是「線性算子」

$\sin(u + \upsilon) \neq \sin u + \sin \upsilon \quad \therefore \sin$不是「線性算子」

$\sqrt{u + \upsilon} \neq \sqrt{u} + \sqrt{\upsilon} \quad \therefore \sqrt{\ }$ 不是「線性算子」

$\log(u + \upsilon) \neq \log u + \log \upsilon \quad \therefore \log$不是「線性算子」

2.16 $\left(\frac{d^2}{dx^2} - Bx^2\right) e^{-ax^2} = 4a^2x^2e^{-ax^2} - 2ae^{-ax^2} - Bx^2e^{-ax^2} = (4a^2x^2 - 2a - Bx^2) \times e^{-ax^2}$

令$4a^2x^2 - 2a - Bx^2$= 常數，則$4a^2x^2 - 2a - Bx^2 = 0$

$a=\pm\sqrt{B}/2$，故「特定值」爲$\mp\sqrt{B}$。

2.17 $\left(-\frac{d^2}{dx^2}+x^2\right)\left(e^{-\frac{1}{2}x^2}\right)=-\frac{d^2}{dx^2}e^{-\frac{1}{2}x^2}+x^2\cdot e^{-\frac{1}{2}x^2}$

$$=\frac{d}{dx}\frac{d}{dx}e^{-\frac{1}{2}x^2}+x^2\cdot e^{-\frac{1}{2}x^2}$$

$$=\frac{d}{dx}\left(-xe^{-\frac{1}{2}x^2}\right)+x^2\cdot e^{-\frac{1}{2}x^2}$$

$$=e^{-\frac{1}{2}x^2}+x(-x)e^{-\frac{1}{2}x^2}+x^2e^{-\frac{1}{2}x^2}$$

$$=1\cdot e^{-\frac{1}{2}x^2}$$

⇒故「特定值」爲1。

2.18 若$\hat{F}u(x)=\lambda u(x)$，則u(x)是$\hat{F}$的「特定函數」，λ是$\hat{F}$的「特定值」。

$\frac{d^2}{dx^2}e^x=e^x\Rightarrow\therefore e^x$是「特定函數」，「特定值」爲1。

$\frac{d^2}{dx^2}\sin x=-\sin x\Rightarrow\therefore\sin x$是「特定函數」，「特定值」爲−1。

$\frac{d^2}{dx^2}2\cos x=-2\cos x\Rightarrow\therefore 2\cos x$是「特定函數」，「特定值」爲−1。

$\frac{d^2}{dx^2}x^3=6x\Rightarrow\therefore x^3$不是「特定函數」。

$\frac{d^2}{dx^2}[\sin x+\cos x]=-[\sin x+\cos x]\Rightarrow\therefore\sin x+\cos x$是「特定函數」，「特定值」爲−1。

2.19 (A) $\frac{d^2}{dx^2}(e^{-x})=e^{-x}$，是「特定函數」，「特定值」1。

(B) $\frac{d^2}{dx^2}(x^2)=2$，不是「特定函數」。

(C) $\frac{d^2}{dx^2}(\sin x)=-\sin x$，是「特定函數」，「特定值」−1。

(D) $\frac{d^2}{dx^2}(3\cos x)=-3\cos x$，是「特定函數」，「特定值」−1。

2.20 (A) $\sin\frac{n\pi x}{\ell}$在$0<x<\ell$範圍

已知三角函數：

$\sin^2\alpha=\frac{1}{2}(1-\cos 2\alpha)$，根據eigenfunction「歸一化」定義，有

$$\int_0^\ell A^2\left(\sin\frac{n\pi x}{\ell}\right)^2 dx = A^2\int_0^\ell \frac{1}{2}\left(1-\cos\frac{2n\pi x}{\ell}\right)dx$$

$$= \frac{A^2}{2}\left[\int_0^\ell dx - \int_0^\ell \cos\frac{2n\pi x}{\ell}dx\right]$$

$$= \frac{A^2}{2}\left(x - \frac{\ell}{2n\pi}\sin\frac{2n\pi x}{\ell}\right)\Bigg|_0^\ell$$

$$= \frac{A^2}{2}\ell$$

$$= 1$$

由上述式子，可求得係數A爲

$$A = \sqrt{\frac{2}{\ell}}$$

則$\sqrt{\frac{2}{\ell}}\sin\frac{n\pi x}{\ell}$爲「歸一化」後的eigenfunction。

(B) 根據eigenfunction「歸一化」定義，有

$$\int A^2\exp\left(-\frac{2r}{a_0}\right)d\tau = 1(d\tau = r^2\sin\theta drd\theta d\phi,\ 0\le r\le\infty,\ 0\le\theta\le\pi,\ 0\le\phi\le 2\pi)$$

$$= A^2\int \exp\left(-\frac{2r}{a_0}\right)r^2\sin\theta drd\theta d\phi$$

$$= A^2\int_0^\pi \sin\theta d\theta\int_0^{2\pi}d\phi\int_0^\infty r^2\exp\left(-\frac{2r}{a_0}\right)dr$$

據公式$\int_0^\infty x^n\exp(-ax)dx = \frac{n!}{a^{n+1}}$，積分上式，得

$$A^2\times 2\times 2\pi\frac{2!}{\left(\frac{2}{a_0}\right)^{2+1}} = A^2\pi a_0^3 = 1$$

由上述式子，可求得係數$A = \sqrt{\frac{1}{\pi a_0^3}}$

則$\sqrt{\frac{1}{\pi a_0^3}}\exp\left(-\frac{r}{a_0}\right)$爲「歸一化」後的eigenfunction。

(C) 同(B)的解法

$$\int A^2r^2\exp\left(-\frac{r}{a_0}\right)d\tau = A^2\int_0^\pi \sin\theta d\theta\int_0^{2\pi}d\phi\int_0^\infty r^4\exp\left(-\frac{r}{a_0}\right)dr$$

$$= A^2\times 2\times 2\pi\frac{4!}{\left(\frac{1}{a_0}\right)^{4+1}}$$

$$= A^2 96\pi a_0^5$$

$$= 1$$

由上述式子，可求得係數A為

$\frac{1}{\sqrt{96\pi a_0^5}} r \exp\left(-\frac{r}{2a_0}\right)$為「歸一化」後的eigenfunction。

2.21 見（2.42）式。

也就是：Orthogonal：$\int \psi_m^* \psi_n = 0$

故$\int \psi_1^* \psi_2 = \int_0^a \sin\frac{n\pi x}{a}\cos\frac{n\pi x}{a}dx = \frac{a}{n\pi}\times\frac{1}{2}\sin^2\frac{n\pi x}{a}\Big|_0^a = 0$

2.22 見（2.54）式。

即「歸一化」Normalization：$\int \psi_m^* \psi_n = 1$

故$\int \psi_{1s}^* \psi_{1s} d\tau$

$$N^2 \int e^{-2r/a_0} r^2 \sin\theta dr d\theta d\phi = 1$$

$$N^2 \cdot \int_0^\pi \sin\theta d\theta \int_0^{2\pi} d\phi \int_0^\infty r^2 e^{-2r/a_0} dr = 1$$

$$N^2 (2)(2\pi) \times \frac{2!}{\left(\frac{2}{a_0}\right)^3} = 1$$

$$\therefore N = \sqrt{\frac{1}{\pi a_0^3}}$$

$$\psi_{1s} = \left(\frac{1}{\pi a_0^3}\right)^{1/2} e^{-\frac{r}{a_0}}$$

2.23 B。（見第二章第三節）

2.24 (C)。

$$\int A^2 |\psi|^2 d\tau = 1$$

$$A^2 \times K = 1$$

$$A = \frac{1}{\sqrt{K}}$$

2.25 (B)。（見第二章第六節）

2.26 (B)。（見第二章第三節）

2.27 (B)。

因爲：

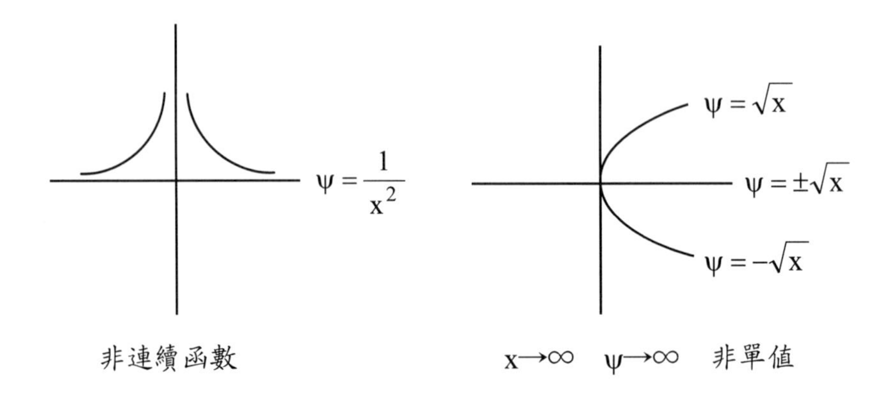

2.28 「Hermite算子」的定義是：對任意兩個函數u，υ，成立

$$\int u^* \hat{F} \upsilon d\tau = \int (\hat{F}\ u)^* \upsilon d\tau$$

稱 $\hat{F}$ 爲「Hermite算子」。

由題意知，$\hat{A}$，$\hat{B}$ 都是「Hermite算子」，故對任意兩個函數u，υ，成立

$$\int u^* \hat{A} \upsilon d\tau = \int (\hat{A}\ u)^* \upsilon d\tau$$

$$\int \quad \hat{} \qquad \int \quad \hat{}$$

$$\int u^* (c\hat{A}) \upsilon d\tau = c\int u^* \hat{A} \upsilon d\tau = c\int (\hat{A}\ u)^* \upsilon d\tau$$

因c是實常數，$c = c^*$，所以，$c\int (\hat{A}\ u)^* \upsilon d\tau = \int (c\hat{A}u)^* \upsilon d\tau$

$c\hat{A}$ 是「Hermite算子」。

$$\begin{aligned}\int u^* (\hat{A}+\hat{B}) \upsilon d\tau &= \int u^* \hat{A} \upsilon d\tau + \int u^* \hat{B} \upsilon d\tau \\ &= \int (\hat{A}\ u)^* \upsilon d\tau + \int (\hat{B}\ u)^* \upsilon d\tau \\ &= \int [(\hat{A}+\hat{B})u]^* \upsilon d\tau\end{aligned}$$

$(\hat{A}+\hat{B})$ 也是「Hermite算子」。

2.29 根據Born的統計解釋，空間某一點實物波的強度（波振幅的絕對值平方）和粒子在該點處出現的機率密度成正比，所以：

$$\rho = \psi^*(x, t) \cdot \psi(x, t)$$

$$= \phi^2(x)\left[\exp\left(-\frac{i}{\hbar}Et\right) + \exp\left(\frac{i}{\hbar}Et\right)\right] \cdot \left[\exp\left(\frac{i}{\hbar}Et\right) + \exp\left(-\frac{i}{\hbar}Et\right)\right]$$

$$= \phi^2(x)\left[2 + 2\cos\left(\frac{2}{\hbar}Et\right)\right]$$

若一體系的波函數滿足$|\psi(x,t)|^2 = |\psi(x)|^2$

說明體系的機率密度與時間無關，稱這種波函數所描寫的狀態叫「穩定態」（「穩定態」（stationary state）時，體系的能量也與時間無關）。本題中機率密度與時間變化有關，所以該體系沒有處在「穩定態」。

2.30 (C)。

(A) $x \to \infty$，$\phi \to \infty$ (B) $x \to \infty$，$\phi \to \infty$

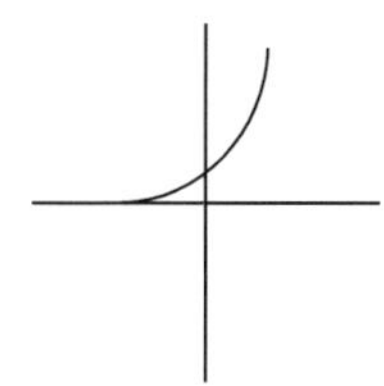

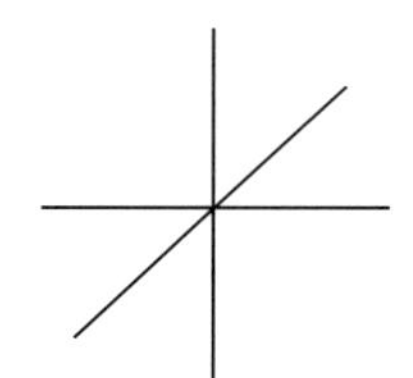

(C)

(D) $x \to \infty$，$\phi \to -\infty$

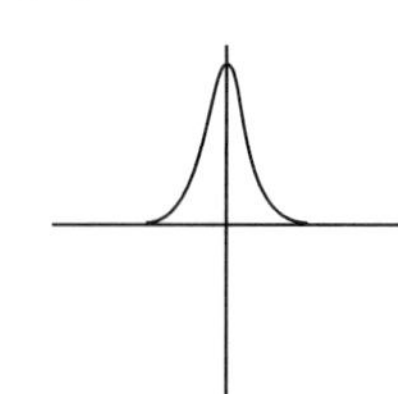

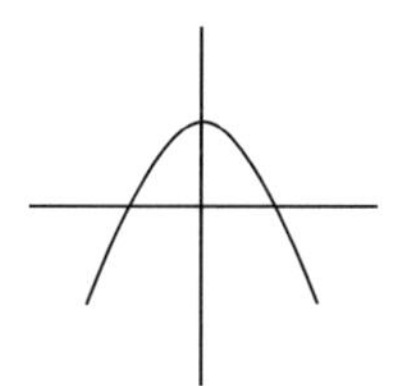

2.31 將這兩個波函數合併在一起並積分，可得：

$$\int_0^a \psi_n^*(x)\psi_n'(x)dx = \int_0^a \left(k^* \sin\frac{n\pi x}{a}\right)\left(W\cos\frac{n\pi x}{a}\right)dx$$

$$= k^*W\int_0^a \sin\frac{n\pi x}{a}\cos\frac{n\pi x}{a}dx$$

設$z = \frac{n\pi x}{a}$，$dx = \left(\frac{n\pi}{a}\right)dx$

$$\int_0^a \psi_n^*(x)\psi_n'(x)dx = k^*W\int_0^a \sin z\cos z\left(\frac{a}{n\pi}\right)dz$$

$$= k^*W\left(\frac{a}{n\pi}\right)\int_0^{n\pi}\sin z\cos z\,dz$$

$$= k^*W\left(\frac{a}{n\pi}\right)\left[\frac{1}{2}\sin^2 z\right]_0^{n\pi} = k^*W\left(\frac{a}{n\pi}\right)\left(\frac{1}{2}\sin^2 n\pi\right)$$

$$= k^*W\left(\frac{a}{n\pi}\right)(0)$$

$$= 0$$

因此，證明這兩個波函數是「正交」的。

2.32 $\int \phi_1^*(x)\hat{p}_x\phi_2(x)dx = \int \phi_1^*(x)\left[-i\hbar\frac{\partial}{\partial x}\right]\phi_2(x)dx$

令$u = \phi_1^*(x)$，且$\nu = \phi_2(x)$，$du = \frac{\partial\phi_1^*(x)}{\partial x}dx$ ，$d\nu = \frac{\partial}{\partial x}\phi_2(x)dx$

$\nu = \int \frac{\partial}{\partial x}\phi_2(x)dx = \phi_2(x)$，則$\int \phi_1^*(x)\hat{p}_x\phi_2(x)dx$（利用（2.40）式）

$$= \phi_1^*(x)\phi_2(x)(-i\hbar)\Big|_{-\infty}^{+\infty} - (-i\hbar)\int_{-\infty}^{+\infty} \phi_2(x)\frac{\partial}{\partial x}\phi_1^*(x)dx$$

$$= i\hbar\int \phi_2(x)\frac{\partial}{\partial x}\phi_1^*(x)dx = \int \phi_2(x)(-i\hbar\frac{\partial}{\partial x})^*\phi_1(x)dx$$

由此可得：$\int \phi_1^*(x)\hat{p}_x\phi_2(x)dx = \int \phi_2(x)\hat{p}_x^*\phi_1^*(x)dx$

故$\hat{p}_X$爲Hermite「算子」。

2.33 根據（2.53c）式，「機率密度」爲：

$$\frac{d\omega}{d\tau} = |\psi|^2 = \psi^*\psi = \exp(-ikx) \cdot \exp(ikx) = 1$$

表明粒子在空間任一點的機率密度都是1。這是一個與時間、座標無關的常數，即座標是不確定的。

由「歸一化」條件：（見（2.54）式）

$$\int \psi^*\psi d\tau = 1$$

代入eigenfunction

$$\int_0^\infty \exp((-ikx)\exp(+ikx)dx = x\Big|_0^\infty \Rightarrow \infty$$

即此eigenfunction是不能「歸一化」的。這個結論很容易理解，因此，此題eigenfunction在空間任一點附近的機率密度都爲1。則在全空間找到粒子的機率，必定爲無窮大。

2.34 $\left(-\frac{d^2}{dx^2}+x^2\right)e^{-\frac{1}{2}x^2} = -\frac{d}{dx}\left(\frac{d}{dx}e^{-\frac{1}{2}x^2}\right)+x^2e^{-\frac{1}{2}x^2}$

$$= -\frac{d}{dx}(-xe^{-\frac{1}{2}x^2}) + x^2e^{-\frac{1}{2}x^2}$$

$$= e^{-\frac{1}{2}x^2} - x^2e^{-\frac{1}{2}x^2} + x^2e^{-\frac{1}{2}x^2}$$

$$= e^{-\frac{1}{2}x^2}$$

所以「特定值」爲1。

$$\left(-\frac{d^2}{dx^2}+x^2\right)xe^{-\frac{1}{2}x^2}=-\frac{d}{dx}\left[\frac{d}{dx}(xe^{-\frac{1}{2}x^2})\right]+x^3e^{-\frac{1}{2}x^2}$$
$$=xe^{-\frac{1}{2}x^2}-x^3e^{-\frac{1}{2}x^2}+2xe^{-\frac{1}{2}x^2}+x^3e^{-\frac{1}{2}x^2}$$
$$=3xe^{-\frac{1}{2}x^2}$$

所以「特定值」爲3。

2.35 「量子力學」中每一個「物理量」對應一個「物理量算子」。例如：

「能量算子」：$\hat{H}=-\frac{h^2}{8\pi^2\mu}\nabla^2+V(x,y,z)$

「動量算子」：$\hat{p}_x=\frac{h}{i2\pi}\frac{\partial}{\partial x}$，$\hat{p}_y=\frac{h}{i2\pi}\frac{\partial}{\partial y}$，$\hat{p}_z=\frac{h}{i2\pi}\frac{\partial}{\partial z}$

如果一個「物理量算子」作用描述系統運動的波函數上等於一個常數乘以波函數，則該常數爲「物理量」可測定的確定值。如果某「物理量」F沒有確定值，則可通過該「物理量」的「算子」和波函數計算對應「物理量」的平均值〈F〉。

$$\langle F\rangle=\frac{\int\Psi^*\hat{F}\Psi d\tau}{\int\Psi^*\Psi d\tau}$$

2.36 證明：設$\Psi=c_1\Psi_1+c_2\Psi_2+\cdots+c_n\Psi_n$

$$\hat{H}\Psi=\hat{H}(c_1\Psi_1+c_2\Psi_2+\cdots+c_n\Psi_n)=c_1\hat{H}\Psi_1+c_2\hat{H}\Psi_2+\cdots+c_n\hat{H}\Psi_n$$

因Ψ_1，Ψ_2，……，Ψ_n是系統的n個可能狀態，對應於相同的能量E，所以

$\hat{H}\Psi_1=E\Psi_1$，$\hat{H}\Psi_2=E\Psi_2$，…，$\hat{H}\Psi_n=E\Psi_n$

帶入上式得

$$\hat{H}\Psi=c_1E\Psi_1+c_2E\Psi_2+\cdots+c_nE\Psi_n=E(c_1\Psi_1+c_2\Psi_2+\cdots+c_n\Psi_n)$$
$$=E\Psi$$

因此Ψ（即$c_1\Psi_1+c_2\Psi_2+\cdots+c_n\Psi_n$）也是系統對應於能量E的一個可能狀態。

2.37 (A) $\int\psi^*\hat{F}\hat{G}\psi d\tau=\int(\hat{F}\psi)^*\hat{G}\psi d\tau=\int(\hat{G}\hat{F}\psi)^*\psi d\tau$

若$\hat{F}\hat{G}=\hat{G}\hat{F}$，則$\hat{F}\hat{G}$是「Hermit算子」，否則就不是。

(B) $\int u^*(\hat{F}\hat{G}-\hat{G}\hat{F})v dx=\int u^*\hat{F}\hat{G}v dx-\int u^*\hat{G}\hat{F}v dx$

$$=\int(\hat{F}u)^*\hat{G}v dx-\int(\hat{G}u)^*\hat{F}v dx$$

$$= \int (\hat{G}\hat{F}u)^* \nu dx - \int (\hat{F}\hat{G}u)^* \nu dx$$

$$= \int [(\hat{G}\hat{F} - \hat{F}\hat{G})u]^* \nu dx$$

$$= -\int [(\hat{F}\hat{G} - \hat{G}\hat{F})u]^* \nu dx$$

所以 $\hat{F}\hat{G} - \hat{G}\hat{F}$ 不是「Hermit算子」。

$$\int u^* [i(\hat{F}\hat{G} - \hat{G}\hat{F})] \nu dx = i\int u^* (\hat{F}\hat{G} - \hat{G}\hat{F})] \nu dx$$

$$= i\int [(\hat{G}\hat{F} - \hat{F}\hat{G})u]^* \nu dx$$

$$= -i\int [(\hat{F}\hat{G} - \hat{G}\hat{F})u]^* \nu dx$$

$$= \int [i(\hat{F}\hat{G} - \hat{G}\hat{F})u]^* \nu dx$$

所以 $i(\hat{F}\hat{G} - \hat{G}\hat{F})$ 是「Hermit算子」。

2.38 (1) 求「歸一化」因子A：

$$\int_{-\infty}^{\infty} \psi^* \psi dx = A^2 \int_{-\infty}^{\infty} e^{-\frac{i}{\hbar}p_0 x - \frac{x^2}{4d^2}} e^{+\frac{i}{\hbar}p_0 x - \frac{x^2}{4d^2}} dx$$

$$= A^2 \int_{-\infty}^{\infty} \exp\left(-\frac{x^2}{2d^2}\right) dx$$

$$= A^2 \int_{-\infty}^{\infty} e^{\left(\frac{x}{\sqrt{2}d}\right)^2 x^2} dx$$

$$= 1$$

$$I = \int_{-\infty}^{\infty} e^{-ax^2} dx$$

$$I = \int_{-\infty}^{\infty} e^{-ay^2} dy$$

$$\left\{ \begin{aligned} I^2 &= \int_{-\infty}^{\infty} e^{-(x^2+y^2)} dxdy \\ &= \int_{-\infty}^{\infty} \int_{0}^{2\pi} e^{-ar^2} rdrd\theta \\ &= 2\pi \int_{-\infty}^{\infty} e^{-ar^2} r \\ &= 2\pi \cdot \frac{1}{-2a} e^{-ar^2} \Big|_0^{\infty} \\ &= 2\pi \left(\frac{1}{-2a}\right)(0-1) \\ &= \frac{\pi}{a} \end{aligned} \right.$$

$\therefore I = \int_{-\infty}^{\infty} e^{-ax^2}$，$dx = \sqrt{\frac{\pi}{a}}$

因為 $\int_{-\infty}^{\infty} e^{-a^2x^2} \mathbf{dx} = \sqrt{\frac{\pi}{a^2}} = \frac{\sqrt{x}}{a}$ （$a > 0$）

令$a^2=\dfrac{1}{\sqrt{2}d}$

$$A^2\times\frac{\sqrt{x}}{\dfrac{1}{\sqrt{2}}d}=1\text{，}$$

所以 $A^2=\dfrac{1}{\sqrt{2\pi d^2}}$

$$A=\frac{1}{\sqrt[4]{2\pi d^2}}$$

(2) 求$\overline{x}$：f(x)爲連續且爲奇函數⇒$\int_{-a}^{a}f(x)dx=0$

$$\overline{x}=\int_{-\infty}^{\infty}\psi^* x\psi \mathbf{d}x=\frac{1}{\sqrt{2\pi d^2}}\int_{-\infty}^{\infty}x^1\exp\left(-\frac{x^2}{2d^2}\right)dx=0$$

(3) 求$\overline{x^2}$：

$$\overline{x^2}=\int_{-\infty}^{\infty}\psi^* x^2\psi dx=\frac{1}{\sqrt{2\pi d^2}}\int_{-\infty}^{\infty}x^2\exp\left(-\frac{x^2}{2d^2}\right)dx$$

$$=\frac{2}{\sqrt{2\pi d^2}}\int_{-\infty}^{\infty}x^2\exp\left(-\frac{x^2}{2d^2}\right)dx$$

$$=\frac{2}{\sqrt{2\pi d^2}}\cdot\frac{2d^2}{2^2}\sqrt{\pi}\sqrt{2}d$$

$$=d^2$$

（這裡利用了：$I=\int_0^{\infty}x^{2a}e^{-Px^2}dx=\dfrac{1\cdot3\cdot5\cdots(2a-1)}{2^{a+1}P^a}\sqrt{\dfrac{\pi}{P}}$）

(4) 求$\overline{p}$：

$$\overline{p}_x=\int_{-\infty}^{\infty}\psi^*\left(-i\hbar\frac{\partial}{\partial x}\right)\psi dx$$

$$=\frac{\hbar}{i\sqrt{2\pi d^2}}\int_{-\infty}^{\infty}\exp\left(-\frac{i}{\hbar}P_0x-\frac{x^2}{4d^2}\right)\left[\left(\frac{i}{\hbar}P_0-\frac{x}{2d^2}\right)\exp\left(\frac{i}{\hbar}P_0x-\frac{x^2}{4d^2}\right)\right]dx$$

$$=\frac{\hbar}{i\sqrt{2\pi d^2}}\left[\frac{iP_0}{\hbar}\int_{-\infty}^{\infty}\exp\left(-\frac{x^2}{2d^2}\right)dx-\frac{1}{2d^2}\int_{-\infty}^{\infty}x\exp\left(-\frac{x^2}{2d^2}\right)dx\right]$$

$$=\frac{2P_0}{\sqrt{2\pi d^2}}\int_0^{\infty}\exp\left(-\frac{x^2}{2d^2}\right)dx$$

$$\left(\begin{array}{l}\because \int_{-\infty}^{\infty} e^{-ax^2} dx = \frac{1}{2} \times \sqrt{\frac{\pi}{a}} \\ \therefore \int_{-\infty}^{\infty} e^{-\frac{1}{2d^2}x^2} dx = \frac{1}{2} \times \sqrt{\frac{\pi}{\frac{1}{2d^2}}} = \frac{\sqrt{2\pi d^2}}{2}\end{array}\right)$$

$$= \frac{2P_0}{\sqrt{2\pi d^2}} \cdot \frac{\sqrt{2\pi d^2}}{2}$$

$$= P_0$$

2.39 $[\hat{A} \pm \hat{B}, \hat{C}] = (\hat{A} \pm \hat{B})\hat{C} - \hat{C}(\hat{A} \pm \hat{B}) = \hat{A}\hat{C} \pm \hat{B}\hat{C} - (\hat{C}\hat{A} \pm \hat{C}\hat{B})$

$$= \hat{A}\hat{C} - \hat{C}\hat{A} \pm (\hat{B}\hat{C} - \hat{C}\hat{B})$$

$$= [\hat{A}, \hat{C}] \pm [\hat{B}, \hat{C}]$$

2.40 $[\hat{L}_x, x] = [(yp_z - zp_y), x] = [yp_z, x] - [zp_y, x] = 0$

$[\hat{L}_y, x] = [(zp_x - xp_z), x] = [zp_x, x] - [xp_z, x] = [zp_x, z] + [z, x]p_z = -i\hbar z$

$[\hat{L}_z, x] = [(xp_y - yp_x), x] = [xp_y, x] - [yp_x, x] - [yp_x, x] - [y, x]p_z = -i\hbar y$

由此可推斷

$[L_x, y] = -i\hbar z$　　$[L_x, z] = -i\hbar y$

$[L_y, z] = -i\hbar x$　　$[L_z, y] = -i\hbar x$

$[L_y, y] = 0$　　$[L_z, z] = 0$

2.41 根據「歸一化」條件$\int_{-\infty}^{\infty} \Psi^2(x)dx = 1$，由於在$-a \le x \le +a$範圍以外，波函數均爲零，所以積分限可由$-\infty$～$+\infty$改爲$-a$～$a$，即

$$\int_{-\infty}^{\infty} \Psi_1^2(x)dx = \int_{-a}^{+a} N_1^2(a^2 - x^2)^2 dx = \int_{-a}^{+a} N_1^2(a^4 - 2a^2x^2 + x^4)dx$$

$$= N_1^2 a^5 \frac{16}{15} = 1$$

可得$N_1 = \pm\sqrt{\frac{15}{16a^5}}$

$$\int_{-\infty}^{\infty} \Psi_2^2(x)dx = \int_{-a}^{+a} N_2^2 x^2(a^2 - x^2)^2 dx = \int_{-a}^{+a} N_2^2(a^4x^2 - 2a^2x^4 + x^6)dx$$

$$= N_2^2 a^7 \frac{16}{105}$$

$$= 1$$

可得$N_2 = \pm\sqrt{\frac{105}{16a^7}}$

$$\int_{-\infty}^{\infty}\Psi_1(x)\Psi_2(x)dx=\int_{-a}^{+a}N_1(a^2-x^2)N_2x(a^2-x^2)dx$$

$$=N_1N_2\int_{-a}^{+a}(a^4x-2a^2x^3+x^5)dx$$

$$=N_1N_2\left|\frac{1}{2}a^4x^2-\frac{1}{2}a^2x^4+\frac{1}{6}x^6\right|_{-a}^{+a}$$

$$=0$$

積分為零，兩波函數「正交」。

2.42 用「算子」$\hat{H}$、$\hat{p}$分別作用於函數f和g可得

$$\hat{H}f=-\frac{h^2}{8m\pi^2}\frac{d^2}{dx^2}e^{iax}=\left(-\frac{h^2}{8m\pi^2}\right)(ia)\frac{d}{dx}e^{iax}=\frac{a^2h^2}{8m\pi^2}f$$

f是$\hat{H}$的「特定函數」，特定值為$\frac{a^2h^2}{8m\pi^2}$。

$$\hat{p}f=-\frac{i\hbar}{2\pi}\frac{d}{dx}e^{iax}=\left(-\frac{i\hbar}{2\pi}\right)(ia)e^{iax}=\frac{a\hbar}{2\pi}f$$

f是$\hat{p}$的「特定函數」，特定值為$\frac{a\hbar}{2\pi}$。

$$\hat{H}g=-\frac{h^2}{8m\pi^2}\frac{d^2}{dx^2}(2\cos 5x)=\left(-\frac{h^2}{8m\pi^2}\right)(-25)2\cos 5x=\frac{25h^2}{8m\pi^2}g$$

g是$\hat{H}$的「特定函數」，特定值為$\frac{25h^2}{8m\pi^2}g$。

$$\hat{p}g=-\frac{i\hbar}{2\pi}\frac{d}{dx}(2\cos 5x)=\frac{5i\hbar}{2\pi}2\sin 5x\neq 常數\times g$$

g不是$\hat{p}$的「特定函數」。

2.43 光子：$E=h\cdot\nu=h\cdot\frac{c}{\lambda}$

電子：$\lambda=\frac{h}{p}$，$P=\frac{h}{\lambda}$

$$E=\frac{P^2}{2m}=\frac{\left(\frac{h}{\lambda}\right)^2}{2m}=\frac{h^2}{2m\lambda^2}$$

$$\therefore\frac{E_p}{E_e}=\frac{h\cdot\frac{c}{\lambda}}{\frac{h^2}{2m_e\lambda^2}}=\frac{c\times\lambda\times 2m_e}{h\times 1}$$

$$=\frac{3\times 10^8\,m/s\times 662.6\times 10^{-12}\,m\times 2\times 9\times 10^{-31}}{6.62\times 10^{-34}\,J\cdot s}$$

$$= \frac{3 \times 662.6 \times 2 \times 9 \times 10^{-35}}{6.62 \times 10^{-34}}$$

$$= 540.4$$

2.44 當$C_1 = C_2$時，$\psi = C_1(\psi_1 + \psi_2)$

$$\int \psi^2 d\tau = C_1^2 \int (\psi_1 + \psi_2)^2 d\tau = C_1^2 (\int \psi_1^2 d\tau + 2\int \psi_1 \psi_2 d\tau + \int \psi_2^2 d\tau)$$

$$= C_1^2 (S_1 \ + 2S_{12} + S_{22}) = C_1^2 (S_{11} + 2S_{12} + S_{22})$$

$$= 1$$

$$C_1 = (S_{11} + 2S_{12} + S_{22})^{-1/2}$$

2.45 $\hat{L}(a\upsilon + b\upsilon) = a\hat{L}\upsilon + b\hat{L}\upsilon$ (1)

$\hat{M}(a\upsilon + b\upsilon) = a\hat{M}\upsilon + b\hat{M}\upsilon$ (2)

$c_1 \times (1) + c_2 \times (2)$

$$(c_1\hat{L} + c_2\hat{M})(a\upsilon + b\upsilon) = a(c_1\hat{L}\upsilon + c_2\hat{M}\upsilon) + b(c_1\hat{L}\upsilon + c_2\hat{M}\upsilon)$$

$$= (ac_1\hat{L}\upsilon + bc_1\hat{L}\upsilon) + (ac_2\hat{M}\upsilon + bc_2\hat{M}\upsilon)$$

2.46 $\nabla^2 = \frac{\partial^2}{\partial x^2} + \frac{\partial^2}{\partial y^2} + \frac{\partial^2}{\partial z^2}$

$$\nabla^2 f(x, y, z) = \left(\frac{\partial^2}{\partial x^2} + \frac{\partial^2}{\partial y^2} + \frac{\partial^2}{\partial z^2}\right) \cos ax \cdot \cos by \cdot \cos cz$$

$$= -(a^2 + b^2 + c^2)(\cos ax \cdot \cos by \cdot \cos cz)$$

$$= \lambda f(x, y, z)$$

$$\lambda = -(a^2 + b^2 + c^2)$$

2.47 由於波函數的絕對值平方正比於粒子在空間的機率密度，所以ψ和$c\psi$表示的是同一狀態。故對同一狀態可以找到無窮多個波函數。爲了方便起見，我們一般採用歸一化的波函數，這樣，一個狀態只有一個歸一化波函數，波函數的歸一化條件是：（見第二章第四節）

$$\int \psi^* \psi d\tau = 1$$

對$\psi_1(x)$，有 $\int_{-a}^{a} \psi_1^2(x)dx = \int_{-a}^{a} N_1^2 (a^4 + x^4 - 2a^2x^2)dx$

$$= N_1^2 \left[a^4x - \frac{2}{3}a^2x^3 + \frac{1}{5}x^5\right]_{-a}^{a} = \frac{16}{15}a^5 N_1^2$$

$$= 1$$

$$N_1 = \pm\sqrt{\frac{15}{16a^5}}$$

對$\psi_2(x)$，有 $\int_{-a}^{a} \psi_2^2(x)dx = \int_{-a}^{a} N^2x^2(a^2 - x^2)^2 dx$

$$= N_2^2\left[\frac{1}{3}a^4x^3 + \frac{1}{7}x^7 - \frac{2}{5}a^2x^5\right]_{-a}^{a} = \frac{16a^7}{105}N_2^2$$

$$= 1$$

$$N_2 = \pm\sqrt{\frac{105}{16a^7}}$$

波函數的正交是指ψ_1，ψ_2滿足$\int \psi_1\psi_2 d\tau = 0$

所以$\int_{-a}^{a} \psi_1(x)\psi_2(x)dx = \int_{-a}^{a} N_1N_2x(a^2 - x^2)^2 dx$

$$= \int_{-a}^{a} N_1N_2x[a^4 + x^4 - 2a^2x^2]dx$$

$$= N_1N_2\left[\frac{1}{2}a^4x^2 + \frac{1}{6}x^6 - \frac{a^2}{2}x^4\right]_{-a}^{a}$$

$$= 0$$

即$\psi_1(x)$和$\psi_2(x)$相互「正交」。

2.48 (C)。（見（2.14）式）

2.49 將波函數$\psi(x)$對x求導得

$$\frac{\partial\psi(x)}{\partial x} = A\exp\left[\frac{i}{h}(xp_x - Et)\right]\frac{d}{dx}\left[\frac{i}{h}(xp_x - Et)\right]$$

$$= \frac{i}{h}p_xA\exp\left[\frac{i}{h}(xp_x - Et)\right]$$

$$= \frac{i}{h}p_x\psi(x)$$

移項得：$-i\hbar\frac{\partial\psi(x)}{\partial x} = p_x\psi(x)$

與（2.12）式：$\hat{A}\psi(x) = a\psi(x)$比較，可知：$\left(-i\hbar\frac{\partial}{\partial x}\right)$相當於$p_x$的「算子」

$\hat{p}_x$，故有$-i\hbar\frac{\partial}{\partial x}\psi(x) = \hat{p}_x\psi(x) = p_x\psi(x)$

$$\hat{p}_x = \left(-i\hbar\frac{\partial}{\partial x}\right)$$

2.50 (A) Lz的可能值爲：$\hbar$和0，L_z的平均值爲：$C_1^2\hbar$

(B) L^2的「特定值」：$1(1+1)\hbar^2 = 2\hbar^2$（見表2.1）

(C) L_x和L_y的可能值：

1. 由座標變換的方法求L_x的可能值：

引進座標變換，用(x', y', z')代替原來座標的(y, z, x)（見下圖）。這樣L_x的可能值就是在(x', y', z')座標系中L_z'的可能值。

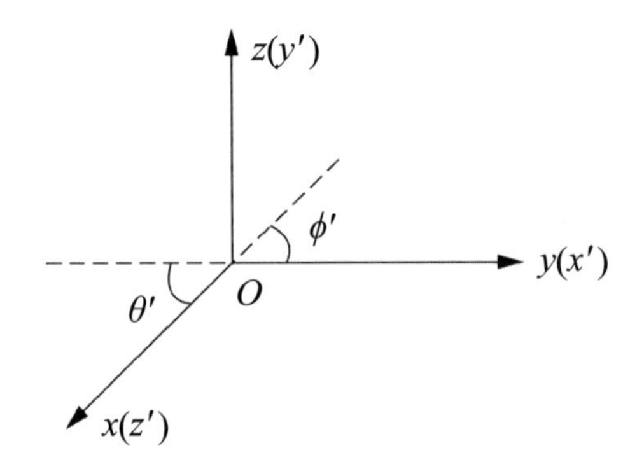

因爲$x = r\sin\theta\cos\phi = z' = r\cos\theta'$

$y = r\sin\theta\cos\phi = x' = r\sin\theta'\cos\phi'$

$z = r\cos\theta = y' = r\sin\theta'\sin\phi'$

所以$\sin\theta\cos\phi = \cos\theta'$

$\sin\theta\sin\phi = \sin\theta'\cos\phi'$

$\cos\theta = y' = \sin\theta'\sin\phi'$

在x′, y′, z′座標系中，L_z'（即L_x）的「特定函數」爲$Y_{\ell m}(\theta', \phi')$而

$$\psi = C_1Y_{11}(\theta, \phi) + C_2Y_{10}(\theta, \phi) = C_1\sqrt{\frac{3}{8\pi}}\sin\theta e^{i\phi} + C_2\sqrt{\frac{3}{4\pi}}\cos\theta$$

$$= C_1\sqrt{\frac{3}{8\pi}}(\sin\theta\cos\phi + i\sin\theta\sin\phi) + C_2\sqrt{\frac{3}{4\pi}}\cos\theta$$

$$= C_1\sqrt{\frac{3}{8\pi}}(\cos\theta' + i\sin\theta'\cos\phi') + C_2\sqrt{\frac{3}{4\pi}}\sin\theta'\sin\phi' \quad (1)$$

又由於$Y_{10}(\theta', \phi') = \sqrt{\frac{3}{4\pi}}\cos\theta'$，

所以 $\sqrt{\frac{3}{8\pi}}\cos\theta' = \frac{1}{\sqrt{2}}Y_{10}(\theta',\phi')$

而 $\sqrt{\frac{3}{8\pi}}\sin\theta'\cos\phi' = \sqrt{\frac{3}{8\pi}}\sin\theta'\left(\frac{e^{i\phi}+e^{-i\phi}}{2}\right)$

$$= \frac{1}{2}[Y_{11}(\theta',\phi') + Y_{1-1}(\theta',\phi')]$$

$$\sqrt{\frac{3}{4\pi}}\sin\theta'\sin\phi' = \sqrt{\frac{3}{4\pi}}\sin\theta'\left(\frac{e^{i\phi}-e^{-i\phi}}{2}\right)$$

$$= \frac{1}{\sqrt{2}i}[Y_{11}(\theta',\phi') - Y_{1-1}(\theta',\phi')]$$

將以上結果代入(1)式，得：

$$\sqrt{\frac{3}{4\pi}}\sin\theta'\sin\phi' = \sqrt{\frac{3}{4\pi}}\sin\theta'\left(\frac{e^{i\phi}-e^{-i\phi}}{2}\right)$$

$$= \frac{1}{\sqrt{2}i}[Y_{11}(\theta',\phi') - Y_{1-1}(\theta',\phi')]$$

將以上結果代入(1)式，得：

$$\psi = C_1\frac{1}{\sqrt{2}}Y_{10}(\theta',\phi') + \frac{C_1}{2}i[Y_{1}\ (\theta',\phi') + Y_{1-1}(\theta',\phi')]$$

$$-\frac{i}{\sqrt{2}}C_2Y_{1}\ (\theta',\phi') + \frac{i}{\sqrt{2}}C_2Y_{1-1}(\theta',\phi')$$

$$= \frac{1}{\sqrt{2}}C_1Y_{10}(\theta',\phi') + \frac{i(C_1-\sqrt{2}C_2)}{2}Y_{1}\ (\theta',\phi') + \frac{i(C_1+\sqrt{2}C_2)}{2}Y_{1-1}(\theta',\phi')$$

由於$Y_{10}(\theta', \phi')$，$Y_{11}(\theta', \phi')$，$Y_{1-1}(\theta', \phi')$均爲L_z的「特定函數」，其「特定值」分別爲0，$\hbar$，$-\hbar$。所以Lx（即L_z'）在ψ所描寫的狀態中的可能取值0，$\hbar$，$-\hbar$。

2. 用類似的座標變換方法可以求得在ψ所描寫的狀態中L_y的可能取值亦爲0，$\hbar$，$-\hbar$。

2.51 「量子力學」的基本假設之一是：每一可測物理量總與一個線性Hermite「算子」相對應，所以$\hat{F}$一定是個Hermite「算子」，它滿足：

$$\int \psi^* \hat{F}\psi d\tau = \int (\hat{F}\ \psi)^* \psi d\tau$$

又從「量子力學」另一基本假定可知：物理量$\hat{F}$的期望值爲

$$\langle F \rangle = \int \psi^* \hat{F}\psi d\tau / \int \psi^* \psi d\tau$$

所以$\langle F^2 \rangle = \int \psi^* \hat{F}^2 \psi d\tau / \int \psi^* \psi d\tau = \int (\hat{F}\psi)^* \hat{F}\psi d\tau / \int \psi^* \psi d\tau$

$= \int |F\psi|^2 d\tau / \int |\psi|^2 d\tau$

因$|F\psi|^2 \geq 0$，$|\psi|^2 > 0$

故 $\langle F^2 \rangle \geq 0$

2.52 「算子」是將一種函數演變爲另外一種函數的運算。

(A) 已知$\hat{T}_n f(x) = f(x+n)$

$\therefore \hat{T}_1 x = x+1$

$\hat{T}_1^2 x = \hat{T}_1(x+1) = x+2$

$\hat{T}_2 x = x+2$

$(\hat{T}_1^2 - 3\hat{T}_2 + 2)x = \hat{T}_1^2 x - 3\hat{T}_2 x + 2x = x+2-3(x+2)+2x = -4$

(B) $\hat{T}_1 x^2 = (x+1)^2$

$\hat{T}_1^2 x^2 = \hat{T}_1(x+1)^2 = (x+2)^2$

$(\hat{T}_1^2 - 3\hat{T}_1 + 2)x^2 = \hat{T}_1^2 x^2 - 3\hat{T}_1 x^2 + 2x^2 = (x+2)^2 - 3(x+1)^2 + 2x^2$

$= 1 - 2x$

第三章

3.1 應用量子力學基本假設II（operator）和III（eigenfunction、eigenvalue和eigen-equation），得：長度爲ℓ的一維位能箱中運動粒子的波函數爲：

$\psi_n(x) = \sqrt{\frac{2}{\ell}} \sin\frac{n\pi x}{\ell} \quad 0 < x < 1$，$n = 1, 2, 3, \cdots$（見（3.9）式）

令n和n′表示不同的量子數，將上式積分：

$$\int_0^\ell \psi_n(x)\psi_{n'}(x)d\tau = \int_0^\ell \sqrt{\frac{2}{\ell}}\sin\frac{n\pi x}{\ell} \cdot \sqrt{\frac{2}{\ell}}\sin\frac{n'\pi x}{\ell} d\tau$$

$$= \frac{2}{\ell}\int_0^\ell \sin\frac{n\pi x}{\ell} \cdot \sin\frac{n'\pi x}{\ell} d\tau$$

$$= \frac{2}{\ell}\left[\frac{\sin\frac{(n-n')\pi}{\ell}x}{2\times\frac{(n-n')\pi}{\ell}x} - \frac{\sin\frac{(n+n')\pi}{\ell}x}{2\times\frac{(n+n')\pi}{\ell}x}\right]_0^\ell$$

$$=\left[\frac{\sin\frac{(n-n')\pi}{\ell}x}{(n-n')\pi}-\frac{\sin\frac{(n+n')\pi}{\ell}x}{(n+n')\pi}\right]_0^{\ell}$$

$$=\frac{\sin(n-n')\pi}{(n-n')\pi}-\frac{\sin(n+n')\pi}{(n+n')\pi}$$

n和n'皆爲正整數，因而$(n-n')$和$(n+n')$皆爲整數，所以積分：

$$\int_0^{\ell}\psi_n(x)\psi_{n'}(x)d\tau=0$$

根據定義（見（2.42）式及（3.18）式），$\psi_n(x)$和$\psi_{n'}(x)$互相正交。

3.2 (A) 由於已經有了箱中粒子的「歸一化」（normalized）波函數，可採用下列兩種方法計算粒子的能量。

(1) 將「能量算子」直接作用於波函數，所得常數即爲粒子的能量：（見（2.71）式）

$$\hat{H}\psi_n(x)=-\frac{h^2}{8\pi^2m}\frac{d^2}{dx^2}\left(\sqrt{\frac{2}{\ell}}\sin\frac{n\pi x}{\ell}\right)$$

$$=-\frac{h^2}{8\pi^2m}\frac{d}{dx}\left(\sqrt{\frac{2}{\ell}}\times\frac{n\pi}{\ell}\cos\frac{n\pi x}{\ell}\right)$$

$$=-\frac{h^2}{8\pi^2m}\times\sqrt{\frac{2}{\ell}}\times\frac{n\pi}{\ell}\times\left(-\frac{n\pi}{\ell}\sin\frac{n\pi x}{\ell}\right)$$

$$=\frac{h^2}{8\pi^2m}\times\frac{n^2\pi^2}{\ell^2}\times\sqrt{\frac{2}{\ell}}\sin\frac{n\pi x}{\ell}$$

$$=\frac{n^2h^2}{8m\ell^2}\psi_n(x)$$

即 $E_n=\dfrac{n^2h^2}{8m\ell^2}$

(2) 將動量平方的operator $(\hat{p}_x^2)$ 作用於波函數，所得常數即爲

$$\hat{p}_x^2\psi(x)=(p_x^2)\times\psi(x)$$

$$\hat{p}_x^2\psi_n(x)=-\frac{h^2}{4\pi^2}\frac{d^2}{dx^2}\left(\sqrt{\frac{2}{\ell}}\sin\frac{n\pi x}{\ell}\right)=\frac{n^2h^2}{4\ell^2}\psi_n(x)$$

即$p_x^2=\dfrac{n^2h^2}{4\ell^2}$

將此式代入粒子的能量表達式，得：

$$E = T + V = T = \frac{1}{2m}p_x^2 = \frac{1}{2m} \times \frac{n^2h^2}{4\ell^2} = \frac{n^2h^2}{8m\ell^2}$$

(B) 由於已知 $\hat{x}\psi_n(x) \neq c\psi_n(x)$，代表著：$\hat{x}$ 無eigenvalue，故只能求粒子座標的「平均值」：（見（2.78）式）

$$\langle x \rangle = \int_0^\ell \psi_n^*(x)\hat{x}\psi_n(x)dx$$

$$= \int_0^\ell \left(\sqrt{\frac{2}{\ell}}\sin\frac{n\pi x}{\ell}\right)^* x\left(\sqrt{\frac{2}{\ell}}\sin\frac{n\pi x}{\ell}\right)dx$$

$$= \frac{2}{\ell}\int_0^\ell x\sin^2\left(\frac{n\pi x}{\ell}\right)dx$$

$$= \frac{2}{\ell}\int_0^\ell x\left(\frac{1-\cos(2n\pi x/\ell)}{2}\right)dx$$

$$= \frac{1}{\ell}\left[\int_0^\ell xdx - \int_0^\ell x\cos\left(\frac{2n\pi}{\ell}\right)xdx\right]$$

$$= \frac{1}{\ell}\left[\frac{x^2}{2}\Big|_0^\ell - \left(\frac{\ell}{2n\pi}\right)^2\left(\cos\frac{2n\pi x}{\ell}\right)\Big|_0^\ell - \frac{\ell}{2n\pi}\left(x\sin\frac{2n\pi x}{\ell}\right)\Big|_0^\ell\right]$$

$$= \frac{\ell}{2}$$

粒子的平均位置在位能箱的中央，說明它在位能箱左、右兩半邊出現的機率各爲0.5，即

$$\int x\cos nxdx = \frac{1}{n^2}\cos nx + \frac{1}{n}x\sin nx$$

(C) 由於已知 $\hat{p}_x\psi_n(x) \neq c\psi_n(x)$，代表著：$\hat{p}_x$ 無eigenvalue。可按下式計算p_x的平均值：（見（2.78）式）

$$\langle p_x \rangle = \int_0^\ell \psi_n^*(x)\hat{p}_x\psi_n(x)dx$$

$$= \int_0^\ell \sqrt{\frac{2}{\ell}}\sin\frac{n\pi x}{\ell}\left(-\frac{ih}{2\pi}\frac{d}{dx}\right)\sqrt{\frac{2}{\ell}}\sin\frac{n\pi x}{\ell}dx$$

$$= -\frac{ih}{\pi\ell}\int_0^\ell \sin\frac{n\pi x}{\ell}\cos\frac{n\pi x}{\ell}\cdot\frac{n\pi}{\ell}dx$$

$$= -\frac{nih}{\ell^2}\int_0^\ell \sin\frac{n\pi x}{\ell}\cos\frac{n\pi x}{\ell}dx$$

$$= 0$$

3.3 下面分三步驟進行討論：

(1) $\psi_1(x)=\sqrt{\frac{2}{\ell}}\sin\frac{\pi x}{\ell}$ （見（3.9）式）

$\psi_1^2(x)=\frac{2}{\ell}\sin^2\frac{\pi x}{\ell}$

$\psi_2(x)=\sqrt{\frac{2}{\ell}}\sin\frac{2\pi x}{\ell}$

$\psi_2^2(x)=\frac{2}{\ell}\sin^2\frac{2\pi x}{\ell}$

由上述表達式計算$\psi_1^2(x)$和$\psi_2^2(x)$，並列表如下：

x/ℓ	0	$\frac{1}{8}$	$\frac{1}{4}$	$\frac{1}{3}$	$\frac{3}{8}$	$\frac{1}{2}$
$\psi_1^2(x)/\ell^{-1}$	0	0.293	1.000	1.500	1.726	2.000
$\psi_2^2(x)/\ell^{-1}$	0	1.000	2.000	1.500	1.000	0
x/ℓ	$\frac{5}{8}$	$\frac{2}{3}$	$\frac{3}{4}$	$\frac{7}{8}$	1	
$\psi_1^2(x)/\ell^{-1}$	1.726	1.500	1.000	0.293	0	
$\psi_2^2(x)/\ell^{-1}$	1.000	1.500	2.000	1.000	0	

根據表中所列數據做$\psi_n^2(x)-x$圖，示於圖A中。

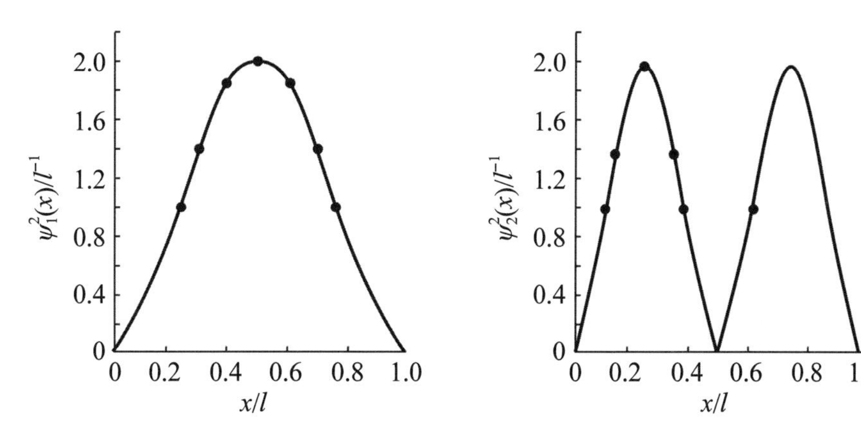

圖A 一維位能箱中粒子$\psi_n^2(x)-x$圖

(2) 粒子在ψ_1狀態時，出現在0.49ℓ～0.51ℓ間的機率為：

$$P_1=\int_{0.49\ell}^{0.51\ell}\psi_1^2(x)dx=\int_{0.49\ell}^{0.51\ell}\left(\sqrt{\frac{2}{\ell}}\sin\frac{\pi x}{\ell}\right)^2dx$$

$$=\int_{0.49\ell}^{0.51\ell}\frac{2}{\ell}\sin^2\frac{\pi x}{\ell}dx=\frac{2}{\ell}\left[\frac{x}{2}-\frac{\ell}{4\pi}\sin\frac{2\pi x}{\ell}\right]_{0.49\ell}^{0.51\ell}$$

$$=\left[\frac{x}{\ell}-\frac{1}{2\pi}\sin\frac{2\pi x}{\ell}\right]_{0.49\ell}^{0.51\ell}=0.02-\frac{1}{2\pi}(\sin 1.02\pi-\sin 0.98\pi)$$

$$=0.0399$$

粒子在ψ_2狀態時，出現在0.49ℓ～0.51ℓ間的機率為：

$$P_2=\int_{0.49\ell}^{0.51\ell}\psi_2^2(x)dx=\int_{0.49\ell}^{0.51\ell}\left(\sqrt{\frac{2}{\ell}}\sin\frac{2\pi x}{\ell}\right)^2dx$$

$$=\int_{0.49\ell}^{0.51\ell}\frac{2}{\ell}\sin^2\frac{2\pi x}{\ell}dx=\frac{2}{\ell}\left[\frac{x}{2}-\frac{\ell}{8\pi}\sin\frac{4\pi x}{\ell}\right]_{0.49\ell}^{0.51\ell}$$

$$=\left[\frac{x}{\ell}-\frac{1}{4\pi}\sin\frac{4\pi x}{\ell}\right]_{0.49\ell}^{0.51\ell}$$

$$=\left(\frac{0.51\ell}{\ell}-\frac{1}{4\pi}\sin\frac{4\pi\times 0.51\ell}{\ell}\right)-\left(\frac{0.49\ell}{\ell}-\frac{1}{4\pi}\sin\frac{4\pi\times 0.49\ell}{\ell}\right)$$

$$\approx 0.0001$$

3.4 該分子共有4對π電子，形成非定域化π鍵。當分子處於基本態時，8個π電子占據能階最低的前4個分子軌域。當分子受到激發時，π電子由能階最高的被占軌域（n = 4）跳躍到能階最低的空軌域，激發所需要的最低能量為$\Delta E = E_5 - E_4$，而與此能量對應的吸收峰即長波方向460nm處的第一個強吸收峰。按一維位能箱粒子模型，可得

$$\Delta E=\frac{hc}{\lambda}=(2n+1)\frac{h^2}{8m\ell^2}\text{（見（3.19）式）}$$

$$\text{因此}\ \ell=\left[\frac{(2n+1)h\lambda}{8mc}\right]^{\frac{1}{2}}=\left[\frac{(2\times 4+1)\times 6.626\times 10^{-34}\,Js\times 460\times 10^{-9}\,m}{8\times 9.109\times 10^{-31}\,kg\times 2.998\times 10^{8}\,ms^{-1}}\right]^{\frac{1}{2}}$$

$$=1120pm$$

3.5 質量為m的粒子在邊長為a的三維位能箱中運動，其能階公式為

$$E_{n_x,n_y,n_z}=\frac{h^2}{8ma^2}(n_x^2+n_y^2+n_z^2)\text{（見（3.54）式）}$$

式中n_x，n_y，n_z皆為能量量子數，均可分別取1，2，3，…等自然數。

根據上式公式，能階最低的前5各能量[以$h^2/(8ma^2)$為單位]依次為

$$E_{111}=3$$

$$E_{112}=E_{121}=E_{211}=6$$

$E_{122} = E_{212} = E_{221} = 9$

$E_{113} = E_{131} = E_{331} = 1$

$E_{222} = 12$

而相鄰兩個能階之能量差依次爲3，3，2，1。

「等階系」即屬於同一能階的狀態數。上述5個能階的「等階系」分別爲1，3，3，3，1。能階「等階系」情況示於圖B。

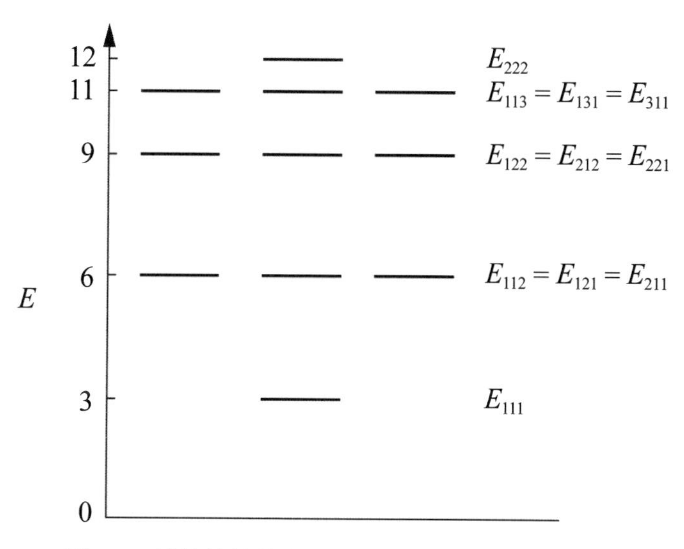

圖B　三維位能箱能階最低的前5個能階等階系情況

3.6 由量子數n可知，$n = 0$爲「非等階系」，$|n| \geq 1$都爲二重「等階系」，6個π電子填入$n = 0$，1，-1等3個軌域，如圖C所示。

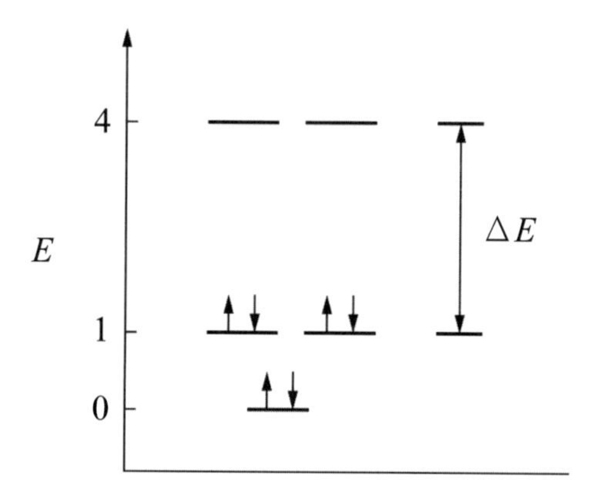

圖C　封閉圓環式苯分子6個非定域化π鍵的能階和電子分布

$$\Delta E = E_2 - E_1 = \frac{(4-1)h^2}{8\pi^2 mR^2} = \frac{hc}{\lambda}$$

$$\lambda = \frac{8\pi^2 mR^2 c}{3h}$$

$$= \frac{8\pi^2 \times (9.11\times10^{-31}\,kg)\times(1.40\times10^{-10}\,m)^2\times(2.998\times10^8\,ms^{-1})}{3\times(6.626\times10^{-34}\,Js)}$$

$$= 212\times10^{-9}m$$

$$= 212nm$$

實驗表明，苯的紫外光譜中出現β，P和α共3個吸收帶，它們的吸收位置分別爲184.0nm，208.0nm和263.0nm，前兩者爲強吸收，最後一個是弱吸收。由於最低反鍵軌域能階分裂爲三種激發態，這3個吸收帶皆源於π電子在最高「鍵結軌域」（bonding orbital）和最低「反鍵結軌域」（antibonding orbital）之間的跳躍。計算結果和實驗測定値符合較好。

3.7 該離子共有10個π電子，當離子處於基本態時，這些電子塡充在能階最低的前5個π型分子軌域上。離子受到光的照射，π電子將從低能階跳躍到高能階，跳躍所需要的最低能量即第5和第6兩個分子軌域的能階差。此能階差對應於吸收光譜的最大波長。應用一維位能箱粒子的能階表達式即可求出該波長：

$$\Delta E = \frac{hc}{\lambda} = E_6 - E_5 = \frac{6^2 h^2}{8m\ell^2} - \frac{5^2 h^2}{8m\ell^2} = \frac{11h^2}{8m\ell^2}$$

$$\lambda = \frac{8mc\ell}{11h} = \frac{8\times9.1095\times10^{-31}\,kg\times2.9979\times10^8\,ms^{-1}\times(1.3\times10^{-9}\,m)^2}{11\times6.6262\times10^{-34}\,Js}$$

$$= 506.6m$$

實驗值爲510.0nm，計算值與實驗值的相對誤差爲−0.67%。

3.8 該函數是長度爲a的一維位能箱中粒子的可能狀態（eigenstate）。

因爲函數 $\psi_1(x) = \sqrt{\frac{2}{a}}\sin\frac{\pi x}{a}$ 和 $\psi_2(x) = \sqrt{\frac{2}{a}}\sin\frac{2\pi x}{a}$ 都是一維位能箱中粒子的可能狀態，根據量子力學基本假設IV（「態的加成原理」），它們的線性組合也是該體系的一種可能狀態。

因 $\hat{H}\psi(x) = \hat{H}[2\psi_1(x) - 3\psi_2(x)] = 2\hat{H}\psi_1(x) - 3\hat{H}\psi_2(x)$

$$= 2 \times \frac{h^2}{8ma^2}\psi_1(x) - 3 \times \frac{4h^2}{8ma^2}\psi_2(x)$$
$$\neq 常數 \times \psi(x)$$

所以，$\psi(x)$不是$\hat{H}$的eigenfunction，即其能量無確定值，可按下述步驟計算其平均值。

將$\psi(x)$歸一化：設$\psi'(x) = c\psi(x)$，即：

$$\int_0^a |\psi'(x)|^2 dx = \int_0^a |c\psi(x)|^2 dx$$
$$= \int_0^a c^2\psi^2(x)dx$$
$$= \int_0^a c^2\left(2\sqrt{\frac{2}{a}}\sin\frac{\pi x}{a} - 3\sqrt{\frac{2}{a}}\sin\frac{2\pi x}{a}\right)^2 dx$$
$$= 13c^2$$
$$= 1$$

$$c^2 = \frac{1}{13}$$

$\psi(x)$所代表的狀態的能量平均值：

$$\langle E \rangle = \int_0^a \psi'^*(x)\hat{H}\psi'(x)dx$$
$$= \int_0^a \left(2c\sqrt{\frac{2}{a}}\sin\frac{\pi x}{a} - 3c\sqrt{\frac{2}{a}}\sin\frac{2\pi x}{a}\right)\left(-\frac{h^2}{8\pi^2 m}\frac{d^2}{dx^2}\right)$$
$$\left(2c\sqrt{\frac{2}{a}}\sin\frac{\pi x}{a} - 3c\sqrt{\frac{2}{a}}\sin\frac{2\pi x}{a}\right)dx$$
$$= \int_0^a \frac{c^2h^2}{ma^3}\sin^2\frac{\pi x}{a}dx - \int_0^a \frac{15c^2h^2}{2ma^3}\sin\frac{\pi x}{a}\sin\frac{2\pi x}{a} + \int_0^a \frac{9c^2h^2}{ma^3}\sin^2\frac{2\pi x}{a}dx$$
$$= \frac{5c^2h^2}{ma^2}$$
$$= \frac{5h^2}{13ma^2}$$

也可先將$\psi_1(x)$和$\psi_2(x)$「歸一化」，求出相對應的能量，再利用式$\langle E \rangle = \sum c_i^2 E_i$求出$\psi(x)$所代表的狀態的能量平均值：

$$\langle E \rangle = 4c^2 \times \frac{h^2}{8ma^2} + 9c^2 \times \frac{2^2h^2}{8ma^2}$$
$$= \frac{40c^2h^2}{8ma^2}$$

$$= \frac{40h^2}{8ma^2} \times \frac{1}{13}$$

$$= \frac{5h^2}{13ma^2}$$

3.9 據相鄰能階間隔（見（3.19）式）

$$\Delta E_n = E_{n+1} - E_n = \frac{(n+1)^2 h^2}{8m\ell^2} - \frac{h^2}{8m\ell^2} = \frac{h^2}{8m\ell^2}(2n+1)$$

由於從高能階向低能階跳躍，發射光的能量與從低能階向高能階跳躍吸收光的能量相等，故也可依上式計算。取$\Delta = 1$，代入有關數據

$$\Delta E_n = \frac{(6.626 \times 10^{-34}\,J \cdot s)^2 \times 3}{8 \times 1 \times 10^{-30}\,kg \times (3 \times 10^{-10}\,m)^2} = 1.829 \times 10^{-18} J$$

$$\Delta E_n = h\nu = h\frac{c}{\lambda}$$

$$\lambda = \frac{hc}{\Delta E_n} = \frac{6.626 \times 10^{-34}\,J \cdot s \times 2.998 \times 10^8\,m \cdot s^{-1}}{1.829 \times 10^{-18}\,J} = 1.1 \times 10^{-7} m$$

3.10 已知兩相鄰能階間隔

$$\Delta E_n = E_{n+1} - E_n = \frac{h^2}{8m\ell^2}(2n+1)$$

對於$n = 1$，$\ell = 1m = 10^{-9}m$，皆代入上式後，可得：

$$\Delta E_n = \frac{(6.626 \times 10^{-34}\,J \cdot s)^2}{8 \times 9.109 \times 10^{-31}\,kg \times (1 \times 10^{-9}\,m)^2} \times 3 = 1.81 \times 10^{-19} J$$

$$\Delta E_n = 1.81 \times 10^{-19} J \times 6.022 \times 10^{23} mol^{-1} = 108.8 kJ \cdot mol^{-1}$$

$$\Delta E_n = \frac{108.8 kJ \cdot mol^{-1}}{96.49 kJ \cdot mol^{-1} \cdot eV^{-1}} = 1.13 eV$$

$$\Delta E_n = \frac{108.8 kJ \cdot mol^{-1}}{1.196 \times 10^{-2} kJ \cdot mol^{-1} \cdot cm} = 9.10 \times 10^3 cm^{-1}$$

3.11 (A) 粒子出現在$0 \le x \le \ell/3$範圍內的機率計算如下：

$$P = \int_0^{\ell/3} \phi^2 dx = 0.36\int_0^{\ell/3} \psi_1^2 dx + 0.96\int_0^{\ell/3} \psi_1\psi_2 dx + 0.64\int_0^{\ell/3} \psi_2^2 dx$$

$$= 0.36\left(\frac{1}{3} - \frac{\sqrt{3}}{4\pi}\right) + 0.48\frac{\sqrt{3}}{\pi} + 0.64\left(\frac{1}{3} + \frac{\sqrt{3}}{8\pi}\right)$$

$$= \frac{1}{3} + 0.47\frac{\sqrt{3}}{\pi}$$

$$= 0.592$$

(B) 對此粒子的能量做一次測量，估計可能的實驗結果。對能量做一次測量，得到的結果是不確定的，但是只有兩種可能：E_1和E_2，有36%的可能是E_1，有64%的可能是E_2。

3.12 (A) 對於$\frac{a}{4}-0.001a \le x \le \frac{a}{4}+0.001a$範圍幾乎爲無窮小，故取$\delta x = 0.002a$進行計算。

已知一維位能箱狀態函數爲

$$\sqrt{\frac{2}{\ell}}\sin\frac{n\pi}{\ell}x$$

因爲基本態$n = 1$，對於本題$\ell = a$，所以

$$\psi^2\delta x = \left(\sqrt{\frac{2}{a}}\sin\frac{\pi}{a}x\right)^2\delta x = \left[\frac{2}{a}\sin^2\left(\frac{\pi}{a}\times\frac{a}{4}\right)\right]\times 0.002a$$

$$= \frac{2}{a}\times\frac{1}{2}\times 0.002a = 0.002$$

(B)
$$\int_{a/4}^{a/2}\left(\sqrt{\frac{2}{a}}\sin\frac{n\pi x}{a}\right)^2 dx = \int_{a/4}^{a/2}\frac{1}{a}\left(1-\cos\frac{2n\pi x}{a}\right)dx$$

$$= \frac{1}{a}\left(\int_{a/4}^{a/2}dx - \int_{a/4}^{a/2}\cos\frac{2n\pi x}{a}dx\right)$$

$$= \frac{1}{a}\left(x - \frac{a}{2n\pi}\sin\frac{2n\pi x}{a}\right)\Bigg|_{a/4}^{a/2}$$

$$= \frac{1}{a}\left[\left(\frac{a}{2}-\frac{a}{4}\right) - \frac{a}{2n\pi}\left(\sin n\pi - \sin\frac{n\pi}{2}\right)\right]$$

$$= \frac{1}{4} + \frac{1}{2n\pi}\sin\frac{n\pi}{2}$$

(C)
$$\int_{0}^{a/2}\left(\sqrt{\frac{2}{a}}\sin\frac{n\pi x}{a}\right)^2 dx = \frac{2}{a}\int_{0}^{a/2}\sin^2\frac{2n\pi}{a}x dx$$

$$= \frac{1}{a}\left(x - \frac{a}{2n\pi}\sin\frac{2n\pi x}{a}\right)\Bigg|_{0}^{a/2}$$

$$= \frac{1}{2}$$

3.13 $\left(-\frac{\hbar^2}{2\mu}\frac{\partial^2}{\partial x^2} + \frac{1}{2}Kx^2\right)\psi = E\psi$。

式中，μ爲簡諧振子的折合質量。

$$\mu = \frac{m_1 m_2}{m_1 + m_2}\text{。}$$

ψ為簡諧振子eigenfunction；E為簡諧振子的能量。

3.14 參考上題，可知：簡諧振子薛丁格方程

$$-\frac{\hbar^2}{2\mu}\frac{\partial^2}{\partial x^2}+\frac{1}{2}Kx^2\psi=E\psi \tag{1}$$

由題意，已知簡諧振子基本態的函數

$$\psi=\left(\frac{\alpha^2}{\pi}\right)^{1/4}\exp(-\alpha^2x^2) \tag{2}$$

$$\alpha=\left(\frac{\pi^2K\mu}{h^2}\right)^{1/4} \tag{3}$$

故代入(1)式

$$\frac{\partial^2\psi}{\partial x^2}=\left(\frac{\alpha^2}{\pi}\right)^{1/4}[(-2\alpha^2)\exp(-\alpha^2x^2)+4\alpha^4x^2\exp(-\alpha^2x^2)]$$

$$=-2\alpha^2(1-2\alpha^2x^2)\left(\frac{\alpha^2}{\pi}\right)^{1/4}\exp(-\alpha^2x^2) \quad \text{根據(2)簡化}$$

$$=-2\alpha^2(1-2\alpha^2x^2)\psi$$

$$-\frac{\hbar^2}{2\mu}\frac{\partial^2\psi}{\partial x^2}=\frac{\hbar^2}{2\mu}2\alpha^2[1-2\alpha^2x^2]\psi$$

$$=\left(\frac{\hbar^2}{\mu}\alpha^2-2\frac{\hbar^2}{\mu}\alpha^4x^2\right)\psi$$

$$=\left[\frac{\hbar^2}{\mu}\left(\frac{\pi^2K\mu}{h^2}\right)^{1/2}-\frac{2\hbar^2}{\mu}\frac{\pi^2K\mu}{h^2}x^2\right]\psi \quad \text{將(3)式代入}$$

$$=\left[\frac{\hbar}{2}\left(\frac{K}{\mu}\right)^{1/2}-\frac{1}{2}Kx^2\right]\psi$$

代入(1)式，得

$$\frac{\hbar}{2}\left(\frac{K}{\mu}\right)^{1/2}\psi=E\psi$$

證明了(2)式是(1)式的解。

「基本態」的能量為

$$E=\frac{\hbar}{2}\left(\frac{K}{\mu}\right)^{1/2}=\frac{h}{2}\left(\frac{1}{2\pi}\sqrt{\frac{K}{\mu}}\right)=\frac{1}{2}h\nu_e$$

上式中　$\nu_e = \frac{1}{2\pi}\sqrt{\frac{K}{\mu}}$

3.15 將$\psi_x = A\cos\left[\frac{1}{\hbar}(xp_x - Et)\right]$代入下式

$$i\hbar\frac{\partial\psi_x}{\partial t} = -i\hbar A\sin\left[\frac{1}{\hbar}(xp_x - Et)\right]\left(-\frac{1}{\hbar}E\right)$$

$$= iEA\sin\left[\frac{1}{\hbar}(xp_x - Et)\right]$$

$$\neq E\psi_x = \text{（實數）}\times\psi_x$$

所以實數表示式$\psi_x = A\cos\left[\frac{1}{\hbar}(xp_x - Et)\right]$不是方程式的解。

將$\psi_x = A\exp\left[-\frac{i}{\hbar}(Et - xp_x)\right]$代入下式

$$i\hbar\frac{\partial\psi_x}{\partial t} = -i\hbar A\exp\left[-\frac{i}{\hbar}(Et - xp_x)\right]\left(-\frac{i}{\hbar}E\right)$$

$$= -EA\exp\left[-\frac{i}{\hbar}(Et - xp_x)\right]$$

$$= E\psi_x\text{（實數）}\times\psi_x$$

上式結果表明：自由粒子一維運動eigenfunction複數表示式是方程式的解，這也就說明了爲什麼自由粒子的eigenfunction要寫成複數形式。

3.16 一維位能箱的電子狀態函數爲（可見（3.9）式）：

(1) 當$n = 2$

則由（3.9）式知：$\psi = \sqrt{\frac{2}{\ell}}\sin\frac{2\pi}{\ell}x \Rightarrow \psi_2^2 = \frac{2}{\ell}\sin^2\frac{2\pi}{\ell}x$

節點數目：$n - 1 = 2 - 1 = 1$

能量：$E_2 = \frac{4h^2}{8m\ell^2}$

(2) 當$n = 5$

$$\psi_5 = \sqrt{\frac{2}{\ell}}\sin\frac{5\pi}{\ell}x$$

$$\psi_2^2 = \frac{2}{\ell}\sin^2\frac{5\pi}{\ell}x$$

節點數目：$n - 1 = 5 - 1 = 4$

能量：$E_5 = \frac{25h^2}{8m\ell^2}$

由ψ_2，ψ_2^2，ψ_5，ψ_5^2，分別對x從0到l做圖，得圖A。

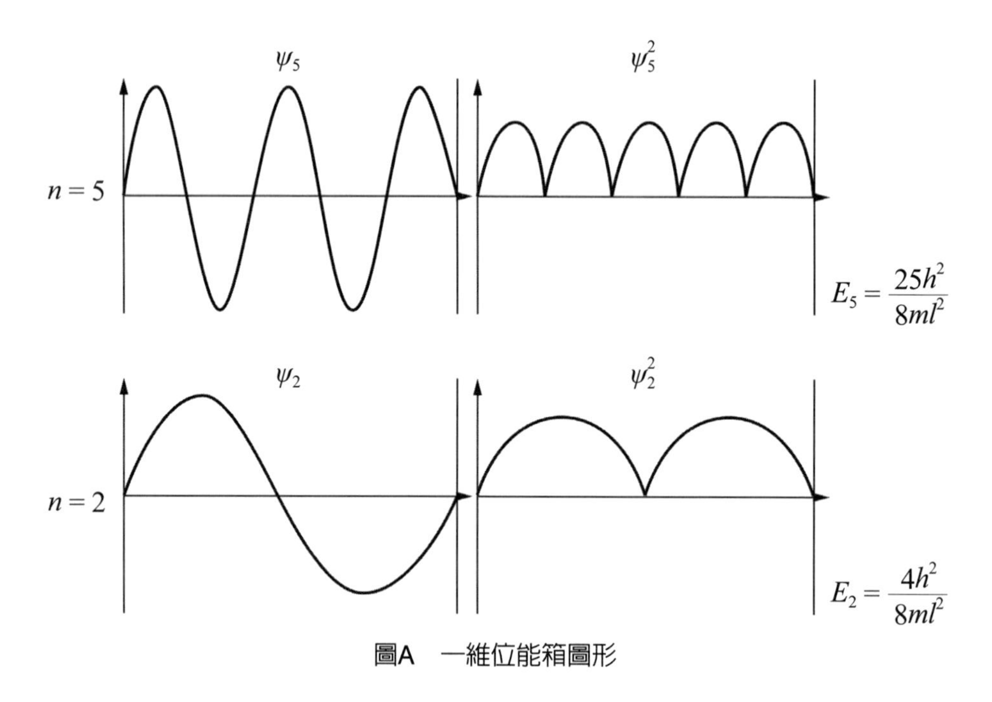

圖A　一維位能箱圖形

3.17 已知：$\psi_n(x)=\sqrt{\frac{2}{\ell}}\sin\frac{n\pi x}{\ell}$，且動量「算子」

$$\hat{p}_x=-i\hbar\frac{\partial}{\partial x}$$

故，可得：

$$\hat{p}_x\psi(x)=-i\hbar\frac{\partial}{\partial x}\sqrt{\frac{2}{\ell}}\sin\frac{n\pi x}{\ell}=-i\hbar\sqrt{\frac{2}{\ell}}\frac{n\pi}{\ell}\cos\frac{n\pi x}{\ell}\neq a\psi_n(x)$$

上式表明$\sqrt{\frac{2}{\ell}}\sin\frac{n\pi x}{\ell}$不是「算子」$\hat{p}_x$的eigenfunction，因此不能求得動量$p_x$的確定值，只可求平均值：

$$\overline{p}_x=\int_0^\ell\psi^*\hat{p}_x\psi dx=\int_0^\ell\sqrt{\frac{2}{\ell}}\sin\frac{n\pi x}{\ell}\left(-i\hbar\frac{\partial}{\partial x}\sqrt{\frac{2}{\ell}}\sin\frac{n\pi x}{\ell}\right)dx$$

$$=-i\hbar\frac{2}{\ell}\int_0^\ell\sin\frac{n\pi x}{\ell}d\sin\frac{n\pi x}{\ell}=-\frac{i\hbar}{\ell}\sin\frac{n\pi x}{\ell}\Big|_0^\ell$$

$$=0$$

3.18 已知$\hat{p}_x=-i\hbar\frac{\partial}{\partial x}$（見表2.1），$\psi_x=\sqrt{\frac{2}{\ell}}\sin\frac{n\pi x}{\ell}$（見（3.9）式）

由eigenfunction的定義，則得 $\hat{p}_x\psi_x = a\psi_x$ ，式中，a爲常數。

$$\hat{p}_x\psi_x = -i\hbar\frac{\partial}{\partial x}\sqrt{\frac{2}{\ell}}\sin\frac{n\pi x}{\ell} = -i\hbar\frac{n\pi}{\ell}\sqrt{\frac{2}{\ell}}\cos\frac{n\pi x}{\ell}$$

$$\sqrt{\frac{2}{\ell}}\cos\frac{n\pi x}{\ell} \neq \sqrt{\frac{2}{\ell}}\sin\frac{n\pi x}{\ell}$$

即 $\sqrt{\frac{2}{\ell}}\cos\frac{n\pi x}{\ell} \neq \psi_x$

所以 $\sqrt{\frac{2}{\ell}}\sin\frac{n\pi x}{\ell}$ 不是 $\hat{p}_x$ 的eigenfunction。

3.19 應用求「期望值」的公式和一維位能箱中粒子定態能量公式，可求得Ψ狀態的能量「期望值」。（見（2.78）式）

$$\langle E\rangle = \frac{\int_\tau \psi^*\hat{H}\Psi d\tau}{\int_\tau \Psi^*\Psi d\tau}$$

$$= \frac{\int_0^\ell\left[\sqrt{\frac{1}{2}}\Psi_1+\sqrt{\frac{1}{2}}\Psi_2\right]^*\hat{H}\left[\sqrt{\frac{1}{2}}\Psi_1+\sqrt{\frac{1}{2}}\Psi_2\right]dx}{\int_0^\ell\left[\sqrt{\frac{1}{2}}\Psi_1+\sqrt{\frac{1}{2}}\Psi_2\right]^*\left[\sqrt{\frac{1}{2}}\Psi_1+\sqrt{\frac{1}{2}}\Psi_2\right]dx}$$

$$= \frac{\int_0^\ell\left[\sqrt{\frac{1}{2}}\Psi_1+\sqrt{\frac{1}{2}}\Psi_2\right]\left[\sqrt{\frac{1}{2}}E_1\Psi_1+\sqrt{\frac{1}{2}}E_2\Psi_2\right]dx}{\int_0^\ell\left[\sqrt{\frac{1}{2}}\Psi_1+\sqrt{\frac{1}{2}}\Psi_2\right]^2dx}$$

$$= \frac{\frac{1}{2}\int_0^\ell[E_1\Psi_1^2+E_1\Psi_1\Psi_2+E_2\Psi_2\Psi_1+E_1\Psi_2^2]dx}{\frac{1}{2}\int_0^\ell[\Psi_1^2+2\Psi_1\Psi_2+\Psi_2^2]dx}$$

$$= \frac{E_1+E_2}{2}$$

一維位能箱中粒子的「特定態」能量公式爲：

$$E_n = \frac{n^2h^2}{8m\ell^2}$$

因此

$$\langle E\rangle = \frac{1}{2}(E_1+E_2) = \frac{1}{2}\left(\frac{1^2h^2}{8m\ell^2}+\frac{2^2h^2}{8m\ell^2}\right) = \frac{5h^2}{16m\ell^2}$$

3.20 一維位能箱中粒子的能量是

$$E=\frac{n^2h^2}{8m\ell^2}\quad n=1, 2, 3, \cdots（見（3.10）式）$$

式中，ℓ是位能箱長度。電子從「基本態」跳躍到第一激發態所需的能量爲最高占有能階和最低空能階的能量差。若電子的最高占有能階爲n，最低空能階爲n + 1，則

$$\Delta E=\frac{(n+1)^2h^2}{8m\ell^2}-\frac{n^2h^2}{8m\ell^2}=\frac{(2n+1)h^2}{8m\ell^2}=h\nu=h\frac{c}{\lambda}$$

所以$\lambda=\dfrac{8m\ell^2c}{(2n+1)h}$

丁二烯共有4個π電子，按照Pauli原理，每個能階可以容納2個電子，所以丁二烯中4個π電子占據了n = 1和n = 2的2個能階，跳躍發生在n = 2到n = 3能階之間，故

$$\lambda_1=\frac{8m\ell^2c}{(2\times2+1)h}$$

當2個丁二烯聚合成辛四烯以後，分子的長度增加了1倍，π電子數增加到了8個，跳躍發生在n = 4到n = 5能階之間，

故 $\lambda_2=\dfrac{8m(2\ell)^2c}{(2\times4+1)h}$

所以 $\dfrac{\lambda_2}{\lambda_1}=\dfrac{4\times5}{9}=\dfrac{20}{9}\Rightarrow\lambda_2=\dfrac{20}{9}\lambda_1$

∴波長爲原來的$\dfrac{20}{9}$

3.21 $\int_0^a\int_0^b\int_0^c\psi^*_{n_xn_yn_z}(x,y,z)\psi_{n_xn_yn_z}(x,y,z)dxdydz$

$$=\int_0^a\int_0^b\int_0^c\psi^2(x,y,z)dx\cdot dy\cdot dz$$

$$=\int_0^a\int_0^b\int_0^c\frac{8}{abc}\sin^2\frac{n_x\pi x}{a}\sin^2\frac{n_y\pi y}{b}\sin^2\frac{n_z\pi z}{c}dxdydz$$

$$=\frac{8}{abc}\int_0^a\sin^2\frac{n_x\pi x}{a}dx\int_0^b\sin^2\frac{n_y\pi y}{b}dy\int_0^c\sin^2\frac{n_z\pi z}{c}dz$$

$$=1$$

機率$=\int|\psi|^2d\tau=\int\psi^*\psi d\tau$（見（2.53）式）

當$d\tau$的積分區域體積很小時，

$$\int|\psi|^2 d\tau \approx |\psi|^2 d\tau = \frac{8}{abc}\sin^2\frac{n_x\pi x}{a}\sin^2\frac{n_y\pi y}{b}\sin^2\frac{n_z\pi z}{c}\Delta x\Delta y\Delta z$$

$$= 8\sin^2\frac{\pi}{2}\sin^2\frac{3\pi}{5}\sin^2\frac{\pi}{10}\times(0.2\times10^{-12})^3\times\left(\frac{1}{10^{-10}}\right)^3$$

$$= 5.52\times10^{-9}$$

3.22 一維位能箱中每個電子在其中的「機率密度」分布，用該電子在位能箱中運動的波函數平方來描寫：

$$\rho = \psi^2 = \frac{2}{\ell}\sin^2\frac{n\pi x}{\ell} \text{（見（2.53）式）}$$

一維位能箱中整體電子密度是三個電子「機率密度」的疊加：

$$\rho = \rho_1 + \rho_2 + \rho_3$$

三個電子分占$n = 1$和$n = 2$軌域，單電子波函數分別是：

$$\psi_1 = \psi_2 = \sqrt{\frac{2}{\ell}}\sin\frac{2\pi x}{\ell} \text{（見（3.9）式）}$$

$$\psi_3 = \sqrt{\frac{2}{\ell}}\sin\frac{2\pi x}{\ell}$$

總電子「機率密度：」：$\rho = \rho_1 + \rho_2 + \rho_3 = \psi_1^2 + \psi_2^2 + \psi_3^2$

$$= \frac{2}{\ell}\sin^2\frac{\pi x}{\ell} + \frac{2}{\ell}\sin^2\frac{\pi x}{\ell} + \frac{2}{\ell}\sin^2\frac{2\pi x}{\ell}$$

$$= \frac{4}{\ell}\sin^2\frac{\pi x}{\ell} + \frac{2}{\ell}\sin^2\frac{2\pi x}{\ell}$$

總電子「機率密度」最大處，$\partial\rho / \partial x = 0$，即

$$\frac{4}{\ell}\left(2\sin\frac{\pi x}{\ell}\cdot\cos\frac{\pi x}{\ell}\right)\cdot\frac{\pi}{\ell} + \frac{2}{\ell}\left(2\sin\frac{2\pi x}{\ell}\cdot\cos\frac{2\pi x}{\ell}\right)\cdot\frac{2\pi}{\ell} = 0$$

$$\sin\frac{2\pi x}{\ell} + 2\sin\frac{2\pi x}{\ell}\cdot\cos\frac{2\pi x}{\ell} = 0$$

$$\sin\frac{2\pi x}{\ell}\left[1 + 2\cos\frac{2\pi x}{\ell}\right] = 0$$

兩個解是：$\begin{cases}\sin\dfrac{2\pi x}{\ell} = 0\\[2ex] \cos\dfrac{2\pi x}{\ell} = -\dfrac{1}{2}\end{cases}$

$$即\begin{cases} x=-\dfrac{\ell}{2} \\ x=\dfrac{\ell}{3} \\ x=\dfrac{2\ell}{3} \end{cases}$$

將 $x=-\frac{\ell}{2}$ 代入ρ，

$$\rho=\frac{4}{\ell}\sin^2\left(\frac{\pi}{\ell}\cdot\frac{\ell}{2}\right)+\frac{2}{\ell}\sin^2\left(\frac{2\pi}{\ell}\cdot\frac{\ell}{2}\right)=\frac{4}{\ell}$$

將 $x=\frac{\ell}{3}$ 或 $x=\frac{2\ell}{3}$ 代入ρ，

$$\rho=\frac{4}{\ell}\sin^2\left(\frac{\pi}{\ell}\cdot\frac{\ell}{3}\right)+\frac{2}{\ell}\sin^2\left(\frac{2\pi}{\ell}\cdot\frac{\ell}{3}\right)=\frac{9}{2\ell}$$

$$\rho=\frac{4}{\ell}\sin^2\left(\frac{\pi}{\ell}\cdot\frac{2\ell}{3}\right)+\frac{2}{\ell}\sin^2\left(\frac{2\pi}{\ell}\cdot\frac{2\ell}{3}\right)=\frac{9}{2\ell}$$

故電子「機率密度」最大處在 $x=\frac{\ell}{3}$ 和 $x=\frac{2\ell}{3}$ 處，其值是即 $9/2\ell$。

3.23 利用（2.78）式或（2.79）式：

$$E_2=\int_0^a\sqrt{\frac{2}{a}}\sin\frac{2\pi x}{a}\left(-\frac{\hbar^2}{2m}\frac{d^2}{dx^2}\right)\sqrt{\frac{2}{a}}\sin\frac{2\pi x}{a}dx=\frac{4h^2}{8ma^2}$$

$$\bar{x}=\int_0^a\sqrt{\frac{a}{2}}\sin\frac{2\pi x}{a}x\sqrt{\frac{2}{a}}\sin\frac{2\pi x}{a}dx=\frac{a}{2}$$

$$\bar{p}_x=\frac{a}{2}\int_0^a\sin\frac{2\pi x}{a}\left(\frac{\hbar}{i}\frac{d}{dx}\right)\sin\frac{2\pi x}{a}dx=0$$

3.24 一維位能箱中粒子運動的波函數

$$\psi=\sqrt{\frac{2}{a}}\sin\frac{n\pi x}{a}(0\le x\le a)\text{（見（3.9）式）}$$

在 $0<x\le\frac{a}{4}$ 內出現粒子的機率

$$P=\int\psi^*\psi d\tau=\int_0^{\frac{a}{4}}\frac{2}{a}\sin^2\frac{n\pi x}{a}dx=\frac{2}{a}\left[\frac{a}{8}+\frac{a}{4n\pi}\sin\frac{n\pi}{2}\right]$$

$$=\frac{1}{4}+\frac{1}{2n\pi}\sin\frac{n\pi}{2}$$

$n=1$：$P=\frac{1}{4}+\frac{1}{2\pi}$

$n=2$：$P=\frac{1}{4}$

$n=3$：$P=\frac{1}{4}-\frac{1}{6\pi}$

3.25 一維位能箱中粒子運動的波函數為：

$\psi(x)=D\sin\frac{n\pi x}{\alpha}$ （$n=1, 2, \cdots$）（見（3.9）式）

由波函數的歸一化性質，可得

$$\int_0^a |\psi_x|^2 dx=\int_0^a D^2\sin^2\left(\frac{n\pi x}{a}\right)dx=D^2\cdot\frac{1}{2}\int_0^a\left(1-\cos\frac{2n\pi x}{a}\right)dx=\frac{D^2}{2}a=1$$

$$D=\sqrt{\frac{2}{a}}$$

故一維位能箱中粒子運動的歸一化波函數為：

$\psi(x)=\sqrt{\frac{2}{a}}\sin\frac{n\pi x}{a}$ （$n=1, 2, \cdots$）（見（3.9）式）

令$n=1$，可求得粒子的基本態波函數為：

$$\psi_1(x)=\sqrt{\frac{2}{a}}\sin\frac{\pi x}{a}$$

粒子在$x=\frac{a}{2}\rightarrow\frac{1}{2}a+\frac{1}{100}a$區間的機率為：

$$P=\int_{\frac{1}{2}a}^{\frac{1}{2}a+\frac{1}{100}a}\left(\sqrt{\frac{2}{a}}\sin\frac{n\pi}{a}\right)^2dx=\frac{2}{a}\int_{\frac{1}{2}a}^{\frac{1}{2}a+\frac{1}{100}a}\frac{1}{2}\left(1-\cos\frac{2\pi x}{a}\right)dx$$

$$=\frac{1}{a}\left(x-\frac{a}{2\pi}\sin\frac{2\pi x}{a}\right)\Bigg|_{\frac{1}{2}a}^{\frac{1}{2}a+\frac{1}{100}a}=\frac{1}{100}+\frac{1}{2\pi}\sin\frac{\pi}{50}=0.01999$$

$$=0.02$$

粒子在一維位能箱中的「基本態」機率密度分布為：

$$|\psi(x)|^2=\frac{2}{a}\sin^2\left(\frac{\pi x}{a}\right)=\frac{1}{a}\left(1-\cos\frac{2\pi x}{a}\right)，0\le x\le a$$

∴其機率密度分布圖，如圖所示：

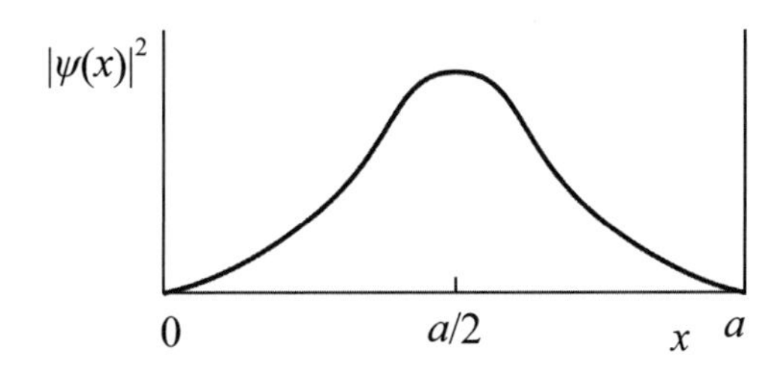

3.26 利用（3.9）式：

(1) 因為 $\hat{p}_x^2\psi(x)=\left(\frac{\hbar}{i}\frac{d}{dx}\right)^2\cdot\left(\sqrt{\frac{2}{a}}\sin\frac{n\pi x}{a}\right)=-\hbar^2\frac{d^2}{dx^2}\left(\sqrt{\frac{2}{a}}\sin\frac{n\pi x}{a}\right)$

$$=\hbar^2\sqrt{\frac{2}{a}}\frac{n^2\pi^2}{a^2}\sin\frac{n\pi x}{a}=\frac{n^2\pi^2\hbar^2}{a^2}\left(\sqrt{\frac{2}{a}}\sin\frac{n\pi x}{a}\right)$$

$$=\frac{n^2\pi^2\hbar^2}{a^2}\psi(x)$$

故 $\sqrt{\frac{2}{a}}\sin\frac{n\pi x}{a}$ 是 $\hat{p}_x^2$ 的「特定函數」，特定值為 $\frac{n^2\pi^2\hbar^2}{a^2}$ 。

(2) 因為

$$\hat{p}_x\psi(x)=-i\hbar\frac{d}{dx}\left(\sqrt{\frac{2}{a}}\sin\frac{n\pi x}{a}\right)=-i\hbar\sqrt{\frac{2}{a}}\cdot\frac{n\pi}{a}\cos\frac{n\pi x}{a}$$

$$=-i\hbar\cdot\frac{n\pi}{a}\left(\sqrt{\frac{2}{a}}\cos\frac{n\pi x}{a}\right)$$

$\neq$ 常數 · $\psi(x)$

故 $\sqrt{\frac{2}{a}}\sin\frac{n\pi x}{a}$ 不是動量「算子」$\hat{p}_x$ 的「特定函數」。

3.27 由一維位能箱中粒子的能階公式和Bohr頻率公式可求得其能階跳躍所產生的光譜線波數。其能階公式為

$E_n=\frac{n^2h^2}{8m\ell^2}$ （見（3.10）式）

由 $\Delta E=E_2-E_1=h\nu$

得 $\bar{\nu}=\frac{\Delta E}{hc}=\frac{h^2}{8m\ell^2}(2^2-1^2)/hc=\frac{3h}{8m\ell^2c}$

3.28 一維位能箱中粒子運動的波函數和能量分別為：

$$\psi_x=\sqrt{\frac{2}{a}}\sin\frac{n_x\pi x}{a}，n_x=1, 2, \cdots \text{見（3.9）式}$$

$$E_x=n_x^2h^2/8ma^2，n_x=1, 2, \cdots$$

將 $n_x=1, 2, 3$ 分別代入上式，計算所得 E_x，ψ_x 和 ψ_x^2 描繪於下圖中，其中縱軸以 $E_1=h^2/8ma^2$ 為單位。

由圖可知：

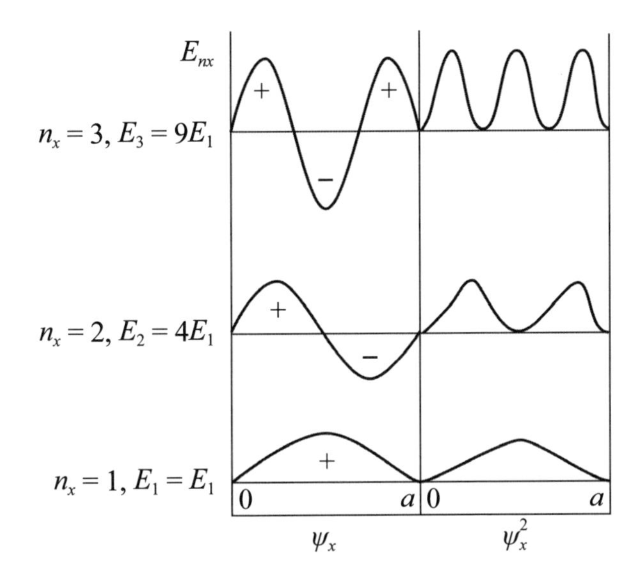

(1) ψ_x和ψ_x^2的圖形按正弦函數的最大值等於1繪出。ψ_x^2比ψ_x的圖像「瘦」一些，因爲當$|\psi_x| < 1$時，ψ_x^2比ψ_x值減小得更快。ψ_x在不同區域有±號之分，而ψ_x^2都爲正值。

(2) n_x只能取間斷的整數，使得體系的能量不連續（量子化），形成分力的能量階梯，稱爲能階（圖中示出三個能階）。n_x不僅決定了E_x，同時決定了ψ_x和ψ_x^2的形狀和特點（波峰、波節數等）。因此，量子數n_x決定了體系的狀態。

(3) $\psi_x = 0$的地方是波節或節點（端點$x = 0$和$x = a$除外）。
節點數 $= n_x - 1$。n_x越大，節點越多，頻率越高，波長越短，能量越大。節點兩邊的ψ_x互爲反號，波函數的±號（位相關係）在討論化學鍵的性質時有重要意義。

(4) ψ_x^2表示粒子在$0 < x < a$區域內出現的機率密度的分布情況。當$n_x = 1$時，ψ_x^2在$x = a/2$處有最大值，表明粒子在位能箱中段出現的機率最大。當$n_x = 2$時，能量升高，粒子在$a/4$和$3a/4$處出現的機率較高。這和「古典力學」理論描述的在空間各處發現粒子的機率應相同是截然不同的。

3.29 $\lambda = \dfrac{hc}{\Delta E} = hc\dfrac{8m\ell^2}{(n'^2 - n^2)h^2}$（見（3.19式））

分子中有6個π電子，基本態是$n_1^2n_2^2n_3^2$，第一激發態是$n_1^2n_2^2n_3^1n_4^1$，所以$n'=4$，$n=3$。

$$\lambda=\frac{8m\ell^2}{(n'^2-n^2)h}=\frac{8\times9.109\times10^{-31}\,kg\times(0.8\times10^{-9}\,m)^2\times2.998\times10^8\,m\cdot s^{-1}}{(4^2-3^2)\times6.626\times10^{-34}\,J\cdot s}$$

$=3.01\times10^{-7}m=301nm$

3.30 $8ma^2E/h^2=n_x^2+n_y^2+n_z^2$

(1) 因為$n_x^2+n_y^2+n_z^2=12$，所以

$$n_x=\sqrt{12-n_y^2-n_z^2}$$

由於n_x，n_y，n_z均為正整數，上式右邊必須完全開平方，故$n_y=n_z=2$，解得$n_x=2$，$n_y=2$，$n_z=2$的一組數能滿足本題要求，故「等階系」為1。

(2) 因為$n_x^2+n_y^2+n_z^2=14$，所以

$$n_x=\sqrt{14-n_y^2-n_z^2}\text{，}1^2+2^2+3^2=14$$

不難看出，n_x，n_y，n_z的組合方式有1, 2, 3；1, 3, 2；2, 3, 1；2, 1, 3；3, 1, 2；3, 2, 1共6種，故「等階系」為6，即一個能階對應6種可能狀態。

3.31 利用（3.9）式及（2.78）式或（2.79）式：

(A) 因與y, z方向無關，所以可只考慮x方向。

$$\bar{x}=\langle x\rangle=\frac{2}{a}\int_0^a x\sin^2\left(\frac{n_x\pi x}{a}\right)dx=\frac{2}{a}\int_0^a\frac{x\left[1-\cos\left(\frac{2n_x\pi x}{a}\right)\right]}{2}dx$$

$$=\frac{2}{a}\left[\frac{a^2}{4}-0\right]$$

$$=\frac{a}{2}$$

(B) $\hat{p}_x=-i\hbar\frac{\partial}{\partial x}$

所以$\hat{p}_x=\langle p_x\rangle=\int_0^a\psi\hat{p}_x\psi dx$

$$=i\hbar\times\frac{2}{a}\times\frac{n_x\pi}{a}\int_0^a\sin\left(\frac{n_x\pi x}{a}\right)\cos\left(\frac{n_x\pi x}{a}\right)dx$$

$$= \frac{hn_x}{i2a^2}\int_0^a \sin\left(\frac{2n_x\pi x}{a}\right)dx$$

$$= 0$$

(C) $\bar{x}^2 = \langle x^2 \rangle = \int_0^a \psi x^2 \psi d\tau = \frac{2}{a}\int_0^a x^2 \sin^2\left(\frac{n_x\pi x}{a}\right)dx$

$$= \frac{1}{a}\int_0^a x^2\left[1-\cos\left(\frac{2n_x\pi x}{a}\right)\right]dx$$

$$= \frac{1}{a}\left(\frac{1}{3}a^3 - \frac{a^3}{2n_x^2\pi^2}\right)$$

$$= \frac{a^2}{3}\left(1-\frac{3}{2n_x^2\pi^2}\right)$$

(D) 由(A)、(C)可知：

$$\langle x\rangle^2 = \langle x\rangle\langle x\rangle = \frac{a^2}{4}$$

所以 $\langle x\rangle^2 \neq \langle x^2\rangle$ 。

3.32 若兩「特定函數」分別爲：（見（3.9）式）

$$\psi_m = \sqrt{\frac{2}{a}}\sin\left(\frac{m\pi x}{a}\right)$$

$$\psi_n = \sqrt{\frac{2}{a}}\sin\left(\frac{n\pi x}{a}\right) \quad m \neq n$$

所以

$$\int_0^a \psi_m\psi_n dx = \frac{2}{a}\int_0^a \sin\left(\frac{m\pi x}{a}\right)\sin\left(\frac{n\pi x}{a}\right)dx$$

$$= -\frac{2}{a}\int_0^a \frac{1}{2}\left[\frac{1}{2}\cos\left(\frac{(m+n)\pi x}{a}\right) - \cos\left(\frac{(m-n)\pi x}{a}\right)\right]dx$$

$$= -\frac{1}{a}\int_0^a \left[\cos\left(\frac{(m+n)\pi x}{a}\right) - \cos\left(\frac{(m-n)\pi x}{a}\right)\right]dx$$

$$= -\frac{1}{a}\left[\frac{a\sin\left(\frac{(m+n)\pi x}{a}\right)}{(m+n)\pi} - \frac{a\sin\left(\frac{(m-n)\pi x}{a}\right)}{(m-n)\pi}\right]_0^a$$

$$= 0$$

所以，該兩特定函數正交。

3.33 (A) 能量算子：（見表2.1）

$$\hat{H}=\frac{p_x^2}{2m}=-\frac{\hbar}{2m}\frac{d^2}{dx^2}$$

$$\frac{d^2\psi}{dx^2}=\sqrt{\frac{2}{a}}\left\{-0.5\left(\frac{\pi}{a}\right)^2\sin\left(\frac{\pi x}{a}\right)-0.866\left(\frac{3\pi}{a}\right)^2\sin\left(\frac{3\pi x}{a}\right)\right\}$$

$$\neq 常數\times\psi$$

所以，該量子態不是能量算子 $\hat{H}$ 的特徵態。

(B) 該ψ是兩個「穩定態」$\sin\left(\frac{\pi x}{a}\right)$與$\sin\left(\frac{3\pi x}{a}\right)$的疊加，若其「特定值」爲$\lambda_1$與$\lambda_2$，則$\lambda_1=\frac{h^2}{8ma^2}$，$\lambda_2=\frac{3^2h^2}{8ma^2}$；其得到$\lambda_1$機率爲$0.5^2=0.25$，得到$\lambda_2$機率爲$0.866^2=0.75$。

(C) 能量平均值爲：$(0.25+0.75\times 9)\frac{h^2}{8ma^2}=\frac{7h^2}{8ma^2}$

$$或\left\langle\hat{H}\right\rangle=\frac{\int\psi^*\hat{H}\psi d\tau}{\psi^*\psi d\tau}=\frac{\frac{\hbar^2}{2m}\left[0.25\left(\frac{\pi}{a}\right)^2+0.75\left(\frac{3\pi}{a}\right)^2\right]}{(0.25+0.75)}=\frac{7h^2}{8ma^2}$$

3.34 這裡的一維位能箱問題是「穩定態」問題，其狀態函數爲駐波函數，由兩個沿相反方向傳播的平面單色波疊加而成。這兩個波代表粒子沿兩個相反方向的運動，而一個平面單色波描述的是一個具有確定動量p的自由粒子的狀態。因此，一維位能箱中粒子的動量，在p和−p之間變化，其不確定值爲$\Delta p_x=2p$。而其位置不確定值即爲位能箱長度ℓ。根據不確定關係式有：

$$\Delta x\cdot\Delta p_x=\ell\cdot 2p\geq h$$

$$p\geq\frac{h}{2\ell}$$

$$E_K=\frac{p^2}{2m}\geq\frac{1}{2m}\times\left(\frac{h}{2\ell}\right)^2=\frac{h^2}{8m\ell^2}$$

這正是一維位能箱的薛丁格方程式給出的體系的最低能量——基本態能量。

3.35 一個質點受限制的被放在每邊長度是a，b和c的盒子中，質點的全部能量是：（見（3.52）式）

$$E=\frac{h^2}{8m}\left(\frac{n_x^2}{a^2}+\frac{n_y^2}{b^2}+\frac{n_z^2}{c^2}\right)$$

一個電子從其最低的能階，即$n_x = 1$，$n_y = 1$和$n_z = 1$升到另一個能階，即$n_x = 1$，$n_y = 2$和$n_z = 1$，這個正立方體盒子的每邊是1cm，所需要的能量是

$$\Delta E = \frac{h^2}{8m}\left[\frac{1^2+2^2+1^2}{(0.01m)^2} - \frac{1^2+1^2+1^2}{(0.01m)^2}\right] = \frac{(6.626\times10^{-34}\,J\cdot s)^2}{8\times9.109\times10^{-31}\,kg}\left(\frac{3}{10^{-4}\,m^2}\right)$$

$$= \frac{43.904\times10^{-68}\,J^2\cdot s^2\times3}{72.872\times10^{-31}\times10^{-4}\,kg\cdot m^2}$$

$$= 1.807\times10^{-33}\,J$$

3.36 (A) 對於$\frac{a}{4}-0.001a \le x \le \frac{a}{4}+0.001a$範圍幾乎爲無窮小，故取$\delta x = 0.002a$進行計算。

已知「一維位能箱」狀態函數爲$\sqrt{\frac{2}{\ell}}\sin\frac{n\pi}{\ell}x$，因爲基本態$n = 1$，對於本題$\ell = a$，所以（利用（3.9）式）

$$\psi^2\delta x = \left(\sqrt{\frac{2}{a}}\sin\frac{\pi}{a}x\right)^2\delta x = \left[\frac{2}{a}\sin^2\left(\frac{\pi}{a}\times\frac{a}{4}\right)\right]\times0.002a$$

$$= \frac{2}{a}\times\frac{1}{2}\times0.002a$$

$$= 0.002$$

(B) $$\int_{a/4}^{a/2}\left(\sqrt{\frac{2}{a}}\sin\frac{n\pi x}{a}\right)^2dx = \int_{a/4}^{a/2}\frac{1}{2}\left(1-\cos\frac{2n\pi x}{a}\right)dx$$

$$= \frac{1}{a}\left(\int_{a/4}^{a/2}dx - \int_{a/4}^{a/2}\cos\frac{2n\pi x}{a}dx\right)$$

$$= \frac{1}{a}\left(x - \frac{a}{2n\pi}\sin\frac{2n\pi x}{a}\right)\Bigg|_{a/4}^{a/2}$$

$$= \frac{1}{a}\left[\left(\frac{a}{2}-\frac{a}{4}\right) - \frac{a}{2n\pi}\left(\sin\pi - \sin\frac{n\pi}{2}\right)\right]$$

$$= \frac{1}{4} + \frac{1}{2n\pi}\sin\frac{n\pi}{2}$$

(C) $$\int_0^{a/2}\left(\sqrt{\frac{2}{a}}\sin\frac{n\pi x}{a}\right)^2dx = \frac{2}{a}\int_0^{a/2}\sin^2\frac{2n\pi}{a}x\,dx$$

$$= \frac{1}{a}\left(x - \frac{a}{2n\pi}\sin\frac{2n\pi x}{a}\right)\Bigg|_0^{a/2}$$

$$= \frac{1}{2}$$

3.37 $\Delta E_n = \frac{h^2}{8m\ell^2}(2n+1)$（見（3.10）式）

當$n=1$，有：$\Delta E_n = \frac{h^2}{8m\ell^2}\times 3 = h\nu$

$$\ell = \left(\frac{3h}{8m\nu}\right)^{1/2} = \left(\frac{3\times 6.626\times 10^{-34}\,\text{J}\cdot\text{s}}{8\times 9.11\times 10^{-31}\,\text{kg}\cdot 2\times 10^{14}\,\text{s}^{-1}}\right)^{1/2} = 1.17\times 10^{-9}\text{m}$$

$= 1.17\text{nm}$

3.38 已知

$$\psi_n(x) = \sqrt{\frac{2}{\ell}}\sin\frac{n\pi x}{\ell}$$（見（3.9）式）

且動量「算子」

$$\hat{p}_x = -i\hbar\frac{\partial}{\partial x}$$（見表2.1）

故，可得：$\hat{p}_x\psi(x) = -i\hbar\frac{\partial}{\partial x}\sqrt{\frac{2}{\ell}}\sin\frac{n\pi x}{\ell}$

$$= -i\hbar\sqrt{\frac{2}{\ell}}\frac{n\pi}{\ell}\cos\frac{n\pi x}{\ell}$$

$$\neq a\psi_n(x)$$

上式表明$\sqrt{\frac{2}{\ell}}\sin\frac{n\pi x}{\ell}$不是「算子」$\hat{p}_x$的eigenfunction，因此不能求得動量$p_x$的確定值，只可求平均值：

$\overline{p}_x = \int_0^\ell \psi^*\hat{p}_x\psi dx$（見（2.79式）

$$= \int_0^\ell \sqrt{\frac{2}{\ell}}\sin\frac{n\pi x}{\ell}\left(-i\hbar\frac{\partial}{\partial x}\sqrt{\frac{2}{\ell}}\sin\frac{n\pi x}{\ell}\right)dx$$

$$= -i\hbar\frac{2}{\ell}\int_0^\ell \sin\frac{n\pi x}{\ell}d\sin\frac{n\pi x}{\ell} = -\frac{ih}{\ell}\sin\frac{n\pi x}{\ell}\Big|_0^\ell$$

$$= 0$$

3.39 (A) 零點能：$E_0 = \frac{h^2}{8ma^2} = \frac{(6.626\times 10^{-34})^2}{8\times 1.672\times 10^{-27}\times(10^{-15})^2}\text{J} = 3.28\times 10^{-11}\text{J}$

(B) 1mole：$E_m = E_0\times 6.023\times 10^{23}\text{mol}^{-1} = 1.97\times 10^{11}\text{J}\cdot\text{mol}^{-1}$

比化學反應的標準莫耳「能趨疲」變化大10^8~10^9倍。

3.40 質量爲m的粒子在邊長爲a的立方箱中運動，其能階公式爲

$$E_{n_x,n_y,n_z} = \frac{h^2}{8ma^2}(n_x^2 + n_y^2 + n_z^2)$$（見（3.52）式）

$\{E_{111}\} = 3$

$\{E_{112}\} = \{E_{121}\} = \{E_{211}\} = 6$

$\{E_{122}\} = \{E_{212}\} = \{E_{221}\} = 9$

$\{E_{113}\} = \{E_{131}\} = \{E_{311}\} = 11$

$\{E_{222}\} = 12$

3.41 (1) 求「歸一化」常數A

$$\int_{-\infty}^{\infty} \psi^*(x)\psi(x)dx = 1$$

由公式：$\int_0^{\infty} x^n e^{-ax} dx = \frac{n!}{a^{n+1}}$

$$|A|^2 \int_0^{\infty} x^2 e^{-2\lambda x} dx = \frac{|A|^2}{4\lambda^3} = 1$$

$|A|^2 = 4\lambda^3$，$A = 2\lambda^{3/2}$（取正號）

(2) $\bar{x} = \int_0^{\infty} \psi^* x\psi dx = \int_0^{\infty} 2\lambda^{3/2} xe^{-\lambda x} \cdot x \cdot 2\lambda^{3/2} xe^{-\lambda x} dx = \int_0^{\infty} 4\lambda^3 x^3 e^{-2\lambda x} dx$

$= \frac{3}{2\lambda}$

(3) $\overline{p_x} = \int_0^{\infty} \psi^* \hat{p}_x \psi dx = \int_0^{\infty} 2\lambda^{3/2} xe^{-\lambda x} (-i\hbar) \frac{\partial}{\partial x} [2\lambda^{3/2} xe^{-\lambda x}] dx$

$= -4i\lambda^3\hbar \int_0^{\infty} (xe^{-2\lambda x} - \lambda x^2 e^{-2\lambda x}) dx = -4i\lambda^3\hbar \left(\frac{1}{4\lambda^2} - \frac{\lambda}{4\lambda^3} \right)$

$= 0$

3.42 線性分子中的共軛π鍵電子可用「一維位能箱」模型做近似處理。π電子的運動範圍，可達到分子兩端原子的外側約半個鍵長的區域，這種看法是合理的。因而己三烯中「一維位能箱」的長度取做六個平均C－C鍵長。如果將其中的一個小π鍵當作「一維位能箱」，則其位能箱長度可取做兩個平均C－C鍵長。己三烯的「一維位能箱」模型如下圖所示。

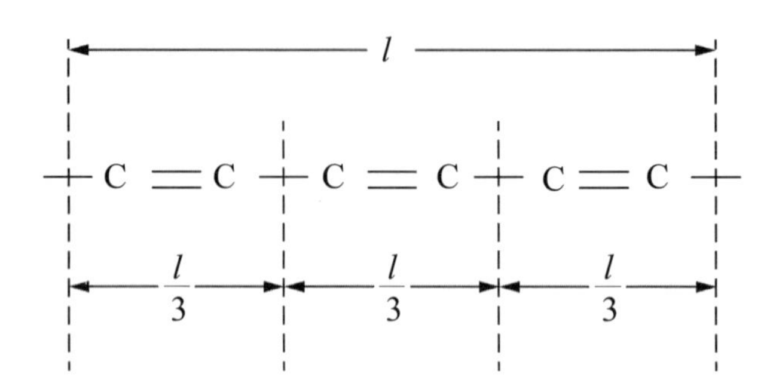

設共軛π鍵電子的位能箱長度爲ℓ，則小π鍵電子的位能箱長度爲$\frac{\ell}{3}$。

小π鍵的兩個電子占據「一維位能箱」的最低能階E_1，因此六個小π電子的總能量爲：（E_n：$n^2h^2/8ma^2$，見（3.10）式）

$$E_{小\pi總} = (2E_1)\times 3 = 6E_1 = 6\times\frac{1^2\times h^2}{8m\left(\frac{\ell}{3}\right)^2} = 54\times\frac{h^2}{8m\ell^2} = \frac{27h^2}{4m\ell^2}$$

大π電子的能階占據情況爲位能箱最低的三個能階E_1、E_2和E_3，且此三個能階上各塡有兩個電子，因此其六個電子的總能量爲

$$E_{大\pi} = 2E_1 + 2E_2 + 2E_3 = 2\times\frac{h^2}{8m\ell^2} + 2\times\frac{2^2\times h^2}{8m\ell^2} + 2\times\frac{3^2\times h^2}{8m\ell^2}$$

$$= 28\times\frac{h^2}{8m\ell^2}$$

$$= \frac{7h^2}{2m\ell^2}$$

可見形成共軛π鍵時，電子的總能量比形成三個定域π鍵的電子總能量要低得多，故在分子中形成共軛π鍵時使分子體系更加穩定。

3.43 (A) 由歸一化條件可知：

$$\int_V |\varphi|^2 dV = 1$$

而粒子在x方向運動，故

$$\int_{-\infty}^{\infty} C^2\left|\frac{1}{1+ix}\right|^2 dx = 1$$

即$\int_{-\infty}^{\infty} C^2\frac{1}{1+x^2}dx = 2C^2\cdot\frac{\pi}{2} = \pi C^2 = 1$

所以$C = \frac{1}{\sqrt{\pi}}$

(B) 機率密度：

$$P = |\varphi(x)|^2 = \frac{1}{(1+x^2)\pi}$$

而機率密度最大，即$\frac{d|\varphi(x)|^2}{dx} = \frac{2x}{\pi(1+x^2)^2} = 0$

得$x = 0$

因此，發現粒子機率密度最大的位置爲$x = 0$處。

(C) 在[0, 1]區間粒子出現的機率

$$P = \int_0^1 |\varphi(x)|^2 dx = \int_0^1 \frac{dx}{(1+x^2)\pi} = 0.25$$

波函數必須滿足單值、有限、連續，以及「歸一化」條件。利用「歸一化」條件可以確定波函數的待定常數。而粒子分布的「機率密度」爲波函數的平方。

3.44 $\int_0^a \Psi^2(x)d\tau = \int A^2x^2(a-x)^2 dx = A^2\left(\frac{a^2x^3}{3} - \frac{ax^4}{2} + \frac{x^5}{5}\right)\Big|_0^a = \frac{A^2a^5}{30} = 1$

$A = \sqrt{30/a^5}$

$|\Psi(x)|^2$描述粒子出現的機率，在$\partial\Psi^2(x)/\partial x = 0$處粒子出現的機率極值

$$\frac{\partial\Psi^2(x)}{\partial x} = \frac{\partial[A^2x^2(a-x)^2]}{\partial x} = 2A^2x(a-x)^2 - 2A^2x^2(a-x)$$

$$= 2A^2x(a-x)(a-2x)$$

$$= 0$$

解得$x = 0$、$x = a$和$x = a/2$

$x = 0$和$x = a$時，$\Psi^2 = 0$，爲極小値。

$x = a/2$處，粒子出現的機率最大，爲30/(16a)。

3.45 一維位能箱中電子運動的能階公式爲：

$$E_n = \frac{n^2h^2}{8m\ell^2}$$（見（3.10）式）

在上述離子中，7個C原子和個N原子的相互平行並垂直於分子平面的2p軌道可形成「非定域化」（delocalized）π軌域，其中每個C原子提供一個π電子，一個N原子提供孤對電子，而另一個提供空軌域，故形成九個電子運動於9個原子之間的「非定域化」（delocalized）π鍵。用一維位能箱近似估

算的能階爲 $E_1=\frac{h^2}{8m\ell^2}$、$E_2=\frac{4h^2}{8m\ell^2}$、$E_3=\frac{9h^2}{8m\ell^2}$、$E_4=\frac{16h^2}{8m\ell^2}$、$E_5=\frac{25h^2}{8m\ell^2}$、$E_6=\frac{36h^2}{8m\ell^2}$……等，相應於9個軌道。每個軌道上占據兩個自旋相反的電子，共有8個電子占據能階分別爲E_1、E_2、E_3和E_4的「成鍵軌道」（bonding orbitals），第9個電子占據能量爲E_5的「非鍵結軌道」（nonbonding orbitals）。π電子跳躍時，由E_5軌道跳躍到E_6軌道上，所吸收光的能量爲

$$h\nu=E_6-E_5=\frac{36h^2}{8m\ell^2}-\frac{25h^2}{8m\ell^2}=\frac{11h^2}{8m\ell^2}$$

相對應的波長爲

$$\lambda=\frac{c}{\nu}=\frac{c\cdot 8m\ell^2}{11h}=\frac{3.0\times10^8\times8\times9.11\times10^{-31}\times(1.3\times10^{-9})^2}{11\times6.626\times10^{-34}}=507\text{nm}$$

3.46 不是。Ψ_{211}與Ψ_{112}描述的是能量相同的兩種不同狀態，這兩種狀態對應的波函數不同，因此粒子在位能箱中出現的「機率密度」分布不同，除能量外的其他「物理量」也可能不同。

3.47 氫原子從第六激發態（n = 7）跳躍到基本態（n = 1）所產生的光子能量爲

$$\Delta E_H=-13.595\times\frac{1}{7^2}\text{eV}-\left(-13.595\times\frac{1}{1^2}\text{eV}\right)=13.595\times\frac{48}{49}\text{eV}$$

而$CH_2CHCHCHCHCHCHCH_2$分子產生吸收光譜所需要的最低能量爲

$$\Delta E_{C_8}=E_5-E_4=\frac{5^2h^2}{8m\ell}-\frac{4^2h^2}{8m\ell^2}=9\times\frac{h^2}{8m\ell^2}$$

$$=\frac{9\times(6.626\times10^{-34}\text{Js})^2}{8\times9.1095\times10^{-31}\text{kg}\times(1120\times10^{-12}\text{m})^2}=4.282\times10^{-19}\text{J}$$

$$=2.579\times10^5\text{Jmol}^{-1}$$

顯然$\Delta E_H>\Delta E_{C_8}$，但此兩種能量不相等，根據「量子化」規則，$CH_2CHCH$-$CHCHCHCHCH_2$不能產生吸收光效應。若要使它產生吸收光譜，則必須改換光源，例如用「連續光譜」代替「H原子光譜」。

此時可滿足量子化條件，該共軛分子可產生吸收光譜，其吸收波長爲

$$\lambda=\frac{hc}{\Delta E}\ \frac{hc}{\Delta E_{C_8}}=\frac{hc}{\frac{(9h^2)}{8mc^2}}$$

$$= \frac{6.626\times10^{-34}\,\mathrm{Js}\times2.998\times10^{8}\,\mathrm{ms^{-1}}}{\dfrac{9\times(6.626\times10^{-34}\,\mathrm{Js})^{2}}{8\times9.1095\times10^{-31}\,\mathrm{kg}\times(1120\times10^{-12}\,\mathrm{m})^{2}}}$$

$= 460\mathrm{nm}$

3.48 能量是「量子化」的，而且位能箱的長度越小，「量子化」效應越顯著，即相鄰二能階間隔越大。相反的，只有當位能箱長度無限大時，能階間隔才爲零，此時能量就是連續變化的。

並且在一維或三維位能箱中粒子的最低能量不可以是零，必定存在「零點能」。只有位能箱長度非常大時，「零點能」才趨近於零。粒子在位能箱內各點出現的機率不一樣。即粒子沒有軌道，只有「機率分布」。對應於能量唯一確定值的系統，可以有多種不同的運動狀態（即波函數），這些狀態稱爲能量多重狀態，能量多重狀態的數目稱爲「等階系」。

3.49 根據分子運動論，分子的平均動能爲

$$T = \frac{3kT}{2} = \frac{3\times1.3806\times10^{-23}\times310}{2} = 6.42\times10^{-21}\mathrm{J}$$

由於氧氣是理想氣體，分子間沒有相互作用，因此位能爲零，分子的能量等於動能，即

$$E = \frac{(n_x^2+n_y^2+n_z^2)\cdot h^2}{8ma^2}$$（見（3.52）式）

其中a爲立方位能箱的寬度，$a^3 = 3\times10^{-3}\mathrm{m}^3$，$a = 0.1442\mathrm{m}$，m爲氧分子的質量，

$$m = \frac{32\times10^{-3}}{6.022\times10^{23}} = 5.31\times10^{-26}\mathrm{kg}$$

因3個量子數相同，$n_x^2+n_y^2+n_z^2 = 3n_x^2$

有$\dfrac{3n_x^2\cdot h^2}{8ma^2} = 6.42\times10^{-21}\mathrm{J}$

$$3n_x^2 = \frac{6.42\times10^{-21}\cdot 8ma^2}{h^2} = \frac{6.42\times10^{-21}\times8\times5.31\times10^{-26}\times0.1442^2}{(6.626\times10^{-34})^2}$$

$$= 1.293\times10^{20}$$

$n_x = 6.56\times10^{9}$

3.50 根據Bohr的統計解釋，函數

$$|\Psi_1(x)|^2(x)dx = \left[\sqrt{\frac{2}{\ell}}\sin\frac{\pi}{\ell}x\right]^2 dx$$

是在x到x + dx範圍內找到粒子的機率。因此，粒子在 $x = \frac{\ell}{2}$ 到 $x = \frac{\ell}{2} + \frac{\ell}{100}$ 區間內的機率為

$$P = \int_{\ell/2}^{\ell/2+100}\left[\sqrt{\frac{\ell}{2}}\sin\frac{\pi}{\ell}x\right]^2 dx = \int_{\ell/2}^{\ell/2+\ell/100}\frac{1}{\ell}\left(1-\cos\frac{2\pi}{\ell}x\right)dx$$

$$= \frac{1}{\ell}\left[x - \frac{\ell}{2\pi}\sin\frac{2\pi}{\ell}x\right]_{\ell/2}^{\ell/2+1/100}$$

$$= \frac{1}{\ell}\left\{\frac{\ell}{100} - \frac{\ell}{2\pi}\left[\sin\frac{2\pi}{\ell}\left(\frac{\ell}{2}+\frac{\ell}{100}\right) + \sin\frac{2\pi}{\ell}\times\frac{\ell}{2}\right]\right\}$$

$$= \frac{1}{100} - \frac{1}{2\pi}\left[\sin\pi\cos\frac{\pi}{50} + \cos\pi\sin\frac{\pi}{50}\right]$$

$$= \frac{1}{100} + \frac{1}{2\pi}\sin\frac{\pi}{50}$$

$$= \frac{1}{100} + \frac{1}{2\pi}\times 0.0628 = \frac{1}{100} + \frac{1}{100}$$

$$= \frac{1}{50}$$

由於給定的區間很小，可用近似方法計算。

$$\text{機率} = \Psi_1^2(x)\cdot\Delta x = \left[\sqrt{\frac{2}{\ell}}\sin\frac{\pi}{\ell}x\right]_{x=\ell/2}^2 \times\frac{\ell}{100} = \left[\sqrt{\frac{2}{\ell}}\sin\frac{\pi}{\ell}\times\frac{\ell}{2}\right]^2\times\frac{\ell}{100}$$

$$= \frac{2}{\ell}\times\frac{\ell}{100}$$

$$= \frac{1}{50}$$

3.51 $(n_x^2 + n_y^2 + n_z^2)h^2/(8m\ell^2) \le 16h^2/(8ma^2)$

$n_x^2 + n_y^2 + n_z^2 \le 16$，有17種$(n_x, n_y, n_z)$組合方式，即17種狀態，相對應6個能階，即

$n_x^2 + n_y^2 + n_z^2 = 3$，(1, 1, 1)

$n_x^2 + n_y^2 + n_z^2 = 6$，(1, 1, 2)、(1, 2, 1)和(2, 1, 1)

$n_x^2 + n_y^2 + n_z^2 = 9$，(1, 2, 2)、(2, 1, 2)和(2, 2, 1)

$n_x^2 + n_y^2 + n_z^2 = 11$，(1, 1, 3)、(1, 3, 1)和(3, 1, 1)

$n_x^2 + n_y^2 + n_z^2 = 12$，(2, 2, 2)

$n_x^2 + n_y^2 + n_z^2 = 14$，(1, 2, 3)、(1, 3, 2)、(2, 1, 3)、(2, 3, 1)、(3, 2, 1)和(3, 1, 2)。

3.52 Ψ_1和Ψ_2是由「穩定態薛丁格方程式」得到的波函數，它們描述粒子處在穩定狀態時的性質。根據「量子力學」的態疊加原理（見第二章第七節）：Ψ_1和Ψ_2的線性組合$\Psi = C_1\Psi_1 + C_2\Psi_2$也是體系的一種可能狀態。在這種狀態下，體系部分地處在Ψ_1態和Ψ_2態，或者說Ψ態是Ψ_1態和Ψ_2態的混合態。在這裡可以理解爲粒子處在Ψ_1和Ψ_2態之間的跳躍過程中某一瞬間的狀態。除非Ψ_1和Ψ_2二者爲「等階系」狀態，一般Ψ不是體系的「特定態」：

$$\hat{H}\Psi = \hat{H}(C_1\Psi_1 + C_2\Psi_2) = C_1\hat{H}\Psi_1 + C_2\hat{H}\Psi_2 = C_1E_1\Psi_1 + C_2E_2\Psi_2$$

可見，在$E_1 \neq E_2$時，$\hat{H}\Psi \neq E\Psi$。

在該狀態下測量粒子的能量，得到的可能值爲E_1和E_2，當Ψ爲「歸一化」波函數時，E_1和E_2出現的「機率」則分別爲組合係數的平方C_1^2和C_2^2。因此其「平均值」爲

$$\langle E \rangle = C_1^2E_1 + C_2^2E_2 = \left(\sqrt{\frac{1}{2}}\right)^2 E_1 + \left(\sqrt{\frac{1}{2}}\right)^2 E_2 = \frac{1}{2}(E_1 + E_2)$$

$$= \frac{1}{2}\left(\frac{1^2h^2}{8m\ell^2} + \frac{2^2h^2}{8m\ell^2}\right) = \frac{5h^2}{16m\ell^2}$$

實際上，「物理量」的「平均值」就是來自於波函數的統計詮釋。

當Ψ爲歸一化波函數時，即$C_1^2 + C_2^2 = 1$時，測量體系的能量，E_1和E_2出現的「機率」如上所述。當Ψ爲「非歸一化」波函數時，$C_1^2 + C_2^2 \neq 1$，則E_1和E_2出現的「機率」分別爲$C_1^2/(C_1^2 + C_2^2)$和$C_2^2/(C_1^2 + C_2^2)$。「能量平均值」爲

$$\langle E \rangle = \frac{C_1^2E_1 + C_2^2E_2}{C_1^2 + C_2^2}$$

這正是由「平均值」公式得到的一般結果。

3.53 見第三章第三節介紹。

(A) $E = \dfrac{h^2}{8m}\left(\dfrac{n_x^2}{\ell_1^2} + \dfrac{n_y^2}{\ell_2^2}\right)$

(B) $\psi = \sqrt{\frac{4}{\ell_1 \ell_2}} \cdot \sin\frac{n_x\pi}{\ell_1}x \cdot \sin\frac{n_y\pi}{\ell_2}y$

(C) 如同「三維位能箱」之（3.55）式所述。即此時粒子在「二維位能箱」的二維正方形平面運動（$\ell_1 = \ell_2$），則

$$E_{n_x,n_y} = \frac{h^2}{8m\ell_1^2}(n_x^2 + n_y^2)$$

故「基本態」（$n_x = 1$，$n_y = 1$）：

$$E_1 = \frac{h^2}{8m\ell_1^2}(1^2 + 1^2)$$

「等階系」= 1，二方向量子數 = {1, 1}。

「第一激發態」（$n_x = 1$，$n_y = 2$；$n_x = 2$，$n_y = 1$）：

$$E_2 = \frac{h^2}{8m\ell_1^2}(1^2 + 2^2)$$

「等階系」= 2，二方向量子數 = $\begin{Bmatrix} 1,2 \\ 2,1 \end{Bmatrix}$。

「第二激發態」（$n_x = 2$，$n_y = 2$）：

$$E_3 = \frac{h^2}{8m\ell_1^2}(2^2 + 2^2)$$

「等階系」= 1，二方向量子數 = {2, 2}。

「第三激發態」（$n_x = 3$，$n_y = 1$和$n_x = 1$，$n_y = 3$）：

$$E_4 = \frac{h^2}{8m\ell_1^2}(1^2 + 3^2)$$

「等階系」= 2，二方向量子數 = $\begin{Bmatrix} 1,3 \\ 3,1 \end{Bmatrix}$。

3.54 (B)

第四章

4.1 利用（4.97）式：$|L| = \sqrt{\ell(\ell+1)} \cdot \hbar = \sqrt{1 \times (1+1)} \cdot \hbar = \sqrt{2}\hbar$

$L_z = m\hbar = \hbar$

$\frac{L_z}{|L|} = \cos\theta = \frac{1}{\sqrt{2}}$

$\theta = 45°$

4.2 一定軌域中的「電子雲」伸展方向只和軌域的「角向分布」有關，和「徑向部分」無關，各軌域的「角向部分」如下（不含「歸一化」常數）：

s軌域：$Y_{\ell,m}(\theta,\phi)$（s軌域是球對稱的）

p_x軌域：$Y_{\ell,m}(\theta,\phi) = \dfrac{x}{r} = \sin\theta\cos\phi$

p_y軌域：$Y_{\ell,m}(\theta,\phi) = \dfrac{y}{r} = \sin\theta\sin\phi$

p_z軌域：$Y_{\ell,m}(\theta,\phi) = \dfrac{z}{r} = \cos\theta$

$d_{2z^2-x^2-y^2}$軌域：$Y_{\ell,m}(\theta,\phi) = \dfrac{1}{r^2}(2z^2 - x^2 - y^2) = 3\cos^2\theta - 1$

$d_{x^2-y^2}$軌域：$Y_{\ell,m}(\theta,\phi) = \dfrac{1}{r^2}(x^2 - y^2) = \sin^2\theta\cos 2\phi$

d_{xy}軌域：$Y_{\ell,m}(\theta,\phi) = \dfrac{xy}{r^2} = \sin^2\theta\cos\phi\sin\phi$

d_{yz}軌域：$Y_{\ell,m}(\theta,\phi) = \dfrac{yz}{r^2} = \sin\theta\cos\theta\sin\phi$

d_{zx}軌域：$Y_{\ell,m}(\theta,\phi) = \dfrac{zx}{r^2} = \sin\theta\cos\theta\cos\phi$

「電子雲」是「電子密度」分布的圖形，根據Bohn的統計解釋，它正比於電子所在「軌域波函數」的平方。當p軌域中，電子半填滿時，每個軌域中的電子數目相等，所以電子「機率密度」等於

$$\phi_{p_x}^2 + \phi_{p_y}^2 + \phi_{p_z}^2 = R^2Y_{p_x}^2 + R^2Y_{p_y}^2 + R^2Y_{p_z}^2 = R^2(Y_{p_x}^2 + Y_{p_y}^2 + Y_{p_z}^2) = R^2$$

即電子「機率密度」與角度無關，所以「電子雲」是「球對稱」的。

全填滿電子時，$\phi = 2(\phi_{p_x}^2 + \phi_{p_y}^2 + \phi_{p_z}^2)$，顯然也與角度無關。

4.3 $\hat{L}_z = -i\hbar\dfrac{\partial}{\partial\phi}$（見（2.50）式）

$$\hat{L}_z\Phi = -i\hbar\frac{\partial}{\partial\phi}(1/2\pi)^{1/2}e^{\pm im\phi} = \frac{-1}{\sqrt{2\pi}}i\hbar\frac{\partial e^{\pm im\phi}}{\partial\phi} = \frac{\pm 1}{\sqrt{2\pi}}m\hbar e^{\pm im\phi} = \pm m\hbar\Phi$$

「特定值」$\pm m\hbar$。

$$\hat{L}_z\Phi = -i\hbar\frac{\partial}{\partial\phi}\cos m\phi\frac{1}{\sqrt{\pi}} = i\hbar\frac{m}{\sqrt{\pi}}\sin m\phi \neq \lambda\cos m\phi\frac{1}{\sqrt{\pi}}$$

$$\hat{L}_z\Phi' = -i\hbar\frac{\partial}{\partial\phi}\sin m\phi\frac{1}{\sqrt{\pi}} = -i\hbar\frac{m}{\sqrt{\pi}}\cos m\phi \neq \lambda\frac{1}{\sqrt{\pi}}\sin m\phi$$

所以「實數函數」Φ和Φ′不是$\hat{L}_z$的「特定態」。

Φ_{2px}態的n = 2，ℓ = 1，m無確定值，按下列公式計算：

$E = -13.6\frac{1}{n^2} = -13.6 \times \frac{1}{2^2} = -3.4eV$（見（4.86）式）

$|L| = \sqrt{\ell(\ell+1)}\hbar = \sqrt{1\times(1+1)}\hbar = \sqrt{2}\hbar$（見（4.86）式）

$L_z = m\hbar$

ψ_{2px}無確定m，所以L_z無確定值。

同樣，根據「測不準原理」，$2p_x$態中無確定x值。

4.4　觀察其「角向部分」：

$$Y_{\ell,m} = \left(\frac{3}{4\pi}\right)^{1/2}\cos\theta$$

它與Z = r cosθ。故ℓ = 1，m = 0是p_z「電子雲」的「角向分布」。

又從「徑向分布」中可以看出，只有$Zr/a_0 = 6$時，$R_{n,\ell}$才會爲零，即成爲「節面」。所以，「徑向分布」只有一個「節面」，即

n − ℓ − 1 = 1，n − 1 − 1 = 1，n = 3

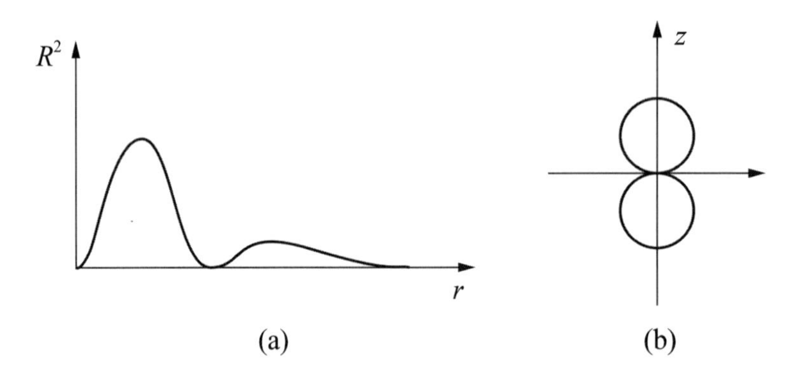

(a)　(b)

4.5　(A) 求解ψ軌域能有兩種方法。一種方法是根據「量子力學基本假設IV」求解「物理量」平均值的方法：

$$E = \int \psi^* \hat{H}\psi d\tau = \int \psi^*\left[-\frac{1}{2}\nabla^2 - \frac{1}{r}\right]\psi d\tau$$

$$= \int \frac{4}{4\sqrt{2\pi}}\exp\left(-\frac{r}{2}\right)\cos\theta\left[-\frac{1}{2}\nabla^2 - \frac{1}{r}\right]\frac{r}{4\sqrt{2\pi}}\exp\left(-\frac{r}{2}\right)\cos\theta d\tau$$

式中

$$\nabla^2=\frac{1}{r^2}\frac{\partial}{\partial r}\left(r^2\frac{\partial}{\partial r}\right)+\frac{1}{r^2\sin\theta}\frac{\partial}{\partial\theta}\left(\sin\theta\frac{\partial}{\partial\theta}\right)+\frac{1}{r^2\sin^2\theta}\frac{\partial^2}{\partial\phi^2}$$

為簡便起見，上式中 $\hat{H}$ 和ψ都已採用了原子單位。

$$\hat{H}\psi=\left[-\frac{1}{2}\nabla^2-\frac{1}{r}\right]\psi=-\frac{1}{2}\left[\frac{1}{r^2}\frac{\partial}{\partial r}r^2\frac{\partial}{\partial r}+\frac{1}{r^2\sin\theta}\frac{\partial}{\partial\theta}\sin\theta\frac{\partial}{\partial\theta}+\frac{2}{r}\right]\psi$$

因ψ與ϕ無關，故∇^2中含$\frac{\partial^2}{\partial\phi^2}$項為零。

$$\hat{H}\psi=-\frac{1}{2}\left[\frac{1}{r^2}\frac{\partial}{\partial r}r^2\frac{\partial}{\partial r}+\frac{1}{r^2\sin\theta}\frac{\partial}{\partial\theta}\sin\theta\frac{\partial}{\partial\theta}+\frac{2}{r}\right]\frac{r}{4\sqrt{2\pi}}e^{-\frac{r}{2}\cos\theta}$$

$$=-\frac{1}{2}\left[\frac{\cos\theta}{r^2}\frac{\partial}{\partial r}r^2\left(e^{-\frac{r}{2}}-\frac{r}{2}e^{-\frac{r}{2}}\right)+\frac{re^{-\frac{r}{2}}}{r^2\sin\theta}\frac{\partial}{\partial\theta}\sin\theta(-\sin\theta)\right.$$

$$\left.+2e^{-\frac{r}{2}}\cos\theta\right]\frac{1}{4\sqrt{2\pi}}$$

$$=-\frac{1}{2}\left[\frac{\cos\theta}{r^2}\frac{\partial}{\partial r}\left(r^2-\frac{r^3}{2}\right)e^{-\frac{r}{2}}-\frac{e^{-\frac{r}{2}}}{r\sin\theta}2\sin\theta\cos\theta+2e^{-\frac{r}{2}}\cos\theta\right]\frac{1}{4\sqrt{2\pi}}$$

$$=-\frac{1}{2}\left[\frac{1}{r}\left(2r-\frac{3}{2}r^2-\frac{r^2}{2}+\frac{r^3}{4}\right)e^{-\frac{r}{2}}-\frac{2e^{-\frac{r}{2}}}{r}+2e^{-\frac{r}{2}}\right]\frac{1}{4\sqrt{2\pi}}\cos\theta$$

$$=-\frac{1}{2}\left[\frac{2}{r}-2+\frac{r}{4}-\frac{2}{r}+2\right]\frac{1}{4\sqrt{2\pi}}\cos\theta e^{-\frac{r}{2}}$$

$$=-\frac{1}{8}\frac{r}{4\sqrt{2\pi}}\cos\theta e^{-\frac{r}{2}}=-\frac{1}{8}\psi$$

所以$E=\int\psi^*\hat{H}\psi d\tau=\int\psi^*\left(-\frac{1}{8}\right)\psi d\tau=-\frac{1}{8}$（原子單位）

$$=-\frac{1}{8}\times 27.2=-3.4\text{eV}$$

這種解法當然能求得正確答案，但運算較繁瑣。

另一種方法是從「似氫原子」波函數的基本性質出發，充分利用波函數中所隱含的各種條件，可以迅速簡捷地解出結果。

「似氫原子」波函數「角向部分」有如下性質：$s\propto r^\circ$，$P_y\propto\frac{y}{r}$，$P_z\propto\frac{z}{r}$，

需要求解狀態的波函數是：

$$\psi=\frac{1}{4\sqrt{2\pi a_0^3}}\left(\frac{r}{a_0}\right)\exp\left[-\frac{r}{2a_0}\right]\cos\theta$$ ，

觀察其「角向部分」是$\cos\theta$，它與$z = r\cos\theta$相似。根據「似氫原子」波函數「角向部分」的性質可知，該狀態是個P_Z狀態，$\ell = 1$。又整個波函數只有當$\theta=\frac{\pi}{2}$時有零解，即只存在一個「節面」。

而似氫軌域的總「節面」數爲$(n-1)$個。由$n-1=1$，知$n=2$。「似氫原子」的能量爲

$$E=-13.6\times\frac{z^2}{n^2}$$

本題中，$z=1$（氫原子），$n=2$，故

$$E=-13.6\times\frac{1}{4}=-3.4\text{eV}$$

從此題中可以看到，熟悉掌握波函數及其圖像的各種性質並加以融會貫通，將能使我們迅速而簡明地尋求到問題的本質和答案。

(B) 由(A)可知ψ描寫的狀態是P_z態，所以$\ell=1$，

$$|L|=\sqrt{\ell(\ell+1)}\hbar=\sqrt{2}\hbar$$ （利用（4.97）式）

當然，此小題也可將$\hat{L}^2$「算子」作用於ψ，求解

$$\overline{L^2}=\int\psi\hat{L}^2\psi d\tau$$

然後，$|L|=(L^2)^{1/2}$而取得答案。讀者如有興趣，可以驗算一下，最後結果自然仍將是$\sqrt{2}\hbar$。

(C) 設軌域角動量L與z軸的夾角是θ，則

$$\cos\theta=M_z/|L|$$

由於ψ描寫的是$2P_Z$態，所以$m=0$，即$L_z=0$，故$\cos\theta=0$，$\theta=90°$

(D) 「角向節面」共$\ell=0$個，是$\cos\theta=0$（即「節面」是$\theta=\frac{\pi}{2}$）的一個平面。「徑向節面」數爲$n-\ell-1=0$個，無「徑向節面」。於是總的「節面」是只有一個，是$\theta=\frac{\pi}{2}$的平面。

4.6 第四章第四節的（4.109）式已證明：「徑向分布密度函數」$D(r)=R^2(r)r^2$即r處殼層的「機率密度」爲dP/dr。

如果是s軌域，由表4.2可知：$\Theta_{0,0}(\theta)=1/\sqrt{2}$，$\Phi_0(\phi)=1/\sqrt{2\pi}$，這時，r處殼層的「機率密度」可由$4\pi r^2|\psi|^2(r)$代表，因為

$$dP=4\pi r^2|\psi|^2(r)dr=4\pi r^2R^2(r)\Theta^2(\theta)\Phi^2(\phi)dr=4\pi r^2R^2(r)\cdot\frac{1}{2}\cdot\frac{1}{2\pi}dr$$

$$=r^2R^2(r)dr$$

$$=D(r)dr$$

可見，$4\pi r^2|\psi|^2(r)$這時就是「徑向分布函數」D(r)。

然而，如果不是s軌域，就不能用$4\pi r^2\psi^2(r)$來代表D(r)。

4.7 軌域函數的圖像是氫原子波函數解之結果的重要表現方式，其中包含了波函數的各種資料，對此應該熟練掌握。

本題的「似氫軌域」從其波函數平方的極座標圖看，它沿x軸方向有最大分布，並在x軸的正方向和負方向是對稱的，而且yz平面中電子的密度為零，所以該「似氫軌域」是個P_X軌域，$\ell=1$。再從「徑向分布圖」中可以看出，「徑向函數」有一個「節面」，即$n-\ell-1=1$。由於$\ell=1$，所以$n=3$。

4.8 氫原子「基本態」波函數是：$\psi_{100}=\sqrt{\frac{1}{\pi a_0^3}}e^{-r/a_0}$ （見表4.5）

$r=0.1nm=1Å$，$a_0=0.529Å$，代入上述的ψ_{100}，「機率」為：

$$P=\int_0^{4\pi}\psi^2d\tau=\int_0^1\frac{1}{\pi a_0^3}e^{-2r/a_0}\cdot4\pi r^2dr=\frac{4}{a_0^3}\int_0^1e^{-2r/a_0}r^2dr$$

$$=\frac{4}{a_0^3}\left(\frac{a_0}{2}\right)\left[r^2e^{-2r/a_0}\Big|_0^1-\int_0^1 2re^{-2r/a_0}dr\right]$$

$$=-\frac{2}{a_0^2}\left[e^{-2/a_0}+a_0re^{-2r/a_0}\Big|_0^1-a_0\int_0^1e^{-2r/a_0}dr\right]$$

$$=-\frac{2}{a_0^2}\left[e^{-2/a_0}+a_0e^{-2r/a_0}+\frac{a_0^2}{2}e^{-2r/a_0}\Big|_0^1\right]$$

$$=-\frac{2}{a_0^2}\left[e^{-2/a_0}+a_0e^{-2/a_0}+\frac{a_0^2}{2}e^{-2/a_0}-\frac{a_0^2}{2}\right]$$

$$=-\frac{2}{a_0^2}e^{-2/a_0}-\frac{2}{a_0}e^{-2/a_0}-e^{-2/a_0}+1$$

$$=0.728$$

4.9 氫原子「基本態」波函數用原子單位表示是 $\psi_{100}=\sqrt{\frac{1}{\pi}}e^{-r}$（見表4.5）

$$機率=\int_0^{4\pi r_0^2}|\psi_{100}|^2 d\tau=\int_0^{r_0}4\pi r^2\frac{1}{\pi}e^{-2r}dr=4\int_0^{r_0}r^2e^{-2r}dr$$

$$=-2r^2e^{-2r}\Big|_0^{r_0}+2\int_0^{r_0}e^{-2r}\cdot 2rdr=-2r_0^2e^{-2r_0}-2re^{-2r}\Big|_0^{r_0}+2\int_0^{r_0}e^{-2r}dr$$

$$=-2r_0^2e^{-2r_0}-2r_0e^{-2r_0}-e^{-2r_0}+1$$

$$=0.90$$

整理得：$(2r_0^2+2r_0+1)e^{-2r_0}=0.1$

令 $x=2r_0$，則：

$$\left(\frac{x^2}{2}+x+1\right)=0.1e^x$$

$$x=0.1e^x-\frac{x^2}{2}-1$$

用數值法解得：

$$x=4.844$$

$$r_0=\frac{x}{2}=2.422(a.u)=2.422\times 0.529\,Å=1.3Å$$

4.10 「電子雲」是否球對稱取決於軌域的「角向分布」，所以不必考慮d軌域的「徑向分布」，當五個d軌域中全填滿或半填滿時，每個d軌域對「電子雲」的貢獻是相等的，所以

$$d_{z^2}^2+d_{xz}^2+d_{yz}^2+d_{z^2-y^2}^2+d_{xy}^2$$

$$=\frac{5}{16\pi}(3\cos^2\theta-1)^2+\frac{15}{4\pi}\sin^2\theta\cos^2\theta\cos^2\phi+\frac{15}{4\pi}\sin^2\theta\cos^2\theta\sin^2\phi$$

$$+\frac{15}{16\pi}\sin^4\theta\cos^2 2\phi+\frac{15}{16\pi}\sin^4\theta\sin^2 2\phi$$

$$=\frac{5}{16\pi}[9\cos^4\theta-6\cos^2\theta+1]+\frac{15}{4\pi}\sin^2\theta\cos^2\theta+\frac{15}{16\pi}\sin^4\theta$$

$$=\frac{45}{16\pi}\cos^4\theta-\frac{30}{16\pi}6\cos^2\theta+\frac{5}{16\pi}+\frac{15}{4\pi}\sin^2\theta\cos^2\theta+\frac{15}{16\pi}\sin^4\theta$$

$$=\frac{45}{16\pi}\cos^2\theta-\frac{30}{16\pi}\cos^2\theta+\frac{5}{16\pi}+\frac{15}{16\pi}\sin^2\theta$$

$$=\frac{15}{16\pi}\cos^2\theta+\frac{15}{16\pi}\sin^2\theta+\frac{5}{16\pi}$$

$$=\frac{15}{16\pi}+\frac{5}{16\pi}$$

$=\frac{20}{16\pi}$

$=\frac{5}{4\pi}$

它與角度無關，所以d軌域全填滿時，其「電子雲」是球對稱的。

4.11 (1) $d_{xz}=\frac{1}{2}(d_1+d_{-1})=\frac{\sqrt{15}}{2\sqrt{\pi}}\sin\theta\cos\theta\cos\phi$；

(2) $d_{yz}=\frac{1}{2i}(d_1-d_{-1})=\frac{\sqrt{15}}{2\sqrt{\pi}}\sin\theta\cos\theta\sin\phi$；

(3) $d_{x^2-y^2}=\frac{1}{2}(d_2+d_{-2})=\frac{\sqrt{15}}{4\sqrt{\pi}}\sin^2\theta\cos^2\phi$

(4) $d_{xy}=\frac{1}{2i}(d_2-d_{-2})=\frac{\sqrt{15}}{4\sqrt{\pi}}\sin^2\theta\sin^2\phi$

(5) $d_{2z^2-x^2-y^2}=d_0=\frac{\sqrt{15}}{4\sqrt{\pi}}(3\cos^2\theta-1)$

4.12 (C)。

4.13 $m=\ell$、$\ell-1$、$\ell-2$、…、$-\ell$，共（$2\ell+1$）個取值，代表軌域角動量的方向。

$m_s=s$，$s-1$，$s-2$，…，$-s$，共有（$2s+1$）個取值，代表自旋角動量的方向。

實驗表明，自旋角動量有兩個方向，即$2s+1=2$，$s=\frac{1}{2}$。

故有：$m_s=\frac{1}{2}$，$m_s=-\frac{1}{2}$⇒各代表自旋的兩個方向，用↑和↓表示。詳續見第五章。

4.14 $\Theta_{0,0}(\theta)=\frac{\sqrt{2}}{2}$（見表4.2）

$\Theta_{1,0}(\theta)=\frac{\sqrt{6}}{2}\cos\theta$（見表4.2）

$$\int_0^\pi \Theta_{0,0}(\theta)\cdot\Theta_{1,0}(\theta)d\theta=\int_0^\pi \frac{\sqrt{2}}{2}\cdot\frac{\sqrt{6}}{2}\cos\theta d\theta=\frac{\sqrt{3}}{2}\int_0^\pi\cos\theta d\theta$$

$$=\frac{\sqrt{3}}{2}\sin\theta\Big|_0^\pi$$

$$=0$$

故$\Theta_{0,0}(\theta)$和$\Theta_{1,0}(\theta)$相互「正交」。

4.15 $\hat{L}^2\psi = L^2\psi$（用（4.96）式）

$$-\hbar^2\left(\frac{1}{\sin\theta}\frac{\partial}{\partial\theta}\sin\theta\frac{\partial}{\partial\theta}+\frac{1}{\sin^2\theta}\frac{\partial^2}{\partial\phi^2}\right)Nf(r)(3\cos^2\theta-1)$$

$$=-\hbar^2 Nf(r)\cdot 6\cdot\frac{1}{\sin\theta}(-\sin^3\theta+2\sin\theta\cos^2\theta)$$

$$=6\hbar^2 Nf(r)(3\cos^2\theta-1)=6\hbar^2\psi$$

故 $|L|=\sqrt{6}\hbar$，角量子數 $\ell=2$

4.16 $\psi_{1s}=\psi_{100}=\frac{1}{\sqrt{\pi}}\left(\frac{1}{a_0}\right)^{3/2}e^{-r/a_0}$（見表4.5）

$$\psi_{2s}=\psi_{200}=\frac{1}{4\sqrt{2\pi}}\left(\frac{1}{a_0}\right)^{3/2}\left(2-\frac{r}{a_0}\right)e^{-r/2a_0}$$（見表4.5）

$$\int_0^\infty \psi_{1s}\psi_{2s}d\tau=\int_0^\infty\frac{1}{4\sqrt{2}\pi}\frac{1}{a_0^3}\left(2-\frac{r}{a_0}\right)e^{-\frac{3r}{2a_0}}r^2dr(4\pi)$$

$$=\frac{1}{\sqrt{2}a_0^3}\int_0^\infty\left(2r^2e^{-\frac{3r}{2a_0}}-\frac{r_3}{a_0}e^{-\frac{3r}{2a_0}}\right)dr$$

$$=\frac{1}{\sqrt{2}a_0^3}\left[\frac{4}{\left(\frac{3}{2a_0}\right)^3}-\frac{6}{a_0\left(\frac{3}{2a_0}\right)^4}\right]$$

$$=0$$

$\int_0^\infty \psi_{1s}\psi_{2s}d\tau=0$表明$\psi_{1s}$和$\psi_{2s}$相互「正交」。

4.17 由表4.5可知：$\psi_{1s}=\psi_{100}=\frac{1}{\sqrt{\pi}}\left(\frac{1}{a_0}\right)^{3/2}e^{-r/a_0}$

故「機率」：$P=\int|\psi_{1s}|^2d\tau=\int_0^{50}R^2r^2dr\int_0^\pi\Theta^2(\theta)\sin\theta d\theta\int_0^{2\pi}\Phi^2(\phi)d\phi$

$$=\int_0^{50}R^2r^2dr=\int_0^{50}4\pi r^2\left(\frac{1}{\sqrt{\pi a_0^3}}e^{-r/a_0}\right)^2dr$$

$$=\frac{4}{a_0^3}\int_0^{50}r^2e^{-2r/a_0}dr$$

$$=0.294$$

4.18 $D(r)=4\pi r^2\psi_{1s}^2=4\pi r^2\frac{27}{\pi a_0^3}e^{-6r/a_0}$

(A) 令 $\frac{dD(r)}{dr}=0$，得$r=a_0/3$（極大）（見（4.113）式）

(B) $\bar{r}=\int\psi_{1s}\bar{r}\psi_{1s}d\tau$（見（4.111）式）

$$=\frac{27}{\pi a_0^3}\int_0^{2\pi}\int_0^{\pi}\int_0^{\infty}r^3e^{-6r/a_0}dr\sin\theta d\theta d\phi$$

$$=\frac{4\times 27}{a_0^3}\int_0^{\infty}r^3e^{-6r/a_0}dr$$

$$=\frac{4\times 27}{a_0^3}\frac{3!}{(6/a_0)^4}$$

$$=\frac{a_0}{2}$$

(C) $|\psi_{1s}|^2=\frac{27}{\pi a_0^3}e^{-6r/a_0}$，當$r\to\infty$時，$|\psi_{1s}|^2\to 0$，不能用求導的方法求極值，可以看出$r=0$時，$|\psi_{1s}|^2$的極值爲$\frac{27}{\pi a_0^3}$。

4.19 (A) 角度函數爲$Y(\theta,\phi)=Y(\theta)=c'(3\cos^2-1)$。

令$\frac{dY}{d\theta}=0$，依$\cos\theta=0$，得$\theta=90°$。

依$\sin\theta=0$，得$\theta=0°$和$\theta=180°$。

故角度分布極大值在$\theta=0°$，$\theta=90°$和$\theta=180°$處。

(B) 令$\psi^2(r,\theta,\phi)=0$，得$\cos\theta=\pm\sqrt{\frac{1}{3}}$，$\theta=54°44'$和$\theta=125°16'$。

此外，當$r=0$及$r=\infty$時，$\psi^2=0$。

故「節面」位置爲$\theta=54°44'$及$\theta=125°16'$的兩圓錐面。

(C) $\frac{\partial\psi^2}{\partial r}=c^2(3\cos^2\theta-1)^2\frac{\partial}{\partial r}\left(r^4e^{-\frac{2r}{3a_0}}\right)$

$$=c^2(3\cos^2\theta-1)^2e^{-\frac{2r}{3a_0}}-r^3\left(4-\frac{2}{3a_0}r\right)$$

令$\frac{\partial\psi^2}{\partial r}=0$，得$r=6a_0$。

顯然，ψ_2的極大值位置有三處：

(A) 在$r=6a_0$，$\theta=0°$處。

(B) 在$r=6a_0$，$\theta=180°$處。

(C) 在$r=6a_0$，$\theta=90°$處，即在xy平面上以原點爲圓心，半徑爲$6a_0$圓周上。

4.20 用公式：$\int_0^a x^n e^{-qx}dx = \dfrac{n!}{q^{n+1}}$及$\int_0^a z^n e^{-ax}dz = \dfrac{n!}{a^{n+1}}e^{-at}\left(1+at+\dfrac{a^2t^2}{2!}+\cdots+\dfrac{a^nt^n}{n!}\right)$

求解。

$$P = \int_0^{\infty}|\psi_{1s}|^2 \cdot 4\pi r^2 dr = \int_0^{\infty}\frac{1}{\pi a_0^3}e^{-\frac{2r}{a_0}} \cdot 4\pi r^2 dr$$

$$= \frac{4}{a_0^3}\int_0^{a_0} r^2 e^{-\frac{2r}{a_0}}dr = \frac{4}{a_0^3}\cdot\left(-\frac{a_0}{2}\right)\left(r^2 e^{-\frac{2r}{a_0}}\Big|_0^{a_0} - \int_0^{a_0} e^{-\frac{2r}{a_0}}\cdot 2rdr\right)$$

$$= -\frac{a_0}{2}\left(a_0^2 e^{-\frac{2a_0}{a_0}} + 2\cdot\frac{a_0}{2}\int_0^{a_0} dr \cdot e^{-\frac{2r}{a_0}}\right)$$

$$= -\frac{2}{a_0^2}\left[a_0^2 e^{-2} + a_0\left(re^{-\frac{2r}{a_0}}\Big|_0^{a_0}\int_0^{a_0} e^{-\frac{2r}{a_0}}dr\right)\right]$$

$$= -2e^{-2} - 2\left(a_0 e^{-2} + \frac{a_0}{2}e^{-\frac{2r}{a_0}}\Big|_0^{a_0}\right)\frac{1}{a_0}$$

$$= 1 - 5e^{-2}$$

$$= 32.3\%$$

4.21 氫原子的「Hamiltonian算子」為：

$$\hat{H} = -\frac{\hbar^2}{2m}\left[\frac{1}{r^2}\frac{\partial}{\partial r}\left(r^2\frac{\partial}{\partial r}\right) + \frac{1}{r^2\sin\theta}\frac{\partial}{\partial\theta}\left(\sin\theta\frac{\partial}{\partial\theta}\right) + \frac{1}{r^2\sin^2\theta}\frac{\partial^2}{\partial\phi^2}\right] - \frac{e^2}{r}$$

（見（4.3b）式）

因為ψ_{1s}不含角度部分，故$\hat{H}$作用於ψ_{1s}，只與r有關，使得氫原子薛丁格方程式有如下形式：

$$\left[-\frac{\hbar^2}{2m}\left(\frac{1}{r^2}\frac{\partial}{\partial r}\left(r^2\frac{\partial}{\partial r}\right) - \frac{e^2}{r}\right)\right]\psi_{ns} = E_{ns}\psi_{ns}$$

將表4.5之$\psi_{1s} = \dfrac{1}{\sqrt{\pi}}\left(\dfrac{1}{a_0}\right)^{3/2}\cdot e^{-r/a_0}$代入上式，可求得：

$$\hat{H}\psi_{1s} = -\frac{e^2}{2a_0}\psi_{1s} = -13.6\psi_{1s}$$

即氫原子「基本態」能量 $E_{1s} = -13.6\text{eV}$

4.22 氫離子實數波函數，若「主量子數」為n，「軌域角量子數」為ℓ，「磁量子數」為m_s：

(A) 其徑向因數的值爲零的「節面」有$n-\ell-1$個，

因爲$\psi_{n\ell m}=R_{n\ell}(r)Y_{\ell m}(\theta,\varphi)$

$$R_{n\ell}(r)=N_{R}\rho^{\ell}L_{n+\ell}^{2\ell+1}(\rho)\exp\left(\frac{-\rho}{2}\right)$$

而$L_{n+\ell}^{2\ell+1}(\rho)$爲$n-\ell-1$階多項式，可以有$n-\ell-1$個根；這$n-\ell-1$個「節面」使徑向部分爲零，是以原點爲中心的球面。

(B) Φ因數爲零的「節面」（它們垂直於xy平面）有m個；因爲Φ部分只有$\sin|m|\varphi$或$\cos|m|\varphi$，而相差180°的兩個「節面」只能算一個，也不可能同時有$\sin|m|\varphi$和$\cos|m|\varphi$，所以只有|m|個「節面」。

(C) Θ因數爲零的「節面」有$\ell-m$個，因爲Θ函數中得連帶Legendre多項式$P_{\ell}^{|m|}$爲$\cos\theta$的$2\ell-\ell-m=\ell-m$次多項式，所以只能有$\ell-m$個解（$\sin\theta$爲零的面與z軸重合）。它們的形狀是頂點在原點繞z軸的對頂錐面。

(D) 「似氫離子」之實數波函數共有「節面」：$(n-\ell-1)+m+(\ell-m)=n-1$個，其中有$\ell$個爲平面。

4.23 $\bar{r}=\int\psi\hat{r}\psi d\tau=\int_0^{\pi}\int_0^{2\pi}\int_0^{\infty}rR^2(r)Y^2(\theta,\phi)r^2\sin\theta d\theta d\phi$

「角度部分」是「歸一化」的，故

$$\bar{r}=\int_0^{\infty}r^3R^2(r)dr$$

$$\bar{r}_{2s}=\int_0^{\infty}r^3\left[\frac{1}{2\sqrt{2}}\left(\frac{1}{a_0}\right)^{3/2}\left(2-\frac{r}{a_0}\right)e^{-\frac{r}{2a_0}}\right]^2dr=6a_0$$

$$\bar{r}_{2P}=\int_0^{\infty}r^3\left[\frac{1}{2\sqrt{6}}\left(\frac{1}{a_0}\right)^{3/2}\left(\frac{r}{a_0}\right)e^{-\frac{r}{2a_0}}\right]^2dr=5a_0$$

4.24 徑向分布：

$$D=4\pi r^2\psi^2=\frac{4\pi r^2}{32\pi a_0^3}\left(2-\frac{r}{a_0}\right)^2\exp\left(-\frac{r}{a_0}\right)=\frac{r^2}{8a_0^3}\left(2-\frac{r}{a_0}\right)^2\exp\left(-\frac{r}{a_0}\right)$$

$$\frac{dD}{dr}=\frac{1}{8a_0^3}\frac{d}{dr}\left[r^2\left(2-\frac{r}{a_0}\right)^2\exp\left(-\frac{r}{a_0}\right)\right]=0$$

所以$r_1=(3+\sqrt{5})a_0$

$$r_1=(3-\sqrt{5})a_0$$

在「節點」處D = 0，$(2-r/a_0)=0$，所以$r=2a_0$爲「節點」位置。

「機率密度」爲：

$$\left|\psi^2\right|=\frac{(2-r/a_0)^2\exp(-r/a_0)}{32\pi a_0^3}$$

「機率密度」極大處：

$$\frac{d\left|\psi^2\right|}{dr}=0$$

所以$r=4a_0$，即「機率密度」最大爲$4a_0$。

4.25 $D=r^2R^2=\dfrac{1}{24}\left(\dfrac{1}{a_0}\right)^5 r^4e^{-r/a_0}$

$$\frac{\partial}{\partial r}D=\frac{1}{24}\left(\frac{1}{a_0}\right)^5\left[4r^3-\frac{1}{a_0}r^4\right]e^{-r/a_0}=0$$

$\therefore r_{max}=4a_0$

4.26 由表4.5可知：$\psi_{321}=R_{32}(r)Y_{21}(\theta,\phi)$，

$\ell=2$，$m=1$

$L^2\psi=2(2+1)\hbar^2$（見（4.96）式）$\Rightarrow L=\sqrt{6}\hbar$

又$L_z=m\hbar=\hbar$（見（4.102）式）

因$\cos\theta=\dfrac{\hbar}{\sqrt{6}\hbar}=\dfrac{\sqrt{6}}{6}$

$\therefore\theta=\cos^{-1}\dfrac{\sqrt{6}}{6}=65°54'$

4.27 $P=\int\psi_{1s}^2d\tau=\psi_{1s}^2\int d\tau=\psi_{1s}^2\int\int_{a_0}^{1.01a_0}\int dxdydz\,\psi_{1s}^2(0.01a_0)^3$

其中$\psi_{1s}^2=\dfrac{1}{\pi a_0^3}e^{-2r/a_0}=\dfrac{1}{\pi a_0^3}\cdot e^{-2\sqrt{x^2+y^2+z^2}/a_0}=\dfrac{1}{\pi a_0^3}\cdot e^{-2\sqrt{3}}$

所以$P=\dfrac{1}{\pi a_0^3}e^{-2\sqrt{3}}\cdot(0.01a_0)=\dfrac{1}{\pi}\cdot e^{-2\sqrt{3}}\cdot(0.01)^3=10.0\times10^{-9}$

4.28 已知（4.97）式：角動量向量$L=\sqrt{\ell(\ell+1)}\hbar=\sqrt{12}\hbar$，$\ell=3$，$m=0$，$\pm1$，$\pm2$，$\pm3$

$\ell=3$動量向量在外磁場方向上的分量：

$m = 0$，$L_z = 0$

$m = \pm 1$，$L_z = \pm\hbar$

$m = \pm 2$，$L_z = \pm 2\hbar$

$m = \pm 3$，$L_z = \pm 3\hbar$

動量向量在外磁場中的取向如下圖。

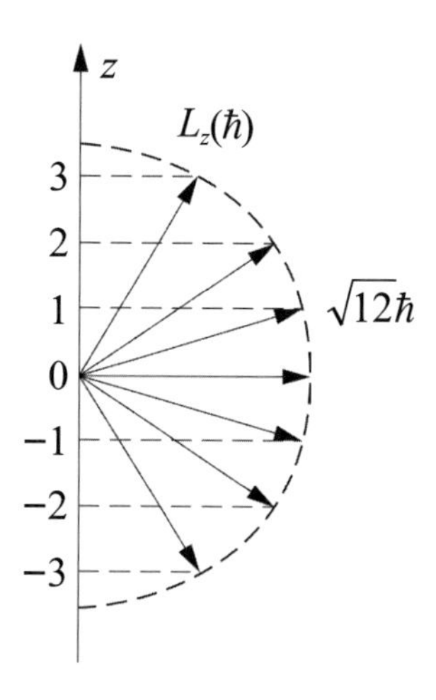

本題反應了電子在動量向量的「空間量子化」。說明電子的動量向量與外磁場的夾角是不連續取值的。

4.29 已知：$\psi_{1s} = \frac{1}{\sqrt{\pi}}\left(\frac{Z}{a_0}\right)^{3/2} e^{-Zr/a_0}$，故利用（4.111）式，可得：

$$\bar{r} = \int \psi_{1s}^* r \psi_{1s} d\tau = \int \psi_{1s}^2 r d\tau = \iiint \frac{Z^3}{\pi a_0^3} e^{-2Zr/a_0} r(r^2 \sin\theta dr d\theta d\phi)$$

$$= \frac{Z^3}{\pi a_0^3}\int_0^\infty r^3 e^{-2Zr/a_0} dr \int_0^\pi \sin\theta d\theta \int_0^{2\pi} d\phi$$

$$= \left(\frac{Z^3}{\pi a_0^3}\int_0^\infty r^3 e^{-2Zr/a_0} dr\right)[-(-1-1)](2\pi - 0)$$

$$= \frac{4Z^3}{a_0^3}\int_0^\infty r^3 e^{-2Zr/a_0} dr = \frac{Z_3}{a_0^3}\left(\frac{a_0}{2Z}\right)^4 \cdot (4-1)! = \frac{3}{2}\cdot\frac{a_0}{Z}$$

$\therefore$氫原子$Z = 1$，$\bar{r} = \frac{3}{2}a_0$

$\therefore$氦離子$Z = 2$，$\bar{r} = \frac{3}{4}a_0$

4.30 (A) $\bar{r} = \frac{1}{\pi a_0^3}\int_0^{2\pi} d\phi \int_0^{\pi} \sin\theta d\theta \int_0^{\infty} re^{-2r/a_0} r^2 dr = \frac{4}{a_0^3}\int_0^{\infty} r^3 e^{-2r/a_0} dr = \frac{4}{a_0^3}\frac{3a_0^4}{8} = \frac{3}{2}a_0$

（這裡利用了公式$\int_0^{\infty} r^n e^{-ar} = \frac{n!}{a^{n+1}}$）

(B) $\overline{V} = -e^2\left(\overline{\frac{1}{r}}\right)$（位能平均值）

$$\left(\overline{\frac{1}{r}}\right) = \frac{1}{\pi a_0^3}\int_0^{2\pi} d\phi \int_0^{\pi} \sin\theta d\theta \int_0^{\infty} \frac{1}{r} e^{-2r/a_0} r^2 dr = \frac{4}{a_0^3}\int_0^{\infty} re^{-2r/a_0} dr = \frac{4}{a_0^3}\frac{a_0^2}{4}$$

$$= \frac{1}{a_0}$$

所以$\overline{V} = -\frac{e^2}{a_0}$

(C) 由於ψ爲能量「特定態」，「基本態」能量爲

$$E_1 = -\frac{me^4}{2\hbar^2} = -\frac{e^2}{2a_0}$$

故總能量平均值亦爲E_1，且E_1(總能量) = 平均位能$\overline{V}$ + 平均動能$\overline{T}$，所以

$$\overline{T} = E_1 - \overline{V} = -\frac{e^2}{2a_0} - \left(-\frac{e^2}{a_0}\right) = \frac{e^2}{2a_0}$$

4.31 $\psi = c_1\phi_{2,1,0} + c_2\phi_{2,1,1} + c_3\phi_{3,1,1}$

$$E_n = -\frac{1}{2}\frac{1}{n^2}\text{a.u.}$$

所以

$$E_{2,1,0} = -\frac{1}{8}$$

$$E_{2,1,1} = -\frac{1}{8}$$

$$E_{3,1,1} = -\frac{1}{18}$$

$$\overline{E} = \int \psi\hat{H}\psi d\tau \Big/ \int \psi\psi d\tau = \int \psi\hat{H}\psi d\tau$$

$$= \int (c_1\phi_{2,1,0} + c_2\phi_{2,1,1} + c_3\phi_{3,1,1})\hat{H}(c_1\phi_{2,1,0} + c_2\phi_{2,1,1} + c_3\phi_{3,1,1})d\tau$$

$$= \left(-\frac{c_1^2}{8} - \frac{1}{8}c_2^2 - \frac{1}{18}c_3^2\right)\text{a.u.}$$

能量爲$-\frac{1}{8}$a.u.的「機率」是$c_1^2 + c_2^2$

$$\overline{M}^2 = \int \psi\hat{M}^2\psi d\tau \Big/ \int \psi\psi d\tau = \int \psi\hat{M}^2\psi d\tau$$

$\hat{M}^2\phi = \ell(\ell+1)\hbar^2\phi$

$\overline{M}^2 = c_1^2 \cdot 2\hbar^2 + c_2^2 \cdot 2\hbar^2 + c_3^2 \cdot 2\hbar^2 = 2\hbar^2$

$\overline{M} = \sqrt{2}\hbar$

具有$\sqrt{2}\hbar$角動量的「機率」爲1。

因爲$M_z\phi = m\hbar\phi$，所以$M_z = 2\hbar$出現的「機率」爲零。

4.32 (A) $\int \psi^2 d\tau = 1$

$$4\pi N^2 \int_0^\infty r^2 e^{-2\alpha r} dr = 4\pi N^2 \cdot \frac{2!}{(2\alpha)^3} = 4\pi N^2 \frac{2}{(2\alpha)^3} = \frac{\pi N^2}{\alpha^3} = 1$$

$$\therefore N = \sqrt{\frac{\alpha^3}{\pi}}$$

$\hat{H}\psi =$常數

$$-\frac{\hbar^2}{2\mu}\left(\frac{1}{r^2}\cdot\frac{\partial}{\partial r}r^2\frac{\partial}{\partial r} + \frac{1}{r^2 \sin\theta}\frac{\partial}{\partial\theta}\sin\theta\frac{\partial}{\partial\theta} + \frac{1}{r^2\sin^2\theta}\frac{\partial^2}{\partial\phi^2}\right)\psi - \frac{e^2}{4\pi\varepsilon_0 r}\psi$$

$$= \frac{\hbar^2}{2\mu}N\left(\frac{1}{r^2}\frac{\partial}{\partial r}r^2 e^{-\alpha r}\right)(-\alpha) - \frac{e^2}{4\pi\varepsilon_0 r}\psi$$

$$= \left[-\frac{\hbar^2}{2\mu}\left(\alpha^2 - \frac{2\alpha}{r}\right) - \frac{e^2}{4\pi\varepsilon_0 r}\right]\psi$$

$$\therefore \frac{\alpha\hbar^2}{\mu r} - \frac{e^2}{4\pi\varepsilon_0 r} = 0$$

$$\alpha = \frac{\pi e^2 \mu}{\varepsilon_0 h^2} = \frac{1}{a_0}$$

$$N = \sqrt{\frac{1}{\pi a_0^3}}$$

(B)「特定值」$= -\dfrac{\alpha^2\hbar^2}{2\mu} = -\dfrac{h^2}{8\pi^2\mu a_0^2}$

$$= -\frac{(6.626\times10^{-34}\,\mathrm{J\cdot s})^2}{8\pi^2\times9.104\times10^{-31}\,\mathrm{kg}\times(52.92\times10^{-12}\,\mathrm{m})^2}$$

$$= -2.17\times10^{-18}\mathrm{J}$$

$$= -13.6\mathrm{eV}$$

4.33 角動量的z分量運算「算子」的球極座標形式爲$\hat{L}_z = -i\hbar\dfrac{\partial}{\partial\varphi}$，將它分別作用在題中給出的四個狀態函數上：

$$-i\hbar\frac{\partial}{\partial\varphi}\Phi_{+m}(\varphi)=-i\hbar\frac{\partial}{\partial\varphi}\left(\frac{1}{\sqrt{2\pi}}e^{+im\varphi}\right)=m\hbar\Phi_{+m}(\varphi)$$

$$-i\hbar\frac{\partial}{\partial\varphi}\Phi_{-m}(\varphi)=-i\hbar\frac{\partial}{\partial\varphi}\left(\frac{1}{\sqrt{2\pi}}e^{-im\varphi}\right)=-m\hbar\Phi_{-m}(\varphi)$$

$$-i\hbar\frac{\partial}{\partial\varphi}\Phi'_{|\pm m|}(\varphi)=-i\hbar\frac{\partial}{\partial\varphi}\left(\frac{1}{\sqrt{\pi}}\cos m\varphi\right)=im\hbar\times\frac{1}{\sqrt{\pi}}\sin m\varphi\, im\hbar\Phi''_{|\pm m|}(\varphi)$$

$$i\hbar\frac{\partial}{\partial\varphi}\Phi''_{|\pm m|}(\varphi)=-i\hbar\frac{\partial}{\partial\varphi}\left(\frac{1}{\sqrt{2\pi}}\sin m\varphi\right)=-im\hbar\times\frac{1}{\sqrt{\pi}}\cos m\varphi$$

$$=-im\hbar\Phi'_{|\pm m|}(\varphi)$$

可見$\Phi_{+m}(\varphi)$和$\Phi_{-m}(\varphi)$是運算「算子」$\hat{L}_z$的「特定函數」（eigenfunction），其「特定值」（eigenvalues）分別爲$m\hbar$和$-m\hbar$，也就是說，$\Phi_{+m}(\varphi)$和$\Phi_{-m}(\varphi)$這兩個態是體系處在外磁場中角動量的z分量之「特定態」（eigenstate），體系角動量的z分量有確定值，分別爲$m\hbar$和$-m\hbar$。而$\Phi'_{|\pm m|}(\varphi)$和$\Phi''_{|\pm m|}(\varphi)$這兩個態不是體系在外磁場中，角動量的z分量的「特定態」，體系處在非「特定狀態」時，故其角動量的z分量無確定值。

4.34 上述三種說法均是錯誤的，分別回答如下。

(A)「量子力學」中常常借用「古典力學」中「軌域」這個名詞，稱原子中一個電子可能的空間運動狀態爲「原子軌域」。而這些「原子軌域」各由一個波函數來描述。

如ψ_{1s}，表示1s「原子軌域」（或1s軌域）。通常我們喜歡通俗地說：電子在1s軌域上運動，其科學的含意則是指電子處在1s的空間運動狀態。應注意的是，這裡的「原子軌域」的含意同行星軌域、火車的鐵軌等巨觀物體軌道的概念不同。例如，氫原子1s「原子軌域」的空間圖形是球形，其電子在空間出現的「機率密度」分布屬球對稱，節面圖是球面，平面圖爲圓；而不應理解爲：電子繞原子核旋轉的軌跡是個圓圈，這是因爲電子有「波粒二像性」，它沒有固定的運動軌域。

(B) 應改爲：「主量子數」爲1時，1s「原子軌域」中有兩個電子處於自旋相反的運動狀態。

(C) 應改爲：「主量子數」爲3時，有3s、3p、3d三個電子層，分別有1、3、5

個「原子軌域」。

4.35 ψ_{1s}中角度部分爲：（見表4.4）

$$Y_0(\theta,\varphi)=\Theta_{0,0}(\theta)\cdot\Phi_0(\varphi)=\frac{1}{\sqrt{2}}\cdot\frac{1}{\sqrt{2\pi}}=\frac{1}{2\sqrt{\pi}}$$

是一常數，與θ、φ、無關，因此$Y_{00}(\theta, \varphi)$呈球對稱分布。在通過原點的任一平面上做分布圖，其形狀爲一各以原點爲圓心的圓。

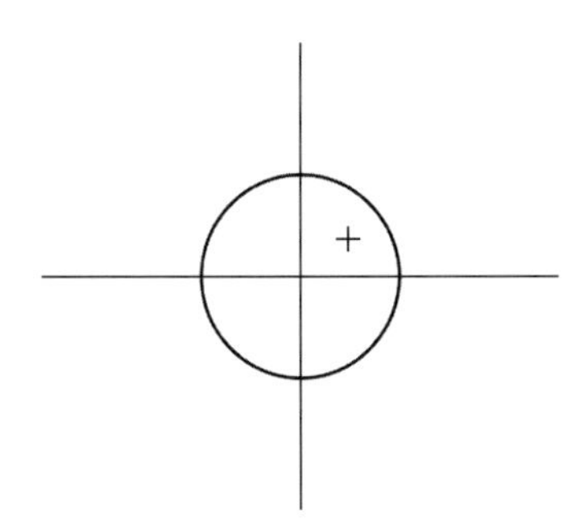

上圖爲$Y_{00}(\theta, \varphi)$爲正值，因此標上「+」號。所有ψ_{1s}的角度函數都相同，因此ψ_{ns}都呈球對稱分布，相對應的「電子雲」密度ψ_{ns}^2也都呈球對稱分布。

4.36 H原子的

$$\psi_{1s}=(\pi a_0^3)^{-\frac{1}{2}}e^{-\frac{r}{a_0}}$$

$$\psi_{1s}^2=(\pi a_0^3)^{-1}e^{-\frac{2r}{a_0}}$$

$$D_{1s}=4\pi r^2\psi_{1s}^2=4a_0^{-3}r^2e^{-\frac{2r}{a_0}}$$

分析ψ_{1s}^2，D_{1s}隨r的變化規律，估計r的變化範圍及特殊值，選取合適的r值，計算出ψ_{1s}^2和D_{1s}列於下表：

r/a_0	0*	0.10	0.20	0.35	0.50	0.70
$\psi_{1s}^2/(\pi a_0^3)^{-1}$	1.00	0.82	0.67	0.49	0.37	0.25
D_{1s}/a_0^{-1}	0	0.03	0.11	0.24	0.37	0.48
r/a_0	0.90	1.10	1.30	1.60	2.00	2.30
$\psi_{1s}^2/(\pi a_0^3)^{-1}$	0.17	0.11	0.07	0.04	0.02	0.01
D_{1s}/a_0^{-1}	0.54	0.54	0.50	0.42	0.29	0.21
r/a_0	2.50	3.00	3.50	4.00	4.50	5.00

$\psi_{1s}^2/(\pi a_0^3)^{-1}$	0.007	0.003	0.001	< 0.001	—	—
D_{1s}/a_0^{-1}	0.17	0.09	0.04	0.02	0.01	0.005

*從物理圖像上來說，r只能接近於0。

根據表中數據做$\psi_{1s}^2 - r$圖和$D_{1s} - r$圖，如下圖所示。

令$\frac{d}{dr}D_{1s} = 0$，即：$D_{1s} = 4a_0^{-3}r^2e^{-\frac{2r}{a_0}}$

$$\Rightarrow \frac{d}{dr}(4a_0^{-3}r^2e^{-\frac{2r}{a_0}}) = 8_a^{-3}re^{-\frac{2r}{a_0}}\left(1-\frac{r}{a_0}\right) = 0$$

得　$r = a_0$（捨去$r = 0$）

即D_{1s}在$r = a_0$處有極大值，這與$D_{1s} - r$圖一致。a_0稱為H原子的最大機率半徑，亦常稱為Bohr半徑。推而廣之，原子核電荷為Z的單電子「原子」，1s態的最大機率半徑為$\frac{a_0}{Z}$。

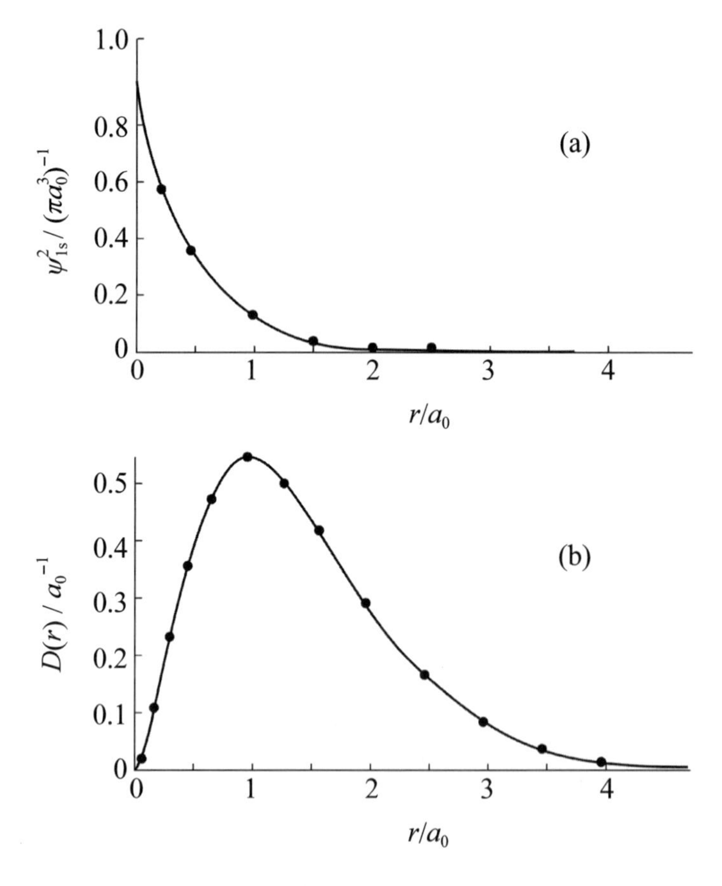

H原子的(a)$\psi_{1s}^2 - r$圖和(b)$D_{1s} - r$圖

ψ_{1s}^2 − r圖和D_{1s} − r圖不同的原因是ψ_{1s}^2和D_{1s}的物理意義不同。ψ_{1s}^2表示電子在空間某點出現的「機率密度」，即「電子雲」。而D_{1s}的物理意義是：Ddr代表在半徑爲r和半徑爲r + dr的兩個球殼內找到電子的「機率」。兩個函數的差別在於ψ_{1s}^2不包含體積因素，而Ddr包含了體積因素。由ψ_{1s}^2 − r圖可見，在原子核附近，電子出現的「機率密度」最大，隨後「機率密度」隨r的增大單調下降。由D_{1s} − r圖可見，在原子核附近，D_{1s}接近於0，隨著r的增大，D_{1s}先是增大，到$r = a_0$時達到極大，隨後隨r的增大而減小。由於「機率密度」ψ_{1s}^2隨r的增大而減小，而球殼的面積$4\pi r^2$隨r的增大而增大（因而球殼體積$4\pi r^2 dr$增大），兩個隨r變化趨勢相反的因素的乘積必然使$D_{1s}(4\pi r^2\psi_{1s}^2)$出現極大值。

4.37 根據題意，可知：氫原子的「基本態」波函數在$r = a_0$和$r = 2a_0$兩處的比值爲：

$$\frac{\frac{1}{\sqrt{\pi}}\left(\frac{1}{a_0}\right)^{3/2} e^{-\frac{a_0}{a_0}}}{\frac{1}{\sqrt{\pi}}\left(\frac{1}{a_0}\right)^{3/2} e^{-\frac{2a_0}{a_0}}} = \frac{e^{-1}}{e^{-2}} = e \approx 2.71828$$

而ψ_{1s}^2在$r = a_0$和$r = 2a_0$兩處的比值爲：

$$e^2 \approx 7.38906$$

本題的計算結果表明，離原子核越遠，電子的「機率密度」越小，即ψ_{1s}在r的全部區間內隨著r的增大而單調下降，計算結果的合理性是顯而易見的。

4.38
$$\begin{aligned}
P(r) &= \int_0^{2\pi}\int_0^{\pi}\int_r^{\infty} \psi_{1s}^2 r^2 \sin\theta dr d\theta d\phi \\
&= \int_0^{2\pi}\int_0^{\pi}\int_r^{\infty} \left(\frac{1}{\sqrt{\pi}} e^{-r}\right)^2 r^2 \sin\theta dr d\theta d\phi \\
&= \int_0^{2\pi} d\phi \int_0^{\pi} \sin\theta d\theta \int_r^{\infty} \frac{1}{\pi} e^{-2r} r^2 dr \\
&= 4\int_0^{\infty} r^2 e^{-2r} dr \\
&= 4\left(-\frac{1}{2} r^2 e^{-2r} + \int_r^{\infty} r e^{-2r} dr\right) \\
&= 4\left(-\frac{1}{2} r^2 e^{-2r} - \frac{1}{2} r e^{-2r} + \frac{1}{2}\int_r^{\infty} e^{-2r} dr\right)
\end{aligned}$$

$$= 4\left(-\frac{1}{2}r^2e^{-2r} - \frac{1}{2}re^{-2r} - \frac{1}{4}e^{-2r}\right)\Big|_r^\infty$$

$$= e^{-2r}(2r^2 + 2r + 1)$$

根據此式列出P(r) − r數據表：

r/a_0	0	0.5	1.0	1.5	2.0	2.5	3.0	3.5	4.0
P(r)	1.000	0.920	0.677	0.423	0.238	0.125	0.062	0.030	0.014

根據表中數據做出P(r) − r圖，示於下圖中。

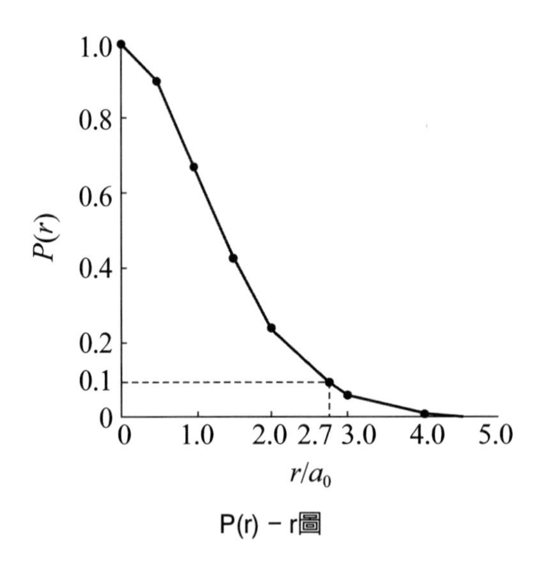

P(r) − r圖

由上圖可見：

$r = 2.7a_0$時，$P(r) = 0.1$

$r > 2.7a_0$時，$P(r) < 0.1$

$r < 2.7a_0$時，$P(r) > 0.1$

即在$r = 2.7a_0$時的球面之外，電子出現的「機率」是10%；而在$r = 2.7a_0$的球面以內，電子出現的「機率」是90%，即：

$$\int_0^{2\pi}\int_0^{\pi}\int_r^{2.7a_0} \psi_{1s}^2 r^2 \sin\theta dr d\theta d\phi = 0.90$$

4.39 已知ψ_{2p_x}是θ和φ二者的函數。首先討論在xy平面上的分布。xy平面在球極座標中，即$\theta = 90°$的平面。

$Y'_{1,|\pm1|}(90°,\varphi) = \sqrt{\frac{3}{4\pi}}\sin 90°\cos\varphi = \sqrt{\frac{3}{4\pi}}\cos\varphi$，其分布如圖A所示。爲兩個在原點相切的圓，圓心位於x軸上，直徑爲$\sqrt{\frac{3}{4\pi}}$。函數取正値和取負値的區域分別以「+」號和「−」號表示。

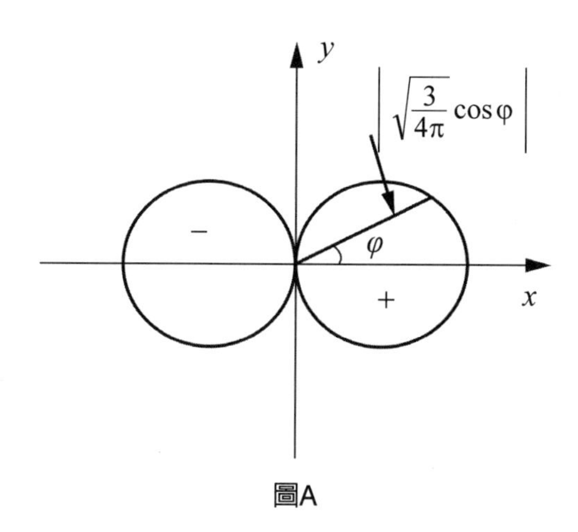

圖A

討論在xz平面上的分布。在球極座標中，xz平面爲$\varphi = 0°$和$\varphi = 180°$的平面。

當$\varphi = 0°$時，$Y'_{1,|\pm1|}(\theta,0°) = \sqrt{\frac{3}{4\pi}}\sin\theta\cos 0° = \sqrt{\frac{3}{4\pi}}\sin\theta$

當$\varphi = 180°$，$Y'_{1,|\pm1|}(\theta,180°) = \sqrt{\frac{3}{4\pi}}\sin\theta\cos 180° = -\sqrt{\frac{3}{4\pi}}\sin\theta$

其分布，如圖B所示

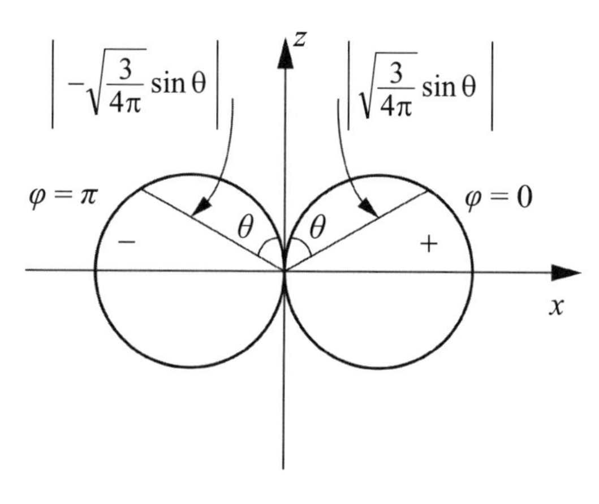

圖B

由圖A、圖B，兩圖可見，$2p_x$的角度函數在xy和xz這兩個互相垂直的平面上的分布有相同的形式。進一步分析可知，$2p_x$的角度函數分布是兩個在原點的相切、直徑相等的球，球心在x軸上，位置分別爲：

$$x=+\frac{1}{2}\times\sqrt{\frac{3}{4\pi}}\ \text{和}\ x=-\frac{1}{2}\times\sqrt{\frac{3}{4\pi}}$$

現在討論在任一過z軸的平面上的分布，設該平面與xz平面的夾角爲φ和φ + π。

$$Y'_{1,|\pm1|}(\theta,\varphi)=\sqrt{\frac{3}{4\pi}}\sin\theta\cos\varphi=\left(\sqrt{\frac{3}{4\pi}}\cos\varphi\right)\sin\varphi$$

$$\begin{aligned}Y'_{1,|\pm1|}(\theta,\varphi+\pi)&=\sqrt{\frac{3}{4\pi}}\sin\theta\cos(\varphi+\pi)\\&=\sqrt{\frac{3}{4\pi}}\sin\theta(\cos\varphi\cos\pi-\sin\varphi\sin\pi)\\&=-\sqrt{\frac{3}{4\pi}}\sin\theta\cos\varphi\\&=-\left(\sqrt{\frac{3}{4\pi}}\cos\varphi\right)\sin\theta\end{aligned}$$

可見其分布爲在原點相切、直徑爲$\sqrt{\frac{3}{4\pi}}\cos\varphi$的兩個圖（如圖C）。當φ由$-\frac{\pi}{2}$逐漸增加到0°增加到$\frac{\pi}{2}$時，圓的直徑由$\sqrt{\frac{3}{4\pi}}$逐漸減小至零。$\varphi=-\frac{\pi}{2}$和$\varphi=\frac{\pi}{2}$爲「節面」；φ = 0°和φ = π即xz平面，此處圓的直徑最大，爲$\sqrt{\frac{3}{4\pi}}$。

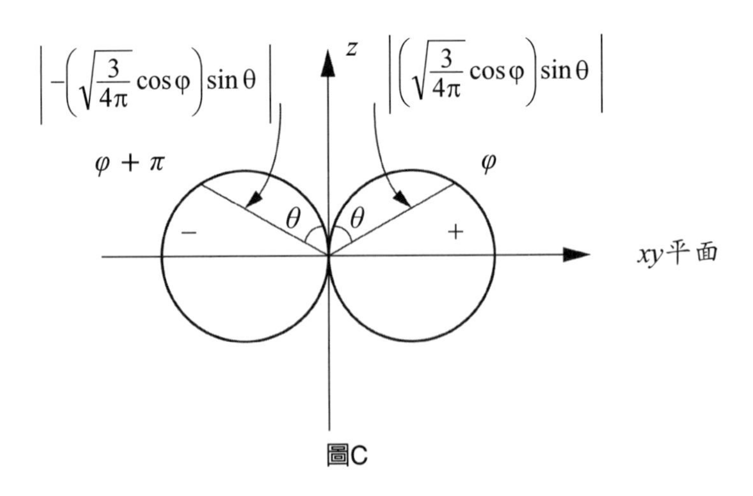

圖C

4.40 根據波函數、「機率密度」和電子的機率分布等概念的物理意義，氫原子的1s電子出現在r = 100pm的球形界面內的「機率」爲：

$$P=\int_0^{100pm}\int_0^{\pi}\int_0^{2\pi}\psi_{1s}^2 d\tau=\int_0^{100pm}\int_0^{\pi}\int_0^{2\pi}\frac{1}{\pi a_0^3}e^{-\frac{2r}{a_0}}r^2\sin\theta drd\theta d\phi$$

$$=\frac{1}{\pi a_0^3}\int_0^{100pm}r^2e^{-\frac{2r}{a_0}}dr\int_0^{\pi}\sin\theta d\theta\int_0^{2\pi}d\phi=\frac{4}{a_0^3}\int_0^{100pm}r^2e^{-\frac{2r}{a_0}}dr$$

$$=\frac{4}{a_0^3}\left[e^{-\frac{2r}{a_0}}\left(-\frac{a_0r^2}{2}-\frac{a_0^2r^2}{2}-\frac{a_0^3}{4}\right)\right]_0^{100pm}$$

$$=e^{-\frac{2r}{a_0}}\left(-\frac{2r^2}{a_0^2}-\frac{2r}{a_0}-1\right)\Bigg|_0^{100pm}\approx 0.728$$

那麼，氫原子的1s電子出現在r = 100pm的球形界面之外的「機率」爲1 − 0.728 = 0.272。

若選定數個適當的r值進行計算，則可獲得氫原子1s電子在不同半徑的球形界面內、外及兩個界面之間出現的「機率」。由上述計算可見，氫原子1s電子出現在半徑爲r的球形界面內的「機率」爲：

$$P(r)=1-e^{-\frac{2r}{a_0}}\left(\frac{2r^2}{a_0^2}+\frac{2r}{a_0}+1\right)$$

當然，r的取値要考慮在物理上是否有意義。

本題亦可根據「徑向分布函數」概念，直接應用式：

$$P(r)=\int_0^{100pm}R^2r^2dr$$

或 $P(r)=\int_0^{100pm}4\pi r^2\psi_{1s}^2dr$

進行計算。計算時用「原子單位」會較方便些。

4.41 電子位於離原子核r處的位能爲 $-\frac{e^2}{4\pi\varepsilon_0 r}$，電子在該處微體積之dτ中出現的「機率」爲 $|\psi_{100}|^2d\tau$，因此，電子的平均位能爲

$$\langle r\rangle=\left\langle-\frac{e^2}{4\pi\varepsilon_0 r}\right\rangle=\int_\tau\left(-\frac{e^2}{4\pi\varepsilon_0 r}\right)|\psi_{100}|^2d\tau$$

$$=\iiint\left(-\frac{e^2}{4\pi\varepsilon_0 r}\right)|\psi 100|^2r^2\sin\theta drd\theta d\varphi$$

$$= -\frac{e^2}{4\pi\varepsilon_0 r}\int_0^\infty \frac{1}{r}[R_{10}(r)]^2 r^2 dr = -\frac{e^2}{4\pi\varepsilon_0 r}\cdot\frac{4}{a_0^3}\int_0^\infty e^{-2r/a_0} r dr$$

$$= -\frac{e^2}{4\pi\varepsilon_0 r}\cdot\frac{4}{a_0^3}\cdot\frac{a_0^2}{4}$$

$$= -\frac{e^2}{4\pi\varepsilon_0 a_0}$$

4.42 $E_1 = \int \Psi_{100}^* \hat{H} \Psi_{100} d\tau$

$$= \int \frac{1}{\sqrt{\pi a_0^3}} e^{-\frac{r}{a_0}} \left\{ -\frac{\hbar^2}{2\mu}\left[\frac{1}{r^2}\frac{\partial}{\partial r}\left(r^2\frac{\partial}{\partial r}\right) + \frac{1}{r^2 \sin\theta}\frac{\partial}{\partial\theta}\left(\sin\theta\frac{\partial}{\partial\theta}\right)\right.\right.$$

$$\left.\left. + \frac{1}{r^2\sin\theta}\frac{\partial^2}{\partial\varphi^2}\right] - \frac{e^2}{4\pi\varepsilon_0 r}\right\} \frac{1}{\sqrt{\pi a_0^3}} e^{-\frac{r}{a_0}} d\tau$$

$$= \int \frac{1}{\sqrt{\pi a_0^3}} e^{-\frac{r}{a_0}} \left\{ -\frac{\hbar^2}{2\mu}\left[\frac{1}{r^2}\frac{\partial}{\partial r}\left(r^2\frac{\partial}{\partial r}\right)\right] - \frac{e^2}{4\pi\varepsilon_0 r}\right\} \frac{1}{\sqrt{n a_0^3}} e^{-\frac{r}{a_0}} d\tau$$

現用一種較爲簡便的方法求出上式的結果，而不直接進行積分。

式中

$$-\frac{\hbar^2}{2\mu}\left[\frac{1}{r^2}\frac{\partial}{\partial r}\left(r^2\frac{\partial}{\partial r}\right)\right]\frac{1}{\sqrt{\pi a_0^3}} e^{-\frac{r}{a_0}} = \frac{\hbar^2}{2\mu}\left[\frac{2}{a_0 r} - \frac{1}{a_0^2}\right]\frac{1}{\sqrt{\pi a_0}} e^{-\frac{r}{a_0}}$$

將上式代入E_1：

$$E_1 = \int \psi_{100}^* \left\{ \frac{\hbar^2}{2\mu}\left[\frac{2}{a_0 r} - \frac{1}{a_0^2}\right] - \frac{e^2}{4\pi\varepsilon_0 r}\right\} \psi_{100} d\tau$$

因$a_0 = 4\pi\varepsilon_0\hbar^2/\mu e^2$，式中

$$-\frac{\hbar^2}{2\mu}\left[\frac{2}{a_0 r} - \frac{1}{a_0^2}\right] - \frac{e^2}{4\pi\varepsilon_0 r} = \frac{\frac{\hbar^2}{\mu r}}{\frac{4\pi\varepsilon_0\hbar^2}{\mu e^2}} - \frac{\frac{\hbar^2}{2\mu}}{\left(\frac{4\pi\varepsilon_0\hbar^2}{\mu e^2}\right)^2} - \frac{e^2}{4\pi\varepsilon_0 r}$$

$$= \frac{e^2}{4\pi\varepsilon_0 r} - \frac{\mu e^4}{2(4\pi\varepsilon_0)^2\hbar^2} - \frac{e^2}{4\pi\varepsilon_0 r}$$

$$= -\frac{\mu e^4}{2(4\pi\varepsilon_0)^2\hbar^2}$$

$$E_1 = \int \psi_{100}^* \left\{ -\frac{\mu e^4}{2(4\pi\varepsilon_0)^2\hbar^2}\right\} \psi_{100} d\tau = -\frac{\mu e^4}{2(4\pi\varepsilon_0)^2\hbar^2}\int \psi_{100}^* \psi_{100} d\tau$$

$$= -\frac{\mu e^4}{2(4\pi\varepsilon_0)^2\hbar^2}$$

4.43 因已知ψ_{2s}函數中不含θ和ϕ。

因此，ψ_{2s}呈球對稱分布。ψ_{2s}是r的函數，因而做出$\psi_{2s}(r)$~r關係圖，並相對應做出ψ_{2s}^2~r關係圖（如下圖）。由ψ_{2s}的表達式可粗略分析二者的大致變化。$r = 0$時，二者爲常數。$r = 2a_0$時，二者爲零，分布曲線表現爲一「節點」，其空間分布爲$r = 2a_0$的球形「節面」。當r→∞時，二者趨近於零。

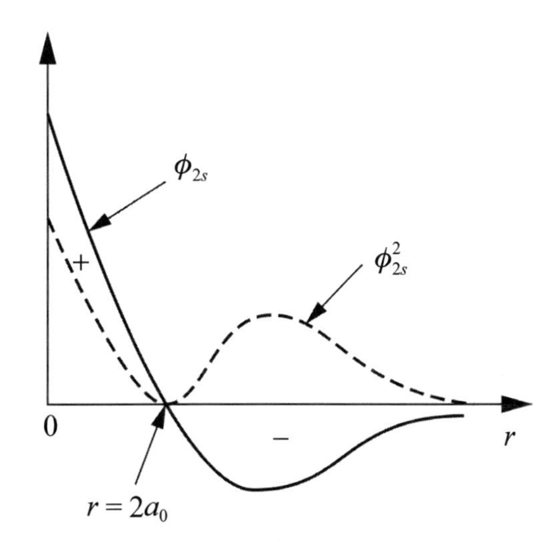

4.44 H原子的「基本態」波函數爲：（見表4.5）

$$\psi_{1s} = R_{10}(r)\cdot\Theta_{00}(\theta)\cdot\Phi_0(\varphi) = 2\left(\frac{1}{a_0}\right)^{3/2} e^{-r/a_0}\cdot\frac{1}{\sqrt{2}}\cdot\frac{1}{\sqrt{2\pi}} = \frac{1}{\sqrt{\pi a_0^3}}e^{-r/a_0}$$

又「電子雲」的「徑向分布函數」爲：（見（4.109）式）

$$D_{1s}(r) = R_{10}^2(r)\cdot r^2 = \left[2\left(\frac{1}{a_0}\right)^{3/2} e^{-r/a_0}\right]^2\cdot r^2 = \frac{4}{a_0^3}e^{-2r/a_0}r^2$$

$D_{1s}(r)$的意義是半徑爲r的球面處單位厚度球殼中的「電子雲」。由於1s「電子雲」密度是球對稱的，故同一球面上各點的「電子雲」密度相等，因此，「徑向分布函數」可以用下述方法求得：

$$D_{1s}(r) = 4\pi r^2\left(\frac{1}{\sqrt{\pi a_0^3}}e^{-r/a_0}\right)^2 = \frac{4}{a_0^3}r^2 e^{-2r/a_0}$$

由 $\dfrac{dD(r)}{dr}=\dfrac{d}{dr}\left(\dfrac{4}{a_0^3}r^2e^{-2r/a_0}\right)=\dfrac{4}{a_0^3}\left(2re^{-2r/a_0}-\dfrac{2}{a_0}e^{-2r/a_0}r^2\right)$

$$=\frac{8}{a_0^3}re^{-2r/a_0}\left(1-\frac{r}{a_0}\right)$$

$$=0$$

得 $r=a_0$。

由此可見，Bohr半徑 a_0 是H原子「基本態」的「電子雲」徑向分布取極大值的位置。

4.45 可利用上題中H原子「基本態」的「電子雲」「徑向分布函數」進行計算。

從波函數開始進行計算。半徑爲r的球內所包含的「電子雲」爲

$$P(r)=\int_0^r\int_0^\pi\int_0^{2\pi}\Psi_{1s}^2\sin\theta drd\theta d\varphi=\int_0^r\int_0^\pi\int_0^{2\pi}\left(\frac{1}{\sqrt{\pi a_0^3}}e^{-r/a_0}\right)^2r^2\sin\theta drd\theta d\varphi$$

$$=\int_0^\pi\sin\theta d\theta\int_0^{2\pi}d\varphi\int_0^r\frac{1}{\pi a_0^3}e^{-2r/a_0}r^2dr=4\pi\times\frac{1}{\pi a_0^3}\int_0^r e^{-2r/a_0}r^2dr$$

$$=\frac{4}{a_0^3}\int_0^r e^{-2r/a_0}r^2dr$$

上式，即：$P(r)=\int_0^r D_{1s}(r)dr=\dfrac{4}{a_0^3}\int_0^r e^{-r/a_0}r^2dr$

令 $x=-\dfrac{2r}{a_0}$，$r=-\dfrac{a_0}{2}x$，$dr=-\dfrac{a_0}{2}dx$

代入上式

$$P(x)=\frac{4}{a_0^3}\int_0^x e^x\cdot\left(-\frac{a_0x}{2}\right)^2\left(-\frac{a_0}{2}\right)dx=-\frac{1}{2}\int_0^x e^xx^2dx$$

$$=-\frac{1}{2}[x^2e^x\Big|_0^x-2\int_0^x xe^xdx]=-\frac{1}{2}[x^2e^x-2xe^x+2e^x\Big|_0^x]$$

$$=1-\frac{1}{2}(x^2-2x+2)e^x\Big|$$

當 $r=a_0$ 時，$x=-\dfrac{2}{a_0}r=-2$

$$P(a_0)=1-\frac{1}{2}(4+4+2)e^{-2}=1-5e^{-2}=1-5\times0.135=1-0.677=0.323$$

當 $r=2a_0$ 時，$x=-\dfrac{2}{a_0}r=-4$

$$P(a_0)=1-\frac{1}{2}(4+4+2)e^{-4}=1-13e^{-4}=1-13\times0.0183=1-0.238=0.762$$

當$r = 5a_0$時，$x = -\frac{2}{a_0}r = -10$

$P(5a_0) = 1 - \frac{1}{2}(100 + 20 + 2)e^{-10} = 1 - 61e^{-10} = 1 - 61 \times 4.54 \times 10^{-5}$

$= 1 - 0.00277$

$= 0.997$

4.46 (A) 原子軌域能量：（見（4.68）式）

$$E = -13.59\text{eV} \times \frac{1}{2^2} = -3.398\text{eV}$$

(B) 軌域角動量爲：（見（4.97）式）

$$|L| = \sqrt{\ell(\ell+1)}\frac{h}{2\pi} = \sqrt{2}\frac{h}{2\pi}$$

軌域磁矩：$|\mu| = \sqrt{\ell(\ell+1)}\beta_e = \sqrt{2}\beta_e$

(C) 設「軌域角動量」M和z軸的夾角爲θ，則因ψ_{2p_z}的$m = 0$，故可得：

$$\cos\theta = \frac{M_z}{M} = \frac{0 \cdot \frac{h}{2\pi}}{\sqrt{2} \cdot \frac{h}{2\pi}} = 0$$

$\theta = 90°$

(D) 電子離原子核平均距離的表達式爲：

$$\langle r \rangle = \int \psi^*_{2p_z}\hat{r}\psi_{2p_z}d\tau = \int_0^\infty \int_0^\pi \int_0^{2\pi} \psi^2_{2p_z} r \cdot r^2 \sin\theta drd\theta d\phi$$

(E) 令$\psi_{2p_z} = 0$，得：$r = 0$，$r = \infty$，$\theta = 90°$

「節面」或「節點」通常不包括$r = 0$和$r = \infty$，故ϕ_{2p_z}的「節面」只有一個，即xy平面（當然，座標原點也包含在xy平面內）。

亦可直接令函數的角度部分：$Y = \sqrt{\frac{3}{4\pi}}\cos\theta = 0$，求$\theta = 90°$。

(F)「機率密度」爲：

$$\rho = \psi^2_{2p_z} = \frac{1}{32\pi a_0^3}\left(\frac{r}{a_0}\right)^2 e^{-\frac{r}{a_0}}\cos^2\theta$$

由上式可見，當$\theta = 0°$或$\theta = 180°$時ρ最大（亦可令$\frac{\partial\psi}{\partial\theta} = -\sin\theta = 0$，$\theta = 0°$或$\theta = 180°$），以$\rho_0$表示，即：

$$\rho_0 = \rho(r，\theta = 0°，\theta = 180°) = \frac{1}{32\pi a_0^5} re^{-\frac{r}{a_0}}\left(2 - \frac{r}{a_0}\right) = 0$$

解之得：$r = 2a_0$（$r = 0$和$r = \infty$捨去）

又因：$\left.\dfrac{d^2\rho_0}{dr^2}\right|_{r=2a_0} < 0$

所以，當$\theta = 0°$或$\theta = 180°$，$r = 2a_0$時$\psi^2_{2p_z}$有極大值。此極大值為：

$$\rho_{max} = \frac{1}{32\pi a_0^3}\left(\frac{2a_0}{a_0}\right)^2 e^{-\frac{2a_0}{a_0}} = \frac{e^{-2}}{8\pi a_0^3} = 36.4nm^{-3}$$

(G) $D_{2p_z} = r^2R^2 = r^2\left[\dfrac{1}{2\sqrt{6}}\left(\dfrac{1}{a_0}\right)^{\frac{5}{2}} re^{-\frac{r}{2a_0}}\right]^2 = \dfrac{1}{24a_0^5}r^4e^{-\frac{r}{a_0}}$

根據此式列出D_r數據表：

r/a_0	0	1.0	2.0	3.0	4.0	5.0	6.0
D/a_0^{-1}	0	0.015	0.090	0.169	0.195	0.175	0.134
r/a_0	7.0	8.0	9.0	10.0	11.0	12.0	
D/a_0^{-1}	0.091	0.057	0.034	0.019	1.02×10^{-2}	5.3×10^{-3}	

按表中數據做出D_r，得下圖。

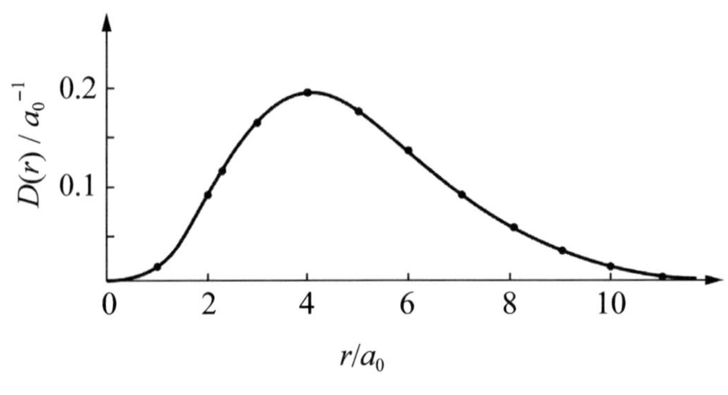

H原子ψ_{2p_z}的D_r圖

由圖可見，氫原子ψ_{2p_z}的徑向分布圖有$n - \ell = 1$個極大值和$n - \ell - 1 = 0$個極小（「節面」），這符合一般徑向分布圖峰數和「節面」數的規律。其極大值在$r = 4a_0$處，這與最大「機率密度」對應的r值不同，因為二者的物理意義不同。另外，由於「徑向分布函數」只與n和ℓ有關而與m無關，$2p_x$，$2p_y$和$2p_z$

的徑向分布圖相同。

4.47 函數中不含φ，因此其分布關於z軸成旋轉對稱。

令$Y_{2,0}=0$，得$\cos\theta=\pm\sqrt{\frac{1}{3}}$，由此得到$\theta=55°44'$和$\theta=125°16'$，分別以這兩個角度爲半頂角的兩個圓錐面是「節面」。

令

$$\frac{dY_{2,0}}{d\theta}=-6\sqrt{\frac{5}{16\pi}}\cos\theta\sin\theta=0$$

由$\cos\theta=0$，得$\theta=\frac{\pi}{2}$，因此xy平面是一極值位置，其值爲

$$Y_{2,0}\left(\frac{\pi}{2}\right)=\sqrt{\frac{5}{16\pi}}\left(3\cos\frac{\pi}{2}-1\right)=-\sqrt{\frac{5}{16\pi}}$$

由$\sin\theta=0$，得$\theta=0$和$\theta=\pi$，因此z軸的正負方向都是極值位置，其值爲

$$Y_{2,0}(0)=\sqrt{\frac{5}{16\pi}}\left(3\cos^2 0-1\right)=2\sqrt{\frac{5}{16\pi}}$$

$$Y_{2,0}(\pi)=\sqrt{\frac{5}{16\pi}}\left(3\cos^2 \pi-1\right)=2\sqrt{\frac{5}{16\pi}}$$

由此可知其大致分布情況。由於函數的分布關於z軸成旋轉對稱，因此，在所有包含z軸的平面上的分布都有相同的形式。在θ由0到π的範圍內取適當點數，計算相應的$Y_{2,0}(\theta)$值，在任一包含z軸的平面做$Y_{2,0}(\theta)$~θ的關係圖，得到其分布圖（如下圖所示）。函數的空間分布由此圖繞z軸旋轉而形成。

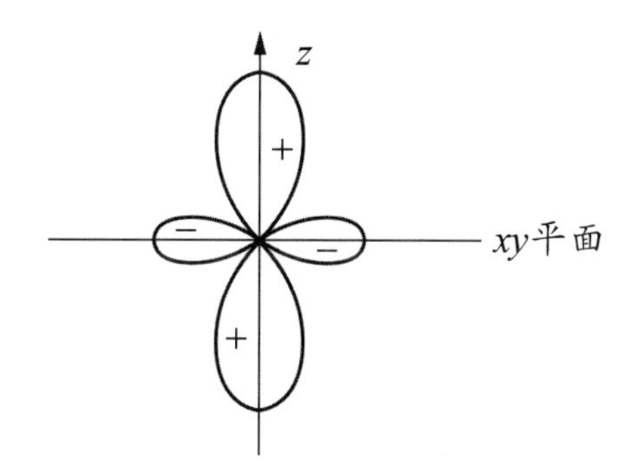

4.48 首先討論該函數在xy平面上的分布。

$$Y'_{2,|\pm 2|}(90°,\varphi)=\sqrt{\frac{15}{16\pi}}\sin^2 90°\sin 2\varphi=\sqrt{\frac{15}{16\pi}}\sin 2\varphi$$

其分布圖，如下圖所示。

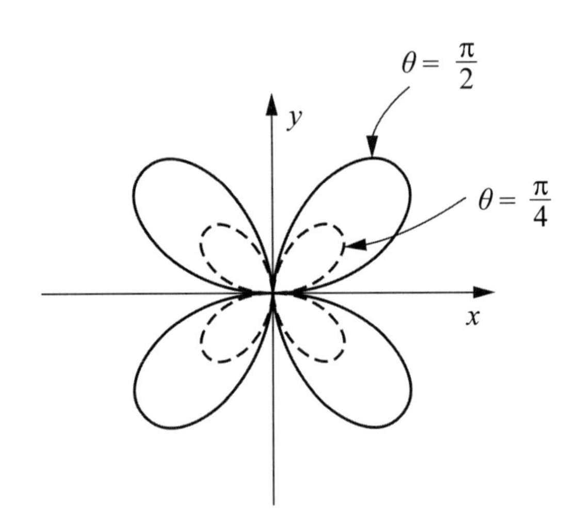

極值位置在$\varphi=\frac{\pi}{4}$，$\frac{\pi}{2}+\frac{\pi}{4}$，$\pi+\frac{\pi}{4}$，$\frac{3\pi}{2}+\frac{\pi}{4}$

相對應的極值分別爲$+\sqrt{\frac{15}{16\pi}}$，$-\sqrt{\frac{15}{16\pi}}$，$+\sqrt{\frac{15}{16\pi}}$，$-\sqrt{\frac{15}{16\pi}}$

再討論在θ取某一定值的錐面上該函數的分布。

$Y'_{2,|\pm 2|}(\theta,\varphi)=\left(\sqrt{\frac{15}{16\pi}}\sin^2\theta\right)\sin 2\varphi$，其分布如圖中虛線所示（取$\theta=\frac{\pi}{4}$）。

函數取極值時的φ角度與上述情況相同，極值則分別爲

$$+\sqrt{\frac{15}{16\pi}}\sin^2\theta,\ -\sqrt{\frac{15}{16\pi}}\sin^2\theta,\ +\sqrt{\frac{15}{16\pi}}\sin^2\theta,\ -\sqrt{\frac{15}{16\pi}}\sin^2\theta$$

θ可取0→π中的任一值，在每一個錐面上，函數取極值時的φ角度都是上述四個值，只是極值的大小隨θ而變。當θ由0增加到$\frac{\pi}{2}$時，極值的絕對值相應地由0增加到最大值$\sqrt{\frac{15}{16\pi}}$；而當θ由$\frac{\pi}{2}$增加到π時，極值的絕對值由$\sqrt{\frac{15}{16\pi}}$逐漸減小至0。

由上述分析，可知道其空間分布的大致情況。若進一步分析函數在包含z軸的平面上的分布，即φ取定值時的分布，並討論φ由0逐漸增加到2π的過程中

各個平面上函數分布依次變化的情況，就可以得到其空間分布的全部細節，進而得到清晰的空間分布圖像。

4.49 $D = r^2R^2 = 4r^2\left(\frac{Z}{a_0}\right)^3 \exp\left(-\frac{2r}{a_0}\right)$

$P = \int_0^{200\,pm} D dr = 0.9807$

4.50 (A) 因為已知$L_zY_{11} = 1 \cdot \hbar Y_1$，$L_zY_{20} = 0$，

所以在$\psi(\theta, \phi)$描寫的狀態中L_z取值為$\hbar$的「機率」為：

$$\left(\sqrt{\frac{1}{3}}\right)^2 = \frac{1}{3}$$

L_z取值為0的「機率」為：

$$\left(\sqrt{\frac{2}{3}}\right)^2 = \frac{2}{3}$$

(B) $\overline{L_z} = \frac{1}{3}\hbar + \frac{2}{3} \cdot 0 = \frac{1}{3}\hbar$

L_z差方平均值為：

$$\overline{(\Delta L_z)^2} = \frac{1}{3}\left(\hbar - \frac{1}{3}\hbar\right)^2 + \frac{2}{3}\left(\frac{1}{3}\hbar - 0\right)^2 = \frac{1}{3}\left(\frac{2}{3}\hbar\right)^2 + \frac{2}{3}\left(\frac{1}{3}\hbar\right)^2$$

$$= \frac{4}{27}\hbar^2 + \frac{2}{27}\hbar^2 = \frac{6}{27}\hbar^2$$

$$= \frac{2}{9}\hbar^2$$

4.51 (A) 根據「量子力學」關於「特定函數」、「特定值」和「特定方程式」的假設，若用「Hamiltonian算子」作用於Ψ_{1s}時，若所得結果等於某一常數乘以Ψ_{1s}，則該常數即為氫原子的「基本態」能量E_{1s}。氫原子的「Hamiltonian算子」為：

$$\hat{H} = -\frac{h^2}{8\pi^2 m}\nabla^2 - \frac{e^2}{4\pi\varepsilon_0 r}$$

由於Ψ_{1s}的「角度部分」是常數，因而$\hat{H}$必須與θ和φ無關，所以在「球座標」系中的「能量算子」$\hat{H}$可寫為：

$$\hat{H} = -\frac{h^2}{8\pi^2 m}\frac{1}{r^2}\frac{\partial}{\partial r}\left(r^2\frac{\partial}{\partial r}\right) - \frac{e^2}{4\pi\varepsilon_0 r}$$

將$\hat{H}$作用於Ψ_{1s}，有：

$$\hat{H}\Psi_{1s}=\left[-\frac{h^2}{8\pi^2 m}\frac{1}{r^2}\frac{\partial}{\partial r}\left(r^2\frac{\partial}{\partial r}\right)-\frac{e^2}{4\pi\varepsilon_0 r}\right]\Psi_{1s}$$

$$=-\frac{h^2}{8\pi^2 m}\frac{1}{r^2}\frac{\partial}{\partial r}\left(r^2\frac{\partial}{\partial r}\right)\Psi_{1s}-\frac{e^2}{4\pi\varepsilon_0 r}\Psi_{1s}$$

$$=-\frac{h^2}{8\pi^2 m}\frac{1}{r^2}\left(2r\frac{\partial}{\partial r}\Psi_{1s}+r^2\frac{\partial^2}{\partial r^2}\Psi_{1s}\right)-\frac{e^2}{4\pi\varepsilon_0 r}\Psi_{1s}$$

$$=-\frac{h^2}{8\pi^2 m}\frac{1}{r^2}(-2r\pi^{-\frac{1}{2}}a_0^{-\frac{5}{2}}e^{-\frac{r}{a_0}}+r^2\pi^{-\frac{1}{2}}a_0^{-\frac{7}{2}}e^{-\frac{r}{a_0}})-\frac{e^2}{4\pi\varepsilon_0 r}\Psi_{1s}$$

$$=\left[-\frac{h^2(r-2a_0)}{8\pi^2 m r a_0^2}-\frac{e^2}{4\pi\varepsilon_0 r}\right]\Psi_{1s}$$

$$=\left[\frac{h^2}{8\pi^2 m a_0^2}-\frac{e^2}{4\pi\varepsilon_0 a_0}\right]\Psi_{1s}\ (\because 取 r=a_0)$$

所以，$E_1=\dfrac{h^2}{8\pi^2 m a_0^2}-\dfrac{e^2}{4\pi\varepsilon_0 a_0}$

$$=\frac{(6.6262\times10^{-34}\,J\cdot s)^2}{8\times\pi^2\times9.1095\times10^{-31}\,kg\times(5.2917\times10^{-11}\,m)^2}$$

$$-\frac{(1.6022\times10^{-19}\,C)^2}{4\pi\times8.8542\times10^{-12}\,C^2J^{-1}m^{-1}\times5.2917\times10^{-11}\,m}$$

$$=2.184\times10^{-18}J-4.363\times10^{-18}J$$

$$=-2.179\times10^{-18}J$$

也可用式 $E=\int\Psi_{1s}^*\hat{H}\Psi_{1s}d\tau$ 進行計算，所得結果與上法結果相同。

注意，此式中 $d\tau=4\pi r^2 dr$。

將「角動量平方算子」$\hat{L}^2$ 作用於氫原子的 Ψ_{1s}，有：

$$\hat{L}^2\Psi_{1s}=-\left(\frac{h}{2\pi}\right)^2\left[\frac{1}{\sin\theta}\frac{\partial}{\partial\theta}\left(\sin\frac{\partial}{\partial\theta}\right)+\frac{1}{\sin^2\theta}\frac{\partial^2}{\partial\phi^2}\right](\pi a_0^3)^{-\frac{1}{2}}e^{-\frac{r}{a_0}}=0\Psi_{1s}$$

所以，$L^2=0$，$|L|=0$

此結果是原先可預見的：$\hat{L}^2$ 不含r項，而 Ψ_{1s} 不含θ和ϕ（故1s電子是球形對稱分布），「角動量平方」當然爲0，「角動量」L也就爲0。

通常，在計算原子軌域能量等「物理量」時，不必一定按上述作法，只需將「量子數」等參數代入簡單計算公式即可，如：

$$E_n = -2.179 \times 10^{-18} \cdot \frac{Z^*}{n^2} (J)$$

$$|L| = \sqrt{\ell(\ell+1)} \frac{h}{2\pi}$$

(B) 對氫原子而言，$V \propto r^{-1}$，根據「virial 定理」，故：

$$\langle T \rangle = -\frac{1}{2}\langle V \rangle$$ （見（2.99）式）

$$E_{1s} = \langle T \rangle + \langle V \rangle = -\frac{1}{2}\langle V \rangle + \langle V \rangle = \frac{1}{2}\langle V \rangle$$

$$\langle V \rangle = 2E_{1s} = 2 \times (-13.6\text{eV}) = -27.7\text{eV}$$

$$\langle T \rangle = -\frac{1}{2}\langle V \rangle = -\frac{1}{2} \times (-27.2\text{eV}) = 13.6\text{eV}$$

此即氫原子的「零點能」。

4.52 氫原子1s態波函數爲 $\Psi_{1s} = \sqrt{\frac{1}{\pi a_0^3}} \exp\left(-\frac{r}{a_0}\right)$，在體積元內找到電子的機率爲：

$$p = \int_{1.1a_0}^{1.105a_0} \left[\sqrt{\frac{1}{\pi a_0^3}} \exp\left(-\frac{r}{a_0}\right)\right]^2 r^2 dr \int_{0.2\pi}^{0.201\pi} \sin\theta d\theta \int_{0.6\pi}^{0.601\pi} d\varphi = 9.42 \times 10^{-11}$$

4.53 (1) $$\int |\psi_{1s}|^2 d\tau = \int_0^{2\pi} d\phi \int_0^{\infty} C^2 e^{-2r/a_0} r^2 dr$$

$$= -2\pi C^2 a_0 \int_0^{\infty} r^2 de^{-2r/a_0}$$

$$= -2\pi C^2 a_0 \left(r^2 e^{-2r/a_0} \Big|_0^{\infty} - \int_0^{\infty} 2re^{-2r/a_0} dr \right)$$

$$= -2\pi C^2 a_0 \left(re^{-2r/a_0} \Big|_0^{\infty} - \int_0^{\infty} e^{-2r/a_0} dr \right)$$

$$= 2\pi C^2 a_0^2 \left(-\frac{a_0}{2}\right) e^{-2r/a_0} \Big|_0^{\infty}$$

$$= \pi C^2 a_0^3$$

$$= 1$$

可得：$C = 1/\sqrt{\pi a_0^3}$

(2) $$r = \sqrt{x^2 + y^2 + z^2} = \sqrt{3} a_0$$

$$\psi_{1s} = \frac{1}{\sqrt{\pi a_0^3}} e^{-r/a_0} = \frac{1}{\sqrt{\pi a_0^3}} e^{-\sqrt{3}}$$

$$p = \iiint_{a_0}^{a_0+a_0/100} |\psi_{1s}|^2 dxdydz$$

$$= \frac{1}{\pi a_0^3} e^{-2\sqrt{3}} \int_{a_0}^{a_0+a_0/100} dx \int_{a_0}^{a_0+a_0/100} dy \int_{a_0}^{a_0+a_0/100} dz$$

$$= \frac{1}{\pi a_0^3} e^{-2\sqrt{3}} \left(\frac{a_0}{100}\right)^3 = \frac{e^{-2\sqrt{3}}}{100^3 \pi}$$

$$= 9.96 \times 10^{-9}$$

注意：(1)利用$\int_0^{\infty} |\psi_{1s}|^2 = 1$求「歸一化」係數C。

(2)積分過程反覆用到分布積分法。

(3)用數學公式$\lim_{x\to\infty} \frac{x^n}{e^{\lambda x}} = 0$（$n > 0$，$\lambda > 0$）。

4.54 np_{+1}、np_{-1}和np_0分別表示Ψ_{n11}、Ψ_{n1-1}和Ψ_{n10}，是一套含有複數的「單電子波函數」，稱爲「複函數型原子軌域」。

p_x、p_y、p_z是「實數函數型原子軌域」，與p_{+1}、p_{-1}、p_0相關，但不是一一對應關係。

「分別與p_x、p_y和p_z相對應的量子數m爲+1、−1和0」的說法是不正確的。因爲這兩類p軌域之間滿足的關係爲：

$$\frac{1}{\sqrt{2}}(p_{+1} + p_{-1}) = p_x$$

$$\frac{1}{i\sqrt{2}}(p_{+1} - p_{-1}) = p_y$$

$$p_0 = p_z$$

4.55 氫原子和「似氫離子」的能階爲：

$$E_n = -\frac{Z^2}{n^2} \times 2.18 \times 10^{-18}\,J$$

軌域能量主要由「主量子數」n決定，因此，氫原子的4s、4p、4d和4f狀態具有相同的能量。He^+是「似氫離子」，其軌域能階也是由「主量子數」n決定，「等階系」爲n^2，故$n = 4$時，相對應狀態的「等階系」爲16。

He原子核外有兩個電子，存在「遮蔽效應」和「鑽穿效應」，因此，軌域能量不僅由「主量子數」n決定，還與「角量子數」ℓ有關，其能階順序爲4s < 4p < 4d < 4f，其中4s軌域能階是非「等階系」的，4p爲三重「等階系」，

4d和4f軌域能階之「等階系」分別爲5和7。

4.56 (C)。因 $M_z = m\frac{h}{2\pi} = \frac{h}{2\pi}$，對於p軌域，m取0、1和−1。

$\Psi_{p_x} = \frac{1}{\sqrt{2}}(\Psi_{p+1} + \Psi_{p-1})$，$\Psi_{p_z} = \Psi_{p_0}$，「軌域角動量」在磁場方向分量爲零，而

$\Psi_{2p_{+1}}$的 $M_z = m\frac{h}{2\pi} = \frac{h}{2\pi}$ 。

4.57 $\int \psi^2 d\tau = \int C_1^2[\phi_1 + C_2 / C_1\phi_2]^2 d\tau = \int C_1^2\phi_2^2 d\tau + 2\int C_1C_2\phi_1\phi_2 d\tau$

$= C_1^2S_{11} + C_2^2S_{22} + 2C_1C_2S_{12}$

$= C_1^2(S_{11} + 2S_{22} + S_{12}) = 1 \Rightarrow$ 故 $C_1 = (S_{11} + 2S_{12} + S_{22})^{-1/2}$

4.58 $M = \sqrt{\ell(1+\ell)}\frac{h}{2\pi} = 1.49\times10^{-34}\ J\cdot s$，$M_z = \frac{mh}{2\pi}$

代入 $\cos\theta = \frac{M_z}{M} = 0$，解得 $\theta = 45°$。

4.59 $P = \int_0^{a_0} r^2 R_{n,\ell}^2 dr$

因 Ψ_{2p_x} 和 Ψ_{2p_z} 的n和ℓ均相同，R由n和ℓ決定，因此，處於$2p_x$和$2p_z$軌域上的電子在 $r = a_0$ 的圓球內出現的機率相等。

4.60 (A) $E = -2.18\times10^{-18}\times\frac{Z^2}{n^2} = -5.45\times10^{-18}\ J$

(B) $M = \sqrt{\ell(1+\ell)}\frac{h}{2\pi} = 1.49\times10^{-34}\ J\cdot s$

(C) $M_z = \frac{mh}{2\pi}$，p_z軌域 $m = 0$，$\cos\theta = \frac{M_z}{M} = 0$，$\theta = 90°$。

(D) $\frac{d^2\Psi^2}{dr^2} = 0$，解得 $r = 2a_0$。

4.61 氫原子軌道爲：$\psi_{n,\ell,m} = R_{n,\ell}(r)\Theta_{\ell,m}(\theta)\Phi_m(\phi)$

對於1s軌道 $n = 1$，$\ell = 0$，$m = 0$，由表2.1，表2.2，表2.3可知

$$\Phi_0 = \frac{1}{\sqrt{2\pi}}\ ,\ \Theta_{0,0} = \frac{\sqrt{2}}{2}\ ,\ R_{1,0} = 2\left(\frac{Z}{a_0}\right)^{3/2}\exp(-\rho/2)$$

故 $\psi_{1,0,0} = \psi_{1s} = \frac{1}{\sqrt{\pi}}\left(\frac{Z}{a_0}\right)^{3/2}\exp(-\rho/2)$

如果ψ是歸一化的，則有：$\int \psi_{1,0,0}^*\psi_{1,0,0} d\tau = 1$，$d\tau = r^2\sin\theta dr d\theta d\phi$

即$\int|\psi_{1,0,0}|^2 d\tau=\frac{1}{\pi a_0^3}\int_0^\infty r^2\exp(-\rho)dr\int_0^\pi \sin\theta d\theta\int_0^{2\pi}d\phi$

$$=\frac{4}{a_0^3}\int_0^\infty r^2\exp(-\rho)dr=\frac{4}{a_0^3}\left[\frac{2!}{(2/a_0)^3}\right]$$

$$=1$$

4.62 $D=r^2R^2=4r^2\left(\frac{Z}{a_0}\right)^3\exp\left(-\frac{2Zr}{a_0}\right)$，解$\frac{dD}{dr}=0$，得$r=\frac{a_0}{Z}$

4.63 爲簡便起見，採用原子單位即$\frac{h}{2\pi}=1$，$4\pi\varepsilon_0=1$，$e=1$，$m=1$代入氫原子「薛丁格方程式」，並且氫原子$Z=1$，

$$-\frac{1}{2}\left(\frac{d^2\Psi}{dr^2}+\frac{2}{r}\frac{d\Psi}{dr}\right)-\frac{1}{r}\Psi=E\Psi$$

由於$\Psi(r)=N(b-r)e^{-ar}$是氫原子徑向「薛丁格方程式」的解，所以它應該滿足上述方程式：

$$-\frac{1}{2}\left(\frac{d^2}{dr}N(b-r)e^{-ar}+\frac{2}{r}\frac{d}{dr}N(b-r)e^{-ar}\right)-\frac{1}{r}N(b-r)e^{-ar}=EN(b-r)e^{-ar}$$

$$-\frac{1}{2}\left\{\frac{d^2}{dr}(b-r)e^{-ar}+\frac{2}{r}\frac{d}{dr}(b-r)e^{-ar}\right\}-\frac{1}{r}(b-r)e^{-ar}=E(b-r)e^{-ar}$$

$$-\frac{1}{2}\left\{\frac{d^2}{dr}[-e^{-ar}-a(b-r)e^{-ar}]+\frac{2}{r}\frac{d}{dr}(b-r)e^{-ar}\right\}-\frac{1}{r}(b-r)e^{-ar}=E(b-r)e^{-ar}$$

$$-\frac{1}{2}\left\{[ae^{-ar}+a^2(b-r)e^{-ar}+ae^{-ar}]+\frac{2}{r}[-e^{-ar}-a(b-r)e^{-ar}]\right\}-\frac{1}{r}(b-r)e^{-ar}$$

$$=E(b-r)e^{-ar}$$

方程兩邊消去e^{-ar}（$e^{-ar}\neq 0$）

$$\frac{1}{2}\left\{[a+a^2(b-r)+a]+\frac{2}{r}[-1-a(b-r)\right\}-\frac{1}{r}(b-r)=E(b-r)$$

$$-a-\frac{1}{2}a^2b+\frac{1}{2}a^2r+\left(\frac{2}{r}+\frac{2}{r}ab-2a\right)\times\frac{1}{2}-\frac{1}{r}(b-r)=E(b-r)$$

$$-a-\frac{1}{2}a^2b+\frac{1}{2}a^2r+\frac{1}{r}+\frac{ab}{r}-a-\frac{b}{r}+1=Eb-Er$$

由於上式爲恆等式，故對r的各次係數均爲零。

0次項：$-a-\frac{1}{2}a^2b-a+1=Eb$ (1)

1次項：$\frac{1}{2}a^2=-E$ (2)

-1次項：$1 + ab - b = 0$ (3)

將(2)式代入(1)式，得：

$-2a + Eb + 1 = Eb$

$a = \frac{1}{2}$

代入(2)式、(3)式，得：

$E = -\frac{1}{8}$

$b = 2$

將$\Psi(r)$歸一化：

$\int_0^\infty 4\pi r^2 \Psi^2(r) dr = 1$

$\int_0^\infty 4\pi r^2 N^2 (b - r)^2 e^{-2ar} dr = 1$

$4\pi N^2 \int_0^\infty r^2 (4 + r^2 - 4r) e^{-r} dr = 1$

$4\pi N^2 \int_0^\infty r^2 (4 + r^2 - 4r) e^{-r} dr = 1$

$4\pi N^2 \times 8 = 1$

$N = \sqrt{\frac{1}{32\pi}}$

若用SI單位則$a = Z/2a_0$，$b = 2a_0/Z$，$E = -\frac{1}{2}\left(\frac{e^2}{4\pi\varepsilon_0 a_0}\right)\left(\frac{Z}{2}\right)^2$，

$N = \frac{1}{4\sqrt{2\pi}}\left(\frac{Z}{a_0}\right)^{5/2}$

4.64 本題包含兩個基本概念：「機率密度」和機率。所謂「機率」是指電子在某區域內出現的可能性大小，因此，「機率」總是針對一定體積而言。例如：原子結構中把電子在某體積元$d\tau$中出現的「機率」用$|\psi|^2 d\tau$表示。我們把原子的核周圍空間中某一點ψ的絕對值平方$|\psi|^2$，稱為在該點發現的「機率密度」。因此，「機率密度」總是對一點而言。

H原子的1s軌域的波函數為：

$$\psi_{1s} = \sqrt{\frac{1}{\pi a_0^3}} e^{-r/a_0}$$

則

$$\psi_{1s}^2 = \frac{1}{\pi a_0^3} e^{-2r/a_0}$$

其中，a_0爲Bohr半徑；r爲空間上某點與核的距離。從上式可看出，ψ_{1s}^2值隨r的增大按指數關係迅速減小如圖A所示，所以1s電子在近原子核處「機率密度」最大。

如果我們研究1s電子在距原子核r處厚度爲dr的薄球殼，見圖B體積內電子出現的「機率」，因爲薄球殼體積爲$4\pi r^2 dr$，故其「機率」爲$\psi_{1s}^2 \times 4\pi r^2 dr$。當dr = 1時，則「機率」爲$\psi_{1s}^2 \cdot 4\pi r^2$。$\psi_{1s}^2 \cdot 4\pi r^2$隨r的變化圖見圖B。圖B中極大點正好落在Bohr半徑（0.529Å）處。這表明在r = 0.529Å附近，厚度爲dr = 1的薄球殼內找到電子的「機率」要比r爲其他值的地方同樣厚度的薄球殼內找到電子的「機率」大。

比較圖A、圖B可以看到，在圖A中原子核處電子出現的「機率密度」最大（或「電子雲」最密），在圖B的原子核處發現電子的「機率」卻爲零。兩者似乎有矛盾。實際上則不然，因爲前者是指原子核外空間某點的「機率密度」，而後者可理解爲距原子核r附近厚度dr薄殼層內的「機率」。因薄殼層的體積$4\pi r^2 dr$隨r增加迅速增加，雖然r = 0處ψ_{1s}^2最大，但r = 0處$4\pi r^2 dr = 0$，它們的乘積還是零。同理，當r值很大時，儘管$4\pi r^2 dr$值很大，但ψ_{1s}^2值趨於0，它們的乘積也趨於0。只有當r值不大也不小時，這個不大不小的r就等於52.9pm，此時ψ_{1s}^2和$4\pi r^2 dr$的乘積最大。

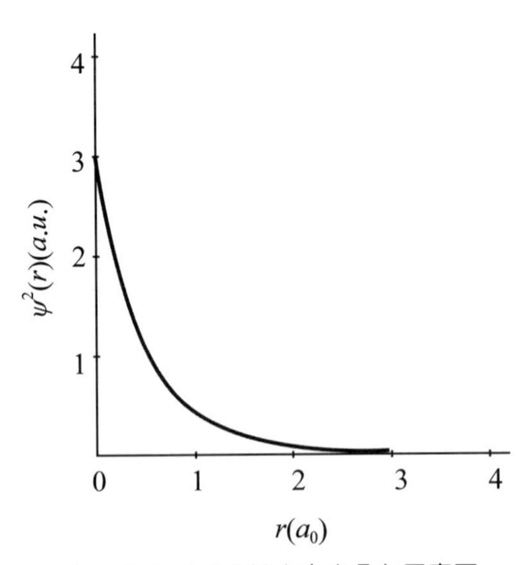

圖A　氫原子電子徑向密度分布示意圖

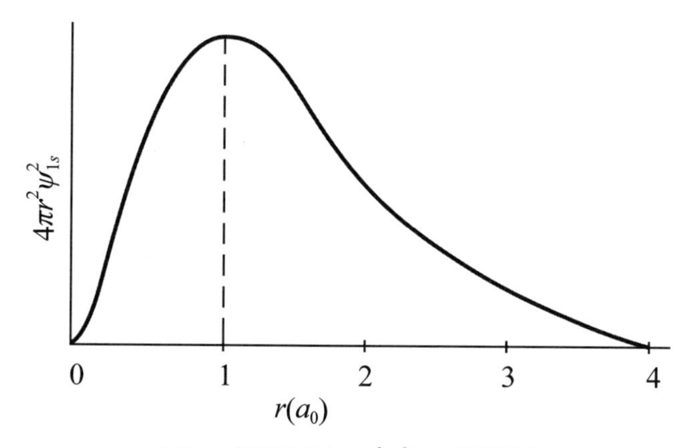

圖B 氫原子的$4\pi r^2\psi^2_{1s}$~r關係圖

4.65 $\Psi_{2p_z} = \Psi_{210}$，$M_z = \dfrac{mh}{2\pi}$，$M = [\ell(\ell+1)]^{1/2}h/(2\pi)$，$\cos\theta = \dfrac{M_z}{M}$，$\theta = 90°$。

角動量在xy平面內，φ不確定，因此，角動量在x軸和y軸上的投影沒有確定值。因角動量在xy平面以原點爲中心的圓周面上，在x軸和y軸上投影的平均值爲0。

4.66 (A) 根據「量子力學基本假設之三」：「特定函數、特定值和特定方程」的假設，用「能量算子」作用於ϕ_{1s}，若能得到某一常數乘以原函數ϕ_{1s}，則該常數即爲氫原子基本態能量E_{1s}的數值。已知氫原子的「能量算子」爲：（見（2.64）式）

$$\hat{H} = -\frac{\hbar^2}{2m}\nabla^2 + V$$

由於ϕ_{1s}是球形對稱的，與θ、φ無關，其角度部分是常數，所以在球座標系中的「能量算子」爲：

$$\hat{H} = -\frac{\hbar^2}{2m}\frac{1}{r^2}\frac{\partial}{\partial r}\left(r^2\frac{\partial}{\partial r}\right) - \frac{e^2}{4\pi\varepsilon_0 r}$$（見（2.19）式）

作用於波函數Ψ_{1s}，可得：

$$\hat{H}\psi_{1s} = \left[-\frac{\hbar^2}{2m}\frac{1}{r^2}\frac{\partial}{\partial r}\left(r^2\frac{\partial}{\partial r}\right) - \frac{e^2}{4\pi\varepsilon_0 r}\right]\psi_{1s}$$

$$= -\frac{\hbar^2}{2m}\frac{1}{r^2}\frac{\partial}{\partial r}\left(r^2\frac{\partial}{\partial r}\right)\psi_{1s} - \frac{e^2}{4\pi\varepsilon_0 r}\psi_{1s}$$

$$= -\frac{\hbar^2}{2m}\frac{1}{r^2}\left(2r\frac{\partial}{\partial r}\psi_{1s} + r^2\frac{\partial^2}{\partial r^2}\psi_{1s}\right) - \frac{e^2}{4\pi\varepsilon_0 r}\psi_{1s}$$

$$= -\frac{\hbar^2}{2m}\frac{1}{r^2}(-2r\pi^{-1/2}a_0{}^{-5/2}e^{-r/a_0} + r^2\pi^{-1/2}a_0{}^{-7/2}e^{-r/a_0}) - \frac{e^2}{4\pi\varepsilon_0 r}\psi_{1s}$$

$$= \left[-\frac{\hbar^2(r-2a_0)}{2mra_0^2}\frac{e^2}{4\pi\varepsilon_0 r}\right]\psi_{1s} = \left[\frac{\hbar^2}{2ma_0^2} - \frac{e^2}{4\pi\varepsilon_0 a_0}\right]\psi_{1s} \text{（取} r = a_0\text{）}$$

所以，$E_{1s} = \dfrac{\hbar^2}{2ma_0^2} - \dfrac{e^2}{4\pi\varepsilon_0 a_0}$

$$= \frac{(6.626\times10^{-34}\,J\cdot s)^2}{8\times\pi^2\times9.11\times10^{-31}kg\times(5.29\times10^{-11}m)^2}$$

$$- \frac{(1.602\times10^{-19}C)^2}{4\pi\times8.854\times10^{-12}C^2\cdot J^{-1}\cdot m^{-1}\times5.29\times10^{-11}m}$$

$$= 2.184\times10^{-18}J - 4.363\times10^{-18}J$$

$$= -2.18\times10^{-18}J$$

將「角動量平方算子」（見（2.51）式）作用於氫原子波函數ψ_{1s}，則得：

$$\hat{L}^2\psi_{1s} = -\hbar^2\left[\frac{1}{\sin\theta}\frac{\partial}{\partial\theta}\left(\sin\theta\frac{\partial}{\partial\theta}\right) + \frac{1}{\sin^2\theta}\frac{\partial^2}{\partial\phi^2}\right](\pi a_0^3)^{-1/2}e^{-r/a_0} = 0\times\psi_{1s}$$

所以，$\hat{L}^2\psi_{1s} = 0\times\psi_{1s}$，故$|L| = 0$（見（4.97）式）

從ψ_{1s}表達式亦可看出，ψ_{1s}僅是r的函數，而與θ、ϕ無關，表明1s電子是球形對稱分布，故角動量爲零當然是顯而易見的事。

(B) $\dfrac{\Psi_{1s}(r=a_0)}{\Psi_{1s}(r=2a_0)} = \dfrac{\exp(-a_0/a_0)}{\exp(-2a_0/a_0)} = e$

(C) 對氫原子，$V\propto r^{-1}$，根據「virial」定理（見第二章第十一節）：

$\overline{T} = -\dfrac{1}{2}\overline{V}$（見（2.99）式，n = 1）

$E_{1s} = \overline{T} + \overline{V} = -\dfrac{1}{2}\overline{V} + \overline{V} = \dfrac{1}{2}\overline{V}$

$\overline{V} = 2E_{1s} = 2\times(-13.6eV) = -27.2eV$

$\overline{T} = -\dfrac{1}{2}\overline{V} = -\dfrac{1}{2}\times(-27.2eV) = 13.6eV$

此即爲氫原子的「零點能」（zero-point energy）。

4.67 (A) $E = -13.60eV/n^2 = -13.60eV/2^2 = -3.40eV$。

(B) $|L| = \sqrt{\ell(\ell+1)}\,\hbar = \sqrt{2}\hbar$。

(C) 夾角爲90°（因爲$L_z = m\hbar = 0$，表明L垂直於z軸，故夾角爲90°）。

(D) xy（「節面」$\psi = 0$，$\theta = 90°$，即平面與z軸垂直，且$r = 0$，故「節面」爲xy平面）。

第五章

5.1 n、ℓ、m、m_s分別爲解「單電子原子」、「薛丁格方程式」，用以描述原子之單電子運動狀態的「量子數」。

對多電子原子中電子的運動狀態，通常採用「近似方法」來求解「薛丁格方程式」。「近似方法」通常有：「單電子近似法」、「自我滿足場近似法」及「中心力場近似法」。這三種近似法實際上都是以「單電子原子」「薛丁格方程式」爲基礎而採取不同的「近似方法」而已，並沒拋棄「單電子原子」的「薛丁格方程式」。

n：「主量子數」，決定原子電子軌域能量的高低。

ℓ：「角量子數」，決定原子電子軌域的「電子雲」形狀。

m：「磁量子數」，決定電子的軌域角動量在z方向的分量。

m_s：「自旋量子數」，$m_s = \pm\dfrac{1}{2}$。

5.2 電子有九種不同的運動狀態。

因爲第二激發態$n = 3$時，ℓ可0（= s）、ℓ（= p）、2（= d）三種數值。

故m取值分別爲0；0、±1；和0、±1、±2，一共有九種不同取值組合，

∴它們的（n、ℓ、m）爲：(3, 0, 0)，(3, 1, 0)，(3, 1, 1)，(3, 1, −1)，(3, 2, 0)，(3, 2, 1)，(3, 2, −1)，(3, 2, 2)，(3, 2, −2)。

電子運動的角動量有三種取值。

因爲角動量$M = \sqrt{\ell(\ell+1)}\dfrac{h}{2\pi}$，其中取$\ell = 0$、1、2。

5.3 $\dfrac{3}{2}$。N原子的原子序數爲7，核外電子分布方式爲$1s^2 2s^2 2p^3$，因2p軌域是三重「等階系」，根據「Hund規則」，3個2p電子應同時「自旋平行分布」。

每個電子可取的「自旋磁量子數」$m_s = \pm\dfrac{1}{2}$，當3個電子的「自旋磁量子數」

均取$\frac{1}{2}$時，$S=\frac{1}{2}+\frac{1}{2}+\frac{1}{2}=\frac{3}{2}$。

5.4 65.91°。$\ell=2$則$M=\sqrt{\ell(\ell+1)}\frac{h}{2\pi}=\sqrt{6}\frac{h}{2\pi}$，而角動量在z軸分量

$M_z=m\frac{h}{2\pi}=\frac{h}{2\pi}$。

因$M_z=M\cos\theta$，所以$\cos\theta=\frac{M_z}{M}=\left(\frac{1}{6}\right)^{1/2}=0.408$可得角動量向量與z軸的夾角$\theta=65.91°$。

5.5 He原子基本態兩個電子均分布在1s軌域上，電子的波函數為Ψ_{1s}。根據「Hund規則」，兩個電子必須自旋相反，原子的波函數必須是反對稱的。根據「Slater行列式」：

$$\Psi=\frac{1}{\sqrt{2}}\begin{vmatrix}\Psi_{1s}(1)\alpha(1) & \Psi_{1s}(2)\alpha(2)\\ \Psi_{1s}(1)\beta(1) & \Psi_{1s}(2)\beta(2)\end{vmatrix}$$

$$=\frac{1}{\sqrt{2}}[\Psi_{1s}(1)\alpha(1)\Psi_{1s}(2)\beta(2)-\Psi_{1s}(1)\beta(1)\Psi_{1s}(2)\alpha(2)]$$

5.6 基本態He原子的兩個電子都填充到1s軌域中，將一個電子移到無限遠處所需要的能量即為第一游離能。此時He成為He^+，再將第二個電子移到無限遠處所需要的能量為第二游離能。He^+為「似氫原子」，其1s電子能量為2.18×10^{-18}J。

$$E=-2.18\times10^{-18}\text{J}\times2^2/1^2=-8.72\times10^{-18}\text{J}$$

因電子距核無限遠時能量為零，所以第二游離能

$$I_2=-E=8.72\times10^{-18}\text{J}$$

按照「中心力場模型」，i電子運動在有效原子核電荷為$(Z-\sigma_i)$的靜電場中，由於基本態He原子的兩個電子都處在1s軌域上，「遮蔽常數」相等，即$\sigma_1=\sigma_2$，每個電子的能量都為

$$E_1=E_2=-\frac{2.18\times10^{-18}\times(Z-\sigma)^2}{\ell^2}$$

He原子中電子的總能量為

$$2E_1=-\frac{2\times2.18\times10^{-18}\times(Z-\sigma)^2}{\ell^2}\text{J}$$

由於將He原子電離兩個電子變為He^{2+}，所需要的能量為I_1+I_2，根據「能量守恆定律」，寫為：

$$-2E_1 = I_1 + I_2$$

$$\frac{2 \times 2.18 \times 10^{-18} \times (Z-\sigma)^2}{\ell^2} = 3.92 \times 10^{-18} + 8.72 \times 10^{-18}$$

其中$Z = 2$，解得$\sigma = 0.30$，有效原子核電荷為$Z - \sigma = 1.70$

5.7 由n決定；多電子原子中電子能量由n、ℓ決定。

5.8 $M = [\ell(\ell+1)]^{1/2} h/(2\pi) = \sqrt{6} h/(2\pi)$ 或2.58×10^{-34}J · s；5種。

5.9 Rb是37號元素，其可能的電子組態是

$1s^2 2s^2 2p^6 3s^2 3p^6 3d^{10} 4s^2 4p^1 5s^1$ 或$1s^2 2s^2 2p^6 3s^2 3p^6 3d^{10} 4s^2 4p^6 4d^1$（或$4f^1$）

到底應是哪種，可以根據能量進行判斷。由於各種可能的電子組態內層均為$1s^2 2s^2 2p^6 3s^2 3p^6 3d^{10} 4s^2 4p^6$，因此各「組態」的能量差別主要取決於最外層電子的能階。

根據 $j = i$

可得$\sigma_{5s} = 28 \times 1 + 8 \times 0.85 = 34.8$

$$E_{5s} = -\left(\frac{Z - \sigma_{5s}}{3}\right)^2 E_0 = -\left(\frac{37 - 34.8}{3}\right)^2 E_0 = -0.5378 E_0$$

$$E_{4d} = -\left(\frac{Z - \sigma_{4d}}{2.6}\right)^2 E_0 = -\left(\frac{37 - 6}{2.6}\right)^2 E_0 = -0.1479 E_0 \approx E_{4f}$$

其中$E_0 = 2.18 \times 10^{-18}$J為氫原子「基本態」能量的負值。

因為$E_{5s} < E_{4d} \approx E_{4f}$，根據「能量最低原理」，「基本態」Rb的最後一個電子應在5s軌域上。

5.10 3；2；0，±1，±2；$\pm\frac{1}{2}$ 。

5.11 $\Delta E = E_3 - E_2 = -2.18 \times 10^{-18} \times \left(\frac{1}{3^2} - \frac{1}{2^2}\right)$

$\Delta E = hc/\lambda$

$\lambda = hc/\Delta E = 6.56 \times 10^{-7}$m或656nm

5.12 $M_\ell = [\ell(\ell+1)]^{1/2} h/(2\pi) = 1.49 \times 10^{-34}$J · s

$S = 1/2 + 1/2 = 1$

$M_S = \sqrt{S(S+1)}\, h/(2\pi) = 1.49 \times 10^{-34}$J · s

5.13 $\Theta_{0,0}(\theta) = \frac{\sqrt{2}}{2}$（見表5.2）

$\cos\theta = M_z/M$，$M = [\ell(1+\ell)]^{1/2}h/(2\pi)$，$M_z = mh/(2\pi)$

$\ell = 2$時相對應m = 0、±1、±2，求得相對應軌域角動量與z軸夾角θ為90°、65.91°、35.26°、144.74°、114.09°

$M_s = [s(s+1)]^{1/2}h/(2\pi)$，$M_s = m_s h/(2\pi)$

$s = 1/2$

$m_s = \pm 1/2$

$\cos\theta = M_{s_z}/M_s$

自旋角動量與z軸夾角θ為54.74°和125.26°。

5.14 已知 $\Psi_{2p_x} = \dfrac{1}{4\sqrt{2\pi}}\left(\dfrac{Z}{a_0}\right)^{5/2} r\exp\left(-\dfrac{Zr}{2a_0}\right)\sin\theta\cos\phi$（見表4.5） (1)

$\hat{M}_x = -\dfrac{ih}{2\pi}\left(y\dfrac{\partial}{\partial z} - z\dfrac{\partial}{\partial y}\right)$（見表2.1） (2)

$\hat{M}_y = -\dfrac{ih}{2\pi}\left(z\dfrac{\partial}{\partial x} - x\dfrac{\partial}{\partial z}\right)$（見表4.5） (3)

$\hat{M}_z = -\dfrac{ih}{2\pi}\left(x\dfrac{\partial}{\partial y} - y\dfrac{\partial}{\partial x}\right)$（見表4.5） (4)

⇒故代入(1)式和(2)式，得：$\hat{M}_x\Psi_{2p_x} = 0$

⇒因此，在x軸投影有確定值，為0。

同理，可證明在y軸和z軸投影沒有確定值。

又 $\overline{M}_y = \dfrac{\int \Psi_{2p_y}\hat{M}_y\Psi_{2p_y}d\tau}{\int \Psi_{2p_y}\Psi_{2p_y}d\tau} = 0$（見（2.77）式）

同理 $\overline{M}_z = \dfrac{\int \Psi_{2p_z}\hat{M}_z\Psi_{2p_z}d\tau}{\int \Psi_{2p_z}\Psi_{2p_z}d\tau} = 0$（見（2.77）式）

5.15 $-\dfrac{h^2}{8\pi\mu}\left(\dfrac{\partial^2}{\partial x^2} + \dfrac{\partial^2}{\partial y^2} + \dfrac{\partial^2}{\partial z^2}\right)\Psi - \dfrac{3e^2\Psi}{4\pi\varepsilon_0 r} = E\Psi$

(A) $D = r^2R^2 = 2r^2\left(\dfrac{3}{a_0}\right)^3\exp\left(-\dfrac{6r}{a_0}\right)$，$\dfrac{dD}{dr} = 0$，解得 $r = \dfrac{a_0}{3}$。

(B) $\bar{r} = \dfrac{\int \Psi_{1s}\hat{H}\Psi_{1s}d\tau}{\int \Psi_{1s}\Psi_{1s}d\tau} = \dfrac{a_0}{2}$

(C) $|\Psi_{1s}|^2 = \pi\left(\dfrac{1}{a_0}\right)^3\exp\left(-\dfrac{6r}{a_0}\right)$，r→0時$|\Psi_{1s}|$最大。

(D) 相同。

(E) $\Delta E_{電離} = E(Li^+) - E(Li) = 9.21 \times 10^{-19} J$。

5.16 $\Delta E(Li)_{第一} = E_{2p}(Li) = -2.18 \times 10^{-18} \times Z'^2_{2s}(Li)/4$，解得$Z'_{2s}(Li) = 1.26$

由$Z'_{2s}(Li) = Z - \sigma_{1s\to2s}(Li)$，得：

$$\sigma_{1s\to2s}(Li) = 1.74$$

$\Delta E(Be)_{第一} = E(Be^+) - E(Be)$

$= -2.18 \times 10^{-18} \times Z'^2_{2s}(Be^+)/4 - 2 \times (-2.18 \times 10^{-18} \times Z'^2_{2s}(Be)/4)$

設$\sigma_{1s\to2s}(Be) = \sigma_{1s\to2s}(Li)$，得：

$$Z'_{2s}(Be) = 1.98，\sigma_{2s}(Be) = 2.02$$

由$\sigma_{2s}(Be) = \sigma_{1s\to2s}(Be) + \sigma_{2s\to2s}(Be)$，得：

$$\sigma_{2s\to2s}(Be) = 0.28$$

$$\sigma_{2s}(Be) = 2.02$$

5.17 (A) $\Delta E_{第二} = 0 - E_{1s}(He^+) = 8.72 \times 10^{-18} J$

(B) $\Delta E_{互斥} = \Delta E_{第二} - \Delta E_{第一} = 4.78 \times 10^{-18} J$

(C) $\Delta E_{第一} + \Delta E_{第二} = 2 \times (2.18 \times 10^{-18} \times Z'^2)$，解得$Z' = 1.7$

(D) $Z' = Z - \sigma$，$\Rightarrow 1.7 = 2 - \sigma$，$\therefore$得$\sigma = 0.3$

5.18 Ar^{7+}電子排列分布：$(1s)^2(2s)^2(2p)^6(3s)^1$

Ar^{8+}電子排列分布：$(1s)^2(2s)^2(2p)^6(3s)^0$

$\Delta E_{游離} = E(Ar^{8+}) - E(Ar^{7+}) = 2.18 \times 10^{-18} \times Z'^2_{3s}/9$

$\sigma_{3s} = 8 \times 0.85 + 2 = 8.8$

$Z'_{3s} = Z - \sigma_{3s} = 9.2$

$\Delta E_{游離} = 2.05 \times 10^{-17} J$

5.19 (A) $E_{1s} = -2.18 \times 10^{-18} \times Z'^2$，因$Z'(H) < Z'(He^+)$，所以$E_{1s}(H) > E_{1s}(He^+)$

(B) $\Delta E_{游離}(K) = E(K^+) - E(K)$，$\Delta E_{游離}(K^+) = E(K^{2+}) - (K^+)$，

$\Delta E_{游離}(K^+) > \Delta E_{游離}(K)$

(C) $\Delta E = E_{2s} - E_{1s} = hc/\lambda$，$\lambda(H) > \lambda(He^+)$

5.20 (A) Sc之最外層電子爲$3d^1$：

2	1	0	−1	−2
↑				

$m_s = 1/2$，$S = 1/2$；$m_L = 2$，$L = 2$，$L - S = 3/2$

能階最低的光譜支項爲$^2D_{3/2}$。

(B) 總軌域角動量$|M_L|$由$L = 2$推求。

$$|M_L| = \sqrt{L(L+1)}\frac{h}{2\pi} = \frac{\sqrt{6}h}{2\pi}$$

(C) 總軌域角動量$|M_L|$由$S = 1/2$推求。

$$|M_S| = \sqrt{S(S+1)}\frac{h}{2\pi} = \frac{\sqrt{3}h}{4\pi}$$

(D) 總軌域角動量$|M_J|$由$J = 3/2$推求。

$$|M_J| = \sqrt{J(J+1)}\frac{h}{2\pi} = \frac{\sqrt{15}h}{4\pi}$$

(E) 在磁場中此光譜支項可分裂爲$2J + 1$個微觀能態，即4個微觀能態。

5.21 $E_{2s} = -2.18 \times 10^{-18} \times Z'^2/4$

$Z' = Z - \sigma$

$Z'(H) = Z = 1$

$Z'(He^+) = 2$

$Z'(He) = 2 - 0.85 = 1.15$

可知$E_{2s}(H) > E_{2s}(He) > E_{2s}(He^+)$

5.22

Ti^{2+}	$3d^24s^0$	Ti^{3+}	$3d^14s^0$
Ti^{4+}	$3d^04s^0$	V^{2+}	$3d^34s^0$
V^{3+}	$3d^24s^0$	V^{4+}	$3d^14s^0$
V^{5+}	$3d^04s^0$	Mn^{2+}	$3d^54s^0$
Mn^{3+}	$3d^44s^0$	Mn^{4+}	$3d^34s^0$
Mn^{6+}	$3d^14s^0$	Mn^{7+}	$3d^04s^0$

Ti^{4+}和V^{5+}的「外層電子」結構相同，均爲$3d^04s^0$，全空結構，因此比較穩定。

Mn^{2+}的「外層電子」結構爲$3d^54s^0$，3d軌域半充滿，4s軌域全空，因此較穩定。

5.23 正確列出體系的「薛丁格方程式」的關鍵，在於對體系位能的正確分析。

在原子結構的原子核模型水平上，原子的位能就是電子和原子核及電子和電子之間的庫侖作用能，如上圖所示。Born-Oppenheimer近似即原子核固定近似。它把原子核的質量看做無限大（相對於電子質量而言），進而能簡單地獲得描述電子與原子核的相對運動的近似「薛丁格方程式」。具體作法是不考慮原子核的運動，並以電子質量代替「簡化質量」。由此得到Li原子的「Hamiltonian算子」。

$$\hat{H} = \frac{-\hbar^2}{2m}(\nabla_1^2 + \nabla_2^2 + \nabla_3^2) - \frac{3e^2}{4\pi\varepsilon_0}\left(\frac{1}{r_1} + \frac{1}{r_2} + \frac{1}{r_3}\right) + \frac{e^2}{4\pi\varepsilon_0}\left(\frac{1}{r_{12}} + \frac{1}{r_{23}} + \frac{1}{r_{13}}\right)$$

Li原子的「薛丁格方程式」即爲

$$\hat{H}\psi(\vec{r}_1, \vec{r}_2, \vec{r}_3) = E\psi(\vec{r}_1, \vec{r}_2, \vec{r}_3)$$

上述形式的「薛丁格方程式」，由於數學上的困難而無法求解。因此，常採用「中心力場」近似方法來處理多電子原子問題。在這種近似模型下得到Li原子的單電子「Hamiltonian算子」：

$$\hat{H} = \frac{-\hbar^2}{2m}\nabla^2 - \frac{(3-\sigma)e^2}{4\pi\varepsilon_0 r}$$

式中σ爲「遮蔽常數」，$3-\sigma$爲有效原子核電荷。

「中心力場」近似下Li原子的單電子「薛丁格方程式」爲

$$\left[-\frac{\hbar^2}{2m}\nabla^2 - \frac{(3-\sigma)e^2}{4\pi\varepsilon_0 r}\right]\psi(\vec{r}) = E\psi(\vec{r})$$

5.24 分別求出(1)，(2)兩種電子組態能量最低的光譜支項，與實驗結果對照，即可確定正確的電子組態。

組態(1)：$ms = 1$，$S = 1$，$m_L = 3$，$L = 3$；$L + S = 4$。因此，能量最低的光譜支項爲$^3F_4$，與光譜實驗結果相同。

組態(2)：$ms = 1$，$S = 1$，$m_L = 2$，$L = 2$；$L + S = 3$。因此，能量最低的光譜支項爲$^3D_3$，與光譜實驗結果不同。

所以，基本態Ni原子的電子組態爲$[Ar]3d^8 4s^2$。

5.25 He原子的Schrödinger方程式爲：

$$\left[-\frac{h^2}{8\pi^2 m}(\nabla_1^2 + \nabla_2^2) - \frac{2e^2}{4\pi\varepsilon_0}\left(\frac{1}{r_1} + \frac{1}{r_2}\right) + \frac{1}{4\pi\varepsilon_0}\cdot\frac{e^2}{r_{12}}\right]\psi = E\psi$$

上式中r_1和r_2分別是電子1和電子2到核的距離，r_{12}是電子1和電子2之間的距離。若以原子單位表示，則He原子的Schrödinger方程式爲：

$$\left[-\frac{1}{2}(\nabla_1^2+\nabla_2^2)-\frac{2}{r_1}-\frac{2}{r_2}+\frac{1}{r_{12}}\right]\psi=E\psi$$

用「中心力場模型」解此方程式時做了如下假設：

(1) 將電子2對電子1（1和2互換亦然）的排斥作用歸結爲：電子2的平均電荷分布所產生的一個以原子核爲中心的球對稱平均位能場的作用（不探究排斥作用的瞬間效果，只著眼於排斥作用的平均效果）。該位能疊加在原子核的庫倫場上，形成了一個合成的平均位場。電子1在此平均位能場中獨立運動，其位能只是自身座標的函數，而與兩電子間距離無關。如此一來，上述Schrödinger方程式「能量算子」中的第三項就消失了，它在形式上變成與單電子原子的Schrödinger方程式相似。

(2) 既然電子2所產生的平均位場是以原子核爲中心的球形場，那麼它對電子1的排斥作用的效果可視爲對原子核電荷的遮蔽，即抵銷了σ個核電荷，使電子1感受到的有效核電荷降低爲$(2-\sigma)e$。這樣Schrödinger方程式能量算子中的吸引項就變成了$-\frac{2-\sigma}{r_1}$，於是電子1的單電子Schrödinger方程式變爲：

$$\left[-\frac{1}{2}\nabla_1^2-\frac{2-\sigma}{r_1}\right]\psi_1(1)=E_1\psi_1(1)$$

按求解單電子原子Schrödinger方程式的方法即可求出單電子波函數$\psi_1(1)$及相對應的原子軌域能E_1。

(3) 上述分析同樣適合於電子2，因此電子2的Schrödinger方程式爲：

$$\left[-\frac{1}{2}\nabla_2^2-\frac{2-\sigma}{r_2}\right]\psi_2(2)=E_2\psi_2(2)$$

電子2的單電子波函數和相對應的能量分別爲$\psi_2(2)$和E_2。He原子的波函數可寫成兩單電子波函數之積：

$$\psi(1,2)=\psi_1(1)\cdot\psi_2(2)$$

He原子激發態$(2s)^1(2p)^1$角動量加和後$L=1$，故軌域角動量和軌域磁矩分別爲：

$$|M_L|=\sqrt{L(L+1)}\frac{h}{2\pi}=\sqrt{2}\frac{h}{2\pi}$$

$$|\mu| = \sqrt{L(L+1)}\beta_e = \sqrt{2}\beta_e$$

5.26 (A) p^1d^1: ^3F, ^1F, ^3D, ^1D, ^3P, ^1P。

(B) d^1d^1: ^3G, ^1G, ^3F, ^1F, ^3D, ^1D。

(C) p^1f^1: ^3G ^1G, ^3F, ^1F, ^3D, ^1D。

(D) $s^1p^1d^1$: ^4F, ^2F, ^4D, ^2D, ^4P, ^2P。

(E) $P^1P^1P^1$: ^4F, ^2F, ^4D, ^2D, ^4P, ^2P, ^4S, ^2S。

5.27 對多電子原子，其「薛丁格方程式」一般無法精確求解，需要採用一定的近似方法。經「單電子軌域近似」和「中心力場近似」後，多電子原子中，每一個電子都可看做是在一個帶有一定有效原子核電荷的似氫離子軌域中進行運動，設有效原子核電荷是z*，則軌域能

$$E = -13.6 \times \frac{z^{*2}}{n^2}$$

對Li原子，n = 2，E = −5.4。

所以$z^* = (5.4 \times 2^2/13.6)^{1/2} = 12.6$

5.28 (A) 以上Hamiltonian「算子」可表示爲

$$\hat{H} = \left(-\frac{\hbar^2}{2m}\nabla_1^2 - \frac{2e^2}{4\pi\varepsilon_0 r_1}\right) + \left(-\frac{\hbar^2}{2m}\nabla_2^2 - \frac{2e^2}{4\pi\varepsilon_0 r_2}\right) = \hat{H}_1 + \hat{H}_2$$

所以能量可表示爲 $E = E_1 + E_2 = -\frac{2e^2}{n_1^2 a_0} - \frac{2e^2}{n_2^2 a_0}$

(B) 原來的波函數不對，因爲它對於兩個粒子交換不是反對稱的。正確的波函數應當是

$$\psi = \frac{1}{\sqrt{2}}\begin{vmatrix} 1s(1)\alpha(1) & 1s(1)\beta(1) \\ 1s(2)\alpha(2) & 1s(2)\beta(2) \end{vmatrix}$$

$$= \frac{1}{\sqrt{2}}[1s(1)\alpha(1)\cdot 1s(2)\beta(2) - 1s(1)\beta(1)\cdot 1s(2)\alpha(2)]$$

5.29 He原子的Schrödinger方程式：

$$\left[-\frac{\hbar}{2\mu}(\nabla_r^2 + \nabla_2^2) - \left(\frac{2e^2}{4\pi\varepsilon_0 r_1} + \frac{2e^2}{4\pi\varepsilon_0 r_1}\right) + \frac{e^2}{4\pi\varepsilon_0 r_{12}}\right]\psi = E\psi$$

中心力場近似：把第i個電子與其他電子的相互作用看成是第i個電子與其它（N − 1）個電子組成的中心力場作用：

$$\left[-\frac{\hbar^2}{2\mu}\nabla_1^2-\frac{2e^2}{4\pi\varepsilon_0 r_1}+V_1(r_1)\right]\psi=E_1\psi$$

$$\left[-\frac{\hbar^2}{2\mu}\nabla_2^2-\frac{2e^2}{4\pi\varepsilon_0 r_2}+V_2(r_2)\right]\psi=E_2\psi$$

$$He(2s)=\sqrt{\ell(\ell+1)}\cdot\hbar=\sqrt{0\times(0+1)}\cdot\hbar=0$$

5.30 (A) Na原子「基本組態」爲$(1s)^2(2s)^2(2p)^6(3s)^1$。其中1s，2s和2p三個電子層皆充滿電子，它們對整個原子的軌域角動量和自旋角動量均無貢獻。

Na原子的軌域角動量和自旋角動量僅由3s電子決定：$L=0$，$S=\frac{1}{2}$，故光譜項爲^2S，J只能爲$\frac{1}{2}$，故光譜支項爲$^2S_{1/2}$。

(B) F原子的「基本組態」爲$(1s)^2(2s)^2(2p)^5$。與上述理由相同，該組態的光譜項和光譜支項只決定於$(2p)^5$組態。根據等價電子組態的「電子—空位」關係，$(2p)^5$組態與$(2p)^1$組態具有相同的光譜項。因此，本問題轉化爲推求$(2p)^1$組態的光譜項和光譜支項。這裡只有一個電子，$L=1$，$S=\frac{1}{2}$，故光譜項爲^2P。又$J=1+\frac{1}{2}=\frac{3}{2}$或$J=1-\frac{1}{2}=\frac{1}{2}$，因此有兩個光譜支項：$^2P_{3/2}$和$^2P_{1/2}$。

(C) 對C原子激發態$(1s)^2(2s)^2(2p)^1(3p)^1$，只考慮組態$(2p)^1(3p)^1$即可。2p和3p電子是不等價電子，因而$(2p)^1(3p)^1$組態不受「Pauli不相容原理」限制，可按下述步驟推求其光譜項：由$\ell_1=1$，$\ell_2=1$，得$L=2，1，0$；由$s_1=\frac{1}{2}$，$s_2=\frac{1}{2}$，得$S=1，0$。因此可得6個光譜項：^3D，^3P，^3S，^1D，^1P，^1S。根據自旋—軌域相互作用，每一光譜項又分裂成數目不等的光譜支項，如^3D，它分裂爲$^3D_3$，$^3D_2$和$^3D_1$，等3個支項。6個光譜項共分裂爲10個光譜支項：$^3D_3$，$^3D_2$，$^3D_1$，$^3P_2$，$^3P_1$，$^3P_0$，$^3S_1$，$^1D_2$，$^1P_1$，$^1S_0$。

5.31 包括自旋的體系波函數稱爲完全波函數，完全波函數相對於交換任何兩個粒子的所有座標必須是反對稱的，可以用「Slater行列式」來表達。

設一維位能箱中單個電子運動的空間波函數是$\psi_n=\sqrt{\frac{2}{\ell}}\sin\frac{n\pi x}{\ell}$，則根據題意兩個電子的空間波函數分別是$\psi_1$，$\psi_2$。這兩個電子的自旋狀態可能有四種：$\alpha(1)\alpha(2)$，$\beta(1)\beta(2)$，$\alpha(1)\beta(2)$，$\alpha(2)\beta(1)$，所以由此可組合出四個以「Slater行列式」表示的完全波函數：

$$\Psi_1 = \frac{1}{\sqrt{2!}}\begin{vmatrix} \psi_1(1)\alpha(1) & \psi_2(1)\alpha(1) \\ \psi_1(2)\alpha(2) & \psi_2(2)\alpha(2) \end{vmatrix}$$

$$\Psi_2 = \frac{1}{\sqrt{2!}}\begin{vmatrix} \psi_1(1)\beta(1) & \psi_2(1)\beta(1) \\ \psi_1(2)\beta(2) & \psi_2(2)\beta(2) \end{vmatrix}$$

$$\Psi_3 = \frac{1}{\sqrt{2!}}\left[\begin{vmatrix} \psi_1(1)\alpha(1) & \psi_2(1)\beta(1) \\ \psi_1(2)\alpha(2) & \psi_2(2)\beta(2) \end{vmatrix} + \begin{vmatrix} \psi_1(1)\beta(1) & \psi_2(1)\alpha(1) \\ \psi_1(2)\beta(2) & \psi_2(2)\alpha(2) \end{vmatrix}\right]$$

$$\Psi_4 = \frac{1}{\sqrt{2!}}\left[\begin{vmatrix} \psi_1(1)\beta(1) & \psi_2(1)\alpha(1) \\ \psi_1(2)\beta(2) & \psi_2(2)\alpha(2) \end{vmatrix} + \begin{vmatrix} \psi_1(1)\alpha(1) & \psi_2(1)\beta(1) \\ \psi_1(2)\alpha(2) & \psi_2(2)\beta(2) \end{vmatrix}\right]$$

由於這兩個電子是「非同價電子」，考慮電子自旋相關效應，能量最低的狀態是自旋總量子數最大的狀態，即兩個電子自旋平行的狀態。故Ψ_1、Ψ_2狀態和Ψ_3狀態的總量子數S爲1，是能量最低的狀態。

5.32 (1) $\psi_1 = \frac{1}{\sqrt{3!}}\begin{vmatrix} 1s(1)\alpha(1) & 1s(2)\alpha(2) & 1s(3)\alpha(3) \\ 1s(1)\beta(1) & 1s(2)\beta(2) & 1s(3)\beta(3) \\ 2s(1)\alpha(1) & 2s(2)\alpha(2) & 2s(3)\alpha(3) \end{vmatrix}$

(2) $\psi_2 = \frac{1}{\sqrt{3!}}\begin{vmatrix} 1s(1)\alpha(1) & 1s(2)\alpha(2) & 1s(3)\alpha(3) \\ 2s(1)\alpha(1) & 2s(2)\alpha(2) & 2s(3)\alpha(3) \\ 2s(1)\beta(1) & 2s(2)\beta(2) & 2s(3)\beta(3) \end{vmatrix}$

5.33 寫出各原子的基組態和最外層電子排列分布（對全充滿的電子層和電子的自旋互相抵銷，各電子的軌域角動量向量也相互抵銷，不必考慮），根據「Hund規則」推出原子最低能態的自旋量子數S、「角量子數」L和總量子數J，進而寫出最穩定的光譜支項。

(A) Si：$[Ne]3s^2 3p^2$ $\underset{1}{\uparrow}\ \underset{0}{\uparrow}\ \underset{-1}{\_\_}$

$m_S = 1$，$S = 1$，$m_L = 1$，$L = 1$，$L - S = 0$，${}^3P_0$

(B) Mn：$[Ar]4s^2 3d^5$ $\underset{2}{\uparrow}\ \underset{1}{\uparrow}\ \underset{0}{\uparrow}\ \underset{-1}{\uparrow}\ \underset{-2}{\uparrow}$

$m_S = 1$，$S = 1$，$m_L = 1$，$L = 1$，$L - S = 0$，${}^3P_0$

(C) Br：$[Ar]4s^2 3d^{10} 4p^5$ $\underset{1}{\uparrow\downarrow}\ \underset{0}{\uparrow\downarrow}\ \underset{-1}{\uparrow}$

$m_S = \frac{1}{2}$，$S = \frac{1}{2}$，$m_L = 1$，$L = 1$，$L + S = \frac{3}{2}$，$^3P_{3/2}$

(D) Nb：$[Kr]5s^1 4d^4$ $\underset{2}{\uparrow}\ \underset{1}{\uparrow}\ \underset{0}{\uparrow}\ \underset{-1}{\uparrow}\ \underset{-2}{\_\_}$

$m_S = \frac{5}{2}$，$S = \frac{5}{2}$，$m_L = 2$，$L = 2$，$|L - S| = \frac{1}{2}$，$^6D_{1/2}$

(E) Ni：$[Ar]4s^2 3d^8$ $\underset{2}{\uparrow\downarrow}\ \underset{1}{\uparrow\downarrow}\ \underset{0}{\uparrow\downarrow}\ \underset{-1}{\uparrow}\ \underset{-2}{\uparrow}$

$m_S = 1$，$S = 1$，$m_L = 3$，$L = 3$，$L + S = 4$，$^3F_4$

5.34 P^1d^1組態的兩個電子是「非同價電子」，這兩個電子分別填在p軌域和d軌域中，它們無論怎樣分布都不會違反「Pauli不相容原理」，所以寫P^1d^1組態的「光譜項」時，必須將所有可能的組合情況都考慮進去。

P電子$\ell = 1$，d電子$\ell = 2$，$L = \ell_1 + \ell_2$，$\ell_1 + \ell_2 - 1$，$\cdots|\ell_1 - \ell_2|$，所以$L = 3, 2, 1$。總自旋量子數$S = s_1 + s_2$，$s_1 + s_2 - 1$，$\cdots|s_1 - s_2|$，所以，當兩個電子自旋平行時$S = \frac{1}{2} + \frac{1}{2} = 1$，兩個電子自旋反平行時，$S = \frac{1}{2} - \frac{1}{2} = 0$。於是$P^1d^1$組態的「光譜項」為：

$L = 3$，$S = 1$，^3F

$L = 2$，$S = 1$，^3D

$L = 1$，$S = 1$，^3P

$L = 3$，$S = 0$，^1F

$L = 2$，$S = 0$，^1F

$L = 2$，$S = 0$，^1D

$L = 1$，$S = 0$，^1P

單個電子的自旋角動量是：$|S| = \sqrt{s(s+1)}\hbar = \sqrt{\frac{1}{2} \times \left(\frac{1}{2} + 1\right)}\hbar = \sqrt{\frac{3}{4}}\hbar$

P^1d^1組態的自旋角動量是：$|S| = \sqrt{S(S+1)}\hbar$

當$S = 1$時，$|S| = \sqrt{2}\hbar$

$S = 0$時，$|S| = 0\hbar$

單個電子的自旋角動量的向量加和構成了「組態」的自旋角動量，所以兩者之間存在關係：

$|S|^2 = |S_1|^2 + |S_2|^2 - 2|S_1||S_2|\cos\theta$

θ是S_1與S_2之間的夾角。將$|S_1| = |S_2| = \sqrt{\frac{3}{4}}\hbar$代入

當$|S_1| = 0\hbar$時，$\cos\theta = -1$，$\theta = 180°$

$|S_1| = \sqrt{2}\hbar$時，$\cos\theta = -\frac{1}{3}$，$\theta = 109.5°$

P^1d^1組態的總自旋角動量是$0\hbar$和$\sqrt{2}\hbar$，總自旋角動量在z軸上的分量爲

$M_{S_x} = m_S\hbar \quad m_S = \sum m_{Si}$

當$m_s = 1$，0，-1分別代入，解得$\varphi = 45°$，$90°$，$135°$。（$Ms = 0\hbar$時不存在與z軸的夾角）。

5.35 (1) $$\Phi = \frac{1}{\sqrt{4!}}\begin{vmatrix} 1s(1)\alpha(1) & 1s(1)\beta(1) & 2s(1)\alpha(1) & 2p(1)\alpha(1) \\ 1s(2)\alpha(2) & 1s(2)\beta(2) & 2s(2)\alpha(2) & 2p(2)\alpha(2) \\ 1s(3)\alpha(3) & 1s(3)\beta(3) & 2s(3)\alpha(3) & 2p(3)\alpha(3) \\ 1s(4)\alpha(4) & 1s(4)\beta(4) & 2s(4)\alpha(4) & 2p(4)\alpha(4) \end{vmatrix}$$

(2) $$\Phi = \frac{1}{\sqrt{4!}}\begin{vmatrix} 1s(1)\alpha(1) & 1s(1)\beta(1) & 2s(1)\beta(1) & 2p(1)\beta(1) \\ 1s(2)\alpha(2) & 1s(2)\beta(2) & 2s(2)\beta(2) & 2p(2)\beta(2) \\ 1s(3)\alpha(3) & 1s(3)\beta(3) & 2s(3)\beta(3) & 2p(3)\beta(3) \\ 1s(4)\alpha(4) & 1s(4)\beta(4) & 2s(4)\beta(4) & 2p(4)\beta(4) \end{vmatrix}$$

(3) $$\Phi = \frac{1}{\sqrt{4!}}\begin{vmatrix} 1s(1)\alpha(1) & 1s(1)\beta(1) & 2s(1)\beta(1) & 2p(1)\alpha(1) \\ 1s(2)\alpha(2) & 1s(2)\beta(2) & 2s(2)\beta(2) & 2p(2)\alpha(2) \\ 1s(3)\alpha(3) & 1s(3)\beta(3) & 2s(3)\beta(3) & 2p(3)\alpha(3) \\ 1s(4)\alpha(4) & 1s(4)\beta(4) & 2s(4)\beta(4) & 2p(4)\alpha(4) \end{vmatrix}$$

(4) $$\Phi = \frac{1}{\sqrt{4!}}\begin{vmatrix} 1s(1)\alpha(1) & 1s(1)\beta(1) & 2s(1)\alpha(1) & 2p(1)\beta(1) \\ 1s(2)\alpha(2) & 1s(2)\beta(2) & 2s(2)\alpha(2) & 2p(2)\beta(2) \\ 1s(3)\alpha(3) & 1s(3)\beta(3) & 2s(3)\alpha(3) & 2p(3)\beta(3) \\ 1s(4)\alpha(4) & 1s(4)\beta(4) & 2s(4)\alpha(4) & 2p(4)\beta(4) \end{vmatrix}$$

5.36 正確書寫體系的「薛丁格方程式」是用「量子力學」處理問題的第一步，必須牢固掌握。

(A) Li^{2+}的「薛丁格方程式」用國際單位置書寫是：

$$\left[-\frac{\hbar^2}{2m}\nabla^2-\frac{3e^2}{4\pi\varepsilon_0 r}\right]\psi=E\psi$$

而使用原子單位書寫，可以使「薛丁格方程式」的形式大大簡化。在原子單位中，$4\pi\varepsilon_0=1$，$a_0=1$，$\hbar=1$，$e=1$，$m_e=1$。用原子單位書寫的Li^{2+}原子的「薛丁格方程式」是

$$\left[-\frac{1}{2}\nabla^2-\frac{3}{r}\right]\psi=E\psi$$

式中第一項是電子動能，第二項是核與電子的吸引能。

(B) Li^{2+}的1s態波函數：

$$\psi_{1s}=\left(\frac{z^3}{\pi a_0^3}\right)^{1/2}\exp\left(-\frac{zr}{a_0}\right)=\left(\frac{3^3}{\pi a_0^3}\right)^{1/2}\exp\left(-\frac{3r}{a_0}\right)$$

(C) 表示ψ與r的關係有三種函數形式：「徑向函數」，「徑向密度函數」和「徑向分布函數」，它們各有不同的物理意義。「徑向分布函數」表示在距離原子核r處厚度為Δr的殼層中電子出現的機率。1s電子的「徑向分布函數」：

$$D=4\pi r^2\psi_{1s}^2(r)=4\pi r^2\frac{3^3}{\pi a_0^3}\exp\left(-\frac{6r}{a_0}\right)=\frac{36r^2}{a_0^3}\exp\left(-\frac{6r}{a_0}\right)$$

徑向分布取最大值時，$dD/Fr=0$

$$\frac{36}{a_0^3}\left[2r-\frac{6}{a_0}r^2\right]\exp\left(-\frac{6r}{a_0}\right)=0$$

$$r=\frac{a_0}{3}$$

當$r=\frac{a_0}{3}$時，「徑向分布函數」取得極大值。

(D) 由「量子力學」基本假定知，物理量的期望值：

$\langle F\rangle=\int\psi^*\hat{F}\psi d\tau/\int\psi^*\psi d\tau$

因此，1s電子離原子核的平均距離：

$\langle r\rangle=\int_0^\infty\psi_{1s}^* r\psi_{1s}d\tau=\int_0^\infty\psi_{1s}^* r\psi_{1s}\cdot 4\pi r^2 dr$

$$= \int_0^\infty \frac{3^3}{\pi a_0^3} \exp\left(-\frac{6r}{a_0}\right) 4\pi r^3 dr = \frac{a_0}{2}$$

1s電子離原子核的平均距離爲 $\frac{a_0}{2}$

(E) 電子的機率密度等於電子運動「歸一化」波函數的絕對值平方。1s電子的「機率密度函數」爲：

$$\psi_{1s}^2 = \frac{3^3}{\pi a_0^3} \exp\left(-\frac{6r}{a_0}\right)$$

$$\frac{d(\psi_{1s}^2)}{dr} = \frac{3^3}{\pi a_0^3}\left(-\frac{6r}{a_0}\right) \exp\left(-\frac{6r}{a_0}\right) \neq 0$$

由於函數ψ_{1s}^2爲單調函數，無極值。

只有當$r = 0$時，它有最大$\frac{3^3}{\pi a_0^3}$ 。

所以電子的「機率密度」最大值在$r = 0$處。

(F) Li^{2+}離子是「似氫離子」，原子核外只有一個電子，其能量由下列公式決定：

$$E_n = -13.6\frac{z^2}{n^2}$$

即單電子原子體系的能量僅僅取決於「主量子數」n和原子核電荷z而與「角量子數」ℓ的值無關。對Li^{2+}離子的2s態和2p態，其n和z值相等，所以它們的能量相等。而Li原子是多電子原子，其能量將不僅與n有關，而且與ℓ有關。所以2s態與2p態的能量不等。

(G) 按Slater方法，Li原子2s軌域的有效原子核電荷爲

$z^* = 3 - 2 \times 0.85 = 1.3$

故2s軌域上電子游離所需的能量爲

$$E = -13.6 \times \frac{z^{*2}}{n^2} = -13.6 \times \frac{1.3^2}{2^2} = -5.75 eV$$

第一游離能爲5.75eV。

(H) Li原子電子「組態」$1s^2 2s^1$，$\ell = 0$， $s = \frac{1}{2}$ ，原子「光譜項」^2S。

5.37 基本組態是(A)$4d^1 5s^2$。

5.38 (A) $S=\frac{1}{2}$，多重度2。

(B) S = 1，0，多重度3，1。

(C) $S=\frac{3}{2}$，$\frac{1}{2}$多重度4，2。

(D) S = 2，1，0，多重度5，3，1。

5.39 「自我滿足場」（self-consistent field）方法的要點如下：

(1) 其他電子對電子i的庫侖作用，用平均場方法計算，即將任意電子j對電子i的平均位能，按力學量平均值表示爲

$$\overline{V}_{ji}=\int\phi_j^*\frac{e^2}{4\pi\varepsilon_0 r_{ji}}\phi_j d\tau_j$$

此時，電子i對總位能的貢獻爲$V_i(r_i)=-\frac{Ze^2}{4\pi\varepsilon_0 r_i}+\sum_{i\neq j}\overline{V}_{ji}$

(2) 先假定除ϕ_1外的一組ϕ_j，代入上式求出$V_1(r_1)$，進而解「薛丁格方程式」得出ϕ_1。再依次計算ϕ_2，ϕ_3……。依此循環選擇替代，直至在設定的誤差範圍內達到自我滿足，得到一組ϕ_j和E_i。

(3) 原子總軌域波函數爲$\psi=\prod_i\phi_i$，總軌域能爲$E=\sum_i E_i$

上述方法並未考慮「Pauli不相容原理」對波函數所規定的反對稱要求。Fock進一步採用以Slater行列式表示完全波函數，並引入庫侖「算子」與「交換算子」，是目前採用的基本方法。

5.40 將原子光譜的多重性2S + 1（其中S爲原子的總自旋量子數），標在代表原子總軌域角量子數L符號的左上角，L = S、P、D、F、G、H……，相應於L = 0、1、2、3、4、5……，所得符號^{2S+1}L稱爲原子光譜項。將原子總角量子J（J的取值爲L + S，L + S − 1，……|L − S|）標在光譜項右下角，則爲原子的光譜支項$^{2S+1}L_J$。一個原子的一定的電子組態存在多個能階，相應就可以有多個原子光譜項；每個光譜項可有多個光譜支項，代表精細的能階；每個光譜支項還對應有2J + 1個量子態，說明精細能階在外磁場中會進一步分裂。

5.41 鋁原子「基本態」$Al(3p^1)$：

L = 1，S = 1/2，J = 3/2，J = 1/2

原子光譜項爲^2p；光譜支項爲$^2P_{3/2}$和$^2P_{1/2}$。

鋁原子「基本態」Al($3d^1$)：

L = 2，S = 1/2，J = 5/2，J = 3/2

原子光譜項爲^2D；光譜支項爲$^2D_{5/2}$和$^2D_{3/2}$

5.42 (A)3；(B)9。

5.43 鈉原子「基本態」Na($1s^2 2s^2 2p^6 3s^1$)，內層軌域電子全充滿，對原子的量子數無貢獻，只需考慮未充滿的外層軌域中的電子，即($3s^1$)

L = 0，S = 1/2，J = 1/2

原子光譜項爲^2S；光譜支項爲$^2S_{1/2}$。

氟原子「基本態」F($2p^5$)，由3個p軌域中有2個充滿電子，所以其光譜項和支項與(p^1)組態是相同的：

L = 1，S = 1/2，J = 3/2，J = 1/2

原子光譜項爲^2p；光譜支項爲$^2P_{3/2}$和$^2P_{1/2}$。

碳原子激發態C($1s^2 2s^2 2p^1 3p^1$)：

L = 2、1、0，S = 0、1

	原子光譜項	光譜支項
^3D	（J = 3、2、1）	$^3D_3$，$^3D_2$，$^3D_1$
	^1D（J = 2）	$^1D_2$
^3P	（J = 2、1、0）	$^3P_2$，$^3P_1$，$^3P_0$
	^1P（J = 1）	$^1P_1$
	^3S（J = 1）	$^3S_1$
	^1S（J = 0）	$^1S_0$

5.44 (C)。

5.45 $\tilde{v}=\frac{1}{\lambda}=\tilde{R}(1/n_1^2-1/n_2^2)=10967758\left(\frac{1}{1^2}-\frac{1}{\infty^2}\right)$

$\lambda = 9.11\times10^{-8}m = 91.1nm$

此波長所對應的能量（1eV能量相對應的波長爲1239.8nm）E爲：

$$\frac{1239.8}{91.1}=\frac{E}{1}$$

$$E=\frac{1239.8}{91.1}eV=13.609eV$$

此即基本態氫原子電子的游離能。

5.46 He原子中兩個電子的總能量爲

$$-(24.6+54.4)eV=-79.0eV$$

兩個電子都在1s軌域上，能量應相同，因此一個1s電子的能量爲

$$-79.0eV\times\frac{1}{2}=-39.5eV$$

由此可計算一個1s電子所感受到的有效核電荷z*。

$$-\frac{\mu e^4}{2(4\pi\varepsilon_0)^2\hbar^2}\cdot\frac{z*^2}{n*^2}=-13.6\times\frac{z*^2}{1^2}eV=-39.5eV$$

$z^*=1.70$

這樣He原子中1s電子的屏蔽常數σ可由下式求得：

$z^*=z-\sigma=2-\sigma=1.70$

$\sigma=0.30$

5.47 分裂爲兩條光譜線，分裂光譜線的跳躍情況如下圖所示。

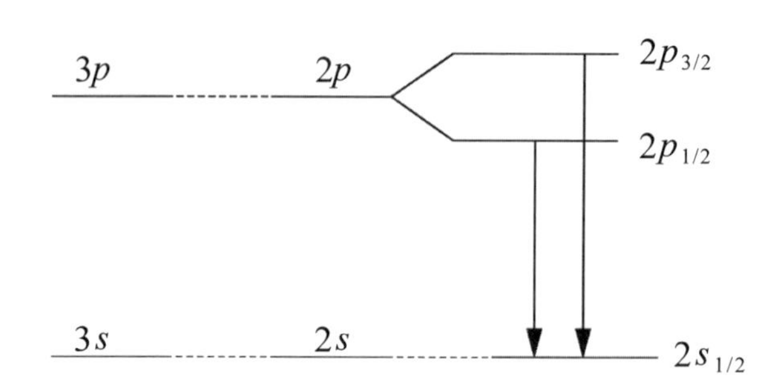

5.48 Na原子的基本態組態爲$(Ne)3s^1$

$$L=\ell=0，S=s=\frac{1}{2}，J=j=\frac{1}{2}$$

因此，其光譜項爲^2S，光譜支項爲$^2S_{1/2}$。

組態爲$(Ne)3p^1$之間的跳躍可能產生的光譜

$$L=\ell=0，S=s=\frac{1}{2}，J=j=\frac{3}{2}，\frac{1}{2}$$

其光譜項爲^2P，光譜支項爲$^2P_{3/2}$，$^2P_{1/2}$。

根據單電子輻射跳躍的選擇規則：

$\Delta\ell=\pm1$，$\Delta j=0$，±1，因此，$^2P_{1/2}\rightarrow{}^2S_{1/2}$和$^3P_{3/2}\rightarrow{}^2S_{1/2}$爲允許跳躍，因而產生兩條譜線（此即Na原子光譜的精細結構D_1和D_2黃色雙線）。

在不太強的外磁場中，譜線將按磁量子數m_j發生分裂，跳躍選擇規則爲$\Delta m_j=0$，±1。這就是蔡曼效應。根據選擇規則，D_1線分裂爲四條線，D_2線分裂爲六條線，分裂能$\Delta E=m_J g\mu_B B$，能階間隔與g因子有關。

對$^2S_{1/2}$譜項：

$$g=1+\frac{J(J+1)-L(L+1)+S(S+1)}{2J(J+1)}=1+\frac{\frac{1}{2}\left(\frac{1}{2}+1\right)-0+\frac{1}{2}\left(\frac{1}{2}+1\right)}{2\times\frac{1}{2}\left(\frac{1}{2}+1\right)}$$

$$=1+1=2$$

對$^2P_{1/2}$譜項：

$$g=1+\frac{\frac{1}{2}\left(\frac{1}{2}+1\right)-1\times(1+1)+\frac{1}{2}\left(\frac{1}{2}+1\right)}{2\times\frac{1}{2}\left(\frac{1}{2}+1\right)}=1-\frac{1}{3}=\frac{2}{3}$$

對$^2P_{3/2}$譜項：

$$g=1+\frac{\frac{3}{2}\left(\frac{3}{2}+1\right)-1\times(1+1)+\frac{1}{2}\left(\frac{1}{2}+1\right)}{2\times\frac{1}{2}\left(\frac{1}{2}+1\right)}=1+\frac{1}{3}=\frac{4}{3}$$

因此，能階寬度之比爲$2：\frac{2}{3}：\frac{4}{3}=3：1：2$。能階、跳躍和光譜線如下圖所示。在無外磁場時，如果不考慮「自旋—軌域交互作用」，則D_1和D_2雙線將視爲一條譜線，這就是在低分辨情況下所看到的由$^2P\rightarrow{}^2S$跳躍產生的一條譜線。

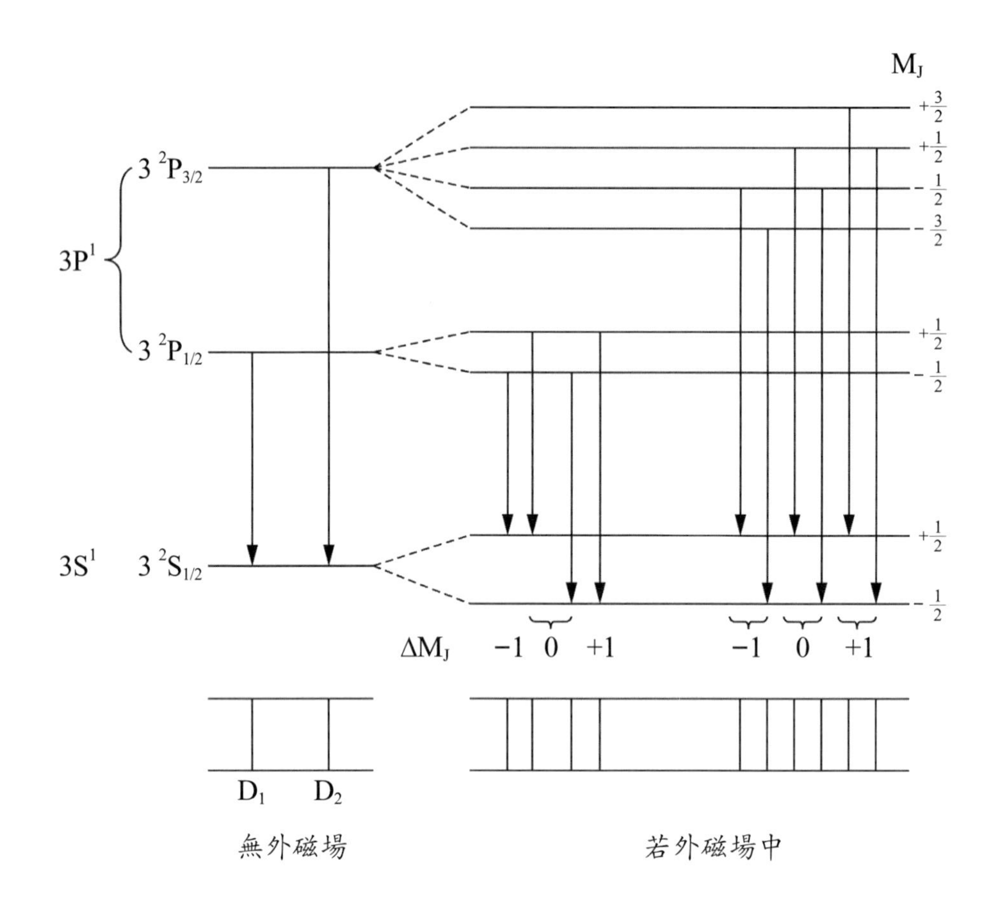

5.49 討論多電子原子的結構時，中心位能場模型是常採用的一種軌域近似方法。它假設原子核周圍的電荷呈球對稱分布，每一電子的運動與核外其他電子無關，而將其他電子對該電子的排斥作用的平均效果看做是改變原子核引力場的大小。這樣，核外每個電子都處在它自身特定中心位能場的作用之下，而中心位能場等於核位能場與核外除該電子之外的其他所有電子平均位能場的總和。其他電子的平均位能場可等效爲集中在核處的一個負點電荷，從而使原子核作用於所指定電子的電荷由Z減少爲有效核電荷Z*，這種效應稱爲「遮蔽效應」。眞實核電荷與有效核電荷之差稱爲遮蔽常數，用σ表示

$$Z^* = Z - \sigma$$

因此，在多電子原子中，內層電子（n小）由於它離原子核近，同時受其他電子遮罩少，受核吸引強，故其能量低，而外層電子（n大）由於離原子核遠，又受其餘電子遮蔽多，故受核吸引弱，其能量高。

由於n相同而ℓ不同的原子軌域的電子雲徑向分布不同，當電子鑽穿的離原子核越近時，受其他電子的遮蔽越少，感受的有效電荷Z*值越高，其相應能量越低，這種現象稱爲「鑽穿效應」。對於n相同，ℓ不同的電子，鑽穿程度依次爲

$$ns > np > nd > nf$$

相應的能階高低順序爲

$$E_{ns} < E_{np} < E_{nd} < E_{nf}$$

對於n、ℓ不同的原子軌域，還可能有能階交錯現象出現。

5.50 $\hat{H} = -\frac{1}{2}\nabla^2 - \frac{1}{r_a} - \frac{1}{r_b} + \frac{1}{R}$ 。

5.51 Li原子的「基本態」組態爲$1s^2 2s^1$，原子的角動量由2s電子決定，該電子的$\ell = 0$，$s = \frac{1}{2}$，因此$L = \ell = 0$，$S = s = \frac{1}{2}$，所以光譜項爲^2S。

又總角動量量子數J可爲：

$$J = L + S，L + S - 1，\cdots，|L - S|$$

因此$J = \frac{1}{2}$，故光譜支項爲$^2S_{1/2}$。

其微觀狀態數爲$2J + 1 = 2 \times \frac{1}{2} + 1 = 2$，分別相應於$m_J = \frac{1}{2}$和$m_J = -\frac{1}{2}$，即α和β兩個自旋狀態。由於S電子的軌域角動量等於零，因此，總角動量就是電子的自旋角動量。原子符合「Pauli不相容原理」的波函數如下：

$$\Psi_{Li}(1,2,3) = \frac{1}{\sqrt{3!}}\begin{vmatrix} 1s\alpha(1) & 1s\alpha(2) & 1s\alpha(3) \\ 1s\beta(1) & 1s\beta(2) & 1s\beta(3) \\ 2s\alpha(1) & 2s\alpha(2) & 2s\alpha(3) \end{vmatrix}$$

這一波函數對應於$m_J = m_S = \frac{1}{2}$ 。

$$\Psi_{Li}(1,2,3) = \frac{1}{\sqrt{3!}}\begin{vmatrix} 1s\alpha(1) & 1s\alpha(2) & 1s\alpha(3) \\ 1s\beta(1) & 1s\beta(2) & 1s\beta(3) \\ 2s\beta(1) & 2s\beta(2) & 2s\beta(3) \end{vmatrix}$$

這一波函數對應於$m_J = m_S = -\frac{1}{2}$ 。

這兩個狀態在無外磁場時能階「等階系」，在有外磁場時分爲兩個能階。

5.52 (A) $\hat{H}=-\frac{\hbar^2}{2m}\nabla_1^2-\frac{\hbar^2}{2m}\nabla_2^2-\frac{ze^2}{4\pi\varepsilon_0 r_1}-\frac{ze^2}{4\pi\varepsilon_0 r_2}+\frac{e^2}{4\pi\varepsilon_0 r_{12}}$。

(B) $\left[-\frac{\hbar^2}{2m}\nabla_1^2-\frac{\hbar^2}{2m}\nabla_2^2-\frac{ze^2}{4\pi\varepsilon_0 r_1}-\frac{ze^2}{4\pi\varepsilon_0 r_2}\right]\psi=E\psi$。

5.53 3p電子，$\ell_1=1$，$s_1=\frac{1}{2}$

3d電子，$\ell_2=2$，$s_2=\frac{1}{2}$

$L=\ell_1+\ell_2$，$\ell_1+\ell_2-1$，……，$|\ell_1+\ell_2|$

$L=\ell_1+\ell_2=1+2=3$

$L=|\ell_1+\ell_2|=|1-2|=1$

因此，有L = 3，2，1

角動量的z方向分別對量子數進行代數加和，可以得到同樣的結果。對$\ell_1=1$，有$m_{\ell_1}=0$，±1；對$\ell_1=2$，有$m_{\ell_2}=0$，±1，±2。我們注意到，最大的m_ℓ值等於ℓ。列表進行「磁量子數」的加和：

m_{ℓ_2} / m_L / m_{s_2}	2	1	0	−1	−2
1	3	2	1	0	−1
0	2	1	0	−1	−2
−1	1	0	−1	−2	−3

由表可見，其中最大的$m_L=3$，故有L = 3，下屬$m_L=0$，±1，±2，±3，這些值可取上面一條虛線的上方和右方這七個m_L值。餘下的m_L中最大的值爲2，故有L = 2，相應的m_L值可取兩條虛線之間的五個值。最後剩下的m_L值中最大的值爲1，故有L = 1，下屬$m_L=0$，±1。同樣得到L = 3，2，1。這就是前述方法的由來。

$S=s_1+s_2$，s_1+s_2-1，…，$|s_1-s_2|$

$s_1+s_2=\frac{1}{2}+\frac{1}{2}=1$

$|s_1-s_2|=\left|\frac{1}{2}-\frac{1}{2}\right|=0$

因此，有S = 1，0

上述L和S諸值中，L = 3和S = 1構成光譜項^3F。

$L + S = 3 + 1 = 4$

$|L - S| = 3 - 1 = 2$

因此，有J = 4，3，2。這些J值也可用「磁量子數」加和得到。

m_J		m_L					
	3	2	1	0	−1	−2	−3
1	4	3	2	1	0	−1	−2
m_S 0	3	2	1	0	−1	−2	−3
−1	2	1	0	−1	−2	−3	−4

由上表可以得到J = 4，3，2。

因此，屬於^3F光譜的光譜支項爲$^3F_4$、$^3F_3$和$^3F_2$。

L = 3和S = 0構成光譜項^1F。J = 3，光譜支項爲$^1F_3$。

用相同方法得到其餘各光譜項的光譜支項如下：

^3D：L = 2，S = 1，J = 3，2，1　　$^3D_3$，$^3D_2$，$^3D_1$

^1D：L = 2，S = 0，J = 2　　$^1D_2$

^3P：L = 1，S = 1，J = 2，1，0　　$^3P_2$，$^3P_1$，$^3P_0$

^1P：L = 1，S = 0，J = 1　　$^1P_1$

5.54 這一組態的兩個電子具有相同的「主量子數」和角量子數，稱爲等價電子，在應用「角動量交互作用」的量子化法則推出光譜項時，要排除違反「Pauli不相容原理」的情況。兩個電子的角量子數和自旋量子數如下：

$$\ell_1 = \ell_2 = 2，\ s_1 = s_2 = \frac{1}{2}$$

列表求出總軌域角動量「磁量子數」：

m_L	m_{ℓ_2} = 2	1	0	−1	−2
m_{ℓ_1} = 2	4	3	2	1	0
1	3	2	1	0	−1
0	2	1	0	−1	−2
−1	1	0	−1	−2	−3
−2	0	−1	−2	−3	−4

由此得到L = 4，3，2，1，0。

$$s_1 + s_2 = \frac{1}{2} + \frac{1}{2} = 1$$

$$|s_1 - s_2| = \left|\frac{1}{2} - \frac{1}{2}\right| = 0$$

因此S = 1，0。

注意表中處在對角線上的m_L具有相同的m_ℓ所描述的狀態中，兩個電子已經有三個相同的量子數，即$n_1 = n_2$，$\ell_1 = \ell_2$，$m_{\ell_1} = m_{\ell_2}$，所以兩個電子的自旋「磁量子數」必須不同。若$m_{s_1} = +\frac{1}{2}$，$m_{s_2} = -\frac{1}{2}$；反之亦然。故有$m_S = 0$從而S = 0。這樣當L = 4時，$m_L = 0$，±1，±2，±3，±4，其中$m_L = \pm 4$在對角線上，只能有S = 0，故光譜項為^1G。餘下的m_L中，最大值為3，故有L = 3，相應的一組m_L為$m_L = 0$，±1，±2，±3，由於3不在對角線上，可取一組m_L全部不是對角元素，這樣就有$m_{\ell_1} \neq m_{\ell_2}$，$m_{s_1}$和$m_{s_2}$就可以相同。為保證有盡可能大的$m_S$，應取$m_{s_1} = m_{s_2} = +\frac{1}{2}$，得$m_S = +1$，從而有S = 1，因此有光譜項$^3F$。

同理可得光譜項^1D、^3P和^1S。

求得各光譜項的光譜支項和狀態數如下：

^1G：$^1G_4$，2J + 1 = 2×4 + 1 = 9

^3F：$^3F_4$，2J + 1 = 9

$^4F_3$，2J + 1 = 7

$^3F_2$，2J + 1 = 5

^1D：$^1D_2$，$2J + 1 = 5$

^3P：$^3P_2$，$2J + 1 = 5$

$^3P_1$，$2J + 1 = 3$

$^3P_0$，$2J + 1 = 1$

^1S：$^1S_0$，$2J + 1 = 1$

合計45個微觀狀態。另外，可直接計算其微觀狀態數。對於組態$(nd)^2$，四個量子數$(n，\ell，m_\ell，m_s)$不全相同的軌域共有10個，由兩個電子占據不同軌域，可能方式數目為：

$$C_{10}^2 = \frac{10 \times 9}{2!} = 45$$

因此，也可從這45種狀態歸納出上述光譜項。

5.55 當排列一個原子結構外形的電子時，附層通常表示的符號是這樣：1s，2p，3d，4f等。數字是代表主要量子數K，L，M，N等。

然而，s，p，d和f等字母各代表附層$\ell = 0$，1，2和3。

對於一個p電子，它的軌域量子數是$\ell = 1$和一個d電子，它的軌域量子數是$\ell = 2$，依照題示，全部軌域角動量量子數ℓ_i向量組合的總和是$L = \ell_1 + \ell_2, \ell_1 + \ell_2 - 1, \cdots\cdots, |\ell_1 + \ell_2|$

因此，一個p電子在$\ell = 1$和一個d電子在$\ell_2 = 2$之間的交互作用時所得的總量子數L可以這樣的表示：

(A) $L = \ell_1 + \ell_2 = 1 + 2 = 3$

(B) $L = \ell_1 + \ell_2 - 1 = 1 + 2 - 1 = 2$

(C) $L = |\ell_1 - \ell_2| = |1 - 2| = |-1| = 1$

因此，L的值各是3，2和1，如果用字母表示，各是在「附層」（subshell）f，d和p。

5.56 (C)。

5.57 能量最低的「光譜支項」稱「基本光譜項」。寫出「基本態」的電子「組態」和合理的電子分布，算出最大的L，S半填滿前，求最小J值，若半填滿後求最大J值，則可求得：

(A) Si：[Ne]$3s^2 3p^2$ — ↑ ↑

對於p電子，$\ell_1 = \ell_2 = 1$，$s_1 = s_2 = \frac{1}{2}$

$L = \ell_1 + \ell_2$，$\ell_1 + \ell_2 - 1$，⋯，$|\ell_1 - \ell_2|$

= 2， 1 ， 0

$S = s_1 + s_2$，$|s_1 - s_2|$

= 1 ， 0

$J = L + S$，$L + S - 1$，⋯，$|L - S|$

= 3 ， 2 ， 1

根據「Hund's rule」，S最大者能量最低，「基本光譜項」應爲S = 1。當S = 1時，兩個電子自旋方向相同，它們必須分別占據不同的p軌域，L最大值只能爲1，L爲2的狀態不存在。所以，J = 2，1，0，因爲是半塡滿前J小者能量低，故「基本光譜項」爲$^3P_0$。

(B) Mn：[Ar]$4s^2 3d^5$ ↑ ↑ ↑ ↑ ↑

$S_{max} = |m_s|_{max} = \frac{5}{2}$

$L = |m_L|_{max} = 0$

$J = |L - S| = \frac{5}{2}$

「基本光譜項」：$^6S_{5/2}$

(C) Br：[Ar]$4s^2 3d^{10} 4p^5$ ↑ ↑↓ ↑↓

$m_S = \frac{1}{2}$，$S = \frac{1}{2}$，$m_L = 1$，$L = 1$，$L + S = \frac{3}{2}$，「基本光譜項」：$^2P_{3/2}$

(D) Nb：[Kr]$5s^1 4d^4$ ↑ — ↑ ↑ ↑

$m_S = \frac{5}{2}$，$S = \frac{5}{2}$，$m_L = 2$，$L = 2$，$J = |L - S| = \frac{1}{2}$

「基本光譜項」：$^6D_{1/2}$

(E) Ni：[Ar]$4s^2 3d^8$ ↑ ↑ ↑↓ ↑↓ ↑↓

$m_S = 1$，$S = 1$，$m_L = 3$，$J = L + S = 4$，「基本光譜項」：$^3F_4$

5.58 Li^{2+}離子的「薛丁格方程式」爲：

$$\left[-\frac{h^2}{8\pi^2\mu}\nabla^2-\frac{3e^2}{4\pi\varepsilon_0 r}\right]\psi=E\psi$$

方程式中，μ和r分別代表Li^{2+}的約化質量和電子到核的距離；∇^2，ψ和E分別是Laplace運算元、狀態函數及該狀態的能量，h和ε_0則分別是Planck常數和真空電容率。方括號內爲總能量運算元，其中第一項爲動能運算元，第二項爲位能運算元（即位能函數）。

Li^{2+}離子1s態的波函數爲：$\psi_{1s}=\left(\frac{27}{\pi a_0^3}\right)^{\frac{1}{2}}e^{-\frac{3}{a_0}r}$

(A) $D_{1s}=4\pi r^2\psi_{1s}^2=4\pi r^2\times\frac{27}{\pi a_0^3}e^{-\frac{6}{a_0}r}=\frac{108}{a_0^3}r^2e^{-\frac{6}{a_0}r}$

$$\frac{d}{dr}D_{1s}=\frac{108}{a_0^3}\left(2r-\frac{6}{a_0}r^2\right)e^{-\frac{6}{a_0}r}=0$$

$\because r\neq\infty\quad\therefore 2r-\frac{6}{a_0}r^2=0$

又$\because r\neq 0\quad\therefore r=\frac{a_0}{3}$

1s電子徑向分布最大值在距核$\frac{a_0}{3}$處。

(B) $\langle r\rangle=\int\psi_{1s}^*\hat{r}\psi_{1s}d\tau=\int r\psi_{1s}^2d\tau=\int r\frac{27}{\pi a_0^3}e^{-\frac{6}{a_0}}r^2\sin\theta drd\theta d\phi$

$$=\frac{27}{\pi a_0^3}\int_0^\infty r^3e^{-\frac{6}{a_0}r}dr\int_0^\pi\sin\theta d\theta\int_0^{2\pi}d\phi=\frac{27}{\pi a_0^3}\int_0^\infty r^3e^{-\frac{6}{a_0}r}dr\int_0^\pi\sin\theta d\theta\int_0^{2\pi}d\phi$$

$$=\frac{27}{\pi a_0^3}\times\frac{a_0^4}{216}\times 4\pi$$

$$=\frac{1}{2}a_0$$

(C) $\psi_{1s}^2=\frac{27}{\pi a_0^3}e^{-\frac{6}{a_0}r}$

因爲ψ_{1s}^2隨著r的增大而單調下降，所以不能用令一階導數爲0的方法求最大值離原子核的不可能落到原子核上），因此，更確切的說法是r趨近於0時1s電子的「機率密度」最大。

(D) Li^{2+}爲單電子「原子」，組態的能量只與「主量子數」有關，所以2s和2p態簡併，即$E_{2s}=E_{2p}$。

(E) Li原子的基本組態爲$(1s)^2(2s)^1$。對2s電子來說，1s電子爲其相鄰內一組電子，$\sigma = 0.85$。因而：

$$E_{2s} = -13.6\text{eV} \times \frac{(3-0.85\times 2)^2}{2^2} = -5.75\text{eV}$$

根據Koopmann定理，Li原子的第一游離能爲：

$$I_1 = -E_{2s} = 5.75\text{eV}$$

5.59 原子從某一激發態跳躍回基本態，發射出具有一定波長的一條光線，而從其他可能的激發態跳躍回基本態，以及在某些激發態之間的跳躍都可發射出具有不同波長的光線，這些光線形成了原子發射光譜。

原子吸收光譜是由已分散成蒸氣狀態的基本態原子吸收光源所發出的特徵輻射後，在光源光譜中產生的暗線形成的。

基於上述機理，原子吸收光譜分析同原子發射光譜分析相比具有下列優點：

(1) 靈敏度高。這是因爲，在一般火焰溫度（2000～3000K）下，原子蒸氣中激發態原子數目只占基本態原子數目的10^{-15}～10^{-3}左右。因此，在通常條件下，原子蒸氣中參與產生吸收光譜的基本態原子數遠遠大於可能產生發射光譜的激發態原子數。

(2) 準確度較好。如上所述，處於熱平衡狀態時，原子蒸氣中激發態原子的數目極小，外界條件的變化所引起的原子數目的波動，對於發射光譜會有較大的影響，而對於吸收光譜影響較小。例如，假設蒸氣中激發態原子占0.1%，則基本態原子爲99.9%。若外界條件的變化引起0.1%原子的波動，則相對發射光譜會有100%的波動影響，而對吸收光譜，波動影響只近於0.1%。譜線簡單，受試樣組成影響小。空心陰極燈光源發射出的特徵光，只與待測元素的原子從基本態跳躍到激發態所需要的能量相當，只有試樣中的待測元素的原子吸收，其他元素的原子不吸收此光，因而不干擾待測元素的測定。這使譜線簡單，也避免了測定前大量而繁雜的分離工作。

(3) 儀器、設備簡單，操作方便、快速。

索 引

一畫

二畫

三畫

四畫

五畫

六畫

七畫

八畫

九畫

十畫

十一畫

十二畫

十三畫

十四畫

十五畫

十六畫

十七畫

十八畫

十九畫

二十四畫

二十七畫

蘇明德講解「量子化學」後

國家圖書館出版品預行編目資料

初等量子化學／蘇明德著. ——初版. ——臺北市：五南, 2015.07

面；　公分

ISBN 978-957-11-8156-1（平裝）

1.量子化學

348.25　　　　　　　　104010343

5BH8

初等量子化學

作　　者— 蘇明德（419.2）

發 行 人— 楊榮川

總 編 輯— 王翠華

主　　編— 王正華

責任編輯— 金明芬

封面設計— 童安安

出 版 者— 五南圖書出版股份有限公司

地　　址：106台北市大安區和平東路二段339號4樓

電　　話：(02)2705-5066　　傳　　真：(02)2706-6100

網　　址：http://www.wunan.com.tw

電子郵件：wunan@wunan.com.tw

劃撥帳號：01068953

戶　　名：五南圖書出版股份有限公司

法律顧問　林勝安律師事務所　林勝安律師

出版日期　2015年7月初版一刷

定　　價　新臺幣680元